中国科学院大学研究生教材系列

微生物遗传与分子生物学

Microbial Genetics and Molecular Biology

主　编　谭华荣

副主编　向　华　刘　钢　钟　瑾　黄广华

科学出版社

北　京

内 容 简 介

本书为中国科学院大学研究生教材。全书共有 10 章，主要涵盖原核和真核微生物中主要模式菌株和重要类群的遗传学与分子生物学。从学科发展史、基本概念和原理出发，介绍微生物遗传与分子生物学发展中一些里程碑式的研究成果、研究思路及生物学意义，通过阐述代表性细菌（大肠杆菌、芽孢杆菌、乳酸菌和放线菌）、古菌及真菌的生物学特征和遗传机制，探讨微生物遗传信息传递、生长代谢调控、环境适应机制等关键科学问题，并涉及多种微生物在工业、农业和食品保健等领域的应用，选择性介绍微生物遗传与分子生物学研究相关前沿领域的发展态势及最新进展，探讨本学科在揭示生命基本规律、发展生物技术、应对人类各种需求等方面所做出的贡献和具备的潜力。

本书旨在让研究生了解微生物遗传与分子生物学研究前沿态势和研究策略，达到开拓学术视野、激发研究兴趣和启迪科研思路之目的；同时，也可供从事微生物遗传学、微生物学、生物化学与分子生物学教学和科研的人员参考。

图书在版编目（CIP）数据

微生物遗传与分子生物学 / 谭华荣主编 .—北京：科学出版社，2019.8
中国科学院大学研究生教材系列

ISBN 978-7-03-061913-6

Ⅰ.①微… Ⅱ.①谭… Ⅲ.①微生物遗传学 – 研究生 – 教材 ②分子生物学 – 研究生 – 教材 Ⅳ.① Q933 ② Q7

中国版本图书馆CIP数据核字（2019）第150901号

责任编辑：沈红芬 杨小玲 / 责任校对：张小霞
责任印制：肖 兴 / 封面设计：黄华斌

科 学 出 版 社 出版
北京东黄城根北街16号
邮政编码：100717
http://www.sciencep.com

中国科学院印刷厂 印刷
科学出版社发行 各地新华书店经销

*

2019年8月第 一 版 开本：787×1092 1/16
2019年8月第一次印刷 印张：28 1/4
字数：670 000

定价：238.00元
（如有印装质量问题，我社负责调换）

前　言

在微生物遗传学教学领域，国内近30多年来主要使用的教材包括《微生物遗传学》（复旦大学盛祖嘉编著，第3版2007年1月出版）和《现代微生物遗传学》（中国农业大学陈三凤和刘德虎编著，2003年2月出版）。近10年来还没有更新的教材出现，而这一阶段微生物遗传学与分子生物学发展最为迅速，许多新理论、新技术产生并得以应用，许多研究瓶颈得到突破，目前使用的教材已不能满足研究生对本领域新知识和新技术的渴求。因此，很有必要编写一本涵盖微生物遗传及分子生物学最新研究进展的研究生教材。基于此，主编和副主编在近几年给中国科学院大学研究生讲授"微生物遗传与分子生物学"课程的教学实践基础上，融入新理论、新技术和新成果，同时借鉴了 Larry Snyder 等编写的 *Molecular Genetics of Bacteria*（4th edition，2013，ASM Press）的部分内容，编写了这本《微生物遗传与分子生物学》。我们希望能为从事微生物遗传学、微生物学、生物化学与分子生物学教学和科研的同仁们提供一本重要的参考书，尤其希望能作为研究生的教科书使用。

本书共有10章，主要涵盖原核和真核微生物中主要模式菌株和重要类群的遗传学与分子生物学。从学科发展史、基本概念和原理出发，介绍微生物遗传与分子生物学发展中一些里程碑式的研究成果、研究思路及生物学意义，通过阐述代表性细菌（大肠杆菌、芽孢杆菌、乳酸菌和放线菌）、古菌及真菌的生物学特征和遗传机制，探讨微生物遗传信息传递、生长代谢调控、环境适应机制等关键科学问题，并涉及多种微生物在工业、农业和食品保健等领域的应用，选择性介绍微生物遗传与分子生物学研究相关前沿领域的发展动态及最新进展，探讨本学科在揭示生命基本规律、发展生物技术、应对人类各种需求等方面所做出的贡献和具备的潜力。

本书的编写得到了中国科学院大学教材出版中心的大力支持和出版经费的资助；科学出版社编辑为本书的编写、设计和出版做了大量工作，使我们顺利完成了教材的编著和出版工作；同时在编写过程中，田宇清、孙宪昀、李月、李明、郗健、张丽、张杰、张集慧、赵大贺、陶丽、韩静、滕坤玲、潘园园参加了不同章节的编写和交叉审稿工作，特别是田宇清和孙宪昀还对样稿进行了认真校对，以保证编写的质量；在此，主编对他们表示衷心的感谢。

　　由于学科发展非常快，新理论、新概念和新技术等日新月异，尽管我们想尽力把一些新的知识撰写到本书中，但由于时间仓促、编著者水平有限，书中难免有不尽人意之处，敬请广大师生、同行多批评指正。

谭华荣　博士　教授

中国科学院微生物研究所

中国科学院大学

2019 年 8 月

目　　录

第一章 绪 论

本章介绍一些里程碑式成果的研究思路及生物学意义，包括微生物遗传学发展史，重要的名词与基本概念，微生物遗传学与分子生物学发展现状及趋势等。其中，证明遗传物质是 DNA 的经典实验、微生物作为遗传研究材料的优越性、微生物基因组学和微生物遗传学在生命科学中的前沿地位等都将在本章介绍。有关名词概念及主要发展趋势等主要参考了美国 Larry Snyder 等 2013 年编著出版的 *Molecular Genetics of Bacteria*（第 4 版）、陈三凤和刘德虎 2003 年编著出版的《现代微生物遗传学》教材，同时主要参考了《未来 10 年中国学科发展战略》有关生物学中由谭华荣统稿和撰写的第四章微生物学的部分内容。

第一节 微生物遗传学发展简史

遗传学可简单地定义为通过 DNA 的操作去研究细胞和物种功能的科学（Genetics can be simply defined as the manipulation of DNA to study cellular and organismal functions）。

微生物遗传学的发展首先是基于微生物学的发展。微生物学的发展经历了漫长的几个不同时期。从 1676 年荷兰人 Leeuwenhock（列文虎克）首次用显微镜观察到细菌起，直至 19 世纪中叶的近 200 年，作为微生物学发展的萌芽期，人类对微生物的研究仅停留在形态描述的低水平上。从 1861 年法国科学家 Pasteur（巴斯德）通过曲颈瓶实验推翻了生命的自然发生说（spontaneous generation），创立了胚种学说（germ theory）起，直至 19 世纪 90 年代，是微生物学的创建时期。

从 1897 年德国化学家 Buchner（布奇纳）利用石英砂研磨酵母，发现其无细胞滤液能发酵葡萄糖产生酒精和 CO_2，他把这种能发酵的物质称为"酒化酶"，标志着微生物学的研究进入了生化水平。尤其是 1928 年 Fleming（弗莱明）发现了青霉素，开创了工业微生物产业的先河。

1953 年 Watson（沃森）和 Crick（克里克）提出了 DNA 双螺旋结构模型。1973 年美国科学家 Cohen（科恩）将大肠杆菌抗四环素质粒（plasmid）与抗卡那霉素质粒，在体外进行限制性酶切和用 T4 噬菌体产生的连接酶连接后构建了重组质粒，然后再转化到大肠杆菌中，得到了具有新的遗传特性的克隆（clone）。上述实验的成功，为分子生物学和基因工程的诞生奠定了重要基础，从而把微生物遗传学的研究推进到分子水平的高度。

自 1995 年 7 月，美国第一个完成嗜血流感杆菌的全基因组测序以来，已完成 11 243 株微生物的全基因组测序并发表在相关的国际刊物上（GOLD 数据，截至 2018 年 9 月 10 日）。基因组学在微生物遗传学发展中起着关键的作用。基因组学的迅速发展使人类可以从宏观和全局的角度观察构成生命的所有基本信息，极大地拓宽了人类的视野。基因组学还是其他现代生命科学与技术的研究基础，无论是转录组学、蛋白质组学、代谢组学及调控网络等都极大地受惠于基因组学中得到的海量数据。运用"组学"技术阐明微生物生命活动的全貌已成为微生物遗传学与分子生物学研究的重要发展趋势。

我国微生物遗传学与分子生物学研究起步于 20 世纪 70 年代，中国科学院微生物研究所在国内率先开展了微生物质粒提取、遗传转化、转座子等方面的研究。有关"转座子 Tn2 在大肠杆菌中的转座特性"的研究于 1980 年在国际著名刊物 *Cell* 上发表，整个研究工作都是在国内实验室完成的，也是国内生命科学领域在该杂志发表的第一篇论文。

20 世纪 90 年代末，我国开展了极端环境微生物腾冲嗜热厌氧杆菌（*Thermoanaerobacter tengcongensis*）的基因组全序列分析的研究。这是我国向国际上发布并率先在国内完成的第一个微生物基因组（Bao et al., 2002）。之后，痢疾杆菌福氏 2a 菌 301 株的全基因组序列测定，钩端螺旋体、野油菜黄单胞菌、鼠疫耶尔森氏菌、嗜热采油芽孢杆菌 NG80-2 和 Q1 蜡状芽孢杆菌及极端嗜酸甲烷氧化细菌等微生物的全基因组序列测定和分析相继完成与公布。

第二节　微生物的遗传物质

本节主要介绍证明 DNA 是遗传物质的经典实验（细菌转化实验、噬菌体感染实验和病毒重建实验），DNA 的结构和复制，基因突变中的一些基本概念，以及基因和基因组结构特点等内容。

一、证明 DNA 是遗传物质的经典实验

微生物种类繁多，包括细菌（含放线菌）、古菌和真菌等。在不同类群的微生物中，其相同之处为遗传物质都是 DNA，而 DNA 的组成多样性导致了遗传性状的多样性。于是可将微生物分为原核微生物和真核微生物两大类。噬菌体和病毒既不是原核生物也不是真核生物，它们是一种超分子的亚细胞生命形式，遗传物质是 DNA 或 RNA。

（一）细菌转化实验

转化（transformation）是指一种生物由于接受了另一种生物的遗传物质（DNA 或 RNA）而表现出后者的遗传性状，或发生遗传性状改变的现象。遗传转化现象是 1928 年英国科学家 Griffith（格里菲思）在进行肺炎链球菌（*Streptococcus pneumoniae*）的研究中发现的（图 1-1）。

肺炎链球菌是一种致病菌，野生型的肺炎链球菌有毒力、能产生荚膜、菌落光滑，称为光滑型（smooth）或 S 型；而其突变型无毒力、不能产生荚膜、菌落粗糙，称为粗糙型（rough）或 R 型（见图 1-1）。Griffith 在观察有毒和无毒菌株在活体内的相互作用时发现：当把不产荚膜的无毒的粗糙型肺炎球菌和加热杀死后的产荚膜的有毒的光滑型肺炎球

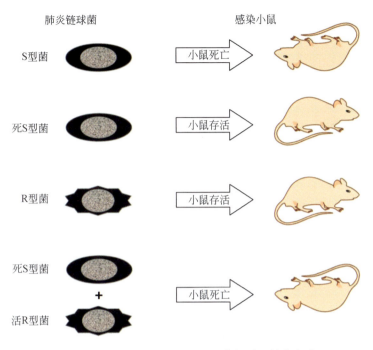

图 1-1 Griffith 证明 DNA 是遗传物质的转化实验

菌混合注射小鼠后，发现小鼠意外地被感染致死，而且还能从死亡的小鼠血液中分离出活的产荚膜的 S 型肺炎球菌（见图 1-1）。不久又进一步发现产荚膜细菌的无细胞抽提物同样能在试管中使不产荚膜的细菌变为产荚膜的 S 型肺炎球菌，而且可以传代。说明在加热杀死的 S 型菌株中存在某种能使活的 R 型菌株转变成 S 型菌株的遗传因子，他们把这种现象称为转化。1944 年美国细菌学家 Avery（埃弗里）等通过转化因子、酶学和血清学分析及生物活性鉴定等证实了无细胞抽提物中引起肺炎链球菌荚膜转化的转化因子是脱氧核糖核酸（DNA），从细胞中抽提并纯化出转化因子，将它用多种蛋白水解酶处理后并不影响转化效果，如果用脱氧核糖核酸酶去处理则转化现象即刻消失，从而首次为遗传物质是 DNA 而不是蛋白质提供了直接的证据。随后尤其是 20 世纪 50 ～ 70 年代，在流感嗜血杆菌（*Hemophilus influenzae*）、链球菌（*Streptococcus*）、沙门氏菌（*Salmonella*）、枯草杆菌（*Bacillus subtilis*）、大肠杆菌（*Escherichia coli*）和链霉菌（*Streptomyces*）等多种微生物中都报道了转化现象，它们的转化因子都是 DNA。

（二）噬菌体感染实验

噬菌体（phage）是感染细菌（含放线菌）和真菌等微生物的病毒的总称，因部分能引起宿主菌的裂解，故称为噬菌体。噬菌体是病毒的一种，是一种普遍存在的生物体，而且依赖于宿主而生存。噬菌体的结构是由蛋白质外壳及其包裹的遗传物质所组成，大部分噬菌体还长有"尾巴"，用来将遗传物质注入宿主体内。随着研究工作的不断发展，目前人们把感染真菌的噬菌体称为真菌病毒，几乎不再称为真菌噬菌体了，但细菌除外，如以大肠杆菌为寄主的 T2 噬菌体。Hershey 和 Chase 于 1952 年以 T2 噬菌体为材料进行了噬菌体感染实验。T2 噬菌体由蛋白质（60%）外壳和 DNA（40%）核心组成。蛋白质中含有硫而不含有磷，DNA 中含有磷而不含有硫，所以分别用同位素 ^{32}P 和 ^{35}S 标记 T2 噬菌体进行感染实验（图 1-2），就可以分别测定 DNA 和蛋白质的功能。

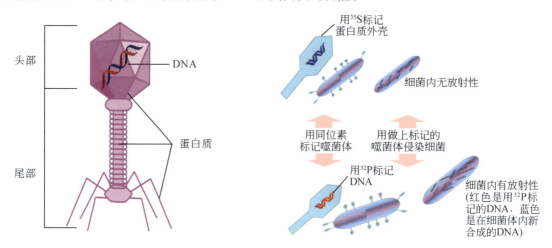

图 1-2　证明 DNA 是遗传物质的噬菌体感染实验

（三）病毒重建实验

Fraenkel-Corat 于 1956 年用烟草花叶病毒（tobacco mosaic virus，TMV）为研究材料进行了病毒重建实验。TMV 是一种杆状病毒，它有一个筒状的蛋白质外壳，由多个相同的蛋白质亚基所组成（图 1-3）。外壳内有一条单链 RNA 分子沿着内壁的蛋白质亚基间盘旋着。

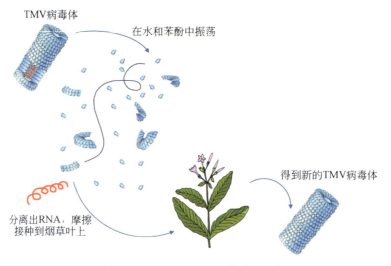

图 1-3　证明 DNA 或 RNA 是遗传物质的病毒重建实验

把 TMV 在水和苯酚中振荡，使 TMV 的蛋白质和 RNA 分开，然后分别去感染烟草。结果揭示只有 TMV 的 RNA 能感染烟草，而蛋白质部分不能感染烟草。而且用分离得到的 RNA 接种烟草后，烟草能表现出与 TMV 接种后相同的病害症状，同时还能从感染的烟草植株中分离到完整的 TMV 病毒体，即外面是蛋白质外壳，壳内是遗传物质 RNA 分子（见图 1-3）。

以上三个实验直接证明了遗传物质是 DNA 或 RNA，使摩尔根提出的 DNA 是一个化学实体的预言得到了证实。但由于长期以来有不少科学家认为"蛋白质是遗传物质"的观念根深蒂固，所以 DNA 是遗传物质的观点直到 1953 年 Watson 和 Crick 提出了 DNA 分子结构的双螺旋模型之后才真正被广泛接受和确立，多年来的争论也随之消失。

二、DNA 的结构和复制

根据对 DNA 的 X 射线衍射分析，Watson 和 Crick 于 1953 年建立了著名的右手双螺旋 DNA 结构模型（图 1-4），即两条多核苷酸链以反向平行方式绕同一个公共轴，形成右手双螺旋，螺旋的直径为 2.0 nm（20 Å）。在反向平行的两条链中，一条是 5′—3′，另一条是 3′—5′；两条多核苷酸链的糖 - 磷酸骨架位于双螺旋外侧，碱基平面位于链的内侧，相邻碱基之间的轴向距离为 0.34 nm（3.4 Å），每个螺旋含有 10 个碱基，其轴距为 3.4 nm（34 Å），如图 1-4 所示。简单而言，DNA 的一级结构就是 DNA 单链；二级结构就是 DNA 的双螺旋结构；三级结构就是在二级结构基础上的 DNA 的超螺旋结构。此后人们又继续了多年的研究，如美国麻省理工学院 Rich 等于 1979 年发现了左手双螺旋 DNA 结构，其螺旋方向与右手螺旋 DNA 相反，DNA 的立体结构如图 1-4 所概括。在 DNA 分子的双螺旋模型中，核苷酸内所含嘌呤和嘧啶碱基的排列称为碱基堆积，碱基之间的纵向作用力（范德华力）称为"碱基堆积力"，有关研究表明碱基堆积力在维持双螺旋结构稳定性中比氢键力显得更为重要。

（一）脱氧核糖核酸的化学结构

在分子结构上，DNA 是由 4 种脱氧核苷酸连接而成多核苷酸的两条单链，通过氢键把两条单链上相对的碱基连接起来。碱基的配对是有规律的，A 与 T 配对，G 与 C 配对。这就是碱基互补配对原则。所以，在 DNA 中碱基的比率总是（A+G）/（T+C）= 1，即嘌呤碱基的分子总数等于嘧啶碱基的分子总数。在

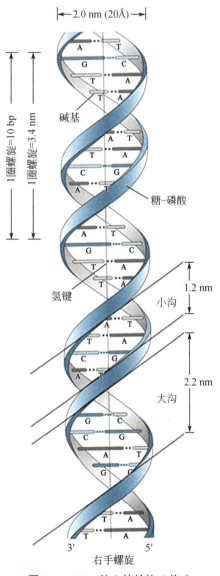

图 1-4 DNA 的立体结构（修改自 Snyder et al.，2013）

双链上，4 种碱基的排列顺序是不受限制的，因而形成了 DNA 分子结构的多样性，而每一特异的 DNA 分子有其独特的碱基排列顺序，结构的独特性和多样性赋予了遗传性状的多样性。碱基和核糖缩合成核苷，糖与碱基之间以糖苷键相连接（N—C 键，一般称为 N- 糖苷键）。核苷中的戊糖羟基被磷酸酯化，就形成核苷酸。因此，核苷酸是核苷的磷酸酯。根据核苷酸组成中的戊糖不同，可将核苷酸分为两类：核糖核苷酸和脱氧核糖核苷酸。核苷酸是核酸的基本结构单位。核酸是由单体核苷酸通过 3′，5′- 磷酸二酯键聚合而成的长链大分子（多聚核苷酸，polynucleotide）（图 1-5）。

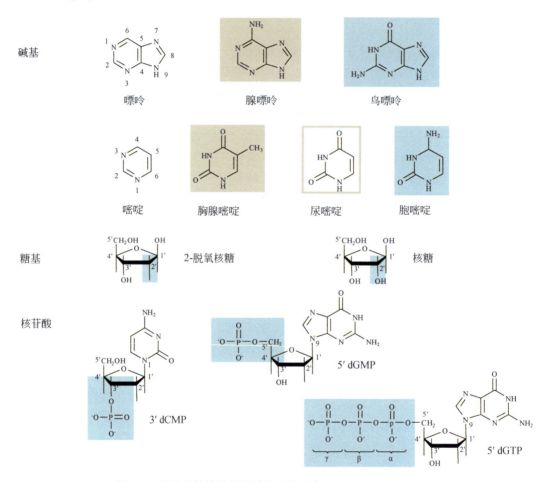

图 1-5　碱基和核酸的化学结构（修改自 Snyder et al., 2013）

（二）DNA 的半保留复制

1953 年，Watson 和 Crick 发表了他们的 DNA 结构，这种模型的推测之一是 DNA 的复制通过一种半保留机制。其中特异性碱基配对发生在新老 DNA 链之间，于是基本解释了遗传。1958 年 Meselson 和 Stahl 通过 ^{15}N 标记的大肠杆菌 DNA，证明了 DNA 的半保留复制，从而使人类对遗传物质的认识又有了一个大的飞跃。在复制开始，模板先要在 RNA 聚合酶的存在下转录一段 RNA，长 50 ~ 100 个核苷酸残基，随后才开始 DNA 的合成。因此，每个冈崎片段（Okazaki fragment）实际上是由 RNA 引物和 DNA 两个部分组成，而 RNA 引物在复制后期冈崎片段互相连接的过程中被水解，所以在最终的产物中并不存在。冈崎片段是指在 DNA 双链进行半保留复制时，在复制点附近新合成的与亲代 DNA 链互补的 DNA 片段，一般是不连续合成且长度较短的 DNA 片段，并以主要发现者——日本名古屋大学冈崎令治的姓氏而命名。

三、微生物基因、基因组及其结构

（一）基因的基本概念

通常所说的"基因"，是指存在于生物细胞内控制生物性状的基本遗传单位。曾以"顺反子"的概念来描述基因，把带着足以决定一个蛋白质的全部组成所需信息的最短 DNA 片段称为一个"顺反子"。如一个含有 300 个氨基酸的蛋白质，它的编码基因就是 900 个核苷酸（相当于 300 个密码子，每三个碱基组成一个密码子，每个密码子可编码一种氨基酸），多个密码子可组成一个顺反子，一个顺反子编码一条多肽链。

19 世纪 60 年代，遗传学家 Mendel（孟德尔）就提出了生物的性状是由遗传因子控制的观点，但这仅仅是一种逻辑推理。20 世纪初期，遗传学家 Morgan（摩尔根）通过开展果蝇的遗传学研究，一些实验结果揭示基因是作为一个遗传单元而存在于染色体上，并且在染色体上呈线状排列，从而得出了染色体是基因载体的结论。1909 年丹麦遗传学家 Johansen（约翰逊）在《精արய遗传学原理》一书中正式提出"gene"（音译为"基因"）的概念。从此，"基因"这个名词一直伴随着遗传学发展至今。

20 世纪 50 年代以后，随着分子遗传学的发展，尤其是 Watson 和 Crick 提出 DNA 双螺旋结构以后，人们进一步认识了基因的本质，即基因是具有遗传效应的 DNA 片段。

（二）基因的符号

每个基因的命名是用斜体小写的三个字母来表示，如色氨酸合成基因 trp，同一表型的不同基因在三个字母后加上大写的斜体英文字母如 trpA 或 trpB 等。当染色体上基因发生缺失时可用"Δ"表示，如色氨酸合成基因 trp 的缺失可表示为 ΔtrpA 或 ΔtrpA。基因突变的表示方法是在基因符号的右上方加"-"，如亮氨酸缺陷型用 leu⁻ 来表示。抗药性一般是指对不同抗生素的抗性，如对链霉素的抗性表示为 Strʳ（streptomycin resistance），敏感为 Strˢ（streptomycin sensitivity）。

（三）基因突变

基因突变（gene mutation）可从突变发生方式和突变引起的形态与表型改变及遗传物质改变等方面进行分类。按突变体表型和形态特征的不同，可把突变分为以下几种类型：

（1）形态突变型：指微生物细胞形态发生了改变的那些突变型。例如，链霉菌发育分化中相关基因的突变而导致不能形成气生菌丝的光秃型或不能形成孢子链或游离孢子而呈现白色气生菌丝形态的突变型，以及芽孢杆菌不能形成孢子和鞭毛的突变型。

（2）生化突变型：指没有发生形态效应的突变型。最常见的是营养缺陷型，由于代谢过程中某些基因发生突变而导致的缺陷，其生长过程中必须在培养基中添加某种物质才能使菌株生长。另外，在抗生素高浓度培养条件下会导致相关基因的突变（如编码核糖体亚基的相关基因的突变），产生的耐药性或抗性突变等都属于生化突变。

（3）致死突变型：由于某些重要基因，如看家基因（house keeping gene）突变而导致个体不能正常生长发育或死亡的突变型。

（4）条件致死突变型：在某些培养条件下能够生长或成活，而在某些条件下则不能生长或致死的突变型。最典型的是温度敏感突变型。例如，T4 噬菌体的温度敏感突变型在25℃时能在大肠杆菌细胞内正常生长和繁殖，形成噬菌斑，但在 42℃时就不能生长。

（5）突变所引起的遗传信息的改变：又可把突变分为三种。①错义突变（missense mutations）：突变造成一个不同氨基酸的置换；②同义突变（samesense mutations）：碱基突变后编码的氨基酸与野生型氨基酸相同；③无义突变（nonsense mutations）：碱基突变后形成终止密码子，使蛋白质合成终止。无义突变分为琥珀突变（amber）、赭石突变（ocher）和乳白突变（opal 或 umber）。琥珀突变是指碱基突变后形成的终止密码子为 UAG；赭石突变是指碱基突变后形成的终止密码子为 UAA；乳白突变是指碱基突变后形成的终止密码子为 UGA。这三个密码子不编码任何氨基酸，故称之为"无意义密码子"。此外，根据遗传物质的结构改变，还可分为碱基置换、移码、插入和缺失。同时，根据突变发生的方式，还可分为自发突变和诱发突变。

（四）基因突变的意义

基因突变导致物种的性状发生了改变，对突变个体本身而言，绝大多数是有害的，因为现有的大多数生物基本上适应了现在的环境。但是环境是可变的，如果生物不变，那就很可能被淘汰。所以，对整个生物群体或物种来说，突变使群体不会灭亡。环境不断改变，生物通过不断突变而适应，也就使其被保留下来。最终，物种的面貌特征与祖先不同，所以说，突变是生物进化的内因，是进化的主要动力。无数事实说明了一个真理，即宇宙间的所有物种变异是绝对的，不变则是相对的。

（五）基因的基本结构

原核微生物的基因一般大约由 1000 bp 组成，含有转录和翻译的起始位点、启动子序列、终止密码子和终止子序列，以及核糖体结合位点（RBS），编码序列一般称之为开放阅读框（open reading frame，ORF）（图 1-6）。

在链霉菌编码蛋白的 DNA 序列中 G 或 C 作为第 1 个碱基位置典型地出现在密码子中的概率是 60% ～ 80%，G 或 C 作为第 2 个碱基位置出现的概率是 50%，G 或 C 作为第 3 个碱基位置出现的概率是 90% ～ 100%，而符合这个比例的碱基在基因组中出现时就形成一个开放的阅读框，即一个具有编码功能的基因。

```
cgaatgtgatcaggttcgcttcggcgcgtgtatcggaacgggatcgatcgccggggcgtc
cttcctggtgccggtgcgaatcgggacgggcgtcccggcggacttcattggtatgtcgag
gtttatggcgatttgaacacttactgcatgggcttggttccgcagagtgaataaggggcc
caatagcaga tctcggct tgactcgcccggagcagca cacttgt aatttcactcgtgtcg
          -35                              -10           tsp
ttcagccggaatcggtaacggctagatcacggggacgcgaaagacaga ggagg ggcgcac
                                                     RBS
atg accgagctggtgcagcaactgctggtcgacgacgcggacgaggaactcggctggcag
M   T  E  L  V  Q  Q  L  L  V  D  D  A  D  E  E  L  G  W  Q
gagcgcgcactgtgcgcccagaccgaccccgagtccttcttccccgagaagggcggctcc
E  R  A  L  C  A  Q  T  D  P  E  S  F  F  P  E  K  G  G  S
acccgcgaggccaagaaggtctgcctggcctgtgaggtccgctccgaatgcctcgagtac
T  R  E  A  K  K  V  C  L  A  C  E  V  R  S  E  C  L  E  Y
gcccttgccaacgacgagcgcttcggcatctggggcggcctgtccgagagggaacgccgc
A  L  A  N  D  E  R  F  G  I  W  G  G  L  S  E  R  E  R  R
cgtctcaagaaggccgcggtc tga aagcgccgccccacgcggcggcggaaacggcccgaa
R  L  K  K  A  A  V  *
cagcgagaacggcccgtcgcgggtgtggttgtccacaggcggcggggccctcttgctgccca
gccgatagtgtgggcgctcgtccgagacgccccgccaccctcaacgggcacgggcgtcca
ccgcagtccaccgaaccg
```

图 1-6 原核微生物基因的组成特点

真核微生物的基因一般比较大，由几千个碱基（kb）组成，不像原核生物那样含有启动子的 -10 和 -35 区，而是 TATA 序列区，具有终止密码子，在基因末端一般具有 polyA 信号序列，真核微生物的基因在编码序列中还存在非编码的内含子序列（图 1-7），这与原核微生物的基因有显著的不同。

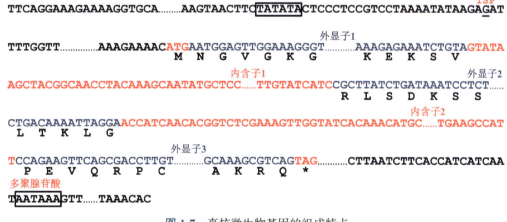

图 1-7 真核微生物基因的组成特点

（六）微生物基因组

微生物基因组（microbial genome）是指单倍体细胞中包括编码序列和非编码序列在内的全部 DNA 分子（染色体和质粒等）。自 1995 年 7 月美国第一个完成嗜血流感杆菌的全基因组测序以来，一些具有重要意义的微生物中的模式菌株的基因组全序列测定和分析已随后完成，如大肠杆菌 K-12 的全基因组序列分析（图 1-8），天蓝色链霉菌的全基因组序列分析等，尤其是我国已于 2002 年完成了腾冲嗜热厌氧杆菌 MB4 的全基因组序列分析（图 1-9、表 1-1）。到目前为止，已完成 11 243 株微生物的全基因组测序

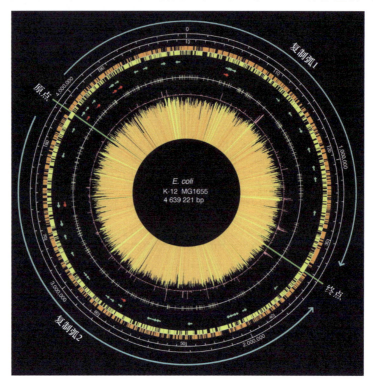

图 1-8 大肠杆菌 K-12 的全基因组序列分析（修改自 Blattner et al.，1997）

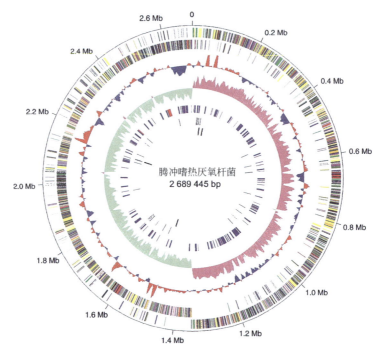

图 1-9 腾冲嗜热厌氧杆菌 MB4 的全基因组序列分析（修改自 Bao et al.，2002）

并发表在相关的国际刊物上（GOLD 数据，截至 2018 年 9 月 10 日）。基因组学在微生物遗传学发展中起着关键的作用。在基因组学迅猛发展的基础上，转录组学、蛋白质组学、代谢组学及表型组学等的研究亦在快速发展，这些将为功能基因组学的深入研究奠定基础。

表 1-1　腾冲嗜热厌氧杆菌基因组的基本特点

名称	数量或大小
基因组大小（bp）	2 689 445
G+C 含量（%）	37.6
蛋白编码基因数量	2342
平均基因大小（bp）	905
编码基因占基因组的比例（%）	87.1
rRNA 基因（16S-23S-5S）	4

第三节　重要的名词与基本概念

本节主要介绍微生物遗传与分子生物学中用于基因克隆、表达调控的一些主要功能元件的特点，以及一些重要学术名词的定义或基本概念等内容。

一、质粒及其特点和命名

（一）结构特点

质粒（plasmid）：是染色体外能够进行自主复制的遗传单位，包括真核生物的细胞器和细菌细胞中染色体以外的脱氧核糖核酸（DNA）分子。现在习惯上专指细菌、放线菌和酵母菌等微生物中染色体以外的能自主复制的 DNA 分子。在基因工程中质粒常被用作基因克隆和表达的载体。目前，已发现有质粒的细菌有几百种，已知的绝大多数的细菌质粒是共价闭合环状 DNA 分子（covalent closed circular DNA，cccDNA）。每个细胞中质粒的拷贝数主要取决于质粒本身的复制特性。按照复制性质，可以把质粒分为两类：一类是严紧型质粒，当细胞的染色体复制一次时，质粒也复制一次，每个细胞内只有 1～2 个质粒拷贝；另一类是松弛型质粒，当染色体复制停止后仍然继续复制，每个细胞内一般有 20～50 个拷贝，即有 20～50 个质粒存在，这属于中等拷贝数的质粒。有些微生物的质粒拷贝数可高达 50～100 个，属于高拷贝数的质粒。一般分子量较大的质粒属严紧型，而分子量较小的质粒属松弛型（图 1-10）。在基因表达调控中根据所表达产物的不同，一般中等拷贝数的质粒更适合于基因高效表达，拷贝数太高可能会引起细胞生长中遗传稳定性不好或导致细胞生理特性的改变。在高产工业生产菌株的构建方面，人们一般选用低拷贝的整合型质粒载体（如 1 ～ 2 个拷贝的质粒载体），有利于使构建的工程菌株遗传稳定性好和生理特性等方面无明显改变。

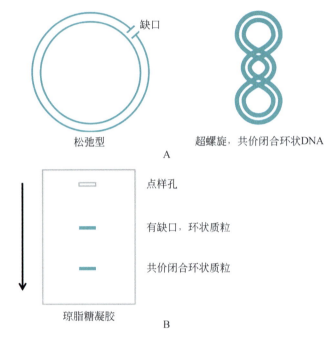

缺口

松弛型

超螺旋，共价闭合环状DNA

A

点样孔

有缺口，环状质粒

共价闭合环状质粒

琼脂糖凝胶

B

图 1-10　质粒 DNA 分子具有三种不同的构型（修改自 Snyder et al.，2013）

当其两条多核苷酸链均保持着完整的环形结构时，称之为共价闭合环状 DNA（cccDNA），这样的 DNA 通常呈现超螺旋的构型（见图 1-10A）；如果两条多核苷酸链中只有一条保持着完整的环形结构，另一条链出现一至数个缺口（nicked）时，称之为开环 DNA（ocDNA），即 OC 构型（见图 1-10A）；若质粒 DNA 经过适当的核酸限制性内切酶切割之后，发生双链断裂形成线性分子（linear DNA），通常称为 L 构型。通过琼脂糖凝胶电泳观察质粒的迁移，发现超螺旋质粒比开环的和线性的质粒在琼脂糖凝胶电泳时跑得快，而线性的比开环的跑得快。取决于实验条件（如琼脂糖浓度和电流大小等），线状 DNA 和 cccDNA 有时跑的速度接近，图中箭头所指是迁移方向（见图 1-10B）。

（二）质粒的命名

以小写字母 p 表示质粒，后接两个大写英文字母表示发现该质粒的单位、实验室名称或作者名字，其后的数字表示质粒的编号。如 pUC18 是含有氨苄青霉素抗性基因的大肠杆菌高效克隆质粒，该质粒上有多个不同的限制性内切酶切割位点或多克隆位点（multiple cloning sites，MCS），便于外源 DNA 片段插入或基因的克隆（图 1-11）。

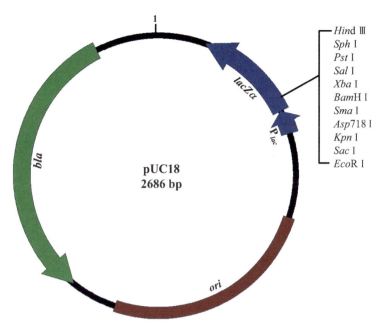

图 1-11 质粒 pUC18 的结构示意图

二、启动子和 RNA 聚合酶

（一）启动子

启动子（promoter）是基因的重要组成部分，位于基因的 5′ 末端、紧接转录起始位点（transcription start point，tsp）上游，为 25～200 个碱基的非编码核苷酸序列。它是被 RNA 聚合酶中 σ（sigma）因子所识别的特异性 DNA 序列（原核微生物的基因一般具有 -10 区和 -35 区，如 TTGACG-17 bp-TAGGAT），其主要功能是控制基因转录的起始时间和表达的程度。启动子就像"开关"，决定基因的转录与表达。启动子一般分为广谱表达型启动子、组织特异性启动子等。真核生物的启动子不像原核生物那样具有 -10 区和 -35 区的特异序列（图 1-12），而是具有 TATA box 的特异序列。

具有方向性：启动下游基因的表达，一个基因通常含有一个或多个启动子，启动不同转录本的表达。某些启动子具有表达的时空性和组织特异性。启动子中的 -10 和 -35 序列是 RNA 聚合酶所结合和作用所必需的特异序列。但是附近其他 DNA 序列也能影响启动子的功能。例如，在核糖体 RNA 合成起始位点上游 50～150 个核苷酸的顺序是对启动子的完全活性所必需的。如果这一段 DNA 顺序缺失并由其他外来 DNA 所取代，则转录起始的效率将大大降低。有时候上游顺序可能是某些能直接激活 RNA 聚合酶的"激活蛋白"的结合部位。因此，上游顺序的改变可以影响 -10 区和 -35 区的 DNA 结构变化，进而影响启动子强度。

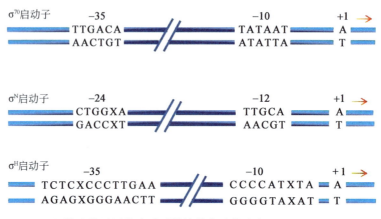

图 1-12　原核生物基因的启动子结构特点（修改自 Snyder et al., 2013）

（二）RNA 聚合酶

RNA 聚合酶（RNA polymerase）一般由 2αββ′ 组成核心酶（core enzyme），含有 σ 因子的 2αββ′σ 为全酶（holoenzyme），其中 σ 因子帮助指导 RNA 聚合酶识别特异的启动子序列，它们也帮助 RNA 聚合酶把启动子 DNA 链分开以起始转录（图 1-13 和图 1-14）。

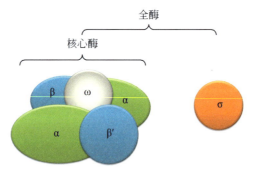

图 1-13　原核生物 RNA 聚合酶的结构组成

三、克隆（基因克隆）

克隆是英文"clone"或"cloning"的音译，而英文"clone"则起源于希腊文"klone"，原意是指以幼苗或嫩枝插条，以无性繁殖或营养繁殖的方式培育植物，如扦插和嫁接。中文也有更加确切的词表达克隆，如"无性繁殖"或"无性系化"。

克隆是指生物体通过体细胞进行的无性繁殖，以及由无性繁殖形成的基因型完全相同的后代个体组成的种群。通常是利用生物技术由无性生殖产生与原个体有完全相同基因的个体或种群，现在人们把克隆这个名词更为广泛化，如把某一 DNA 片段或某一基因插入质粒载体，也称为克隆。

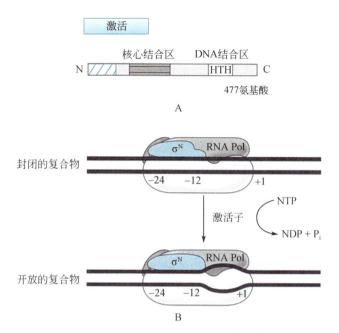

图 1-14 RNA 聚合酶 σ 因子识别的启动子特异区域（修改自 Snyder et al., 2013）

DNA 克隆：相容的限制性内切酶如 *Sau*3A I 和 *Bam*H I 被用于克隆一个 DNA 片段到一个克隆载体上（图 1-15）。将被克隆的 DNA 片段首先用 *Sau*3A 酶切，然后连接到 *Bam*H I 酶切后的质粒载体上，被克隆的片段不能自我复制，因其缺乏复制起始区域，然而一旦插入克隆的质粒载体，其可随着质粒的复制而复制。

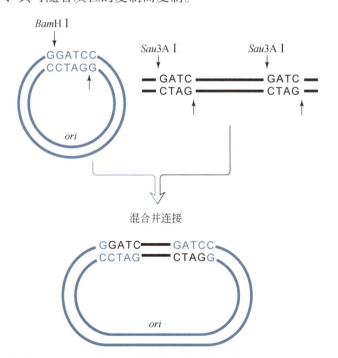

图 1-15 质粒 DNA 被限制性内切酶切割的示意图（修改自 Snyder et al., 2013）

四、DNA 重组

当我们谈论 DNA 重组的时候，经常把其归属于同源重组。同源重组能够发生在完全相同或非常相似的两种 DNA 序列之间，取决于不同物种。同源重组能发生在 23 个碱基那样短的同源区之间，长一点的同源片段能产生更高的交换频率。地球上所有的物种都具有同源重组的机制，重组对于物种的生存是很重要的。众所周知，通过重组可以得到一些基因的新组合，允许物种更快速地适应环境，同时也加速了进化的过程。

1973 年，美国斯坦福大学的 Stanley Cohen（斯丹利·柯恩）等将大肠杆菌含有四环素抗性基因的质粒与含有卡那霉素抗性基因的质粒，经体外酶切和连接后再转化到大肠杆菌中，获得了重组质粒的抗性表达。成功地实现了 DNA 的体外重组，由此使人类进入了能动地改造物种和创造新物种的新时代。非同源重组是大多数不相似的 DNA 序列上发生的特异性序列交换而产生的重组。

五、遗传密码与遗传信息

（一）遗传密码

1961 年，Francis Crick 及其同事，通过使用噬菌体和细菌揭示了遗传密码子是由三个核苷酸组成的三联体。这些研究也表明不是所有的密码子都决定一种氨基酸，它们有些是无意义的。这些实验为 Marshall Nirenberg 及其合作者破译遗传密码奠定了基础。其中特异性的三个核苷组成的一组密码子可编码 20 种氨基酸中的一种。

这种对应于氨基酸的核苷酸三联体被称为密码子，把核酸链上单核苷酸序列与多肽链上氨基酸序列联系起来的信号称为遗传密码（表 1-2）。

表 1-2 遗传密码子及其编码的氨基酸

	T	C	A	G	
T	F TTT	S TCT	Y TAT	C TGT	T
	F TTC	S TCC	Y TAC	C TGC	C
	L TTA	S TCA	* TAA	* TGA	A
	L TTG	S TCG	* TAG	W TGG	G
C	L CTT	P CCT	H CAT	R CGT	T
	L CTC	P CCC	H CAC	R CGC	C
	L CTA	P CCA	Q CAA	R CGA	A
	L CTG	P CCG	Q CAG	R CGG	G
A	I ATT	T ACT	N AAT	S AGT	T
	I ATC	T ACC	N AAC	S AGC	C
	I ATA	T ACA	K AAA	R AGA	A
	M ATG	T ACG	K AAG	R AGG	G

续表

	T		C		A		G		
G	V	GTT	A	GCT	D	GAT	G	GGT	T
	V	GTC	A	GCC	D	GAC	G	GGC	C
	V	GTA	A	GCA	E	GAA	G	GGA	A
	V	GTG	A	GCG	E	GAG	G	GGG	G

密码子中的后一个碱基是随着特异氨基酸的变化而改变的，此特点通过噬菌体 T4 溶菌酶基因的一些突变进行了验证。迄今为止的研究表明，遗传密码是通用的，无论是原核生物还是高等动植物都用同样的密码去确定相应的氨基酸。

（二）简并密码子、无意义密码子和反密码子

为丙氨酸（alanine）编码的密码子有 4 种，为精氨酸（arginine）编码的密码子有 6 种，等等。于是规定任何两种为同一氨基酸编码的密码子即为"同义"或"简并"密码子。

此外还有三个碱基三联体，UAA、UAG 和 UGA，它们不为任何氨基酸编码，但是它们可以作为编译过程中的"标点"符号，中断核糖体对信使核糖核酸（mRNA）的解读，从而使合成的多肽链释放出来。这三个密码子由于不代表任何氨基酸，故称之为"无意义密码子"。

"反密码子"是指转移核糖核酸（tRNA）分子中的碱基三联体。它与 mRNA 链上的密码子能通过形成氢键而互补，搭配成对，从而使 tRNA 在蛋白质合成过程中携带特定的氨基酸分子到 mRNA 指定的部位。反密码子是 tRNA 链由非螺旋区域的核苷酸所形成的"突环"的一部分。

（三）遗传信息

所谓遗传信息就是决定生物体结构、性状和代谢类型的特殊生物指令，它保证了生物物种、代谢性状及其他各种生物学特征在世代交替中保持相对恒定。遗传信息主要贮存在 DNA 分子的一级结构中，其一级结构的四种核苷酸（G、A、T、C）的不同组合排列，就相应地有着不同的遗传信息。

任何蛋白质的氨基酸排列次序都是由产生该蛋白质的细胞内 DNA 某段核苷酸的排列次序决定的。在蛋白质合成过程中，DNA 分子中贮存的信息先要"抄写"在 mRNA 上，mRNA 进入细胞质作为合成的直接模板，其分子上以一定顺序相连的三个核苷酸决定一种氨基酸，同时也决定这个特定的氨基酸在 mRNA 指导下，在核糖体上组装成多肽链时所占有的线性位置。

六、操纵子学说

1961 年，法国科学家 Monod（莫诺）与 Jacob（雅可布）发表"蛋白质合成中的遗传

调节机制"一文，提出操纵子学说，开创了基因调控的研究。

1961 年，Jacob 和 Monod 发表了他们有关大肠杆菌乳糖利用基因调控的操纵子模型（图 1-16）。除诱导子（乳糖）结合在阻遏子上外，他们提出了一种阻遏子能阻断 *lac* 基因上 RNA 的合成。他们的模型已经被用于解释其他系统的基因调控，而且 *lac* 基因和调控系统继续被用在分子遗传学实验中，即使离细菌很遥远的动植物都在用此系统研究基因的表达调控。

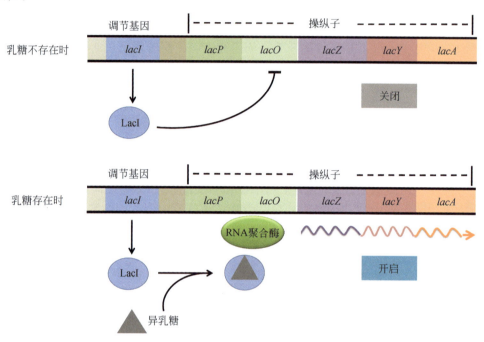

图 1-16　Jacob 和 Monod 的大肠杆菌乳糖操纵子模型

通过 TrpR 阻遏子介导的 *trp* 操纵子的负调控模型。共阻遏子色氨酸（tryptophan）与阻遏蛋白 TrpR 结合使该阻遏子构象发生改变，于是可与 DNA 结合，而导致色氨酸合成操纵子（*trp* operon）的启动子（P_{trp}）不能启动 *trp* operon 的转录（图 1-17）。

七、中 心 法 则

1958 年 Crick 提出：生物遗传信息的传递方向是 DNA → RNA → 蛋白质，即认为生物体的遗传信息最初贮存在 DNA 中，然后从 DNA 转录到 mRNA 上，再由 mRNA 翻译为蛋白质（图 1-18）。

1970 年 Temin（特明）和 Baltimore（巴尔提姆）分别在 RNA 肿瘤病毒中发现 RNA 指导的 DNA 聚合酶（即反转录酶），在此酶的催化下 mRNA 可以指导合成 DNA，称为反转录 DNA（cDNA）。根据这一发现，Crick 对原来的中心法则做了修正（见图 1-18）。

由此可见，遗传信息并不一定是从 DNA 单向地流向 mRNA，而 mRNA 携带的遗传信息同样也可流向 DNA。但是 DNA 和 mRNA 中包含的遗传信息只是单向地流向蛋白质，迄

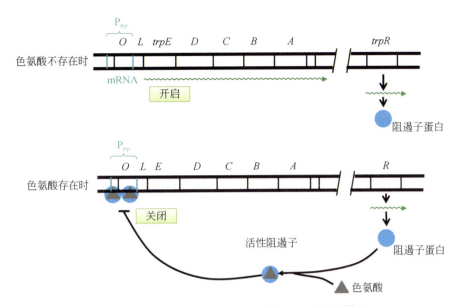

图 1-17　TrpR 阻遏子介导的 *trp* 操纵子的负调控模型

今为止还没有发现蛋白质的信息可逆向到核酸。这种遗传信息的流向就是 Crick 概括的中心法则（central dogma），这是至今为人们所共识的遗传信息流向（见图 1-18）。

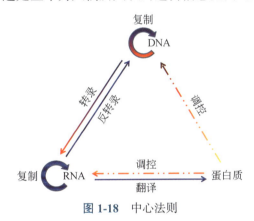

图 1-18　中心法则

八、转化、转导、转染及接合转移

（一）转化

转化（transformation）是指将质粒或其他外源 DNA 导入处于感受态的宿主细胞中，并使其获得新遗传特性或新遗传表型的过程。

（二）转导

由噬菌体和病毒介导的遗传信息的转移过程称转导（transduction）。1953 年 Norton

Zinder 和 Joshua Lederberg 发现了在细菌之间基因转移的机制。他们证明了沙门氏菌的一种噬菌体可以把一个细菌的 DNA 携带到另一个细菌中。这意味着基因发生了交换，这种现象称为转导（图 1-19），而现在所知这种情况是相当广泛的。

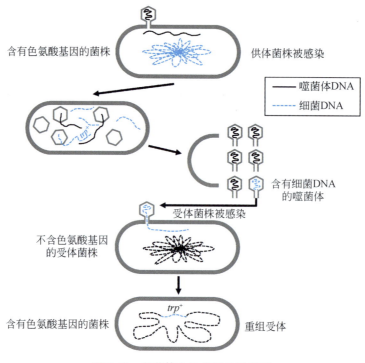

含有色氨酸基因的菌株   供体菌株被感染

—— 噬菌体DNA
----- 细菌DNA

含有细菌DNA的噬菌体

受体菌株被感染

不含色氨酸基因的受体菌株

trp^+

含有色氨酸基因的菌株   重组受体

图 1-19   噬菌体介导的转导示意图

普遍性转导的例子如图 1-19 所示。一种噬菌体感染一种产色氨酸（Trp^+）的受体细菌，然后把 DNA 包装到噬菌体头部的过程，由于噬菌体错误地包装了一些细菌的 DNA，此部分 DNA 所含有合成色氨酸的基因（trp）取代了噬菌体自身的 DNA 而进入头部。在下一次感染过程中，这种转导噬菌体把 trp 注入不产色氨酸（Trp^-）的细菌中，如果进来的 DNA 与染色体 DNA 发生重组，一种 Trp^+ 重组转导体就可以产生。

（三）转染

采用与质粒 DNA 转化受体细胞相似的方法，即宿主菌先经过 $CaCl_2$、电穿孔等方法处理成感受态细菌，再将重组噬菌体 DNA 直接导入受体细胞的过程，进入感受态细菌的噬菌体 DNA 可以同样复制和繁殖，这种方式称为转染（transfection）。转染与转化不同的是转化需要质粒作为载体，而转染不需要质粒载体，仅是噬菌体 DNA 直接进入宿主细胞的过程。

（四）接合转移

1946 年，Lederberg 和 Tatum 发现了细菌中不同类型的基因交换。当把大肠杆菌与其他菌株混合在一起培养的时候，他们观察到一些重组类型的出现，这些类型不像亲代的任何一个。

不像转化那样，仅需将从一个细菌来的 DNA 加入其他细菌中，这意味着基因交换需要两种细菌之间直接的接触。这种现象随后证明是由质粒介导的，并称为接合转移（conjugal transfer）。

九、Southern、Northern 和 Western 杂交

Southern 印迹杂交是 1975 年由英国人 Southern 创建，是研究 DNA 图谱的基本技术，称为 Southern 印迹技术（Southern blot），即 DNA-DNA 的杂交（图 1-20）。RNA 正好与 DNA 相对应，故被称为 Northern 印迹技术（Northern blot），即 RNA 与 DNA 的杂交。与此原理相似的蛋白质印迹技术则被称为 Western blot，即蛋白质 - 蛋白质的杂交（需要制备蛋白质抗体）。

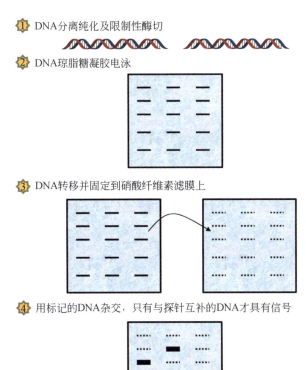

图 1-20　DNA Southern 杂交示意图（修改自 Snyder et al., 2013）

十、菌 落 杂 交

菌落杂交（colony hybridization）是在构建的基因文库中从众多的菌落中筛选目的基因或目的 DNA 片段的一种方法。首先在平皿上培养适合数量的菌落，然后用硝酸纤维素膜（nitrocellulose membrane，简称 NC）把菌落影印上去，并保留平皿备用，将膜上的菌落用 1% 的 SDS 和 1 mol/L 的 NaOH 处理，使 DNA 变性并固定在滤膜上。然后

放入用同位素标记的 DNA 探针溶液进行杂交，洗去未与探针结合的 DNA，用 X 射线进行曝光，然后进行显影和拍照，出现的信号与平皿上标记的菌落对比，可得到杂交阳性的菌落（图 1-21）。

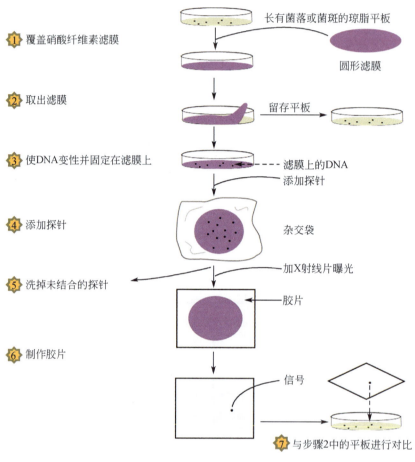

图 1-21　菌落杂交示意图

十一、PCR 扩增

聚合酶链式反应（polymerase chain reaction）简称 PCR。PCR 扩增程序：第一步是 DNA 模板在 95℃高温条件下加热变性，然后把引物加入反应体系并在 60℃条件下进行退火，让其与作为互补链合成的分开链进行杂交，然后在 72℃条件下让 DNA 链进行延伸（Snyder et al., 2013）。形成的 DNA 互补链通过下一步加热循环而分开，此过程是重复性的。DNA 聚合酶随着加热过程是可以保留其活性的，因为它来自于嗜热细菌，一般 30 个左右的循环，可以得到足够量的 DNA（图 1-22）。如果需要更高浓度的 PCR 产物，可以适当增加循环的次数（如到 35～39 次），但要引起注意的是最好选择高保真的聚合酶，因为随着循环次数的增多，可能会导致非特异性产物和碱基突变的概率增加。

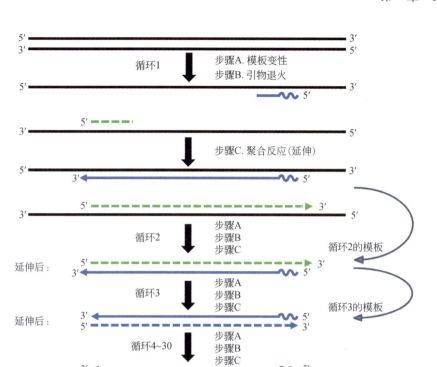

图 1-22　聚合酶链式反应示意图

十二、双组分调控系统

双组分调控系统（two-component regulatory system）是 1968 年由 Ninfa 和 Magasanik 最初在大肠杆菌（*Escherichia coli*）中研究氮调控蛋白系统时发现的；随后 Nixon 等于 1986 年发现细菌中存在多个类似的感应系统。双组分调控系统普遍存在于原核生物中，仅在大肠杆菌中就有 30 多种不同的双组分调控系统。一个典型的双组分系统是由一个存在于细胞膜上的组氨酸激酶（HK）和存在于细胞质的转录应答调控子（RR）组成。这两个蛋白的编码基因通常是相邻的，而且经常组成一个操纵子。RR 主要接受从激酶而来的磷酸到一个天门冬氨酸残基上，然后磷酸化的调控子在细胞中行使一个特殊的作用，即调控靶基因的转录（图 1-23）。双组分调控系统在自然界中是普遍存在的，许多细菌的基因能编码各种不同的双组分系统来应对外界环境的信号变化。同时双组分调控系统不局限于原核生物，也存在于许多真核生物中，如在真菌和高等植物中都已找到这一信号传递系统。到目前为止，在高等动物中还没有发现存在组氨酸激酶的报道，双组分调控系统是否存在于高等动物中有待更多的研究来揭示。

十三、CRISPR-Cas 系统

Ishino 等于 1987 年首先报道了位于大肠杆菌 K12 染色体上的碱性磷酸酶基因下游有 32 bp 间隔排列的串联重复序列（Ishino et al.，1987）。Mojica 和 Jansen 两个课题组将该串

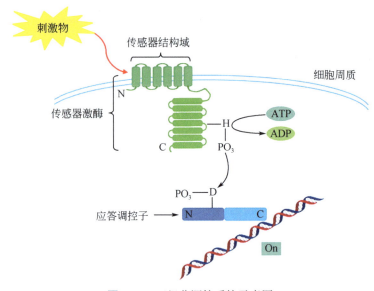

图 1-23　双组分调控系统示意图

联重复序列命名为 CRISPR（clustered regularly interspaced short palindromic repeats），并发现其广泛存在于细菌和古菌中。CRISPR 在细菌和古细菌中共分成 3 类，其中 I 类和 III 类需要多种 CRISPR 相关蛋白（Cas 蛋白）共同发挥作用，而 II 类系统只需要一种 Cas 蛋白即可，这为其广泛应用提供了很便利的条件。目前，来自酿脓链球菌（*Streptococcus pyogenes*）的 CRISPR-Cas9 系统应用最为广泛（Alexander et al.，2017）。因此，CRISPR 技术在基因组编辑技术中的作用是一次革命性的突破。尽管如此，近期有不少报道，由于 CRISPR 在基因编辑中会出现脱靶现象，而导致邻近基因的缺失或基因表达受到影响。

十四、转座子及其转座的生物学意义

转座是某些 DNA 序列的运动，这些 DNA 序列称为转座子（图 1-24），它可以从一个 DNA 位置运动到另一个位置，亦可从一种微生物的细胞转移到另一种微生物细胞，当其整合到基因组合适的位置后发挥其功能。转座子在基因进化、突变、克隆和随机基因融合中扮演了一个重要的角色。同时，可以用它去建立转座后的基因文库，从中筛选表型或形态发生明显变化的突变体。在染色体上一般没有多拷贝的转座子，这是因为它们的分辨功能引起了转座子重复拷贝之间的缺失，超过一个转座子的拷贝就会导致细胞死亡。

十五、工　具　酶

工具酶在分子生物学中主要是指用于 DNA 切割和连接等的酶类。1960 年，Kornberg 通过用大肠杆菌产生的酶在试验中证明了 DNA 的合成。1962 年，国际上许多研究组各自做了大量实验，并证明了从细菌来源的 RNA 聚合酶可以在试管中合成 RNA。从那时起，一些用于分子生物学研究的酶类被从细菌和噬菌体中大量分离纯化，包括限制性内切酶、

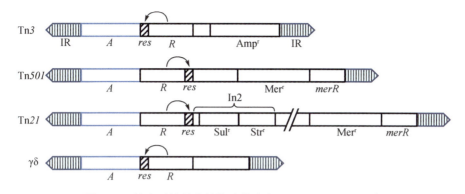

图 1-24 转座子的基本结构（修改自 Snyder et al., 2013）

末端反向重复序列；*A*. 转座酶；*R*. 解离酶，转座酶（*A*）和解离酶（*R*）基因的转录阻遏物；*res*. 重组位点；*merR*. Mer^r 调节；Mer^r. 汞离子抗性；Amp^r. 氨苄青霉素抗性；IR. 反向重复序列

DNA 连接酶、拓扑异构酶和许多磷酸化酶等。到 20 世纪 70 年代初期，一些限制性内切酶不断被发现，而且被用于分子生物学实验中，如 Cohen 等使用细菌和噬菌体来源的一些酶，在体外进行了质粒的重组构建。随着生物学技术的快速发展，目前发现的限制性内切酶有上千种，它们在重组质粒的构建和基因的拼接中发挥了极其重要的作用（图 1-25）。尤其是 1988 年发现了嗜热细菌的 DNA 聚合酶，此酶具有高度的耐热特点，从而发明了称为聚合酶链式反应的 DNA 扩增技术。

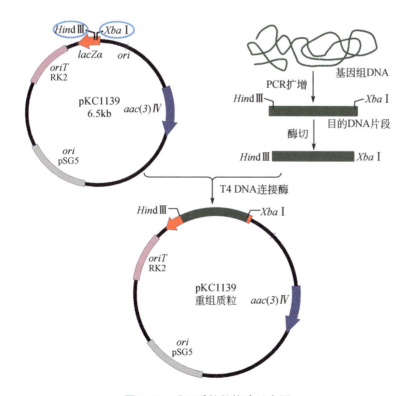

图 1-25 重组质粒的构建示意图

这些例子表明细菌及噬菌体对于分子遗传学和重组 DNA 技术的发展是关键的。因此，与物理学相比，在科学发展史中，"你可以看到分子遗传学无疑是最新的重大概念的突破"（Snyder et al.，2013）。

第四节　微生物遗传学的现状与发展趋势

本节主要介绍微生物遗传学在生命科学中发挥的重要作用和前沿地位，对其在资源紧缺、环境恶化和人口健康等方面的研究与发展趋势进行了初步的展望。

一、微生物遗传学在生命科学中的前沿地位

微生物不同于高等动植物，其具有突出的生物学特性：①营养体多数是单倍体，多数能在含有一定成分的培养基上生长繁殖；②在固体培养基上能从单个细胞通过无性繁殖方式形成菌落；③繁殖迅速且便于长久保存；④代谢作用旺盛，在液体培养基中能在短时间内积累大量的代谢产物；⑤环境因素对于分散的细胞能起均匀而直接的作用；⑥便于获得营养缺陷型；⑦便于获得基因突变库；⑧便于建立遗传操作系统，用于外源基因的表达；⑨能被作为研究基因表达调控的模型，为其他复杂生物的研究提供理论指导和可借鉴的思路。

微生物作为最简单的生命体而成为生命科学研究不可替代的基本材料，对探索和揭示生命活动的基本规律，推动生命科学的发展，发挥了十分重要的作用。微生物具有结构简单、生长速度快、易于操作等特点。20 世纪以来，在生物技术的发展中微生物起到了非常重要的作用。以微生物遗传学研究为基础建立的新理论、新思路和新技术对其他生物物种的研究具有重要的指导作用。生命活动的基本规律，大多数是在研究微生物的过程中首先被阐明的。利用酵母菌无细胞制剂进行酒精发酵的研究，不但阐明了生物体内的糖酵解途径，而且为生物化学领域的酶学研究奠定了基础；肺炎双球菌的转化试验，证明了 DNA 是遗传物质；而 DNA 双螺旋结构的确定，遗传密码的揭示，以及中心法则的建立，从研究思路到实验方法都与微生物有密切的关系；大肠杆菌乳糖操纵子的研究，为其他物种基因表达调控的研究提供了理论指导和可借鉴的思路；RNA 反转录酶的发现，用于 PCR 扩增的嗜热细菌 DNA 聚合酶的发现，以 DNA 重组技术为标志的生物技术的兴起，以及目前正用于基因编辑的 CRISPR 方法的建立等，首先都是以微生物为研究材料来实现的。微生物遗传学的发展促进了生命科学一批新兴领域的诞生，推动了生命科学的蓬勃发展。

二、未来发展趋势

未来微生物遗传与分子生物学的主要布局和发展方向是广泛采用新技术与新方法，推动微观研究的深入发展；同时通过与其他生命科学研究及不同遗传体系的结合，探讨微生

物遗传机制与其他生物遗传机制之间的相互关系，促进宏观研究的不断拓宽；从不同组学（如基因组学、转录组学、蛋白质组学和代谢组学）水平阐明微生物生命活动的全貌，从系统生物学及合成生物学的观念出发探索生命现象的基本规律，揭示遗传本质及其机制。

众所周知，当前人类正面临着多种危机，如粮食危机、能源匮乏、资源紧缺、环境恶化和人口健康等。微生物遗传与分子生物学的主要特点是以微生物作为研究材料开展的研究。在粮食方面：可通过基因工程手段改进作物的遗传特性（如固氮作用），促进粮食增产；通过微生物隐性基因簇的激活得到新型的杀菌和防腐的活性化合物，用于防止粮食霉腐变质等。在能源方面：当前化石能源日益枯竭，正严重地困扰着人类的生存，微生物基因编码的一些重要的酶类可把自然界蕴藏量极其丰富的纤维素转化成乙醇，利用产甲烷菌来生产甲烷，利用光合细菌、蓝细菌或厌氧梭菌类等微生物生产清洁能源——氢气，通过微生物发酵产气或其代谢产物来提高石油采收率等。在资源方面：微生物能将相关的物质转为化工、轻工和制药等工业原料，如乙醇、丙酮、丁醇、乙酸、甘油、异丙醇、柠檬酸、乳酸、长链脂肪酸、长链二元酸等。在环境方面：利用微生物肥料、微生物杀虫剂或农用抗生素来取代会造成环境日益恶化的各种化学肥料或化学农药；利用微生物生产的聚 -β- 羟丁酸（poly-β-hydroxybutyrate，PHB）类物质来制造易降解的塑料制品以减少环境污染；利用微生物来净化生活污水和有毒工业污水；利用微生物技术来监测环境的污染度，利用 EMB 培养基来检查饮水中的肠道病原菌等。在人类健康方面：微生物与人类健康有着密切的关系。首先是因为各种传染病构成了人类的主要疾病，而防治这类疾病的主要手段又是使用各种微生物产生的药物，尤其是抗生素。自从遗传工程开创以来，进一步扩大了微生物代谢产物的范围和品种，使昔日只由动物才能产生的胰岛素、干扰素和白细胞介素等高效药物纷纷转向由"微生物工程菌"来生产。因此，微生物遗传与分子生物学在上述领域已经发挥了其重要的作用，做出了重要贡献，而将来依然大有可为。

习 题

（1）Griffith 和 Avery 等是如何证实转化因子的实质是 DNA 的？
（2）微生物基因突变一般分为几种类型，突变有什么生物学意义？
（3）转化、转导和转染有什么不同？这些方法对微生物遗传学的发展有什么贡献？
（4）描述 PCR 扩增的基本步骤及应注意的关键问题。
（5）简述微生物遗传学在生命科学发展中的重要贡献及其地位。

主要参考文献

陈三凤，刘德虎 . 2003. 现代微生物遗传学 . 北京：化学工业出版社 .
国家自然科学基金委员会，中国科学院 . 2012. 未来 10 年中国学科发展战略（生物学）. 北京：科学出版社 .
Alexander PH, Geneviève MR, Marie-Laurence L, Philippe H, Dennis AR, Christophe F, Sylvain M. 2017. An anti-CRISPR from a virulent streptococcal phage inhibits *Streptococcus pyogenes* Cas9. *Nat Microbiol*, 2（10）：1374-1380.

Bao Q，Tian Y，Li W，Xu Z，Hu S，Dong W，Xue Y，Xu Y，Lai X，Huang L，et al. 2002. A complete sequence of the *T. tengcongensis* genome. *Genome Res*，12（5）：689-700.

Bentley SD，Chater KF，Cerdeno-Tarraga AM，Challis GL，Thomson NR，James KD，Harris DE，Quail MA，Kieser H，Harper D，et al. 2002. Complete genome sequence of the model actinomycete *Streptomyces coelicolor* A3（2）. *Nature*，417：141-147.

Blattner FR，PlunkettG，Bloch CA，Perna NT，Burland V，Riley M，Collado-Vides J，Glasner JD，Rode CK，Mayhew GF，et al. 1997. The complete genome sequence of *Escherichia coli* K-12. *Science*，277：1453-1462.

Ishino Y，Shinagawa H，Makino K，Amemura M，Nakata A. 1987. Nucleotide sequence of the *iap* gene，responsible for alkaline phosphatase isozyme conversion in *Escherichia coli*，and identification of the gene product. *J Bacteriol*，169（12）：5429-5433.

Snyder L，Peter EJ，Henkin MT，Champness W. 2013. Molecular Genetics of Bacteria. 4th ed. Washington：ASM Press.

第二章 大肠杆菌和芽孢杆菌的分子遗传学

大肠杆菌和芽孢杆菌是两类具有代表性的细菌,它们具有各自的遗传和生理代谢特点。大肠杆菌是使用最为广泛的模式生物之一,其对遗传学和分子生物学的发展起了巨大的推动作用。许多有关生命活动基本过程的研究都是始于大肠杆菌,并且得到了一些非常经典的模型。另外,大肠杆菌是最常见的工业生产菌之一,被广泛应用于小分子药物、酶或蛋白质等高附加值产品的生产。芽孢杆菌是一类好氧或兼性厌氧、产生抗逆性内生孢子的杆状细菌,在自然界中广泛存在,由于其具有鲜明的生物学特征及遗传特点,得到了深入的研究与广泛应用。芽孢杆菌一般能够形成生物膜及孢子等结构利于其在环境中生存。形成感受态是芽孢杆菌分子遗传操作的基础,良好的蛋白分泌系统是芽孢杆菌独特的优势,因此在医药、农业及工业领域被广泛应用。

第一节 大肠杆菌概述

19 世纪末,德国微生物学家 Theodor Escherich(西奥多·埃希)在研究婴儿肠道微生物时,发现一种快速生长的棒状细菌,也是后来称之为 "*Escherichia coli*" 的明星微生物(Blount,2015)。由于它培养简单,生长快且分离容易,很快成为微生物学家首选的模式生物。随着对其深入研究,一些生命过程的基本问题得到了解答,例如复制、转录、翻译和遗传密码等。对大肠杆菌的研究也促进了药学、遗传工程和生物技术的快速发展,创造了巨大的经济价值(图 2-1)。另外,大肠杆菌作为一种重要的环境微生物,与人体的健康和疾病密切相关。它是哺乳动物肠道微生物菌群的组成部分之一,能在肠道黏液层形成生物膜从而与其他肠道微生物竞争营养,也能通过竞争抑制减少病原菌的黏附和定植。然而大肠杆菌也是一种重要的病原微生物,它能引起痢疾、肠道炎症及尿道感染等疾病。大肠杆菌在环境中广泛存在的自然属性使其常见于微生物环境适应性和微生物与宿主相互作用等研究中,其研究和应用价值还有待进一步开发。

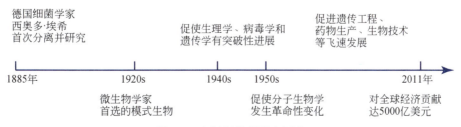

图 2-1 大肠杆菌的研究历史

一、大肠杆菌的基本分类

大肠埃希氏菌是肠杆菌科（Enterobacteriaceae）、埃希氏菌属（*Escherichia*）中最重要的种，常称为大肠杆菌。它属于革兰氏阴性（Gram negative，G⁻）短杆菌，两端钝圆。大小为（1.0 ～ 1.5）μm×（2.0 ～ 6.0）μm，周身鞭毛，能运动，有菌毛。

大肠杆菌属于异养兼性厌氧，代谢能力较强。最适生长温度为 37℃，生长温度范围为 15 ～ 46 ℃，最适生长 pH 为 7.2 ～ 7.6，代时为 12.5 ～ 17 min。普通营养琼脂培养基有 3 种菌落形态：光滑型（易分散）、粗糙型（易自凝）和黏液型（含荚膜）（图 2-2），不同菌落形态与菌毛、表面蛋白及脂多糖的含量有关。

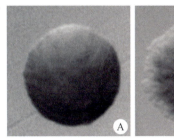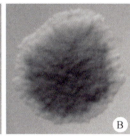

图 2-2   大肠杆菌的菌落形态
A. 光滑型；B. 粗糙型；C. 黏液型

二、大肠杆菌的基因组研究

在大肠杆菌中，最早完成基因组全序列分析的是大肠杆菌 K-12，其染色体是一个约 4.63 Mb 的环状结构（见图 1-8，Blattner et al., 1997），其他更多的遗传信息如表 2-1 所示。

表 2-1   大肠杆菌 K-12 的遗传信息

类别	数量	类别	数量
G+C 含量	50.8%	调控功能基因	45
总基因	4566	调控蛋白	133
编码基因	4242	噬菌体或转座元件	87
假基因	147	DNA 复制和修复	115
rRNA	22	转录，RNA 合成代谢	55
tRNA	86	翻译及翻译后修饰	182
其他 RNA	72	转运蛋白	146
质粒	0	分子伴侣	9

目前有多达 641 株大肠杆菌的全基因组序列分析已经完成和公布，而总共有高达 13 196 株的基因组序列分析正在进行中，这说明了大肠杆菌基因组的多样性，也反映了其重要

性。大肠杆菌的基因组大小约为 5.14 Mb，编码蛋白质的基因数量为 5001 个，G+C 含量为 50.6%（以上数据均为中位数）。其基因组大小合适，利于遗传改造分析，而 G+C 含量适中，遗传稳定性较好，这些特点也使之成为微生物遗传操作中良好的模式生物。大肠杆菌基因组的一个显著特征是可变性高，例如常用的实验菌株 K-12、致病性的 O157:H7 和非致病性的 CFT073，它们的相似基因不到基因组的 40%（图 2-3）。通过大量的基因组数据比对分析发现，大肠杆菌的核心基因组（core genome）不到其泛基因组（pan-genome）的 20%，且其泛基因组包含超过 16 000 个基因。非核心基因包括前噬菌体、移动元件和辅助基因，它们大多是通过水平基因转移获得，这些基因的功能包括增加代谢能力，影响致病性及环境适应性等。另外，大肠杆菌基因组或质粒上往往含有"致病岛（pathogenicity islands）"，它是一段特殊的 DNA 片段，两端包含正向重复序列（direct repeat sequence，DR），具有很多移动相关的基因，例如整合酶基因（int）、转座酶基因（tnp）和移动相关基因（mob）等。此外，大肠杆菌基因组上还往往携带抗生素抗性基因、毒素分泌系统、黏附素等的编码基因，这些基因能够在菌株和相近物种之间进行水平转移（Hacker and Kaper，2000）。

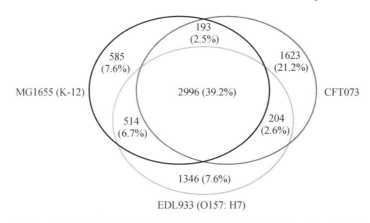

图 2-3　大肠杆菌的保守基因和菌株特异性基因（Welch et al.，2002）

三、大肠杆菌的生态分布及作用

人体的肠道环境中生存着很多微生物，它们与人体相互作用，与人体的健康和疾病密切相关。空肠（$10^{3\sim4}$ CFU/mL）、回肠（$10^{7\sim9}$ CFU/mL）和结肠（$10^{10\sim12}$ CFU/mL）都存在数量较多的微生物（Quigley and Quera，2006），例如结肠中包含的厌氧菌有拟杆菌（Bacteroid）、双歧杆菌（Bifidobacteria）、梭菌（Clostridia）和乳杆菌（Lactobacilli）等。大肠杆菌是哺乳动物肠道微生物的主要组成成分之一，也见于鸟类、脊椎动物和鱼的肠道中。它是肠道中主要的需氧细菌之一，含量为 $10^6 \sim 10^9$ CFU/mL。该数量短期受宿主的饮食、健康状态和抗生素使用情况的影响，同时也受宿主庞大的微生物群落的影响。

在肠道环境中，大肠杆菌与宿主互利共生，宿主分泌的免疫球蛋白 IgA 有利于大肠杆菌在肠道黏膜上形成生物膜。大肠杆菌在肠道环境中的益生作用主要体现在以下四个方面：一是分解代谢物质，消耗氧气和碳水化合物等，利于共生菌生长；二是拮抗病原菌，产生大肠菌素抑制或杀死病原菌，竞争性黏附上皮细胞；三是合成维生素 K 和 B_{12}，它们是人体不可缺少的重要维生素；四是通过释放鞭毛蛋白，激活肠上皮细胞的 Toll 样受体信号通路等维持免疫反应动态平衡（Blount，2015）。

另外，大肠杆菌也经常出现在自然环境中，例如大肠杆菌能稳定存在于土壤、水和植物相关的群落环境中。作为肠道内微生物，大肠杆菌会随着粪便规律地被排出宿主体外，其作为环境污染的指示菌利用的原理是大肠杆菌不断随粪便排出体外，污染周围环境和水源、食品等。取样检查时，样品中大肠杆菌越多，表示样品被粪便污染越严重，也表明样品中存在肠道致病菌的可能性越大。卫生细菌学评价方法中大肠杆菌数的标准是：饮用水 ≤ 3 CFU/1000 mL，而果饮 ≤ 5 CFU/100 mL。

大肠杆菌培养条件简单，生长代谢快，适合作为微生物细胞工厂，用来生产工业酶制剂、药物蛋白、化学品和生物基能源等物质。大肠杆菌遗传背景清楚、稳定性好、技术操作方便，可作为模式生物研究生物学中的一些基本问题，例如 DNA 复制，DNA、蛋白质和肽聚糖等生物大分子的合成等。大肠杆菌也可以作为良好的生物技术载体，用于重组工程的研究及应用。大肠杆菌具有致病和非致病两种形态，其致病性和抗性基因的传播受到广泛关注，是致病机制和耐药机制很好的研究对象。因此，大肠杆菌在科学研究和生产生活的各个方面都有广泛的用途。

第二节　大肠杆菌的致病性和耐药性

大肠杆菌作为致病菌，主要引起痢疾、腹膜炎、肠炎等肠道疾病，同时也会引起膀胱炎、肾盂肾炎、尿道炎、肺炎、手术感染和败血症，甚至有些菌株会引发癌症。每年由大肠杆菌感染引起的疾病非常多，例如美国每年就有 600 万～ 800 万的膀胱炎病例，仅这一种疾病就造成约 10 亿美元的经济损失。另外，每年因大肠杆菌引起的手术感染、肺炎等疾病造成的经济损失也高达数亿美元，因而大肠杆菌是一种重要的病原微生物（Russo and Johnson，2003）。

大部分大肠杆菌是无害的，与宿主互利共生，部分通过获得毒力因子适应新环境或导致疾病。大肠杆菌的感染类型分为肠道外感染和急性腹泻。肠道外感染部位主要为膀胱，少量为肾脏和脑膜，同时侵入血液，引起败血症；急性腹泻感染部位为大肠和小肠。根据毒力因子、致病机制和流行病学特征，大肠杆菌可以分为不同的种类。致病性大肠杆菌在人体许多器官都有分布，除了在常见的肠道引发一系列炎症和病理反应，大肠杆菌还容易引起泌尿系统感染，进入血液引起系统性感染，以及透过血脑屏障入侵大脑。

一、致病性大肠杆菌在人体的分布

根据致病类型的不同，可以将大肠杆菌的致病变种分为两种：导致痢疾的变种和肠外致病的变种（图 2-4）。导致痢疾的变种又包括六种，分别为肠产毒素大肠杆菌（ETEC）、产志贺毒素大肠杆菌（STEC，包括肠出血性大肠杆菌 EHEC）、肠致病性大肠杆菌（EPEC）、肠侵袭性大肠杆菌（EIEC）、肠黏附性大肠杆菌（EAEC）和扩散黏附性大肠杆菌（DAEC）。

肠外致病的包括两种，分别为泌尿致病性大肠杆菌（UPEC）和脑膜炎性大肠杆菌（NMEC）。

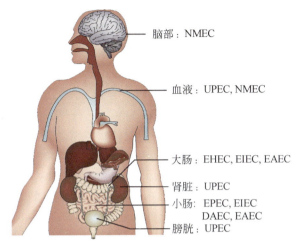

脑部：NMEC

血液：UPEC, NMEC

大肠：EHEC, EIEC, EAEC

肾脏：UPEC

小肠：EPEC, EIEC
DAEC, EAEC

膀胱：UPEC

图 2-4 致病性大肠杆菌在人体中的分布（修改自 Croxen and Finlay，2010）

二、大肠杆菌的致病因子

大肠杆菌的致病因子主要有三种。

（1）黏附素：主要分为菌毛黏附素、非菌毛黏附素和外膜蛋白。肠产毒素大肠杆菌的菌毛黏附素是最早被发现的，它通常是由质粒编码的，而在泌尿致病性大肠杆菌中它位于染色体的致病岛上。大肠杆菌中研究得最为清楚的是Ⅳ型菌毛，主要由典型的肠致病性大肠杆菌产生，它的编码基因位于质粒上，有助于大肠杆菌在宿主细胞表面形成微菌落。非菌毛黏附素通常能引起红细胞凝集反应，它也能形成小的菌毛结构，与菌毛的小亚基类似。大肠杆菌的一些外膜蛋白也参与了菌体对宿主细胞或其他细菌的黏附作用，例如紧密黏附素，它位于产志贺毒素大肠杆菌和肠致病性大肠杆菌的致病岛上。

（2）外毒素：主要包括寡肽毒素、AB 毒素和 RTX（repeats in toxins）孔洞形成毒素。大肠杆菌能够产生许多不同类型的寡肽毒素，例如肠产毒素大肠杆菌产生热稳定肠毒素（100 ℃加热 20 min 也不能使其失活）STaP、STaH 和 STb，肠聚集性菌株产生热稳定肠毒素 EAST1 等。这些毒素由 18 ～ 48 个氨基酸残基组成，免疫原性较差。AB 毒素通常由 A 亚基和 B 亚基组成，A 亚基主要发挥毒素的功能，它能干扰细胞骨架的完整性，抑制蛋白质的合成及 DNA 代谢等，而 B 亚基主要起引导整个毒素与宿主细胞膜受体结合的作用。例如，肠产毒素大肠杆菌产生的热不稳定肠毒素（65 ℃加热 30 min 就失活），一些大肠杆菌菌株产生的志贺样毒素等。RTX 毒素能在宿主细胞膜上形成孔洞，从而导致宿主细胞死亡和裂解。这一类毒素的分子量（100 ～ 200 kDa）较大，例如由许多大肠杆菌的致病株产生的 α 溶血素 HlyA，它主要由染色体基因编码，有时也由质粒基因编码（Mainil，2013）。

（3）荚膜多糖：由相应的基因控制表达，分泌到胞外，起抗吞噬的作用。根据生物合成组装系统的差异，可以将大肠杆菌的荚膜多糖分为四类，其中 1 类和 4 类主要与脂多糖的 O 抗原相关，而 2 类和 3 类主要存在于引起肠外感染的大肠杆菌中。大肠杆菌荚膜多糖的生物合成和组装是一个非常复杂的过程,首先细胞内活化的前体(核苷一磷酸或二磷酸糖)在内膜结合蛋白的作用下,组装形成多糖;随后转运相关蛋白通过精确的转运机制将新合成的多糖转运至外膜上。这个过程中需要许多蛋白质协同作用,例如糖苷水解酶、糖苷转移酶、各种转运蛋白和调控蛋白等(Whitfield,2006)。

三、EHEC O157:H7 的致病性特征

O157:H7 是"臭名昭著"的致病性 *E. coli* 菌株,它在世界范围内广泛致病。例如在1990 年代,美国和日本都暴发了 O157:H7 感染,其产生的志贺样毒素攻击毛细血管,破坏肠细胞,引起出血性腹泻和严重的腹痛及溶血性尿毒症综合征。它通过牛和家禽等寄主转移到人类的食物链中,主要污染肉类、饮用水和新鲜蔬菜。O157:H7 与其他大肠杆菌菌株在基因组上有较大差异,即基因组存在广泛的水平基因转移现象,主要包括毒力相关、补偿代谢途径及原噬菌体等相关基因(Perna et al.,2001)。例如,在该类菌株中存在 1387 个新基因,菌株特异性片段几乎占整个基因组的 1/3(1.34 Mb/4.1 Mb)。对其特异性片段分析可以看出,相比于实验菌株 MG1655,O157:H7 的致病菌株 EDL933 的基因组具有更多和更大成簇排列的基因岛(图 2-5)。其中基因主要编码如下功能蛋白:RTX 毒素蛋白(在细胞膜上形成孔洞)和其转运蛋白,Ⅲ型分泌系统和侵袭蛋白,黏附素和上皮细胞损伤蛋白,以及聚酮或脂肪酸合成系统等。

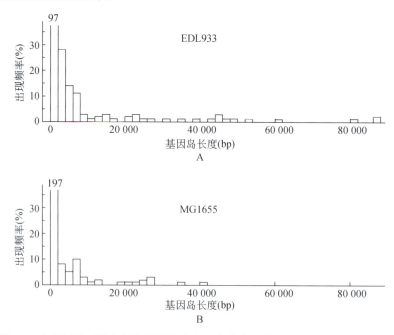

图 2-5 大肠杆菌不同菌株的特异性片段长度分布(修改自 Perna et al.,2001)

四、EHEC O104:H4 的暴发和启示

O104:H4 是另一种严重的肠出血性大肠杆菌。2011 年夏天,在欧洲暴发的 O104:H4 感

染导致近 4000 人感染和 50 多人死亡，关于其分子微生物学方面的研究对该类致病菌的防治具有很好的借鉴意义。EHEC O104:H4 毒力很强，因为其集合了黏附素、毒素蛋白和抗药基因等多种致病因子。O104:H4 的毒素蛋白包括志贺毒素 Stx2、志贺肠毒素 Set1 及志贺 IgA 蛋白酶 SigA。Stx2 包含 1 个催化亚基 A 和 5 个结合亚基 B，其中亚基 A 具有 RNA N-糖苷酶活性，能切除真核生物 28S rRNA 上的腺嘌呤，而强烈地阻止蛋白质的合成，杀死细胞。Set1 包含 2 个亚基，它通过引发细胞的免疫反应而致病。SigA 属于丝氨酸或半胱氨酸蛋白酶家族，它通常出现在危及生命的感染细菌中，可以裂解免疫球蛋白 IgA，使侵入细菌免受宿主免疫系统的攻击。另外，O104:H4 具有较多黏附相关基因，基因组分析发现 O104:H4 是 EHEC 和 EAEC 的杂合体，具有更强的黏附力。其具有的黏附蛋白主要有三种，包括聚集性黏附蛋白 AAF/I、铁离子调控蛋白类黏附素 Iha 和长极性菌毛蛋白 LPF（利于 Stx2 毒素的吸附而导致高频的溶血尿毒症综合征）（Karch et al.，2012）。

五、大肠杆菌分泌系统的结构与功能

分泌系统是致病性大肠杆菌侵染宿主的一个关键元件，它通过转运机器将毒素和效应分子（调控宿主的生理环境而利于定植）注入宿主细胞而致病。G⁻ 菌常用分泌系统为Ⅲ型，Ⅳ型或Ⅵ型（Tseng et al.，2009）。Ⅵ型分泌系统（TSS6）最近才得以解析，它既可以靶向真核细胞（调控细菌 - 宿主相互作用），也可作用于细菌细胞（利于进入特定的生态环境）。TSS6 具有"噬菌体"样的组装结构，主要包括两个亚组装体，一个是可伸缩的类噬菌体尾部管状结构（即尾管结构），另一个是插入内膜和外膜的跨膜组装体而稳定上述尾管结构。尾管结构的两个主要组成部分 Hcp 和 VgrG 都有结构高度相似的噬菌体蛋白（图 2-6）。

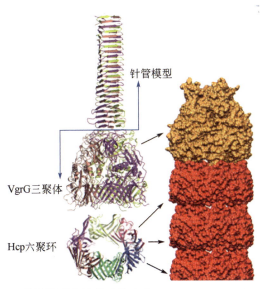

针管模型

VgrG三聚体

Hcp六聚环

图 2-6　TSS6 的尾管蛋白结构（修改自 Cascales and Cambillau，2012）

TSS6 包括抑制态和激活态。其工作原理如下：三个跨膜蛋白 TssL、TssJ 和 TssM 形成复合物与肽聚糖层结合；Hcp 管和 VgrG 三聚体通过上述复合物锚定到细胞膜上；TssB 和

TssC 形成鞘状结构而包裹 Hcp 管；鞘状结构收缩压迫 Hcp 管而使效应蛋白注入受体细胞中（Silverman et al.，2012）。

TSS6 的表达主要受环境因子和胞内蛋白的调控（Silverman et al.，2012）。环境中的铁离子与调控蛋白 Fur 结合抑制其转录，而胞内蛋白 bEBPs（一种细菌增强子结合蛋白）与转录因子 σ54 一起激活转录。被 TSS6 靶向的细菌可以产生信号分子，通过 Gac/Rsm 途径抑制 TSS6 的翻译，而环境中的分子通过群感效应系统 LuxQ 或 CsqS 抑制或促进其转录。另外，TSS6 的激活还可在两种菌表面接触后依赖苏氨酸磷酸化（TPP）系统发挥作用。

六、大肠杆菌在胃肠道环境中形成生物膜的机制

形成生物膜（biofilm）是致病性大肠杆菌的重要特征之一。大量的体外实验已将大肠杆菌生物膜形成的调控网络、黏附因子和胞外基质成分等研究清楚，但对原位的胃肠道环境下的情况了解较少。宿主环境条件、信号分子，以及共生微生物菌群等会影响大肠杆菌的致病状态。

体外评价大肠杆菌的生物膜形成机制主要有三种方式：一是固体琼脂平板的方式，这种方式通过结合染料（刚果红和考马斯亮蓝），可以方便地对微菌落生物膜进行染色。一般形成生物膜的菌落具有红色、干燥和粗糙的表型，而不形成生物膜的菌落是光滑和白色的。二是液体培养的方式，这种方式通常是在微孔板或试管中进行，用结晶紫对生物膜染色。通过染色区域大小或染色区域的吸光值判断生物膜的形成能力。三是黏附肠上皮细胞的方式，这种方式是最接近人体胃肠道环境的分析方式。通过体外细胞培养和细菌细胞的黏附实验，模拟大肠杆菌在原位环境下对宿主细胞的作用。能与肠上皮细胞发生黏附作用并形成生物膜的大肠杆菌，往往在细胞表面产生更多的胞外基质。

大肠杆菌在环境中形成生物膜的过程与大多数微生物类似，即单个细胞首先进行表面黏附，接着聚集形成微菌落并产生胞外基质，开始形成生物膜。待生物膜完全形成后，细胞或微菌落被释放，为形成新的生物膜作准备。共生的大肠杆菌一般在结肠的外黏液层形成生物膜，而致病的大肠杆菌则黏附到上皮细胞形成生物膜，破坏宿主细胞结构。其中黏附涉及各种各样的黏附蛋白，例如鞭毛蛋白、性菌毛蛋白、菌毛蛋白及黏附素和扩散素等（Rossi et al.，2018）。上述黏附蛋白的表达受复杂的网络系统调控。细菌来源的群感效应分子，例如 AI-1、AI-2 和 AI-3 及吲哚，能够被大肠杆菌合成和 / 或感知，进而通过一系列的调控蛋白（SdiA 和 LsrR 等）调控菌毛、鞭毛、表面蛋白及一些荚膜多糖的表达。

七、大肠杆菌的抗药性

我国是抗生素使用大国，年人均消费 138 g（是美国的 10 倍），每年由于抗生素滥用导致 8 万人左右丧生。超级细菌（superbugs）是对几乎所有抗生素都有抗性的微生物，例如 2010 年印度新德里发现的 NDM-1（New Delhi metallo-beta-lactamase-1）就是一种超级细菌（Du et al.，2017）。它的基因组中含有 NDM-1 基因（blaNDM-1），编码一种罕见的水解酶，赋予了细菌广谱的抗药性，人被感染后很难治愈甚至死亡。这种基因常见于大肠杆

菌、肺炎克雷伯菌及阴沟肠杆菌等。携带 *blaNDM-1* 基因的质粒可以在不同种细菌之间传播，传播速度快且容易出现基因突变。

除自发突变外，大肠杆菌抗药性的获得途径主要有以下三种：一是转化进入细胞，包含抗性基因的游离 DNA 转化进入细胞后通过重组整合到染色体上；二是通过噬菌体转导作用，噬菌体侵染细胞后，通过转座子将携带的抗性基因插入染色体；三是通过接合作用，通过可接合转移的质粒将抗性基因注入受体细胞内，同时通过转座重组到染色体上。胞外的游离 DNA、质粒或噬菌体携带抗性基因，其进入细胞后，通过重组或转座作用整合到染色体上，使细胞表达抗性蛋白从而产生抗药性（Alekshun and Levy，2007）。

一般抗生素的作用靶点可以分为三类，分别为细胞壁的生物合成，蛋白质的生物合成，以及 DNA 复制和修复。大肠杆菌有许多针对性的途径来产生抗药性。例如，通过改变细胞壁或核糖体的结构使抗生素不能结合或结合减弱；通过增加细胞屏障，使抗生素不能进入细胞内部抑制生物大分子的合成等。根据抗性产生的类型，大肠杆菌的抗药性可大致分为四种：①水解酶或修饰酶，例如 β- 内酰胺酶直接将 β- 内酰胺抗生素水解使其失活；②外排泵，例如转运蛋白 TolC 和 AcrB 能将抗生素转运出细胞，而降低抗生素的作用；③改变细胞表面，有些细菌通过修饰 lipid A（脂多糖的脂类部分）或减少膜孔通道蛋白，从而阻止抗生素进入胞内；④突变胞内靶标，通过改变生物大分子合成酶（如 RNA 聚合酶、DNA 拓扑异构酶等）的结构，使抗生素不能结合（Fernandez and Hancock，2012）。

β- 内酰胺抗生素是使用最广泛的人和动物药物之一，迄今已有多达 1000 种 β- 内酰胺酶被报道。这些 β- 内酰胺酶根据水解的抗生素类型及其对抑制剂的敏感程度主要分为三类：一是广谱的 ESBL（extended-spectrum β-lactamase），例如 SHV、CTX-M（头孢噻肟 -M）和 TEM；二是 AmpC 类，例如 CMY-2（头霉素 -2）；三是碳青霉烯水解酶，例如 KPC（肺炎克雷伯菌类）、NDM（新德里类）。多重耐药的 *E.coli* 在东南亚地区分布非常广泛，而在我国所处的东亚地区，ESBL 的大肠杆菌分布广泛，同时碳青霉烯水解酶类的大肠杆菌也较多（Sidjabat and Paterson，2015）。

大肠杆菌的抗药机制中通道蛋白和外排泵扮演重要角色。通道蛋白（porin）位于外膜上，具有摄取营养物质、充当受体蛋白等多种功能。外排泵（efflux）横跨细胞内膜和外膜，外排毒性物质，多位于移动元件上。通道蛋白的抗性主要通过突变获得，药物能通过野生型大肠杆菌的通道蛋白，而突变型的通道蛋白通过缺失、减小孔径或降低表达的方式阻止或减少药物的通过。外排泵是大肠杆菌多重耐药株产生的主要原因，它占细菌转运蛋白的 6% ～ 18%。其中 TolC 家族比较常见，能赋予菌株多重抗药性，例如它能够转运 β- 内酰胺（BL）、新生霉素（NB）、红霉素（EM）、氯霉素（CM）、四环素（TC）、氟喹诺酮类（FQ）、氨基糖苷类（AG）、梭链孢酸（FU）等（Fernandez and Hancock，2012）。

大肠杆菌外排泵的结构包括三个部分：AcrA、AcrB 和 TolC。AcrB 耐药结节细胞分化（resistance-nodulation-cell division，RND）家族的转运子，包含一个跨膜域和较大的周质空间结构域。它共包含 36 个跨膜的 α 螺旋结构，以三聚体形式发挥转运的功能（Higgins，2007；Murakami et al.，2002）。AcrA 和 TolC 辅助 AcrB 发挥外排抗生素的功能，它们分别起到膜融合和将药物转运出外膜的作用。外排泵基因的表达一般同时受相邻的局部调控蛋白和全局性调控蛋白的控制。其调控较复杂，TetR 类抑制子控制本底水平的外排泵 AcrA

和 AcrB 的表达，而 AraC 类的激活子能解除 TetR 的抑制，使外排泵大量表达。另外，MarR 类的抑制子能够抑制 AraC 的转录，间接影响外排泵表达（Blair et al.，2015）。

大肠杆菌外排泵的过表达途径有两种：一是通过抑制子突变，解除其对激活子或靶标的抑制；二是抗生素的诱导作用，它是一种最普遍的方式。外排泵的大量表达是响应环境信号的一种方式，环境中的抗生素会刺激菌体细胞做出响应。抗生素或小分子与抑制子结合，减弱其与靶标 DNA 的结合，从而解除其对激活子抑制作用，进而促进下游外排泵的高表达。从以上外排泵的调控方式可以看出，抑制子能够减弱外排泵的表达，从而降低菌株对药物的耐受性，使其容易被杀死。例如，筛选能够结合抑制子 RamR 的小分子，使其对激活子 RamA（氟喹诺酮类药物抗性相关）的抑制作用加强，从而可降低外排泵的表达而降低细菌的抗性（Yamasaki et al.，2013）。

第三节　大肠杆菌生物大分子的合成与调控

大肠杆菌作为模式生物，可以方便地用于研究生物学中的一些基本问题，例如用于研究 DNA 的复制、DNA 损伤修复、细胞形态及长寿基因等。下面将针对这些内容一一举例说明。

一、染色体复制

对大肠杆菌染色体复制进行研究的经典方法是遗传学手段，而现在比较流行的策略是采用高分辨率的显微技术，在单分子水平上揭示染色体复制的细节。染色体复制起始对于整个复制过程非常关键，染色体复制起始蛋白 DnaABCNG 等的编码基因处于染色体上相对集中的区域。其起始过程如下：首先染色体起始蛋白 DnaA 被激活，结合复制起点 oriC 而打开双链结构。随后起始蛋白 DnaC 招募解旋酶 DnaB，装载到 oriC 处的 ssDNA 上。DnaC 为 DnaA 的同源蛋白，其通过与 DnaA-ATP 形成的丝状复合体作用而结合解旋酶 DnaB，使其装载到复制起始区，这是复制起始非常重要的一个步骤。复制复合体结构很复杂。当 DnaB 装载后，复制起始区也会招募其他蛋白，例如引发酶 DnaG（负责初始一小段引导 RNA 的合成）和滑动钳 DnaN（保证复制的稳定性和准确性）。另外，在 DnaB 解旋 DNA 双链后，单链 DNA 结合蛋白 SSB 会结合解旋的单链，防止 DNA 重新形成双链结构。复制复合体装载起始复制后，复制叉延伸，最终至复制终止区被终止蛋白 Tus 结合（Reyes-Lamothe et al.，2012）。

二、DNA 损伤修复

2015 年诺贝尔化学奖授予了在 DNA 修复机制研究领域做出突出贡献的三位科学家，他们的主要贡献分别为：Lindahl 揭示 DNA 碱基切除修复的分子机制；Modrich 证明细胞在有丝分裂时如何去修复错配的 DNA；Sancar 阐明细胞利用切除修复机制修复 UV 造成的

DNA 损伤（Sancar，1994）。其中 Modrich 对于大肠杆菌甲基化指导的长距离错配修复进行了深入研究。不同于短距离的酶切移除损伤的碱基对，长距离的错配修复依赖于 MutSL 系统，仅需单个甲基化序列（GA^{m}TC）指导完成。首先 MutSL 蛋白复合物结合错配的区域，激活内切酶 MutH 而将未甲基化的 DNA 链在 GA^{m}TC 切断，接着 MutSL 招募解旋酶 II 而使断裂的链利于被外切核酸酶切割（切割反应是双向的），最后在单链结合蛋白 SSB 的辅助下，DNA 聚合酶 III 全酶修补缺口并将修复产物连接起来（Modrich and Lahue，1996）。

三、肽聚糖的合成调控

细菌的细胞形态由肽聚糖层维持，能够抵抗渗透压胁迫。大肠杆菌的肽聚糖层处于外膜和内膜之间，其通过结合脂蛋白与外膜连接。它的肽聚糖是由聚糖骨架和肽侧链组成。聚糖骨架包含双糖单元——N- 乙酰葡糖胺和 N- 乙酰胞壁酸。大肠杆菌的肽侧链为四肽 L-Ala-D-Glu-m-DAP（内消旋二氨基庚二酸）-D-Ala，其肽聚糖的网络结构具有很高的柔性，分离的肽聚糖囊泡的长度可以拉伸至其紧缩状态的 4 倍左右（Holtje，1998）。

大肠杆菌肽聚糖的合成分为胞内、膜上和胞外 3 个部分，而水解过程发生在胞外。首先，在胞内和内膜中主要是合成 "Park" 核苷酸，以及组装形成肽聚糖前体 lipid II。由葡萄糖起始合成双糖单元 N- 乙酰葡糖胺和 N- 乙酰胞壁酸；接着 N- 乙酰胞壁酸加上 5 个氨基酸残基形成 "Park" 核苷酸；然后 "Park" 核苷酸与类脂载体结合固定在细胞膜上；最后上述单元与 UDP-N- 乙酰葡糖胺反应形成 lipid II。上述加尾反应通常是抗生素作用的靶点，也是抗性菌株往往发生突变的位点。例如，万古霉素作用位点为肽侧链的"D- 丙氨酰 -D- 丙氨酸"，从而抑制细胞壁的合成，其对应的耐药菌株肽侧链末尾为 "D- 丙氨酰 -D- 乳酸"，这样极大地降低了万古霉素的抑制活性（Lovering et al.，2012）。

肽聚糖在胞外的合成与水解主要是发生转糖基和转肽反应，也包括后续的糖链末端修饰和与外膜蛋白的交联。其反应过程如下：转糖基酶将肽聚糖单体延伸一个双糖单位；随着糖链的延伸，转肽酶将相邻的两条糖链的肽尾交联；羧肽酶清除肽尾最末端的氨基酸残基；氨肽酶移除糖链末端单元的肽尾，同时裂解性的转糖基酶催化末端形成 1,6- 脱水 -N- 乙酰胞壁酸。另外一些转肽酶会使肽尾与外膜的脂蛋白交联（Typas et al.，2011）。上述这些酶大多是药物的潜在作用靶点，例如青霉素可以竞争结合转肽酶，导致肽桥不能形成而抑制细胞生长。

胞外肽聚糖的合成主要由肽聚糖合成酶 PBP（penicillin-binding protein）完成。PBP 是一个高分子蛋白，直接负责糖链的聚合与交联，其在 E. coli 中分为 A 和 B 两类，都是跨膜蛋白，前者兼具转糖基酶（GT）和转肽酶（TP）活性，而后者仅有转肽酶活性（Typas et al.，2011）。PBP 的活性受时间和空间的调控，动态和均一的肽聚糖网格在细胞生长的不同时期需要做出不同的响应。杆状细菌例如大肠杆菌和枯草芽孢杆菌中圆柱段部分的延长与半球形帽的合成在不断转换中进行。许多蛋白质被证实参与了肽聚糖的组装，例如，大肠杆菌中发现的细胞骨架蛋白 FtsZ（类似于微管蛋白）和 MreB（类似于肌球蛋白）指导了肽聚糖合成酶的亚细胞定位。另外，通过转座子突变体库筛选到可能与 PBP 共同作用的蛋白 LpoA 和 LpoB，免疫共沉淀（IP）分析显示 LpoA 和 LpoB 与 PBP 存在直接相互作用。免疫荧光标记的抗体分析表明 Lpo 蛋白主要定位于细胞分裂点，可能参与细胞壁合成（Paradis-Bleau et al.，2010）。根据 PBP 蛋白晶体结构的大小，内膜、肽聚糖层和外膜的厚度，可以大致对胞外的两个主要合成相关蛋白（PBP 和 Lpo）进行定位分析。虽然 Lpo 蛋白晶体结构还未解析，但体外蛋白相互作用的研究表明其与 PBP 的新结构域 UB2H 结合。由于 Lpo 对肽聚糖合成和细胞生长的重要性，其也是一个潜在的药物靶点。

基于对上述蛋白质的定位分析，可以得到一个跨越肽聚糖层的内外膜蛋白作用模型。激活子 Lpo 跨越肽聚糖层孔洞与合成酶 PBP 直接作用。Lpo 蛋白的长度提供了一个分子标准去衡量肽聚糖层的厚度，若肽聚糖层太厚或多层交联，Lpo 将无法调节 PBP 的活性。大肠杆菌的肽聚糖囊泡具有一定的柔性，受生长期或外界环境（渗透压等）影响，其能改变孔洞的大小，从而实现肽聚糖合成速率的自调控。肽聚糖的合成存在密度响应机制，即肽聚糖层的厚度和交联度决定了其合成酶 PBP 被激活的效率，从而在生长过程中使其合成速率受到严格控制。

在不同生长期，细胞的内容物体积及空间位置会发生改变，可能会影响 Lpo 介导的 PBP 激活（图 2-7）。当细胞生长速率（VC）小于肽聚糖合成速率（VPG）时，会导致高密度的肽聚糖层表面及较小的孔洞，从而降低 PBP 的激活效率，使 VC 和 VPG 趋于平衡。当 VC > VPG 时，形成低密度的 PG 和较大的孔洞，从而促进 PBP 的激活效率，使 VPG ≈ VC。当 VC=VPG 时，则处于平衡状态，细胞表面形成均一的肽聚糖层（Typas et al.，2011）。

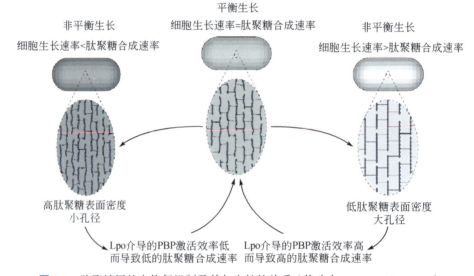

图 2-7　肽聚糖层的自修复机制及其与生长的关系（修改自 Typas et al.，2011）

四、长寿基因的研究

肠道微生物与人类的生活习性、健康和寿命息息相关，体现在生活方式、卫生状况及饮食等会对肠道微生物造成较大影响，而肠道微生物的改变会影响人体的代谢和免疫反应（Sommer and Backhed，2013）。大肠杆菌作为肠道的共生菌，是该研究的理想模式微生物。

对大肠杆菌的研究发展至今，已不满足于单个基因或菌株的研究，需要从全基因组水平去研究其和菌群的功能，因而构建大肠杆菌全基因组尺度的突变体库对分子水平上研究微生物的功能具有重要意义。2005 年左右，Baba 等构建了大肠杆菌 K-12 单基因敲除的突变体库（the Keio collection）。他们最开始设计针对 4288 个 ORF，最终得到 3985 个 ORF 突变的菌株，表明其中 303 个 ORF 是大肠杆菌生长所必需的（Baba et al.，2006）。该突变体库在以后全基因组尺度上的研究中发挥了很大的作用，例如代谢流分析、压力应答响应等。

在研究大肠杆菌与宿主的相互作用模型中，秀丽隐杆线虫是一个常用的宿主，它是一种多细胞真核生物，结构简单，遗传背景清楚，生命期短，是研究衰老和寿命的模式生物。其肠道微生物菌群简单——由单一的大肠杆菌组成，非常适合用于研究微生物与宿主的相互作用。

2017 年 Han 等在 *Cell* 上发表的论文中称，他们利用 the Keio collection 分别定植于秀丽线虫的肠道，通过生长检测发现，大肠杆菌突变体库中 29 个基因敲除株延长了线虫的寿命，且延长期超过 10%（Han et al.，2017）。这些基因大致可分为 4 类，分别与转录和翻译（4 个）、代谢和呼吸（10 个）、膜和转运（5 个）、蛋白酶和分子伴侣（3 个）相关（图 2-8）。

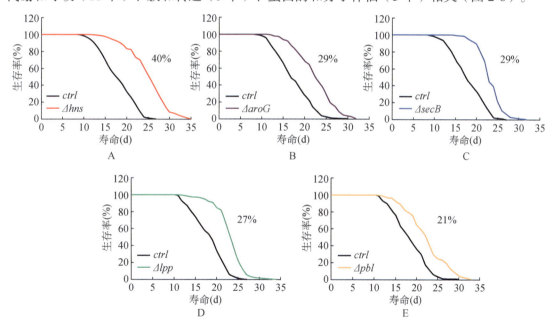

图 2-8　大肠杆菌突变体对线虫寿命的影响（修改自 Han et al.，2017）

Hns. 全局性转录调控蛋白；AroG. 芳香族氨基酸合成酶；SecB. 蛋白转运分子伴侣；

LPP. 细胞壁脂蛋白；Pbl. 裂解性转糖基酶

线虫的衰老模型系统证明了大肠杆菌 16 个基因敲除株能延缓衰老进程（终止生殖系肿瘤发生），而 14 个基因敲除株能预防 β 样淀粉蛋白（老年痴呆症的诱因）的毒性，而其中有 13 个基因敲除株兼具这两种作用。另外 2 个基因敲除株（*hns* 和 *lon*）的作用靶点具特异性，它们在野生菌中的作用是抑制卡拉酸（CA）多糖的生物合成。RcsA 是卡拉酸合成的激活子，但其表达被 Hns 抑制，也被 Lon 蛋白酶降解，因而将这两个抑制基因敲除后，卡拉酸的合成会增加。生长实验表明，单独添加卡拉酸就能延长线虫和果蝇的寿命，同时也能终止衰老相关的症状。因此，该研究提示卡拉酸多糖是肠道微生物与宿主相互作用的一种重要物质。

第四节　大肠杆菌的分子遗传改造

大肠杆菌是应用最广泛的表达宿主，具有发酵生产经济、表达系统高效及遗传改造方便等优势，能利用廉价的工农业原料或废料产生高附加值的能源或药物。然而，野生型大肠杆菌菌株存在诸多局限性，例如不产目标产物或产量较少，营养要求较高或非廉价，以及抗逆性较差等，因此需要对野生型菌株进行定向改造，使其高产高效。一般来说，利用大肠杆菌生产或降解某种物质的综合策略有：①拓展底物利用能力和范围；②加快产物转到胞外；③加强目标合成酶活性；④减少分支合成途径；⑤引入新的合成途径，或延伸已有途径；⑥改善细胞的耐受性。

一、大肠杆菌生产蛋白类药物

大肠杆菌是优先选用的蛋白药物表达宿主，目前大约有 30% 的蛋白类药物是利用大肠杆菌生产的。这些药物主要应用于糖尿病、癌症、肝炎、哮喘和骨质疏松等疾病（Baeshen et al.，2015）。例如，Humulin（优泌林）是重组人胰岛素，用于治疗糖尿病；IntronA（干扰能）是 α-2b 型干扰素，用于治疗癌症、肝炎和生殖器疣等疾病；Krystexxa（培戈洛酶）是重组人尿酸氧化酶，用于治疗痛风；Nivestim 是重组人粒细胞集落刺激因子，用于治疗中性粒细胞减少症；Voraxaze 是一种羧肽酶，用于降低肾功能受损者血中甲氨蝶呤毒素水平；Preos 是甲状旁腺激素，用于治疗骨质疏松症和甲状旁腺功能减退等症状。虽然大肠杆菌表达系统具有诸多优点（例如丰富的表达载体和表达宿主、蛋白易于折叠、蛋白纯化方便等），然而其密码子使用的偏好性及缺少翻译后修饰（例如糖基化、磷酸化、水解加工等）限制了其在复杂蛋白药物生产上的应用。因而需要开发新的工程菌株，以提高其表达和翻译的准确性。例如，将空肠弯曲杆菌（Campylobacter jejuni）的 N-糖基化基因簇 pgl 转入大肠杆菌，使后者能够表达多种糖基化的蛋白（Wacker et al.，2002）。

二、大肠杆菌细胞高产抗癌药物前体

紫杉醇（taxol）是一种抗癌药物，主要适用于卵巢癌和乳腺癌，对肺癌、大肠癌、黑色素瘤、头颈部癌、淋巴瘤、脑瘤等也都有一定疗效。紫杉醇最早来源于太平洋杉树树皮，早期主要从该树皮中萃取，提取率较低（2～4 棵成年树的提取量才能确保 1 个患者用量）。紫杉醇的结构复杂限制了其化学合成，且产率最高只能达到 0.4%。后来发展的半合成方法，即基于植物细胞培养生产前体然后化学合成的方法，产率也较低，不适宜扩大生产。

紫杉醇是萜类化合物（三环二萜），含异戊二烯类单元。天然大肠杆菌的 MEP 途径（图 2-9）可合成其中两个前体异戊烯焦磷酸（IPP）和二甲基烯丙基焦磷酸（DMAPP），因而改造大肠杆菌可用于该前体的生产。Ajikumar 等将大肠杆菌的改造分为上游模块（提高 IPP 和

DMAPP 的产量）和下游模块［引入异源的萜类合成途径合成最终的前体紫杉烯（taxadiene）］两个部分（Ajikumar et al.，2010）。

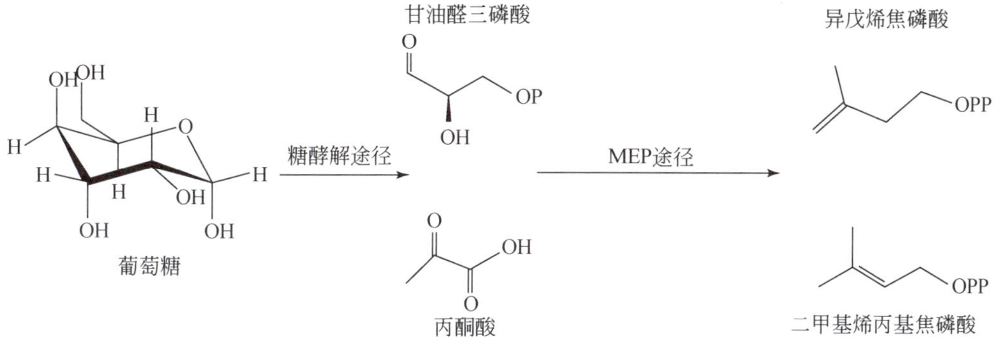

图 2-9　MEP 途径产生前体异戊烯焦磷酸（IPP）和二甲基烯丙基焦磷酸（DMAPP）

在上游模块 MEP 途径中的改造策略包括增加整个 MEP 途径的关键酶编码基因拷贝数；在染色体中引入 T7 RNA 聚合酶，并在限速酶前引入 T7 启动子；通过不同质粒的引入和改变启动子强度来协调不同基因的拷贝数及表达量；将合成酶基因整合到染色体上，减小代谢负担等。下游模块的改造策略包括改变 GGPS 和 TS 两个合成基因的顺序；通过启动子更换及改造，协调基因的表达量；去除代谢抑制子 indole。这样通过多位点协调上下游两个模块，使前体紫杉烯的产量提高了约 15 000 倍，达到 1.0 g/L。

三、大肠杆菌生产生物燃料

迫于石化燃料的不可再生性及造成的环境污染等问题，生物燃料有着广阔的应用前景。迄今开发的生物燃料包括乙醇、长链醇（C4～C10）、脂肪酸酯（C12～C22）、烷烃及异戊二烯类等。其中异戊二烯类具有高能量值、低吸湿性及优良的低温流动性，应用潜力很大（Wen et al.，2013）。

利用大肠杆菌生产生物燃料的改造方向主要包括三个方面：一是底物利用，利用来源于可再生的木质纤维素糖、农业废弃物等；二是抗逆性，需要抵抗上游糖化产生的抑制子及增加对目标产物的耐受性；三是厌氧生产，需要平衡还原力 NAD（P）H。其中，厌氧生产需要用到辅因子工程的策略，即通过调节细胞内辅因子的形式和含量而改变代谢途径和代谢流量。涉及的辅因子有 ATP/ADP/AMP、NADH/NAD$^+$、NADPH/NADP$^+$、乙酰辅酶 A 及其衍生物、维生素和微量元素等。利用的原理是，ATP、NADH/NAD$^+$、NADPH/NADP$^+$ 等辅因子参与了很多胞内重要代谢过程，其水平及比例可导致微生物代谢及生理发生全局性变化，例如 1970 年代即发现降低细胞内的能量水平（ATP）能显著提高酵解速度。细胞内 NAD（P）$^+$ 与 NAD（P）H 的产生和消耗还原力的反应处于相对平衡的状态，当细胞大量产生目标产物时，胞内的还原力并未向该代谢流倾斜，导致目标产物的合成受阻，因而需要敲除一些副产物和非必需的途径。例如，在厌氧高产正丁醇的代谢途径中，产生 1 分子丁醇需要消耗 4 分子还原力，为达到高产的改造方法包括敲除 3 个消耗 NADH 的途径，使 NADH 的含量为 4；同时敲除产生乙酸的途径，节约 1 分子前体乙酰辅酶 A，综合改造后正丁醇的产量可提高 100 多倍（Wen et al., 2013）。

四、大肠杆菌用于浓缩固碳

利用代谢工程改造大肠杆菌时，可引入一些其他微生物或物种的酶或代谢途径，赋予大肠杆菌新的生产能力。例如，Gong 等将植物固定 CO_2 的催化酶 PRK（磷酸核酮糖激酶）和 Rubisco（核酮糖 -1,5- 二磷酸羧化酶 / 加氧酶）导入大肠杆菌中，与中心代谢途径偶联（图 2-10），使大肠杆菌具有了固定 CO_2 的能力（Gong et al., 2015）。

图 2-10 固定 CO_2 的大肠杆菌代谢改造

第五节　芽孢杆菌的生物学特点及分类

芽孢杆菌属细菌是一类好氧或兼性厌氧、产生抗逆性内生孢子的杆状细菌，这类细菌多数为腐生菌。芽孢杆菌一般在生长的后期会产生单个内生孢子即芽孢。由于芽孢能够对热、紫外线、电磁辐射和某些化学药品等产生很强的抗性，因此芽孢杆菌能忍受多种不良的条件，在环境中长期稳定存在。

芽孢杆菌在自然界中广泛存在，从土壤、水体、食品、动植物体内和体表及医学临床的样品中均可分离到多种芽孢杆菌。此外，芽孢杆菌在农业、工业、环境治理、医疗卫生和军事领域得到广泛应用，已经成为人类利用微生物资源的典范。

芽孢杆菌属细菌与生产、生活密切相关。例如，枯草芽孢杆菌是芽孢杆菌的模式菌，其在工业生产、科研及医药领域被广泛使用。炭疽芽孢杆菌是炭疽病的致病菌。而苏云金芽孢杆菌即 Bt 菌株，是在农业上应用最广泛的芽孢杆菌，其能产生多种杀虫物质（伴孢晶体），是农业上生物防治的重要菌株。蜡状芽孢杆菌能够引发食物中毒，由其引起的食物中毒事件也屡见不鲜；此外，蜡状芽孢杆菌也是条件致病菌，能够引起人眼部感染、脑膜炎等疾病。典型的芽孢杆菌的形态如图 2-11。

一、芽孢杆菌的基本生物学特征

芽孢杆菌属细菌的细胞一般呈杆状，笔直或略微弯曲，单独或成对出现，有一些呈链状排列，偶见呈长花丝状。芽孢杆菌一个细胞最多形成一个芽孢，这些芽孢对许多不利条

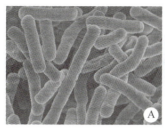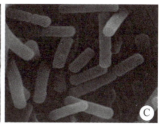

图 2-11 典型的芽孢杆菌扫描电镜形态（Cao et al.，2018；Li et al.，2016；Shao et al.，2018）
A. 枯草芽孢杆菌；B. 苏云金芽孢杆菌；C. 蜡状芽孢杆菌

件具有很强的抵抗力。芽孢杆菌一般为革兰氏阳性菌，通过周生鞭毛或退化的周生鞭毛运动或不运动。

芽孢杆菌是需氧或兼性厌氧菌，少数种为严格厌氧；末端电子受体是氧，在某些种中可由其他受体替代。芽孢杆菌大多数种可在常规培养基，如营养琼脂（NA）和血琼脂上生长。芽孢杆菌在种内和种间菌落形态与大小变化很大，且展现出多种生理能力，如从嗜冷到嗜热、从嗜酸至嗜碱性均有相对应的种，还有一些菌株能够耐盐或嗜盐。芽孢杆菌属细菌的大多数种能产过氧化氢酶，氧化酶阳性或阴性，大多数芽孢杆菌是异养细菌。

芽孢杆菌大多分离自土壤或被土壤污染的环境中，但在水、食物和临床样本中也有发现。芽孢杆菌产生的芽孢对热、辐射、消毒剂和干燥等条件的抗性使其成为手术室、手术敷料、医药产品和食品中非常棘手的污染源。大多数物种有较弱的或没有致病潜力，但炭疽病的病原菌炭疽芽孢杆菌具有较强的致病性，也有其他几个种可能导致食物中毒和条件性感染，苏云金芽孢杆菌对无脊椎动物具有致病性。芽孢杆菌属细菌的基因组 G+C 含量一般为 32% ～ 66%，代表菌种是枯草芽孢杆菌（Vos，2009）。

二、芽孢杆菌的鉴定方法

对样品中的芽孢杆菌进行分离，首先将采集到的样品制成悬浊液，加热沸腾或 80℃加热 10 min 可杀灭芽孢杆菌营养体和其他微生物细胞，保留耐热芽孢，最后进行涂布或划线分离。鉴定方法包括：

（1）菌体与菌落形态特征描述，包括：菌体形态特征描述和细菌群体形态特征描述。

（2）生理生化方法分析细菌生理特征，主要包括：生长温度和耐热性检验、酶系特征分析、细胞壁化学组成分析、醌类分析等。

（3）遗传学与分子生物学鉴定方法，包括：G+C 含量、DNA-DNA 杂交、16S rRNA序列分析、检测核心基因（如 *gyrB*）等。

三、芽孢杆菌属的代表种及一类特殊划分

根据《伯杰细菌鉴定手册》第 9 版，芽孢杆菌属（*Bacillus*）共有 147 个种，其中包括 2 个 *B. subtilis* 亚种。部分种的菌落表型如图 2-12。

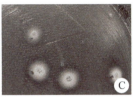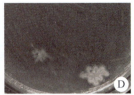

图 2-12　芽孢杆菌的菌落表型

A. 枯草芽孢杆菌；B. 蜡状芽孢杆菌；C. 解淀粉芽孢杆菌；D. 贝莱斯芽孢杆菌

（一）芽孢杆菌属常见菌种

（1）枯草芽孢杆菌（*B. subtilis*）：芽孢杆菌属的模式菌株，呈杆状，很少成链，产芽孢，菌落圆或不规则，可以起皱；有氧生长旺盛，主要产物有 2,3-丁二醇、乙酰甲基甲醇和 CO_2；在 pH 5.5～8.5 时生长良好，能分解植物组织的果胶和多糖类物质，有些菌株能引起马铃薯组织腐烂；可产生多种抗菌肽如 subtilin、surfactin 等，是农业中重要的生防菌。

（2）蜡状芽孢杆菌（*B. cereus*）：杆状菌体有成链的趋势，不同菌株菌落形态变化大，一般为暗的或毛玻璃状，边缘起伏；胞外产物包括溶血素、溶菌酶、蛋白酶和磷脂酶 C；当菌体在食物上大量增殖时可引起食物中毒。

（3）炭疽芽孢杆菌（*B. anthracis*）：与蜡状芽孢杆菌相似，24 h 之内对绵羊红细胞无溶血性；对 γ 噬菌体敏感；在体内增殖时炭疽芽孢杆菌的毒素菌株形成谷酰基多肽的荚膜，其致病物质主要由两个大质粒编码合成；是人和动物炭疽病的病原，在污染物中能存活很长时间。

（4）苏云金芽孢杆菌（*B. thuringiensis*）：与蜡状芽孢杆菌的明显区别是对鳞翅目幼虫的致病性和芽孢形成期在细胞内形成一个结晶的蛋白体，在孢子外形成，即伴孢晶体；幼虫肠道中的毒素是晶体被酶作用后释放出来的，但对人体无害。

（5）地衣芽孢杆菌（*B. licheniformus*）：营养琼脂培养基菌落不透明，表面暗、粗糙，边缘一般呈毛发状；能产生多肽抗菌素 lichenicidin；在土壤中可形成孢子，经过热处理后尚能存活；在许多食物中保持 30～50 ℃都能生长。地衣芽孢杆菌也被认为是普遍安全（generally recognized as safe，GRAS）的菌株，可作为宿主菌株应用于制药及保健品生产。

（6）解淀粉芽孢杆菌（*B. amyloliquefaciens*）：解淀粉芽孢杆菌是一种生活在土壤中的非致病性细菌，通常与高等植物的根系有关，用作生物肥料和生物防治剂，如可抑制番茄细菌性溃疡病菌 *Clavibacter michiganensis* subsp. *michiganensis*（Gautam et al.，2019），也可以通过诱导植物系统性抗性及增加根际有益微生物抵抗番茄黄卷叶病毒病（Guo et al.，2019）。

（7）贝莱斯芽孢杆菌（*B. velezensis*）：贝莱斯芽孢杆菌最初培养自西班牙南部马拉加省 Vélez 河岸，在 pH 5.0～10.0 及温度 15～45 ℃均可生长（Ruiz-García et al.，2005），16S rRNA 基因测序显示贝莱斯芽孢杆菌与 *B. amyloliquefaciens* 有 99% 的基因相似性，能够产生多种代谢中间产物，包括抗生素、酶、植物激素、铁螯合剂、抗氧化剂、生长促进剂和抗肿瘤剂（Adetomiwa et al.，2019），因此贝莱斯芽孢杆菌具有多种应用潜力，如蛋白酶解、生物防控（抗植物真菌病原菌）、促进植物生长及染料解毒（产偶氮还原酶）等（Ye et al.，2018）。

（二）芽孢杆菌的特殊划分：蜡状芽孢杆菌群与解淀粉芽孢杆菌群

在芽孢杆菌属中，有一组特殊的划分——蜡状芽孢杆菌群（*B. cereus* group），或称为广义蜡状芽孢杆菌（*B. cereus* sensu lato）。广义蜡状芽孢杆菌均为能够形成芽孢的菌株，基因及基因组序列数据显示广义蜡状芽孢杆菌中不同种之间密切相关，即染色体具有很高的相似性和共线性，甚至曾被认为属于相同的种，其包含 6 个不同的种（Bartoszewicz et al.，2008）：

（1）狭义蜡状芽孢杆菌（*B. cereus* sensu stricto）：广泛存在于土壤中，能引起食品污染，导致人类呕吐和腹泻，并且有些菌株是能引起软组织感染的机会致病菌。

（2）炭疽芽孢杆菌：可引起炭疽热，被用于制造生物武器。

（3）苏云金芽孢杆菌：能产生杀虫晶体蛋白，被用作重要的微生物杀虫剂。

（4）蕈状芽孢杆菌（*B. mycoides*）：腐生细菌，能够形成根状菌落。

（5）假蕈状芽孢杆菌（*B. pseudomycoides*）与韦氏芽孢杆菌（*B. weihenstephanensis*）：放射状的菌落形态，脂肪酸的组成与群中其他菌不同。

（6）*B. cytotoxicus*：最新从蜡状芽孢杆菌中分离出来（Guinebretiere et al.，2013），主要与食物中毒有关，在系统发育关系上与蜡状芽孢杆菌群里其他成员较远。

虽然蜡状芽孢杆菌群种间染色体具有很高的相似性和共线性，但其包含几百个菌株，也显示了很高的基因异质性及菌株特异的基因组适应性，比如有些蜡状芽孢杆菌具有跟炭疽芽孢杆菌类似的特征，包括其致病性，但是并不含有完全一样的决定后者致病性的质粒。

一般蜡状芽孢杆菌群不同种之间的主要区分标志是其表型，特别是对于狭义蜡状芽孢杆菌、炭疽芽孢杆菌及苏云金芽孢杆菌，表型的差异往往由位于质粒上的遗传物质所决定。例如，炭疽芽孢杆菌引起炭疽热的毒力因子基因主要位于两个大质粒上，pXO1 和 pXO2，这两个质粒对于炭疽芽孢杆菌的致病性至关重要，是其区别于其他成员的主要特征。苏云金芽孢杆菌主要特征是在芽孢形成的同时产生伴孢晶体即 δ- 内毒素，而编码这些晶体蛋白的基因主要位于质粒上。蜡状芽孢杆菌合成呕吐毒素的基因位于一个大质粒上。

蜡状芽孢杆菌群中的质粒是其非常重要的形态因子，如苏云金芽孢杆菌的晶体毒蛋白基因与炭疽芽孢杆菌的炭疽毒素基因均位于质粒元件上。蜡状芽孢杆菌群中质粒普遍存在，单个菌种可能含有 6 个不同的质粒。质粒大小变化也很大，从 2 kb 到大于 600 kb，且不同菌株的质粒谱型并不总与其系统发育相匹配。在蜡状芽孢杆菌群的进化过程中，质粒是染色体的延伸，质粒和染色体之间基因交换频繁，有利于菌株得以生存于不同的多变环境中。

除蜡状芽孢杆菌群之外，还有一组芽孢杆菌——解淀粉芽孢杆菌、暹罗芽孢杆菌（*B. siamensis*）及贝莱斯芽孢杆菌，其基因组相似性高，被划分为解淀粉芽孢杆菌群（*B. amyloliquefaciens* group）（Fan et al.，2017）。但这三种菌种间特征也有些许差别，如能量代谢相关的基因在解淀粉芽孢杆菌中更丰富，次级代谢产物合成相关的基因在贝莱斯芽孢杆菌中十分丰富，与解淀粉芽孢杆菌和暹罗芽孢杆菌相比，贝莱斯芽孢杆菌的核心基因组中含有更多参与抗菌化合物生物合成的基因，以及参与 D- 半乳糖醛酸盐和 D- 果糖醛酸盐代谢的基因（Chun et al.，2019）。

第六节　芽孢杆菌的结构、形态特征及形成调控

芽孢杆菌的形态结构包括菌落形态、一般生物学结构（生物膜、细胞壁、S层、鞭毛）及特殊生物学形态（芽孢、感受态、分泌抗菌肽），这些结构形态对芽孢杆菌的生长繁殖、竞争与适应环境具有非常重要的作用，而其形成过程也受到复杂精密的调控。芽孢杆菌属细菌菌落形态多种多样，但它们也有一些共同的特征：多数有鞭毛，运动，菌落边缘常呈波形、缺刻等不规则形状；细胞分裂后常呈链状排列，菌落表面粗糙，有环状或放射状的褶皱；细胞一般都具有较厚的细胞壁，形成生物膜、S层，芽孢及感受态，大部分可分泌抗菌肽。

一、生　物　膜

形成生物膜（biofilm）是芽孢杆菌在自然环境中形成有利条件，维持生存的一种群体性行为。芽孢杆菌形成的生物膜形态多样，结构特征如图2-13所示：高度有几百微米，直径达几厘米，形成肉眼可见的高度复杂褶皱和凸起，边缘不规则，具有强疏水性（Wilking et al.，2013）。

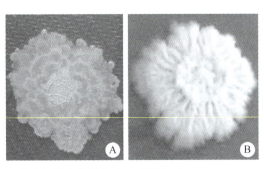

图2-13　芽孢杆菌生物膜的表型或形态（Wilking et al.，2013）

A. 地衣芽孢杆菌；B. 短小芽孢杆菌

1. 生物膜的功能

生物膜有利于芽孢杆菌在多变的环境中获得保护，它赋予细胞群体极端疏水性并给予一定的压力使定植的芽孢杆菌在附着表面扩散，也具有一定的机械刚性，有利于芽孢杆菌在恶劣环境中生存（Epstein et al.，2011）。

2. 芽孢杆菌生物膜的内部构造

芽孢杆菌的生物膜展现了精巧的结构特征，这是由细胞群内细胞特化的复杂程序及细胞间交流形成的。生物膜内部组分包括基质（蛋白质、多糖、核酸及其他次级代谢产物）和各种形态的细胞（孢子、鞭毛细胞、感受态细胞和死亡细胞等）。胞外基质、生物膜表面疏水蛋白、胞外蛋白（酶）、次级代谢产物（如surfactin）、芽孢、感受态形成于生物膜不同的时空状态，其形成过程也受到精密的调控。在生物膜中，死亡的细胞多在褶皱的

基部，孢子在接触空气的表层。生物膜多具有孔道结构，允许周围液体流入生物膜中，供给水分及养分（Cairns et al.，2014）。

3. 芽孢杆菌生物膜的主要组成成分

芽孢杆菌生物膜主要由胞外多糖（exopolysaccharides，EPS）、胞外蛋白（组成纤维结构的 TasA 和 TapA）及表面疏水蛋白 BslA 组成。

胞外多糖主要由 eps operon（epsA-O）编码，对于生物膜的形成至关重要。eps 基因突变后，芽孢杆菌不能形成生物膜。多糖有利于生物膜形成过程中细菌的黏附，且可以网聚浓缩来自环境的重要矿物质和营养物质（Romero et al.，2010）。

生物膜中含有的胞外蛋白主要是 TasA 蛋白，为功能淀粉样蛋白，由 tapA-sipW-tasA operon 编码。TasA 形成由细胞延伸出来的纤维结构（TasA fibers），tasA 的突变株不能形成生物膜。TapA 是纤维结构的次要组分，其突变导致菌株无法形成纤维结构。SipW 蛋白可以把 TasA、TapA 分泌到基质中，而 TasA 在胞外自组装成纤维结构，在 TapA 作用下锚定到细胞壁上（Romero et al.，2010）。

外层疏水蛋白即 BslA 包裹在生物膜外层，其在生物膜成熟的最后阶段分泌形成，在生物膜顶部自组装成疏水层并作为群体的疏水屏障。BslA 蛋白含有多个关键疏水氨基酸位点，且对生物膜的复杂结构和高疏水性非常重要，bslA 的突变同样会抑制生物膜的形成（Hobley et al.，2013）。

4. 芽孢杆菌生物膜的生命周期

芽孢杆菌的生物膜形成受胞外信号诱导，包括环境和自身产生的信号，其形成过程是一个非常消耗能量的过程，需要产生大量的大分子，因此受到严密的调控，如合成基质成分物质的基因是受到严格转录控制的（Vlamakis et al.，2013）。

芽孢杆菌生物膜形成的调控主要包括两个方面：一方面是生物膜基质形成的调控，可促进细胞黏附定植；另一方面是细胞由运动状态转变为生物膜模式的调控（Lemon et al.，2008）。如转录调控因子 Spo0A 是一个多效调控蛋白，可以直接控制约 120 个基因（包括形成芽孢相关基因及生物膜形成相关基因）的转录，磷酸化的 Spo0A（Spo0A～P）可以直接抑制 abrB（过渡态调控子）的转录或激活 abbA（编码转录抑制因子）的转录，AbbA 与 AbrB 结合使后者与 DNA 解离，从而解除对基质形成基因的抑制作用。此外，Spo0A～P 可激活 SinI 表达。SinR 是一个转录调控子，可以抑制基质形成基因的表达。SinI 与 SinR 形成异源二聚体复合物，后者从相应的启动子上解离，从而解除对下游基因表达的抑制作用。SinR 蛋白的表达被抑制可促进基质合成。同时 SinI 刺激 slrR 的转录，SlrR 与 SinR 形成的复合物抑制运动基因（鞭毛蛋白编码基因 hag）和自溶素基因（autolysin 基因 lytA、lytF）的表达，使细胞丧失运动性，形成细胞链并产生基质，刺激生物膜形成，如图 2-14 所示。

二、细　胞　壁

芽孢杆菌一般是革兰氏阳性（G⁺）菌，其细胞壁（cell wall）主要特点是厚度大、化学组分简单。芽孢杆菌细胞壁的主要成分包括肽聚糖（peptide glycan）和磷壁酸（teichoic

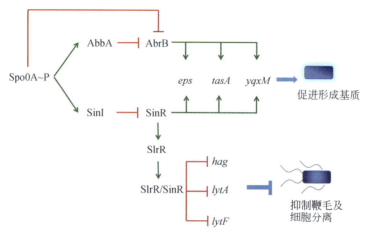

图 2-14　芽孢杆菌生物膜形成调控过程

acid），其中磷壁酸对于细胞的形态、分裂及耐药性具有非常重要的功能。肽聚糖的构造为右手螺旋，肽聚糖盘绕成 50 nm 宽的"绳索"（cable）结构，绳索结构进一步螺旋成 25 nm 的横纹（cross striations）结构，沿细胞短轴周期性环绕（Hayhurst et al.，2008）。肽聚糖的作用是决定外形和维持细胞生存。

磷壁酸是革兰氏阳性菌细胞壁特有的成分，按功能和结合部位不同，分为壁磷壁酸（WTA）和脂磷壁酸（LTA），如图 2-15 所示。壁磷壁酸与肽聚糖分子之间发生共价结合，脂磷壁酸通过糖脂与细胞膜上的磷脂共价结合从而锚定于细胞膜上（Brown et al.，2013；Percy and Grundling，2014）。

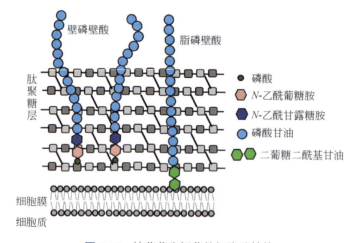

图 2-15　枯草芽孢杆菌的细胞壁结构

磷壁酸具有多种功能，包括：调控细胞的形态和分裂；调控自溶素（autolysin）的活性，从而保证在细胞分裂过程中胞壁特异分离；结合胞外的金属阳离子和质子，调控离子平衡；保护细菌抵抗来自抗生素的威胁和宿主的防御，若缺失磷壁酸，枯草芽孢杆菌和耐甲氧西林金黄色葡萄球菌（MRSA）对 β-lactam 类的抗生素非常敏感；影响细菌黏附和定植，影响细菌与各种表面的相互作用。

三、S 层蛋白

S 层蛋白（surface layer protein）位于许多细菌和古菌的最外层，是由蛋白质组成的晶格状结构，是生物进化过程中最简单的一种生物膜。S 层蛋白的基本特点是具有多孔的蛋白网状结构，每个蛋白分子大小为 40～200 kDa，由一个或多个蛋白分子组成晶格结构，每个蛋白晶格为 3～30 nm、厚 10 nm，内表面较光滑、外表面较粗糙（Pum et al.，2013）。以炭疽芽孢杆菌为例，S 层蛋白由 EA1 和 Sap 两种表面蛋白组成，两个蛋白通过相同的域（S-layer homolog，SLH）与壁磷壁酸非共价结合，从而定位于细胞壁上。

S 层蛋白能够维持细胞的形状。此外，由于 S 层蛋白孔洞的大小和形状均匀一致，可起到精细分子筛的作用。S 层蛋白与致病相关，比如噬菌体定位、促进致病菌与宿主分子结合、增强与巨噬细胞的联系等，还能增强菌体对辐射的抗性。如蜡状芽孢杆菌的 S 层蛋白促进了炭疽热类似疾病的发生（Wang et al.，2013）。

四、鞭　　毛

芽孢杆菌鞭毛（flagellum）的组成结构包括基体、鞭毛钩及丝状体，鞭毛是某些细菌体表生长的长丝状、波曲的附属物，数目为 1～10 根，具有运动功能。芽孢杆菌多数有鞭毛，且是周生鞭毛。鞭毛基体嵌入细胞膜，将鞭毛锚定到细胞膜和细胞壁上，作为旋转桨发动机为鞭毛运动提供能量，分泌装置可将远鞭毛端组件运出。鞭毛钩是由 FlgE 蛋白组成的弯曲空心圆柱，基体和丝状体之间的耦合结构改变作为螺旋桨的鞭毛旋转的方向。丝状体由重复的鞭毛蛋白组成螺旋的空心圆柱，为细菌的运动提供动力，负责引起免疫反应，故一般认为跟细菌的鞭毛血清型密切相关。*B. subtilis* 编码两个同源鞭毛蛋白 YvzB 和 Hag（Mukherjee and Kearns，2014）。

鞭毛的运动方式主要有游动（swimming）和蠕动（swarming）两种，游动是单个细胞在液体三维方向移动，而蠕动是一群细胞在固体表面二维方向移动。SwrA 是芽孢杆菌鞭毛合成的主要调控因子，Sfp 负责合成脂肽类的表面活性剂，减少表面张力，从而促进菌株蠕动。许多驯化菌株由于缺失 Sfp 与 SwrA 而不能蠕动。枯草芽孢杆菌在蠕动时鞭毛数会增加，如图 2-16 所示，这也主要是受 SwrA 的调控（Patrick and Kearns，2012）。

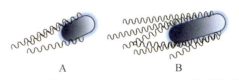

图 2-16　芽孢杆菌在游动及蠕动时的鞭毛数变化
A. 游动；B. 蠕动

五、芽　　孢

芽孢杆菌在其生长发育后期，可在细胞内形成壁厚、质浓、折光性强并抗不良环境条件的休眠体，即芽孢（endospore），如图 2-17 所示。一个细胞仅形成一个芽孢，芽孢在营养体中的位置有中生、端生和偏生（亚顶端）。

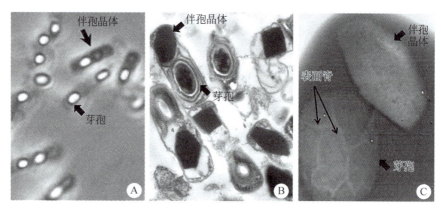

图 2-17 苏云金芽孢杆菌的芽孢、伴孢晶体及芽孢的表面脊（修改自 Wang et al.，2012）

1. 芽孢的表面形态

芽孢杆菌产生的芽孢平均长 1.2 μm，宽 0.8 μm。表面沿芽孢长轴方向分布表面脊（ridge），表面镶嵌许多圆形凸块（bumps）（Plomp et al.，2014）。

2. 芽孢的构造

芽孢的构造包括孢外壁（exosporium）、芽孢衣（spore coat）、皮层（cortex）及芽孢核心（endospore core），如图 2-18 所示。孢外壁的主要成分是脂蛋白，透性差。芽孢衣由多层蛋白组成，主要是疏水性角蛋白，非常致密，无透性，负责芽孢对化学物质的抗性。皮层主要由芽孢肽聚糖组成，几乎占芽孢体积的一半，含孢特异成分吡啶二羧酸钙 DPA-Ca，皮层耐渗透压能力强，可达 20 atm（1 atm=$1.01×10^5$ Pa）。芽孢核心又可分为芽孢壁、芽孢膜、芽孢质和核区。

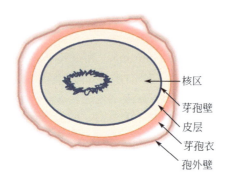

图 2-18 芽孢杆菌属的芽孢结构示意图

3. 芽孢的形成过程

芽孢形成的过程分为 0～7 共 8 个阶段：阶段 0 是形成孢子的决定阶段；阶段 1，轴向染色体形成并保证正确染色体拷贝数；阶段 2，细胞不对称分割；阶段 3，为吞食阶段；阶段 4～5，皮层及芽孢衣开始组装；阶段 6～7，芽孢释放（图 2-19）（Tan and Ramamurthi，2014）。

阶段0~1 　　 阶段2 　　 阶段3 　　 阶段4~5 　　 阶段6~7

图 2-19 芽孢杆菌的孢子形成过程中形态学变化

4. 芽孢形成过程各阶段调控

阶段 0：形成孢子的决定（the decision to sporulate）阶段，只有部分细胞产芽孢，而由营养生长转为形成孢子是由主要的转录调控子 Spo0A 控制，酸转移酶 Spo0F 和 Spo0B 将组氨酸激酶上磷酸基团转移给 Spo0A，Spo0A ～ P 可以直接调控约 121 个基因的表达，包括形成孢子所需基因（Tan and Ramamurthi，2014）。

阶段 1：轴向染色体形成并保证正确染色体拷贝数。具有两个拷贝的染色体形成连接细胞两极的轴向细丝（RacA 通过结合于复制起点附近的富含 G+C 的反向重复序列将染色体定位于细胞两极）。

阶段 2：不对称分隔（asymmetric septation），由孢子形成特异的 σ^F 与 σ^E 调控（σ 因子的时空特异性表达导致基因表达具有时空特异性）。此阶段具有两个特征，特征一是形成不对称隔膜，中间隔膜转变为不对称隔膜，将细胞分为母细胞和前孢子是芽孢形成的一个形态学特点。特征二是染色质不对称分配，在不对称分配过程中，前孢子（prespore）只有约 1/3 的染色质，DNA 易位酶 Spo Ⅲ E 将母细胞中剩余的染色质泵入前孢子中（Pedrido et al.，2013）。

阶段 3：吞食（engulfment），发生在不对称分裂之后，端部隔膜围绕前孢子发生弯曲，形成类似母细胞"吞噬"前孢子的过程。包括隔膜壁变薄、吞食膜移动及肽聚糖合成过程。由前孢子特异 σ^G 及母细胞特异 σ^K 调控。

阶段 4 ～ 5：皮层及芽孢衣组装（cortex and coat assembly）。

阶段 6 ～ 7：芽孢释放，成熟的芽孢由芽孢衣和皮层两层同心壳包裹。

芽孢衣即外层壳，由约 70 种不同的蛋白质组成。皮层即内层壳，由特定的肽聚糖组成包括内层胚、细胞壁及外层皮层。内层胚细胞壁（an inner germ cell wall）紧邻前孢子细胞膜的薄层，结构类似于营养细胞细胞壁。外层皮层（outer cortex）不同于营养细胞细胞壁，糖链间转肽作用减少，出现胞壁内酰胺（muramic lactam）。芽孢萌发过程中，皮层溶菌酶通过识别胞壁内酰胺特异性水解皮层肽聚糖。

5. 芽孢的抗性

芽孢衣可保护芽孢免受酶（如溶菌酶）的攻击，抵抗氧化剂（如 H_2O_2、O_3）、过氧亚硝酸盐、ClO_3^- 及次氯酸盐等化学试剂，但是芽孢萌发相关的小分子可以透过此层。

皮层保护芽孢免受高温的影响，维持芽孢部分脱水状态（小分子吡啶二羧酸 -DPA 也利于耐热及减少水分含量）。

此外，芽孢 DNA 可与小分子酸性可溶性蛋白（SASPs）结合，保护 DNA 免受伤害（Ibarra et al.，2008）。

六、感 受 态

感受态（competence）是细胞分化并形成可转化外源 DNA 的状态，可以帮助细菌在多种环境，如营养限制条件下生存。感受态是一个瞬时的生理状态，受机体特异的严格调控，包括群感效应及营养信号等。可形成感受态的细菌包括革兰氏阴性菌，如 *Campylobacter*、*Haemophilus*、*Helicobacter*、*Neisseria*、*Vibrio* 和革兰氏阳性菌 *Bacillus*、*Streptococcus* 等。在 1960 年代，Anagnostopoulos 与 Spizizen 建立了枯草芽孢杆菌的感受态体系，为枯草芽孢杆菌感受态遗传与分子研究奠定了基础（Anagnostopoulos and Spizizen，1961）。

枯草芽孢杆菌自然感受态细胞转运外源 DNA 至细胞质是一个十分复杂的过程，外源 DNA 需穿过细胞壁及细胞质膜，双链 DNA 的一条链转运至细胞质，而另一条链被降解并释放至胞外。其中需要许多蛋白质参与，包括感受态假菌毛（competence pseudopilus，即 type Ⅳ pili，）及细胞质膜上的 DNA 转运酶复合物（Chen and Dubnau，2004）。

1. 外源 DNA 转化具体过程及相关复合物

感受态假菌毛可转运外源 DNA 至细胞表面，*comG* 操纵子编码的蛋白质负责感受态假菌毛的组装过程。ComGA 是 traffic NTPase，为感受态假菌毛的组装提供能量。ComGB 是菌毛组装所必需的多形膜蛋白。ComGC（橘黄色）是主要的假菌毛蛋白。所有的蛋白质都以前菌毛蛋白的形式存在，前菌毛蛋白肽酶 ComC 切割掉 N 末端序列后才能组装成假菌毛。

首先，外源 DNA 结合于感受态细胞表面，ComEA 是枯草芽孢杆菌中定位在膜的 DNA 受体，具有 DNA 结合活性。由于枯草芽孢杆菌具有很厚的肽聚糖层，需要调节细胞壁组成，使 DNA 与 ComEA 结合。然后线性化外源 DNA，只有自由末端的线性 DNA 才能进行转化，枯草芽孢杆菌表面的核酸内切酶 NucA 可以将与其结合的双链 DNA 酶切。受体蛋白 ComEA 随后将 DNA 运至透性酶 ComEC，寡聚化的 ComEC 对于 DNA 摄取非常重要，DNA 通过其形成的通道运送至细胞。ComFA 是膜相关蛋白，其解旋酶活性是解开外源双链 DNA 所必需的。

单链 DNA 被摄入细胞，另一条链被膜外的核酸酶所降解。进入细胞的单链 DNA 与感受态诱导的 ssDNA 结合蛋白结合，避免其受核酸酶的影响。内在化的 DNA 与 DNA 重组蛋白 RecA、DNA 解旋酶 AddAB 相互作用整合进基因组，如图 2-20 所示。

2. 枯草芽孢杆菌感受态的形成调控

枯草芽孢杆菌感受态的形成受到精密的调控，复杂的信号转导系统保证了适当的激活适应性反应。在对数期转变为稳定期时，受到环境条件的限制，枯草芽孢杆菌分化形成感受态，且群体中仅有 10% 的细胞可以分化形成感受态。感受态细胞形成主要包括三个过程：群感效应（quorum sensing，QS）阶段、主要调控子 ComK 的激活及 ComK 激活下游感受态相关基因。

群感效应是细胞响应环境中群体浓度的变化而进行基因表达调控的过程。细胞产生并释放信号分子，随着细胞浓度的升高，信号分子的浓度积累到一定阈值，即可启动相应的

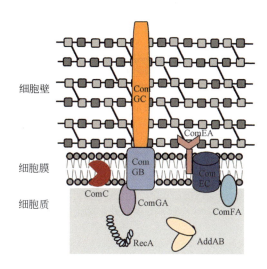

图 2-20　枯草芽孢杆菌中感受态假菌毛及 DNA 转运酶的图解模型

生理过程，包括感受态形成、毒力、孢子形成、产抗生素、接合及生物膜形成等。在 *B.subtilis* 中，两种信息素 ComX 和 CSF（competence-stimulating factor）刺激感受态的形成。

ComX 是一个包含 5～10 个氨基酸的寡肽，在保守的色氨酸残基上有异戊二烯化修饰，分为香叶基修饰和法尼醇修饰。其首先由 *comX* 合成无活性、约 60 个氨基酸（个数因菌株有差异）组成的前体——pre-ComX，pre-ComX 被跨膜蛋白 ComQ 异戊二烯化修饰并切除前导肽后运输至胞外。

comPA 是双组分调控蛋白基因，ComP 是跨膜组氨酸激酶，其感受到一定浓度的 ComX 而发生自磷酸化，磷酸化的 ComP 将磷酸基团转移给应答调控子 ComA，ComA～P 调节下游基因 *srfA/comS*（与感受态形成正相关）的转录。

CSF 是一个五肽，是 40 个氨基酸 PhrC 分泌蛋白 C 末端的一部分，可以被寡肽透性酶 Spo0K 感受并作用于下游基因。PhrC 可以使 ComA～P 水平升高，刺激 *srfA/comS* 表达，刺激感受态形成。

在枯草芽孢杆菌感受态形成过程中 DNA 结合、摄取及重组相关基因的转录都受到感受态调控子 ComK 的调控，ComK 直接或间接调控的基因多达 100 个。

ComK 的自激活循环是形成感受态的关键步骤，ComK 以二聚体组成的四聚物形式结合于各启动子上，激活自身基因等下游基因转录。*comK* 在自激活循环后，转录被激活并翻译 ComK，但是合成的 ComK 与 MecA 结合，MecA 募集 ComK 结合到蛋白酶 ClpC/P，使 ComK 被降解，从而无法调控感受态的形成。

群感效应信号分子 ComX 及 CSF 可以促使 ComA～P 水平升高，ComA～P 能够促进表面活性素——surfactin 基因簇的转录，而位于此基因簇上的 *comS* 同时被转录。ComS 是 46 个氨基酸的小肽，可以与 MecA 结合使 ComK 从 ComK/MecA/ClpC 复合物上释放，而 ComS 及 MecA 被 ClpC/P 降解，如图 2-21 所示（Hamoen et al., 2000）。

当 ComK 浓度足够高时，ComK 可激活 DNA 摄取基因（*comC/E/G/F*）、DNA 整合基因（*recA*、*addAB*）及自身基因 *comK* 的表达，如图 2-21 所示（Hamoen et al., 2000）。

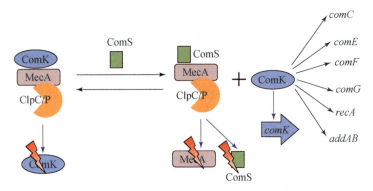

图 2-21　ComK 被释放激活并启动下游基因转录

七、抗　菌　肽

抗菌肽（antimicrobial peptides，AMPs）是一种普遍存在的具有杀菌或抑菌活性的物质，也是非常有应用前景的抗生素替代物。目前已经从动物、植物、真菌、细菌和病毒中鉴定出超过 2000 种抗菌肽，其中有些已经进入临床实验。抗菌肽的作用主要是可以抗细菌、抗真菌、抗病毒，也可以用于治疗传染性疾病、寄生虫感染，甚至癌症。

芽孢杆菌属细菌可以产多种抗菌肽，被认为是发掘新抑菌物质的潜力菌属，其产生的抗菌肽包含核糖体合成与非核糖体合成的抗菌肽，包括脂肽（lipopeptides）、细菌素（bacteriocins）、糖肽（glycopeptides）、环肽（cyclic peptides）等。产自芽孢杆菌的抗菌肽有潜力代替抗生素用于治疗单药或多药耐药致病菌（Sumi et al.，2015）。

1. 非核糖体合成的 AMPs：NRPS

芽孢杆菌属细菌产生的非核糖体合成的抗菌肽，也可简写为 NRPS（nonribosomal peptides），常见的如 gramicidin、tyrocidine、bacitracin、surfactin、iturins 及 fengycins 等。非核糖体肽的结构可以是线形、环形、包含环形分支结构，如图 2-22 所示，此外还包含一些特殊的修饰，包括 N- 甲基化、酰化、糖基化或形成杂环。NRPS 一般是由多个酶进行氨基酸选择和缩合的多步机制合成的，合成的过程遵循模块概念（module concept）。

在非核糖体肽的合成过程中，每个模块（module）负责将单个氨基酸激活并组装进不断延长的肽链，如一个七肽的合成就需要七个模块。每个模块包含不同的蛋白功能域，各功能域分工合作，完成单个氨基酸的组装。例如，腺苷酰化域（A）［adenylation（A）domain］，其负责选择、激活并将氨基酸装载到硫醇化结构域 thiolation 即（T）domain，硫醇化结构域也称为肽基载体蛋白域（peptidyl carrier protein domain，PCPD），其能够装载 4′-phosphopantetheine（Ppant）prosthetic group，然后由缩合域（condensation domain）将单个氨基酸缩合至肽链上，最后硫酯酶域（thioesterase domain）使成熟的寡肽从 NRPS 合成装置上解离下来。此外，Te domain 经常在此步骤调控大环的形成（Sussmuth and Mainz，2017）。

常见的芽孢杆菌来源的非核糖体肽包括表面活性肽（surfactin）、伊枯菌素（iturin）和酚介素（fengycin）家族的脂肽。表面活性肽家族常见的脂肽包括 surfactin、linchenysin、pumilacidin 及 WH1fungin 等；伊枯菌素家族的抗菌肽包括 iturin、bacillomycins、mycosubtilin

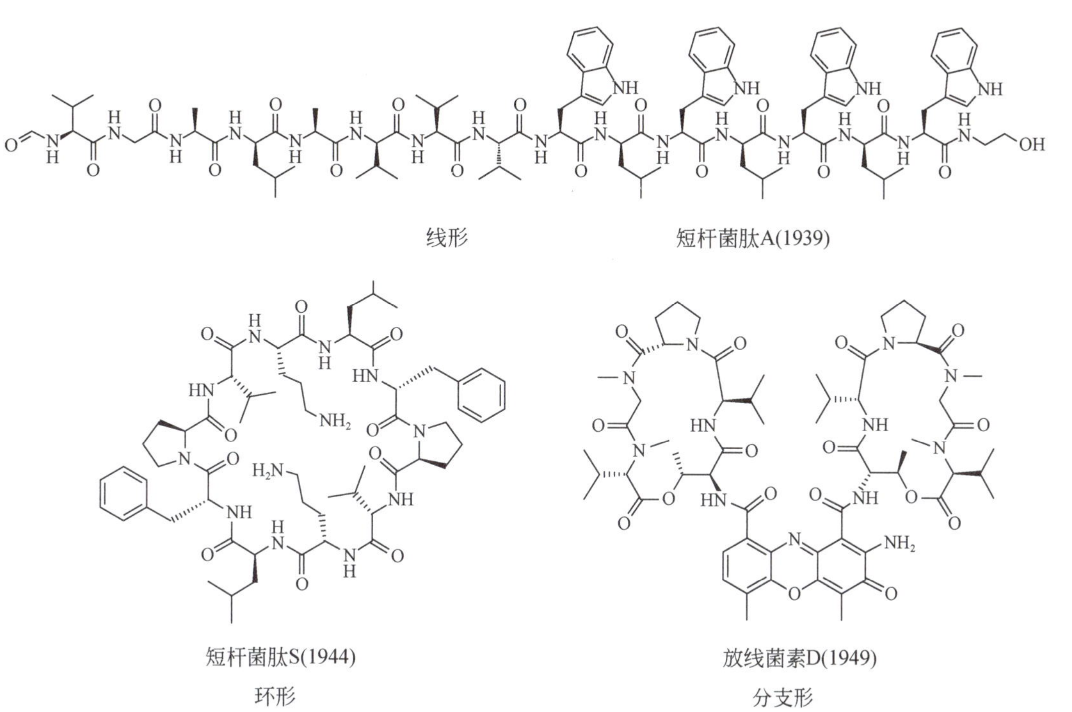

图 2-22　不同结构的 NRPS

及 subtulene 等；酚介素家族的脂肽包括 fengycin、plipastatin 及 agrastatin1 等。Iturin、bacillomycin 及 fengycin 都是两亲性脂肽，能够抗真菌，分子量为 1028 ～ 1084 Da。Bacilysin 是包含 L-alanine 的二肽，它是最简单的 AMPs 之一。*B. subtilis* Marburg 168 菌株可产生 bacilysin，由氨基酸连接酶合成，其结构如图 2-23。surfactin 的合成调控包括群感效应调控及培养基成分如葡萄糖、谷氨酰胺的调控。

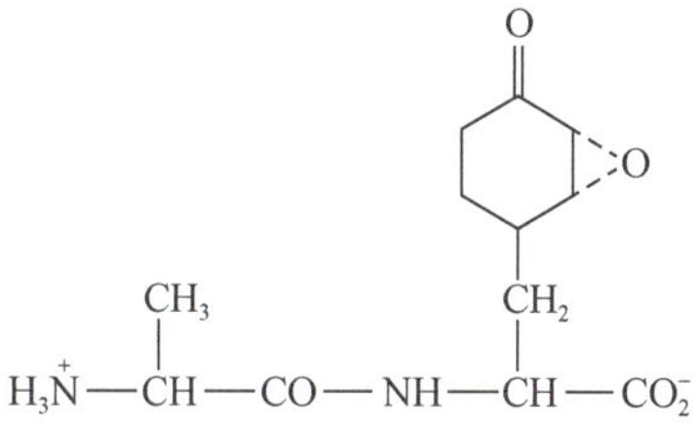

图 2-23　Bacilysin 的结构

2. 核糖体合成的 AMPs

芽孢杆菌属中由核糖体合成的 AMPs 一般包含 15 ～ 20 个氨基酸残基，为两亲性或疏水结构且多为阳离子多肽，结构多样。最典型的即细菌素（bacteriocins），是由核糖体合成、产生且对近缘菌具有抗性的 AMPs，包括芽孢杆菌产生的 subtilin，由 *B. coagulans* 产生的 coagulin，由 *B. thuringiensis* 产生的 bacthuricin F4、thuricin 17、entomocin 9 及 tochicin 等，由 *B. cereus* 产生的 cerecin 7，以及由 *B. licheniformis* 产生的 bacillocin 490 等。

羊毛硫细菌素（lantibiotics）是目前研究得较为清楚的 AMPs，其由核糖体合成并经翻译后修饰，包含特殊的羊毛硫氨酸（lanthionine）及甲基羊毛硫氨酸（methyllanthione）。羊毛硫细菌素的合成基因成簇排列，以 *B. subtilis* 菌产生的 subtilin 合成基因为例，包括结构基因、修饰酶基因、转运/切割基因、免疫基因及调控基因，如图 2-24 所示。

近年来，随着越来越多的 AMPs 被发现，以及其结构与功能的进一步解析，AMPs 越来越受到人们的重视，同时人们也发现大多数芽孢杆菌属细菌均可以产生 AMPs，芽孢杆

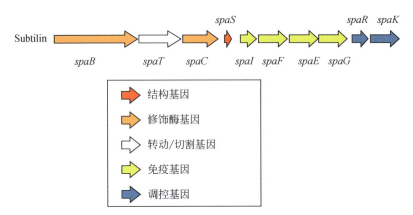

图 2-24   枯草芽孢杆菌产生的枯草素生物合成基因簇

菌属细菌成为挖掘新型 AMPs 的巨大资源宝库。

八、芽孢杆菌中几种特殊形态之间的相互关联

以上介绍了芽孢杆菌的一些特殊生物学特征，包括感受态（信号肽 ComX）、表面活性肽（surfactin）、生物膜胞外基质（matrix）及孢子形成蛋白（Spo0A）。这些特殊生物学形态的生物合成调控过程相互关联，形成了芽孢杆菌复杂的、较强的适应外界环境的能力。

研究表明，群感效应信号肽 ComX 通过激活激酶 ComP 使 ComA 磷酸化，而磷酸化的 ComA ~ P 可以促进表面活性肽合成，后者通过激活激酶 KinC 促使转录调控子 Spo0A 的磷酸化，磷酸化的 Spo0A ~ P 可以诱导 SinR 拮抗子 SinI 的表达，从而使基质合成基因解抑制，并促使芽孢杆菌合成生物膜胞外基质（图 2-25）。

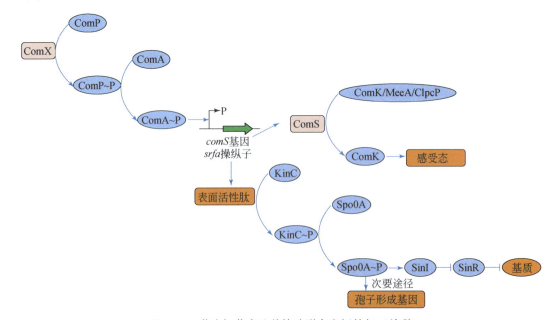

图 2-25   芽孢杆菌中几种特殊形态之间的相互关联

第七节　芽孢杆菌模式种——枯草芽孢杆菌的蛋白表达特性及应用

枯草芽孢杆菌是芽孢杆菌属的模式菌种，其具有芽孢杆菌属典型的特征，如杆状、革兰氏阳性、能产生抗逆性内生孢子、好氧生长、产过氧化氢酶等。同时由于其无致病性，可以分泌多种酶和抗菌物质，且具有良好的发酵基础，成为酶制剂的主要生产菌，大约60%的商业酶由芽孢杆菌产生，且用途十分广泛。此外，由于其可形成感受态摄取外源基因，同时具有良好的表达分泌系统，因此在遗传操作及基因工程中得到很好的研究与应用。

一、枯草芽孢杆菌分泌蛋白种类

芽孢杆菌可分泌多种酶类（表 2-2），主要包括：

淀粉酶：芽孢杆菌产 α- 淀粉酶是一种重要的工业用酶，广泛应用于变性淀粉及淀粉糖、焙烤工业、啤酒酿造、酒精工业、发酵及纺织等。

纤维素酶：具有耐碱耐热的特点，如洗涤剂工业用的碱性纤维素酶。

脂肪酶：枯草芽孢杆菌 168 脂肪酶有广泛的底物作用范围，具有较小的分子质量及较高的等电点等优良的酶学性质，可用来获得多不饱和脂肪酸。

碱性果胶酶：催化果胶质分解，在食品纺织、造纸及环境领域有广泛应用。

纳豆激酶（nattokinase，NK）：可溶解血纤维蛋白，有显著的溶栓作用。

表 2-2　在发酵食品中发现的纤溶酶及其产生菌

产生菌	来源	酶的名称	参考文献
B. natto	Natto	纳豆激酶	Fujita et al.，1993
B. subtilis NK30	Douchi	纳豆激酶	Liang et al.，2004
B. amyloliquefaciens	Douchi	枯草杆菌蛋白酶 DFE	Peng et al.，2003
B. subtilis HGD107	Douchi	—	吴思方等，2004
Bacillu ssp. DC-12	Douchi	—	范晓丹等，2006
B. subtilis UγD8	Douchi	—	齐海萍等，2005
B. subtilis NK5	Douchi	—	董明盛等，2001
B. subtilis ssp.	Douchi	—	阎家麒等，2000
Bacillu ssp. CK	Chungkook-jang	CK	Kim et al.，1996
Bacillu ssp. DJ-4	Doen-jiang	枯草杆菌蛋白酶 DJ-4	Kim et al.，2000
Bacillu ssp. DJ-2	Doen-jiang	bpDJ-2	Choi et al.，2005
Bacillu ssp. KA38	Jeot-gal	Jeot-gal 酶	Kim et al.，1997
B. subtilis QK02	Fermented soybean	QK-1 和 QK-2	Ko et al.，2004

续表

产生菌	来源	酶的名称	参考文献
Bacillus firmus NK-1	Natto	—	Seo et al.，2004
B. subtilis IMR-NK1	Natto	—	Chang et al.，2000
Bacillu ssp. KDO-13	Soybean paste	—	Lee et al.，2001
B. subtili ssp.	Thua nao	纳豆激酶	Inatsu et al.，2006
—	shrimp paste	—	Wong et al.，2004

二、枯草芽孢杆菌蛋白分泌系统

枯草芽孢杆菌可以产生多种蛋白质并高效地分泌到培养基中，新合成的蛋白前体通过多种途径穿过细胞膜运送至胞外。目前已鉴定出四种不同的蛋白分泌途径：①协同途径，绝大多数蛋白质通过该途径运输；②双精氨酸转位途径，其可分泌蛋白质至培养基中、细胞壁或插入蛋白质至细胞质膜；③ABC转运蛋白途径，转运加工Ⅰ类细菌素（羊毛硫细菌素）、信息素；④假菌毛蛋白输出途径，与感受态形成相关（Ling et al.，2007）。

根据有无信号肽，核糖体合成的蛋白质可以被分泌至不同的目的地。无信号肽的蛋白质滞留在细胞质内，含有信号肽的蛋白质通过协同途径或双精氨酸转位途径分泌至胞外。

（一）协同途径

协同途径是枯草芽孢杆菌中最主要的蛋白质分泌途径。SRP（signal recognition particle）蛋白靶位系统（SRP-protein targeting system）将蛋白质定位至细胞质膜，Sec蛋白易位装置（Sec protein translocation machinery）使蛋白质穿过细胞质膜，两者构成了枯草芽孢杆菌的Sec-SRP途径。Sec-SRP蛋白分泌途径可以分为3个功能阶段：蛋白质定位（targeting）、蛋白质易位（translocation）、蛋白质折叠与释放（folding and release）。

蛋白质定位：分泌蛋白首先由核糖体合成前体，前体蛋白在N-末端含有信号肽（signal peptides），如图2-26所示，细胞质分子伴侣可以帮助前体蛋白保持能够被迁移的状态，SRP与信号肽相互识别，将前体定位于膜上的Sec易位酶复合物。信号肽包含带正电荷的N-末端（具有2～3个精氨酸或赖氨酸残基，有较高的正电荷，其决定了膜上信号肽的方向）、中间的疏水区（H-region）及C-末端区（具有类型Ⅰ信号肽酶切割位点，保守序列是-1和3的Ala-*X*-Ala或Val-*X*-Ala）。信号肽具有多种功能，不仅可以避免新形成的链在胞内错误折叠，还可以识别并向分泌装置提呈蛋白质，并且决定前体蛋白在膜上的拓扑结构。

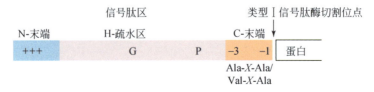

图 2-26 Sec-SRP蛋白分泌途径信号肽功能域

蛋白质易位：信号肽带正电荷的 N- 结构域与膜上负电荷的磷脂相互作用，导致 H- 结构域弯曲地插入膜上，当 H- 结构域变直之后，前体蛋白的第一部分被拉至胞外，如图 2-27 所示。

蛋白质折叠与释放：在易位过程中或易位之后的瞬间，信号肽被类型 I 信号肽酶切割位点切除，使成熟肽从 Sec 易位酶复合物上释放。最后，胞外分子伴侣参与分泌蛋白的折叠及质量控制（van Roosmalen et al.，2004）。

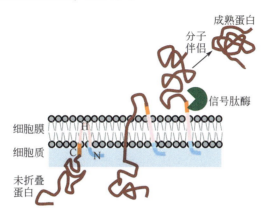

图 2-27　信号肽插入细胞膜并被类型 I 信号肽酶切割位点切除的模型

（二）双精氨酸转位途径

双精氨酸转位途径［twin-arginine translocation（Tat）pathway］即 Tat 途径，相比较于协同途径，Tat 途径可以从枯草芽孢杆菌的细胞质转运紧密折叠的蛋白质甚至多聚酶复合物到培养基中。Tat 途径的信号肽同样具有 3 个功能域（N、H 和 C- 结构域），N- 末端双精氨酸基序包含至少 3 个残基的保守序列 R/K-R-X，长度是 Sec-type 信号肽的两倍；H- 结构域缺少 Sec-type 信号肽中阻断螺旋的脯氨酸或甘氨酸残基；该途径转运已折叠好的蛋白质。

（三）ABC 转运蛋白途径

ABC 转运蛋白［ATP-binding cassette（ABC）transporters］在真核、原核生物中被发现，既可输出也可输入各种分子，如离子、氨基酸、肽、抗生素、多糖及蛋白质等。与核糖体合成的羊毛硫细菌素（lantibiotics）和信息素（pheromone）合成有关。

羊毛硫细菌素和信息素的信号肽叫做前导肽，其中羊毛硫细菌素前导肽有 23 ～ 30 个氨基酸残基，与其翻译后修饰有关。

三、枯草芽孢杆菌蛋白分泌的影响因子

市场上 60% 的酶都是由芽孢杆菌产生的，得益于它们强大的分泌能力。枯草芽孢杆菌作为表达宿主，有以下优点：具有巨大的能力将蛋白质直接分泌至培养基中，极大地促进了下游的加工过程；广泛应用于生产工业酶，且其发酵技术比较成熟；遗传操作简单，有

大量的遗传操作工具；基因组已被测序，对基因组信息了解得很清楚；易培养、培养周期短、非致病性、无内毒素；无密码子偏好性等等（Li et al.，2004）。

在枯草芽孢杆菌中表达异源蛋白时，有许多细胞效应可能影响最终的蛋白质产量，如转录、蛋白质折叠、易位、信号肽的加工和蛋白质水解，其中有两个重要的因子影响蛋白质的正确折叠及产量，即分子伴侣和蛋白酶。分子伴侣促进了正确的蛋白质折叠，最小化包涵体的形成，使分泌蛋白保持能被迁移的状态。

如果分泌的异源蛋白对胞外蛋白酶敏感，就很易被降解。利用枯草芽孢杆菌作为表达宿主的主要限制因素是其可以分泌高水平蛋白酶，在稳定期开始时，其可以分泌至少7个胞外蛋白酶，包括碱性蛋白酶（subtilisin，AprE）、中性蛋白酶（NprE 和 NprB）、金属蛋白酶 E（Mpr），以及三个胞外丝氨酸蛋白酶（Epr、Bpf 和 Vpr），其中 AprE 和 NprE 是最丰富的。虽然枯草芽孢杆菌自身的蛋白质对这些蛋白酶是有抗性的，但是异源蛋白会快速被这些蛋白酶降解。因此，建立了一些枯草芽孢杆菌胞外蛋白酶多位点缺失突变的菌株，如 WB600 和 WB700，分别有 6 和 7 个胞外蛋白酶基因失活，残留的蛋白酶活性分别只有野生型的 0.3% 和 0.1%。这些菌株常被用来作为高效表达分泌型异源蛋白的宿主。

根据以上影响枯草芽孢杆菌蛋白分泌的因素，目前已提出多种策略优化枯草芽孢杆菌蛋白表达，提高蛋白产量，如优化表达元件，优化宿主菌株，通过高通量筛选优化发酵条件等（表 2-3）。

表 2-3　提高枯草芽孢杆菌蛋白分泌产量的策略

优化表达元件	改造宿主菌株	优化发酵条件
启动子 （-35 区、-15 区、-10 区）	敲除蛋白酶	培养基成分 （C 源、N 源、生长因子等）
核糖体结合位点	过表达分子伴侣	温度
信号肽 （N- 结构域、H- 结构域、C- 结构域）	优化分泌系统	pH
	最小化基因组	溶氧量
基因 （密码子优化、点突变、定向进化）	分析转录组、蛋白质组	CO_2
	优化代谢	基质浓度

四、枯草芽孢杆菌的基因工程及应用

枯草芽孢杆菌可分泌产生多种蛋白酶及抑菌活性物质，同时也是一些重要工业酶制剂的生产菌，一些枯草芽孢杆菌能够改善根际微生物菌群、提高植物对病原菌的免疫能力。此外，由于枯草芽孢杆菌具有非致病性、分泌蛋白能力强的特性和良好的发酵基础，因此应用十分广泛，尚包括医药、农业及工业等领域。

（一）在医药方面的应用

枯草芽孢杆菌能够分泌多种酶，其中能够应用到医药领域的酶主要有丝氨酸纤溶性蛋白酶（即纳豆激酶）和脂肪酶。

纳豆激酶（nattokinase，NK）：由枯草芽孢杆菌纳豆亚种（*Bacillus subtilis natto*）产生，纳豆激酶被认为是一种安全、有效、低成本、全天然的心血管疾病治疗剂。动物和人类试验已经证明，NK 通过稀释血液和溶解血块为血液循环系统提供支持（Weng et al.，2017）。鉴于纳豆激酶可溶解血纤维蛋白，具有显著的溶栓作用，且能够在肠道保持一定的稳定性，因此其具有广阔的开发前景。利用重组系统能够更有效地过表达纳豆激酶，对纳豆激酶内源启动子 P_{aprN} 的 -10 区进行改造，同时构建宿主菌株并优化启动子，能够显著提高纳豆激酶的产量，获得的纳豆激酶活性高达 1999 U/mL（Wei et al.，2015）。

脂肪酶（lipase）是一类能在油水界面上水解甘油三酯酯键的酶的总称，广泛应用于食品、生物医药、化工、化妆品及生物柴油等传统与现代工业。来源于枯草芽孢杆菌 168 的脂肪酶以其广泛的底物作用范围、较小的分子量及较高的等电点等优良酶学特性而日益受到人们的关注。微生物脂肪酶被用来从动物和植物中获得多不饱和脂肪酸，游离的多不饱和脂肪酸及其单双甘酯又是用来生产各种药物（抗胆固醇药、抗炎药）的原料。

也有研究显示，枯草芽孢杆菌产生的次级代谢产物可以抑制肿瘤细胞。如枯草芽孢杆菌纳豆亚种产生的果聚糖可促进肝癌细胞 HepG2 中乙酸、丙氨酸、乳酸和磷酸肌酸的增加，表明通过细胞内乳酸积累改变了生物能量途径和细胞内稳态，证明其具有抗肿瘤活性（Cabral et al.，2015）。

Bacillus Calmette-Guérin（BCG，即卡介苗）是治疗膀胱癌的明星菌株，由于此菌株能够改善膀胱癌患者持续复发的疾病模式，且未引起不良反应或长期副作用，被用于治疗非肌肉浸润性的膀胱癌已有 40 多年的历史。泌尿上皮细胞及免疫细胞与 BCG 的抗肿瘤效应密切相关（Redelman-Sidi et al.，2014）。有效的 BCG 治疗需包括以下几个因素：健全的免疫系统，活的 BCG 细胞，以及 BCG 细胞与膀胱癌细胞的紧密接触。活的 BCG 细胞通过纤连蛋白和整合素 $\alpha_5\beta_1$ 附着于膀胱上皮，由致癌性畸变激活的胞饮作用，使 BCG 被膀胱癌细胞内化，然后膀胱癌细胞上调表达 MHC Ⅱ 和 ICAM-1，并分泌细胞因子如 IL-6、IL-8、GM-CSF、TNF-α，同时募集免疫细胞，通过各种免疫机制对膀胱癌细胞产生细胞毒性，最后杀死膀胱癌细胞。

某些枯草芽孢杆菌是肠道益生菌，其能够破坏致病菌金黄色葡萄球菌在人体肠道内的定植，具体机制是枯草芽孢杆菌产生的酚介素可以抑制金黄色葡萄球菌的群感效应系统，从而消除肠道内金黄色葡萄球菌，因此包含芽孢杆菌的益生菌可作为一种简单、安全的策略用于消除肠道金黄色葡萄球菌（Piewngam et al.，2018）。

（二）在农业方面的应用

芽孢杆菌能够为植物提供广泛的益处，其可以分泌大量的抑菌活性物质，杀灭一些动植物中常见病原菌，包括保护植物抵抗病原微生物、昆虫及线虫的危害，诱导植物自身抗性，促进植物生长，且不会对环境造成损害，此外枯草芽孢杆菌也可以分泌大量酶对牲畜有益，所以枯草芽孢杆菌常用于农业。

在畜牧及水产养殖中，枯草芽孢杆菌用作饲料添加剂在改善宿主健康方面发挥重要作用。纳豆枯草芽孢杆菌（*B. sublitis natto*）是枯草芽孢杆菌的一个亚种，是我国农业部公布的 12 种可直接饲喂动物的饲料级微生物添加剂之一。枯草芽孢杆菌 DSM3315 作为仔猪益生菌饲料添加剂并结合适度的膳食蛋白限制可协同提高仔猪生长性能，改变肠道细菌组成和代谢产物，维持仔猪回肠的屏障功能（Tang et al., 2019）。此外，口服能够表达猪流行性腹泻病毒抗原的重组枯草芽孢杆菌可诱导新生仔猪黏膜免疫应答，因此该重组芽孢杆菌将是一种有希望的防止仔猪感染流行性腹泻病毒的候选疫苗（Wang et al., 2019）。枯草芽孢杆菌 HAINUP40 分离自水环境，将其添加到尼罗河罗非鱼饲料中可显著提高其最终体重、比生长率、总抗氧化能力和血清中超氧化物歧化酶，同时提高了感染乳链球菌罗非鱼的存活率，因此饲料中添加剂枯草芽孢杆菌 HAINUP40 能有效增强尼罗河罗非鱼生长性能、免疫反应和抗病性（Liu et al., 2017）。

枯草芽孢杆菌在动物养殖环境净化中也有重要作用，枯草芽孢杆菌在水中大量繁殖时分泌的胞外酶可分解水及底泥中的蛋白质、淀粉、脂肪等有机物，有降低水体富营养化和清除底泥的作用。

此外，枯草芽孢杆菌能产生 40 多种具有不同结构的抗菌物质，包括核糖体合成和非核糖体合成两种，其中很多具有优良性状的菌株已经应用于生产实践。核糖体合成途径产生的抗菌物质包括：细菌素类——枯草芽孢杆菌能够产生枯草菌素（subtilin）和枯草芽孢杆菌素（subtilosin），可以抑制革兰氏阳性细菌和真菌；酶类——细菌分泌几丁质酶主要作用于真菌细胞壁的降解和重组，β- 葡聚糖酶能水解 β-1,3- 糖苷键而具有抗真菌作用，两者同时作用可以完全消解病原菌细胞壁，抑制病原菌生长，达到抗菌防病的目的；活性蛋白质类——许多枯草芽孢杆菌生长代谢过程中会分泌一些抑制植物病害的活性蛋白，生防作用显著，对苹果轮纹病菌、芦笋茎枯病菌等有很强的抑制作用，其抑菌机制主要是溶解细胞壁，造成菌丝畸形、孢子不发芽或发芽异常。

枯草芽孢杆菌在土壤中广泛定植，自然存在于植物根际附近，能够与植物保持稳定的接触并促进其生长，同时抑制多种植物病原菌（Nagórska et al., 2007），如枯草芽孢杆菌 A30 产生的环状多肽对多种植物病原真菌，如水稻纹枯病菌（*Rhizoctonia solani*）、稻瘟病菌（*Magnaporthegrisea*）等有强烈抑制作用。枯草芽孢杆菌 BS-2 菌株分泌的抗菌多肽分子量 ≤ 2884.39 Da，对植物炭疽病菌和番茄青枯病菌等多种植物病原真菌与细菌有强烈的抑制作用，对辣椒果炭疽病具有 69.79% 的防病效果，因此枯草芽孢杆菌被认为是促进植物生长的根际微生物（plant growth-promoting rhizobacteria，PGPR）。

非核糖体合成途径产生的抗菌物质主要包括：脂肽类（lipopeptin），如伊枯草菌素（iturin）是一类小分子环脂肽类物质，以其中 iturin A 抗真菌的活性最强；表面活性素（surfactin）是已发现的最强的一类生物表面活性剂，可用作乳化剂、破乳剂、延展剂、发泡剂、功能食品配料及洗涤剂，还可以用于微生物提高原油采收率、石油泄漏污染和修复等（图 2-28）（Cochrane and Vederas，2016；Liu et al.，2015）。

芽孢杆菌具有抑制植物病害的能力，是自然界中广泛存在的非致病细菌和植物内生细菌，对人畜无害，不污染环境，因而备受各国研究者的青睐。其芽孢具有抗逆性好、利于保藏的特点，能忍受极端的外部环境而长期存活，较适合于制成生物制剂应用。目前，一些枯草芽孢杆菌优势菌株已经作为生物农药投入植物病害应用。例如，美国拜耳作物

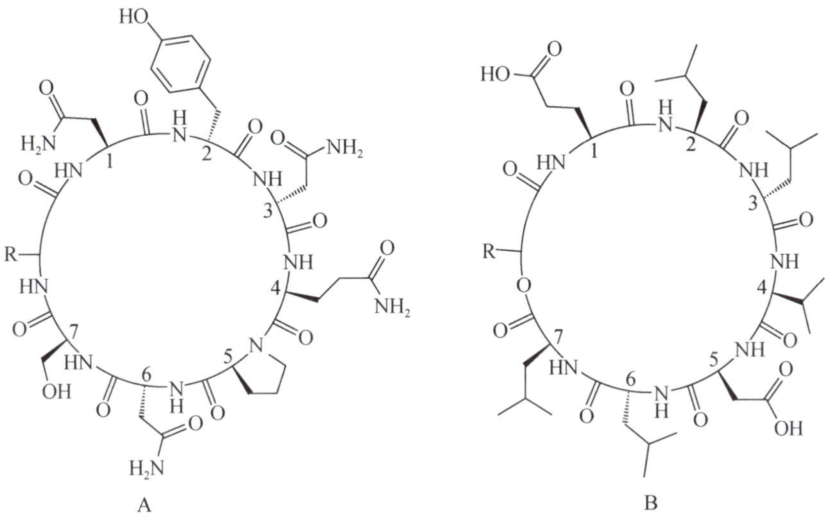

图 2-28　伊枯草菌素（A）及表面活性素（B）分子结构图

科学公司（Bayer CropScience Inc.，USA）生产的商业产品"Yield Shield"由短小芽孢杆菌 GB34（*Bacillus pumilus*）组成，被用于诱导植物系统性抗性并促进植物生长（Jeong et al.，2014），该产品在美国环境保护局注册，被用于防治大豆纹枯病菌和镰刀菌。在细菌生物防治剂中，以芽孢杆菌为基础的产品占商业市场份额的 50% 以上，其中苏云金杆菌占比更大，超过 70%（Ongena et al.，2008）。迄今为止，已报道的枯草芽孢杆菌类生物农药产品基本是芽孢制剂，还没有见到将枯草芽孢杆菌抗菌代谢产物直接加工成生物农药产品的报道。

（三）在工业方面的应用

枯草芽孢杆菌是当今工业酶生产应用最广泛的菌种之一，其被美国食品与药品管理局认定为 GRAS 菌株，其所产的酶占整个酶市场的 60%，已在食品、饲料、洗涤、纺织、皮革、造纸等领域发挥着十分重要的作用，目前在药品、保健品及化学品生产中也发挥着越来越重要的作用。枯草芽孢杆菌能够产生多种生物产品，如 α- 淀粉酶、纤维素酶、β- 葡聚糖酶、果胶酶和木聚糖酶等十几种酶，以及核黄素、N- 乙酰氨基葡萄糖、聚 γ- 谷氨酸、透明质酸酸、2，3- 丁二醇和乙偶姻等。枯草芽孢杆菌酶的主要应用领域是食品工业，这些酶在动物蛋白水解行业中的骨素加工、植物蛋白水解中的大豆蛋白和大豆肽生产、乳制品和婴儿食品生产等工业过程中都已得到广泛的应用。

如 α- 淀粉酶可以水解淀粉及其他低聚糖的 α-1，4- 糖苷键，被广泛应用于食品、造纸和纺织行业。据报道，野生型枯草芽孢杆菌 KCC103 菌株利用甘蔗渣水解液产生的 α- 淀粉酶的产量高达 1258 U/mL（Rajagopalan and Krishnan，2008）。通过在重组的枯草芽孢杆菌中比较不同的启动子（P_{grac}、P_{xylA}、P_{43} 及 P_{hag}）和信号肽，选择 P_{xylA} 和信号肽 SP_{amyQ} 产生的 α- 淀粉酶为 20.2 U/mL，约占分泌总蛋白的 90%（Ying et al.，2012）。

五、芽孢杆菌属代表种特征

芽孢杆菌属由于分布范围广，较易分离培养，可以产生并分泌多种酶及抗菌物质，在医药、农业、工业等领域应用广泛，同时由于其可形成许多特殊生理状态，可作为模式菌进行研究，因此芽孢杆菌属中的许多种得到了深入的研究，而研究较早、最为广泛和深入的种除了模式种枯草芽孢杆菌外，分别是苏云金芽孢杆菌、炭疽芽孢杆菌及蜡状芽孢杆菌。

作为芽孢杆菌属的代表种，苏云金芽孢杆菌可以产生具有杀虫效果的伴孢晶体，炭疽芽孢杆菌可以引起炭疽热，蜡状芽孢杆菌是引起食物腐败及腹泻的菌株，以上三种株菌成为芽孢杆菌属中人们最为熟悉，也是研究得最为深入的种。

（一）苏云金芽孢杆菌

苏云金芽孢杆菌（*Bacillus thuringiensis*，*Bt*）是一种自然界中广泛分布的革兰氏阳性芽孢杆菌，可从昆虫、土壤、储藏品及尘埃、污水和植被等中分离得到。其最早由日本科学家 Shigetane Ishiwata 于 1901 年在患病的家蚕幼虫中分离出，大约过了 10 年，德国学者 Berline 再次从德国苏云金省染病的地中海粉螟中分离发现该菌，并正式定名为苏云金芽孢杆（Federici，2005）。在菌体生长后期或营养匮乏等不利条件下，苏云金芽孢杆菌形成芽孢，同时体内会形成约为菌体 30% 大小的伴孢晶体，该伴孢晶体由蛋白质组成，随着芽孢的成熟、细胞的裂解而释放出来。伴孢晶体具有高效、广谱的杀虫作用，且对人畜及非目标昆虫无害。

1. 苏云金芽孢杆菌产毒素种类

Bt 在生长代谢过程中可产生多种对昆虫有致病性的杀虫毒素，在孢子形成开始和稳定生长期，*Bt* 菌株合成晶体（crystal，Cry）毒素和细胞裂解（cytolytic，Cyt）毒素，即 δ- 内毒素或伴孢晶体毒素，大多数杀虫蛋白基因定位在 *Bt* 菌株的内生大质粒上。在营养生长期，*Bt* 菌株也可以合成其他杀虫蛋白，这些蛋白会被分泌至培养基中，并被定义为营养期杀虫蛋白（vegetative insecticidal protein，Vip）和分泌杀虫蛋白（secreted insecticidal protein，Sip）。Vip 与 Sip 毒素都显示了对一些鞘翅目昆虫的杀虫活性（Palma et al.，2014）。

2. 伴孢晶体的结构与杀虫机制

晶体毒素：Cry 毒素蛋白都具有类似的三域结构（图 2-29），即结构域 I 是由 7 个 α- 螺旋组成的束，结构类似于大肠杆菌素的孔洞形成结构域，在毒素激活的过程中结构域 I 被蛋白酶解切除；此外，结构域 I 还是孔洞形成的决定因素。结构域 II 是由 3 个反向重复的 β- 折叠组装成的 β- 棱镜，有一个疏水的核心埋在里面，此域可能与受体结合相关。结构域 III 是 2 个反向平行 β- 折叠形成面对面的三明治结构，与受体

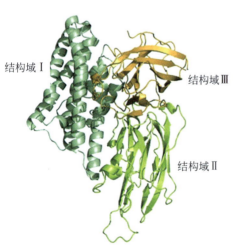

图 2-29　Cry1Aa 及其功能域的带状图解
（修改自 Xu et al.，2014）

结构域 I

结构域 III

结构域 II

识别和膜插入有关（Xu et al., 2014）。

三域 Cry 毒素蛋白的作用机制可用孔洞形成模型来解释。首先，在碱性的昆虫幼虫中肠，可溶的非活性复合物 Cry1A 被蛋白酶消化，形成活性的蛋白酶抗性的三域结构的单体。接着，由于 Cry1A 可低亲和力、大量地结合被 GPI 锚定受体锚定在膜脂上的氨肽酶 N（aminopeptidase-N，APN）和碱性磷酸酶（alkaline phosphatase，ALP）受体，这种结合方式促进了活性毒素定位与富集。然后，Cry1A 与钙黏素受体的结合促进了 N- 末端螺旋 α-1 的蛋白切除。N- 末端的切除诱导了前孔洞寡聚物的形成并且增强了寡聚物与 GPI 锚定在膜脂上的 APN 和 ALP 受体的亲和力。最后，寡聚物插入细胞膜，导致孔洞形成与细胞裂解。

Cry 毒素蛋白作用于昆虫幼虫的具体过程：幼虫摄入 Bt 孢子或重组蛋白后，在中肠毒素蛋白从 Bt 孢子和晶体蛋白中溶解出来，Cry 毒素酶解为活性物质，结合并插入中肠表皮细胞膜，Cry 毒素在膜表面聚集并形成孔洞使细胞渗透裂解，最后幼虫因饥饿或败血症而死（Osman et al., 2015）。

细胞裂解素：与 Cry 毒素不同，Cyt 毒素在体内对双翅目昆虫有杀虫活性，在体外对双翅目及哺乳动物细胞具有非常广的细胞毒性。Cyt 毒素是单个的 α/β 整体结构域，β- 折叠位于中心并被两个 α- 螺旋层包围。其结构与分离自食用蘑菇的心脏毒素 volvatoxin A（VVA）相似，VVA2 是与溶血及细胞毒活性相关的孔洞形成细胞毒素。

Cyt 毒素不像 Cry 毒素可以结合特定的受体定位于中肠上皮细胞，而是直接与膜脂相互作用，目前有两种 Cyt 毒素的作用模型。一种是孔洞形成模型，即 Cyt 毒素以单体的形式依靠其 C- 末端与膜结合，而 N- 末端构象的改变触发寡聚化，使 β- 折叠跨越磷脂双分子层，致使膜穿透。另外一种是表面结合模型，即 Cyt 毒素在膜的表面聚集并延展，以类似洗涤剂的方式破坏磷脂双分子层。

3. 苏云金芽孢杆菌 δ- 内毒素杀虫谱

某些 Cry 毒素及 Cyt 毒素对各种昆虫目、线虫和人类癌细胞具有毒性，这些毒素已被成功地用作生物杀虫剂来对付毛虫、甲虫和苍蝇、蚊子等。还有一些 Cry 毒素具有特殊的活性，如分离自日本的 Bt 菌株 B622 和 B626，其产生的伴孢晶体对人体阴道原生动物致病性滴虫有抑制活性作用，同时对兔红细胞产生类似凝集素的作用（Mizushiro et al., 2002）。此外，由 Bt 菌株 977 和 NRRL HD-522 产生的 Cry 毒素表现出中度但特异性的杀软体动物作用，其能够抑制中国和菲律宾血吸虫病的病原体、日本血吸虫的中间宿主中华钉螺（Halima et al., 2006）。Cry 毒素的杀虫谱广泛，甚至有些可以抑制人体癌细胞，而 Cyt 毒素的杀虫谱较有限（表 2-4）。

表 2-4　苏云金芽孢杆菌 δ- 内毒素杀虫谱

目标昆虫或细胞	毒素名称
双翅目	Cry1A-C，Cry2A，Cry4A-B，Cry10，Cry11A-B，Cry16A，Cry19A-B，Cry20A，Cry24C，Cry27A，Cry32B-D，Cry39A，Cry44A，Cry47A，Cry48A，Cry49A，Cyt1A-B，Cyt2A-B
鞘翅目	Cry1B，Cry3A-C，Cry7A，Cry8A-C，Cry9D，Cry14A，Cry18A，Cry22A-B，Cry23A，Cry34A-B，Cry35A-B，Cry36A，Cry37A，Cry43A-B，Cry55A，Cyt1A，Cyt2C
人癌细胞	Cry31A，Cry41A，Cry42A，Cry45A，Cry46A

续表

目标昆虫或细胞	毒素名称
无脊椎腹足纲	Cry1Ab
膜翅目	Cry3A, Cry5A, Cry22A
半翅目	Cry2A, Cry3A, Cry11A
小杆目	Cry5A-B, Cry6A-B, Cry12A, Cry13A, Cry14A, Cry21A, Cry55A,
鳞翅目	Cry1A-K, Cry2A, Cry7B, Cry8D, Cry9A-C, E, Cry15A, Cry22A, Cry32A, Cry51A

（二）炭疽芽孢杆菌

炭疽芽孢杆菌（*B. anthracis*）简称炭疽杆菌，是炭疽病的病原体，是人类历史上第一个被发现的病原菌，其致病性较强，可作为生物战剂。2003 年炭疽杆菌全基因组被测序，包括染色体和两个大质粒——pXO1 和 pXO2，这两个质粒也是炭疽杆菌区别于蜡状芽孢杆菌群的重要特征，其致病物质也是由这两个质粒编码产生。炭疽芽孢杆菌的生命循环基本上全部发生在哺乳动物宿主体内，孢子被食草动物摄取后，在宿主体内萌发并形成营养细胞，炭疽杆菌繁殖并产毒力因子，杀死宿主（图 2-30）（Mock and Fouet，2001）。

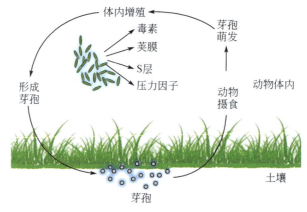

图 2-30　炭疽芽孢杆菌的生命循环

1. 炭疽热

炭疽热是食草动物的主要疾病，但是所有的哺乳动物，包括人类都对其易感。炭疽热是由孢子进入宿主体内引起的，比如小伤口、蚊虫叮咬、食用污染的肉或吸入空气中的孢子。炭疽芽孢杆菌与蜡状芽孢杆菌的 16S rRNA 的序列几乎完全相同，而它们的 23S rRNA 的序列也只有两处不同，表明它们由共同的祖先进化而来。

人类的三种感染方式包括皮肤感染、肠胃道感染与呼吸道感染。皮肤感染是最常见的方式，最开始发现只是小的疙瘩，几天后发展成炭疽热典型的无痛黑色焦痂，通常伴随水肿，这种形式很容易诊断且可以用各种抗生素治疗。肠胃道感染与呼吸道感染，开始是潜伏的，伴随轻度肠胃炎症状、低热和流感症状。早期很难诊断，会突然发展成对治疗抗性的、迅速致命的综合征，伴随休克、败血症和呼吸衰竭，死亡率最高可高达 80%。

2. 毒性质粒和毒力因子

全毒菌株有两个大质粒，即 pXO1 和 pXO2，分别编码两个主要的毒力因子：毒素与荚膜。pXO1 质粒包含毒素的结构基因 *pagA*、*lef* 及 *cya*，pXO2 质粒包含 *capB/C/A* 和 *dep* 基因，编码产物参与荚膜的合成与降解，其中 *capA* 是调控基因（Kolsto et al.，2009）。

1955 年，Smith 及其合作者首次在感染的豚鼠血清中发现毒力因子，这些毒力因子在炭疽热的致病性上发挥着重要的作用，由 3 个蛋白保护性抗原（PA）、致死因子（LF）及水肿因子（EF）组成二元复合物。*pagA*、*lef* 和 *cya* 分别编码 PA、LF 和 EF 蛋白，单独的蛋白质是没有毒性的，3 个基因全部位于 pXO1 上（Froude et al.，2011）。

保护性抗原引起针对炭疽热的保护性免疫反应。其成熟的蛋白质（即 PA83）有 735 个氨基酸残基并折叠成 4 个功能域，每个域都是毒性作用特定步骤所必需的。功能域 I 包含蛋白水解活性位点，利用蛋白酶可把 PA 单体酶解为 PA20（N- 末端 20 kDa 的片段和 PA63（剩余 63 kDa 片段）。功能域 II 是 β- 桶的核心，与孔洞形成有关。功能域 III 与蛋白质相互作用有关。功能域 IV 是与受体结合所必需的。水肿因子（edema factor，EF）是一个腺苷酸环化酶，能够把胞内的 ATP 转化为 cAMP，能够引起胞内 cAMP 水平升高。致死因子（lethal factor，LF）是一个锌离子蛋白酶，具有细胞毒性。

毒素的作用方式：首先 83 kDa 的 PA 即 PA83 与炭疽毒素受体 ATRs、肿瘤内皮细胞标志物 8（TEM-8）、毛细血管形态发生蛋白 2（CMG-2）相结合。PA83 N- 末端 20 kDa 的区域被 furin-like 的蛋白酶酶解并释放，同时暴露了 LF/EF 结合位点。PA63 片段仍然结合在细胞表面并形成同源的七聚体结构，七聚体与 LF 或 EF 结合并促使聚体通过内吞作用进入细胞。

3. 荚膜

除了细胞膜与肽聚糖，炭疽芽孢杆菌还有另外两个表面结构，即荚膜与 S 层，而且很少有细菌能够同时具有这两种结构。荚膜能规避宿主免疫防御系统引起败血症从而具有致病性。荚膜也能够抑制吞食作用，由于其是单一的聚合物，有很弱的免疫原性，因此不引起免疫反应（图 2-31）。

荚膜是 γ-D- 谷氨酸的聚合物，聚谷氨酸链在体内大约为 215 kDa，聚谷氨酸链的延伸是通过将 D- 谷氨酸残基连续地加在受体谷氨酸残基的 N- 末端。荚膜由 pXO2 编码合成，其上 3 个基因 *capB*、*capC* 和 *capA* 就足以在 *E. coli* 中合成聚 γ-D- 谷氨酸，这 3 个基因分别编码 44.8、16.5 和 46.4 kDa 的膜相关酶。第 4 个基因 *dep* 与荚膜聚合物的解聚相关，催化聚 γ-D- 谷氨酸的水解，从而控制荚膜的大小。

图 2-31　炭疽芽孢杆菌的荚膜
（Liang et al.，2017）

（三）蜡状芽孢杆菌

蜡状芽孢杆菌（*B. cereus*）是一种好氧、中温、产芽孢的革兰氏阳性杆菌，广泛存在于土壤、水和空气尘埃中。蜡状芽孢杆菌分布广泛，容易污染食品。几乎所有种类的食品（乳品、淀粉类、肉制品等）都曾被报道与蜡状芽孢杆菌引发的食物中毒相关，由其引发的食物中毒根据临床表现分为呕吐型和腹泻型。蜡状芽孢杆菌也是条件致病菌，能导致人眼部感染，严重感染时可致心内膜炎、脑膜炎和菌血症等疾病。

1947 ～ 1949 年，因在挪威医院暴发的腹泻型疾病首次描述蜡状芽孢杆菌作为食物源性致病菌。呕吐综合征的首次鉴定是 1970 年代在英国由于食用煮熟的米饭而暴发的几次事件，由蜡状芽孢杆菌在食物中产生的呕吐毒素 cereulide 引起。食物中含有 10^3 ～ 10^8 CFU/g 即为中毒剂量。腹泻综合征是由摄入活性细胞或孢子，营养细胞在小肠产生蛋白质类肠毒素，10^5 ～ 10^8 个细胞或孢子被认为是感染剂量。

呕吐型的食物中毒是由一个小的环形十二脂肽 cereulide 引起的，其编码基因在质粒上。腹泻型的症状是由感染营养细胞引起的，在小肠产生蛋白肠毒素，破坏小肠上皮细胞质膜完整性。3 个可以形成孔洞的肠毒素分别为溶血素 BL（haemolysin BL，Hbl）、非溶血型肠毒素（nonhaemolytic enterotoxin，Nhe）及细胞毒素 K（cytotoxin K，CytK）。

呕吐毒素（emetic toxin）——cereulide，由非核糖体肽合成酶产生，此合成酶基因簇（*ces*）位于一个大质粒上；对酸性条件、蛋白水解及热有抗性，因此不会被肠道中的胃酸、蛋白酶及食物再次加热破坏。cereulide 在蜡状芽孢杆菌生长的指数期结束时产生，并在稳定期的早期产量达到最大水平，可以在 12 ～ 37 ℃时合成（Agata et al.，1994）。

腹泻型的细胞毒素包括 Hbl、Nhe 和 CytK。Hbl 和 Nhe 是三组分的毒素复合物。CytK 是单组分，属于能够形成 β- 桶孔洞的毒素，具有皮肤坏死活性、细胞毒性和溶血性。

第八节　芽孢杆菌模式种——枯草芽孢杆菌的研究展望

作为基因工程菌株，枯草芽孢杆菌具有多种优势，如在廉价碳源上即能良好生长，有着清晰的遗传背景和成熟的基因操作方法，具有优越的蛋白质分泌能力，在大规模发酵中表现出稳健性，因此枯草芽孢杆菌被认为是生产重组蛋白和化学品的良好宿主。近年来，新开发的表达系统、合成生物学策略及多种基因工程工具的出现为芽孢杆菌生产更多的产品奠定了基础（Gu et al.，2018）。

一、枯草芽孢杆菌作为基因工程菌株的优点

1. 丰富的生物学信息

模式菌株枯草芽孢杆菌 168 的基因组在 1997 年被公布，开放的全基因组序列促进了枯草芽孢杆菌遗传操作的研究进展，随后，枯草芽孢杆菌的转录组、蛋白质组、分泌组及代谢组也完成研究，根据这些数据建立了多个枯草芽孢杆菌数据库，如 DBTBS database、SubiWiki database 和 MetaCyc database，研究者可以从这些数据库提取 DNA 序列、代谢路

径、蛋白质相互作用及基因转录水平等信息，同时还有 BioBrick Box，其包含标准化载体、报告系统、启动子、表位标记和优化的荧光蛋白等数据信息（Radeck et al.，2013）。此外，一些枯草芽孢杆菌基因敲除文库也已被建立，如关键基因敲除文库和基因组范围的单个基因敲除文库（Koo et al.，2017；Peters et al.，2016），基因敲除文库的构建有助于深入理解枯草芽孢杆菌基因功能、代谢过程及网络，为其应用奠定基础。最近最小化基因组的枯草芽孢杆菌也已构建，其基因组减少了约 36%（Reu et al.，2017），该最小化基因组菌株可以促进我们理解基本的细胞过程，并应用于简化和预测生产宿主。

2. 先进的基因组编辑工具

在芽孢杆菌基因编辑中，除了单标记的反向筛选方法，还发展了一些先进的基因编辑工具，如多标记的反向筛选系统、位点特异的重组系统、CRISPR-Cas 系统。多标记的反向筛选系统包含目的基因两侧的序列、抗性基因，可诱导启动子控制的毒素基因和两个正向重复序列（Wang et al.，2012），该方法的优点是在实现基因编辑的同时在基因组中不引入新的序列。位点特异的重组系统利用重组酶使其具有更高的重组效率，最近发展的 CRISPR-Cas 系统在枯草芽孢杆菌中也已建立（Westbrook et al.，2016）。

3. 多种基因调控和表达工具

有效的基因表达及调控对于枯草芽孢杆菌的工业应用十分重要，为了缩小枯草芽孢杆菌基因调控元件的需求与有限数量的经实验验证的启动子、有效的质粒之间的差距，研究者主要从以下 3 个方面进行解决：鉴定内源启动子作为调控元件；建立合成启动子、核糖体结合序列及利用蛋白酶解标记综合控制基因表达；选择基因组位点进行有效的基因组整合以表达外源蛋白（Liu et al.，2018）。

启动子是基因表达调控非常重要的元件，在启动子水平控制转录是基因表达调控最有效、最常用的方法。枯草芽孢杆菌中最常用的表达系统是包含特异性诱导启动子的可诱导表达系统，如 subtilin 诱导的启动子，IPTG 诱导的 *grac* 启动子、*spac* 启动子；木糖诱导的 *xyl*A 启动子等（Wieland et al.，1995；Yu et al.，2015）。但是诱导型启动子需要添加诱导物，增加了成本，因此开发了多种组成型启动子，如 P_{43} 是枯草芽孢杆菌中最常用的组成型强启动子。此外，通过启动子诱捕系统（promoter trap system）等分子生物学手段可以发现多种新型的启动子，如 P_{laps}，是目前应用在枯草芽孢杆菌中表达的强组成型启动子，此启动子的强度是 P_{43} 的 13 倍（Yang et al.，2013）。

基因的转录水平反映了启动子强度，不同生长期的启动子强度也不同，可利用转录组数据筛选特定生长期的强启动子，如利用稳定期的枯草芽孢杆菌 168 及巨大芽孢杆菌 DSM319 转录组数据筛选出了 4 个强于 P_{43} 的启动子，包括 2 个组成型强启动子 P_{sodA} 和 P_{ydzA}（Liu et al.，2018）。也可以根据不同生长期构建内源启动子文库，如枯草芽孢杆菌 114 个内源启动子根据生长期不同，可划分为对数期、对数中期和稳定期早期、对数晚期和稳定期、稳定期 4 个阶段的启动子，这些启动子的转录强度是 P_{43} 的 0.03 ～ 2.3 倍（Yang et al.，2017）。

第一个建立的枯草芽孢杆菌合成启动子文库是根据保守的 -35、-10、-16 区及 UP 元件从头合成的序列，其中串联的双启动子强度达到 P_{43} 的 2.77 倍（Liu et al.，2018）。为了将基因表达调控从转录水平扩展到多调控水平，包括转录、翻译和翻译后水平，Guiziou 等开发了一个合成基因表达工具箱，启动子突变库、RBS 序列库和各种蛋白水解标记被组装起来，以协同调节基因转录、翻译和蛋白质降解，使检测蛋白——绿色荧光蛋白的浓度在 5 个数量级范围内波动（Guiziou et al., 2016）。也有研究表明 mRNA 5′端 -10 区与 RBS 之间的序列是基因表达的关键影响因素，可将此作为合成启动子的考虑因素之一。

枯草芽孢杆菌食品级表达载体的建立对其工业应用具有非常重要的实用价值，该方法利用内源性毒素 - 抗毒素系统，在发酵的过程中不需要添加抗生素（Yang et al., 2016）。除此之外，一些不需要化学诱导剂的枯草芽孢杆菌表达系统也已被构建，如利用特定温度（Welsch et al., 2015；Yang et al., 2017）、氧含量（Han et al., 2006）及细胞浓度（Dormeyer et al., 2015）作为诱导条件的表达系统。

除了利用质粒载体进行基因表达，基因组整合表达外源基因可以保证表达系统的稳定性，在利用该方法时，基因表达水平的差异不受基因方向的影响，但与基因组上的相对位置显著相关（Sauer et al., 2016），因此在利用枯草芽孢杆菌作为细胞工程进行基因工程操作时，应考虑基因整合在基因组上的位置。

协同途径及双精氨酸转位途径是枯草芽孢杆菌表达外源蛋白常用的分泌途径。协同途径具有高的分泌效率及宽松的底物特异性，可以运输不同的重组蛋白，基于枯草芽孢杆菌“分泌蛋白组”数据的建立（Tjalsma et al., 2000），Brockmeier 等系统地筛选并鉴定所有协同途径依赖的信号肽，利用 SignalP3.0（http://www.cbs.dtu.dk/services/SignalP/）共鉴定出 148 个信号肽（Brockmeier et al., 2006），该研究为挖掘合适的信号肽分泌蛋白奠定了基础，如利用不同的信号肽分泌表达 α- 淀粉酶、脂肪酶、角质酶及脂氧合酶等（Cui et al., 2018）。双精氨酸转位途径在其信号肽上具有保守的两个精氨酸（twin-arginine motif），且其具有一定的底物特异性，目前已被鉴定的双精氨酸转位途径依赖的信号肽较少，但得益于其可以分泌已折叠完成的蛋白质，因此越来越引起关注，如双精氨酸转位途径依赖的信号肽通过严格特异的枯草芽孢杆菌双精氨酸转位途径指导异源甲基对硫磷水解酶的跨膜转运（Liu et al., 2014）。目前通过双精氨酸转位途径转运蛋白质到胞外仍有许多不确定性，因此准确鉴定并深入研究双精氨酸转位途径信号肽是解决这一问题的关键，并对有效利用这一独特的基因工具有深远意义。

二、枯草芽孢杆菌作为基因工程菌株的展望

鉴于枯草芽孢杆菌具有以上优点，其已经成为非常有效的蛋白表达与分泌的底盘细胞，但是仍有许多需要进一步研究的内容，以构建更加稳定、强健及可控的基因表达与蛋白质生产细胞。可以从以下几个方面进行改进：提高启动子转录水平及稳定性；选择并修饰信号肽以提高分泌效率；找到通用的 5′-UTR；发展新颖可靠的策略通过协调途径或双精氨酸转位途径增强分泌；修饰胞外蛋白酶以稳定重组蛋白，增加基因调控元件等（Cui et al., 2018）。

习　题

（1）简述大肠杆菌对进化生物学的贡献，并举例说明实验过程。

（2）简述大肠杆菌分泌系统产生的效应分子，并阐述其作用机制。

（3）简述控制抗药基因广泛传播可能采取的措施并说明理由。

（4）简述芽孢杆菌孢子形成过程中主要的调控子 Spo0A 的激活过程，以及各阶段基因是如何实现时空特异性表达的。

（5）简述芽孢杆菌的生物学特征及其作为基因异源表达的优点。

主要参考文献

Adeniji AA，Loots DT，Babalola OO. 2019. *Bacillus velezensis*：phylogeny，useful applications，and avenues for exploitation. *Appl Microbiol Biotechnol*［Epub ahead of print］.

Agata N，Mori M，Ohta M，Suwan S，Ohtani I，Isobe M. 1994. A novel dodecadepsipeptide，cereulide，isolated from *Bacillus cereus* causes vacuole formation in HEp-2 cells. *FEMS Microbiol Lett*，121：31-34.

Ajikumar PK，Xiao WH，Tyo KE，Wang Y，Simeon F，Leonard E，Mucha O，Phon TH，Pfeifer B，Stephanopoulos G. 2010. Isoprenoid pathway optimization for taxol precursor overproduction in *Escherichia coli. Science*，330：70-74.

Alekshun MN，Levy SB. 2007. Molecular mechanisms of antibacterial multidrug resistance. *Cell*，128：1037-1050.

Anagnostopoulos C，Spizizen J. 1961. Requirements for transformation in *Bacillus Subtilis. J Bacteriol*，81：741-746.

Baba T，Ara T，Hasegawa M，Takai Y，Okumura Y，Baba M，Datsenko KA，Tomita M，Wanner BL，Mori H. 2006. Construction of *Escherichia coli* K-12 in-frame，single-gene knockout mutants：the Keio collection. *Mol Syst Biol*，2：2006 0008.

Baeshen MN，Al-Hejin AM，Bora RS，Ahmed MM，Ramadan HA，Saini KS，Baeshen NA，Redwan EM. 2015. Production of biopharmaceuticals in *E. coli*：current scenario and future perspectives. *J Microbiol Biotechnol*，25：953-962.

Bartoszewicz M，Hansen BM，Swiecicka I. 2008. The members of the *Bacillus cereus* group are commonly present contaminants of fresh and heat-treated milk. *Food Microbiol*，25：588-596.

Blair JM，Webber MA，Baylay AJ，Ogbolu DO，Piddock LJ. 2015. Molecular mechanisms of antibiotic resistance. *Nat Rev Microbiol*，13：42-51.

Blattner FR，Plunkett G，Bloch CA，Perna NT，Burland，V，Riley M，Collado-Vides J，Glasner JD，Rode CK.，Mayhew GF，et al. 1997. The complete genome sequence of *Escherichia coli* K-12. *Science*，277：1453-1462.

Blount ZD. 2015. The unexhausted potential of *E. coli. Elife*，4：e05826.

Brockmeier U，Caspers M，Freudl R，Jockwer A，Noll T，Eggert T. 2006. Systematic screening of all signal peptides from *Bacillus subtilis*：a powerful strategy in optimizing heterologous protein secretion in Gram-positive bacteria. *J Mol Biol*，362：393-402.

Brown S，Santa Maria JP，Jr.，Walker S. 2013. Wall teichoic acids of gram-positive bacteria. *Annu Rev Microbiol*，67：313-336.

Cabral de Melo FC，Borsato D，de Macedo Júnior FC，Mantovani MS，Luiz RC，Colabone-Celligoi MA.

2015. Study of levan productivity from *Bacillus subtilis Natto* by surface response methodology and its antitumor activity against HepG2 cells using metabolomic approach. *Pak J Pharm Sci*，28：1917-1926.

Cairns LS，Hobley L，Stanley-Wall NR. 2014. Biofilm formation by *Bacillus subtilis*：new insights into regulatory strategies and assembly mechanisms. *Mol Microbiol*，93：587-598.

Cao JX，Wang F，Li X，Sun YY，Wang Y，Ou CR，Shao XF，Pan DD，Wang DY. 2018. The Influence of microwave sterilization on the ultrastructure，permeability of cell membrane and expression of proteins of *Bacillus cereus*. *Front Microbiol*，9：1870.

Cascales E，Cambillau C. 2012. Structural biology of type VI secretion systems. *Philos Trans R Soc Lond B Biol Sci*，367：1102-1111.

Chen I，Dubnau D. 2004. DNA uptake during bacterial transformation. *Nat Rev Microbiol*，2：241-249.

Chun BH，Kim KH，Jeong SE，Jeon CO. 2019. Genomic and metabolic features of the *Bacillus amyloliquefaciens* group- *B. amyloliquefaciens*，*B. velezensis*，and *B. siamensis*- revealed by pan-genome analysis. *Food Microbiol*，77：146-157.

Cochrane SA，Vederas JC. 2016. Lipopeptides from *Bacillus* and *Paenibacillus* spp.：a gold mine of antibiotic candidates. *Med Res Rev*，36：4-31.

Croxen MA，Finlay BB . 2010. Molecular mechanisms of *Escherichia coli* pathogenicity. *Nat Rev Microbiol*，8：26-38.

Cui W，Han L，Suo F，Liu Z，Zhou L，Zhou Z. 2018. Exploitation of *Bacillus subtilis* as a robust workhorse for production of heterologous proteins and beyond. *World J Microbiol Biotechnol*，34：145.

Dormeyer M，Egelkamp R，Thiele MJ，Hammer E，Gunka K，Stannek L，Völker U，Commichau FM. 2015. A novel engineering tool in the *Bacillus subtilis* toolbox：inducer-free activation of gene expression by selection-driven promoter decryptification. *Microbiology*，161：354-361.

Du J，Li B，Cao J，Wu Q，Chen H，Hou Y，Zhang E，Zhou T. 2017. Molecular characterization and epidemiologic study of NDM-1-producing extensively drug-resistant *Escherichia coli*. *Microb Drug Resist*，23：272-279.

Epstein AK，Pokroy B，Seminara A，Aizenberg J. 2011. Bacterial biofilm shows persistent resistance to liquid wetting and gas penetration. *Proc Natl Acad Sci U S A*，108：995-1000.

Fan B，Blom J，Klenk HP，Borriss R. 2017. *Bacillus amyloliquefaciens*，*Bacillus velezensis*，and *Bacillus siamensis* form an "Operational Group *B. amyloliquefaciens*" within the *B. subtilis* species complex. *Front Microbiol*，8：22.

Federici BA . 2005. Insecticidal bacteria：an overwhelming success for invertebrate pathology. *J Invertebr Pathol*，89：30-38.

Fernandez L，Hancock RE. 2012. Adaptive and mutational resistance：role of porins and efflux pumps in drug resistance. *Clin Microbiol Rev*，25：661-681.

Froude JW，2nd，Thullier P，Pelat T. 2011. Antibodies against anthrax：mechanisms of action and clinical applications. *Toxins（Basel）*，3：1433-1452.

Gautam S，Chauhan A，Sharma R，Sehgal R，Shirkot CK. 2019. Potential of *Bacillus amyloliquefaciens* for biocontrol of bacterial canker of tomato incited by *Clavibacter michiganensis* ssp. *michiganensis*. *Microb Pathog*，130：196-203.

Gong F，Liu G，Zhai X，Zhou J，Cai Z，Li Y. 2015. Quantitative analysis of an engineered CO_2-fixing *Escherichia coli* reveals great potential of heterotrophic CO_2 fixation. *Biotechnol Biofuels*，8：86.

Gu Y, Xu X, Wu Y, Niu T, Liu Y, Li J, Du G, Liu L. 2018. Advances and prospects of *Bacillus subtilis* cellular factories: from rational design to industrial applications. *Metab Eng*, 50: 109-121.

Guinebretiere MH, Auger S, Galleron N, Contzen M, De Sarrau B, De Buyser ML, Lamberet G, Fagerlund A, Granum PE, Lereclus D, et al. 2013. *Bacillus cytotoxicus* sp. nov. is a novel thermotolerant species of the *Bacillus cereus* Group occasionally associated with food poisoning. *Int J Syst Evol Microbiol*, 63: 31-40.

Guiziou S, Sauveplane V, Chang HJ, Clerté C, Declerck N, Jules M, Bonnet J. 2016. A part toolbox to tune genetic expression in *Bacillus subtilis*. *Nucleic Acids Res*, 44: 7495-7508.

Guo Q, Li Y, Lou Y, Shi M, Jiang Y, Zhou J, Sun Y, Xue Q, Lai H. 2019. *Bacillus amyloliquefaciens* Ba13 induces plant systemic resistance and improves rhizosphere microecology against tomato yellow leaf curl virus disease. *Appl Soil Ecol*, 137: 154-166.

Hacker J, Kaper JB. 2000. Pathogenicity islands and the evolution of microbes. *Annu Rev Microbiology*, 54: 641-679.

Halima HS, Bahy A A, Tian HH, Qing DX. 2006. Molecular characterization of novel *Bacillus thuringiensis* isolate with molluscicidal activity against the intermediate host of schistosomes. *Biotechnology*, 5: 413-420.

Hamoen LW, Van Werkhoven AF, Venema G, Dubnau D. 2000. The pleiotropic response regulator DegU functions as a priming protein in competence development in *Bacillus subtilis*. *Proc Natl Acad Sci U S A*, 97: 9246-9251.

Han B, Sivaramakrishnan P, Lin CJ, Neve IAA, He J, Tay LWR, Sowa JN, Sizovs A, Du G, Wang J, et al. 2017. Microbial genetic composition tunes host longevity. *Cell*, 169: 1249-1262 e1213.

Han MR, Shang LA, Chang HN, Han SJ, Kim YC, Lee JW. 2006. Fermentation characteristics of a low-oxygen inducible hmp promoter system in *Bacillus subtilis* LAB1886. *J. Chem. Technol. Biotechnol*, 81: 1071-1074.

Hayhurst EJ, Kailas L, Hobbs JK, Foster SJ. 2008. Cell wall peptidoglycan architecture in *Bacillus subtilis*. *Proc Natl Acad Sci U S A*, 105: 14603-14608.

Higgins CF. 2007. Multiple molecular mechanisms for multidrug resistance transporters. *Nature*, 446: 749-757.

Hobley L, Ostrowski A, Rao FV, Bromley KM, Porter M, Prescott AR, MacPhee CE, van Aalten DM, Stanley-Wall NR. 2013. BslA is a self-assembling bacterial hydrophobin that coats the *Bacillus subtilis* biofilm. *Proc Natl Acad Sci U S A*, 110: 13600-13605.

Holtje JV. 1998. Growth of the stress-bearing and shape-maintaining murein sacculus of *Escherichia coli*. *Microbiol Mol Biol Rev*, 62: 181-203.

Ibarra JR, Orozco AD, Rojas JA, Lopez K, Setlow P, Yasbin RE, Pedraza-Reyes M. 2008. Role of the Nfo and ExoA apurinic/apyrimidinic endonucleases in repair of DNA damage during outgrowth of *Bacillus subtilis* spores. *J Bacteriol*, 190: 2031-2038.

Jeong H, Choi SK, Kloepper JW, Ryu CM. 2014. Genome sequence of the plant endophyte *Bacillus pumilus* INR7, triggering induced systemic resistance in field crops. *Genome Announc*, 2.

Karch H, Denamur E, Dobrindt U, Finlay BB, Hengge R, Johannes L, Ron EZ, Tonjum T, Sansonetti PJ, Vicente M. 2012. The enemy within us: lessons from the 2011 European *Escherichia coli* O104: H4 outbreak. *EMBO Mol Med*, 4: 841-848.

Kolsto AB, Tourasse NJ, Okstad OA. 2009. What sets *Bacillus anthracis* apart from other *Bacillus* species? *Annu Rev Microbiol*, 63: 451-476.

Koo BM, Kritikos G, Farelli JD, Todor H, Tong K, Kimsey H, Wapinski I, Galardini M, Cabal A, Peters JM, et al. 2017. Construction and analysis of two genome-scale deletion libraries for *Bacillus subtilis*. *Cell*

Syst，4：291-305.

Lemon KP，Earl AM，Vlamakis HC，Aguilar C，Kolter R. 2008. Biofilm development with an emphasis on *Bacillus subtilis*. *Curr Top Microbiol Immunol*，322：1-16.

Li H，Hu P，Zhao X，Yu Z，Li L. 2016. *Bacillus thuringiensis* peptidoglycan hydrolase SleB171 involved in daughter cell separation during cell division. *Acta Biochim Biophys Sin*，48：354-362.

Li W，Zhou X，Lu P. 2004. Bottlenecks in the expression and secretion of heterologous proteins in *Bacillus subtilis*. *Res Microbiol*，155：605-610.

Liang X，Zhu J，Zhao Z，Zheng F，Zhang H，Wei J，Ji Y，Ji Y. 2017. The *pag* gene of pXO1 is involved in capsule biosynthesis of *Bacillus anthracis* pasteur II strain. *Front Cell Infect Microbiol*，7：203.

Ling Lin F，Zi Rong X，Wei Fen L，Jiang Bing S，Ping L，Chun Xia H. 2007. Protein secretion pathways in *Bacillus subtilis*：implication for optimization of heterologous protein secretion. *Biotechnol Adv*，25：1-12.

Liu D，Mao Z，Guo J，Wei L，Ma H，Tang Y，Chen T，Wang Z，Zhao X. 2018. Construction, model-based analysis, and characterization of a promoter library for fine-tuned gene expression in *Bacillus subtilis*. *ACS Synth Biol*，7：1785-1797.

Liu JF，Mbadinga SM，Yang SZ，Gu JD，Mu BZ. 2015. Chemical structure, property and potential applications of biosurfactants produced by *Bacillus subtilis* in petroleum recovery and spill mitigation. *Int J Mol Sci*，16：4814-4837.

Liu H，Wang S，Cai Y，Guo X，Cao Z，Zhang Y，Liu S，Yuan W，Zhu W，Zheng Y，et al. 2017. Dietary administration of *Bacillus subtilis* HAINUP40 enhances growth，digestive enzyme activities，innate immune responses and disease resistance of tilapia，*Oreochromis niloticus*. *Fish Shellfish Immunol*，60：326-333.

Liu R，Zuo Z，Xu Y，Song C，Jiang H，Qiao C，Xu P，Zhou Q，Yang C. Twin-arginine signal peptide of *Bacillus subtilis* YwbN can direct Tat-dependent secretion of methyl parathion hydrolase. *J Agric Food Chem*，62：2913-2918.

Liu X，Wang H，Wang B，Pan L. 2018. High-level extracellular protein expression in *Bacillus subtilis* by optimizing strong promoters based on the transcriptome of *Bacillus subtilis* and *Bacillus megaterium*. *Protein Expr Purif*，151：72-77.

Liu Y，Liu L，Li J，Du G，Chen J. 2018. Synthetic biology toolbox and chassis development in *Bacillus subtilis*. *Trends Biotechnol*，37：548-562.

Logan NA，De Vos P. 2015. Bacillus. Bergey's Manual of Systematics of Archaea and Bacteria. Hoboken：Wiley，1-163.

Lovering AL，Safadi SS，Strynadka NC. 2012. Structural perspective of peptidoglycan biosynthesis and assembly. *Annu Rev Biochem*，81：451-478.

Mainil J. 2013. *Escherichia coli* virulence factors. *Vet Immunol Immunopathol*，152：2-12.

Mizushiro H，Akao T，Yamashita S，Oba M，Kondo S，Maeda M. 2002. Protien having antitrichomonal activity and derived from *Bacillus thuringiensis* and method for preparing the same. Japanese Patent.

Mock M，Fouet A. 2001. Anthrax. *Annu Rev Microbiol*，55：647-671.

Modrich P，Lahue R. 1996. Mismatch repair in replication fidelity，genetic recombination，and cancer biology. *Annu Rev Biochem*，65：101-133.

Mukherjee S，Kearns DB. 2014. The structure and regulation of flagella in *Bacillus subtilis*. *Annu Rev Genet*，48：319-340.

Murakami S，Nakashima R，Yamashita E，Yamaguchi A. 2002. Crystal structure of bacterial multidrug efflux transporter AcrB. *Nature*，419：587-593.

Nagórska K，Bikowski M，Obuchowski M. 2017. Multicellular behaviour and production of a wide variety of toxic substances support usage of *Bacillus subtilis* as a powerful biocontrol agent. *Acta Biochim Pol*，54：495-508.

Ongena M，Jacques P. 2008. *Bacillus lipopeptides*：versatile weapons for plant disease biocontrol. *Trends Microbiol*，16：115-125.

Osman GEH，Already R，Assaeedi ASA，Organji SR，El-Ghareeb D，Abulreesh HH，Althubiani AS. 2015. Bioinsecticide *Bacillus thuringiensis* a comprehensive review. *Egyptian Journal of Biological Pest Control*，25：271-288.

Palma L，Munoz D，Berry C，Murillo J，Caballero P. 2014. *Bacillus thuringiensis* toxins：an overview of their biocidal activity. *Toxins（Basel）*，6：3296-3325.

Paradis-Bleau C，Markovski M，Uehara T，Lupoli TJ，Walker S，Kahne DE，Bernhardt TG. 2010. Lipoprotein cofactors located in the outer membrane activate bacterial cell wall polymerases. *Cell*，143：1110-1120.

Patrick JE，Kearns DB. 2012. Swarming motility and the control of master regulators of flagellar biosynthesis. *Mol Microbiol*，83：14-23.

Pedrido ME，de Ona P，Ramirez W，Lenini C，Goni A，Grau R. 2013. Spo0A links *de novo* fatty acid synthesis to sporulation and biofilm development in *Bacillus subtilis*. *Mol Microbiol*，87：348-367.

Percy MG，Grundling A. 2014. Lipoteichoic acid synthesis and function in gram-positive bacteria. *Annu Rev Microbiol*，68：81-100.

Perna NT，Plunkett G，Burland V，Mau B，Glasner JD，Rose DJ，Mayhew GF，Evans PS，Gregor J，Kirkpatrick HA，et al. 2001. Genome sequence of enterohaemorrhagic *Escherichia coli* O157:H7. *Nature*，409：529-533.

Peters JM，Colavin A，Shi H，Czarny TL，Larson MH，Wong S，Hawkins JS，Lu CHS，Koo BM，Marta E，et al. 2016. A Comprehensive，CRISPR-based functional analysis of essential genes in bacteria. *Cell*，165：1493-1506.

Piewngam P，Zheng Y，Nguyen TH，Dickey SW，Joo HS1，Villaruz AE，Glose KA，Fisher EL，Hunt RL，Li B，et al. 2018. Pathogen elimination by probiotic *Bacillus* via signalling interference. *Nature*，562：532-537.

Plomp M，Carroll AM，Setlow P，Malkin AJ. 2014. Architecture and assembly of the *Bacillus subtilis* spore coat. *PLoS One*，9：e108560.

Pum D，Toca-Herrera JL，Sleytr UB. 2013. S-layer protein self-assembly. *Int J Mol Sci*，14：2484-2501.

Quigley EM，Quera R. 2006. Small intestinal bacterial overgrowth：roles of antibiotics，prebiotics，and probiotics. *Gastroenterology*，130：S78-90.

Radeck J，Kraft K，Bartels J，Cikovic T，Dürr F，Emenegger J，Kelterborn S，Sauer C，Fritz G，Gebhard S，et al. 2013. The *Bacillus* BioBrick Box：generation and evaluation of essential genetic building blocks for standardized work with *Bacillus subtilis*. *J Biol Eng*，7：29.

Rajagopalan G，Krishnan C. 2008. Alpha-amylase production from catabolite derepressed *Bacillus subtilis* KCC103 utilizing sugarcane bagasse hydrolysate. *Bioresour Technol*，99：3044-3050.

Redelman-Sidi G，Glickman MS，Bochner BH. 2014. The mechanism of action of BCG therapy for bladder cancer-a current perspective. *Nat Rev Urol*，11：153-162.

Reyes-Lamothe R，Nicolas E，Sherratt DJ. 2012. Chromosome replication and segregation in bacteria. *Annu Rev Genet*，46：121-143.

Reuß DR，Altenbuchner J，Mäder U，Rath H，Ischebeck T，Sappa PK，Thürmer A，Guérin C，Nicolas P，Steil L.

2017. Large-scale reduction of the *Bacillus subtilis* genome: consequences for the transcriptional network, resource allocation, and metabolism. *Genome Res*, 27: 289-299

Romero D, Aguilar C, Losick R, Kolter R. 2010. Amyloid fibers provide structural integrity to *Bacillus subtilis* biofilms. *Proc Natl Acad Sci U S A*, 107: 2230-2234.

Rossi E, Cimdins A, Luthje P, Brauner A, Sjoling A, Landini P, Romling U. 2018. "It's a gut feeling" — *Escherichia coli* biofilm formation in the gastrointestinal tract environment. *Crit Rev Microbiol*, 44: 1-30.

Ruiz-García C, Béjar V, Martínez-Checa F, Llamas I, Quesada E. 2005. *Bacillus velezensis* sp. nov. , a surfactant-producing bacterium isolated from the river Vélez in Málaga, outhern Spain. *Int J Syst Evol Microbiol*, 55: 191-195.

Russo TA, Johnson JR. 2003. Medical and economic impact of extraintestinal infections due to *Escherichia coli*: focus on an increasingly important endemic problem. *Microbes Infect*, 5: 449-456.

Sancar A. 1994. Mechanisms of DNA excision repair. *Science*, 266: 1954-1956.

Sauer C, Syvertsson S, Bohorquez LC, Cruz R, Harwood CR, van Rij T, Hamoen LW. 2016. Effect of genome position on heterologous gene expression in *Bacillus subtilis*: an unbiased analysis. *ACS Synth Biol*, 5: 942-947.

Shao SY, Shi YG, Wu Y, Bian LQ, Zhu YJ, Huang XY, Pan Y, Zeng LY, Zhang RR . 2018. Lipase-catalyzed synthesis of sucrose monolaurate and its antibacterial property and mode of action against four pathogenic bacteria. *Molecules*, 23.

Sidjabat HE, Paterson DL. 2015. Multidrug-resistant *Escherichia coli* in Asia: epidemiology and management. *Expert Rev Anti Infect Ther*, 13: 575-591.

Silverman JM, Brunet YR, Cascales E, Mougous JD. 2012. Structure and regulation of the type VI secretion system. *Annu Rev Microbiol*, 66: 453-472.

Sommer F, Backhed F. 2013. The gut microbiota—masters of host development and physiology. *Nat Rev Microbiol*, 11: 227-238.

Sumi CD, Yang BW, Yeo IC, Hahm YT. 2015. Antimicrobial peptides of the genus *Bacillus*: a new era for antibiotics. *Can J Microbiol*, 61: 93-103.

Sussmuth RD, Mainz A. 2017. Nonribosomal peptide synthesis-principles and prospects. *Angew Chem Int Ed Engl*, 56: 3770-3821.

Tan IS, Ramamurthi KS. 2014. Spore formation in *Bacillus subtilis*. *Environ Microbiol Rep*, 6: 212-225.

Tang W, Qian Y, Yu B, Zhang T, Gao J, He J, Huang Z, Zheng P, Mao X, Luo J, et al. 2019. Effects of *Bacillus subtilis* DSM32315 supplementation and dietary crude protein level on performance, barrier function and gut microbiota profile in weaned piglets. *J Anim Sci*, pii: skz090.

Tjalsma H, Bolhuis A, Jongbloed JD, Bron S, van Dijl JM. 2000. Signal peptide-dependent protein transport in *Bacillus subtilis*: a genome-based survey of the secretome. *Microbiol Mol Biol Rev*, 64: 515-547.

Tseng TT, Tyler BM, Setubal JC. 2009. Protein secretion systems in bacterial-host associations, and their description in the gene ontology. *BMC Microbiol*, 9 (Suppl 1): S2.

Typas A, Banzhaf M, Gross CA, Vollmer W. 2011. From the regulation of peptidoglycan synthesis to bacterial growth and morphology. *Nat Rev Microbiol*, 10: 123-136.

van Roosmalen ML, Geukens N, Jongbloed JD, Tjalsma H, Dubois JY, Bron S, van Dijl JM, Anne J. 2004. Type I signal peptidases of Gram-positive bacteria. *Biochim Biophys Acta*, 1694: 279-297.

Vlamakis H, Chai Y, Beauregard P, Losick R, Kolter R. 2013. Sticking together: building a biofilm the

Bacillus subtilis way. *Nat Rev Microbiol*，11：157-168.

Wacker M，Linton D，Hitchen PG，Nita-Lazar M，Haslam SM，North SJ，Panico M，Morris HR，Dell A，Wren BW，et al. 2002. N-linked glycosylation in *Campylobacter jejuni* and its functional transfer into *E. coli*. *Science*，298：1790-1793.

Wang F，Liu Y，Zhang F，Chai L，Ruan L，Peng D，Sun M. 2012. Improvement of crystal solubility and increasing toxicity against *Caenorhabditis elegans* by asparagine substitution in block 3 of *Bacillus thuringiensis* crystal protein Cry5Ba. *Appl Environ Microbiol*，78：7197-7204.

Wang J，Huang L，Mou C，Zhang E，Wang Y，Cao Y，Yang Q. 2019. Mucosal immune responses induced by oral administration recombinant *Bacillus subtilis* expressing the COE antigen of PEDV in newborn piglets. *Biosci Rep*，39：1-12.

Wang Y，Weng，Waseem R，Yin X，Zhang R，Shen Q. 2012. *Bacillus subtilis* genome editing using ssDNA with short homology regions. *Nucleic Acids Res*，40：e91.

Wei X，Zhou Y，Chen J，Cai D，Wang D，Qi G，Chen S. 2015. Efficient expression of nattokinase in *Bacillus licheniformis*：host strain construction and signal peptide optimization. *J Ind Microbiol Biotechnol*，42：287-295.

Welch RA，Burland V，Plunkett G，3rd，Redford P，Roesch P，Rasko D，Buckles EL，Liou SR，Boutin A，Hackett J，et al. 2002. Extensive mosaic structure revealed by the complete genome sequence of uropathogenic *Escherichia coli*. *Proc Natl Acad Sci U S A*，99：17020-17024.

Welsch N，Homuth G，Schweder T. 2015. Stepwise optimization of a low-temperature *Bacillus subtilis* expression system for "difficult to express" proteins. *Appl Microbiol Biotechnol*，99：6363-6376.

Wen M，Bond-Watts BB，Chang MC. 2013. Production of advanced biofuels in engineered *E. coli*. *Curr Opin Chem Biol*，17：472-479.

Weng Y，Yao J，Sparks S，Wang KY. 2017. Nattokinase：an oral antithrombotic agent for the prevention of cardiovascular disease. *Int J Mol Sci*，18：523-535.

Westbrook AW，Moo-Young M，Chou CP. 2016. Development of a CRISPR-Cas9 tool kit for comprehensive engineering of *Bacillus subtilis*. *Appl Environ Microbiol*，82：4876-4895.

Whitfield C. 2006. Biosynthesis and assembly of capsular polysaccharides in *Escherichia coli*. *Annu Rev Biochem*，75：39-68

Wilking JN，Zaburdaev V，De Volder M，Losick R，Brenner MP，Weitz DA. 2013. Liquid transport facilitated by channels in *Bacillus subtilis* biofilms. *Proc Natl Acad Sci U S A*，110：848-852.

Wieland KP，Wieland B，Gotz F. 1995. A promoter-screening plasmid and xylose-inducible，glucose-repressible expression vectors for *Staphylococcus carnosus*. *Gene*，158：91-96.

Wu SM，Feng C，Zhong J，Huan LD. 2011. Enhanced production of recombinant nattokinase in *Bacillus subtilis* by promoter optimization. *Worl Jour of Micro and Biot*，27：99-106.

Xu C，Wang BC，Yu Z，Sun M. 2014. Structural insights into *Bacillus thuringiensis* Cry，Cyt and parasporin toxins. *Toxins*（Basel），6：2732-2770.

Yamasaki S，Nikaido E，Nakashima R，Sakurai K，Fujiwara D，Fujii I，Nishino K. 2013. The crystal structure of multidrug-resistance regulator RamR with multiple drugs. *Nat Commun*，4：2078.

Yang M，Zhang W，Ji S，Cao P，Chen Y，Zhao X. 2013. Generation of an artificial double promoter for protein expression in *Bacillus subtilis* through a promoter trap system. *PLoS One*，8：e56321.

Yang S，Du G，Chen J，Kang Z. 2017. Characterization and application of endogenous phase-dependent promoters in *Bacillus subtilis*. *Appl Microbiol Biotechnol*，101：4151-4161.

Ye M，Tang X，Yang R，Zhang H，Li F，Tao F，Li F，Wang Z. 2018. Characteristics and application of a novel species of *Bacillus*：*Bacillus velezensis. ACS Chem Biol*，13：500-505.

Ying Q，Zhang C，Guo F，Wang S，Bie X，Lu F，Lu Z. 2012. Secreted expression of a hyperthermophilic α-amylase gene from *Thermococcus* sp. HJ21 in *Bacillus subtilis. J Mol Microbiol Biotechnol*，22：392-398.

Yu X，Xu J，Liu X，Chu X，Wang P，Tian J，Wu N，Fan Y. 2015. Identification of a highly efficient stationary phase promoter in *Bacillus subtilis. Sci Rep*，5：18405.

第三章　乳酸菌的生物学特性及分子遗传学

乳酸菌是能利用碳水化合物代谢主要产乳酸的一类细菌的统称。乳酸菌在自然界分布广泛，种类繁多，与人类生产生活密切相关，具有重要的社会和经济价值。乳酸菌代表了一种典型的微生物代谢类型，是研究细菌代谢及分子遗传的模式生物材料，也是应用于食品工业、农业及医药等的一类重要经济微生物。很多乳酸菌是重要益生菌（probiotic），是安全的食品级微生物，具有抑制病原菌生长、调节肠道微生态、增强机体免疫力等益生功能。其中乳酸菌产生的细菌素由核糖体合成，具有抑菌活性，且可被消化道酶降解，是安全的生物抗菌药物。细菌素可抑制病原菌，甚至抗生素耐药菌的生长，有的还具有调节血压、抗病毒、镇痛、抗癌等功效。细菌素的生物合成途径及调控方式的阐明可为细菌素定向改造、产量提高、新型细菌素挖掘等提供重要的理论依据。

第一节　乳酸菌的研究背景

一、乳酸菌概述

乳酸菌是 19 世纪法国著名微生物学家 Louis Pasteur（路易斯·巴斯德）发现的，当时法国的啤酒和葡萄酒业在欧洲很有名，但这些酒常常会变酸，整桶芳香可口的酒变成了酸得让人不敢闻的黏液，只得倒掉，这使酒商叫苦不已，有的甚至因此破产。1856 年，里尔一家酿酒厂厂主请求 Pasteur 帮助，寻找啤酒变酸的原因。Pasteur 在显微镜下观察，发现当葡萄酒和啤酒变酸后，酒液里有一根根细棍似的杆状细菌，它们在营养丰富的酒里繁殖，使酒变酸，后来就将其定义为乳酸菌，即能从可利用碳水化合物发酵过程中产生大量乳酸的细菌，首次将乳酸的生产和微生物联系起来。Pasteur 也发现了杀死这些乳酸菌的方法，即五六十摄氏度的环境保持半小时，就能杀死乳酸菌，这就是后来在乳制品制作中广泛运用的"巴氏消毒法"。后来，英国的科学家 Joseph Lister（约瑟夫·李斯特）在巴斯德研究工作的基础上，从牛奶中分离出了第一种乳酸菌纯培养菌株——乳酸乳球菌。

乳酸菌的主要类群是厚壁菌门和放线菌门，是革兰氏阳性细菌（Gram-positive bacteria），形状有球状、杆状等，无运动性，一般也不产生孢子。它们具有共同的代谢特征，可利用碳水化合物，代谢产生乳酸。但是由于其生存环境的多样性，它们在形态、营养需求和遗传进化等方面又具有一定的差异性。很多乳酸菌的营养需求较复杂，需有碳水化合物、氨基酸、维生素及多种生长素等养分才能生长。而且大多数乳酸菌为耐氧、厌氧或兼性厌氧菌。

20世纪初，俄国科学家——1908年诺贝尔生理学/医学奖得主Eli Metchnikoff（伊·梅契尼科夫），在研究人类长寿问题时，发现人体大肠非常适合腐败细菌生存，而这些细菌对人体的危害极大，是造成早衰、减寿的原因。他在巴尔干半岛（保加利亚长寿区）旅游时发现当地人有食用大量酸酪乳的习惯。他发现这个国家每1000位去世的人中，有4位百岁以上的长寿者，这些高龄老人无一例外生前都爱喝酸奶。经过对酸奶的研究，他发现酸奶中有一种能消灭大肠内腐败细菌的杆菌，他把它命名为"保加利亚乳酸杆菌"，在他的"长寿学说"中写道："保加利亚乳酸杆菌"能够有效抑制人体胃肠道中腐败细菌的生长，并吸收肠道中的食物残渣，减少肠内有害菌对整个机体的毒害。随着对乳酸菌的研究不断深入，乳酸菌被发现是重要的益生菌，它们分泌有机酸、酶、维生素等活性代谢产物，对机体健康产生有益作用。随着微生物组学、基因组学、蛋白质组学和代谢组学等多种组学技术与生物信息分析技术在乳酸菌研究中的应用，人们发现乳酸菌在机体菌群平衡、生理代谢、免疫调节等方面发挥着重要作用，更多的研究也表明食用乳酸菌不仅能促进发育、增强体质，还能防治某些疾病、延年益寿。因此，乳酸菌相关科学与技术的发展也越来越受到关注。

二、乳酸菌的类群及生理代谢特点

（一）乳酸菌的类群

乳酸菌就细菌分类学而言，属于一个非正统非规范的名称，按其定义它们包括了不同类别的细菌，并非全归入同一分类单位内。按照乳酸菌的形态，乳酸菌大体可分为球菌（图3-1 A）和杆菌（图3-1 B），其中球菌可分为成串排列的链球菌，两个菌成对存在的双球菌，四个菌成对排列的四球菌等。杆菌可分为长杆菌、中杆菌、短杆菌及"Y"形的双歧杆菌（图3-1 C）等。按照2015年《伯杰氏古菌与细菌系统学手册》，乳酸菌主要集中于细菌界中的厚壁菌门和放线菌门两个门，在厚壁菌门中主要集中于杆菌纲和梭菌纲，在放线菌门中主要集中于放线菌纲，目前乳酸菌共涉及12个纲（图3-2）、42个属、430多个种。乳杆菌属、双歧杆菌属、明串珠菌属、链球菌属和乳球菌属等都是乳酸菌中比较重要的属。

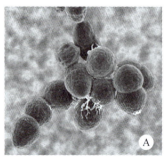 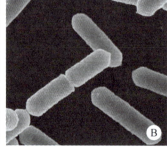 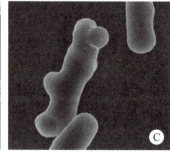

图3-1 乳酸菌的形态

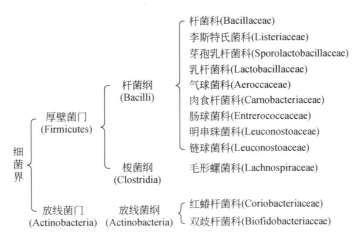

图 3-2　乳酸菌的类群

（二）乳酸菌的生理代谢特点

乳酸菌是化能异养型细菌，需要从生存环境中获取碳源、氮源、生长因子等，才能完成其代谢生长和繁殖过程。乳酸菌主要以有机化合物作为碳源，它们可利用的碳源种类较多，利用最好的就是糖类。乳酸菌一般利用单糖的能力优于双糖，利用己糖的能力优于戊糖，很少的乳酸菌可以利用淀粉。乳酸菌代谢糖类一般可通过异型乳酸发酵或同型乳酸发酵来完成，一些低聚糖或葡萄糖可通过磷酸转移酶系统或通透酶系统被运入细胞。不同发酵类型的乳酸菌其糖类代谢途径也不同。乳酸菌同型发酵是指乳酸菌通过糖酵解途径代谢己糖（如葡萄糖），将其全部转化为丙酮酸，丙酮酸在乳酸脱氢酶的催化下还原为乳酸的过程。这个过程中，理论上所有的己糖都可转化成乳酸，即 1 mol 己糖可净获得 2 mol 乳酸。德氏乳杆菌、嗜酸乳杆菌和卷曲乳杆菌等均属于同型发酵乳酸菌。同型发酵乳酸菌又可分为专性同型发酵和兼性异型发酵乳酸菌两种。专性同型发酵乳酸菌不代谢戊糖或葡萄糖酸盐，而兼性异型发酵乳酸菌可通过磷酸戊糖途径代谢戊糖，生成乳酸和乙酸，有些则在限定葡萄糖时，生成乳酸、乙酸、乙醇和甲酸。乳酸菌异型发酵是指己糖或戊糖通过 6- 磷酸葡萄糖酸 / 磷酸酮糖途径代谢生成乳酸、乙酸（乙醇）和 CO_2。理论上，异型发酵乳酸菌消耗 1 mol 葡萄糖产生 1 mol 乳酸、1 mol 乙醇和 1 mol CO_2。明串珠菌、魏斯氏菌和酒球菌等属于异型发酵乳酸菌。乳酸菌在不同环境条件下代谢途径也会发生一定的改变，因此其代谢终产物也会发生变化。

一般乳酸菌的蛋白酶活性较弱，它们获取的氮源主要是蛋白质水解物，如游离的氨基酸和多肽等，因此乳酸菌培养需在培养基中添加富含肽类和氨基酸的氮源，如蛋白胨、酵母膏和牛肉膏等。在乳制品发酵过程中，乳酸菌可通过细胞膜上的丝氨酸蛋白酶将乳品中的酪蛋白水解成小肽运入细胞内，并由各种肽酶降解成游离的氨基酸，以供乳酸菌利用。乳酸菌在生长过程中对营养的需求较多，很多生长因子，如维生素、碱基、脂肪酸、嘌呤和嘧啶及衍生物、矿物质等也需要添加。乳酸菌对维生素的依赖性较强，是部分乳酸菌生长和代谢所必需的生长因子,也有很多乳酸菌需要多种维生素作为生长因子。除了营养因子,乳酸菌在生长过程中还受 pH、温度、渗透压和氧气等环境因素的影响。

三、乳酸菌的基因组特征

2001 年,第一株乳酸乳球菌 Lactococcus lactis ssp. lactis IL1403 全基因组测序工作完成,随后全球 12 个学术团体发起了乳酸菌基因联盟,在世界范围内掀起了乳酸菌全基因组测序的浪潮,大大促进了乳酸菌基因组学的研究。乳酸菌基因组相对较小,一般为 2 Mb 左右,平均 2000 个基因。植物乳杆菌的基因组较大,约为 3.35 Mb。放线菌门的乳酸菌基因组相对较大,有的甚至达 4.0 Mb 以上。不同属的乳酸菌 G+C 含量差别很大,如乳杆菌属(Lactobacillus)的 G+C 含量从 32.9% 到 49.7% 不等,而放线菌门的双歧杆菌基因组 G+C 含量高,一般在 60% 以上(Douillard and de Vos,2014)。乳酸菌更多的遗传特征如表 3-1 所示。乳酸菌的基因组与其生长环境及表型密切相关。具体来说乳酸菌的基因组有以下几个特点:

1. 乳酸菌基因组中的基因数目差异较大

不同乳酸菌菌种之间基因数目从 1600 个到 3000 个不等,基因数目差异大,表明乳酸菌处于一个动态的进化过程之中,大量的基因发生丢失、重复或者获得新的基因。原因可能是乳酸菌通常生活在多样化的环境中,易变的生存和营养环境促使乳酸菌基因组不断发生变化。很多证据也表明,乳酸菌适应环境变化被两个重要的过程所驱动,一个是基因的退化和功能基因的丢失,另一个就是通过基因横向转移和复制获得新的基因。

2. 乳酸菌基因组中一般都含有假基因

所有的乳酸菌都含有假基因且数目变化很大。如肠膜明串珠菌中含有约 20 个假基因,而嗜热链球菌中含有约 200 个假基因(Bolotin et al.,2004)。假基因的存在与差异也说明乳酸菌的基因组处于不断变化之中。

3. 乳酸菌基因组中含有插入序列和转座子

乳酸菌基因组中含有大量的转座子和插入序列(IS)。乳酸菌中的插入序列大多以拷贝的形式存在,可引起分子重排。格氏乳杆菌基因组中的插入序列约占整个基因组的 0.2%,而乳酸乳球菌乳脂亚种基因组中的插入序列约占整个基因组的 5%。转座子在乳酸菌中也广泛存在,如乳球菌中普遍存在转座子 Tn5301 和 Tn5276,链球菌中含有转座子 ICESt1 等。

4. 乳酸菌大多含有质粒

许多乳酸菌中都含有质粒,尤其是乳球菌中,大小从 19 kb 到 130 kb 不等。同一菌株中也可能含有多种质粒。乳酸菌很多功能性状与其所含质粒存在相关性,而有些质粒是乳酸菌在特定环境中生长所必需的。乳酸菌质粒的主要功能涉及乳糖发酵、蛋白质水解、细菌素合成、芳香物质产生、噬菌体抗性、金属离子抗性及抗生素抗性等(Siezen et al.,2005)。

对乳酸菌进行的功能基因组研究也发现,乳酸菌基因组中大多含有比较重要的功能基因,如糖代谢相关基因,包括糖酵解途径相关基因,磷酸酶转移系统相关基因,乳酸菌耐受及应激相关基因,细菌素生物合成基因,胞外多糖合成基因及细胞黏附相关基因等。

表 3-1　部分代表性乳酸菌的基因组特征

乳酸菌菌株	分离源	基因组大小（Mb）	质粒数量	G+C 含量(%)	蛋白质数量
嗜酸乳杆菌 NCFM	肠道	1.99	0	34.7	1 832
植物乳杆菌 WCFS1	口腔	3.35	3	44.4	3 063
德氏乳杆菌保加利亚亚种 ATCC11842	乳制品	1.87	0	49.7	1 529
干酪乳杆菌 BL23	奶酪	3.08	0	46.3	2 997
发酵乳杆菌 IFO3956	植物	2.1	0	51.5	1 843
副干酪乳杆菌 N1115	奶制品	3.06	4	46.5	2 985
唾液乳杆菌 UCC118	肠道	2.13	3	33.0	2 013
乳酸乳球菌 IL1403	奶酪	2.37	0	35.3	2 277
嗜热链球菌 CNRZ1066	酸奶	1.8	0	39.1	1 914
戊糖片球菌 ATCC25745	植物	1.83	0	37.4	1 752
长双歧杆菌 NCC2705	婴儿肠道	2.26	0	60	1 730

四、乳酸菌对环境的适应性

乳酸菌在生产和应用中都不可避免地面临着多种环境胁迫。如在发酵过程中，乳酸的大量积累和氧的存在对乳酸菌造成酸胁迫和氧胁迫；在乳酸菌冷冻干燥过程中，极低的环境温度对乳酸菌造成冷胁迫；在人体胃肠道应用过程中，胃酸和胆盐的存在及营养物质的缺乏均会对乳酸菌造成一定程度的胁迫。这些胁迫环境会明显导致乳酸菌生理状况的变化，进而影响其发酵和代谢产物的生成。乳酸菌中存在不同类型的信号感应系统，可以感受外界和体内的环境变化，从而进行应激及适应性反应（Papadimitriou et al.，2016）。相关的信号转导系统一般可分为单组分信号转导系统和双组分信号转导系统两类。单组分信号转导系统蛋白本身具有感受和传导信号功能域，在乳酸菌中，这类胁迫相关蛋白包括膜上感受金属离子的 CopY 蛋白，感受抗菌肽——杆菌肽的 BcrR，感受离子变化的甜菜碱（glycine betaine）ABC 转运子 OpuA，机械敏感性离子通道 MscL，胞内严谨型反应（饥饿反应）因子 RelA，感受高温的 CstR 等。双组分信号转导系统包括与细胞膜压力应答相关的 BecRS，这个系统的感受系统由 ABC 转运蛋白 BceAB 承担。VanRS 主要感受万古霉素，并进行信号转导。StkP/PhpP 感受 β- 内酰胺类抗生素，如青霉素等信号分子（图 3-3）。乳酸菌在接收外界环境变化的信号后，即可激活特定的转录因子，从而促进或抑制下游基因表达，以作出相应的反应来适应环境变化。

乳酸菌受胁迫后，其代谢途径也会发生相应变化。研究表明，受胁迫后，乳酸菌中的乙酸生成途径会被诱导，乙酰乳酸（acetolactate）生成会增加，丁二醇循环途径也会被诱导，可产生更多的丁二醇。同时在胁迫条件下，乳酸菌体内的大分子，如蛋白质、DNA 和 RNA 可能会发生错误折叠，一些大分子降解和重组修复蛋白会高表达，以对错误大分子进行降解和修复，清除错误大分子，进行正常的细胞活动。

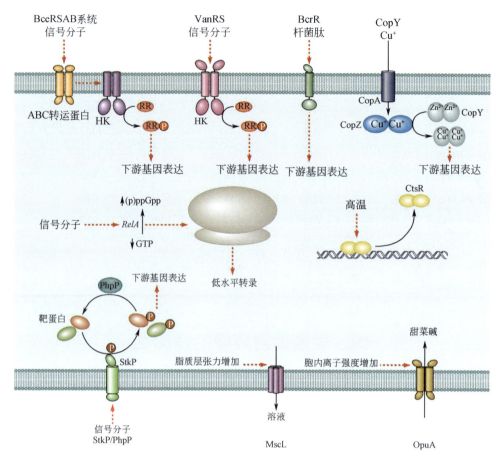

图 3-3　乳酸菌中胁迫相关蛋白信号系统（修改自 Papadimitriou et al.，2016）

目前对乳酸菌在环境胁迫下的应激反应研究得最多的是酸、胆盐、热、氧化及冷冻胁迫等。研究表明，乳酸菌在环境胁迫下会诱导很多蛋白质的表达，一般可分为三类：①通用应激蛋白，通常可被多种胁迫诱导，参与 DNA 或蛋白质修复，如侣伴蛋白（DnaK、GroEL、GroES）或蛋白酶（Clp 蛋白酶等）；②参与代谢的各种蛋白；③胁迫诱导的特定应激蛋白。

乳酸菌在生长过程中可发酵糖类产生乳酸，因此乳酸菌经常处于酸性环境。乳酸菌产生的有机酸在胞外积累，可赋予发酵食品特有的风味，且不利于许多腐败微生物生存。但是酸积累在一定程度上会影响乳酸菌的细胞膜、酶产生及转运系统等，因此会抑制乳酸菌生长。乳酸菌被机体摄入后还会遭遇胃里的酸性环境，由此可见，乳酸菌对酸胁迫的应激能力是其生存所必需的。乳酸菌在酸胁迫下通常通过产生氨，或进行脱羧反应降低酸浓度，对大分子蛋白质和核酸进行保护或修复，或形成生物膜等对酸胁迫进行抗逆反应。

乳酸菌对胆盐耐受能力的大小是检验其在人体肠道中能否存活的指标之一。胆盐具有杀菌作用，它不仅可以破坏细胞膜，而且还会使 DNA 氧化受损。乳酸菌可产生胆盐水解酶，将胆盐进行解共轭，同时使类固醇物质水解成氨基酸或牛磺酸，此水解酶可以改变胆盐的特性，从而大大降低其在低 pH 环境中的溶解性。乳酸菌在胆盐胁迫时一些多糖、氨基酸及脂肪酸代谢相关基因的表达会发生显著变化。如蛋白质组学研究发现长双歧杆菌在胆盐环境中许多与双歧分流相关酶的表达上调，说明胆盐胁迫对双歧支流代谢途径具有一定的促进作用（An et al.，2014）。另外，参与氨基酸代谢相关酶及转运系统的上调表达，说明在胆盐胁迫条件下，乳酸菌可为自身提供更多的氮源。

很多乳酸菌可能会同时遭遇多种胁迫，大多数乳酸菌处于胁迫环境时会产生协同保护作用，如罗伊氏乳杆菌在高胆盐环境中会诱导产生一些蛋白质，对菌体具有一定的保护作用。对旧金山乳杆菌的研究发现，当菌体处于较低 pH 环境时，高温胁迫相关的分子伴侣（DnaJ、DnaK、GroES 和 GrpE）也会被诱导，GrpE 水平上调。这些酶均参与复杂碳水化合物的代谢，说明在酸胁迫下，菌体的代谢会发生改变。各种胁迫环境的交叉保护现象还需进行深入细致的研究。相信随着基因测序技术的成熟及基因组数据的大量积累，结合分子生物学的基础知识对乳酸菌的信息表达进行再挖掘，定会为其更为充分的利用提供理论支持。

第二节　乳酸菌的遗传操作系统

乳酸菌的分子遗传学研究始于 20 世纪 70 年代，随着乳酸菌越来越受到关注，乳酸菌分子遗传学研究也不断发展，乳酸菌基因组及质粒相关基因的结构和功能逐步被阐明。部分乳酸菌的遗传操作系统，包括基因表达和敲除技术等的建立，为进一步研究乳酸菌重要基因及蛋白质的功能奠定了理论基础。

一、乳酸菌的基因表达系统

乳酸菌是一类安全可食用的微生物，可在机体内存活，能省略复杂的目的蛋白的体外纯化过程，因此其表达系统相对于大肠杆菌、芽孢杆菌和酵母等传统的表达系统而言，在蛋白酶表达、抗原筛选和免疫治疗等领域具有很大的优势和应用潜力。乳酸乳球菌（*Lactococcus lactis*）是乳酸菌中最早进行分子生物学研究的对象，由于其自身的分泌蛋白较少，因此是很好的克隆和表达外源基因的受体菌株。除此之外，其他乳球菌属的菌株，乳杆菌属、肠球菌属和链球菌属等菌株的分子遗传学研究也迅速发展，目前常被用作乳酸菌的表达系统菌株。乳酸菌的表达系统根据目的蛋白产生位置的不同，基本可分为胞内表达系统、分泌表达系统及表面展示系统。

（一）胞内表达系统

乳酸菌表达系统中所用的载体通常由乳酸菌内源性质粒经过对其中各表达调控元件的研究改造而来，包括克隆载体、表达载体和整合载体等。在乳酸菌表达系统中，通常利用穿梭载体（shuttle vector）进行目的基因的克隆及扩增。乳酸菌中的穿梭载体通常是指质粒中包含不止一个复制起点，既包含乳酸菌的复制起点，也包含可在其他菌株如大肠杆菌中复制的复制起点，它能携带目的基因片段在不同种类宿主中复制或表达。穿梭载体不仅具有乳酸菌的选择标记基因，还有其他菌株的选择标记基因。乳酸菌－大肠杆菌穿梭载体在乳酸菌中广泛使用，作为克隆载体进行目的基因的克隆和大量扩增等遗传操作。如 pWV01 是来源于乳球菌的隐蔽型质粒，大小约 2.2 kb，可以在大肠杆菌中复制，且拷贝数较高，但在芽孢杆菌和乳酸乳球菌中拷贝数相对较低，对其进行改造，获得了一系列衍生质粒如 pGK12、pGKV2、pMG36 和 pMG36e（图 3-4）等，可用来克隆和表达枯草芽孢杆菌与乳酸乳球菌的蛋白酶和细菌素生物合成基因等。

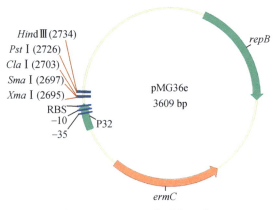

图 3-4　pMG36e 的质粒图谱

　　乳酸菌的胞内表达载体除了需要复制起点和复制相关蛋白，还需要一些表达元件，一般包括启动子、多克隆位点、终止子和筛选标记等。乳酸菌表达系统中应用的启动子可从乳酸菌自身基因中克隆，如常用的 P_{lacA}、P_{lacR}、P_{lacF}、P_{lacS}、P_{xylA}、P_{nisA}、P_{nisF} 等，也可根据乳酸菌中启动子的保守性进行人工合成。乳酸菌表达载体中都含有一个或多个抗生素抗性基因，通常是红霉素或氯霉素抗性基因。将外源目的基因片段克隆入表达载体中，转化进入乳酸菌，利用启动子控制，可实现外源基因在胞内的高效表达。通过抗生素抗性筛选，可获得目的基因表达的转化子。外源蛋白在乳酸菌中的大量表达和积累经常给乳酸菌本身带来一定的毒害作用，因此乳酸菌表达载体中常常利用诱导型启动子，通过控制添加诱导物的时间或诱导物的浓度来控制目的基因的表达水平，从而避免过量表达的蛋白质对乳酸菌造成的负面影响。在乳酸菌中常用的诱导型启动子有：乳糖诱导型启动子，如 P_{lacA} 和 P_{lacR}；木糖诱导型启动子，如 P_{xylA}；高温诱导型启动子 P_{dnaJ}；低 pH 和低温诱导型启动子，如 P_{pal70}；氧诱导型启动子，如 P_{sodA}；以及乳酸链球菌素（nisin）诱导型启动子，如 P_{nisA} 等。其中由乳酸链球菌素诱导 P_{nisA} 控制目的基因表达的 NICE 系统（nisin controlled expression system）是乳酸菌中应用最广和可控性最强的表达系统。

　　乳酸链球菌素是乳酸乳球菌产生的一种具有抑菌活性的肽类物质，是一种羊毛硫细菌素。1995 年，Kuipers 等通过研究乳酸链球菌素自调控的生物合成方式，发现乳酸链球菌素可以诱导 P_{nisA} 控制的 β- 葡萄糖醛酸酶的表达，且随乳酸链球菌素诱导浓度的增加，表达产物也相应增加（Kuipers et al.，1995）。而诱导物乳酸链球菌素的使用浓度却较低，通常为 0.01 ~ 10 ng/mL。乳酸链球菌素的生物合成由其约 14 kb 生物合成基因簇中的 11 个基因 nisABTCIPRKFEG 参与（图 3-5），其中 nisA 为结构基因，其启动子 P_{nisA} 为诱导型启动子，*nisRK* 为双组分调控系统，包括组氨酸激酶的编码基因 *nisK* 和反应调节蛋白的编码基因 *nisR*。

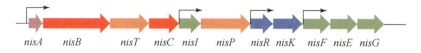

$nisA$ $nisB$ $nisT$ $nisC$ $nisI$ $nisP$ $nisR$ $nisK$ $nisF$ $nisE$ $nisG$

图 3-5 乳酸链球菌素的生物合成基因簇及启动子

NICE 系统的建立就是基于乳酸链球菌素在自诱导调控其生物合成过程中，自身可作为信号分子，识别组氨酸激酶 NisK，使其自磷酸化，并将磷酸基团转移给 NisR 使其激活，从而结合 P$_{nisA}$，控制其下游基因 *nisA* 表达的过程。因此，一个有效的 NICE 系统包括诱导物（乳酸链球菌素或其类似物）、宿主（含 *nisRK* 的乳酸菌为表达菌株）和载体（含有诱导型启动子 P$_{nisA}$ 的质粒）（图 3-6）。除了乳球菌外，NICE 系统也成功在乳杆菌、链球菌、肠球菌、明串珠菌和芽孢杆菌中使用，这些宿主菌可以是乳酸链球菌素的产生菌，通过质粒或原噬菌体消除乳酸链球菌素合成相关部分基因，但保留 *nisRK* 改造而成。如 *L. lactis* NZ9800 是乳酸链球菌素产生菌通过减少 *nisA* 基因中的 4 个碱基，使其本身不能合成有活性的乳酸链球菌素获得。宿主菌也可以是非乳酸链球菌素产生菌，但 *nisRK* 可以在其中整合表达的菌株。如 *L. lactis* NZ9000 就是将 *nisRK* 整合到非乳酸链球菌素产生菌 *L. lactis* MG1363 的 *pepN* 基因中而获得（Mierau and Kleerebezem，2005）。

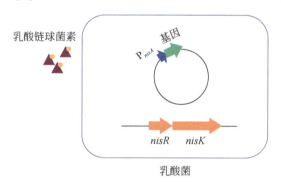

图 3-6 NICE 系统中 P$_{nisA}$ 介导的调控

在 NICE 系统中，诱导物乳酸链球菌素的使用浓度较低，通常为 0.01 ～ 10 ng/mL。目的蛋白的表达水平可依靠添加诱导物的量来控制，胞内最高表达量可占细胞总蛋白量的 60%。因此，NICE 系统是非常高效的乳酸菌表达系统，具有实用价值。一些重要的酶、抗原、细胞因子、膜蛋白、细菌素等均可利用 NICE 系统在乳酸菌中进行高效表达。同时，由于乳酸链球菌素是食品级的安全诱导物，可直接应用于食品中。乳酸菌宿主，如乳球菌、乳杆菌和双歧杆菌等都是被公认为安全的食品级微生物，因此 NICE 系统也是乳酸菌中较理想的食品级表达系统。

（二）分泌表达系统

乳酸菌分泌表达是指在乳酸菌中表达的外源目的蛋白编码基因克隆入含有信号肽序列

的表达载体中，目的蛋白与信号肽融合表达，之后可在信号肽引导下从相应的分泌通道分泌到细胞外。在这个过程中，信号肽可被剪切酶切除，而切掉信号肽的目的蛋白被转运到胞外。分泌表达可使目的蛋白及时分泌到细胞外，避免其在胞内积累和降解，甚至对宿主菌产生毒害作用，而信号肽在分泌表达中发挥着重要作用，同一种蛋白质由不同的信号肽引导，其分泌表达的效率也会不同。目前在乳酸菌分泌表达系统中，应用最多和最成熟的信号肽是分离自 *L. lactis* MG1363 的 Usp45 蛋白的信号肽 SP_{45}，由 27 个氨基酸组成，可被乳酸菌分泌系统高效识别。此菌株除分泌 Usp45 蛋白外，几乎不分泌其他蛋白，且胞外蛋白酶活性很低，因此是目的蛋白分泌表达较好的宿主菌。利用启动子 P_{nisA} 和信号肽 SP_{45} 构建外源蛋白表达系统，目的蛋白的分泌量可高达 70%。对 SP_{45} 信号肽进行改造，如在其序列后面加入一段带负电荷的 9 个氨基酸的序列（LEISSTCDA），可使目的蛋白分泌效率提高 80%。

表层蛋白（S-layer）信号肽也可用于乳酸菌分泌系统的高效表达。表层蛋白是广泛存在于原核细胞壁表面的一层生物活性大分子，表层蛋白的合成及分泌能力极强，可在乳酸菌中高效分泌表达。因此，表层蛋白的信号肽序列也经常用于构建乳酸菌分泌表达系统。另外，来源于其他细菌的信号肽，如来自葡萄球菌的核酸酶信号肽 SP_{Nuc} 也可使目的蛋白在乳酸菌中成功表达。

（三）表面展示系统

乳酸菌的表面展示系统主要应用于活体疫苗开发、酶的固定化、抗原筛选等，具有安全、方便、目的蛋白不易降解等优点，因此在食品和医疗保健等领域具有很高的潜在应用价值。乳酸菌的表面展示系统主要有表层蛋白表面展示系统和细胞壁展示系统两种（图 3-7）。乳酸菌表层蛋白表面展示技术是以乳酸菌为表达宿主，将外源目的蛋白与细胞表层蛋白融合表达，使其随表层蛋白的转录表达而在乳酸菌的细胞表面展示表达。乳酸菌的细胞壁展示技术主要是利用细胞锚定蛋白，将外源目的蛋白定位于细胞表面。锚定蛋白可通过 N- 末端融合和 C- 末端融合的方式与目的蛋白进行融合。N- 末端融合主要通过 LPXTG 结构域，目的蛋白位于信号肽与锚定序列之间。在蛋白分泌表达过程中，蛋白酶识别 LPXTG 结构域中的 TG 序列，并在 T 和 G 之间剪切，含有 T 的融合蛋白片段与细胞壁肽聚糖的五肽链通过共价连接而锚定在细胞壁上。链球菌中的 M6 蛋白和葡萄球菌中的 SPA 蛋白均含有典型的 LPXTG 结构域，是乳酸菌表面展示系统中最常用的锚定蛋白。C- 末端融合主要通过 LysM 结构域，目的蛋白位于锚定序列下游。LysM 结构域可结合细胞壁中的肽聚糖，它在蛋白质

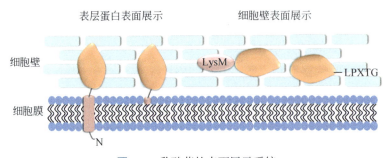

图 3-7 乳酸菌的表面展示系统

中的数量从 1 个到 12 个不等，其个数与其和肽聚糖结合能力成正比。目的蛋白与 LysM 结构域融合，融合蛋白结合肽聚糖，从而使其锚定在细胞壁上。乳酸乳球菌中也存在此类锚定蛋白（AcmA 蛋白和 PrtP 蛋白）。

二、乳酸菌的基因敲除系统

乳酸菌由于细胞壁较厚，转化效率较低，因此其基因敲除技术一直发展较缓慢。目前大部分乳酸菌的基因敲除技术还是依赖于传统的同源重组交换或特异性位点重组的方法，随着近几年乳酸菌相关技术的迅速发展，单链重组技术及 CRISPR-Cas 技术也逐渐应用于乳酸菌的基因敲除系统中。

（一）同源重组交换

同源重组是指在细胞中，DNA 或 RNA 分子间或分子内的同源序列以一定的频率进行序列交换，发生重新组合。通过合理设计同源重组片段，构建重组载体，使其在宿主菌基因组特定位置发生同源重组，即可在宿主菌体内实现对特定基因或片段进行 DNA 插入或交换，从而使基因破坏或突变。

利用同源重组的方法进行基因敲除可简单地分为单交换和双交换两类。单交换是载体通过同源臂与宿主菌的同源序列进行一次交换，使整个载体序列整合到目标基因内部，使其失活。双交换是在载体中设计两段同源臂，在单交换的基础上另外一段同源臂再进行一次重组交换，因此载体中两个同源臂之间的序列通过双交换就可以代替宿主菌两个同源序列之间的 DNA 序列。双交换可实现目标基因的缺失和替换。利用单交换和双交换的方法，就可以在乳酸菌中对重要基因进行敲除，从而获得其发挥功能的直接证据。如将牛链球菌中的 bovK 和 bovR 分别进行双交换敲除和单交换敲除，在 bovK 中插入红霉素编码基因 emr，在 bovR 中插入含 emr 的交换质粒序列，两个敲除菌株均丧失了细菌素 bovicin HJ50 的产生能力，并获得红霉素抗性筛选特性。说明这两个基因直接参与了细菌素的生物合成调控（Ni et al.，2011）（图 3-8）。

单交换和双交换的方法主要通过自发重组来完成，效率较低，因此可在敲除质粒中引入反向筛选标记，在一定的筛选条件下，含有筛选标记的菌株死亡，而不含筛选标记的菌株反而能存活下来，这样筛选效率会大大提高，且不引入抗性基因。如乳清酸运输蛋白基因 oroP 的表达可使细菌对 5- 氟乳清酸敏感，可广泛应用于乳酸菌和芽孢杆菌等中（Solem et al.，2008）。另外，将敲除质粒的复制子改造为温敏型复制子，构建温度敏感型敲除载体有利于敲除过程中的载体消除。利用温敏型敲除系统，可使质粒在低温时大量复制，提高重组效率，而在高温时载体不再复制，从而慢慢丢失，是很有效的敲除工具，在乳酸菌中应用也比较广泛。

（二）位点特异性敲除

位点特异性敲除技术是基于重组酶可催化特定识别位点之间发生重组的特点，具有很

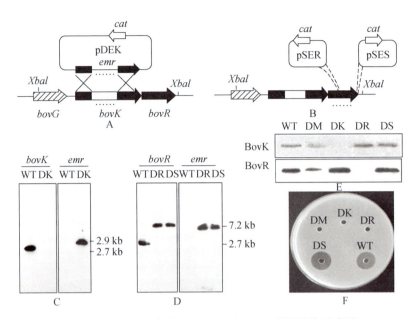

图 3-8 在牛链球菌中进行 *bovK* 和 *bovR* 基因敲除示意图

A. 利用 pDEK 质粒对 *bovK* 进行双交换敲除；B. 利用 pSER 和 pSES 质粒对 *bovR* 和 *bovR* 下游基因分别进行单交换敲除；
C. 在 *bovK* 敲除株（DK）中检测 *bovK* 和红霉素抗性基因 *emr* 的表达；D. 在 *bovR* 敲除株（DR）和 *bovR* 下游基因敲除
株（DS）中检测 *bovR* 和红霉素抗性基因 *emr* 的表达；E. 在野生型（WT）、*bovM* 敲除株（DM）、DK、DR 和 DS 中
分别检测 BovK 和 BovR 蛋白的表达；F. 检测野生型和敲除株产生抑菌活性物质 bovicin HJ50 的情况

好的特异性。在乳酸菌中常用的特异性系统是 Cre/loxP 和 TP901-1/att 系统。重组酶 Cre
（cyclization recombination）含有 343 个氨基酸，可识别 34 bp 的 loxP 位点，从而引发 loxP
位点之间的 DNA 重组。若两个 loxP 位点位于同一 DNA 链，且方向相同，Cre 可切除两个
位点之间的 DNA 序列；若两个 loxP 位点位于同一 DNA 链，但方向相反，Cre 可使两个位
点之间的 DNA 序列倒位；若两个 loxP 位点位于不同的 DNA 链上，Cre 可介导 DNA 链之
间的交换。在植物乳杆菌 WCFS1 中，科研人员利用 Cre/loxP 系统成功敲除了多个多糖合
成基因簇，研究了它们在细菌多糖合成及信号转导过程中的功能（Remus et al., 2012）。
TP901-1/att 系统是噬菌体 TP901-1 整合于乳酸乳球菌基因组而形成，整合酶可促进 attP 和
attB 两个位点整合，产生杂合位点 attL 和 attR。通过此系统也可以实现基因的位点特异性
敲除。

除了上述的敲除方法，单链重组技术也可以应用于乳酸菌中进行基因敲除，且操作简
单，重组效率高，不受酶切位点限制。所使用的重组酶通常为单链 DNA 结合蛋白 Redβ 和
RedT，同源臂 50 bp 左右即可。但是 RedT 在乳酸菌中并不能有效表达，所以此方法不适
用于这类乳酸菌。另外，CRISPR-Cas 技术也被证明可应用于乳酸菌的基因敲除，如在罗伊
氏乳杆菌中，将 CRISPR-Cas 和单链重组技术结合使用，可高效进行基因编辑（Oh and van
Pijkeren，2014），说明 CRISPR-Cas 技术在乳酸菌中应用是可行性的。

第三节　乳酸菌的益生分子机制

益生菌是一类摄入一定量后对宿主健康有益的微生物，是定植于人体肠道、生殖系统等处，能产生确切健康功效从而改善宿主微生态平衡、发挥有益作用的有益微生物的统称。乳酸菌是应用最广泛的益生菌，它们对人体健康的作用越来越受重视，全球乳酸菌产业蓬勃发展。在人和动物体内，乳酸菌主要分布在消化系统和生殖道，主要种类有乳杆菌、双歧杆菌、肠球菌等。婴儿从出生开始至母乳喂养期间肠道中的优势菌大多是乳酸菌所在的厚壁菌门菌群，随后放线菌、拟杆菌、变形菌等才开始占有一定的比例（Koenig et al., 2011）。乳酸菌与人或动物的生命活动息息相关，是机体内必不可少的重要的生理菌群，近年来随着对肠道菌群影响宿主健康的研究不断深入，乳酸菌的益生功能被进一步地解析和挖掘，它们改善机体健康的益生功能已得到广泛认可。

一、乳酸菌的益生功能概述

乳酸菌的益生功能较多，大体可分为以下几种：

（1）乳酸菌可维持肠道健康：乳酸菌有肠道定植及拮抗作用，可与致病菌竞争消化道上皮的附着位点，阻止致病菌定植。其产生的短链脂肪酸形成低 pH 环境，不仅可有效抑制致病菌，还有利于肠道蠕动，维持正常生理功能。它们还能与有害菌竞争肠道内的营养物质，抑制其生长。乳酸菌可合成多糖、分解亚硝胺、降低胆固醇、控制内毒素、分解脂肪、合成各种维生素和分解胆酸的酶系等，可补充宿主在消化酶上的不足，分解消化道未被充分水解吸收的营养物质。同时，产生某些酶修饰毒素受体，减少毒素与肠黏膜受体的结合。另外，肠道菌群对保持肠道的动态平衡具有重要作用，而乳酸菌可以促进肠道有益菌增加，抑制有害菌，有利于维持肠道菌群平衡，促进肠道健康。

（2）乳酸菌可促进营养物质吸收：乳酸菌在体内可产生各种消化酶，有助于食物消化。双歧杆菌可使肠道内的蔗糖酶、乳糖酶、三肽酶的活性提高。乳酸菌通过发酵，利用消化道内未消化的碳水化合物，在小肠中产生短链脂肪酸，进入大肠后，被大肠黏膜吸收，为宿主提供可利用的能量贮备。乳酸菌对锌元素也表现出较强的吸附能力，有助于减少锌元素在体内的流失。

（3）乳酸菌能增强机体免疫力：乳酸菌可增强机体吞噬细胞、自然杀伤细胞和 B 淋巴细胞等的活性，减轻炎症反应，提高肠黏膜的免疫屏障作用。还能促进白介素和干扰素等细胞因子产生，增加免疫球蛋白，增强外周血 T 淋巴细胞和 B 淋巴细胞的活性，增强机体的细胞免疫和体液免疫功能，缓解炎症因子诱发的炎症反应。乳酸菌还能刺激宿主小肠隐窝的潘氏细胞和肠上皮细胞产生抗菌肽，如防御素等。

（4）乳酸菌具有预防和治疗疾病功能：乳酸菌定植在胃肠道、泌尿系统、生殖系统或黏膜部位且无病原性，是人和动物体内的益生菌，可维持机体微生态平衡，缓解乳糖不耐受症，增加肠道有益菌和抑制病原菌；还能降低胆固醇、降血压、抑制肠癌的发生，治疗痢疾，改善老年人习惯性便秘，抑制女性生殖道炎症，抑制代谢性应激损伤、氧化和饥饿损伤等。

二、乳酸菌的黏附作用机制

乳酸菌对宿主肠道的黏附性是其作为益生菌很重要的指标之一。乳酸菌对肠道上皮细胞的黏附作用有助于其定植于肠道，增强它们与肠道细胞的信号交流，并抑制致病菌在肠道中的定植，维持肠道微生态平衡。研究表明，乳酸菌具有黏附作用的主要成分为黏附素（adhesin），它与宿主细胞表面的特异性黏附素受体识别后，参与乳酸菌的黏附和定植（Pagnini et al., 2010）。黏附素主要包括细胞表面的表面蛋白（surface layer protein，SLP）、脂磷壁酸（lipoteichoic acid，LTA）、胞外多糖（extracellular polysaccharides，EPS）和完整肽聚糖（whole peptidoglycan，WPG）等。

（一）表面蛋白

表面蛋白是由蛋白质组成的晶格状结构，位于细胞壁或细胞膜外层，是目前在乳酸菌中研究较多的黏附素。乳酸菌的表面蛋白分子量为 $40 \sim 71$ kDa，等电点较高，为 $9.35 \sim 10.4$。乳酸菌的表面蛋白都由含 $25 \sim 32$ 个氨基酸的信号肽引导分泌产生，它们的 C- 末端较保守，主要负责其锚定于细胞外膜，而 N- 末端变异较大，主要负责蛋白质的自身组装及与细胞的黏附作用。在很多乳酸菌中都发现如果将表面蛋白从细胞表面移除，它们的黏附能力会显著下降（Hynonen and Palva, 2013）。在嗜酸乳杆菌（L. acidophilus）NCFM 中，表面蛋白 SlpA 可结合人结肠癌 Caco-2 细胞，也可结合人的非成熟树突状细胞中的 DC-SIGN 受体，促进细胞因子表达（Ashida et al., 2011）。利用表面展示系统表达布氏乳杆菌（L. brevis）ATCC 8287 中的表面蛋白 SlpA，发现表达菌可黏附多个人上皮细胞系及纤维粘连蛋白，其 N- 末端的 81 个氨基酸即可黏附上皮细胞。研究人员通过表面等离子共振技术还发现 SlpA 与人纤维粘连蛋白和层粘连蛋白具有直接的相互作用（de Leeuw et al., 2006）。卷曲乳杆菌 L. crispatus JCM 5810 中的表面蛋白 CbsA 和 L. crispatus K313 中的 SlpB 蛋白都可结合 I 型和Ⅳ型胶原蛋白，CbsA 中的 N- 末端 $31 \sim 274$ 个氨基酸序列对其结合胶原蛋白是必要的（Sillanpaa et al., 2000）。

乳酸菌中的表面蛋白通常具有疏水性表面，因此在肠道或生殖道中也具有非特异性结合作用，且这种作用依赖于环境中的离子强度。当环境中离子强度改变时，乳酸菌表面蛋白的疏水性也会改变，从而影响其黏附性。当环境中离子强度增高时，L. acidophilus ATCC 4356 的表面蛋白 SA 会发生皱缩，蛋白质内部的亲水性 C- 末端就会暴露，整个蛋白质疏水性降低，黏附性下降（Vadillo-Rodriguez et al., 2004）。

（二）脂磷壁酸

乳酸菌的细胞表面富含脂磷壁酸，脂磷壁酸是细胞壁的重要组成成分。脂磷壁酸是一种两性分子，由 1,3- 二磷酸和糖脂组成，其一端能通过脂结构与细胞膜相连，另一端则穿过细胞壁到达细胞表面。脂磷壁酸是一类由多聚磷酸甘油酯或者多聚磷酸核糖醇构成的阴离子聚合物，其链上羟基大多被 D- 丙氨酸或者 N- 乙酰葡萄糖胺（N-acetyglucosamine，GlcNAc）修饰，因此常带一定量的正电荷，形成正负电荷交替的链状聚合物。脂磷壁酸在乳酸菌黏附过程中具有重要意义，脂磷壁酸中的游离脂类在细菌表面形成微毛结构，在乳酸菌黏附过程中起主要作用。从丁酸梭菌中纯化的脂磷壁酸经过排斥及竞争实验被证实其在黏附定植过程中具有重要作用。对罗伊氏乳杆菌的研究也发现，脂磷壁酸的丙氨酸共价修饰会显著影响罗伊氏乳杆菌在小鼠胃肠道中生物膜的形成能力，并影响其黏附功能。

（三）胞外多糖和完整肽聚糖

乳酸菌胞外多糖是乳酸菌在生长代谢过程中分泌到细胞壁外的一类糖类化合物。在细胞外层，乳酸菌胞外多糖和含有肽链取代基的多糖可以形成一种多糖外层，这种多糖外层具有黏附性，可结合肠道的黏液层，进而黏附到肠道内。胞外多糖可提高乳酸菌对肠道的非特异性黏附作用。在鼠李糖乳杆菌中的研究发现，具有胞外多糖的菌株比不产胞外多糖的菌株黏附能力更强。

肽聚糖是由双糖单位、四肽尾和肽桥聚合而成的一类多层网状大分子结构。完整肽聚糖是一种由多糖和肽聚糖聚合而成的袋状结构，它可以保持细胞壁的完整结构，在乳酸菌黏附过程中也起一定的作用。

三、乳酸菌的免疫调节机制

乳酸菌可刺激肠道黏膜和肠道上皮细胞，通过调控免疫相关细胞因子的表达、调节免疫反应平衡、提高免疫细胞活性等来调节机体的非特异性免疫和特异性免疫。

（一）乳酸菌调节宿主的非特异性免疫

非特异性免疫又称为先天免疫，是与生俱来的，对入侵机体的病原物质的清除没有特异性，能够立即将其清除，包括组织屏障，如皮肤和黏膜系统，非特异性免疫细胞和非特异性免疫因子等。乳酸菌进入肠道后，可黏附于肠道黏膜和上皮细胞，增强肠道黏膜的屏障作用，刺激免疫细胞分泌各种细胞因子，如促炎因子和抑炎因子等来调节炎症反应及免疫细胞活性。

肠道黏膜位于肠上皮细胞表面，是肠道的第一道屏障，能保护肠道防御病原微生物侵害。乳酸菌在动物和人体内可调节肠道黏液的分泌，增强黏蛋白表达，增加黏膜层的稳定性。发酵乳杆菌 Lactobacillus fermentum I5007 可增强仔猪肠道黏蛋白 MUC2 和 MUC3 的表达，还能提高空肠黏膜中与脂类代谢和细胞活力相关蛋白的表达（Wang et al., 2012）。乳酸菌可增强肠道固有层中 IgA 的产生，并分泌到肠腔中，阻止病原微生物通过抗原定植到肠内壁。一些乳酸菌还能诱导细胞保护蛋白如 mucin 等的表达，保护上皮细胞紧密连接的完整性。除了对肠道黏膜的保护，乳酸菌还可以调节免疫吞噬细胞，如单核细胞、巨噬细胞、中性粒细胞、NK 细胞和树突状细胞等的吞噬能力和细胞因子的表达分泌来调节宿主的免疫能力。多株乳酸菌被证明能显著增加健康人体外周血单核细胞的吞噬能力，增加单核细胞和粒细胞活性。鼠李糖乳杆菌和嗜酸乳杆菌可以增强小鼠腹腔中巨噬细胞的吞噬能力，保加利亚乳杆菌可以刺激巨噬细胞产生细胞因子 TNF-α 和 IL-6，从而提高宿主免疫力。中性粒细胞具有更高的吞噬能力，研究发现，鼠李糖乳杆菌 LGG 可促进人体中性粒细胞中的吞噬相关受体 CR1、CR3 和 FcaR 的表达，从而提高其吞噬能力（Pelto et al.，1998）。干酪乳杆菌（*L. casei*）Shirota 可促进脾脏中 NK 细胞数目增加，诱导 NK 细胞中 IL-6、IL-10 等细胞因子表达，从而增强 NK 细胞的活性，增加对癌细胞的毒性（Dong et al.，2010）。树突状细胞主要存在于各种腔道的黏膜中，可通过产生细胞因子、提呈抗原等保护组织。乳酸菌可通过诱导树突状细胞产生抑炎因子 IL-10、IL-27 和 IL-12p70 等调节肠道免疫反应。

（二）乳酸菌调节宿主的特异性免疫

特异性免疫是机体遭受特异性抗原刺激后，免疫细胞被激活的特异性免疫反应，且保留其抗原的记忆性。特异性免疫包括体液免疫和细胞免疫。体液免疫是抗原被吞噬细胞处理后提呈给 T 细胞，之后 T 细胞再将抗原提呈给 B 细胞，同时 T 细胞产生淋巴因子促进 B 细胞增殖分化产生浆细胞和记忆细胞。或者抗原直接刺激 B 细胞进行增殖分化。细胞免疫是抗原被吞噬细胞处理后提呈给 T 细胞，T 细胞分化出效应 T 细胞和记忆细胞，效应 T 细胞和靶细胞接触，使其裂解死亡。

乳酸菌可通过影响机体的体液免疫来影响宿主的特异性免疫反应，尤其是对于病毒和细菌疫苗等引起的免疫反应。病毒疫苗接种时，服用乳酸菌可使宿主获得更好的免疫反应功能，增强宿主的获得性免疫能力。乳酸菌在提高脊髓灰质炎病毒、流感病毒、乙肝疫苗、轮状病毒等引起的机体免疫反应中均具有较好的效果，但是不同菌株对免疫刺激的反应和效果也不同。如 *L. rhamnosus* GG 和 *L. acidophilius* CRL431 均可增加脊髓灰质炎疫苗诱发的特异性抗体，引发特异性 IgA 和 IgG 的形成，且具有菌株特异性（de Vrese et al.，2005）。乳酸菌对细菌疫苗的效果也具有辅助提升的作用。如乳双歧杆菌 *B. animalis* subsp. *lactis* BB-12 也能显著提高健康人体中沙门氏菌特异性血清型 IgA 抗体的产生。乳酸菌有可能是影响了免疫细胞的抗原识别及效应细胞的功能。

乳酸菌还可通过影响机体的细胞免疫来影响宿主的特异性免疫反应。乳酸菌可通过调节淋巴细胞的增殖分化和产生细胞因子来调节细胞免疫。如干酪乳杆菌 Shirota 可增强记忆性免疫细胞 Th1 细胞的活性和增殖，增强小鼠体内抗原特异性免疫反应（Dong et al.，2010）。*Bifidobacterium longum* 07/3 和 *Bifidobacterium bifidum* 20/5 可增加细胞毒性 T 细胞和辅助性 T 细胞的数量，*L. rhamnosus* GG 可显著增加 CD4$^+$ T 细胞活性等。罗伊氏乳杆菌（*L. reuteri*）能和细胞黏附因子相互作用，诱导树突状细胞向 IL-10 分泌型 Treg 细胞分化。*Bifidobacterium longum* 可诱导 Th1 细胞分化，促进细胞因子 IFN-γ 和 IFN-α 产生，有的也可以诱导 Th2 细胞分化，刺激产生 IL-4 和 IL-10。

四、乳酸菌的抑菌作用机制

乳酸菌在生长过程中可产生短链脂肪酸（short chain fatty acids，SCFA），如乳酸、甲酸、乙酸、丙酸、丁酸、延胡索酸、柠檬酸、苹果酸等，可有效调节肠道 pH，使其处于酸性状态，从而抑制肠道致病菌和有害菌的繁殖。不同种类的乳酸菌代谢产生的有机酸种类和含量有所差别。短链脂肪酸可以破坏革兰氏阴性病原菌，如大肠杆菌、痢疾杆菌、弯曲杆菌、伤寒杆菌和铜绿假单胞菌等的细胞膜，抑制其生长。另外，有些乳酸菌产生细菌素（bacteriocin）、小球菌素（microcin）等抗菌肽，它们是乳酸菌代谢过程中通过核糖体合成机制产生的具有抑菌活性的蛋白质或多肽。抗菌肽可以破坏革兰氏阴性菌的内膜，或抑制革兰氏阳性菌细胞壁合成，从而形成孔洞，使靶细胞内容物外泄，抑制其生长。细菌素的产生还能够使产生菌在菌群中具有竞争优势，从而成为优势菌。例如，将含有细菌素 21 合成基因的质粒 pPD1 转入粪肠球菌 EFr 中，与无 pPD1 质粒的 EFr 分别饲喂小鼠，发现在饲喂 EFr+pPD1 的小鼠肠道和粪便中 EFr+pPD1 的数量远远高于仅饲喂 EFr 小鼠中 EFr 的数量。为了验证是否是 pPD1 编码的细菌素 21 影响了菌的数量，在 pPD1 中敲除了细菌素 21 的编码基因，转入 EFr 中饲喂小鼠，发现小鼠肠道和粪便中此种菌的数量与只饲喂 EFr 的差别不大，且长期饲喂后，此种菌数量反而较其他两种有所降低，说明粪肠球菌产生的细菌素 21 使其在小鼠肠道菌群中占据了一定优势，同时无特定功能的质粒可能使粪肠球菌有一定的负担，降低了其生存优势（Kommineni et al.，2015）。

五、乳酸菌产生的益生活性物质

乳酸菌可合成多糖、分解亚硝胺、降低胆固醇、控制内毒素、分解脂肪、合成各种维生素和分解胆酸的酶系等，可补充宿主在消化酶上的不足，分解消化道未被充分水解吸收的营养物质。同时，产生某些酶修饰毒素受体，减少毒素与肠黏膜受体的结合，维持肠道微生态平衡，促进机体健康。同时，也产生活性代谢产物，如胞外多糖、共轭亚油酸、γ-氨基丁酸（GABA）等（Pessione，2012）。乳酸菌产生的胞外多糖可增强机体的免疫反应，如 T 细胞增殖、巨噬细胞激活、诱导因子表达等。多糖中的磷酸基团是诱导 B 细胞分裂的触发器。乳酸菌产生的 EPS 可改善菌株对肠道的黏附，有降低胆固醇、抗肿瘤等作用。

乳酸菌的益生作用具有菌株特异性，不同菌株可能编码产生不同的益生活性物质，因此益生功效也不尽相同。随着对乳酸菌功能的深入研究，研究者们发现乳酸菌的益生作用在不同人群中也具有个体差异性。2018 年 9 月，以色列魏茨曼科学研究所 Eran Elinav 教授等在 Cell 上发表了两篇关于益生菌的研究文章。他们用包含 11 株益生菌包括 Lactobacillus、Bifidobacterium、Lactococcus 和 Streptococcus 的产品饲喂小鼠，发现小鼠对这些益生菌具有普遍性的抵抗作用，益生菌在肠道中基本都不能定植。25 名志愿者也服用了这些益生菌，并接受了内镜和结肠镜检查，在肠道黏膜（mucosa）及肠腔（lumen）取样，进行活组织检查。结果发现在志愿者中，有些志愿者胃肠道中益生菌可成功定植，而另外一些志愿者益生菌不能定植。益生菌成功地占领了一些人的胃肠道，而"抵抗者"的肠道微生物群则将益生菌"驱逐出境"。志愿者首先使用一疗程抗生素，接着被随机分为三组。第一组微生物群落自行恢复，第二组使用上述的益生菌产品，第三组用自体粪便微生物移植治疗。益生菌可以很容易地在第二组成员的肠道中生存，但阻止了宿主正常的微生物组和肠道基因表达谱在接下来的几个月中恢复到给药前状态。与此相反，第三组的肠道微生物组和基因表达谱在几天内即可恢复至给药前状态。因此，服用益生菌会干扰抗生素使用者肠道微生物组的恢复。相比之下，用自身微生物补充肠道是一种个性化的自然治疗方法，可以彻底逆转抗生素的影响。这个报道虽然只用了一种益生菌产品，且所用益生菌菌株不明、功效不知，但是也说明益生菌的益生功效在不同人群中确实具有个体差异性。这些研究都为人们对益生菌的使用从"一刀切"过渡到"个性化"铺平了道路。

第四节　乳酸菌中细菌素的生物合成及调控

一、细菌素及其作用机制

（一）细菌素概述及分类

1928 年，Roger 等首次发现乳酸乳球菌的代谢产物可抑制一部分乳酸菌的生长（Rogers，1928），后来经鉴定此代谢产物是一种肽类物质——乳酸链球菌素（nisin），这就是最早发现的乳酸菌产生的细菌素（bacteriocin）。1953 年，Jacob 提出细菌素的定义，即细菌素是一类由细菌的核糖体合成的，具有抑菌生物活性的小肽或蛋白（Jacob et al.，1953）。细菌素与抗生素不同，细菌素主要由核糖体合成，含有的氨基酸残基大多在 20 ～ 60 个，有的还要经过翻译后修饰被活化，来源广泛，结构多样，不易产生耐药性，抑菌谱也有宽有窄。有些细菌素抑菌谱较窄，只能抑制和其产生菌亲缘关系较近的菌株；而有些细菌素则具有很宽的抑菌谱，可以抑制很多不同种属的细菌，包括很多食品腐败菌或动物、人体致病菌，甚至是耐药及多重耐药致病菌（Cotter et al.，2013）。而抗生素主要是微生物通过酶促反应合成，而非核糖体合成的代谢产物，一般抑菌谱较广，比较容易引起细菌耐药性的发生（Perez et al.，2014）。一直以来抗生素的广泛使用造成细菌耐药性日趋严重，细菌素可被消化道中的酶降解，而且不易产生耐药性，是潜在的理想的用来减少或代替传统抗生素使用的新型抗菌药物。

根据 Klaenhammer 的报道，自然界中 99% 的细菌都能产生至少一种细菌素，有的细菌甚至能产生几十种甚至几百种不同的细菌素（Klaenhammer，1993）。乳酸菌一般而言是公认安全的微生物，它们产生的细菌素安全无毒，种类也较多，在食品、农业和生物医药等领域中具有巨大的应用潜力，也引起了研究者们的极大关注。目前在乳酸菌中发现了多种具有不同结构和特性的细菌素，根据它们的结构、生物合成机制及生物活性特点，Kuipers 等将乳酸菌细菌素分为三类（Alvarez-Sieiro et al.，2016）。Ⅰ类细菌素属于热稳定的翻译后修饰多肽（ribosomally produced and posttranslationally modified peptides，RiPPs），分子量小于 10 kDa。这类细菌素分子在生物合成过程中经翻译后修饰作用，形成对细菌素的活性或功能具有重要作用的特殊氨基酸或结构。基于此，Ⅰ类细菌素还可分为 6 种，主要包括Ⅰa 类羊毛硫细菌素（lantibiotics），Ⅰb 类环肽细菌素（cyclized peptides），Ⅰc 类含硫碳键的细菌素（sactibiotics），Ⅰd 类含噻唑和（甲基）噁唑的小肽［linear azol（in） e-containing peptides〕，Ⅰe类含糖基化氨基酸的细菌素（glycocins），以及Ⅰf类套索肽（lasso peptides）。细菌素的翻译后修饰多种多样，它们对于稳定小肽结构，特异性识别不同靶细胞都起了很重要的作用。羊毛硫细菌素的成熟分子中含有一个或多个羊毛硫氨酸或甲基羊毛硫氨酸残基，是目前为止在细菌素的应用研究中，研究最多和开发最成功的细菌素。乳酸乳球菌产生的乳酸链球菌素是这类细菌素的典型代表（图3-9）。Ⅱ类细菌素属于热稳定的非修饰多肽，不包含翻译后修饰的特殊氨基酸，大体可分为Ⅱa、Ⅱb、Ⅱc、Ⅱd和Ⅱe共5种。Ⅱa类细菌素又称为片球菌素（pediocin）类细菌素，是Ⅱ类细菌素中研究最广泛的一类。Ⅱb类细菌素是双组分或多组分细菌素，它的全部活性依赖于两个不同的小肽。Ⅱc类细菌素为无前导肽类细菌素，而Ⅱd类是其他非片球菌素类的单组分细菌素。Ⅲ类细菌素是大分子热不稳定细菌素，分子量大于10 kDa，含溶菌素（bacteriolysins）和非细胞溶解类细菌素（non-lytic bacteriocin）两类。细菌素的分类、代表性细菌素及结构特征见表3-2。

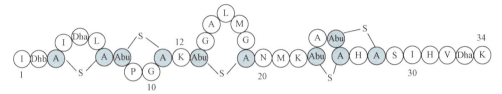

图 3-9 乳酸链球菌素的分子结构

表 3-2 乳酸菌细菌素的分类及结构特征

细菌素类别	代表性细菌素	结构特征
Ⅰ类细菌素（翻译后修饰）		
Ⅰa 羊毛硫细菌素	乳酸链球菌素	含有羊毛硫氨酸或甲基羊毛硫氨酸
Ⅰb 环肽细菌素	肠球菌素	肽 N-末端和 C-末端首尾连接形成环状
Ⅰc 含硫碳键细菌素	链球菌溶血素 S	半胱氨酸残基中的巯基与碳形成 α-碳桥
Ⅰd 唑细菌素	subtilosin A	含噻唑和（甲基）噁唑环结构，线性
Ⅰe 含糖基化细菌素	glycocin F	含有糖基化的氨基酸残基
Ⅰf 套索肽	微菌素 J25	肽 N-末端氨基和分子中 γ-羧基形成环状，C-末端穿过环结构
Ⅱ类细菌素（非翻译后修饰）		
Ⅱa 片球菌素类细菌素	pediocin PA-1	含有 YGNG 保守序列，含有至少一个二硫键
Ⅱb 双组分细菌素	lactococcin Q	无特殊修饰，组分协同作用
Ⅱc 无前导肽细菌素	lacticin Q	无前导肽结构
Ⅱd 其他单组分细菌素	laterosporulin	不含 YGNG 序列的线性小肽
Ⅲ类细菌素		
溶菌素类细菌素	zoocin A	大分子多肽，具有细胞溶解性
非溶解类细菌素	dysgalacticin	大分子多肽，无细胞溶解性

（二）细菌素的作用机制

细菌素来源广泛、结构多样，因此其抑菌作用对象及作用机制也异常复杂。从目前所报道的细菌素来看，其氨基酸残基大多在 20～60 个，且具有一个到多个净正电荷，有利于其对靶细菌的附着及抑杀。同时，几乎所有的细菌素都具有两亲性的结构，使其顺利作用于靶细菌的细胞膜，使敏感菌的细胞膜结构发生改变，从而发挥其生物活性作用。科学家的一系列研究表明，细菌素发挥抑菌活性的机制和抗生素明显不同。细菌素的抑菌作用机制大体可分为两种，一种是直接作用于靶细胞的细胞膜，另一种是在细胞内抑制基因和蛋白质表达（图 3-10）（Cotter et al.，2013）。

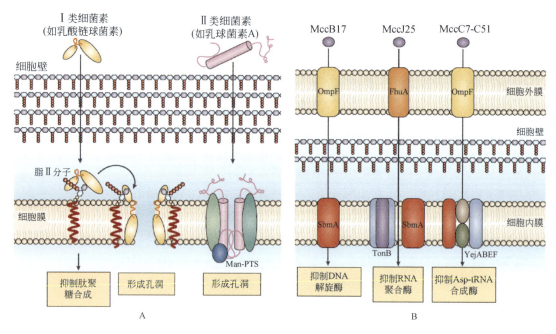

图 3-10 细菌素的抑菌机制（修改自 Cotter et al.，2013）

A. 靶细菌是革兰氏阳性菌；B. 靶细菌是革兰氏阴性菌

对于革兰氏阳性菌，细菌素一般会直接作用于靶细胞膜来发挥抑菌活性。这是因为革兰氏阴性菌细胞壁组成较复杂，含有肽聚糖、脂多糖类脂质和蛋白质等多种成分，结构多层、比较紧密，不利于分子量较大的细菌素通过。而革兰氏阳性菌细胞壁虽然比较厚，但组成相对简单，只含有肽聚糖和磷壁酸，细菌素可通过细胞壁直接接触细胞膜而起作用。脂Ⅱ分子（lipid Ⅱ）是肽聚糖合成的关键中间体，在细菌细胞膜合成中起非常重要的作用。乳酸链球菌素等羊毛硫细菌素及一些Ⅱ类的细菌素可直接结合脂Ⅱ分子，从而阻断肽聚糖合成，有的细菌素还导致细胞膜形成孔洞，使胞内营养物质流失，细胞裂解。以乳酸链球菌素为例，它导致细胞膜孔洞形成的方式有两种较为成熟的理论：一种称为"桶板模型"，即乳酸链球菌素分子 N- 末端与脂Ⅱ分子结合，插入细胞膜内，而 C- 末端跨过细胞膜，像桶板一样排列成一圈，形成圆形的孔洞；另一种称为"楔形模型"，即较高的跨膜电势使乳酸链球菌素与细胞膜平面垂直,导致脂质膜表面发生弯曲,形成类似楔形的孔洞(Bierbaum and Sahl,2009;Martin and Breukink,2007)。值得一提的是,万古霉素也结合脂Ⅱ分子,但其结合位点与相关细菌素明显不同。因此,乳链菌肽等细菌素还可以抑制一些抗万古霉素的革兰氏阳性菌。一些细菌素也可以通过其他方式在细胞膜上形成孔洞来破坏或灭杀靶细胞。Ⅱa类的细菌素,如乳球菌素A可以结合细胞膜上的甘露糖磷酸转移系统(Man-PTS),从而在细胞膜上形成孔洞(Diep et al.,2007)。Ⅱe类的微菌素E492可被靶细菌细胞外膜上的铁载体受体识别,通过外膜受体TonB进入内膜,然后在细胞的内膜形成孔洞(Destoumieux-Garzon et al.,2006)。这些孔洞都可使细胞内的钾离子流出、ATP泄漏及细胞外水分子流入,导致营养流失,细胞死亡。

对于革兰氏阴性菌,细菌素通常在靶细胞内抑制基因和蛋白质表达,通过抑制DNA、RNA及蛋白质的合成代谢等来抑制靶细胞的生长。如微菌素MccB17可利用靶细胞膜上的膜孔蛋白OmpF和内膜转运蛋白SbmA进入细胞内,抑制DNA超螺旋作用,从而阻抑DNA复制(Parks et al.,2007)。套索肽MccJ25被细胞外膜铁载体受体FhuA识别后,利用TonB和SbmA蛋白进入靶细胞内,通过影响RNA聚合酶的活性抑制RNA转录(Vincent and Morero,2009)。MccC7-C51通过YejABEF转运蛋白进入大肠杆菌细胞,被氨肽酶降解,生成被修饰的天冬氨酰腺苷酸,抑制天冬氨酰-tRNA酶的活性,从而抑制细胞内mRNA合成(Novikova et al.,2007)。Nocathiacins、thiostrepton、thiazomycin及一些其他的硫肽类细菌素可以结合细菌的核糖体23S rRNA,有的结合伴侣延伸因子Tu,从而阻断细胞的蛋白质合成(Bagley et al.,2005)。

二、细菌素的生物合成基因簇及生物合成过程

细菌素由细菌的核糖体合成,整个生物合成过程由基因调控。和细菌中大部分生物合成途径一样,参与细菌素合成的基因和调控基因,像链霉菌中抗生素的生物合成基因簇那样一般都是成簇排列,且统一以细菌素的名字为基因簇及相关基因命名。如乳酸链球菌素的生物合成基因簇命名为nis,牛链菌素HJ50生物合成基因簇命名为bov,cerecidin的生物合成基因簇命名为cer等。它们可能位于转座子附近,如nis基因簇;可能位于细菌的染色体上,如subtilin的生物合成基因簇sub;也可能位于质粒上,如lacticin的生物合成基因簇lac。不同细菌素的生物合成相关基因在基因簇上的数量和排列会有一定的差异,但有些基因在每个细菌素的生物合成中基本都会参与,如细菌素的结构基因、成熟基因(包括翻译后修饰、转运、切割基因等)、免疫基因及调控基因等。

羊毛硫细菌素是细菌素中非常重要的一类,它的分子中含有需要翻译后修饰的特殊氨基酸——羊毛硫氨酸,由丝氨酸或苏氨酸脱水形成脱氢丙氨酸(Dha)或甲基脱氢丙氨酸(Dhb),并与半胱氨酸的巯基缩合形成分子内硫醚环,形成羊毛硫氨酸(Ala-S-Ala)或β-甲基羊毛硫氨酸(Ala-S-Abu)(McAuliffe et al.,2001)(图3-11)。根据对结构基因的翻译后修饰酶的不同,羊毛硫细菌素还可分为Ⅰ类(修饰酶为LanB和LanC)、Ⅱ类(修饰酶为LanM)、Ⅲ类(修饰酶为LanKC)和Ⅳ类(修饰酶为LanL)。

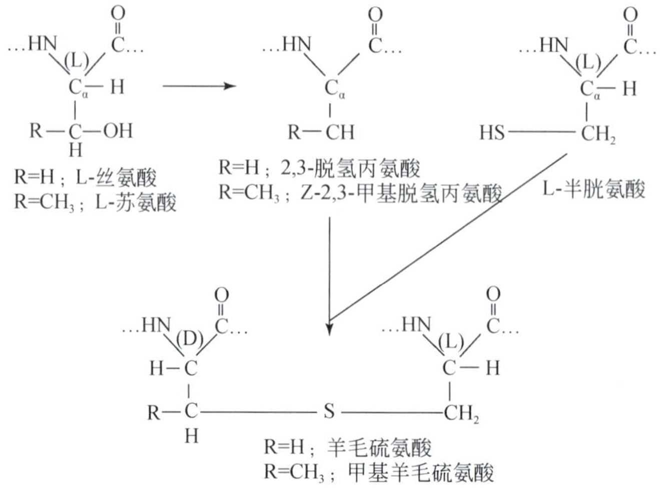

图 3-11　羊毛硫氨酸的形成（修改自 McAuliffe et al.，2001）

以 I 类的羊毛硫细菌素乳酸链球菌素为例，*nis* 生物合成基因簇位于乳酸乳球菌中一个 70kb 的可接合转移的转座子 Tn5276 上，基因簇 *nisABTCIPRKFEG* 中包含 11 个乳酸链球菌素生物合成相关基因，组成 3 个转录单元，即 *nisABTCIP*、*nisRK* 和 *nisFEG*。*nisRK* 是由组成型启动子控制表达，而 *nisABTCIP* 和 *nisFEG* 由诱导型启动子控制，其表达受 *nisRK* 的编码蛋白调控（图 3-12）。乳酸链球菌素生物合成基因簇中各个基因均参与乳酸链球菌素的生物合成过程，它们在生物合成过程中的功能及作用研究得相对较清楚（Chatterjee et al.，2005）。乳酸链球菌素的结构基因 *nisA* 经过转录、翻译，合成含 57 个氨基酸的乳酸链球菌素前肽，前肽分子又包括 N- 末端的前导肽和 C- 末端的核心肽。羊毛硫细菌素的前导肽长度不一，一般含 23 ～ 59 个氨基酸，它在核心肽成熟过程中起了非常重要的作用。翻译后修饰基因 *nisB* 编码一个脱水酶 NisB，负责识别乳酸链球菌素的前导肽，并将核心肽部分中含有的特定丝氨酸（Ser）和苏氨酸（Thr）脱水，形成脱氢丙氨酸（Dha）和甲基脱氢丙氨酸（Dhb）。NisB 对丝氨酸和苏氨酸的脱水作用具有一定的特异性，核心肽中并不是每个丝氨酸或苏氨酸都会被脱水。修饰基因 *nisC* 编码一个环化酶 NisC，作用于脱水后的乳酸链球菌素前肽，将 Dha 或 Dhb 与半胱氨酸的巯基缩合，形成 5 个分子内硫醚环，即形成了一种特殊的氨基酸，叫羊毛硫氨酸。含有羊毛硫氨酸的细菌素被称为羊毛硫细菌素。有些羊毛硫细菌素中也会含有不成环的 Dha 或 Dhb。转运基因 *nisT* 编码的转运蛋白含有 1 个跨膜区和 1 个 ATP 结合结构域，通过组成二聚体形成 ABC 转运蛋白，在细胞膜上将修饰后的前肽运送到细胞外。在这个过程中，NisT 也需要识别乳酸链球菌素的前导肽序列。*nisP* 编码胞外丝氨酸蛋白酶 NisP，可将乳酸链球菌素的前导肽切除，形成成熟有活性的乳酸链球菌素分子，这是乳酸链球菌素生物合成的最后一步。由于细菌素具有较强的抑菌作用，因此细菌素产生菌通常对其具有一定的免疫作用，使其自身免受伤害。乳酸链球菌素的生物合成基因簇中含有 4 个免疫基因 *nisI*、*nisF*、*nisE* 和 *nisG*，它们的编码蛋白可形成 NisI 和 NisFEG 两个不同系统，协同发挥免疫功能。NisI 可定位于细胞膜，与乳酸链球菌素相互作用，隔绝乳酸链球菌素与脂质膜的接触，从而保护细胞不被攻击。NisFEG 是由胞内 ATP

结合蛋白 NisF、跨膜蛋白 NisE 和 NisG 3 个免疫蛋白组成的 ABC 转运复合体，负责将进入细胞中的乳酸链球菌素分子转运到胞外，以保护自身。通过两个免疫系统的双重作用，乳酸链球菌素产生菌——乳酸乳球菌就可以对乳酸链球菌素具有较强的免疫防护作用。除了这些基因之外，细菌素生物合成基因簇中通常还含有调控基因，可感应外界信号，如 pH、小肽、盐浓度等，进而调控细菌素生物合成相关基因表达，促进或抑制其产生。乳酸链球菌素生物合成基因簇中的 *nisK* 和 *nisR* 分别编码组氨酸激酶 NisK 和应答调节蛋白 NisR，两者组成双组分调控系统，也是一种密度感应系统（quorum-sensing system）。NisK 位于细胞膜上，当感受到胞外乳酸链球菌素浓度达到一定阈值时，其发生自身磷酸化，并能将磷酸基团转移给 NisR，使 NisR 激活，从而调控下游乳酸链球菌素的结构基因及其他相关基因的转录表达，进行乳酸链球菌素的生物合成。

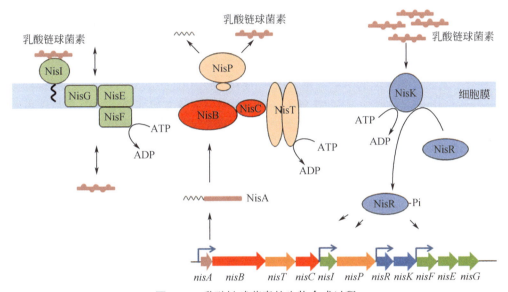

图 3-12　乳酸链球菌素的生物合成过程

蓝色弯曲箭头代表乳酸链球菌素生物合成基因簇中的启动子

Ⅱ类的羊毛硫细菌素牛链菌素 HJ50（bovicin HJ50）是从牛链球菌中发现的细菌素，其基因簇 *bovAMTFEGRK* 中包含 8 个牛链菌素 HJ50 生物合成相关基因，组成两个转录单元，即 *bovAMTFEG* 和 *bovRK*。其成熟分子中除了硫醚键之外，还含有一个羊毛硫细菌素中较为少见的二硫键（Xiao et al.，2004）。成熟的牛链菌素 HJ50 分子由 33 个氨基酸残基组成，分子量 3428.3Da（图 3-13）。Ⅰ类的羊毛硫细菌素乳酸链球菌素整个分子呈线形，而牛链菌素 HJ50 呈现出 N- 末端线形、C- 末端球形的结构，且其 C- 末端的球形结构由 2 个硫醚环和 1 个特殊的二硫键形成。二硫键形成的环对于牛链菌素 HJ50 分子的结构及抑菌功能也起了非常重要的作用。牛链菌素 HJ50 的生物合成是由结构基因 *bovA* 转录翻译成 BovA 蛋白，然后双功能酶 BovM 行使脱水和环化功能对 BovA 进行修饰，BovT 行使蛋白酶和转运蛋白功能，将 BovA 修饰后的前体蛋白进行前导肽切除，然后运送到细胞外，形成成熟的羊毛硫细菌素牛链菌素 HJ50。在这个过程中，BovFEG 负责免疫功能，而 BovKR 负责对细菌素的生物合成进行调控。

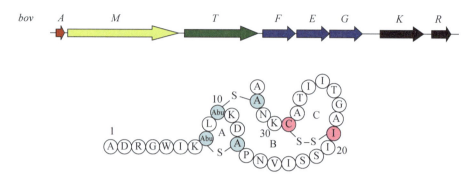

图 3-13 牛链菌素 HJ50 的生物合成基因簇及其结构

根据牛链菌素 HJ50 的生物合成过程，一种"体内修饰、体外加工"的半体外生物合成方法（semi-in-vitro biosynthesis，SIVB）被建立用来较方便地合成细菌素的突变体。利用大肠杆菌的 pET 系统将 *bovA* 和 *bovM* 共表达，通过 His 标签亲和层析柱就可以纯化翻译后经过 BovM 修饰的 BovA 前体蛋白。前体蛋白经纯化后通过体外表达的 BovT 蛋白切割，经过 HPLC 纯化，就能得到较纯的牛链菌素 HJ50（图 3-14）。由于 BovM 具有一定的底物宽泛性，可修饰一定的 BovA 突变体，因此牛链菌素 HJ50 的突变体可以通过半体外生物合成的方法经大肠杆菌表达系统表达纯化获得（Lin et al.，2011）。这种突变体生成方法的优势在于，所有的蛋白质都是在大肠杆菌中表达，转化和培养方法简单，并利用 His 标签亲和层析纯化，技术成熟、操作方便，既避免了体内合成途径的一些局限性和操作复杂性，也使得体外合成的方法更加简单高效，省去了异源表达和纯化修饰酶 LanM，减少了很多工作量，为 II 类的羊毛硫细菌素的定点突变和结构功能研究提供了便利。利用此方法在大肠杆菌中表达结构基因和修饰基因，在细菌体内进行前肽修饰，纯化后，在体外用大肠杆菌表达的切割蛋白进行前导肽切除，还可以较方便地实现细菌素从基因组到活性产物的挖掘。

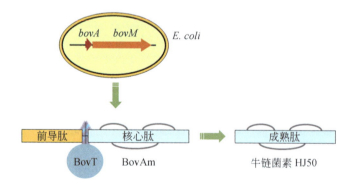

图 3-14 牛链菌素 HJ50 的半体外生物合成系统

三、细菌素的遗传调控机制

乳酸菌产生的细菌素其生物合成调控方式基本上有 4 种类型：第一类也是最普遍的一类，合成调控由双组分调控系统控制，通常是组氨酸激酶和反应调节蛋白；第二类是合成调控因子不在相关生物合成基因簇上，而在基因组其他位置；第三类是细菌素合成调控由单组分调控因子（orphan regulator）控制；第四类是细菌素合成调控由多组分调控系统控制。

（一）双组分信号系统调控细菌素生物合成

双组分信号系统是微生物感知并响应环境信号的主要调控方式之一，通常由组氨酸激酶（histidine kinase）和相应的调控因子——应答调节蛋白（response regulator）组成。组氨酸激酶是一个受体蛋白，通常定位于细胞膜上，且以二聚体的形式发挥功能。其 N- 末端为信号感受区，负责感应胞外环境信号，使蛋白质中保守的组氨酸自磷酸化，以此开启双组分信号系统的磷酸化级联反应来进行信号转导。组氨酸激酶进行自磷酸化后，磷酸基团接着转移到与之相关的反应调节蛋白上，反应调节蛋白中含有保守的天冬氨酸，接受组氨酸激酶转移来的磷酸基团，使自身活化，从而可结合下游基因启动子，促进或抑制下游基因表达。双组分信号系统在细菌及部分低等真菌、低等植物中存在，在动物中还未见报道，因此是潜在的抗菌药物靶点。

双组分信号系统在细菌素的生物合成调控中比较普遍。如牛链菌素 HJ50 是从牛奶中分离的牛链球菌（*S. bovis*）产生的一种羊毛硫细菌素，对一些链球菌具有很好的抑制活性。它的生物合成基因簇中含有双组分调控系统 *bovK/bovR*。BovK 蛋白 N- 末端含有 8 个跨膜域，C- 末端是保守的二聚化和磷酸化结构域 HisKA，以及可催化氨基酸磷酸化反应的 ATP 酶结构域 HATPase_c。BovR 蛋白含有 cheY 类磷酸基团接受结构域 REC，含一个保守磷酸化位点，以及 HTH（helix_turn_helix）DNA 结合结构域，是 NarL 类反应调节因子（图 3-15）。将 *bovK* 和 *bovR* 在牛链球菌基因组中敲除，两个基因分别敲除后都不能产牛链菌素 HJ50，说明它们对牛链菌素 HJ50 的生物合成至关重要。牛链菌素 HJ50 不仅具有抑菌活性，还具有诱导活性，是自身生物合成的诱导信号分子。BovK 可感受胞外牛链菌素 HJ50 的浓度，自磷酸化后，通过磷酸化级联反应将磷酸基团转移给 BovR，使其结合结构基因 *bovA* 的启动子，促进其转录表达，从而促进牛链菌素 HJ50 的生物合成（图 3-16）。结构基因 *bovA* 的表达量还随诱导分子牛链菌素 HJ50 的浓度增加而增加（Ni et al., 2011）。

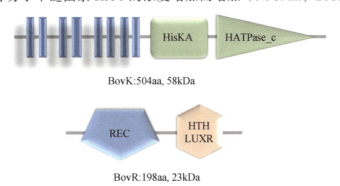

BovK:504aa, 58kDa

BovR:198aa, 23kDa

图 3-15　牛链菌素 HJ50 的生物合成双组分调控蛋白

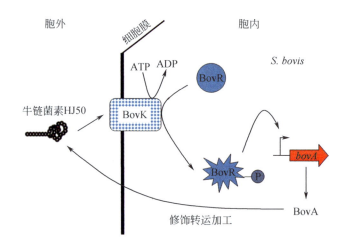

图 3-16 双组分信号系统 BovK/R 调控牛链菌素 HJ50 的生物合成

　　双组分信号系统中的组氨酸激酶负责感受特定的信号分子，信号分子与组氨酸激酶的识别是开启信号通路的第一步。根据组氨酸激酶 N- 末端信号感受区的结构，可将其分为三类：第一类组氨酸激酶感受胞外信号，其 N- 末端含有两个跨膜区，两个跨膜区之间含有一个较大的胞外区，即感受信号的区域；第二类组氨酸激酶 N- 末端含有多个跨膜区，通常为 6～10 个，信号感受通常与膜相关；第三类信号感受区位于胞内。细菌素生物合成调控相关的组氨酸激酶基本属于前两类。如乳酸链球菌素的受体组氨酸激酶 NisK 的 N- 末端含有两个跨膜区，属于第一类组氨酸激酶。对乳酸链球菌素与 NisK 相互作用的研究发现，乳酸链球菌素分子中 A 环和 B 环的完整性对乳酸链球菌素的诱导活性至关重要，而 C 环、D 环和 E 环对乳酸链球菌素的诱导活性影响不大（Ge et al., 2016）。NisK 两个跨膜区中间的胞外环是感受信号的结构区，胞外环中带电荷的保守位点和疏水区的疏水性对感受信号比较重要，胞外环中的 β 折叠 S1 和 S3 是重要作用区域。推测乳酸链球菌素与受体 NisK 的相互作用方式是 NisK 跨膜区之间的胞外折叠区通过电荷和疏水作用识别乳酸链球菌素分子中的 AB 环，从而开启下游的信号传递过程（Ge et al., 2017）（图 3-17）。而牛链菌素

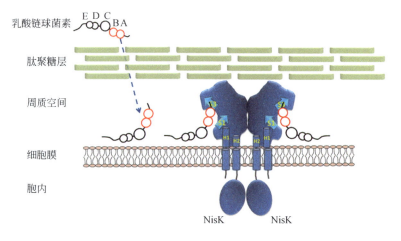

图 3-17 乳酸链球菌素与受体 NisK 的相互作用识别模型

HJ50 的受体组氨酸激酶 BovK 蛋白 N- 末端含有 8 个跨膜域，属于第二类组氨酸激酶，它感受信号的位置是在跨膜区，其跨膜区中部分带电荷氨基酸和第六个跨膜区中的疏水性氨基酸区对其相互作用很关键。对牛链菌素 HJ50 与 BovK 相互作用的研究也发现，牛链菌素 HJ50 分子中的 B 环通过静电及疏水作用与 BovK 蛋白的 N- 末端跨膜区相互作用，从而开启其信号传递过程（Teng et al., 2014）（图 3-18）。

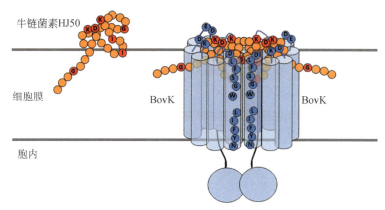

图 3-18 牛链菌素 HJ50 与受体 BovK 的相互作用识别模型

（二）细菌素合成调控由单组分调控因子控制

细菌素合成相关的单组分调控因子通常为一个 DNA 结合蛋白，缺少双组分调控系统中的组氨酸激酶。双组分羊毛硫细菌素 lacticin 3147 的生物合成受单组分调控因子 LtnR 控制，LtnR 是表达抑制因子，它在细胞中的表达抑制了免疫基因，使其不能启动下游报告基因的表达（McAuliffe et al., 2001）。Cerecidin 是在蜡状芽孢杆菌中发现的新型细菌素，含有 7 个结构基因，其生物合成基因簇中含有 1 个调控蛋白 CerR 和 2 个启动子。CerR 是一个很小的单组分调控蛋白，只含有 DNA 结合结构域，不含信号接收结构域，它可结合结构基因 *cerA* 和 *cerR* 的启动子，促进下游合成相关基因表达，调控 cerecidin 的生物合成。羊毛硫细菌素 lacticin 481 的产生依赖于培养基的成分和 pH，由调控因子 RcfB 控制其产生。RcfB 的编码基因不在 lacticin 481 的生物合成基因簇中，而是在染色体其他位置，在酸性条件下，RcfB 被激活，促进 lacticin 481 的生物合成。外界环境的酸性程度可能反映了乳酸菌的代谢过程，因此可能是一个反映菌群密度的信号（Dufour et al., 2007）。

（三）细菌素合成调控由多组分调控系统控制

有的细菌素由多组分调控系统调控其生物合成。如珊瑚小双孢菌（*Microbispora corallina*）产生的细菌素 microbisporicin 的调控由反应调节因子 MibR 和 σ 因子 / 抗 σ 因子（MibX/W）3 个蛋白组成。当营养缺乏时，诱导产生的 ppGpp 低水平诱导 *mibR* 表达，MibR 激活 *mibABCDTUV* 的低水平转录，形成非成熟或低活性的 microbisporicin。Microbisporicin 分泌至胞外与 MibW 结合，释放 MibX，MibX 诱导 *mibR* 高表达，进一步诱

导 *mibABCDTUV* 的高水平转录，产生成熟的细菌素 microbisporicin（Fernandez-Martinez et al.，2015）（图 3-19）。

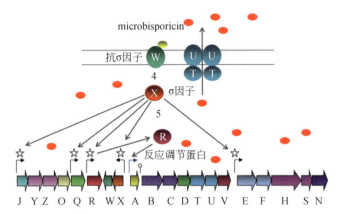

图 3-19　细菌素 microbisporicin 的多组分调控模型（修改自 Fernandez-Martinez et al.，2015）

在革兰氏阳性细菌中，细菌素也是一类特别重要和普遍的信号分子，它们作为密度感应因子调控了很多重要的生理活动，如生物膜形成、感受态形成、细菌素产生、致病性等。了解细菌素的生物合成规律就可以加深细菌对多肽信号感应及适应的了解，为改进双组分调控系统的多样性，增加细菌对外界环境的适应性奠定理论基础，并可基于此开发新的抗菌药物，在一定程度上缓解抗药性问题。

四、新型细菌素的挖掘

细菌素来源广泛，很多乳酸菌，如乳杆菌、明串珠菌、肠球菌、链球菌、芽孢菌及大肠杆菌等都能产生细菌素（Donia et al.，2015）。细菌素产生菌的传统筛选流程是依赖细菌培养的方法，即通过将细菌的培养液上清滴入含指示菌平板的小孔中，观察是否有透明抑菌圈产生而初步判断细菌是否产生具有抑菌活性的细菌素。在这个过程中还需要排除培养液的抑菌活性是否由其中的酸、过氧化氢或其他抑菌活性物质产生的可能性。由此衍生出的高通量筛选方法可通过酶标仪一次性检测近百种菌株的培养液上清对指示菌生长的抑制作用，从而初步鉴定细菌素产生菌。除此之外，通过研究已知细菌素的结构和功能关系，特异性地对其进行突变，也可筛选活性更高或抑菌谱更广的突变体。近几年，由于高通量测序技术的快速发展，利用基因组数据库搜索来挖掘新细菌素的方法开始得以广泛应用。如利用基因组数据库比对和搜索与羊毛硫细菌素牛链菌素 HJ50 的编码基因 *bovA* 序列类似的细菌素，发现了一系列与 *bovA* 具有一定相似性的羊毛硫细菌素编码基因，利用"体内修饰、体外切割"的半体外合成系统，可以在大肠杆菌中合成获得新的具有抑菌活性的牛链菌素 HJ50 样羊毛硫细菌素。通过此方法在芽孢杆菌基因组中发现新型细菌素 perecin、cerecin 和 thuricin 的生物合成基因簇，在猪链球菌基因组中发现新型细菌素 suicin 的生物合成基因簇，通过半体外生物合成的方法，均获得了有抑菌活性的新产物（Wang et al.，2014；Wang et al.，2014）。

随着高通量测序技术的蓬勃发展，海量的基因组或宏基因组数据成为挖掘细菌素的宝库。BAGEL（http://bagel4.molgenrug.nl）是预测可能的细菌素生物合成基因簇的网站，antiSMASH（https://antismash.secondarymetabolites.org）是预测可能的次级代谢产物生物合成基因簇的网站，两个网站都可以预测细菌基因组或宏基因组序列中是否含有细菌素生物合成基因簇，通过后续的基因注释和序列比对可进一步分析细菌素的序列结构等。利用BLAST 或 PSI-BLAST 的方法，通过在数据库中比对细菌素生物合成相关基因，也有可能找到新型细菌素生物合成基因簇。PSI-BLAST 的特色是每次用序列文件搜索数据库后再利用搜索的结果重新构建序列文件，然后用新的序列文件再次搜索数据库，如此反复直至没有新的结果产生为止。PSI-BLAST 先用带空位的 BLAST 搜索数据库，将获得的序列通过多序列比对来构建第一个序列文件。PSI-BLAST 自然地拓展了 BLAST 方法，能寻找蛋白质序列中的隐含模式，有研究表明这种方法可以有效地找到很多序列差异较大而结构功能相似的相关蛋白。通过分析人体微生物数据等在人体肠道中发现了很多未报道的或功能未知的细菌素。如 2015 年，华中农业大学孙明研究团队从人体微生物组数据库中预测发现人体肠道微生物中含有 327 种细菌素生物合成基因簇，包括 123 个羊毛硫细菌素，56 个 II 类细菌素和 148 个 III 类细菌素（Zheng et al.，2015）。同年 Walsh 等也在人体肠道微生物组数据库中预测发现 74 个细菌素生物合成基因簇，产自 59 种细菌，大部分属于厚壁菌门、拟杆菌门及放线菌门（Walsh et al.，2015）。通过数据库预测的方法预测获得的细菌素需要筛选它们的产生菌，才能获得其完整的生物合成基因簇，进而研究其在产生菌中的生物合成调控、结构功能及对人体健康的影响和作用方式。

第五节　乳酸菌的应用及未来发展

一、乳酸菌在食品工业方面的应用

乳酸菌在食品工业中的应用主要是作为发酵剂对食品原料进行发酵，产生乳酸，提供风味物质，水解蛋白质，产生生物活性物质等，以提高发酵食品的品质和安全性。下文主要介绍比较常见的乳酸菌在乳制品和发酵蔬菜制品方面的应用。

（一）乳酸菌在发酵乳制品中的应用

乳酸菌发酵乳制品具有丰富的营养和独特的风味，深受消费者喜爱。乳酸菌发酵产生的乳酸能与牛乳中的矿物质形成易溶于水的乳酸盐，易于人体吸收，乳酸菌产生的蛋白酶可水解牛乳中的蛋白质，产生小肽和氨基酸，乳酸菌发酵原料乳还能产生各种维生素和益生物质，因此利用乳酸菌进行乳制品加工与生产一直被广泛应用。目前发酵乳制品常用的乳酸菌有乳杆菌、乳球菌、链球菌、片球菌、肠球菌和双歧杆菌等。在发酵乳的生产制作过程中，根据乳酸菌不同菌种的发酵特性，它们通常被选择性地单独或者多株菌复配使用。发酵乳制品的种类很多，大体可分为发酵酸乳制品和奶酪制品。不同发酵乳制品常用的乳酸菌发酵剂见表 3-3。酸奶是最常见的发酵酸乳制品，在酸奶生产过程中，常用的乳酸菌发酵剂为德氏乳杆菌保加利亚亚种和嗜热链球菌，它们代谢乳糖生成乳酸，使得产品的 pH 下降，导致牛乳中酪蛋白发生凝固，进而使酸奶变得黏稠。嗜热链球菌和保加利亚乳杆菌是酸奶生产中的"黄金组合"，它们的生长互为共生。保加利亚乳杆菌产生的小肽和氨基酸等可刺激嗜热链球菌的生长，同时，嗜热链球菌产生的甲酸也可促进保加利亚乳杆菌的生长。两菌在牛奶中共生可使牛奶快速酸化凝固，并赋予酸奶特有的风味和良好的质地。除此以外，有些酸奶中还会添加可在人体中定植或具有保健功能的益生乳酸菌，如嗜酸乳杆菌、干酪乳杆菌、鼠李糖乳杆菌、瑞士乳杆菌和双歧杆菌等共同发酵作为膳食补充剂。

表 3-3　不同发酵乳制品中常用的乳酸菌发酵剂

发酵乳制品	发酵剂菌种
酸奶	嗜热链球菌、德氏乳杆菌保加利亚亚种、乳酸乳球菌、干酪乳杆菌、嗜酸乳杆菌、瑞士乳杆菌、短乳杆菌、植物乳杆菌、鼠李糖乳杆菌
双歧杆菌发酵乳	短双歧杆菌、两歧双歧杆菌、婴儿双歧杆菌、青春双歧杆菌、长双歧杆菌
开菲尔酸乳	开菲尔乳杆菌、开菲尔基质乳杆菌
奶酪	乳酸乳球菌乳酸亚种、乳酸乳球菌乳脂亚种、乳酸乳球菌双乙酰变种、肠膜明串珠菌肠膜亚种、肠膜明串珠菌葡聚糖亚种、嗜热链球菌、德氏乳杆菌保加利亚亚种、德氏乳杆菌乳酸亚种
酸乳酪	乳酸乳球菌乳酸亚种、乳酸乳球菌乳脂亚种、乳酸乳球菌双乙酰变种、肠膜明串珠菌肠膜亚种、肠膜明串珠菌葡聚糖亚种、瑞士乳杆菌

奶酪是由牛乳或脱脂乳中加入乳酸菌发酵剂和凝乳酶后使牛乳发生凝结，排出乳清得到，含有较高量的乳蛋白和维生素等，是一种优质的发酵乳制品。用于奶酪制作的乳酸菌发酵剂主要有乳酸乳球菌、明串珠菌和嗜热链球菌等。乳酸菌发酵剂在奶酪制作过程中主要的作用是降解原料乳中的乳糖产生乳酸，实现奶酪制作的关键一步——原料乳预酸化。在奶酪成熟过程中，发酵剂菌会逐渐死亡，释放胞内酶，降解凝乳块基质，赋予奶酪优良质地和风味。其他微生物，如短杆菌、丙酸杆菌和青霉菌等也常用于奶酪发酵，使奶酪具有独特的风味和特性。如短杆菌赋予了砖型奶酪独特风味和特有的淡黄色，丙酸杆菌代谢过程中产气，使瑞士奶酪具有独特的微孔结构。

（二）乳酸菌在发酵蔬菜中的应用

蔬菜中含有丰富的纤维素、维生素和矿物质等营养成分，利用乳酸菌发酵可保持蔬菜营养成分和色泽，抑制腐败菌生长，改善风味，延长贮藏时间。常见的发酵蔬菜制品有泡菜、酸菜、雪菜等。乳酸菌用于蔬菜发酵具有很长的历史，我国大约在 3000 年前就发明了发酵蔬菜的工艺，在 1300 年前传到朝鲜后与当地的饮食文化相结合，发展出了风靡世界的韩国泡菜。泡菜也是我国传统发酵食品的典型代表，在很多地区备受青睐，是我国食品行业的重要支柱之一。它是以新鲜蔬菜为原料，添加食盐、水和调料，在厌氧环境下利用乳酸菌进行发酵而制成。泡菜味美爽口，含维生素、无机盐、纤维素、胡萝卜素和蛋白质等多种营养成分，也含益生乳酸菌，具净肠、抗癌、抗菌、防止动脉硬化和肥胖等功效，被美国 *Health* 杂志评选为世界五大健康食物之一。

　　参与泡菜发酵过程的主要微生物有乳酸菌、酵母和醋酸菌等，其中又以乳酸菌为主。泡菜自然发酵时，乳酸菌很快占据发酵主导地位，通过发酵糖类等产生有机酸、乙醇、维生素、细菌素、糖醇、氨基酸等代谢产物，赋予了泡菜独特风味和保健功效。利用变性梯度凝胶电泳和高通量测序等非培养手段分析泡菜发酵过程中微生物多样性，发现韩国泡菜、酸菜和腌菜发酵过程中，明串珠菌属（*Leuconostoc*）、乳杆菌属（*Lactobacillus*）和魏斯氏菌属（*Weissella*）等的乳酸菌主要参与了泡菜发酵过程，也有少量乳球菌属（*Lactococcus*）和片球菌属（*Pediococcus*）的乳酸菌参与其中（Jung et al.，2014）。泡菜发酵过程中，乳酸菌产生有机酸，不断降低泡菜发酵体系pH，泡菜中微生物菌群结构也不断变化。发酵初期，具有低耐酸性和微好氧性的肠膜明串珠菌和柠檬明串珠菌等是主要发酵菌。随着发酵时间延长，清酒乳杆菌、植物乳杆菌、高丽魏斯氏菌和融合魏斯氏菌等较适应强酸及厌氧环境的乳酸菌开始占据主导地位，它们在发酵中后期是主要发酵菌。在此过程中，如果自然附着微生物中缺少发酵必要的乳酸菌或发酵条件，泡菜中的微生物菌群结构就有可能改变，影响正常发酵过程。研究表明，添加乳酸菌发酵泡菜可缩短发酵周期，改善泡菜风味，抑制腐败菌和致病菌，延长货架期，增加益生功能特性等优势（Jo et al.，2015；Jung et al.，2012；Lee et al.，2015）。另外，由于很多蔬菜中都含有一定量的硝酸盐，在发酵过程中，一些杂菌可将硝酸盐转化成为亚硝酸盐，对人体造成伤害。而乳酸菌在发酵过程中可抑制有害杂菌和降解亚硝酸盐，从而减少发酵蔬菜中亚硝酸盐的含量。发酵蔬菜中常用的乳酸菌有同型发酵菌植物乳杆菌、粪链球菌、戊糖片球菌和干酪乳杆菌，异型发酵菌肠膜明串珠菌、短乳杆菌、发酵乳杆菌等。

　　乳酸菌代谢过程中产生的一些活性产物，如细菌素、过氧化氢、双乙酰等具有一定的抑菌活性，尤其是细菌素，因其抑菌活性高，可抑制很多腐败菌和致病菌，不易产生耐药性，是天然的安全的食品防腐剂。目前，食品行业已将细菌素的典型代表——乳酸链球菌素作为安全的防腐剂用于食品保存。据报道，乳酸链球菌素也可应用于泡菜发酵，以控制发酵后期植物乳杆菌等过度生长，避免泡菜过熟酸化（Choi and Park，2000）。如从韩国泡菜中分离的柠檬明串珠菌 GJ7 可在植物乳杆菌诱导下产生细菌素 kimchicin GJ7，用来发酵泡菜后，泡菜的质地、气味和口感均明显提升。将货架期延长到 125 天，泡菜质地与自然发酵 20 天的泡菜相当，且未检测到酵母菌，同时还避免了泡菜过熟酸化（Chang and Chang，2010；Chang et al.，2007）。同时泡菜对大肠杆菌、沙门氏菌和金黄色葡萄球菌都有较好的抑制效果（Chang and Chang，2011）。由此可见，产细菌素乳酸菌可有效抑制泡菜中腐败菌，提高泡菜质量，避免过熟及化学防腐剂使用，延长泡菜货架期，是理想的泡菜发酵剂。

二、乳酸菌在农业和畜禽养殖方面的应用

1. 乳酸菌在青贮饲料中的应用

　　随着我国经济迅速发展，我国畜牧业也一直保持着快速增长态势，人们发现可以因地制宜地开发和利用农业副产品来解决常规饲料的短缺问题。青贮饲料就是以青绿植物、农

副产品、食物残渣及其他植物材料为原料，在密封的青贮设施（青贮窖、青贮壕、青贮塔及青贮袋等）中，经过乳酸菌为主的微生物发酵后，得到的多汁、耐贮、可供全年饲喂的饲料。优质青贮饲料的制作一般需要饲草原料表面乳酸菌数量至少达到 10^5 CFU/g。乳酸菌青贮菌剂是一种高效的青贮接种剂，是有针对性地筛选活力高、产酸能力强的一种或几种乳酸菌，经过特殊的生产工艺制成活性乳酸菌粉，再复配上高活力纤维素酶等而成。乳酸菌青贮菌剂可以加快青贮料酸化速度，尽早抑制植物细胞呼吸作用及腐败菌生长，减少青贮料发热，减少营养成分损失，保护青贮安全，提升青贮品质。同时，乳酸菌发酵使青贮材料具有芳香气味，适口性好，可刺激牛羊等的食欲，增强消化功能，而利用乳酸菌青贮菌剂进行人工控制青贮发酵，可以使其不受天气等因素影响而得到长期保存，满足寒冷的北方冬季饲草缺乏的需要。

　　乳酸菌复合青贮菌剂的研发和制备在整个青贮过程中至关重要。首先要进行青贮微生物菌种的高效筛选。简单来说，就是选育适于不同地区不同种类草料青贮加工的活力强、产酸高、稳定性好、降解纤维素、耐低温等的微生物菌种，通过初筛后，用候选菌株进行青贮模拟实验，通过对青贮饲料的发酵品质及微生物进行分析，筛选发酵品质较好的菌株（图 3-20）。然后对菌株在发酵罐中进行大规模发酵，通过多尺度优化菌体生长条件，定向调控菌体代谢过程，实现生物量的高效积累。对不同菌株进行复配后即可用于大规模青贮饲料制作。最常用于青贮的乳酸菌菌种有植物乳杆菌、戊糖片球菌、布氏乳杆菌、发酵乳杆菌、干酪乳杆菌和副干酪乳杆菌等。

菌株来源　　　　菌株分离　　　　模拟筛选　　　　目标菌株

图 3-20　青贮微生物菌种的高效筛选

　　通过全面深入地了解青贮发酵过程中微生物菌群结构的变化，以及加入乳酸菌青贮菌剂后，青贮发酵过程中菌群动态变化，就能够在一定程度上了解青贮的发酵强度和乳酸菌对青贮发酵的影响，有利于更好地调控青贮的发酵品质。中科院微生物所研发的由两株植物乳杆菌和一株戊糖片球菌复配而成的微青 1 号复合青贮菌剂对全株玉米、全株大豆、苜蓿和甘蔗尾叶等都具有较好的青贮效果。全株大豆具有高蛋白、高脂肪等优点，但不易青贮。将微青 1 号青贮菌剂混合乳酸菌可利用的碳源——糖蜜对很难青贮的全株大豆进行青贮，检测青贮中的微生物菌群结构动态变化及青贮的发酵品质，如干物质含量、pH、有机酸含量、氨态氮、中性洗涤纤维和酸性洗涤纤维含量及挥发性脂肪酸含量等，发现糖蜜和乳酸菌组合添加可使青贮中乳杆菌属比例增加，有害菌如梭菌和肠杆菌等丰度降低。添加糖蜜和乳酸菌可通过改善青贮菌群结构从而提高全株大豆的青贮品质（Ni et al.，2017）。通过添加乳酸菌青贮菌剂，将全株大豆和玉米或甜高粱混合青贮，发现大豆混贮可调节微生物菌群、显著增加乳杆菌比例、快速降低发酵pH、改善青贮发酵品质及营养品质（Ni et al.，2018）。饲喂乳酸菌发酵青贮还可以调节动物肠道菌群、改善动物健康、增加牛羊的体增重和肉骨比等。

2. 乳酸菌在畜禽养殖中的应用

在现代畜禽养殖生产中，为提高动物对疾病的抵抗力，减少动物患病概率，抗生素被普遍和大量使用，甚至长期存在抗生素使用过量的问题，导致动物肠道病原菌和共生菌的耐药菌株出现，影响肠道菌群平衡及动物对饲料的消化等。细菌耐药性问题已严重影响环境及人体健康，成为全球性的重大问题。随着经济发展和人们生活水平的提高，人们追求更加健康和安全的绿色肉品，抗生素的使用和在肉类中的残留也引起广泛关注，绿色安全的抗生素替代品的寻找和使用也越来越迫切。乳酸菌具有调节动物肠道微生态平衡，促进肠道生长发育，抑制病原菌生长，调节胃肠道消化吸收，增强动物免疫力，加快动物生产能力等功能，因此在畜禽养殖中越来越受欢迎。应用于畜禽养殖的乳酸菌菌种主要使用来自健康动物的能够定植于动物肠道、产酸、抑制病原菌、耐受动物胃酸和胆盐、耐受饲料加工和对药物相对不敏感的菌株。

断奶仔猪腹泻是造成仔猪高死亡率的重要原因，其发病率和死亡率都相对较高，已经成为困扰养猪业的重要问题。断奶造成仔猪肠道菌群结构发生改变，其中乳杆菌属数量降低，梭菌属、普氏菌属和兼性厌氧的变形杆菌属等增加，仔猪肠道微生态遭到破坏，导致微生态失调（dysbiosis）（Gresse et al.，2017；Lallès et al.，2007）。仔猪腹泻可使仔猪成活率下降、生长缓慢、发育停滞而成为僵猪，甚至发生死亡，这对生猪产业造成重大的经济损失。乳酸菌作为饲料添加剂饲喂仔猪可以改善肠道发育，减少腹泻，促进动物健康，还可以在一定程度上促进仔猪发育，提高动物生长性能。表3-4列举了部分乳酸菌应用在仔猪中的剂量及其发挥的益生功能。

在家禽养殖业中，乳酸菌制剂主要应用于肉鸡和蛋鸡中。在肉鸡生产中，饲喂乳酸菌可以抑制肠道有害菌生长，提高机体免疫力，提高肉鸡的体增重和饲料转化率。如在肉鸡中添加罗伊氏乳杆菌、唾液乳杆菌、动物双歧杆菌、屎肠球菌和乳酸片球菌等，增加了肉鸡的采食量和体增重，提高了肉鸡消化酶活性，调节了其肠道菌群。在蛋鸡生产中，乳酸菌的添加可提高饲料利用率、增加产蛋量和蛋的品质，增加蛋中的蛋白质含量，降低蛋黄中的胆固醇含量。另外，由于沙门氏菌是感染家禽最普遍的病原菌，食用带沙门氏菌的禽肉会引起恶心、呕吐、腹泻等。研究发现，饲喂唾液乳杆菌CTC2197可清除鸡体内的沙门氏菌，植物乳杆菌可以竞争性结合致病菌在肠道中的结合位点，从而抑制致病菌在肠道内的定植。另外，还发现从健康鸡肠道中分离的屎肠球菌J96可产生细菌素，能明显抑制沙门氏菌的生长。乳酸菌还对另外一种易在家禽肠道定植的空肠弯曲杆菌具有较好的抑制作用。

表 3-4　乳酸菌在仔猪中的作用

益生菌	剂量	仔猪年龄	益生菌的功能	参考文献
L. reuteri 15007	10¹⁰ CFU/（头·天）	4～24天	提高新生仔猪结肠防御肽的表达；增加结肠丁酸盐浓度；上调 PPAR 和 GPR41；不改变结肠微生物群落结构	Liu et al.，2017
L. reuteri 15007	6×10⁹ CFU（头·天）	2～16天	增加空肠和回肠表皮细胞紧接蛋白（claudin-1、occludin 和 ZO-1）的表达	Yang et al.，2015
Pediococcus acidilactici（PA）和 *Saccharomyces cerevisiae* subsp. *boulardii*（SCB）	2×10⁹ CFU/kg	10～37天	PA 组：增加厚壁菌门的丰度；SCB 组：增加结肠紫单胞菌科和疣微菌科丰度	Brousseau et al.，2015
L. acidophilus 或 *Pediococcus acidilactici*	10⁹ CFU/g 发酵饲料	4周	增加粪便中乳酸菌的含量，降低大肠杆菌的数量；提高日增重；降低腹泻率；增加绒毛高度并降低隐窝深度	Dowarah et al.，2017
L. salivarius UCC118	10¹⁰ CFU/（头·天）	26天	降低螺旋体门的水平；增加饲料转换率；厚壁菌门和拟杆菌门有略微增加趋势	Riboulet-Bisson et al.，2012
Enterococcus faecalis LAB31	（0.5～2.5）×10⁹ CFU/kg 饲料	4～8周	增加日增重和饲料转换率；降低腹泻率；增加微生物多样性；增加乳酸菌数量	Hu et al.，2015
L. sobrius DSM 16698.	10¹⁰ CFU/（头·天）5×10¹⁰ CFU ETEC F4	3～4周	显著降低回肠和结肠内 ETEC 负载量；提高日增重	Konstantinov et al.，2008
L. rhamnosus	10¹¹ CFU/（头·天）10⁹ CFU ETEC K88	26～36天	降低大肠杆菌数量；增加双歧杆菌和乳杆菌数量；降低腹泻率；弱化 ETEC 引起的血清中 IL-6 的表达；增加 TNF-α 的表达	Zhang et al.，2010
Bifidobacterium longum subsp. *infantis* CECT 7210 和 *B. animalis* subsp. *lactis* BPL6	10⁹ CFU/（头·天）10⁹ CFU Salmonella Typhimurium	4～6周	增加采食量；降低粪便中沙门氏菌的排出量；提高绒毛，降低腹泻率，降低结肠氨浓度；增加回肠乙酸浓度，增加回肠氨浓度	Barba-Vidal et al.，2017

三、乳酸菌在医药方面的应用

近年来，乳酸菌在医药领域的研究开发与应用越来越受到关注。乳酸菌在医药领域的主要功能有防治乳糖不耐受症、抗细菌感染、调节肠道微生态、防治腹泻和生殖道疾病、降低胆固醇和增强免疫能力等。国内外知名的乳酸菌医药制剂有妈咪爱、培菲康、金双歧、丽珠肠乐、VSL#3 和 Prohep 等。医药制剂中常用的乳酸菌有乳杆菌、乳球菌、双歧杆菌和粪肠球菌等。有些乳酸菌具有乳糖酶活性，可将乳糖水解成葡萄糖和半乳糖，从而缓解乳糖不耐受症。植物乳杆菌、乳酸乳球菌、双歧杆菌、德氏乳杆菌保加利亚亚种都发现可产生乳糖酶，具有乳糖水解活性，减轻了乳糖不耐受症的症状。乳酸菌在体内发酵产生大量有机酸，可抑制肠道致病菌，如李斯特菌、金黄色葡萄球菌、沙门氏菌和艰难梭菌等，尤其是很多乳酸菌产生特异性的细菌素，可有效抑制特定的致病菌或病原菌，以增强机体对致病菌的抵抗力。乳酸菌可以通过调节肠道菌群来抵抗致病菌，维持肠道内微生态平衡。例如，利用金双歧（含长双歧杆菌、德氏乳杆菌保加利亚亚种和嗜热链球菌）可治疗急性和慢性腹泻，有效率在 90% 以上。一些乳酸菌可吸收胆固醇，并将其转变为胆酸盐而排出体外，从而降低体内胆固醇含量。据报道，植物乳杆菌和屎肠球菌等可吸收胆固醇，嗜酸乳杆菌可降解胆固醇，从而降低血清中的胆固醇含量。除此以外，由于女性生殖道中的优势菌群为乳杆菌，乳杆菌也可抑制生殖道主要致病菌——白色念珠菌的生长，因此应用乳杆菌在生殖道中定植和抑菌功能可进行生殖道疾病的治疗。

近些年来抗生素过量使用带来的弊端日益严重，利用乳酸菌产生的细菌素来预防和治疗疾病的研究也成为科学工作者们关心的焦点。Ⅰ类细菌素中的羊毛硫细菌素及硫肽类细菌素对临床较重要的致病菌，如肺炎链球菌、金黄色葡萄球菌（包括耐甲氧西林金黄色葡萄球菌 MRSA）、耐万古霉素肠球菌、各种分枝杆菌、痤疮丙酸杆菌及艰难梭菌等具有较好的抑制作用。对于它们在临床上的应用潜力也做了很多研究。如乳酸链球菌素可抑制肺炎链球菌的生长，通过静脉给药发现，它比万古霉素的抑制效果好 8 ~ 16 倍。乳酸链球菌素 F 是乳酸链球菌素的天然变异物，将其整合到骨接合剂中使用可有效控制金黄色葡萄球菌的感染。鼻饲乳酸链球菌素 F 还可抑制大鼠呼吸道和腹腔中的致病菌。小鼠腹腔注射羊毛硫细菌素 B-Ny266 后可抑制体内金黄色葡萄球菌的生长，且其半数有效量（ED_{50}）与万古霉素相当。羊毛硫细菌素 mersacidin 在鼻腔中可有效抑制 MRSA，且 ED_{50} 还低于万古霉素的值。Planosporicin 对化脓链球菌诱发的败血症小鼠也具有很好的疗效。细菌素在调节肠道菌群方面也表现出了很大的潜力。2015 年，Kommineni 等在 *Nature* 上报道，产细菌素 21 的粪肠球菌能竞争性取代体内不产细菌素的耐万古霉素菌株，提供了一种利用细菌素产生菌来降低多药耐药菌在肠道中定植，改善肠道菌群的潜在治疗方法。产细菌素的唾液链球菌 UCC118 也可改善肠道菌群平衡，明显缓解小鼠增重，减少代谢性疾病如心血管疾病、2 型糖尿病等的发生率。另外，羊毛硫细菌素乳酸链球菌素也具有很好的抗肿瘤活性。Joo 等（2012）发现，乳酸链球菌素可促进头颈鳞状细胞癌细胞中 DNA 的降解及细胞凋亡，也可减少模式小鼠肿瘤的体积。现在对细菌素在医疗方面的应用存在的最大问题是对细菌素在人体内作用方式的了解不够深入，对其研发投入也还不够。通过对细菌素结构和活性关系的研究，弄清其作用机制，合成细菌素的类似物。同时开发基因工程菌细菌素，对其安全性、抗菌活性、在宿主体内的稳定性进行深入研究和评价，细菌素的商业化生产也是必然的趋势。

四、乳酸菌研究的问题及未来发展

乳酸菌是一种非常重要的工业微生物，其生存环境多样，可应用范围也很广泛。乳酸菌及其代谢产物在食品工业、农业、畜牧业和医药领域的应用有很大的前景，目前也存在很多问题。如国内很多微生态菌剂生产商使用的乳酸菌菌种筛选不规范、菌种来源不明确、生产设备简陋、杂菌超标等问题，尤其是很多菌种的功能作用机制研究、安全性评价等严重缺乏，所选菌种具有盲目性和随意性，缺乏统一标准等。这些都给乳酸菌菌剂的研发和推广使用带来了巨大挑战，需要乳酸菌研究人员和生产厂家携手解决。未来乳酸菌的研究热点主要有乳酸菌的功能挖掘和分子机制、乳酸菌的活性代谢产物的功能及在医药中的应用、乳酸菌的包埋、溶解和缓释技术、乳酸菌的基因工程、乳酸菌细胞工厂的高效生物制造、乳酸菌与共存环境中其他微生物或生命物种的相互作用等。我们相信，乳酸菌及其活性代谢产物的研究开发及应用在国内会大有发展，乳酸菌制剂也会以其益生、安全、环保等特性，为人类的健康事业做出更大的贡献。

习　　题

（1）简述乳酸菌的基因表达系统。
（2）简述乳酸链球菌素（nisin）的生物合成过程及其调控方式。
（3）根据你的理解，简述新型细菌素的挖掘方法及工具。
（4）乳酸菌在应用中有什么优点、价值及其前景？

主要参考文献

Alvarez-Sieiro P，Montalban-Lopez M，Mu D，Kuipers OP. 2016. Bacteriocins of lactic acid bacteria：extending the family. *Appl Microbiol Biotechnol*，100：2939-2951.

An H，Douillard FP，Wang G，Zhai Z，Yang J，Song S，Cui J，Ren F，Luo Y，Zhang B，et al. 2014. Integrated transcriptomic and proteomic analysis of the bile stress response in a centenarian-originated probiotic *Bifidobacterium longum* BBMN68. *Mol Cell Proteomics*，13：2558-2572.

Ashida N，Yanagihara S，Shinoda T，Yamamoto N. 2011. Characterization of adhesive molecule with affinity to Caco-2 cells in *Lactobacillus acidophilus* by proteome analysis. *J Biosci Bioeng*，112：333-337.

Bagley MC，Dale JW，Merritt EA，Xiong X. 2005. Thiopeptide antibiotics. *Chem Rev*，105：685-714.

Bierbaum G and Sahl HG. 2009. Lantibiotics：mode of action，biosynthesis and bioengineering. *Curr Pharm Biotechnol*，10：2-18.

Bolotin A，Quinquis B，Renault P，Sorokin A，Ehrlich SD，Kulakauskas S，Lapidus A，Goltsman E，Mazur M，Pusch GD，et al. 2004. Complete sequence and comparative genome analysis of the dairy bacterium *Streptococcus thermophilus*. *Nat Biotechnol*，22：1554-1558.

Barba-Vidal E，Castillejos L，Roll VFB，Cifuentes-Orjuela G，Moreno Munoz JA，Martin-Orue SM. 2017. The probiotic combination of *Bifidobacterium longum* subsp. *infantis* CECT 7210 and *Bifidobacterium animalis* subsp. *lactis* BPL6 reduces pathogen loads and improves gut health of weaned piglets orally challenged with *Salmonella Typhimurium*. *Front Microbiol*，8：1570.

Brousseau J，Talbot G，Beaudoin F，Lauzon K，Roy D，Lessard M. 2015. Effects of probiotics *Pediococcus acidilactici* strain MA18/5M and *Saccharomyces cerevisiae* subsp. *boulardii* strain SB-CNCM I-1079 on fecal and intestinal microbiota of nursing and weanling piglets 1. *J Animal Sci*，93：5313.

Chatterjee C，Paul M，Xie L，van der Donk WA. 2005. Biosynthesis and mode of action of lantibiotics. *Chem Rev*，105：633-684.

Cotter PD，Ross RP，Hill C. 2013. Bacteriocins—a viable alternative to antibiotics? *Nat Rev Microbiol*，11：95-105.

Chang JY，Chang HC. 2010. Improvements in the quality and shelf life of kimchi by fermentation with the induced bacteriocin-producing strain，*Leuconostoc citreum* GJ7 as a starter. *J Food Sci*，75：M103-110.

Chang JY，Chang HC. 2011. Growth inhibition of foodborne pathogens by kimchi prepared with bacteriocin-producing starter culture. *J Food Sci*，76：M72-78.

Chang JY，Lee HJ，Chang HC. 2007. Identification of the agent from *Lactobacillus plantarum* KFRI464 that enhances bacteriocin production by Leuconostoc citreum GJ7. *J Appl Microbiol*，103：2504-2515.

Choi MH，Park YH. 2000. Selective control of *lactobacilli* in kimchi with nisin. *Lett Appl Microbiol*，30：173-177.

de Leeuw E，Li X，Lu W. 2006. Binding characteristics of the *Lactobacillus brevis* ATCC 8287 surface layer to extracellular matrix proteins. *FEMS Microbiol Lett*，260：210-215.

de Vrese M，Rautenberg P，Laue C，Koopmans M，Herremans T，Schrezenmeir J. 2005. Probiotic bacteria stimulate virus-specific neutralizing antibodies following a booster polio vaccination. *Eur J Nutr*，44：406-413.

Destoumieux-Garzon D，Peduzzi J，Thomas X，Djediat C，Rebuffat S. 2006. Parasitism of iron-siderophore receptors of *Escherichia coli* by the siderophore-peptide microcin E492m and its unmodified counterpart. *Biometals*，19：181-191.

Diep DB，Skaugen M，Salehian Z，Holo H，Nes IF. 2007. Common mechanisms of target cell recognition and immunity for class II bacteriocins. *Proc Natl Acad Sci U S A*，104：2384-2389.

Dong H，Rowland I，Tuohy KM，Thomas LV，Yaqoob P. 2010. Selective effects of *Lactobacillus casei* Shirota on T cell activation，natural killer cell activity and cytokine production. *Clin Exp Immunol*，161：378-388.

Donia MS，Fischbach MA. 2015. Human microbiota：small molecules from the human microbiota. *Science*，349：1254766.

Douillard FP，de Vos WM. 2014. Functional genomics of lactic acid bacteria：from food to health. *Microb Cell Fact*，13（Suppl 1）：S8.

Dufour A，Hindre T，Haras D，Le Pennec JP. 2007. The biology of lantibiotics from the lacticin 481 group is coming of age. *FEMS Microbiol Rev*，31：134-167.

Dowarah R，Verma A，Agarwal N，Patel B，Singh P. 2017. Effect of swine based probiotic on performance，diarrhoea scores，intestinal microbiota and gut health of grower-finisher crossbred pigs. *Livestock Science*，195：74-79.

Fernandez-Martinez LT，Gomez-Escribano JP，Bibb MJ. 2015. A relA-dependent regulatory cascade for auto-induction of microbisporicin production in *Microbispora corallina*. *Mol Microbiol*，97：502-514.

Ge X，Teng K，Wang J，Zhao F，Wang F，Zhang J，Zhong J. 2016. Ligand determinants of nisin for its induction activity. *J Dairy Sci*，99：5022-5031.

Ge X，Teng K，Wang J，Zhao F，Zhang J，Zhong J. 2017. Identification of key residues in the NisK sensor region for nisin biosynthesis regulation. *Front Microbiol*，8：106.

Gresse R，Chaucheyras-Durand F，Fleury MA，Van de Wiele T，Forano E，Blanquet-Diot S. 2017. Gut microbiota dysbiosis in postweaning piglets：understanding the keys to health. *Trends Microbiol*，85：851-873.

Hynonen U，Palva A. 2013. Lactobacillus surface layer proteins：structure，function and applications. *Appl Microbiol Biotechnol*，97：5225-5243.

Hu Y，Dun Y，Li S，Zhang D，Peng N，Zhao S，Liang Y. 2015. Dietary *Enterococcus faecalis* LAB31 improves growth performance，reduces diarrhea，and increases fecal Lactobacillus number of weaned piglets. *PLoS On*e，10：e0116635.

Jacob F，Lwoff A，Siminovitch A，Wollman E. 1953. Definition of some terms relative to lysogeny. *Ann Inst Pasteur（Paris）*，84：222-224.

Jo SY，Choi EA，Lee JJ，Chang HC. 2015. Characterization of starter kimchi fermented with *Leuconostoc kimchii* GJ2 and its cholesterol-lowering effects in rats fed a high-fat and high-cholesterol diet. *J Sci Food Agric*，95：2750-2756.

Jung JY，Lee SH，Jeon CO. 2014. Kimchi microflora：history，current status，and perspectives for industrial kimchi production. *Appl Microbiol Biotechnol*，98：2385-2393.

Jung JY，Lee SH，Lee HJ，Seo HY，Park WS，Jeon CO. 2012. Effects of *Leuconostoc mesenteroides* starter cultures on microbial communities and metabolites during kimchi fermentation. *Int J Food Microbiol*，153：378-387.

Klaenhammer TR. 1993. Genetics of bacteriocins produced by lactic acid bacteria. *FEMS Microbiol Rev*，12：39-85.

Koenig JE，Spor A，Scalfone N，Fricker AD，Stombaugh J，Knight R，Angenent LT，Ley RE. 2011. Succession of microbial consortia in the developing infant gut microbiome. *Proc Natl Acad Sci U S A*，108（Suppl 1）：4578-4585.

Kommineni S，Bretl DJ，Lam V，Chakraborty R，Hayward M，Simpson P，Cao Y，Bousounis P，Kristich CJ，Salzman NH. 2015. Bacteriocin production augments niche competition by *enterococci* in the mammalian gastrointestinal tract. *Nature*，526：719-722.

Kuipers OP，Beerthuyzen MM，de Ruyter PG，Luesink EJ，de Vos WM. 1995. Autoregulation of nisin biosynthesis in *Lactococcus lactis* by signal transduction. *J Biol Chem*，270：27299-27304.

Konstantinov SR，Smidt H，Akkermans AD，Casini L，Trevisi P，Mazzoni M，De Filippi S，Bosi P，de Vos WM. 2008. Feeding of *Lactobacillus sobrius* reduces *Escherichia coli* F4 levels in the gut and promotes growth of infected piglets. *FEMS Microbiol Ecol*，66：599-607.

Lin Y，Teng K，Huan L，Zhong J. 2011. Dissection of the bridging pattern of bovicin HJ50，a lantibiotic containing a characteristic disulfide bridge. *Microbiol Res*，166：146-154.

Lallès J-P，Bosi P，Smidt H，Stokes CR. 2007. Nutritional management of gut health in pigs around weaning. *Proceedings of the Nutrition Society*，66：260-268.

Lee ME，Jang JY，Lee JH，Park HW，Choi HJ，Kim TW. 2015. Starter cultures for kimchi fermentation. *J Microbiol Biotechnol*，25：559-568.

Liu H，Hou C，Wang G，Jia H，Yu H，Zeng X，Thacker PA，Zhang G，Qiao S. 2017. *Lactobacillus reuteri* I5007 modulates intestinal host defense peptide expression in the model of IPEC-J2 cells and neonatal piglets. Nutrients，9（6）. pii：E559.

Martin NI，Breukink E. 2007. Expanding role of lipid II as a target for lantibiotics. *Future Microbiol*，2：513-525.

McAuliffe O，O'Keeffe T，Hill C，Ross RP. 2001. Regulation of immunity to the two-component lantibiotic，lacticin 3147，by the transcriptional repressor LtnR. *Mol Microbiol*，39：982-993.

McAuliffe O，Ross RP，Hill C. 2001. Lantibiotics：structure，biosynthesis and mode of action. *FEMS Microbiol Rev*，25：285-308.

Mierau I，Kleerebezem M. 2005. 10 years of the nisin-controlled gene expression system（NICE）in *Lactococcus lactis*. *Appl Microbiol Biotechnol*，68：705-717.

Ni J，Teng K，Liu G，Qiao C，Huan L，Zhong J. 2011. Autoregulation of lantibiotic bovicin HJ50 biosynthesis by the BovK-BovR two-component signal transduction system in *Streptococcus bovis* HJ50. *Appl Environ Microbiol*，77：407-415.

Novikova M，Metlitskaya A，Datsenko K，Kazakov T，Kazakov A，Wanner B，Severinov K. 2007. The *Escherichia coli* Yej transporter is required for the uptake of translation inhibitor microcin C. *J Bacteriol*，189：8361-8365.

Ni K，Wang F，Zhu B，Yang J，Zhou G，Pan Y，Tao Y，Zhong J. 2017. Effects of lactic acid bacteria and molasses additives on the microbial community and fermentation quality of soybean silage. *Bioresour Technol*，238：706-715.

Ni K，Zhao J，Zhu B，Su R，Pan Y，Ma J，Zhou G，Tao Y，Liu X，Zhong J. 2018. Assessing the fermentation quality and microbial community of the mixed silage of forage soybean with crop corn or sorghum. *Bioresour Technol*，265：563-567.

Oh JH，van Pijkeren JP. 2014. CRISPR-Cas9-assisted recombineering in *Lactobacillus reuteri*. *Nucleic Acids Res*，42：e131.

Pagnini C，Saeed R，Bamias G，Arseneau KO，Pizarro TT，Cominelli F. 2010. Probiotics promote gut health through stimulation of epithelial innate immunity. *Proc Natl Acad Sci U S A*，107：454-459.

Papadimitriou K，Alegria A，Bron PA，de Angelis M，Gobbetti M，Kleerebezem M，Lemos JA，Linares DM，Ross P，Stanton C，et al. 2016. Stress physiology of lactic acid bacteria. *Microbiol Mol Biol Rev*，80：837-890.

Parks WM，Bottrill AR，Pierrat OA，Durrant MC，Maxwell A. 2007. The action of the bacterial toxin，microcin B17，on DNA gyrase. *Biochimie*，89：500-507.

Pelto L，Isolauri E，Lilius EM，Nuutila J，Salminen S. 1998. Probiotic bacteria down-regulate the milk-induced inflammatory response in milk-hypersensitive subjects but have an immunostimulatory effect in healthy subjects. *Clin Exp Allergy*，28：1474-1479.

Perez RH，Zendo T，Sonomoto K. 2014. Novel bacteriocins from lactic acid bacteria（LAB）：various structures and applications. *Microb Cell Fact*，13（Suppl 1）：S3.

Pessione E. 2012. Lactic acid bacteria contribution to gut microbiota complexity：lights and shadows. *Front Cell Infect Microbiol*，2：86.

Remus DM，van Kranenburg R，van S，Taverne N，Bongers RS，Wels M，Wells JM，Bron PA，Kleerebezem M. 2012. Impact of 4 *Lactobacillus plantarum* capsular polysaccharide clusters on surface glycan composition and host cell signaling. *Microb Cell Fact*，11：149.

Rogers LA. 1928. The inhibiting effect of *Streptococcus lactis* on *Lactobacillus bulgaricus*. *J Bacteriol*，16：321-325.

Riboulet-Bisson E，Sturme MH，Jeffery IB，O'Donnell MM，Neville BA，Forde BM，Claesson MJ，Harris H，Gardiner GE，Casey PG，et al. 2012. Effect of *Lactobacillus salivarius* bacteriocin Abp118 on the mouse and pig intestinal microbiota. *PLoS One*，7：e31113.

Siezen RJ，Renckens B，van Swam I，Peters S，van Kranenburg R，Kleerebezem M，de Vos WM. 2005. Complete sequences of four plasmids of *Lactococcus lactis* subsp. *cremoris* SK11 reveal extensive adaptation to the dairy environment. *Appl Environ Microbiol*，71：8371-8382.

Sillanpaa J，Martinez B，Antikainen J，Toba T，Kalkkinen N，Tankka S，Lounatmaa K，Keranen J，Hook M，Westerlund-Wikstrom B，et al. 2000. Characterization of the collagen-binding S-layer protein CbsA of *Lactobacillus crispatus*. *J Bacteriol*，182：6440-6450.

Solem C，Defoor E，Jensen PR，Martinussen J. 2008. Plasmid pCS1966，a new selection/counterselection tool for lactic acid bacterium strain construction based on the oroP gene，encoding an orotate transporter from *Lactococcus lactis*. *Appl Environ Microbiol*，74：4772-4775.

Teng K，Zhang J，Zhang X，Ge X，Gao Y，Wang J，Lin Y，Zhong J. 2014. Identification of ligand specificity determinants in lantibiotic bovicin HJ50 and the receptor BovK，a multitransmembrane histidine kinase. *J Biol Chem*，289：9823-9832.

Vadillo-Rodriguez V，Busscher HJ，Norde W，de Vries J，van der Mei HC. 2004. Dynamic cell surface hydrophobicity of *Lactobacillus* strains with and without surface layer proteins. *J Bacteriol*，186：6647-6650.

Vincent PA，Morero RD. 2009. The structure and biological aspects of peptide antibiotic microcin J25. *Curr Med Chem*，16：538-549.

Walsh CJ，Guinane CM，Hill C，Ross RP，O'Toole PW，Cotter PD. 2015. *In silico* identification of bacteriocin gene clusters in the gastrointestinal tract，based on the Human Microbiome Project's reference genome database. *BMC Microbiol*，15：183.

Wang J，Gao Y，Teng K，Zhang J，Sun S and Zhong J. 2014. Restoration of bioactive lantibiotic suicin from a remnant lan locus of pathogenic *Streptococcus suis* serotype 2. *Appl Environ Microbiol*，80：1062-1071.

Wang J，Ma H，Ge X，Zhang J，Teng K，Sun Z，Zhong J. 2014. Bovicin HJ50-like lantibiotics，a novel subgroup of lantibiotics featured by an indispensable disulfide bridge. *PLoS One*，9：e97121.

Wang X，Yang F，Liu C，Zhou H，Wu G，Qiao S，Li D，Wang J. 2012. Dietary supplementation with the probiotic *Lactobacillus fermentum* I5007 and the antibiotic aureomycin differentially affects the small intestinal proteomes of weanling piglets. *J Nutr*，142：7-13.

Xiao H，Chen X，Chen M，Tang S，Zhao X，Huan L. 2004. Bovicin HJ50，a novel lantibiotic produced by *Streptococcus bovis* HJ50. *Microbiology*，150：103-108.

Yang F，Wang A，Zeng X，Hou C，Liu H，Qiao S. 2015. *Lactobacillus reuteri* I5007 modulates tight junction protein expression in IPEC-J2 cells with LPS stimulation and in newborn piglets under normal conditions. *BMC Microbiol*，15：32.

Zheng J，Ganzle MG，Lin XB，Ruan L，Sun M . 2015. Diversity and dynamics of bacteriocins from human microbiome. *Environ Microbiol*，17：2133-2143.

Zhang L，Xu YQ，Liu HY，Lai T，Ma JL，Wang JF，Zhu YH. 2010. Evaluation of Lactobacillus rhamnosus GG using an *Escherichia coli* K88 model of piglet diarrhoea：effects on diarrhoea incidence，faecal microflora and immune responses. *Veterinary Microbiology*，141：142-148.

第四章 放线菌的生物学特性及其遗传基础

放线菌是一类广泛分布于土壤、水体等环境的丝状革兰氏阳性细菌。链霉菌是放线菌中最重要的类群，由于具有相对复杂的形态分化过程，成为研究原核生物发育分化的模式材料。同时，链霉菌能够产生种类广泛和活性各异的次级代谢产物，是微生物药物的主要来源之一。链霉菌次级代谢产物根据其结构和合成途径可以分为聚酮、非核糖体肽、核糖体合成的翻译后修饰肽、萜类及核苷肽类化合物等。随着链霉菌次级代谢产物合成途径的阐明，人们可以通过组合生物合成创造新型的非天然的"天然产物"。近年来，合成生物学的兴起为链霉菌次级代谢产物的研究提供了新的契机，通过构建链霉菌的底盘细胞，可以定向合成活性良好的次级代谢产物。此外，隶属于放线菌的棒杆菌具有强大的氨基酸合成能力，阐明棒杆菌氨基酸合成的机制，通过定向遗传改造提升棒杆菌氨基酸的合成能力，对传统氨基酸产业的升级换代具有重要意义。

第一节 放线菌概述

放线菌（actinomycete）是一类丝状革兰氏阳性细菌，因其在固体培养基上生长时菌丝呈辐射状而得名。放线菌菌丝较为发达，通常可分为基质菌丝（substrate mycelium）和气生菌丝（aerial hypha），气生菌丝生长到一定时期会在菌丝末端产生直形、波曲、钩状、螺旋状等不同形状的孢子链（spore chain），以及不同颜色的水溶性或脂溶性色素。放线菌产生的孢子形状和颜色通常被人们用来作为分类的标准。放线菌广泛分布于自然界的土壤、河流、海洋，以及动植物等特殊生存环境中，多为腐生，少数种类为寄生。放线菌主要通过产生无性孢子进行繁殖，个别种会通过断裂生殖。放线菌基因组 DNA 通常具有较高的 G+C 含量。

放线菌由于能够产生种类丰富的次级代谢产物（secondary metabolite）和酶制剂等而备受人们关注。放线菌产生的次级代谢产物除了人们所熟知的红霉素（erythromycin）、新霉素（neomycin）、泰乐霉素（tylosin）、盐霉素（salinomycin）、达托霉素（daptomycin）、链霉素（streptomycin）、卡那霉素（kanamycin）、氯霉素（chloramphenicol）、金霉素（aureomycin）、井冈霉素（validamycin）、阿维菌素（avermectin）、多杀菌素（spinosad）、多氧霉素（ployoxin）及尼可霉素（nikkomycin）等重要医用和农用抗生素外，还包括免疫调节剂和受体拮抗剂等。

一、放线菌及其重要类群

放线菌中已进行分类并报道的种有 2000 余个，归为 140 个属（Krieg et al.，2010）。

其中属于链霉菌属（*Streptomyces*）的有 700 余个种，因此链霉菌属是放线菌中的最大类群，也被称为常见放线菌。除链霉菌属外，常见的放线菌还包括诺卡氏菌属（*Nocardia*）、放线菌属（*Actinomyces*）、小单孢菌属（*Micromonospora*）、链孢囊菌属（*Streptosporangium*）和游动放线菌属（*Actinoplanes*）等。

（一）链霉菌概述

链霉菌最早是 1875 年由德国生物学家 Ferdinand Cohn 从人体泪腺的结石中分离获得的，并详细描述了其特征。Selman Waksman 于 1942 年首次将它命名为链霉菌。根据链霉菌在人类生产生活中所扮演的角色，可以将链霉菌分为模式菌株、工业菌株、病原链霉菌和特殊生境链霉菌。

1. 模式菌株——天蓝色链霉菌

天蓝色链霉菌（*Streptomyces coelicolor*）是链霉菌遗传学研究的模式菌株，能产生包括放线紫红素（actinorhodin，ACT）、十一烷基灵菌红素（undecylprodiginines，RED）、次甲基霉素（methylenomycin，MM）和钙依赖抗生素（calcium-dependent antibiotic，CDA）在内的 4 种结构截然不同的次级代谢产物。天蓝色链霉菌是放线菌中第一个被完成全基因组测序的菌株（Bentley et al.，2002），其基因组大小为 8 667 507 bp，G+C 含量为 72.12%，编码 7825 个开放阅读框（open reading frame，ORF），其中含有 29 个次级代谢产物生物合成基因簇（约占基因组的 4.5%）。天蓝色链霉菌具有相对清晰的形态分化阶段，如基质菌丝、气生菌丝及孢子链等。英国 John Innes 研究所的 Hopwood 和 Chater 等以天蓝色链霉菌为材料，用遗传学方法获得了一系列形态分化阻断突变株，包括白色突变株（white mutant）和光秃型突变株（bald mutant），并在此基础上得到了与形态分化相关的多个基因（Chater，1999）。根据突变株所呈现的表型，人们将链霉菌形态分化相关的基因分为两类，即光秃基因（*bld*）和白基因（*whi*）。对这些基因结构和功能的研究为揭示链霉菌形态分化的分子机制奠定了坚实的基础。天蓝色链霉菌还能够产生肉眼可见的在碱性条件下呈现蓝色的次级代谢产物（放线紫红素），这种表型特征为研究链霉菌次级代谢产物的产生及其调控机制提供了便利的条件。因此，天蓝色链霉菌已成为研究链霉菌形态分化和次级代谢的模式生物。

2. 工业菌株——阿维链霉菌

阿维链霉菌（*Streptomyces avermitilis*）和灰色链霉菌（*Streptomyces griseus*）等因其能产生对人类生产生活极为重要的农用和医用抗生素，而被用于工业生产。由于具有重要的应用价值及用于工业化生产，这些菌株被称为工业菌株。阿维链霉菌在特定的条件下能够产生具有广泛杀虫活性的大环内酯类抗生素——阿维菌素。阿维链霉菌基因组大小为 9 025 608 bp，G+C 含量为 70.7%，编码 7581 个开放阅读框，其中含有 37 个次级代谢产物生物合成基因簇（占基因组的 6.6%）。在这 37 个基因簇中推测有 12 个参与聚酮类代谢产物的生物合成，对这些基因簇及其编码的合成酶的研究为链霉菌次级代谢产物生物合成机制的阐明提供了有利的条件（Ikeda et al.，2003）。

3. 病原链霉菌——疮痂链霉菌

除有益的方面外，有些链霉菌对人类的生产和生活也会造成伤害，如疮痂链霉菌

（*Streptomyces scabies*）能够引起马铃薯疮痂病等。因此，导致动植物病害的链霉菌被称为病原链霉菌。疮痂链霉菌是导致马铃薯疮痂病的一个很重要的植物病原细菌，其基因组序列测定亦已完成，大小为 10 148 695 bp，G+C 含量为 71.45%（http://www.sanger.ac.uk/Projects/S_scabies/）。

4. 特殊生境链霉菌

链霉菌主要分布于土壤环境中。然而近年来的研究表明，海洋、极地及动植物体内都有链霉菌存在，这些链霉菌被称为特殊生境链霉菌。由于长期存在于特殊环境中，这些链霉菌进化出一些特殊的代谢途径或信号分子来维持生存，因而也会产生一些结构特殊和功能各异的代谢产物。特殊生境链霉菌也成为新型活性次级代谢产物的重要来源之一。

（二）链霉菌的特点

同动植物及大多数真核微生物相比，链霉菌具有相对简单的遗传背景。多数链霉菌具有线性基因组，大小在 6 ～ 10 Mb，含有 8000 个左右的开放阅读框。模式菌株——天蓝色链霉菌的基因数目几乎是大肠杆菌（*Escherichia coli*）的 1.7 倍，甚至比拥有 6000 余个基因的真核生物酿酒酵母（*Saccharomyces cerevisiae*）的基因数目还多。在天蓝色链霉菌的 7825 个开放阅读框中，推测有 29 个基因簇与次级代谢产物（如抗生素、色素、复合脂、信号分子和铁载体等）的生物合成相关；此外，天蓝色链霉菌基因组还包含 12.3% 的调控基因，主要参与应对外界刺激和胁迫反应，以及调控菌落发育分化，这种情况在细菌中是比较特殊的，推测这和链霉菌要适应土壤等复杂的生存环境是分不开的。此外，天蓝色链霉菌还含有两个大质粒：线性的 SCP1（365 kb）和环状的 SCP2（31 kb）。链霉菌具有相对复杂的发育分化周期。链霉菌能形成分枝的气生菌丝，并能通过在特化的气生菌丝顶端产生孢子进行繁殖，这些特性有可能是它们在长期进化过程中为适应特定的生存环境而获得的。链霉菌的每个发育分化阶段都具有明显的形态特征，并且发育分化相关基因的破坏都可能会引起相应表型的变化，这就为基因的功能提供了一个直观的反映，可以作为研究的切入点，所以链霉菌一直以来都是研究原核生物发育分化良好的模式材料之一。

链霉菌具有产生种类繁多的次级代谢产物的强大能力。伴随着链霉菌由基质菌丝生长进入气生菌丝生长阶段，周围的营养物质逐渐被消耗，菌体感受到营养匮乏的信号，开始启动细胞程序性死亡过程，通过降解自身的基质菌丝，并释放其中的营养物质用于气生菌丝的生长和孢子的形成。以抗生素为代表的次级代谢产物在此时开始大量产生，并扩散到基质菌丝周围，作为信号分子协调菌落的分化以逃避不良环境或者对邻近的微生物起到抑制 / 杀死作用，从而保证自己在生存竞争中占据优势地位（Kohanski et al.，2010）。

链霉菌产生的次级代谢产物种类丰富，其中多种次级代谢产物具有重要的医用和农用价值，尤其以抗生素为人们所熟知，因此链霉菌被人们誉为天然药物的合成工厂。1944 年，Waksman 在灰色链霉菌中发现了能有效治疗肺结核的链霉素，开创了链霉菌研究的新纪元。随后几年从链霉菌培养液中又相继分离到氯霉素、红霉素、纳他霉素（natamycin）、利福平（rifampicin）和万古霉素（vancomycin）等多种抗生素，这些抗生素在人类战胜疾病中发挥了至关重要的作用。在农用抗生素方面，井冈霉素、阿维菌素、春雷霉素（kasugamycin）

及多杀菌素等的发现和应用，提高了农作物及牲畜防病和抗病的能力，极大地促进了农业的增产丰收。据不完全统计，在目前所报道的用于临床的微生物药物中，60% 以上是由链霉菌产生的。随着新技术的发明和应用，从链霉菌中分离到了更多有应用价值的次级代谢产物，如抗肿瘤、抗真菌、抗寄生虫、抗血栓及抗衰老等生物活性物质。近年来，随着越来越多链霉菌基因组序列的公布、链霉菌遗传学和组合生物学的发展、抗生素生物合成途径中基因表达和调控机制的详细研究，使得大量组合而成的新型抗生素和隐性抗生素得以发现（Nett et al.，2009）。例如基因组序列分析表明，天蓝色链霉菌中具有 29 个次级代谢产物生物合成基因簇，通过改变不同的培养条件及激活隐性基因簇等策略也仅获得了 17 种不同的次级代谢产物，更多的新结构化合物有待发现。

二、链霉菌基因组特征

链霉菌是土壤中最为丰富的一类丝状细菌，在降解来自动植物的不可溶的有机物及碳循环中起着重要作用。链霉菌具有类似于丝状真菌的复杂的形态分化过程，同时能够产生大量不同种类和功能各异的次级代谢产物。

由于链霉菌是研究原核微生物发育分化的良好材料，并且具有重要的应用价值，人们希望能够从基因水平阐明链霉菌复杂的表型、生理生化特征、抗生素的合成及调控机制等，并希望通过定向遗传改造对菌株进行开发和利用。随着测序技术的快速发展，截止到 2018 年 8 月已经有超过 1670 株链霉菌完成了基因组全序列测定或框架图，其中天蓝色链霉菌、阿维链霉菌和灰色链霉菌的全基因组已详细注释并公开发表。比较已公布的链霉菌基因组序列，发现链霉菌基因组具有 3 个显著的特征：①与一般细菌相比，链霉菌基因组都很大。天蓝色链霉菌基因组长约 8.66 Mb，编码 7825 个蛋白质；阿维链霉菌基因组长 9.02 Mb，编码 7581 个蛋白质；灰色链霉菌基因组长约 8.55 Mb，编码 7138 个蛋白质。由此可见，链霉菌编码基因的密度明显高于其他一些模式微生物。例如，大肠杆菌 H10407 的基因组约为 5.2 Mb，枯草芽孢杆菌 gtP20b 的基因组约为 4.2 Mb。②链霉菌基因组呈线状结构，包括：中间的保守区（6.4 Mb），主要含有与生长发育相关的必需基因；两侧的可变区（1～2 Mb），主要含有非必需基因、大量次级代谢产物生物合成基因簇，以及与压力应答相关基因，这可能与进化过程中获得新的功能有关。③染色体末端都具有反向重复序列，且共价结合有末端蛋白，尽管在其他细菌中也有线状染色体的报道（如螺旋体和农杆菌），目前的信息表明在原核生物中只有链霉菌和其他一些放线菌具有这样一种类似 "端粒" 的结构。另外，在链霉菌基因组中调控基因所占的比例很高，如天蓝色链霉菌基因组中预测含有 965 个调控基因，约占基因总数的 12.3%。天蓝色链霉菌中有 65 个基因编码 σ 因子，它们能和 RNA 聚合酶结合，指导基因在不同的时空条件下转录，其中 45 个属于胞外功能类（extracytoplasmic function，ECF）家族 σ 因子，参与链霉菌应对外界环境刺激和胁迫的反应过程，这与链霉菌天然生长环境的复杂多变是相适应的。

通过对天蓝色链霉菌与结核分枝杆菌（*Mycobacterium tuberculosis*）、白喉棒状杆菌（*Corynebacterium diphtheriae*）基因组的比较发现，其中央区域相对保守，说明进化上它们的中央区域可能来自同一放线菌祖先，而两臂中的一些基因可能是在进化中通过平行转移而获得（Chandra et al.，2014）。天蓝色链霉菌与阿维链霉菌基因组相比，内部 6.5 Mb 区域高度保守，而末端区域保守性较低，而正是这些保守性低的区域赋予两者显著不同的特性。

随着越来越多链霉菌基因组全序列测定的完成，极大方便了将比较基因组、转录组、蛋白质组和代谢组的研究手段与策略引入链霉菌的研究中，这些研究也使我们对链霉菌的遗传特征有了更深入的了解，并有助于对链霉菌资源进行更高效和合理的利用。

三、链霉菌线性染色体与遗传不稳定性

链霉菌普遍存在遗传不稳定性。如果将链霉菌孢子收集起来后，再稀释涂布平板，在正常培养条件下就会出现很多表型上与野生型菌株不同的变异菌落。如分枝链霉菌（*Streptomyces ramosus*）在菌种选育过程中表现出显著的遗传不稳定性，导致产孢缺陷、光秃表型等多种特征。1993 年人们首次发现变铅青链霉菌（*Streptomyces lividans*）染色体是线性的，染色体末端具有反向重复序列（terminal inverted repeat，TIR），5′- 末端具有共价结合蛋白。进而，人们发现链霉菌的遗传不稳定性与其线性染色体有关。天蓝色链霉菌 M145 是一株来源于野生株 A3（2）的质粒缺失菌株。基因组序列分析表明，A3（2）比 M145 具有更长的染色体末端反向重复序列，暗示 A3（2）菌株染色体末端存在不稳定性。线性染色体的发现为研究链霉菌的遗传不稳定性奠定了重要基础。

不同链霉菌 TIR 的长度差别很大，灰色链霉菌 TIR 长度为 24 kb，而阿维链霉菌 TIR 仅有 174 bp。链霉菌染色体末端的序列是高度保守的，含有 7 个回文序列，并形成复杂的二级结构，被称为"端粒"（图 4-1）。端粒通常被认为是真核生物染色体末端的一种特殊结构，主要由特定的 DNA 序列与蛋白质构成，其主要生物学功能是保证染色体末端完整复制，使染色体结构保持相对的稳定。链霉菌的端粒与真核生物端粒存在不同。研究表明链霉菌端粒末端的二级结构对于链霉菌线性染色体或质粒的复制是必需的（Bao et al.，2003）。链霉菌末端的 91 nt 具有 4 个回文结构（倒转重复序列），其中从区域Ⅱ到Ⅳ具

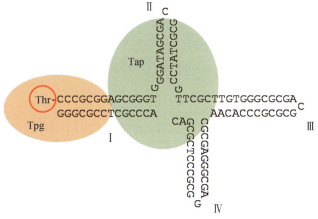

图 4-1　链霉菌端粒结构的典型特征

图为涵盖链霉菌染色体末端 4 个回文序列的 91 nt 的区域。Thr. 与末端 DNA 序列相连的 Tpg 蛋白 114 位的苏氨酸残基

有发卡结构。具有回文结构的区域 II 和 III 含有末端相关蛋白（telomere associated protein，Tap）结合序列。回文序列 I 含有由末端蛋白 Tpg 合成的 13 nt 的延伸引物序列。如果末端结合序列缺失，会导致链霉菌形成环状染色体（Yang et al., 2015）。

四、链霉菌染色体 DNA 大片段缺失及其产生机制

链霉菌染色体 DNA 存在大片段缺失现象，这种大片段的缺失可以用复制叉停滞模型来解释（Volff et al., 1998）。链霉菌染色体 DNA 复制叉在复制过程中遇到单链断裂而停滞，并导致 DNA 双链断裂。双链断裂的 DNA 可以通过同源重组修复而获得完整的末端序列。如果该 DNA 断裂与分子内的另一条染色体臂发生非同源重组，则会导致染色体环化，而失去末端序列。如果该 DNA 断裂与另一条染色体进行分子间非同源重组，则会导致 DNA 片段缺失或者增加某些染色体区域的拷贝数（图 4-2）。

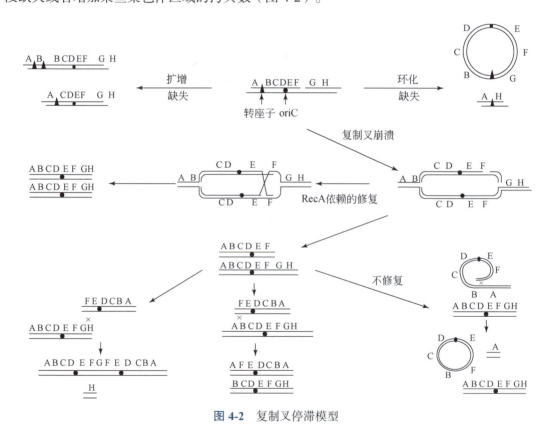

图 4-2　复制叉停滞模型

五、链霉菌染色体 DNA 扩增及其产生机制

（一）染色体特定部位的高频扩增

链霉菌中不仅存在染色体大片段的缺失现象，还存在特定部位 DNA 序列的扩增现象。

通常扩增序列（amplified DNA sequence，ADS）包含有几十到几百个拷贝的 DNA 扩增单位（amplified units of DNA，AUD），它们串联排列，有时总长可占染色体的一半。这种现象称为染色体特定部位的高频扩增。链霉菌中的 DNA 扩增形式主要分为 I 型和 II 型。I 型 DNA 扩增的特点是同一菌种不同突变株中的 AUD 不同，但 ADS 都位于同一染色体区域。II 型 DNA 扩增的特点是同一菌种不同突变株中的 AUD 相同，而且 AUD 都具有至少 0.8 kb 的正向重复序列。

（二）高频扩增的产生机制

AUD 可能是一些能够捕获染色体复制叉的序列。当复制叉遇到 AUD 时速度减慢，在复制叉的上下游序列间发生同源重组或非同源重组，这时就形成一个扩增前体，随后进行滚环复制，形成大量串联排列的重复序列（Yanai et al.，2006）。如图 4-3，复制叉经过 RsD 基因时停顿，复制叉前面的 RsA 基因与复制叉后面的 RsB 基因发生重组，产生一个包含 RsD 基因的滚环，随后开始滚环复制，直到 RsC 基因与 RsD 基因之间发生重组，使得滚环结构解体，恢复正常复制，而在染色体上则留下大量串联排列的 RsD 基因重复序列。

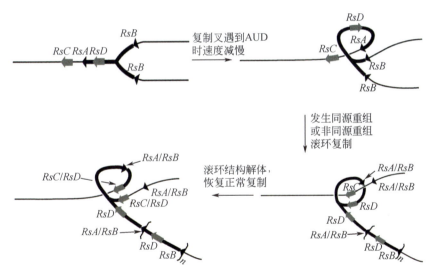

图 4-3　高频扩增的产生机制（修改自 Yanai et al.，2006）

RsA 和 RsB 基因含有一段同源序列，在重组酶作用下能够发生同源重组

（三）链霉菌染色体臂的移位

链霉菌染色体臂的移位（translocation），是指染色体整个末端区域或者亚末端区域片段转移到其他染色体或者自身染色体的另一个末端上（Uchida et al.，2003）。通常情况下，染色体臂的移位是由重组介导的，并常常改变链霉菌 TIR 的长度。当复制叉停滞后就会引起 DNA 双链的断裂，如果发生分子间的重组修复，则会获得完整的染色体末端（图 4-4A）；如果发生分子内重组修复，则会发生染色体臂的移位（图 4-4B）。在大多数链霉菌染色体

臂的移位过程中，融合序列都没有明显的同源性。当染色体左臂 480 kb 或 850 kb 的 DNA 片段取代了右臂的部分序列时，导致生二素链霉菌（*Streptomyces ambofaciens*）的 TIR 从野生型的 210 kb 变为 480 kb 或 850 kb。当灰色链霉菌 450 kb 的右臂取代 250 kb 的左臂时，会形成 450 kb 的 TIR（Uchida et al.，2003）。

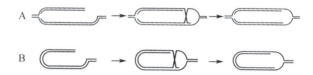

图 4-4 链霉菌染色体臂的移位（修改自 Uchida et al.，2003）

A. 发生分子间的重组修复，获得完整的染色体末端；B. 发生分子内的重组修复，染色体臂位移

六、链霉菌的翻译调控

同所有生命体一样，链霉菌的遗传信息也是按照中心法则由 DNA 传递给 RNA，再从 RNA 传递给蛋白质，从而完成遗传信息的转录和翻译过程。遗传信息最终以蛋白质的形式体现出来，并赋予生命体不同的特征。因此，对翻译速度和效率的调节也是基因表达调控的重要一环。在链霉菌中，*bldA* 基因编码识别亮氨酸稀有密码子 UUA 的 tRNA（Leskiw et al.，1991）。该基因并非细菌生长所必需，但对链霉菌的次级代谢产物的合成（生理分化）和形态分化至关重要（Chater et al.，2010）。在链霉菌基因组中有 2% ～ 3% 的基因含有 TTA 密码子，这些基因在生长稳定期的大量表达直接受到 *bldA* 的调控，*bldA* 的表达决定了这些基因的翻译。AdpA 是链霉菌中参与形态分化和次级代谢的一个关键的全局性调控因子，其编码基因含有 TTA 密码子，因而 *adpA* 的表达受到 *bldA* 的调控。只有在 *bldA* 表达之后，才能启动 *adpA* 的表达，再依次启动链霉菌的生长发育、形态分化和次级代谢相关基因的表达（图 4-5）。

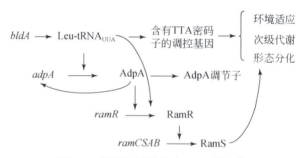

图 4-5 天蓝色链霉菌中 *bldA* 的功能

七、链霉菌基因组的其他特征

链霉菌除了上述主要特征外，其基因组还具有如下特征：

（1）含有大量的外泌蛋白编码基因，如天蓝色链霉菌基因组含有大约 800 个外泌蛋白的编码基因，其中 147 个为编码水解酶的基因（包括 7 个纤维素酶编码基因和 5 个几丁质酶编码基因）。

（2）链霉菌中 20% 的外泌蛋白是通过 Tat（twin arginine translocation）系统转运。

（3）含有大量的转运相关蛋白编码基因，如天蓝色链霉菌基因组含有 614 个转运相关蛋白编码基因。

（4）染色体外遗传物质含有丰富的双组分信号转导系统，如天蓝色链霉菌含有 67 个双组分信号转导系统。

（5）含有大量的次级代谢产物生物合成基因簇。

（6）含有大量 P450 细胞色素氧化酶（CYPs）编码基因。

八、染色体外遗传物质

大多数链霉菌含有包括质粒在内的染色体外遗传物质（Kieser et al.，2000）。按照结构可以分为：线型质粒（如 SCP1、SAP1）和环型质粒（如 SCP2）。通常线型质粒大小在 10～600 kb，末端具有反向重复序列，大的线型质粒上往往还含有次级代谢产物生物合成基因簇，如天蓝色链霉菌线型质粒 SCP1 中存在次甲基霉素（methylenomycin）的生物合成基因簇。另外，按照在细胞内的扩增方式链霉菌质粒可以分为：整合型质粒（如 pSET152 和 pKC1132 等）和复制型质粒（如 pIJ702 和 pKC1139 等）。

自然状态下链霉菌的遗传物质主要是通过由自主转移质粒介导的接合作用（conjugation）进行转移。大多数链霉菌的自主转移质粒具有致死接合反应（lethal zygosis）的特征，在表型上显示麻点状态（麻点，是指将含有自主转移质粒的菌株接种到不含有该质粒的菌株上培养时，产生的环状晕圈现象）。链霉菌所有的接合质粒都能产生致死接合反应。在链霉菌分子生物学研究的早期，通过是否产生麻点，就可以较容易地判定链霉菌中是否存在接合质粒。迄今为止，人们通过致死接合反应在链霉菌中发现了一系列接合质粒，如 SCP2 等。目前，改造后的 SCP2* 已作为克隆载体和链霉菌 - 大肠杆菌之间的穿梭载体被广泛应用。

第二节　链霉菌分子生物学研究的主要技术和方法

链霉菌复杂的形态分化及产生多种次级代谢产物的强大能力本质上是由其遗传物质（基因）决定的。因此，基因的功能研究成为揭示链霉菌生命现象背后本质的关键。最早将链霉菌表型与基因功能联系起来的方法是随机诱变。通常所使用的诱变方法包括物理诱变（如紫外诱变）、化学诱变（如亚硝基胍诱变）及生物诱变（如通过转座子诱变）。然而，随机诱变的方法具有不确定性，造成筛选的工作量大，同时对一些必需基因是不适用的。随着分子生物学技术的出现和进步，链霉菌中也开始引入和建立遗传操作系统，为基因功能的研究奠定了基础。

一、链霉菌遗传操作系统的构建

建立微生物遗传操作系统需要选择合适的载体和受体（宿主）。经过多年的发展，链霉菌已经形成了完整的质粒载体系统和一些适合于表达外来基因或进行基因操作的受体（Kieser et al.，2000）。

（一）质粒载体系统

1. 整合型载体和复制型载体

通常作为复制型载体的链霉菌质粒或噬菌体都具有一定的宿主特异性。而作为整合型载体的宿主范围要宽得多，例如 IS117、Tn4560 及 pSAM2 等不仅能够整合到链霉菌基因组上，还能够整合到分枝杆菌的基因组上。虽然利用质粒作为克隆载体对插入外源 DNA 片段的大小没有限制，但当插入外源 DNA 片段超过载体大小的 4 倍以上时，依赖连接酶进行的片段连接会很困难。质粒的大小对大肠杆菌的转化也有影响，但还未发现影响 PEG 介导的链霉菌原生质体转化效率。同大肠杆菌一样，在链霉菌中对于大片段 DNA 的克隆，通常采用黏粒载体，例如 SuperCOS1，它含有两个 cos 位点，并具有卡那霉素抗性基因（Kan），可以容纳的片段大小在 36 ～ 53 kb。

整合型载体可以是溶原性噬菌体、整合型质粒，也可以是转座子。由于是通过整合到染色体上进行传代，因而整合型载体具有较好的遗传稳定性。噬菌体载体通过 attP 和 attB 位点进行整合，普通的质粒也可以通过同源序列发生重组，从而整合到链霉菌染色体上。

复制型载体根据在链霉菌细胞内的复制情况，可以分为高拷贝质粒和低拷贝质粒。已知的链霉菌低拷贝质粒都是来自于天蓝色链霉菌的大质粒 SCP2 及其衍生物。由 SCP2 衍生的质粒通常很大，也很难分离，但具有接合特性，因而可以用来构建突变株的互补文库。高拷贝质粒易于分离和物理鉴定，但在链霉菌体内具有不稳定性。目前链霉菌中所用的大多数高拷贝质粒来源于复制型质粒 pIJ101，例如早期链霉菌遗传操作中常用的 pIJ702 等。该类载体很适合进行调控基因的克隆，比如用该类载体过表达参与孢子形成的 whiG 基因，可以显著促进链霉菌的形态分化。

2. 穿梭载体

还有一类既可以在链霉菌中复制，又可以在大肠杆菌中复制的载体，称之为穿梭载体（shuttle vector）。该类载体的出现极大方便了链霉菌的遗传操作。在穿梭载体中插入 oriT 就可以通过接合转移（conjugal transfer）实现该质粒从大肠杆菌到链霉菌的传递，例如目前常用的 pSET152 和 pKC1139 等。

此外，由于在大肠杆菌中常用的质粒缺少链霉菌复制元件，所以在链霉菌中不能进行复制，如果在其中插入合适的筛选标记及链霉菌靶基因两侧的同源序列，就可以通过同源重组实现链霉菌中靶基因的敲除或替换。

（二）受体系统

在链霉菌中导入外源 DNA 的方式主要包括 PEG 介导的原生质体转化、电击转化及目前较为常用的接合转移等。尽管截至目前已有多种链霉菌实现了外源 DNA 的导入，但并不是所有的链霉菌都能够进行遗传转化。其中一个重要原因是链霉菌具有很强的限制修饰系统，外源 DNA 很难在其细胞中稳定存在。然而，如果将外源 DNA 预先导入甲基化修饰缺陷的大肠杆菌（Dam⁻）中扩增，得到没有甲基化修饰的外源 DNA，链霉菌对这样的外源 DNA 则不再具有限制作用，因而可以较好地提高链霉菌的转化效率。

1. 筛选标记

筛选标记用来区分转化子和非转化子。链霉菌中常用的筛选标记为抗生素的抗性基因，例如卡那霉素抗性基因、安普霉素抗性基因等。不同的链霉菌对不同抗生素的敏感性也不同，因而要建立一株链霉菌的转化系统，通常先要测试其对不同抗生素的敏感性，以便选择合适的筛选标记。除了上述利用抗生素的正向筛选标记以外，链霉菌中也发展了一些反向筛选标记，如 *glkA* 和 *rpsL* 基因等。

2. 通用型的链霉菌转化受体菌株

尽管已知很多链霉菌都能够进行转化，但遗传学中通用的链霉菌受体有限，仅有天蓝色链霉菌 M145、J1501、M1146，以及变铅青链霉菌 TK23、TK24 等。M145 是最为常用的天蓝色链霉菌受体菌株，它不具有野生型天蓝色链霉菌 A3（2）中的两个大质粒，因而也更方便遗传操作。J1501 是不含有大质粒的天蓝色链霉菌组氨酸和尿嘧啶营养缺陷型菌株，由于在形态分化方面与野生型菌株一致，早期常用于形态分化的研究。M1146 是由英国 John Innes 研究所 Mevyn Bibb 教授课题组构建的用于基因异源表达的天蓝色链霉菌菌株，该菌株缺失了放线紫红素生物合成基因簇（*act*）、十一烷基灵菌红素生物合成基因簇（*red*）、钙依赖抗生素生物合成基因簇（*cda*）及一个隐性基因簇（*cpk*），因此便于其他抗生素生物合成基因簇在该菌中的异源表达。TK23 和 TK24 是分别含有壮观霉素抗性基因（*aadA*）和链霉素抗性基因（*strR*）的变铅青链霉菌菌株，转化效率较高。近年来，能够在液体培养条件下产孢的委内瑞拉链霉菌（*Streptomyces venezuela*）和生长速度快的白色链霉菌（*Streptomyces albus*）也开始普遍用作链霉菌受体菌株。

二、链霉菌中常用的报告基因

报告基因是一种编码容易被检测的蛋白质 / 酶的基因。将它的编码序列、目的基因启动子及其转录调控序列融合形成嵌合基因，可以用来监控目的基因的表达情况。现在报告基因已广泛应用于启动子活性分析、基因表达监测、细胞信号转导、蛋白质在细胞中的定位及药物筛选等研究领域。链霉菌中常用的报告基因包括儿茶酚双加氧酶基因（*xylE*）、荧光素酶编码基因（*luxAB*）、绿色荧光蛋白编码基因（*eGFP*）及一些抗生素抗性基因等。

儿茶酚双加氧酶由来自假单胞菌（*Pseudomonas*）TOL 质粒上的 *xylE* 基因编码。该酶能够催化无色的邻苯二酚（catechol）转变为黄色的 2- 羟粘糠酸半醛，并可通过测定 375 nm 处吸收强度来进行儿茶酚双加氧酶的定量。在培养有链霉菌的平板上喷加底物邻苯二酚可使表达 *xylE* 的阳性菌落呈黄色，因而是链霉菌中比较常用的测定启动子强度的报告基因系统之一（图 4-6）。它有如下优点：①廉价方便，培养基无需添加任何底物或者指示剂，显色底物邻苯二酚与常用的 β- 半乳糖苷酶底物 X-gal 相比非常便宜；②灵敏度高，可检测出极微量的儿茶酚双加氧酶；③可实现高通量快捷检测，儿茶酚双加氧酶的活性既可用极简便的分光光度法定量测定，也可在 96 孔板中反应，通过多功能酶标仪高通量检测。利用儿茶酚双加氧酶的报告基因系统，不仅可以通过诱变筛选获得抗生素高产菌株，而且能够指示隐性基因簇的激活，方便新型次级代谢产物的发现（Xiang et al.，2009；Guo et al.，2015）。

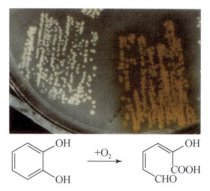

图 4-6　利用 *xylE* 作为链霉菌中的报告基因
邻苯二酚在 *xylE* 编码的儿茶酚双加氧酶作用下被氧化，形成黄色的 2- 羟粘糠酸半醛，
根据颜色的深浅可以判断儿茶酚双加氧酶的表达量

荧光素酶（luciferase）报告基因系统是以荧光素（luciferin）为底物来检测萤火虫荧光素酶（fireflyluciferase）活性的一种报告系统。荧光素在荧光素酶的催化下形成氧化型荧光素（oxyluciferin），在荧光素氧化的过程中，会发出生物荧光（bioluminescence），因而可以通过荧光测定仪也称化学发光仪或液闪测定仪测定荧光素氧化过程中释放的生物荧光。

绿色荧光蛋白（green fluorescent protein，GFP）最早是由下村修等在一种水母中发现的。绿色荧光蛋白的发现极大地方便了细胞生物学的研究。目前绿色荧光蛋白也广泛地应用于链霉菌的分子生物学研究中，尤其是在链霉菌形态分化机制的研究中。例如，以绿色荧光蛋白编码基因作为报告基因，可以方便地检测特定启动子的活性，而利用融合表达策略可以很容易地对靶蛋白进行细胞定位。除绿色荧光蛋白外，表现为其他颜色的荧光蛋白也相继被开发出来，其中红色荧光蛋白具有比绿色荧光蛋白更好的穿透能力。

三、链霉菌的遗传操作系统

有效的遗传操作体系是开展链霉菌分子生物学研究的基础。链霉菌中常用的遗传操作方法主要有 3 种：转化、转导和接合转移（Kieser et al.，2000）。转化是指某一基因型的细胞从外界吸收 DNA 的现象；转导是指由噬菌体或病毒将一个细胞的 DNA 传递给另一细胞的过程；接合转移是指单链质粒 DNA 在质粒内部 "*oriT*" 位点发生缺刻，打开的单链质粒 DNA 通过细胞膜分泌系统转移到受体菌中的过程。

（一）转化

转化包括由 PEG 介导的原生质体转化和电击转化两种方式。由 PEG 介导的原生质体转化是链霉菌基因操作中的传统方法，是在高渗环境下通过溶菌酶消除链霉菌菌丝的细胞壁，制备成具有较高形成率和再生率的原生质体，并在 PEG 帮助下将质粒 DNA 导入原生质体的过程（Hopwood et al.，1977）。电击转化是通过对细胞（或孢子）悬液和 DNA 混合物施以瞬时高压脉冲电流，导致细胞壁/膜上出现短暂的通道，外源 DNA 通过这些通道进入细胞的过程。

（二）转导

转导是通过噬菌体将一个细胞的 DNA 传递到另一个细胞的过程。链霉菌中常用的噬菌体为温和型噬菌体 φC31，以及由它衍生的包括 KC505、KC515 等在内的一系列载体。

（三）接合转移

链霉菌中许多质粒具有自我转移特性，如 pIJ101、SCP2、SCP1 等。接合转移就是利用这一特性，通过两个细菌直接接触，质粒由一个细菌传递到另一个细菌的遗传物质转移过程。目前也是链霉菌中最为常用的 DNA 转移方法。

四、基因功能研究的方法

阐明基因的功能，首先要能够对目的基因进行遗传操作，包括基因的克隆、表达及相应基因的阻断或敲除等。

（一）链霉菌基因组 DNA 片段的克隆

对于较小片段的 DNA，聚合酶链式反应（PCR）是最为常用的方法。为保证 DNA 序列的准确性，常使用具有高保真性能的 DNA 聚合酶。除此之外，早期还常用质粒建库来克隆较小片段的 DNA。在这里，将主要介绍 DNA 大片段的获取方法。

1. 基于文库构建的 DNA 片段的克隆

常见的文库系统有 cosmid/fosmid 文库、酵母人工染色体文库（yeast artificial chromosome，YAC）和细菌人工染色体文库（bacterial artificial chromosome，BAC）等。柯斯质粒（cosmid）又称黏粒，含有大肠杆菌复制的基本元件、包装元件和抗性基因。其核心元件是 λ 噬菌体的末端黏性位点（cohesive-end site，"cos" 也是 cosmid 名称的由来）和包装所需的序列。fosmid 质粒的载体上含有单拷贝复制起始位点 oriZ 和诱导性多拷贝复制起始位点 oriV，在没有诱导剂的情况下 fosmid 在 trfA 突变的宿主中为单拷贝，在加入诱导剂的宿主或者含有 trfA 基因的宿主中是多拷贝。其克隆外源 DNA 片段的大小为 31 ~ 45 kb。BAC 载体是在大肠杆菌 F 因子的基础上构建的，它包含了 F 因子的复制起始位点、氯霉素抗性基因、严谨控制的复制子 oriS、解旋酶（RepE）合成基因，以及 3 个确保低拷贝质粒精确分配到子代细胞的基因座（parA、parB 和 parC）和 LacZ 元件，其插入片段理论值可以达到 300 kb 以上。

2. 单链退火拼接技术

单链退火拼接技术是由 Gibson 等创建的一种 DNA 组装方法（Gibson et al., 2009），因而也称Gibson组装（图4-7）。该技术是利用T5核酸外切酶、DNA 聚合酶及连接酶的协同作用，在体外将多个带有末端重叠序列的 DNA 片段组装起来。其中 T5 核酸外切酶（具有 5′到 3′的外切酶活性）从 5′端切割重叠区 DNA，产生 3′突出末端，然后该单链 DNA 的重叠序列在 50℃特异性退火，最终在 DNA 聚合酶和 Taq 连接酶的作用下实现 DNA 多片段的无缝拼接。通常需要在 DNA 片段两端与需要连接的 DNA 片段两端加上 39 bp 以上的同源区。

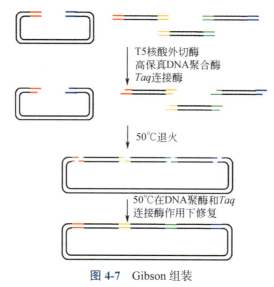

图 4-7 Gibson 组装

DNA 片段两端相同颜色区域表示与之相连片段的同源区，通过 Gibson 组装系统，各个片段连接成一个完整片段

3. 同源重组技术

同源重组（homologous recombination，HR）是指发生在姐妹染色单体（sister chromatin）之间或同一染色体上含有同源序列的 DNA 分子之间或分子之内的重新组合。同源重组技术是指含有重叠序列的 DNA 分子的重新组合，包括 Red/ET 重组技术和酵母转化偶联重组（transformation-associated recombination，TAR）技术等。

Red/ET 重组技术是一种基于噬菌体重组酶的 DNA 重组技术，它的基本原理是通过噬菌体重组酶介导大肠杆菌体内的同源重组，从而对 DNA 序列进行修饰（Testa et al., 2003）。该技术不受限制性内切酶切位点的限制，只需用 35～50 bp 大小的同源臂就能获得较高的重组效率。Red 同源重组系统主要由 Exo、Beta 和 Gam 蛋白组成。Exo 具有 5′到 3′的 DNA 双链核酸外切酶活性，能够形成末端 DNA 单链；Beta 是单链结合蛋白，能够促进 DNA 分子间退火；Gam 能够阻止单链 DNA 分子的降解。

利用 Red/ET 重组技术，首先要选取合适的酶将含有目的基因簇的基因组 DNA 进行酶切，然后与两端含有同源臂的线性化载体混合，将混合物通过电击转化导入大肠杆菌中。该大肠杆菌宿主染色体上需要含有同源重组所需的各个元件（RecET 和 Redγ）。通过载体上的抗性筛选标记进行筛选，并提取质粒验证目的基因簇的序列和功能，最后对基因簇进行改造或者异源表达（图4-8）。Red 重组系统通常用来克隆中等尺度的 DNA 片段。其中，

PCR targeting 技术就是依赖 Red 系统介导的同源重组技术发展起来的。

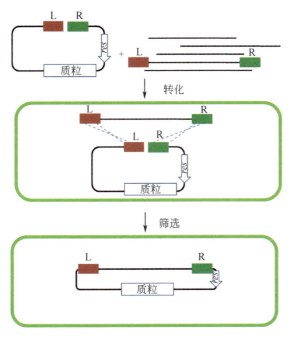

图 4-8　利用 Red/ET 系统克隆基因 / 基因簇

L. 靶序列的左侧同源区；R. 靶序列的右侧同源区；*res*. 抗性基因

TAR 技术是利用酿酒酵母体内高效的同源重组系统实现多个具有末端重复序列的 DNA 片段的一步组装方法（Larionov et al., 1996）。它的优点在于能够方便地将多个较短的 DNA 片段一步组装成较长的 DNA 片段。TAR 技术可以用来组装大尺度的 DNA 片段，甚至基因组。具体讲是在 TAR 载体包含目的 DNA 片段同源序列的两端，将 TAR 载体和目的基因组 DNA 共转化宿主酵母菌，载体上和目的 DNA 片段上的同源区便会在宿主中发生同源重组，目的 DNA 片段便被克隆到 TAR 载体上（图 4-9）。

目前已利用 TAR 技术成功克隆了海洋放线菌 *Saccharomonospora* sp. CNQ-490 的脂肽类抗生素 taromycin A 的生物合成基因簇，并在天蓝色链霉菌中表达获得了相应产物（Yamanaka et al., 2014）。

4. 基于位点特异性重组的克隆

位点特异性重组（site-specific recombination）依赖于小范围同源序列的联会（synapsis），重组只发生在同源的短序列内，需要位点特异性蛋白分子的参与和催化（Belteki et al., 2003）。具体做法：通过两次同源单交换在目的基因簇或 DNA 片段两端引入特定的识别位点，其中一个载体序列在同源单交换后位于特定识别位点之间。随后导入特异的整合酶来识别所引入的位点，并在识别位点发生整合、重组和环化，此时位点之间的载体发挥自主复制功能，目的基因片段便被克隆到该载体上（图 4-10）。依赖于链霉菌噬菌体 φBT1 的位点特异性重组系统可以实现体内外模块元件的插入、删除、拼接、替换及基因组的循环改造等遗传操作。

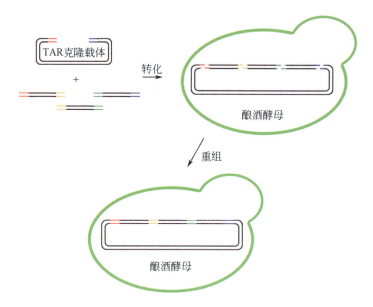

图 4-9 利用 TAR 技术克隆大片段 DNA

克隆载体含有酵母的元件，其两端含有靶 DNA 片段的同源序列，通过 TAR 系统，同源区重组使得线性载体和目的基因簇形成环形的质粒并可以在酵母中自主复制

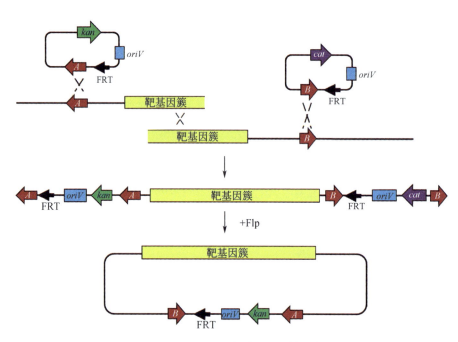

图 4-10 FRT/Flp 介导的基因簇克隆

A. 基因 *A*；B. 基因 *B*；*cat*. 氯霉素抗性基因；*kan*. 卡那霉素抗性基因；*oriV*. 复制点；Flp. 重组酶；FRT. 重组位点。通过同源单交换将两个含有同源臂的载体整合到染色体上，然后导入 Flp，Flp 识别 FRT 位点并整合环化，将 *A* 和 *B* 之间的序列克隆到 FRT 之间的载体上

5. *OriT* 介导的 DNA 大片段克隆技术

该技术是利用接合转移过程中特定识别位点 *oriT* 克隆 DNA 大片段（Murakami et al.，2011）。具体做法：首先构建两个载体，一个包括目的基因片段 5′ 端的同源臂、*oriT* 序列及其他筛选需要的元件，另一个载体包括目的基因片段 3′ 端的同源臂和 *oriT* 序列。通过两次同源单交换将上述两个含有 *oriT* 的 DNA 片段分别插入目的基因 / 基因簇的两端。然后在接合转移辅助质粒的作用下，从其中一个 *oriT* 开始复制转移 DNA 序列，复制过程在另一个 *oriT* 位点处停止，同时这段序列转移到受体菌中。在受体菌中 *oriT* 被重新整合环化，至此目的基因片段在受体菌中被克隆（图 4-11）。

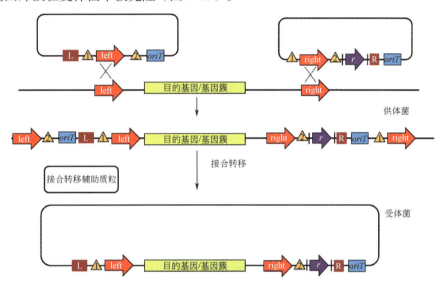

图 4-11 *OriT* 介导的 DNA 大片段克隆

left. 靶序列左侧同源基因；L. 靶序列左侧同源基因的左侧序列；right. 靶序列右侧同源基因；R. 靶序列右侧同源基因的右侧序列；r. 抗性筛选标记；*oriT*. 转移起始位点。通过两次同源单交换将两个 *oriT* 分别插入目的基因簇的两端，然后通过接合转移帮助质粒从其中一个 *oriT* 开始复制 DNA 序列，复制过程在另一个 *oriT* 位点处停止，同时这段序列被转移到受体菌中，在受体菌中 *oriT* 被重新整合环化，形成可以在受体菌中自主复制的重组质粒

（二）基因敲除 / 阻断

基因敲除 / 阻断技术是建立在基因同源重组技术基础上的最常用的分子生物学技术。基因敲除 / 阻断是针对某个功能未知的序列，通过基因敲除 / 阻断，使其基因功能丧失，导致生命体的表型和形态发生相应变化，进而推测出该基因生物学功能的一种常用的方法。

1. 基于同源重组的基因敲除 / 阻断

同源重组是外源 DNA 序列与受体细胞染色体上的同源序列发生重组，从而改变细胞遗传特性的方法。基于同源重组的基因敲除 / 阻断策略又分为：通过同源序列单交换的基因阻断和通过同源序列双交换的基因敲除。单交换是指通过整合载体上一段与染色体 DNA 同源序列而发生的重组，其结果是整个质粒整合到宿主染色体上，其整合一般相当稳定，其逆整合频率仅为 $10^{-4} \sim 10^{-5}$/代（图 4-12）。

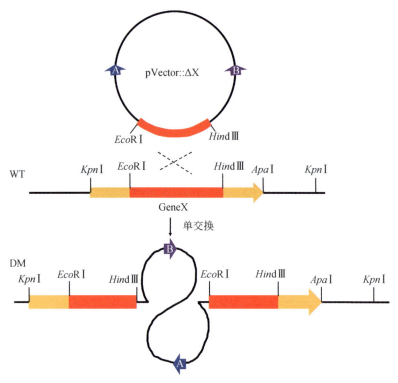

图 4-12 通过单交换进行基因阻断

WT. 野生型菌株；DM. 基因阻断突变株；A 和 B. 不同的基因

通过同源序列双交换进行的基因敲除/阻断，首先需要构建一个含有目的基因两侧 DNA 片段，并在其中插入筛选标记（通常为抗性基因）的质粒。将该质粒导入链霉菌宿主，通过同源重组发生两次交换，从而利用筛选标记替换目的基因或者将筛选标记插入目的基因内部（图 4-13）。

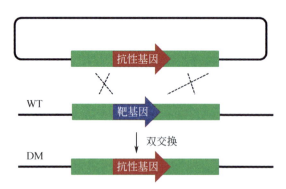

图 4-13 通过双交换进行基因敲除示意图

WT. 野生型菌株；DM. 靶基因敲除突变株

2. PCR targeting 技术

PCR targeting 技术是利用 λ Red 系统高效的 DNA 重组效率，删除、阻断或替换特定基因的技术（Gust et al.，2003）。具体做法：将一段携带与靶基因两侧各有 39 bp 同源序列的 PCR 扩增片段导入含有携带目的基因的 cosmid/fosmid 大肠杆菌中。在 λ Red 重组酶的作用下，线性 DNA 片段与 cosmid/fosmid 中特定靶基因两侧同源序列发生重组，从而形成一个携带有靶基因被删除、阻断或替换的 cosmid/fosmid。再将该 cosmid/fosmid 通过接合转移等方法导入链霉菌宿主细胞。由于该 cosmid/fosmid 含有相对较长的靶基因两侧的同源臂，因而很容易发生同源重组。通过双交换，就获得了靶基因被敲除、阻断或替换的突变体（图 4-14）。λ Red 同源重组技术具有同源臂短、重组效率高的特点，可在染色体上的任意位点

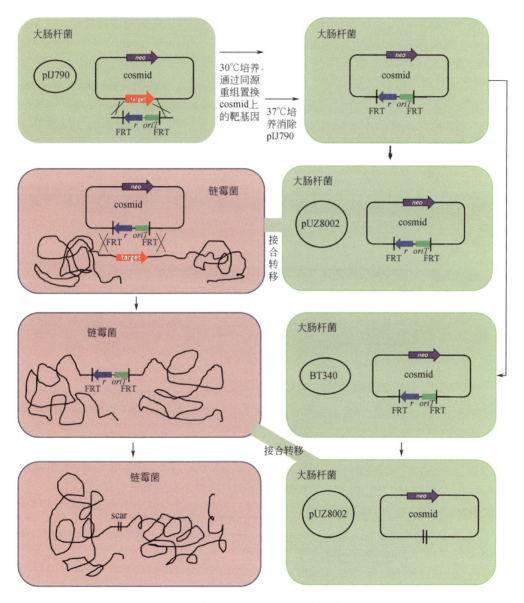

图 4-14 PCR targeting 示意图

pIJ790. 携带有重组酶编码基因的温敏质粒；cosmid. 含有携带靶基因的 DNA 大片段的黏粒；*r*. 抗性基因；*oriT*. 接合转移位点；FRT. 重组位点；pUZ8002. 携带用于接合转移元件的大质粒；BT340. 含有重组酶编码基因的温敏质粒；scar. 通过重组后在基因组上留下的痕迹

进行基因的点突变、敲除和敲入，不需要限制性内切酶和连接酶。PCR targeting 技术包括：引物设计、含有靶基因两侧序列的抗性筛选盒的扩增、在含有表达 λ Red 重组酶基因的大肠杆菌中进行靶基因的敲除 / 阻断或替换、接合转移及抗性筛选标记的环出等步骤。

（三）链霉菌基因组编辑

基因组编辑技术是通过精确识别基因组中特定 DNA 序列，利用同源重组等策略对靶序列的敲除、替换或插入等，让生命体丢失原有的某些性状或获得新的遗传性状。

1. I-*Sec*I 核酸内切酶介导的链霉菌基因组编辑

该技术是在链霉菌基因组靶位点引入限制性内切酶 *Sec*I 识别位点，利用 *Sec*I 定向识别并切割靶 DNA，再通过同源重组对特定 DNA 序列进行敲除、替换或插入等（Siegl et al., 2010）。敲除质粒上含有一串联的与靶 DNA 片段左右臂同源的两个 DNA 片段，以及 I-*Sec*I 识别的 18 个碱基的 *sceS* 位点（TAGGGATAACAGGGTAAT）。将该质粒导入链霉菌细胞，并通过抗性筛选质粒插入基因组上的克隆。如果发生同源单交换，该质粒将被完整导入基因组靶位点。通过诱导表达 *Sec*I，*Sec*I 在 18 个碱基的位点（*sceS*）切断基因组 DNA，菌株不能存活。如果发生同源双交换，*sceS* 被删除，即使诱导表达 *Sec*I 也不会造成基因组 DNA 的断裂，菌株仍然存活（图 4-15）。

图 4-15 I-*Sec*I 内切酶介导的同源重组系统

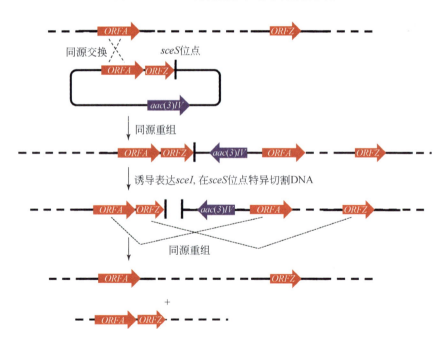

ORFA-ORFZ. 需要靶向删除的 *ORFA* 到 *ORFZ* 之间的序列；*Sec*I. 限制性内切酶；*sceS*. *Sec*I 识别位点；*aac*（3）*IV*. 安普霉素抗性基因。敲除载体上含有两个同源臂和 I-*Sce*I 识别的 18 碱基位点（*sceS*），通过同源单交换将该位点引入染色体，I-*Sce*I 内切酶在 *sceS* 位点切断基因组 DNA。挑选安普霉素敏感型的克隆，如果发生了双交换，则断裂处被删除，菌体可以正常生长；没有发生双交换，则基因组仍然是断裂状态，这导致菌体不能成活

2. 位点特异性整合酶介导的基因组编辑

位点特异性整合酶介导的基因组编辑是利用两次同源单交换分别将两个 *loxP* 位点整合到目的基因片段的上下游，再将含有 Cre 蛋白基因的表达质粒导入链霉菌，诱导表达 *cre* 基因。在 Cre 蛋白的作用下，两个 *loxP* 位点发生位点特异性重组，完成目的基因片段的敲除。而环化的 DNA 由于不能在链霉菌中复制，随着传代而丢失（图 4-16）。

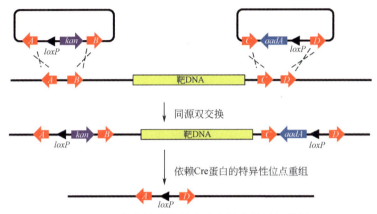

图 4-16 位点特异性整合酶介导的基因组编辑

A ～ D. 靶基因两侧的基因；*kan*. 卡那霉素抗性基因；*aadA*. 壮观霉素抗性基因；*loxP*. 同源重组位点

3. 基于 ΦBT1 整合系统的 DNA 大片段克隆技术

ΦBT1 整合酶是来源于链霉菌噬菌体 ΦBT1 的丝氨酸家族的重组酶。丝氨酸家族的重组酶的 N- 末端含有丝氨酸的催化结构域，丝氨酸亲核攻击 DNA 骨架并进行切割，形成 3′-羟基末端，然后该重组酶与 5′ 磷酸基团形成共价连接的联会复合体，反转后重新连接完成重组。基于 ΦBT1 整合系统的 DNA 大片段克隆技术是通过接合转移将质粒 pSV∷attB₆Up 导入链霉菌，通过卡那霉素抗性基因筛选获得 pSV∷attB₆Up 同源整合到目的位置的菌株 S-attB₆。再将 pKC1139∷attP₆Dn 导入 S-attB₆，在 40℃培养。pKC1139∷attP₆Dn 通过单交换整合到目的位置获得 S-attB₆P₆。通过结合转移将含有 ΦBT1 整合酶编码基因的 pIJ10500 导入 S-attB₆P₆ 中，诱导表达整合酶基因。利用整合酶将目的基因簇环出，并克隆到载体 pKC1139 上（Du et al.，2015）。利用该系统，既可以实现大片段 DNA 的靶向抓取，同时还能利用载体 pKC1139 具有多拷贝的特点实现目的基因簇的倍增（图 4-17）。

4. CRISPR-Cas9 介导的同源重组系统

CRISPR 是指规律成簇间隔短回文重复（clustered regularly interspaced short palindromic repeats）。CRISPR-Cas9 系统是目前发现存在于大多数细菌与所有古菌中的一种后天获得性免疫系统。Ⅱ 型 CRISPR-Cas9 仅需 Cas9 核酸酶、成熟的 CRISPR 来源 RNA（crRNA）和反式激活 RNA（tracrRNA）便可以对特定外源 DNA 序列进行切割：crRNA 和 tracrRNA 的保守序列互补形成杂合分子，该杂合分子结合 Cas9 形成具有活性的复合体，该复合体通过 crRNA 5′端的 20 个碱基与靶 DNA 结合并进行切割。Cong 等将 crRNA 和 tracrRNA 融合成一条靶向 RNA（sgRNA），sgRNA 具有引导 Cas9 切割 DNA 的能力，为 CRISPR-Cas9 介导的基因组编辑奠定了基础（Cong et al.，2013）。CRISPR-Cas9 技术的出现极大方便了链霉菌的遗传操作，尤其是基因组编辑（Huang et al.，2015；Zhao et al.，2018）。具体做

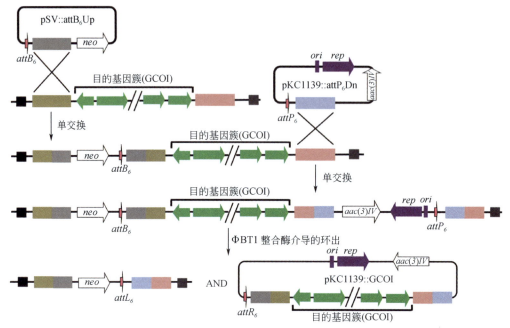

图 4-17　基于 ΦBT1 整合系统的 DNA 大片段克隆技术（修改自 Du et al., 2015）

通过第一次接合转移将 pSV∷attB₆Up 导入链霉菌中，得到 pSV∷attB₆Up 同源整合到目的位置的菌株；第二次接合转移将 pKC1139∷attP₆Dn 导入目的菌株，在 40℃培养下，pKC1139∷attP₆Dn 通过同源单交换整合到目的位置得到重组菌株 S-attB₆P₆；通过第三次接合转移的方法将 pKC∷hyr-int 导入 S-attB₆P₆ 中，pKC∷hyr-int 上的整合酶基因发挥作用将目的基因簇环出，在 40℃培养条件下，pKC1139∷GCOI、pKC∷hyr-int 和 pSV 因不能自主复制而丢失，仅在基因组上留下 attL₆ 序列。在 28℃培养条件下，pKC1139∷GCOI 以多拷贝复制，基因簇得到扩增

法：首先优化 *cas9* 的密码子，将其放置在链霉菌强启动子之后并克隆到敲除质粒上，敲除质粒上含有 sgRNA 并置于组成型启动子之后，sgRNA 中的引导序列为靶位点的同源序列，敲除质粒必须包括靶基因两侧的同源臂。将该质粒导入链霉菌，CRISPR-Cas9 系统将靶位点切断，同时质粒上的同源臂与基因组上的同源臂发生双交换，将断裂的靶基因区删除，基因组重新连接（图 4-18）。

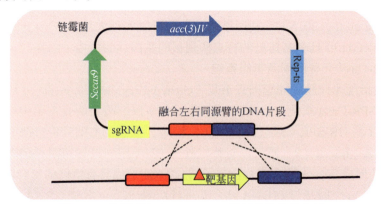

图 4-18　链霉菌中 CRISPR-Cas9 系统的构建及应用

用于链霉菌 CRISPR-Cas9 基因编辑系统含有经密码子优化的 *Sccas9* 基因、靶向 RNA（sgRNA），以及融合了靶序列两侧序列的一段 DNA。Cas9 蛋白在靶向 RNA 的引导下特异性切割靶序列/靶基因（Δ），并进一步通过同源重组（双交换）替换基因组中的靶序列/靶基因

第三节　链霉菌的形态分化及其调控

相对复杂的形态分化过程是链霉菌的典型特征之一，也使其成为研究细菌分化的最好的模式生物之一。本节将主要介绍链霉菌的生命周期、形态分化及其遗传机制，并简要介绍链霉菌形态分化过程中的调控机制。

一、链霉菌形态分化的特点

链霉菌属于丝状细菌，其生活史与丝状真菌类似：都能形成分枝的气生菌丝，并且都能在特化的气生菌丝顶端产生孢子进行繁殖，这些特性有可能是它们在长期进化过程中为适应相似的生态环境而获得的。链霉菌的每个分化阶段都具有十分明显的形态特征，并且与分化相关基因的阻断或敲除都可能会引起相应表型的变化，这就为基因的功能提供了一个直观的反映，可以作为研究的切入点，所以链霉菌一直以来都是研究原核生物发育分化良好的模式材料之一。以天蓝色链霉菌为例，在营养丰富的环境下链霉菌孢子开始萌发，形成基质菌丝，基质菌丝能够通过断裂进入繁殖生长；在营养匮乏或信号分子的刺激下，基质菌丝突破培养基的表面张力，向空中生长，产生气生菌丝，气生菌丝生长到一定阶段产生分隔，形成孢子链，孢子链断裂，孢子成熟并释放，最终完成一个生命周期（图4-19）。

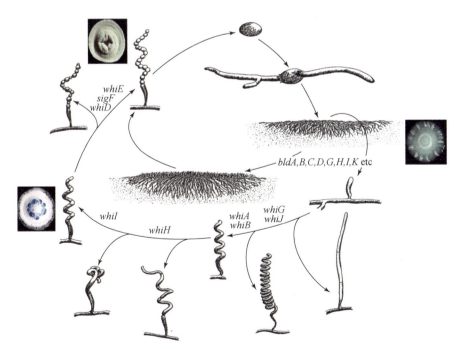

图 4-19　天蓝色链霉菌的生命周期及形态分化（修改自 Kieser et al., 2000）

bld 基因主要在链霉菌分化的早期起作用，其突变导致链霉菌出现不能形成气生菌丝的光秃表型；*whi* 基因主要在孢子成熟过程中起作用，其突变导致链霉菌不能形成成熟的灰色孢子，而保持白色气生菌丝的表型

英国 John Innes 研究所的 Hopwood 和 Chater 等率先开展了链霉菌形态分化的遗传学研究。对链霉菌发育分化过程的认识，主要得益于 Chater 等以天蓝色链霉菌为模式材料获得的一系列形态分化缺陷突变体。这些突变体根据其形态特征分为两大类；光秃突变和白突变（图 4-19）。光秃突变是指菌体生长停止在基质菌丝阶段，不能产生气生菌丝，菌落表面呈现光秃表型而得名，因而参与气生菌丝生长的基因称为 bld 基因（bald，不能形成气生菌丝）。除了控制形态分化，bld 基因突变往往导致多效效应，如碳代谢阻遏缺失、胞间信号转导阻断，以及次级代谢产物合成的缺陷等；参与由气生菌丝形成成熟孢子过程的基因称为 whi 基因，whi 基因突变导致链霉菌生长发育停止在气生菌丝阶段，即使延长培养时间也还呈现白色的表型，菌株始终不能形成灰色的成熟孢子。

二、链霉菌形态分化的分子基础

（一）链霉菌气生菌丝形成的分子基础

链霉菌基质菌丝所处的培养基是一个亲水性环境，而气生菌丝所处的空气则是一个疏水环境，为了能够突破培养基表面的气 - 水张力，基质菌丝在分化为气生菌丝的过程中必须有疏水性的"外衣"对其进行包裹。在葡萄糖丰富培养基中，这种疏水性的"外衣"主要由一种称为 SapB（spore associated protein B）的表面活性肽分子组成。尽管在 20 世纪 60 年代就已经通过显微镜发现了链霉菌气生菌丝的疏水外鞘（hydrophobic sheath），并在 90 年代发现了葡萄糖丰富培养基条件下的 SapB 蛋白，但 SapB 的遗传和生化特性直到 2002 年天蓝色链霉菌全基因组测序完成仍未阐述清楚。近几年关于 SapB 结构的鉴定、其编码基因的克隆，以及疏水性"外衣"重要组成部分 chaplin（coelicolor hydrophobic aerial proteins）和 rodlin 的相继发现（Kodani et al.，2004；Elliot et al.，2003），使人们对链霉菌形态分化分子基础的认识有了根本的改变。

在以葡萄糖为碳源的丰富培养基中，SapB 对于气生菌丝的形成是必需的。外源添加疏水性的 SapB 能够恢复除 bldN 以外的所有 bld 基因突变株的气生菌丝生长。结构分析表明 SapB 属于羊毛硫肽类化合物，分子量为 2017 Da。随后的基因组序列分析证明 SapB 由 ram（rapid aerial mycelium）基因簇负责合成，其中 ramR 编码一个应答调控因子，它能感受外界信号进而直接激活 ramCSAB 的转录（图 4-20）。研究发现：在天蓝色链霉菌中增加 ram 基因的拷贝数能导致气生菌丝加速合成，而缺失 ram 基因导致在葡萄糖丰富培养基条件下不能形成气生菌丝，而使菌落呈现光秃的表型。在灰色链霉菌中，对 ram 的同源基因 amf 进行过表达和破坏，也会产生同样的效果。转录分析表明：ram 在所有的 bld 突变株中均不能转录，进一步说明了 SapB 在链霉菌气生菌丝形成中的重要性。

链霉菌 bld 突变株在以甘露醇为碳源的基本培养基上生长时，虽然检测不到有 SapB 的表达，但却能够恢复或者部分恢复野生型表型。暗示存在另外一种不依赖于 SapB 的气生菌丝分化途径，这个途径很可能与气生菌丝的疏水外鞘形成相关。通过生化和遗传分析发现，一组分泌蛋白对于气生菌丝和孢子疏水外鞘的形成至关重要，这组分泌蛋白被命名为 chaplin，chaplin 家族的 8 个蛋白分别由基因 chpA ~ H 编码，它们均含有一个从未

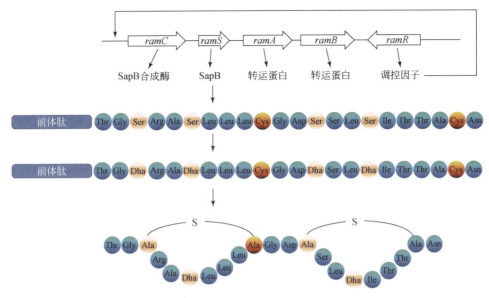

图 4-20　SapB 生物合成基因簇及其合成过程

发现过的约 50 个氨基酸组成的高度保守的 chaplin 结构域，该结构域特异性地存在于链霉菌和褐色喜热裂孢菌（*Thermobifida fusca*）中。chaplin 结构域本身疏水性非常强，含有 60% ～ 65% 的疏水氨基酸，在体外 chaplin 可以在气 - 水界面处自组装成淀粉状纤维束（amyloid-like filaments），因此 chaplin 家族的八个蛋白很可能通过体外的异源多聚化与相互作用而锚定在气生菌丝表面的细胞壁上，进而形成疏水外鞘（de Jong et al.，2009）。

以上研究结果为 *bld* 突变株的碳源依赖性找到一个合理的解释，即当培养基中碳源的种类不同时，有两种不同种类的气生菌丝分化途径（Claessen et al.，2004，2006）。在以葡萄糖为碳源的营养丰富的培养基上气生菌丝的产生依赖于 SapB 和 chaplins，在此种培养条件下，*bldA*、*B*、*C*、*D*、*F*、*G*、*H*、*I*、*J*、*K* 中任意一个基因的突变都不能产生 SapB（由 *ramS* 基因编码）和 chaplins，所以气生菌丝无法形成；而在碳源为甘露醇的基本培养基上气生菌丝的产生只依赖于 chaplin，在这种培养条件下，除 *bldB* 以外的大多数 *bld* 基因突变株仍能产生 chaplin，所以仍能够产生气生菌丝（Capstick et al.，2007）（图 4-21）。

在以葡萄糖为碳源的丰富培养基上，一个 *bld* 突变株能够受到生长在其附近的野生型或者是另一些 *bld* 突变株的诱导，回复气生菌丝的形成，这种现象被称为胞外互补。*bld* 突变株胞外互补实验表明：除 *bldB* 外的大多数 *bld* 基因突变株存在有以下互补顺序，*bldJ* > *bldK*，*bldL* > *bldA*，*bldH* > *bldG* > *bldC* > *bldD*，*bldM* > *ram*，即位于箭头右侧的 *bld* 基因突变株（donor strain）能够回复箭头左侧的 *bld* 基因突变株（receptor strain）的气生菌丝形成（Willey et al.，1993）。由此提出气生菌丝形成过程中存在一个 *bld* 级联信号转导途径，这些 *bld* 基因可能直接或者间接涉及不同的胞外信号分子的合成、感受或者响应，每一个信号分子则能够通过这种级联信号转导途径诱导产生下一个信号分子，直至诱导 *ramR* 的表达。然后激活 *ramCSAB* 的转录，最终形成 SapB。在 SapB 的帮助下，链霉菌菌丝克服培养基气 - 水表面张力，向空气中生长，形成气生菌丝（图 4-22）。

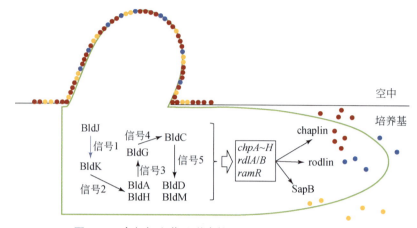

图 4-21 参与气生菌丝形成的 SapB、chaplin 和 rodlin

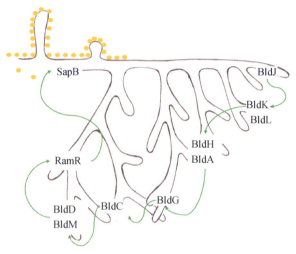

图 4-22 由 *bld* 基因介导的细胞间信号级联系统

在 *bld* 基因介导的级联信号传递途径中，最早发现的一个信号分子是 655 Da 的胞外寡肽，它能够被 *bldK* 所编码的 ABC 转运系统重新输入胞内并起始气生菌丝的形成。后来又在白黑链霉菌（*Streptomyces alboniger*）中发现巴马霉素可以使 *bld* 突变株恢复产孢。最近研究表明，巴马霉素与钙信号转导有关。研究得最清楚的是在灰色链霉菌中发现的 A 因子。A 因子是种间特异性的 γ- 丁酸内酯信号分子，它在很低的浓度下就能对形态分化和抗生素产生起到重要的调控作用，被称为 "微生物激素"。因为 *bld* 基因的编码产物调控许多与初级代谢、次级代谢及信号相关的基因的表达。因此，*bld* 级联信号转导途径的生物学意义被认为是一个信号整合过程，通过感知胞外的各种信号并整合菌体自身的能量状态及菌落密度来决定是否进入气生菌丝形成阶段。

（二）环境因素对链霉菌形态分化的影响

链霉菌的形态分化及次级代谢产物的合成涉及许多的调控蛋白与大量的胞内和胞外信

号分子，信号分子的产生是一个与细胞内外环境因素直接相关的过程，如温度和碳氮源对信号分子的产生都有很大影响。

很多环境因素能够通过起始链霉菌复杂的信号转导系统促进其形态分化和次级代谢产物的合成（生理分化）。这些环境因素包括热激、氧化刺激、渗透压冲击、酸碱刺激等。链霉菌通过不同的 σ 因子响应不同的环境刺激。链霉菌具有依赖于环境刺激的大量独特的信号转导机制，这些 σ 因子能够协调基因表达以应答各种环境刺激。

三、链霉菌的形态分化过程

在固体培养基上，链霉菌能够从一个简单的孢子萌发，通过顶端生长形成基质菌丝；基质菌丝受培养基中营养匮乏等胁迫或感受其他信号时，会进一步释放小分子信号物质，加速分化过程并形成气生菌丝；气生菌丝进一步螺旋分隔形成单基因组的前孢子单元（prespore compartments）；然后孢子壁加厚并从孢子链上释放出来，最终产生坚硬、耐干旱的成熟孢子。链霉菌的孢子在干旱条件下能存活很长时间，但它对恶劣环境的抗逆性与芽孢杆菌产生的芽孢相比相差很多，它们最主要的作用可能是在自然界中尽可能大范围地传播，来提高存活的概率。

（一）孢子萌发形成基质菌丝

链霉菌的孢子在合适的条件下开始萌发。孢子可以从一端萌发，也可以从两端萌发，甚至有时会产生 3 个萌发管并发育成基质菌丝（Bobek et al.，2014）。

孢子萌发是一个错综复杂的过程，各种感受器和途径可能分别参与了对特定环境刺激的应答，以至于在孢子萌发的起始阶段很难区分这些应答到底是真正的信号事件还是必需的代谢途径或者看家活性；此外，在遗传上尚不能获得具有时相特异性的孢子萌发突变株，这对于从分子水平了解孢子萌发机制无疑是一个巨大的障碍。

（二）链霉菌的顶端生长

链霉菌菌丝通过顶端延伸进行生长，其顶端生长并不依赖于细菌的类肌动蛋白 MreB，也不依赖于微管蛋白同源体 FtsZ 和细胞分裂，其细胞壁合成发生在菌丝顶端而不是侧壁。链霉菌的这种顶端生长模式与大多数的细菌生长具有明显的差异，但与丝状真菌的极性生长相似。

顶端延伸在形成链霉菌菌丝分枝时，需要首先选择和标记菌丝分枝位点以确定新的细胞极性轴，然后招募涉及输出和组装肽聚糖的酶到新产生的菌丝顶端（图 4-23）。时相显微观察证实，分枝位点就出现在侧壁中细胞分裂蛋白 DivIVA 组装和聚集的位点。在链霉菌这种不依赖 MreB 的顶端生长模式中，DivIVA 指导肽聚糖的生物合成。这不同于以往观察到的细菌生长和分裂。实验证实 DivIVA 是链霉菌不依赖 MreB 的细胞壁延伸所必需的。

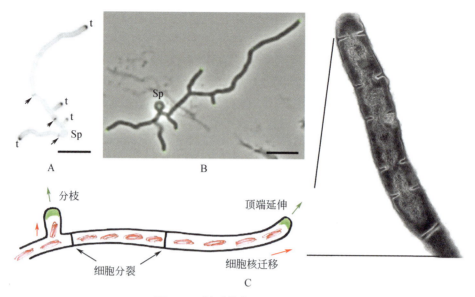

图 4-23 链霉菌菌丝的顶端生长

A. 链霉菌营养菌丝中肽聚糖新生位点；B. 通过绿色荧光蛋白对 DivIVA 的细胞定位，DivIVA 定位于菌丝顶端；C. 链霉菌菌丝极性生长示意图。t. 菌丝顶端；Sp. 孢子

（三）气生菌丝的形成过程

基质菌丝经过顶端生长和分枝，在感受到环境中的营养限制或者其他压力后，通过表达 SapB 和 chaplin 等赋予了菌丝表面疏水特性，从而使其突破培养基表面的气 - 水张力进入繁殖性的气生菌丝阶段（Flärdh and Buttner，2009）。许多 *bld* 基因控制基质菌丝向气生菌丝的发育转变，它们的突变导致不能形成气生菌丝，因而菌落呈现光秃的表型（图 4-24）。

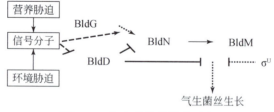

图 4-24 气生菌丝的形成过程

BldG 等蛋白接受来自营养胁迫、环境压力等内部或外部信号，会启动级联信号传递，最终导致气生菌丝分化

参与气生菌丝形成的基因按照功能可以分为三类：第一类是调控基因（占大多数，如 *bldD*、*bldH* 等）（Lee et al.，2007），第二类是涉及信号相关的基因（如 *bldK*、*sigB*、*rsuA* 等），第三类是编码气生菌丝结构组分的一些基因（如 *chpA-H*、*ramCASBR* 等）。

（四）孢子或孢子链的形成

链霉菌气生菌丝形成后，将进一步产生螺旋和分隔，孢子壁加厚，并最终形成成熟的游离孢子。这个过程受到包括 *whi* 基因在内的许多基因的控制（图 4-25）。*whi* 基因的突变导致气生菌丝不能形成成熟的孢子，由于孢子色素不能够产生而呈现出白色菌落的表型，以及菌丝体呈现长而螺旋的形态。不同 *whi* 基因的突变产生一系列处于不同分化时期的气生菌丝或孢子形态，依据是否产生孢子分隔可以将 *whi* 基因分为早期 *whi* 基因（*whiA*、*B*、*G*、*H*、*I*）和晚期 *whi* 基因（*whiD*、*E*）。

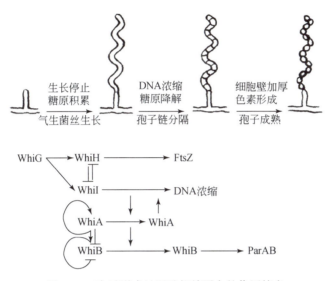

图 4-25　孢子形成过程及相关蛋白的作用特点

whiA、*B*、*G*、*H*、*I* 属于早期 *whi* 基因，这些基因的突变导致气生菌丝不能正常分隔。晚期产孢基因（*sigF*、*whiD*、*ftsZ*、*whiE* 等）的表达依赖于早期 *whi* 基因，也是孢子成熟所必需的。*sigF* 基因编码一个 σ 因子，是孢子壁加厚和正常孢子色素产生所必需的；*ftsZ* 编码孢子分隔必需的 FtsZ 蛋白。另外还有其他一些功能性基因与孢子形成相关，如参与染色体分离的 ParAB，与 DNA 转运相关的蛋白 SmeA 和 SsfA，以及影响细胞壁肽聚糖合成的 SsgA 等

（五）孢子链中染色体的分离

孢子链的形成和孢子的成熟是链霉菌形态分化过程的最后阶段，也受到严格调控（Flärdh and Buttner，2009）。在气生菌丝分化的早期，长的未分隔的气生菌丝单元（产孢细胞）将会转变成孢子链。产孢细胞存在大量的 DNA 复制，如天蓝色链霉菌的每个产孢细胞中包含大约 50 个或者更多拷贝数的染色体，这是链霉菌从单个的游离细胞形成多细胞的一个复杂的过程。在 *whiA* 和 *whiB* 的作用下，产孢细胞停止延伸，然后起始同步化的多细胞分裂，膜蛋白 CrgA 很可能通过抑制细胞分裂来协调气生菌丝的延伸和分离。

产孢细胞形成孢子分隔（spore septation）。如同基质菌丝中形成的菌丝横隔一样，孢子分隔也是由微管蛋白同源体 FtsZ 指导合成。*ftsZ* 转录的强烈上调导致胞内 FtsZ 的浓度超过其多聚化的临界浓度，并形成沿着产孢细胞呈螺旋状排列的纤维，最后这些多聚化的 FtsZ 被重塑成规则分布的 Z 环。Z 环确定了细胞分裂位点并且招募 FtsW、FtsI、FtsL、FtsQ 和 DivIC 等分离蛋白（Grantcharova et al.，2005）。

产孢细胞含有的染色体沿着细胞形成连续的核物质，然后分隔形成单基因组的孢子，

这种有序的染色体的定位和分离涉及至少两个系统 ParA 和 ParB。*parA* 编码 Walker A 家族的细胞骨架 ATPase，而 *parB* 编码一个 DNA 结合蛋白，ParB 可以特异性地结合位于染色体 *oriC* 周围约 20 个 *parS* 位点，并同染色体形成核蛋白复合体，规则分布于产孢细胞中。最后孢子分隔，使每一个前孢子单元都含有一个与 ParB 结合的基因组。ParA 辅助了 ParB-DNA 复合体的形成并使之规则分布，并且 ParB 的组装同 ParA 形成的螺旋形纤维同步，产孢细胞顶端起始并向下延伸的 ParA 螺旋形纤维会在分隔前消失。

孢子分隔产生的前孢子经过进一步的孢子壁加厚最终形成成熟的孢子，肌动蛋白 MreB 就参与了孢子壁组装的过程，其突变导致形成热敏感及异常膨胀的孢子，荧光融合的 MreB-EGFP 观察显示，其表达和定位对应于孢子壁合成的起始和增厚过程。由此可见，气生菌丝产孢分隔和染色体分离是一个受到精密调控的协同进行过程（图 4-26）。

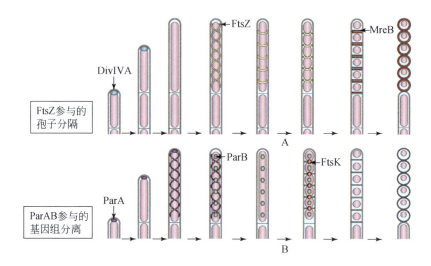

图 4-26　孢子分隔与基因组 DNA 分离
A. 细胞壁组装和细胞分裂；B. 染色体分离

（六）与天蓝色链霉菌孢子产生有关的级联调控网络

bld 基因和 *whi* 基因之间存在着复杂的相互关系。在基质菌丝中，BldD 能够直接阻遏 *whiG* 和 *bldN* 基因的转录。在气生菌丝开始形成时，BldD 脱离 *bldN* 和 *whiG* 的启动子区，使 *whiG* 和 *bldN* 得以转录。含有 σ^{bldN} 的 RNA 聚合酶直接启动 *bldM* 的转录。BldM 是气生菌丝生长所必需的调控元件。同时 *bldM* 和 *bldN* 的编码产物在分化的晚期还会发挥作用。σ^{whiG} 特异性起始了从气生菌丝到孢子形成的分化程序。在 σ^{whiG} 的参与下，RNA 聚合酶启动 *whiH* 和 *whiI* 的转录。*whiH* 和 *whiI* 具有自调控作用，*whiH* 突变株会过量表达 *whiH*，*whiI* 突变株会过量表达 *whiI*。这种自调控的特点仅存在于 *whiI* 的低水平表达时期。当开始形成孢子分隔时，*whiH* 和 *whiI* 的表达显著增加。WhiH 和 WhiI 都含有一个 DNA 结合结构域和一个与信号感应有关的结构域。*whiA* 和 *whiB* 各含有一个低水平组成型表达的启动子和一个仅在气生菌丝生长阶段强转录的启动子，并且都不依赖于 σ^{whiG}。*whiA* 和 *whiB* 的

组成型表达在各自的自调控中发挥作用。当气生菌丝生长变慢时，WhiA 和 WhiB 感受相应变化所引起的信号，终止气生菌丝生长，接着激活晚期产孢基因的表达。晚期产孢基因如 *ftsZ*、*whiD*、*sigF* 和 *whiE* 的表达最终促使链霉菌形成成熟的灰色孢子。*whiB* 和晚期白基因 *whiD* 仅仅存在于放线菌中。这些蛋白质可能通过二硫键的形成或与具有氧化还原活性的金属离子形成配位键而感受氧化还原状态的改变。

早期白基因 *whiG*、*whiH*、*whiI*、*whiA* 和 *whiB* 是正常分隔及晚期产孢基因 *sigF*、*ftsZ* 和 *whiE* 转录所必需的。*sigF* 基因编码一个 σ 因子，是孢子壁加厚和正常的孢子色素产生所必需的，从 *ftsZ2P* 起始的转录产物编码孢子分隔必需的 FtsZ 蛋白。WhiH 能激活 *ftsZ2P*，正常的丰富的 FtsZ 蛋白是孢子产生晚期基因表达所必需的，而两个 *whiE* 转录单元则决定了孢子色素的合成。由此可见，至少有两个独立的途径（σ^{whiG} 依赖的和非依赖的）共同激活了孢子产生后期的调控过程（图 4-27）。

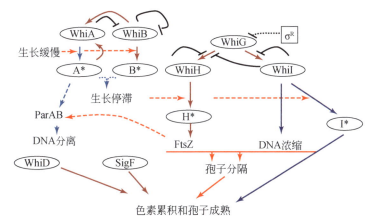

图 4-27 与天蓝色链霉菌孢子形成有关的级联调控网络

A^*. 磷酸化的 WhiA；B^*. 磷酸化的 WhiB；H^*. 磷酸化的 WhiH；I^*. 磷酸化的 WhiI

四、链霉菌分化过程中的程序性细胞死亡

程序性细胞死亡（programmed cell death，PCD）指为维持细胞内环境稳定，由基因控制的细胞自主有序的死亡方式，也被认为是细胞为应对压力、损伤或者发育分化信号而采取的主动自杀机制。

早在 20 世纪 70 年代，Wildermuth 就发现在链霉菌的发育分化过程中有部分基质菌丝和未分化成孢子的气生菌丝存在有规律的死亡现象，这些菌丝的死亡发生在链霉菌分化过程中的特定时间和区域。链霉菌菌丝的这种有序细胞死亡既不同于自裂解（autolysis），又同程序性细胞死亡相区别，首先是死亡的菌丝体并未显示出 PCD 所特有的表观特征（如细胞核体积的缩小、染色体浓缩及形成梯状的 DNA 降解等），其次是死亡的菌丝体并未完全消失，保留的残体既可以作为机械支撑用于气生菌丝分化从而脱离培养基表面，同时也可作为水分和营养物质的运输通道（Miguélez et al.，1999）。

链霉菌分化过程中存在两轮菌丝死亡现象（Manteca et al.，2006）。在孢子萌发的早期，细胞死亡以活性菌丝片段和死亡菌丝片段相互交替对称地存在于新生的菌丝中，形成一种镶嵌斑驳的菌丝形态（variegated hyphae）。依据孢子接种密度的大小，这些菌丝体会采用两种不同的生长方式形成"环"（circle，0.5 cm 直径）或"岛"（island，0.9 mm 直径），然后进一步生长发育成全面覆盖培养基的气生菌丝，伴随着这一过程会再发生一次细胞死亡（图 4-28）。生化证据表明有大量受发育调控的酶类参与细胞死亡过程，有效地裂解细胞和生物大分子。

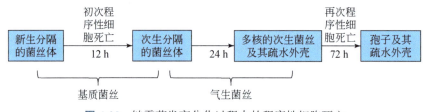

图 4-28　链霉菌发育分化过程中的程序性细胞死亡

链霉菌发育分化中的细胞死亡过程的生理学意义可能在于：链霉菌在生长过程中感受到环境中的营养限制或者其他压力时，通过细胞死亡可为其孢子的发育分化提供营养物质，伴随着基质菌丝向气生菌丝的转变，链霉菌通常会在这一时期产生包括抗生素在内的多种次级代谢产物，这对于链霉菌专一性地重新利用自身裂解产物具有重要的意义。目前对于链霉菌发育分化过程中的程序性细胞死亡过程研究基本上局限于形态学描述。但已有实验室开展相关方面的蛋白质组学研究，结果表明，链霉菌程序性细胞死亡过程中出现许多涉及细胞大分子降解的酶类、调控蛋白、压力应激蛋白，对于这些可能的靶分子的研究将有助于在分子水平深入了解链霉菌发育分化中的程序性细胞死亡现象，并对抗生素产量的提高提供一定的借鉴。

五、链霉菌形态分化过程中的分子调控机制

（一）σ因子参与的形态分化调控

σ因子是 RNA 聚合全酶的重要组成部分，负责识别基因的启动子区。σ因子分为持家 σ 因子、生长非必需 σ 因子、可选择性 σ 因子和胞质外功能 σ 因子（extracytoplasmic function sigma factor，ECFσ）。大肠杆菌中主要的 σ 因子能够与核心酶一同被纯化，称为 σ^{70}。其变异体 σ^{32} 能引导核心酶在热休克基因的启动子处起始转录。大肠杆菌中另一种 σ 因子参与氮饥饿的应激反应，称为 σ^{60}。枯草芽孢杆菌中存在 7 种不同的 σ 因子，它们识别不同的序列。其中 σ^{43} 是最主要的 σ 因子（相当于大肠杆菌中的 σ^{70}），它能识别 σ^{70} 所识别的共同序列。枯草芽孢杆菌从一组基因表达转换为另一组基因表达时往往需要更换 σ 因子，称为 σ 因子更迭。

不同于大肠杆菌和枯草芽孢杆菌，天蓝色链霉菌 A3（2）基因组编码有 65 个 σ 因子，其中 45 个属于 ECF 家族 σ 因子。其中，hrdB 编码的 σ 因子与大肠杆菌 σ^{70} 一样，可以识别必需基因的启动子区，因而被认为是初级 σ 因子。此外，由 whiG 编码的 σ 因子在链霉

菌孢子形成中起重要作用，缺失 σ^{whiG} 导致菌株不能形成成熟的孢子链，而停留在气生菌丝阶段。σ^B 是大肠杆菌中 σ^S 的同源类似物，研究发现其与链霉菌的形态分化和渗透压保护相关。σ^B 影响气生菌丝的形成，σ^L 影响孢子的形成，σ^M 可以促进产孢，σ^H 缺失会导致气生菌丝分隔缺陷，同时也影响菌体在高渗条件下的生长（Kelemen et al.，2001）。

（二）严谨因子 ppGpp 参与的形态分化调控

链霉菌发育分化和次级代谢产物的合成一般都是起始于对环境中营养匮乏的感应，如严谨反应（stringent response）。严谨反应是指细胞感受营养匮乏并且起始适应性的应激反应。在氨基酸限制条件下，菌体通过诱导的严谨反应在体内积累大量的严谨因子（p）ppGpp（鸟苷酸四磷酸），这种小分子物质可以抑制 IMP 脱氢酶（IMP-dehydrogenase）的活性，导致体内 GTP 显著减少，同时也可以结合 RNA 聚合酶，直接或间接地影响氨基酸合成相关基因的表达，这也是链霉菌应对复杂环境的一种适应性策略（Ochi，2007）。

在氨基酸饥饿的条件下，空载的 tRNA 占据核糖体 A 位点并激活核糖体结合的 RelA 活性，催化 ATP 和 GTP 合成（p）ppGpp。relA 的突变或者核糖体亚基的突变（relC）能够产生松弛状态，从而使菌体不能够产生 ppGpp，导致链霉菌形态分化的延迟。天蓝色链霉菌野生型菌株通常在产孢培养基上培养 24 ~ 48 h 产生气生菌丝，而 relA 突变株由于不能产生 ppGpp 导致气生菌丝的产生延迟到 60 ~ 120 h（图 4-29）。

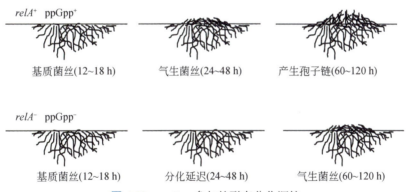

图 4-29　ppGpp 参与的形态分化调控

ppGpp. 鸟苷四磷酸，是链霉菌应对不同环境胁迫压力，启动相关生理适应性基因表达调控的"报警"信号分子，ppGpp 作用靶点是 RNA 聚合酶；relA. 参与 ppGpp 合成的基因；relA$^+$ppGpp$^+$. 野生型菌株；relA$^-$ppGpp$^-$. ppGpp 合成缺陷菌株

（三）A 因子参与的形态分化调控

链霉菌往往会产生一些对其形态分化具有促进作用的小分子化合物（Niu et al.，2016）。A 因子是其中研究得最为清楚的一类。A 因子作为链霉菌细胞交流的群感效应因子，从细胞内扩散到环境中，一旦达到一个临界浓度，就可诱导调节一系列目标基因的转录。最早发现的 A 因子来自于灰色链霉菌，其化学名称是 2- 异酰基 -3R- 羟甲基 -4- 丁内酯。如今已有来自于多株链霉菌的 γ- 丁酸内酯分子的结构被鉴定，其骨架结构基本类似，仅在侧

链长度和立体构象上有些差别。但这些分子的共同点就是在很低的浓度（10^{-9}mol/L）下就能发挥作用，又被称为微生物激素（microbial hormone）。

在灰色链霉菌中，A 因子合成后与其受体蛋白 ArpA 结合，ArpA 上连接两个结构域的长螺旋就会重新定位，进而从 *adpA* 的启动子区解离下来（Hirano et al., 2006）。大量表达的 AdpA 直接激活了形态分化和次级代谢物生物合成相关基因的转录，进而开启了形态分化及相关次级代谢物的生物合成（图 4-30）。

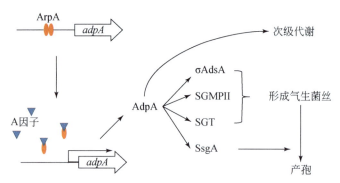

图 4-30 A 因子参与的形态分化和次级代谢调控

第四节　链霉菌次级代谢产物及其生物合成

次级代谢产物（secondary metabolite）通常指生物体生长发育非必需的分子量小于 3 kDa 的化学物质。越来越多的证据表明，次级代谢产物实际上参与了生物体对环境因子应答等多种生理过程。目前已知的来源于微生物的次级代谢产物已经有 33 500 余种，其中抗生素是人们熟知的、也是最重要的一种。如今广泛意义上的抗生素囊括了几乎所有的微生物次级代谢产物，这些次级代谢产物以极低的浓度在生化水平调控微生物的生长及其分化过程。同时发现抗生素也能由动植物等非微生物体产生。微生物来源的活性次级代谢产物主要由包括链霉菌在内的放线菌和丝状真菌产生（表 4-1）。

表 4-1　微生物来源的次级代谢产物

物种	早期（1940～1974 年）	%	中期（1975～2000 年）	%	新时期（2001～2010 年）	%	总数
放线菌	3 400	62	7 200	42	3 100	28.5	13 700
链霉菌	2 900		5 100		2 400		
其他放线菌	500		2 100		700		
其他细菌	800	15	2 300	13	1 100	10	4 200
黏细菌	25		400		210		
蓝细菌	10		30		125		
真菌	1 300	23	7 700	45	6 600	61	15 600
微小真菌	950		5 400		4 900		

续表

物种	早期（1940～1974年）	%	中期（1975～2000年）	%	新时期（2001～2010年）	%	总数
担子菌	300		1 800		1 500		
其他真菌	20		200		160		
总数	5 500		1 7000		10 800		33 500

尽管微生物次级代谢产物的化学结构各异，但它们都是由初级代谢产物（如 α- 氨基酸、乙酰辅酶 A、甲羟戊酸和莽草酸等）经过多步酶促反应合成的。微生物次级代谢产物种类繁多，结构各异（图 4-31）。由于其结构的多样性，也赋予了微生物次级代谢产物不同的生物活性，因而成为创新药物的重要源泉。

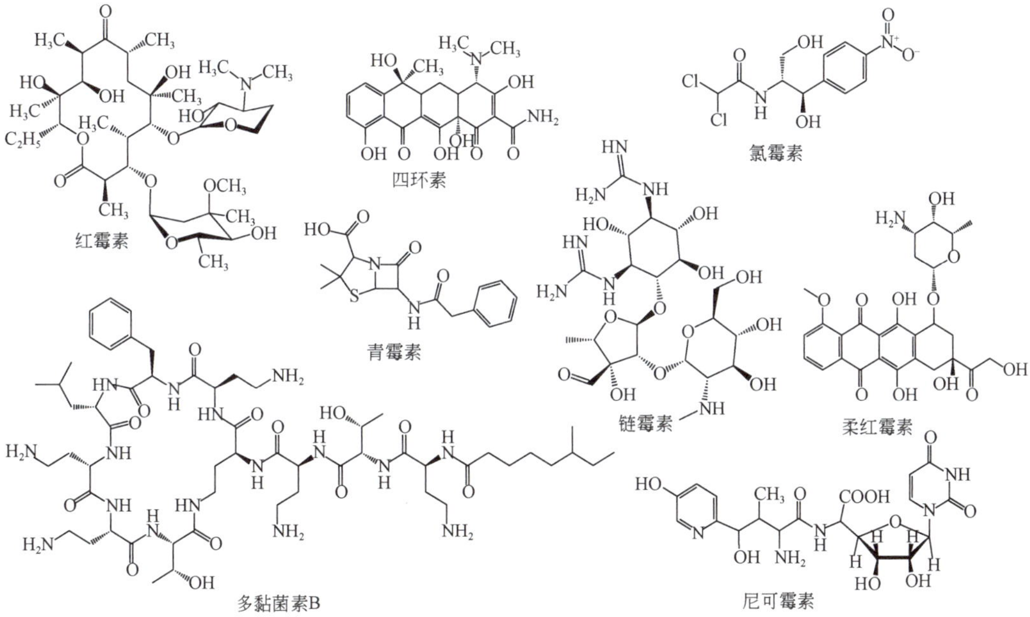

图 4-31　不同微生物来源的次级代谢产物

一、链霉菌次级代谢产物生物合成基因 / 基因簇

包括链霉菌在内的微生物次级代谢产物的合成过程通常包括一系列生化反应，涉及几个甚至几十个基因。对微生物次级代谢产物生物合成基因进行分析研究后发现，这些基因通常在染色体上成簇排列，并可分为结构基因、后修饰基因、调节基因、抗性基因及与次级代谢产物分泌有关的基因等。

二、链霉菌次级代谢产物的种类

微生物次级代谢产物种类繁多，按化学结构可大致分为以下几类：①β- 内酰胺类化合物，如青霉素、头孢菌素、碳青霉烯等；②大环内酯类化合物，如红霉素、螺旋霉素、麦迪霉素等；③肽类化合物，如多黏菌素、杆菌肽、万古霉素等；④四环素类化合物，如四环素、金霉素、土霉素等；⑤氨基糖苷类（氨基环醇类）化合物，如链霉素、井冈霉素、卡那霉素等；⑥核苷类化合物，如尼可霉素、多氧霉素、杀稻瘟菌素等；⑦苯烃基胺类化合物，如氯霉素等；⑧多烯类化合物，如两性霉素B、匹马霉素等；⑨蒽环类化合物，如柔红霉素、多柔比星、杰多霉素等；⑩其他，如放线酮等。尽管各类次级代谢产物的结构各异，但它们都是由各种初级代谢产物及代谢途径的中间产物（如 α-氨基酸、乙酰辅酶A、甲羟戊酸和莽草酸等）经过多个酶促反应合成的。

次级代谢产物的化学结构主要是由参与该类化合物生物合成的酶促反应所决定的。按照次级代谢物的化学结构及相应的代谢途径，尤其是参与主骨架形成的聚合酶的类型，可以将链霉菌主要次级代谢产物分为聚酮类（polyketides）、非核糖体肽类（nonribosomal peptides）、核糖体肽类（ribosomal peptides）及萜类化合物（terpenoids）等几大类（表 4-2）。

表 4-2　依据生物合成途径的次级代谢产物及其类型

次级代谢产物种类	具体的次级代谢产物
还原聚酮（大环内酯、聚醚、聚烯）	阿维菌素、C-1027、红霉素、莫能霉素、苦霉素、匹马霉素、雷帕霉素、利福霉素、泰乐霉素、螺旋霉素
芳香聚酮	放线紫红素、榴霉素、杰多霉素、光神霉素、四环素、丁省霉素、柔红霉素
非核糖体肽	放线菌素、头霉素、新生霉素、原始霉素、万古霉素、维吉霉素S、紫霉素
聚酮/非核糖体肽杂合类	博莱霉素、雷帕霉素、维吉霉素、雷拉霉素
核糖体肽	乳链菌肽、SapB、小菌素B17、硫链丝菌素A、小菌素J25
萜类化合物	青蒿素、tryprostatin、panepoxydone

三、聚酮类化合物的生物合成

聚酮类化合物是指由简单羧酸如乙酸、丙二酸等，通过类似于脂肪酸的合成方式，经聚酮合酶（polyketide synthase，PKS）连续缩合而成的一大类结构多样和生理功能各异的化合物。聚酮类化合物主要由微生物和植物产生，按结构可分为聚酚类、大环内酯类、聚烯类、烯二炔类和聚醚类化合物，如人们所熟知的6-甲基水杨酸（6-methylsalicylic acid）、阿维菌素、南昌霉素、米托霉素、三乙酸内酯等（图4-32）。

阿维菌素B1a　　　　南昌霉素

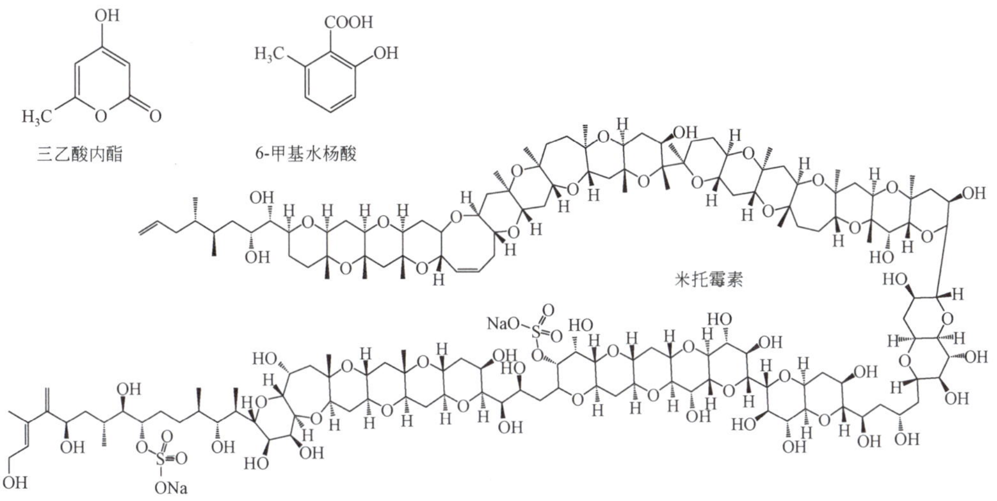

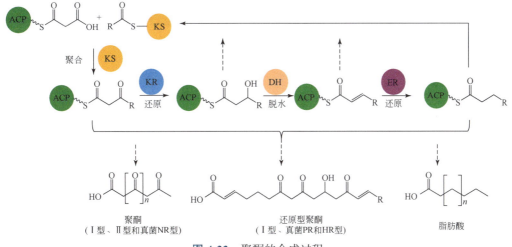

三乙酸内酯
6-甲基水杨酸
米托霉素

图 4-32 不同类型的聚酮类抗生素

聚酮类化合物的生物合成是通过类似于脂肪酸的合成途径完成的（图 4-33）。聚酮的生物合成过程具有如下特点：①可以利用多种起始和延伸单元，如乙酰 CoA、丙二酸单酰 CoA、甲基丙二酸单酰 CoA、丙酰 CoA、丁酰 CoA 等；②在碳链延伸过程中发生酮还原、脱水、烯还原等，但有时只发生其中的一步或两步反应，因而增加了聚酮类化合物结构的多样性；③聚酮化合物还会经历一系列后修饰，如环化、糖基化、甲基化等。

ACP
KS
聚合
KR
还原
DH
脱水
ER
还原
聚酮
（Ⅰ型、Ⅱ型和真菌NR型）
还原型聚酮
（Ⅰ型、真菌PR和HR型）
脂肪酸

图 4-33 聚酮的合成过程

NR. 非还原型聚酮；PR. 部分还原型聚酮；HR. 高度还原型聚酮

聚酮合酶（PKS）是合成聚酮主骨架的关键酶，按照其参与的合成过程可归纳为三型：Ⅰ型、Ⅱ型和Ⅲ型。Ⅰ型 PKS 是目前研究得最为深入的一类聚酮合酶，Ⅰ型 PKS 每个延伸模块至少含有酮基合成酶（KS）、酰基转移酶（AT）和酰基载体蛋白（ACP）3 个基本功能域，以及酮基还原酶（KR）、脱水酶（DH）、烯醇还原酶（ER）等功能域（Xu et al.，2013）。由Ⅰ型 PKS 合成的聚酮类次级代谢产物包括红霉素、阿维菌素、螺旋霉素、泰乐霉素、碳霉素、夹竹桃霉素和杀念珠菌素等。

根据聚酮合酶参与催化过程的特点，又可将Ⅰ型PKS分为两个亚家族：①非重复使用的Ⅰ型PKS；②重复使用的Ⅰ型PKS。非重复使用的Ⅰ型PKS的催化功能域的排布方式往往与聚酮化合物的反应顺序呈线性对应关系，参与催化大环内酯类、聚醚或聚烯等化合物的形成。

在Ⅰ型PKS催化的聚酮合成过程中，首先是起始模块中的酰基转移功能域（AT）活化乙酰CoA等链起始单位，并将其转移至相应酰基载体蛋白功能域（ACP）上，形成酰硫酯。其次，延伸模块中的AT识别丙二酸单酰CoA等延伸单元，并将其转移至相应ACP上形成甲基丙二酰硫酯。然后，第二模块中的酮基合成酶功能域（KS）将上游的乙酰基转移至自身的半胱氨酸活性位点，同时KS催化同模块中ACP上的甲基丙二酰硫酯脱去一分子CO_2，并与半胱氨酸上的乙酰基缩合，在第二个模块ACP上形成相应的硫酯结构单元，完成二碳单位的延伸。最终延伸完成的聚酮长链在硫酯酶功能域（TE）催化下发生环化（图4-34）。

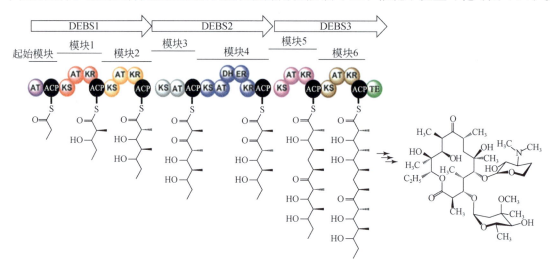

图4-34　非重复Ⅰ型红霉素的PKS进行的缩合

β-酮基合成酶功能域（KS）、酰基转移酶功能域（AT）和酰基载体蛋白功能域（ACP）组成聚酮合酶（PKS）
最基本的模块

Ⅱ型PKS又称为芳香族聚酮合酶，是目前研究得最深入的一类聚酮合酶，它是一种多酶复合体，含有多个单功能酶组成的可重复使用单元，至少包括酮基硫酯合酶（KSα和KSβ亚基）和ACP功能域（Hertweck et al., 2007）。在催化聚酮合成的重复反应步骤中，Ⅱ型PKS被多次用来催化相同的克莱森缩合反应，通过催化链的延伸使之成为一个很长的中间体，最终形成芳香族聚酮化合物（图4-35），例如四环素的合成就是其中一个典型代表。天蓝色链霉菌产生的放线紫红素（Act）也是芳香类聚酮的代表，其他还有柔红霉素、四环素（tetracyclines）、杰多霉素（jadomycin）等。

Ⅲ型PKS（查耳酮合成酶，chalcone synthase）是一种可重复使用的同源双亚基蛋白，在不需要ACP的情况下直接催化泛酰辅酶A间的缩合。这类聚酮合酶主要负责单环或双环芳香类聚酮化合物的生物合成（Shimizu et al., 2017）。Ⅲ型PKS最早是在高等植物欧芹中发现的，最近在细菌和真菌中也发现了Ⅲ型PKS，但不像其他两类PKS，Ⅲ型PKS的作

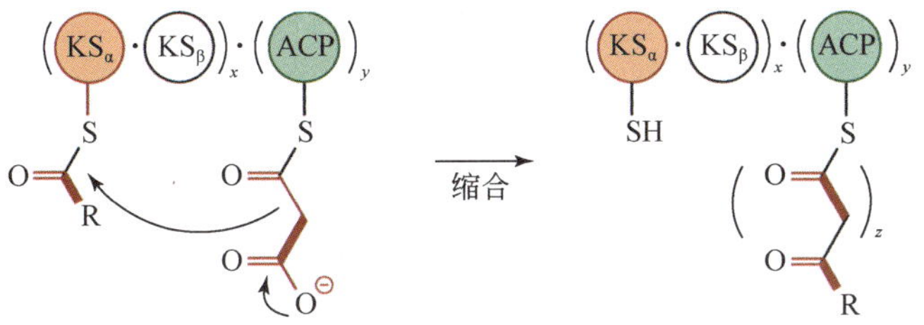

图 4-35　Ⅱ 型 PKS 进行的缩合

用机制还不是很清楚。参与淡黄霉素（flaviolin）生物合成的 RppA 是第一例从链霉菌获得的 Ⅲ 型 PKS，它以丙酰 CoA 作为起始物，进行四轮延伸反应，形成淡黄霉素的主骨架结构四羟基萘（THN）（图 4-36）。

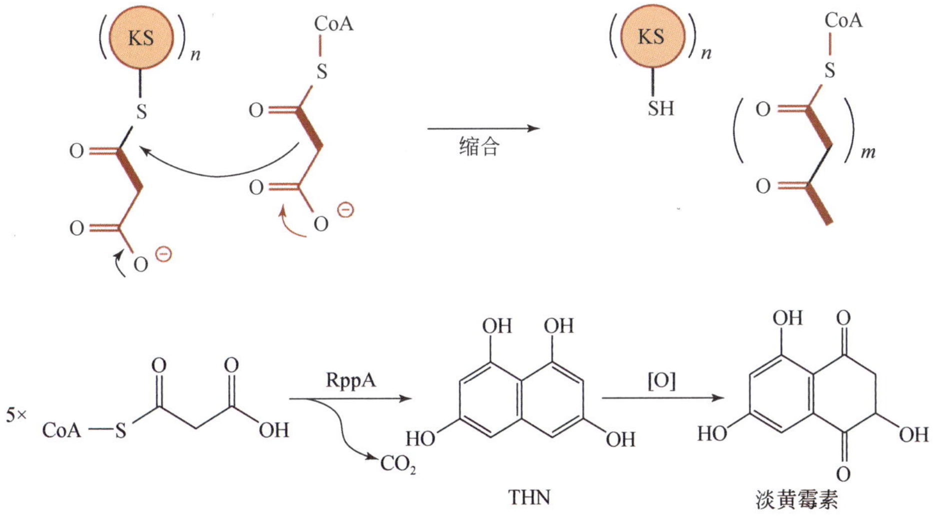

图 4-36　Ⅲ 型 PKS 进行的缩合

RppA 以丙二酰辅酶 A 为起始重复加载丙二酰辅酶 A，经过一系列缩合环化形成 1, 3, 6, 8-tetrahydroxynaphthalene（THN），THN 可以在空气中自发环化生成红色物质淡黄霉素

Ⅲ 型 PKS 的特点：①缩合反应的底物是游离的酰基 CoA，不需要 ACP 及磷酸泛酰巯基乙胺基团的参与；②与 Ⅰ 型和 Ⅱ 型 PKS 的序列同源性很低，可能具有不同的起源；③结构简单，以同源二聚体的形式起作用，单个亚基的分子量为 40 ～ 45 kDa。

四、非核糖体肽的生物合成

非核糖体肽类化合物（nonribosomal peptides）的生物合成不依赖于核糖体而是基于硫醇模板的组装路线（Winn et al.，2016）。非核糖体肽的合成是在非核糖体肽合成酶（nonribosomal peptide synthetases，NRPS）催化下将多种氨基酸（包括非蛋白质来源的 D 型氨基酸，以及经羟基化、甲基化等形成的多种氨基酸及其衍生物）进行缩合，形成具有结构类型丰富及活性良好的化合物的过程。青霉素和头孢菌素等 β- 内酰胺类抗生素是典型的非核糖体肽类化合物，此外还包括新一代抗感染药物达托霉素等（图 4-37）。

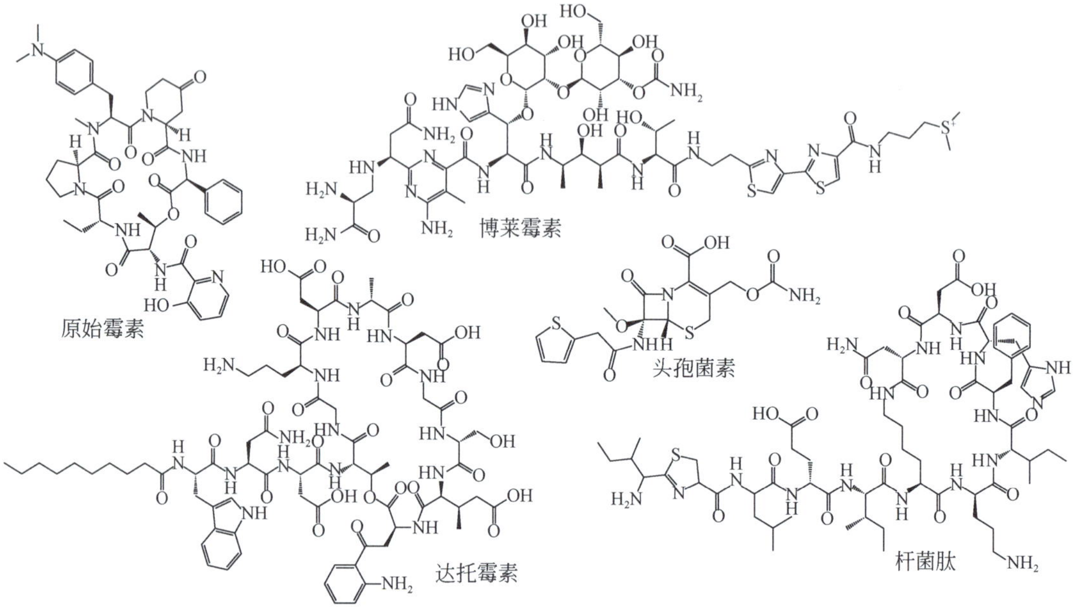

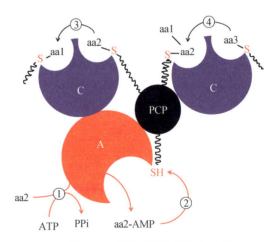

图 4-37 不同类型的非核糖体肽类化合物

与聚酮类化合物的合成过程相似，非核糖体肽的合成过程由起始、链延伸及终止模块组成。由一个参与腺苷化反应的活化功能域（A）识别特定的氨基酸并将其腺苷化，然后这个腺苷化的氨基酸和邻近肽基载体蛋白功能域（PCP）上的硫基形成硫酯，PCP 之间的缩合功能域（C）负责催化肽键形成。A、PCP 和 C 通常被称为"最小 NRPS"。经过几个延伸过程，最后通过硫酯酶功能域（TE）将组装完成的非核糖体肽从 NRPS 上切下来（图 4-38）。

图 4-38 非核糖体肽的缩合过程

①底物氨基酸腺苷化；②肽基载体蛋白功能域中硫酯的形成；③上游缩合功能域中肽键的形成；④下游缩合功能域中肽键的形成。A. 腺苷化功能域；PCP. 肽基载体蛋白；C. 缩合功能域。aa1、aa2、aa3. 氨基酸底物

此外，模块中还存在异构化功能域（epimerase，负责将 L 型氨基酸转换为 D 型氨基酸）、异环化功能域（heterocyclization），与缩合功能域一样催化肽键形成，同时催化半胱氨酸（Cys）、丝氨酸（Ser）和苏氨酸（Thr）的侧链与肽骨架之间形成噻唑啉或噁唑啉杂环、氧化功能域（oxidation，负责将噻唑啉或噁唑啉转变为噻唑或噁唑）及甲基化功能域等。

与 PKS 相似，NRPS 按照其功能域的组成也可以分为线性 NRPS（A 型）、重复型 NRPS（B 型）和非线性 NRPS（C 型）3 种。

线性 NRPS（A 型）的特点是 3 个核心功能域以 A-PCP-C 的顺序在模块上排列，催化氨基酸逐步结合到合成中的肽链上（图 4-39）。如参与青霉素、头孢菌素、头霉素（cephamycin）等合成的 NRPS。

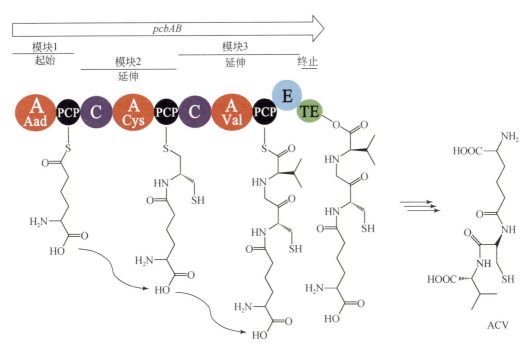

图 4-39　线性 NRPS（A 型）参与的缩合过程
A. 腺苷化功能域；PCP. 肽基载体蛋白功能域；C. 缩合功能域。A-PCP-C 组成"最小 NRPS"

重复型 NRPS（B 型）的特点是在组装过程中重复使用它们的模块或功能域，如肠杆菌素（enterobactin）生物合成中的 NRPS 就是典型的重复型 NRPS（Crosa and Walsh，2002）。肠杆菌素是 2- 羟基苯基赖氨酸的三聚体。通过重复使用的非核糖体肽合成酶 EntF 中的 A、PCP 和 C，形成三个分子的 2- 羟基苯基赖氨酸。三个分子的 2- 羟基苯基赖氨酸转移到 TE 的活性位点，形成肽 -O-TE 中间产物，再通过分子内亲核反应成环，形成最终产物肠杆菌素（图 4-40）。

非线性 NRPS（C 型）的核心功能域 C、A、PCP 中至少有一个是异常排列，功能域组织特别，不容易预测产物构成，如参与博莱霉素（bleomycin）、新生霉素（novobiocin）、丁香霉素（syringomycin）等化合物合成过程中的 NRPS 都属于非线性 NRPS。

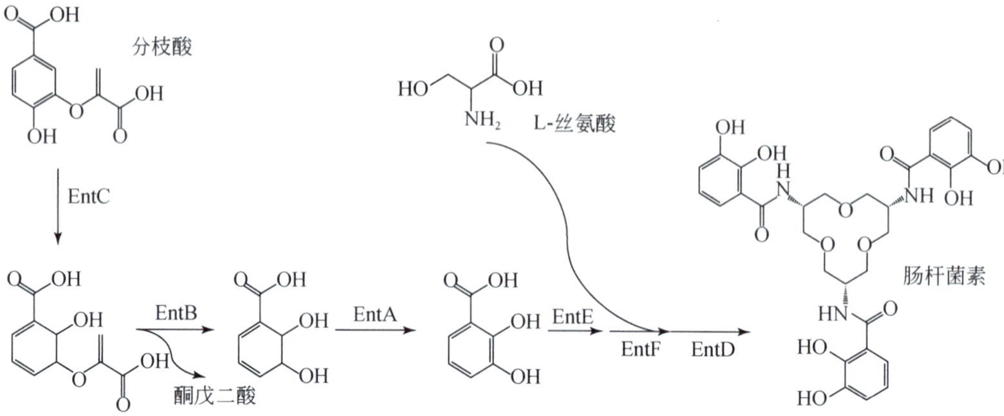

图 4-40 重复型 NRPS（B 型）参与的缩合过程

EntF. 参与肠杆菌素氨基酸缩合的非核糖体肽合成酶，负责催化形成 2- 羟基苯基赖氨酸。在具有寡聚化 / 环化功能的 TE 催化下，PCP 功能域上的 2- 羟基苯基赖氨酸转移到 TE 的活性位点，形成线性肽 -O-TE 中间体，经分子内亲核反应成环

五、核糖体合成的翻译后修饰肽的生物合成

核糖体合成的翻译后修饰肽（RiPP）在自然界广泛存在，由 PRPS（post-ribosomal peptide synthase）合成（Arnison et al.，2013）。通常 RiPP 生物合成基因簇中都含有一个结构基因，在生物合成过程中首先被翻译成前体肽。前体肽中包括核心肽，在核心肽的 N- 末端存在前导肽。在真核生物产生的 RiPP 中，前导肽之前还存在信号肽。在核心肽的 C- 末端有时还存在用于切割和环化的识别序列。前体肽经过后修饰、蛋白水解和运输，最终形成成熟的 RiPP。成熟的 RiPP 一般大小在 10 kDa 左右。链霉菌分化过程中的疏水蛋白 SapB 就属于 RiPP，此外常见的 RiPP 还包括硫链丝菌素（thiostrepton）等。

核糖体合成的翻译后修饰肽的前体肽由一个引导肽和一个核心肽组成。前体肽被翻译后，翻译后修饰酶通过引导肽识别需要修饰的前体肽，对核心肽区域特定氨基酸残基进行修饰，最后通过剪接和产物外排，形成最终的核糖体合成和翻译后修饰肽。

RiPP 根据其化学结构及合成途径的不同，可以分为 4 个主要的类型：①羊毛硫肽类化合物；②蓝细菌素；③含噻唑或噁唑的线性多肽；④套索肽类化合物。

六、萜类化合物的生物合成

萜类化合物是自然界中种类最为丰富的天然产物，分子式为异戊二烯焦磷酸（IPP）或其异构体二甲基烯丙基焦磷酸（DMAPP）倍数的烃类及其含氧衍生物，包括单萜（C10）、倍半萜（C15）、二萜（C20）、三萜（C30）及四萜（C40）等。IPP 和 DMAPP 来源于甲羟戊酸途径（MVP）或 1- 脱氧 -D- 木酮糖 -5- 磷酸途径（DXP）。IPP 和 DMAPP 在不同合成酶作用下生成香叶基焦磷酸（GPP）、法尼基焦磷酸（FPP）和香叶基香叶基焦磷酸

（GGPP），然后在各自环化酶作用下合成单萜、倍半萜和二萜化合物（Schmidt-Dannert，2015）。两个 FPP 可以形成三萜，两个 GGPP 可以形成四萜。形成环化产物后会进行不同的后修饰，如氧化、酰基化或芳香化、糖基化等（图 4-41）。其中环化酶的特殊性决定了终产物的新颖性。

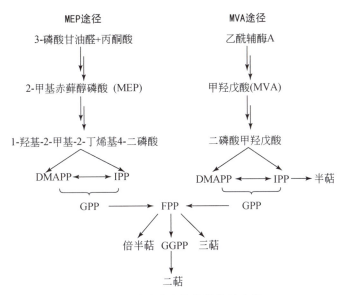

图 4-41 萜类化合物前体物的来源

DMAPP. 二甲基烯丙基焦磷酸；IPP. 异戊二烯焦磷酸；GPP. 香叶基焦磷酸；FPP. 法尼基焦磷酸；
GGPP. 香叶基香叶基焦磷酸

七、核苷肽类化合物的生物合成

核苷肽类化合物是由核苷或核苷酸衍生而来的一大类次级代谢产物（Niu and Tan，2015）。根据其生物活性，可以分为：①抗细菌类核苷肽类化合物。该类化合物作为细菌磷酸 -N- 乙酰胞壁酸－五肽转位酶（MraY）的竞争抑制剂，通过抑制细菌细胞壁肽聚糖的合成抑制细菌的生长。②抗真菌类核苷肽类化合物。该类化合物作为真菌几丁质合成酶作用底物 UDP-N- 乙酰葡萄糖胺的竞争性抑制剂影响真菌细胞壁的合成。③抗病毒类核苷肽类化合物。该类化合物通过抑制肽基转移酶影响蛋白质的合成（图 4-42）。

尼可霉素属于抗真菌类核苷肽类化合物，与几丁质合成酶的天然底物 UDP-N- 乙酰葡萄糖胺结构类似，而且是该酶的强竞争性抑制剂。由于几丁质是真菌细胞壁和昆虫及其他无脊椎动物外骨骼的重要组成成分，因此尼可霉素能够通过竞争性抑制几丁质的合成来有效抑制真菌、昆虫和螨虫的生长，而对哺乳动物、蜜蜂和植物无毒或者毒性极低，并且在自然界中易降解，是一种较理想的农用抗生素。尼可霉素是由肽基和核苷两部分组成。肽基部分为羟基吡啶同型苏氨酸（hydroxypyridylhomothreonine，HPHT）；核苷部分在尼可霉素 X 和 Z 中分别为 4- 甲酰 -4- 咪唑 -2- 酮（FIMO）和尿嘧啶。

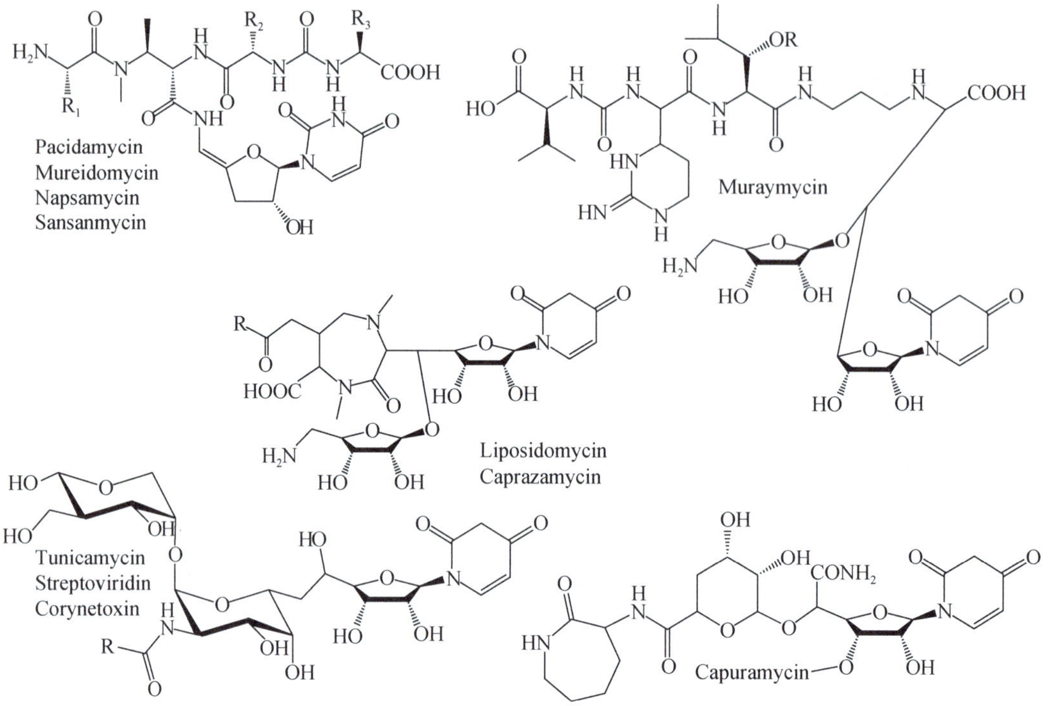

图 4-42 不同类型的核苷肽类化合物

尼可霉素肽基部分（羟基吡啶同型苏氨酸，HPHT）的前体是 L- 赖氨酸和 L- 谷氨酸。*nikC*（*sanL*）编码 L- 赖氨酸 -2- 氨基转移酶，催化 L- 赖氨酸为 α- 酮衍生物，后者自发环化、脱水形成哌啶 -2- 羧酸（P2C），P2C 在 NikD（SanK）的作用下形成吡啶酸，然后可能在 NikT（SanT）、NikF（SanH）、NikG（SanI）的参与下生成 HPHT；尼可霉素的核苷部分中 4- 甲酰 -4- 咪唑 -2- 酮的前体是 L- 组氨酸，L- 组氨酸被 NikP1（SanO）的腺苷化功能域（A）活化、转移到肽基载体蛋白功能域（PCP），随后被 NikQ（SanQ）编码的细胞色素 P450 羟基化，生成 β- 羟基化组氨酸，NikP2（SanP）水解产生的游离 β- 羟基化组氨酸咪唑环，经氧化和脱二碳后生成 4- 甲酰 -4- 咪唑 -2- 酮，随后 NikR（SanR）将其转化为 5- 磷酸核糖基 -4- 甲酰 -4- 咪唑 -2- 酮；核苷基团的核糖部分需经过多步修饰生成氨基核糖酸，这一合成过程中 NikO（SanX）参与了催化磷酸烯醇式丙酮酸（PEP）和 UMP 生成 3- 磷酸烯醇丙酮酰尿苷；核苷和肽基部分分别合成后，可能在 NikS（SanS）的催化下缩合成有生物活性的完整分子尼可霉素 X/Z。

第五节 链霉菌次级代谢产物的组合生物合成

链霉菌具有产生次级代谢产物的强大能力，产生的次级代谢产物种类繁多、活性广泛，是天然药物的重要来源之一。近年来，越来越多的链霉菌次级代谢产物生物合成机制得以阐明，为利用组合生物合成技术乃至合成生物学手段构建非天然的"天然产物"创造了条件。本节将主要介绍通过组合生物合成获得具有结构新颖、生物活性优良的非天然的"天然产物"的研究概况。

组合生物合成（combinatorial biosynthesis）是建立在化合物已知的生物合成途径及相应的生物合成基因或基因簇基础上，通过 DNA 操作技术在体外或体内对这些不同来源的基因进行删除、倍增、添加、取代及重组，然后导入一个合适的微生物宿主细胞中，定向合成新型代谢产物的综合性生物技术（图 4-43）。

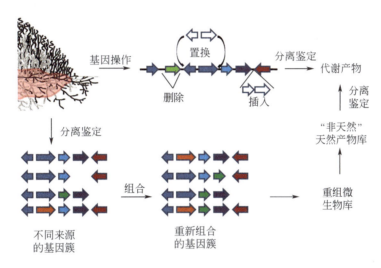

图 4-43 组合生物合成原理示意图

1985 年，Hopwood 教授及其同事将天蓝色链霉菌中放线紫红素的部分或全部生物合成基因分别转入榴菌素（dihydrogranaticin）和麦迪霉素（medermycin）产生菌中，通过发酵获得两种新型杂合抗生素双氢石榴紫红素（dihydrogranatirhodin）和美达紫红素（mederrhodin）（图 4-44），标志着微生物次级代谢物组合生物合成技术的诞生（Hopwood et al.，1985）。

从组合生物合成技术诞生到今天，随着生物技术手段的进步，组合生物合成研究也扩展出了很多新的技术和方法。一般来说，利用组合生物合成技术对化合物结构进行改造可分为两大类：一种是保持化合物的主骨架不变，改变其周围的化学基团；另一种是对化合物主骨架结构进行改造。下面简要介绍几种最常见的组合生物合成技术。

一、基于改变前体物的组合生物合成

改变前体物（precursor）是指在前体渗入终产物之前通过基因工程技术将其改变，然后将内源生成的修饰后前体物掺入化合物中，形成新的化合物或其衍生物（图 4-45），包括前体定向组合生物合成（precursor directed biosynthesis，PDB）和突变组合生物合成（mutational biosynthesis，MBS）。

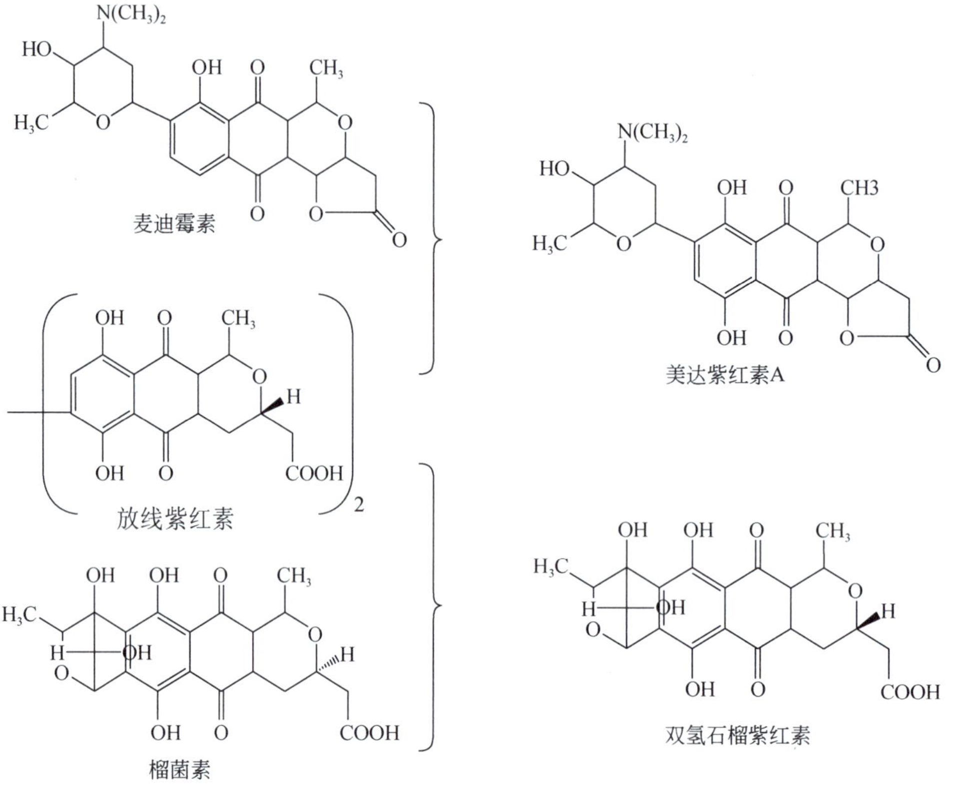

图 4-44 聚酮化合物的组合生物合成的尝试

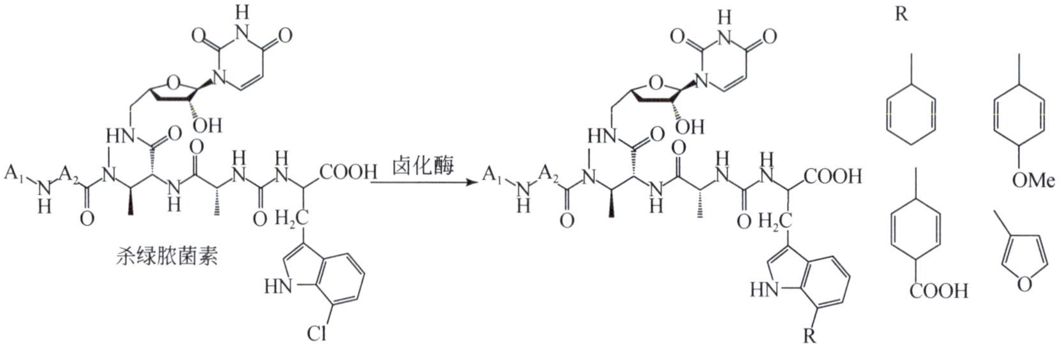

图 4-45 通过卤化酶修饰获得杀绿脓菌素衍生物

由于该卤化酶具有底物的宽泛性，它可以识别和利用右侧的不同基团（R）来替代氯原子，从而产生不同的
杀绿脓菌素衍生物

（一）前体定向组合生物合成技术

前体定向组合生物合成是利用 NRPS 或 PKS 的底物宽容性，通过在发酵过程中添加一些修饰后的前体物，产生新型化合物或衍生物的过程。例如，通过在杀绿脓菌素产生菌——天蓝微红链霉菌（*Streptomyces ceruleus*）发酵过程中添加经过卤化或甲基化修饰的色氨酸

前体，得到了大量新结构的杀绿脓菌素衍生物（Deb Roy et al.，2010）。

（二）突变组合生物合成技术

突变组合生物合成是通过阻断某一代谢产物前体的生物合成途径，然后在该阻断突变株中添加前体类似物，产生新型化合物或衍生物的过程。例如，在尼可霉素产生菌——圈卷产色链霉菌（*Streptomyces ansochromogenes*）中敲除 *sanL* 基因，致使吡啶二羧酸不能形成。当在该突变株中添加吡啶二羧酸的类似物烟酸时，就能够获得新型的尼可霉素衍生物尼可霉素 Px。

阿维菌素合成起始于 α- 酮酸脱氢酶催化的带有侧链基团的羧酸的缩合，如果阻断 α- 酮酸脱氢酶的活性，添加与前体物相似的多种分枝羧酸，能够获得包括多拉菌素（doramectin）在内的多个新结构化合物（图 4-46）。

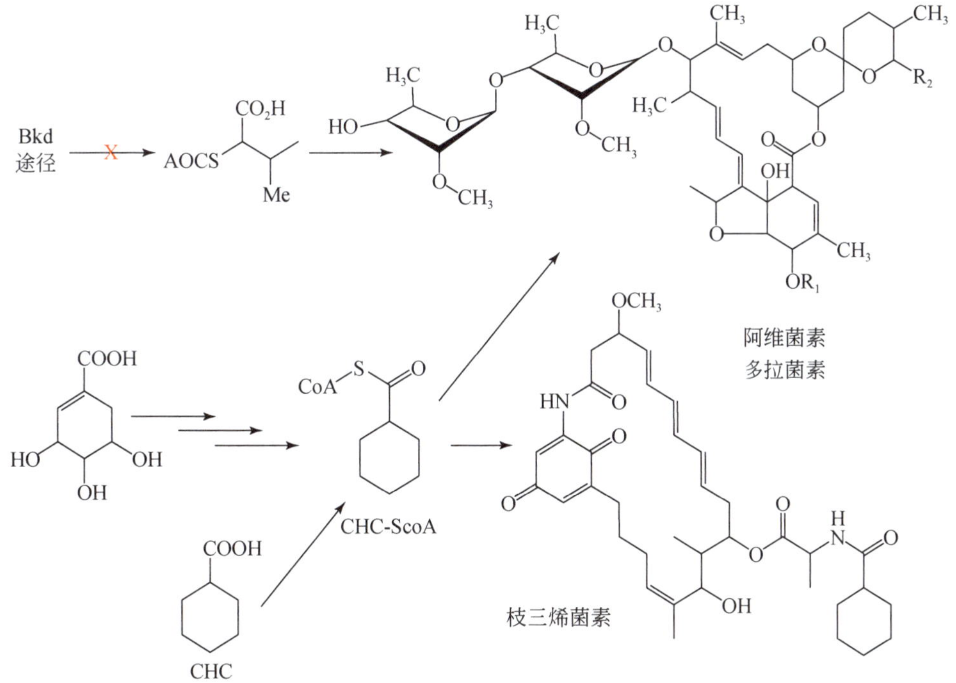

图 4-46 阿维菌素的突变组合生物合成

在阿维链霉菌野生株中，菌体通过支链氨基酸（Bkd）途径形成阿维菌素的起始单元，参与阿维菌素的合成；阻断 Bkd 途径，导致阿维菌素起始单元合成缺失；此时外源添加与前体物相似的分枝羧酸，能够获得多个新结构化合物。当底物分枝羧酸（R_2）为 CHC 时，就会产生多拉菌素

二、基于化合物后修饰的组合生物合成

该技术是在保持化合物主骨架结构不变的情况下，通过表达后修饰基因来改变化合物周围的化学基团，如改变糖基、甲基、乙酰基、卤化基团、氧化还原状态及立体构象等。利用外源的后修饰酶能够极大丰富次级代谢产物的结构多样性和生物活性多样性。

（一）基于卤化酶的组合生物合成

卤化物是天然产物的重要组成部分。近年来发现具有卤代基团的化合物往往具有更好的生物活性，如抗感染药物万古霉素和替考拉宁（teicoplanin）、抗肿瘤药物卡奇霉素（calicheamicin）等。研究表明，次级代谢产物中的卤化过程是在具有底物特异性的卤化酶的催化下完成的。由此，人们想到可以利用不同的卤化酶对特定的化合物进行后修饰，以获得新型的卤化产物或衍生物。例如，将持久霉素（enduracidin）生物合成基因簇中编码卤化酶的 orf30 基因敲除，利用来自雷莫拉汀（ramoplanin）生物合成基因簇中的 orf20 基因进行回补，获得的菌株产生了缺少 1～3 个氯元素的具有生物活性的去卤化雷莫拉汀结构类似物。

（二）基于羟化酶 P450 的组合生物合成

细胞色素 P450 为一类亚铁血红素 - 硫醇盐蛋白超家族，其还原态与一氧化碳（CO）结合后在 450 nm 处有特征性吸收峰。P450 的底物识别位点（SRSs）缺乏保守性，构成了 P450 底物多样性的结构基础。将来自委瑞内拉链霉菌（S. venezuelae）苦霉素（pikromycin）生物合成基因簇中的 pikC 导入缺失 eryBV 的红色糖多孢菌（Saccharopolyspora erythraea）中，得到了新结构化合物 5-O- 红霉素内酯德糖胺 A 和 B。

（三）基于糖基化酶的组合生物合成

微生物次级代谢产物中很大一部分化合物具有糖基化修饰，如链霉素、红霉素、阿维菌素、博莱霉素、万古霉素、两性霉素和泰乐霉素等。糖基化修饰不仅丰富了次级代谢产物的结构多样性，而且增加了化合物的生物活性。糖基转移酶（GTs）参与了次级代谢产物的糖基化修饰过程。例如，氨基糖苷类抗生素通过糖基转移酶控制不同的糖基组装在核心骨架的不同位置，从而形成含两个或者多个取代基的氨基糖苷类化合物。

此外，还有基于甲基化酶或氧甲基化酶基因，以及基于酰化酶基因的组合生物合成等，为新结构活性代谢产物的获得提供了新的方法。

三、基于主骨架合成基因突变的组合生物合成

（一）聚酮化合物的组合生物合成

1. 改变聚酮合酶组成模块（如减少、添加和替换等）产生新结构化合物

在红霉素生物合成过程中，通过减少、添加或替换等策略改变聚酮合酶组成模块能够产生新结构化合物或衍生物（Rowe et al.，2001）。例如在脱氧红霉素内酯聚酮合酶（DEBS）组成模块的末端添加终止结构域（TE），会形成不同程度的截短 PKS；在截短的 DEBS 模

块中插入来自雷帕霉素聚酮合酶 RAPS 的模块 2 或 5，则合成了在相应位置多一个单位的 4 酮化合物；如果在全长的 DEBS 模块中插入来自 RAPS 的模块 2 或 5，则合成了多出一个结构单位的十六元环聚酮化合物（图 4-47）。

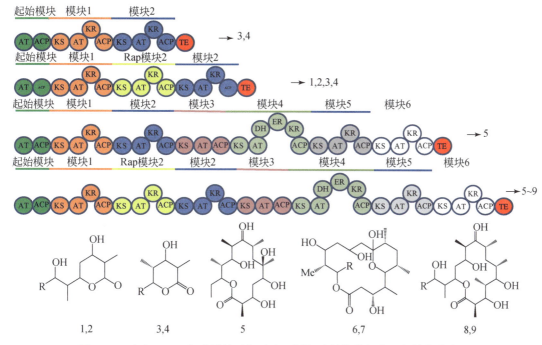

图 4-47　改变 DEBS 组成模块（如减少、添加或替换等）产生新结构化合物

如果在模块 2 后直接加入硫酯酶功能域（TE），则形成化合物 3，4；如果在模块 2 前插入来自雷帕霉素聚酮合酶 RAPS 的模块 2，并在模块 2 后直接加入 TE，则形成化合物 1，2，3，4；如果在模块 5 后插入来自雷帕霉素聚酮合酶 RAPS 的模块 5，并加入 TE，则形成化合物 5；如果在模块 2 前插入来自雷帕霉素聚酮合酶 RAPS 的模块 2，在模块 5 后插入来自雷帕霉素聚酮合酶 RAPS 的模块 5，并加入 TE，则形成不同结构的化合物 5～9

2. 改变聚酮合酶的起始模块获得新结构化合物

脱氧红霉素内酯聚酮合酶（DEBS）起始模块具有严格的底物特异性，识别并装载特定的底物丙酰 CoA，而阿维菌素合成酶 AVRS 的起始模块能够利用多种分枝羧酸作为起始底物。用 AVRS 的起始模块替换截短的 DEBS 和全长的 DEBS 起始模块，则 PKS 能够利用分枝羧酸作为起始底物，甲基丙二酸单酰 CoA 作为延伸底物，形成新的杂合化合物（图 4-48）。

3. 改变聚酮合酶模块的功能域合成新结构化合物

在某个化合物的合成中，如果将红霉素合成过程中 DEBS-TE 第一个模块中的 AT 功能域替换成雷帕霉素合成过程中 RAPS 的 AT 功能域（形成杂合模块 1），则能够合成在相应位置少一个甲基的化合物；如果将 DEBS3-TE 中模块 2 的 KR 功能域替换为 RAPS 的 DH/ER/KR1（形成杂合模块 2），则会合成具有不同还原状态的八元环酮内酯（图 4-49）。

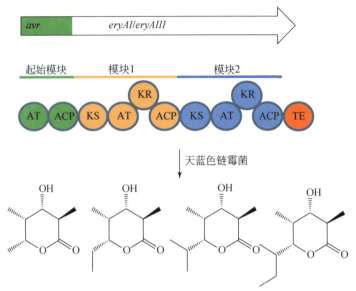

图 4-48 通过聚酮合酶模块的替换获得新型化合物

将脱氧红霉素内酯聚酮合酶（DEBS）起始模块替换为阿维菌素合成酶 AVRS 的起始模块后，由于该组合的 PKS 能够利用多种分枝羧酸作为起始底物，从而形成多种不同结构的化合物

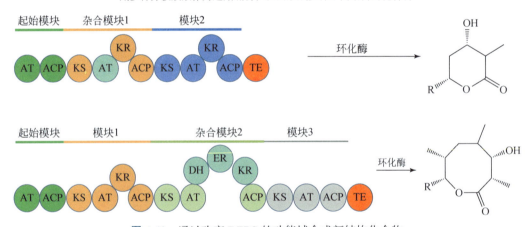

图 4-49 通过改变 DEBS 的功能域合成新结构化合物

4. 改变 DEBS 的模块和结构域，合成新型聚酮化合物

将 DEBS 的起始模块和延伸模块 1～4 替换为来自苦霉素（pikromycin）合成酶 piPKS 的起始模块和延伸模块，同时将 DEBS 模块 6 中的 AT 功能域替换为来自雷帕霉素合成酶的 rapAT2，KR 功能域替换为 rapDH/KR4，将模块 5 中的 KR5 缺失或替换为 rapDH/KR4、rapDH/ER/KR1，则能形成多个新型聚酮化合物（图 4-50）。

5. 改变 PKS 的后修饰酶或者添加底物类似物，合成新结构化合物或衍生物

通过 DEBS 形成的 6- 脱氧红霉素内酯需要在后修饰酶的作用下发生糖基化、羟基化等反应才能形成最终有活性的红霉素 A。将该合成途径中一个糖基转移酶编码基因 *eryBV* 缺失后，向突变株中导入竹桃霉素生物合成途径中的糖苷转移酶编码基因 *oleG2*，得到的重组菌株能合成新化合物 3-L- 鼠李糖基 -6- 脱氧红霉素。如果导入来自多杀菌素生物合成基因

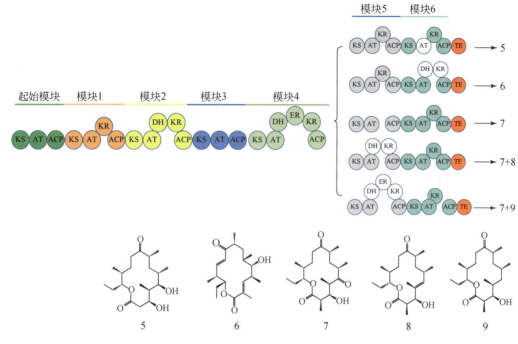

图 4-50 改变 DEBS 的模块和功能域可以合成新型聚酮化合物

簇中的 *O-* 甲基转移酶基因，并添加不同的前体物，能够形成多个新结构的衍生物。

（二）非核糖体肽化合物的组合生物合成

1. NRPS 亚基 / 模块 / 亚功能域 / 功能域的替换

与聚酮类化合物相类似，通过改变非核糖体肽合成酶（NRPS）的亚基、模块、亚功能域或功能域也能够获得新结构化合物或其衍生物（Miao et al.，2006）。以达托霉素为例，可以从下面几个方面进行改造：① NRPS 单元的替换。用来自 CDA 和 A54145 生物合成基因簇中的 *cdaPS3* 和 *lptD* 基因置换达托霉素生物合成基因簇中的 *dptD* 基因，导致环状多肽末端的两个氨基酸被替换，形成新的化合物。② NRPS 模块的替换。如将 D-Ala8 的合成模块替换为 D-Ser11 的合成模块或相反，导致环肽在 8 位和 11 位氨基酸的变化，形成新的化合物。③改变氨基酸的修饰状态。DptI 负责第 12 位 Glu 的甲基化。阻断 *dptI* 则会产生 12 位 Glu 去甲基化的新型达托霉素衍生物。④改变达托霉素的侧链（图 4-51）。

2. NRPS 模块 / 功能域的删除与插入

通过删除 NRPS 上的模块，化合物结构也会产生相应的变化。将表面活性素（surfactin）生物合成过程中 NRPS 模块 2 进行同框缺失，就会获得一个相应位置亮氨酸缺失的缩环产物（图 4-52）。

通过增加 NRPS 上的模块，化合物结构也会产生相应的变化。糖肽类抗生素 balhimycin 由 7 个氨基酸残基构成。如果在 balhimycin 的 NRPS 模块 4 和模块 5 之间插入一个模块 4/5，在缩合过程中就会额外插入一个羟基苯甘氨酸，形成八肽的最终产物（图 4-53）。

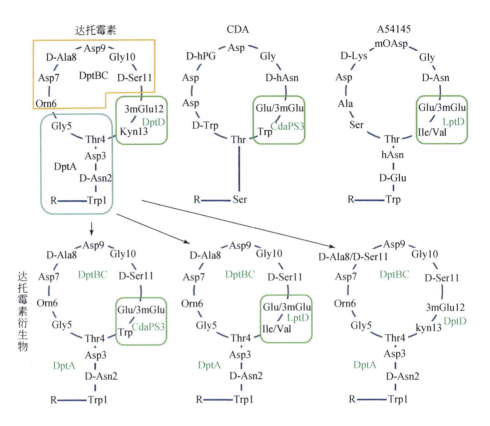

图 4-51 达托霉素的结构改造

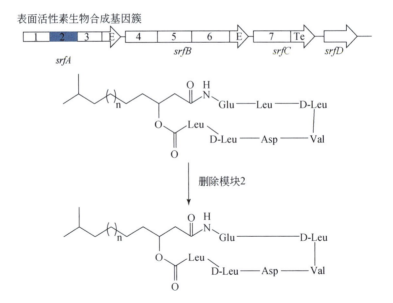

图 4-52 通过对 NRPS 模块 / 功能域的删除获得新结构化合物

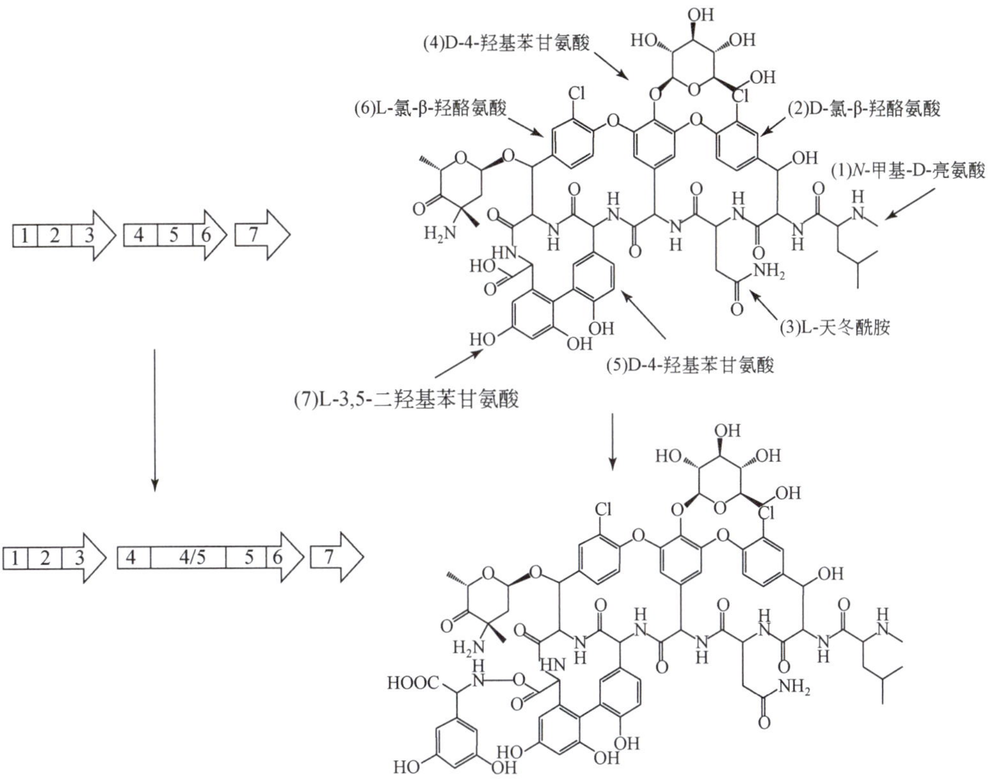

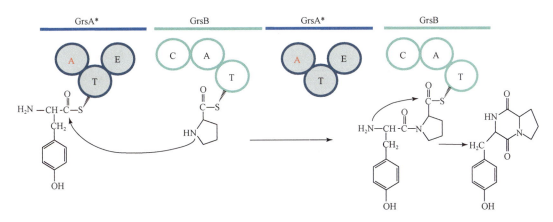

图 4-53　通过对 NRPS 模块 / 功能域的插入获得新结构化合物

3. NRPS 功能域的定点突变与定向进化

改变 NRPS 腺苷化结构域中关键氨基酸残基，可以改变其底物特异性，导致不同底物的掺入，从而产生新结构化合物或新型衍生物。例如，对特异性识别苯丙氨酸（Phe）的短杆菌肽 NRPS 腺苷化功能域（GrsAPhe）的 8 个关键氨基酸进行定点突变，其识别的底物由 L-Phe 变成了 L-Tyr，该结构域还能够识别 O- 炔丙基 -L-Tyr。当突变的腺苷化功能域和相邻的 TE 功能域及 GrsB 模块共表达时，就能产生一个新型的二酮哌嗪类化合物（图 4-54）。

图 4-54　通过 NRPS 功能域的定点突变与定向进化获得新结构化合物

（三）核苷肽类化合物的组合生物合成

核苷肽类化合物是由核苷和肽基通过缩合形成的一类具有良好生物活性的化合物。尼可霉素与多氧霉素都属于核苷肽类抗生素，具有广谱的抗真菌活性。它们的化学结构具有明显的不同，导致其各具优势和不足。如尼可霉素缺乏稳定性，而多氧霉素抗真菌活性不如尼可霉素。组合尼可霉素和多氧霉素的代谢途径，可以获得杂合抗生素（Li et al.，2011；Feng et al.，2015）。例如，将合成多氧霉素肽基的基因 / 基因簇导入尼可霉素肽基合成缺失的突变株（ΔsanN）中，通过组合生物合成的方法合成了由尼可霉素 X 核苷和多氧霉素肽基缩合的活性更好、更加稳定的杂合抗生素 polynik A（图 4-55）。

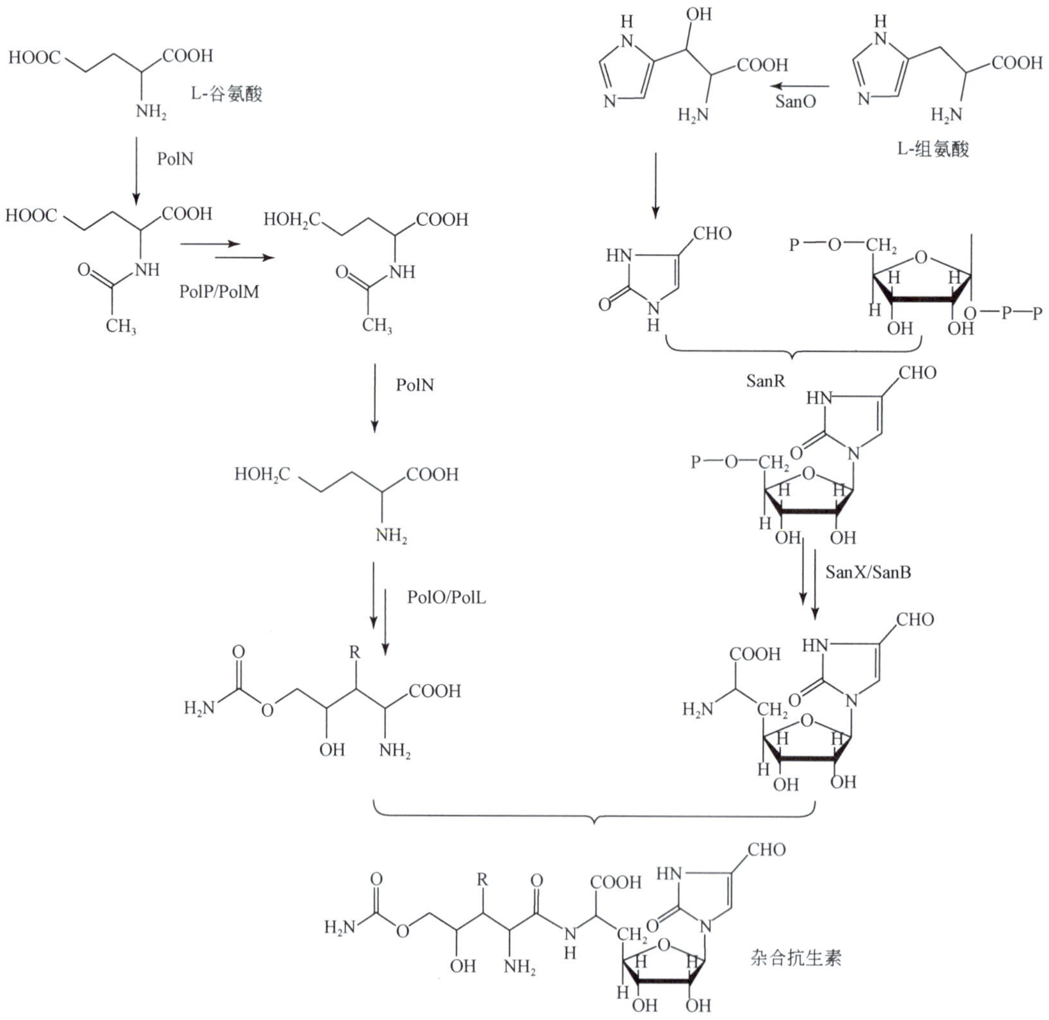

图 4-55　核苷肽类化合物的组合生物合成过程

（四）氨基香豆素类化合物的组合生物合成

香豆素类化合物是邻羟基桂皮酸内酯类成分的总称，具有芳香气味。根据结构特征可以分为呋喃香豆素类、吡喃香豆素类、双香豆素类、异香豆素类等。香豆素类化合物具有抗肿瘤、抗病毒、抗凝血等多种生物活性。香豆素的苯并-α-吡喃酮骨架可以被羟基化、氧甲基化、异戊烯基化等修饰。氨基香豆素类化合物——氯新生霉素（clorobiocin）和香豆霉素 A1 能够通过竞争性抑制 GyrB 从而抑制 RNA 依赖的 DNA 聚合酶活性。通过加入氯新生霉素的不同前体及其衍生物，并通过基因敲除或阻断相应的代谢途径，能够获得一系列新结构氨基香豆素类化合物及其衍生物（Heide，2009）（图 4-56）。

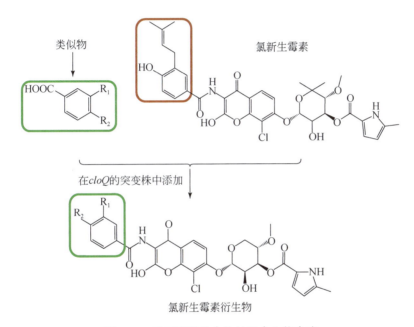

图 4-56 香豆素类化合物的组合生物合成

第六节　链霉菌次级代谢产物的合成生物学研究

合成生物学的最终目标是能够设计和自由构建 DNA，并产生特定性质的细胞。具体讲，就是通过重新书写遗传密码，构建自然界不存在的、具有新的或提高了特定功能的有机体。简单地讲，即人工定制生物学系统的构建。

合成生物学代表着生命科学的前沿，它最早被应用在天然药物的生物合成领域。合成生物学技术打破了物种间的界限，实现了不同来源的元件与元件、途径与途径、途径与底盘细胞、底盘细胞与发酵环境之间的适配性。合成生物学在微生物药物研发中，主要是以微生物次级代谢产物为研究对象，通过组合生物合成和代谢工程技术，对次级代谢产物进行靶向结构重组，从而形成新结构化合物及其衍生物。在全面认识重要次级代谢产物特性及合成机制的基础上，利用合成生物学策略对其结构进行理性设计和定向改造。

一、次级代谢产物合成生物学的研究策略

（一）次级代谢物生物合成机制的解析

缺乏对次级代谢物生物合成机制的深入了解是目前制约次级代谢物合成生物学发展的关键。基因组测序技术和生物信息学的快速发展，为鉴定天然产物生物合成途径中的关键基因，全面解析次级代谢产物生物合成机制提供了条件。根据化合物的结构特点，可以很容易确定它们的类型（如 PKS、NRPS、生物碱、萜类化合物等），再根据不同类型化合物生物合成过程中关键蛋白的保守序列，找到相应的基因。同时，根据微生物中次级代谢产物生物合成基因通常成簇排列的特点，确定相应基因簇，并通过转录分析、基因阻断 / 敲除及遗传互补等进行验证，通过体内中间代谢产物的积累及体外酶学反应最终解析次级代谢产物的生物合成途径和调控机制。

（二）精简和优化底盘细胞

在原始产生菌中，活性次级代谢产物的量往往很低，这是由于次级代谢产物并非微生物生存所必需，同时其生物合成需要消耗大量的能源和碳氮源，因而次级代谢产物的合成受到微生物细胞的严格控制。此外，其他代谢产物的合成及代谢旁路的存在也都会对目标产物的形成造成干扰。为使微生物最大化地产生人类所需要的目标代谢产物，就需要对产生菌进行改造。其中，通过对通用宿主微生物基因组的精简，减少不必要的碳氮源消耗，阻断竞争性、非必要代谢支路，增加前体供应，优化靶向代谢流等成为目前精简和优化底盘细胞的最主要手段。

（三）次级代谢物生物合成途径组装

在深入解析次级代谢产物生物合成途径的基础上，对生物合成元件和调控元件分别进行表征和优化。根据合成生物学的原则对关键的元件进行标准化构建，构建独立的功能模块，最终按设计完成组装，并在底盘细胞中进行测试。大片段 DNA 的靶向获取及多片段的高效组装是该过程中的关键。

（四）合成途径的重构 / 优化（模块适配性研究）

在次级代谢产物合成生物学研究中，异源途径的导入往往会与底盘细胞内源途径间产生兼容问题，影响目标代谢产物的合成。通过代谢流和转录组分析，寻找不同代谢模块内流量变化的整体趋势和差异，确定潜在遗传改造靶点，通过定向遗传改造提高目标产物在底盘细胞中的合成效率。具体的手段包括对酶的改造，合成途径的精确调控，代谢流控制，

建立动态网络模型指导途径优化，以及亚细胞定位等。

（五）基因组编辑技术

基因组编辑技术指对基因组进行"编辑"，实现对特定位点的敲除、替换及插入等。早期的基因编辑技术包括归巢内切酶（homing endonuclease，HE）技术、锌指核酸酶（zinc finger endonuclease，ZFN）技术和转录激活样效应因子核酸酶（tanscription activator-like effector endonuclease，TALEN）技术，但组装的复杂性和较高的脱靶效应阻碍了这些基因编辑技术的应用。CRISPR-Cas9 技术的出现为基因组编辑提供了有效工具，也为次级代谢产物合成生物学的研究提供了技术支撑。

二、合成生物学与微生物药物

从佛莱明发现青霉素开始，微生物次级代谢产物成为药物筛选的重要源泉。人们陆续从链霉菌等土壤微生物中发现了链霉素、新霉素、阿维菌素等多种医用和农用抗生素。然而近年来，利用传统方法从土壤微生物中筛选得到新结构的代谢产物越来越困难，复筛率在不断提高，新药研发的成本逐年上升。其原因主要是相似的土壤环境导致微生物产生相似的次级代谢产物。同时，由于抗生素等次级代谢产物的大量使用，导致抗药性微生物不断出现，超级致病菌不断暴发，严重威胁了人类的生命和健康。传统的药物发现模式已不能满足人类的需求，因此寻找新型药物的挖掘策略和技术创新成为解决上述问题的必然。

（一）合成生物学技术为药物创新提供了新的机遇

合成生物学技术的出现，DNA 测序及分析技术的迅猛发展，给微生物药物的创新和发展带来了前所未有的机遇。微生物药物创制主要来源于微生物次级代谢产物，尤其是依赖于新型微生物次级代谢产物的发现和挖掘。合成生物学的出现，给人们提供了不依赖于传统挖掘手段的新药创制模式。人们可以根据药物靶点的特征，定向设计和优化小分子化合物的结构，并在底盘细胞中实现特定结构活性化合物的合成。这种模式极大地拓展了筛选新型活性化合物的渠道。

（二）以合成生物学为基础的细胞工厂可提升药物的工业化生产水平

青蒿素是植物黄花蒿产生的有过氧基团的倍半萜内酯化合物。黄花蒿利用法尼基焦磷酸，经紫穗槐二烯，形成青蒿酸和二氢青蒿酸，通过光化学反应最终形成青蒿素。美国加州大学伯克利分校 Keasling 等成功利用经合成生物学改造的酿酒酵母细胞生产出青蒿素前体（Paddon and Keasling，2014；Paddon et al.，2013），这是利用合成生物学技术开展新药创制的里程碑式工作。具体包括：①通过过表达 9 个基因，加强酿酒酵母中的甲羟戊酸途径，过表达紫穗槐 -4，11- 二烯合酶（amorpha-4，11-diene synthase，ADS）基因，完成紫穗槐二烯的大量合成；②通过表达来源于黄花蒿的 P450 氧化酶基因、还原酶基因及两个脱氢酶基因，大量合成青蒿酸；③从发酵物中提取青蒿酸，通过光化学反应产生青蒿素。

紫杉醇属于二萜生物碱类化合物，是迄今发现的最好的临床抗癌药物之一。由于紫杉醇来源于红豆杉树，而且在植物体内含量极低，导致该化合物的来源受到限制。紫杉醇的合成是从二萜前体 GGPP 开始，需要进行 20 步酶促反应。人们通过在大肠杆菌中过表达异戊二烯二磷酸异构酶基因，并增强脱氧木酮糖 -5- 磷酸（DXP）途径，同时表达来自辣椒的GPP 合成酶和红豆杉的紫杉烯合成酶基因，成功获得了紫杉醇的前体化合物紫杉烯。尽管从紫杉烯到紫杉醇仍然需要很多步酶促反应，但毕竟走出了利用合成生物学表达紫杉醇的第一步。

除青蒿素和紫杉醇外，近期人们在酿酒酵母细胞中重构了阿片类生物碱及半合成阿片类药物的生物合成途径（图 4-57），实现了特定药物（吗啡）的合成（Galanie et al.，2015）。上述工作的成功，向人们展示了合成生物学技术在药物研发和生产中的美好前景。

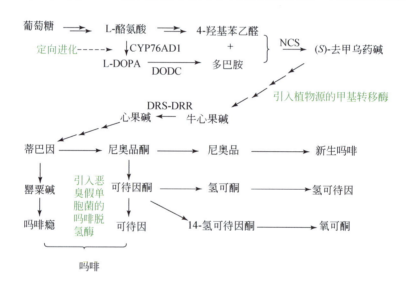

图 4-57　重构阿片类药物的生物合成途径

三、合成生物学目前存在的主要问题

虽然近年来合成生物学研究有了迅猛的发展，但由于一些新方法和新技术平台的缺乏，仍然存在很多需要解决的问题，这些问题也制约了合成生物学的进一步发展。

（1）缺乏相对稳定的可预测、可快速重复性。

（2）遗传相对复杂，导致细胞的可变性增加。

（3）缺少自己的工程学设计元件。

（4）人工系统与细胞自身系统的适配性有待更深入的研究。

（5）对基因组设计原理缺乏清晰的阐述与界定。

四、链霉菌作为底盘细胞的合成生物学研究

链霉菌具有强大的合成次级代谢产物的能力，说明其本身在进化过程中已具备次级代谢产生和分泌的元件系统。天蓝色链霉菌是链霉菌进行遗传操作的模式菌株，很多用于基因表达和调控研究的质粒载体系统与受体系统首先都是以它为出发菌株而发展起来的，能够进行大片段基因组 DNA 的删除或外源片段的增加，是表达次级代谢产物生物合成基因簇的最理想的宿主和进行天然产物合成生物学研究的最理想的底盘生物。目前国内外已经有一些课题组开始构建以天蓝色链霉菌为底盘的超级宿主，如英国 John Innes 研究所的 Mervyn Bibb 实验室对天蓝色链霉菌基因组进行缩小，并开展了用于外源基因有效表达的通用宿主的构建等工作。次级代谢产物生物合成基因一般成簇存在，因而可以相对容易地在天蓝色链霉菌中表达来源于放线菌或其他原核生物的次级代谢产物生物合成基因簇。

常见的链霉菌底盘宿主包括：天蓝色链霉菌和变铅青链霉菌、阿维链霉菌、委内瑞拉链霉菌及白色链霉菌等。

（一）基因组的精简和优化

在特定环境下，维持细胞正常代谢所需的最小基因群构成了该细菌的最小基因组。采用最小基因组的细胞为底盘表达异源代谢产物基因簇，能够减少其他代谢途径对底物、能量和还原力的消耗；该底盘细胞具有清晰的遗传背景，减少了细胞本身代谢对特定代谢产物合成造成的干扰；同时，可以最大可能降低异源产物的检测和纯化难度，提高异源代谢产物的产量。如为了避免内源次级代谢产物的干扰，同时减少前体物被内源代谢途径的消耗，Mervyn Bibb 课题组对天蓝色链霉菌 M145 进行了系列改造，敲除了参与放线紫红素、十一烷基灵菌红素、钙依赖抗生素及一个隐性抗生素的生物合成基因簇，获得了能够较好表达外源次级代谢产物生物合成基因簇的菌株 M1146。

（二）定向改造调控网络

链霉菌的发育分化和次级代谢产物的生物合成严格受控于调控因子构成的复杂调控网络。将这些调控因子进行定向遗传改造如敲除、替换及定点突变等，使原有的生物合成基因簇沉默或过表达，消除细胞本底代谢产物干扰，提高异源代谢产物表达量（参见第五章）。

（三）代谢途径的优化

底盘细胞存在多条代谢途径，除满足生存必需的代谢途径外，还存在很多用于应对复杂多变的自然环境胁迫的代谢途径。这些代谢途径的存在势必与目标代谢途径竞争碳氮源和能量。阻断非必需的代谢通路 / 代谢旁路，增加目标代谢通路流量，可以促使代谢流按

设计最大化地走向目标产物的合成。

(四) 基因表达的优化

生物合成的本质是酶促反应，蛋白质的量决定了酶促反应的快慢。因而基因的表达成为决定生物合成的关键之一。解除转录抑制，是促进所需基因在对数生长后期转录的主要手段之一；敲除一些非必需的蛋白酶，减弱所需蛋白质的降解，也能够显著增加靶蛋白的表达量。

(五) 转运系统的优化

大多数代谢产物会对其合成途径产生反馈抑制。此外，细胞内过量积累代谢产物会增加细胞负担，导致细胞生长受到影响。因而，有目的地增强目标产物转运系统，尽可能减少胞内积累，可以显著提高目标产物的产量。

第七节 棒杆菌的分子遗传与氨基酸合成

棒杆菌（*Corynebacterium*）是放线菌中的另一重要类群。白喉棒杆菌由于其强烈的致病性被人们所熟知。谷氨酸棒杆菌由于其强大的产生氨基酸的能力，被广泛用于工业生产中。本节将介绍棒杆菌的主要特征、类群及棒杆菌产生氨基酸的遗传机制，并简要介绍目前通过代谢工程手段改造氨基酸生产菌株的主要途径。

一、棒杆菌特征

棒杆菌的一端或两端膨大，呈棒状，是具有一定致病性的独立群体。该属目前含有106个种，广泛分布于人类、动物、土壤、水体等环境。棒杆菌形态多样，排列不规则，常呈栅栏状或 "V" 状等；细胞染色不均匀，两端有着色较深的异染色颗粒（metachromatic granule）；不产生芽孢，大多数菌株无动力。由于棒杆菌中的一些种是氨基酸产业的重要生产菌株，因而成为重要的工业微生物之一。

棒杆菌的细胞壁中不仅有肽聚糖，还有与其相连接的阿拉伯半乳聚糖（Bahl et al.，1997）。棒杆菌的肽聚糖之间不存在肽间桥。例如，白喉杆菌（*C. diphtheriae*）中主要的肽单元是四肽 L-Ala-D-Glu-meso-DAP-D-Ala 和三肽 L-Ala-D-Glu-meso-DAP。谷氨酸棒杆菌（*C. glutamicum*）的阿拉伯半乳聚糖中仅有呋喃形式的 D- 阿拉伯糖和 D- 半乳糖，而白喉杆菌中还含有甘露糖，无枝菌酸棒杆菌（*C. amycolatum*）和干燥棒杆菌（*C. xerosis*）中还含有葡萄糖分枝菌酸层（mycomembrane）。葡萄糖分枝菌酸层是棒杆菌的第二道渗透屏障，类似于革兰氏阴性菌的外膜，该屏障的作用主要由分枝菌酸的含量决定。内层的分枝菌酸酯化后连接到阿拉伯半乳聚糖的倒数第二个或最后一个呋喃型 D- 阿拉伯糖（Araf）残基上；

外侧的分枝菌酸则多被海藻糖或丙三醇酯化，另外还会存在少量自由的分枝菌酸（Mishra et al.，2011）。该层主要是分枝菌酸的衍生物，但也有极少量的磷脂和脂甘露醇（lipomannans）。与磷脂的线性脂肪酸不同，分枝菌酸是分枝羟基脂肪酸，它的合成需要两个脂肪酸分子的羧化和缩合作用。分枝菌酸层作为一种扩散屏障，它也会像细胞质中的脂肪酸一样根据环境的变化改变自身的构成，如棒杆菌亚目（Corynebacterineae）中的保守蛋白 ElrF 会在菌体受到热击时调控外膜脂质的构成。分枝菌酸层不仅作为渗透屏障，在致病菌与宿主的相互作用中也具有重要作用，分枝菌酸层可以引起免疫刺激，影响巨噬细胞的功能。例如，假结核分枝杆菌（C. pseudotuberculosis）的外膜脂质对羊或鼠的巨噬细胞具有致命作用。棒杆菌细胞表面 90% 都是糖类，仅少量（少于 10%）是蛋白质。糖类主要有 N- 乙酰葡萄糖胺、N- 乙酰半乳糖胺、半乳糖、甘露糖、葡聚糖、唾液酸等，另外在外层还有前面提到过的脂阿拉伯甘露糖、脂甘露糖、磷脂等（整个细胞表面分布着各类磷脂）。此外，棒杆菌表面也有大量的蛋白质，这些蛋白质可能在氮源的吸收和菌体生长、病原菌与宿主之间的识别等方面具有重要的作用。

二、棒杆菌常见种类

（一）致病性棒杆菌

棒杆菌中的人类致病菌以白喉棒杆菌为代表，其余致病性棒杆菌均为条件致病菌；多引起牛羊等各种器官部位的化脓。棒杆菌中的植物致病性病原菌感染小麦等农作物，导致植株发生溃疡、萎蔫等病变。

（二）非致病性棒杆菌

非致病性棒杆菌以谷氨酸棒杆菌为代表，经诱变或生物工程改造后可以用于发酵生产各种氨基酸、糖和具有生物活性的蛋白质，合成有利于环保的生物表面活性剂等，在食品工业和医药制造业中广泛应用。

三、棒杆菌中氨基酸的生物合成

（一）氨基酸及其衍生物生产现状

在天然氨基酸中，有 20 种参与蛋白质合成，其中 8 种是人体不能合成的，需要从食物中摄取，称为必需氨基酸。人体可利用的氨基酸均为 L- 氨基酸。氨基酸的生产主要包括水解蛋白质法、化学合成法、酶合成法及发酵法。

水解蛋白质法是最早使用的氨基酸生产方法。蛋白质虽然可被酸、碱或蛋白酶水解，但碱水解会引起氨基酸的外消旋，即产品不都是 L 型，酶水解很难使蛋白质水解完全，故实际上只有酸水解蛋白质在生产中应用。一般只有在其他方法不易生产且原料易得的情况下，采用水解法生产氨基酸。具体来说，在我国目前基本上只有胱氨酸采用水解法生产。该法以含胱氨酸较多的毛发为原料，用浓盐酸在高温下水解，经分离纯化可制得 L- 胱氨酸。由于对环境可能造成污染，胱氨酸的生产也有被其他方法取代的趋势。

化学合成法具有反应时间短、可获得高浓度产物、可连续生产等优点，但是产生的氨基酸为 D，L- 混合体，需光学拆分，可生产的氨基酸种类也有限。

酶合成法是通过人工合成法结合酶促反应生产氨基酸的方法，是指在酶的作用下，使前体化合物转化为氨基酸的方法。固定化酶和固定化细胞（产酶的细胞）等技术的迅速发展，促进了酶合成法在生产中的应用，目前也成为生产氨基酸的重要方法之一。

微生物发酵法是以糖为碳源，以氨或尿素为氮源，通过微生物的发酵直接制得，或者利用菌体的酶，加入前体物质合成特定氨基酸的方法。多数 L- 氨基酸均以该方法生产。该方法的关键是选育优良的菌种，包括直接产酸的菌种和产酶的菌种。经人工诱变、细胞融合及基因重组技术改造微生物细胞，目前已获得多种氨基酸高产菌种。

（二）氨基酸生产所用的菌株

氨基酸生产所用的菌株有谷氨酸棒杆菌、乳糖发酵短杆菌、黄色短菌杆、北京棒杆菌和钝齿棒杆菌等，具体见表 4-3。

表 4-3 氨基酸及其生产所用的菌株

氨基酸	使用的菌株
谷氨酸	谷氨酸棒杆菌、乳糖发酵短杆菌、黄色短菌杆、北京棒杆菌、钝齿棒杆菌
缬氨酸	北京棒杆菌、乳糖发酵短杆菌
丙氨酸	凝结芽孢杆菌
脯氨酸	链形寇氏杆菌、黄色短杆菌
赖氨酸	黄色短杆菌、乳糖发酵短杆菌、谷氨酸棒杆菌
苏氨酸	大肠杆菌
鸟氨酸	谷氨酸棒杆菌、黄色短杆菌
亮氨酸	黄色短杆菌
酪氨酸	谷氨酸棒杆菌

四、棒杆菌中氨基酸合成的遗传基础

（一）谷氨酸棒杆菌的基因组

已有多株谷氨酸棒杆菌完成了全基因组测序，如谷氨酸棒杆菌 ATCC 13032、谷氨酸盐产生菌谷氨酸棒杆菌 S9114、赖氨酸产生菌谷氨酸棒杆菌 B253、L- 精氨酸产生菌谷氨酸棒杆菌 ATCC 21831 。这些基因组序列的测定有助于深入了解其代谢途径及调控网络，也有助于对其进行特异性改造。谷氨酸棒杆菌 ATCC 13032 的基因组特征见表 4-4。

表 4-4 棒杆菌基因组比较

基因组	特征	
	谷氨酸棒杆菌	白喉棒杆菌
基因组大小（bp）	3 282 708	2 488 635
G+C 含量（%）	53.8	53.48
编码序列	3002	2320
编码基因占基因组比例（%）	87	87.9
基因平均长度（bp）	952	962
核糖体 RNA	6×（16S-23S-5S）	5×（16S-23S-5S）
转运 RNA	42	54
其他稳定的 RNA	2	—

（二）棒杆菌基因组比较分析

棒杆菌中的病原菌（如白喉棒杆菌）基因组较小，一般大小在 2.27 ~ 2.49 Mb，可独立生存的棒杆菌（谷氨酸棒杆菌）由于其生活方式灵活，次级代谢及能量转化过程复杂，所以其基因组也较大。

（三）谷氨酸生产菌的生化特征

微生物细胞具有代谢自动调节系统，使氨基酸不能过量积累。如果要在培养基中大量积累氨基酸，就必须解除或突破微生物的代谢调节机制（Burkovski，2003）。产生谷氨酸的谷氨酸棒杆菌具有如下特征：①具有 CO_2 固定反应的酶系；② α-KGA（α- 酮戊二酸）脱氢酶活性微弱或丧失；③谷氨酸产生菌细胞体内的 NADPH 氧化能力欠缺或丧失；④产生菌有强烈的 L- 谷氨酸脱氢酶活性；⑤产生菌细胞体内具有较高的乙醛酸循环（DCA）的关键酶——异柠檬酸裂解酶活性。

五、谷氨酸棒杆菌的定向遗传改造

早期用于氨基酸生产的菌株往往通过随机诱变筛选获得，如营养缺陷株、转运缺陷突变株等。通过这种方法获得了很多具有商业价值的生产菌株，并成为工业发酵中的主导者。Kaneko 和 Sakaguchi 在 1979 年首次报道了谷氨酸棒杆菌的原生质体融合技术，使得基因重组在棒杆菌体内得以实现。20 世纪 80 年代，遗传操作系统在棒杆菌中的应用为通过定向遗传改造提高谷氨酸棒杆菌中谷氨酸的产量提供了更多的方法；90 年代，出现了多种可在棒杆菌中应用的基因工程手段，用于扩大谷氨酸的生物合成规模和运输能力。与此同时，生物化学和分子生物学研究也取得了重大进步，不仅阐明了氨基酸产生的机制，也对谷氨酸棒杆菌分子生物学和生理生化等方面有了更深入的认识（图 4-58）。另外，现代技术如代谢流和代谢调控分析可以定量碳氮源的流向，预测目标产物的合成。这些理论知识可以反过来应用于菌株的理性改造（Kimura，2003）。尽管对谷氨酸棒杆菌的了解越来越多、越来越深入，但还是不能完全按照人们的意愿获得相应代谢产物理论上的极限。

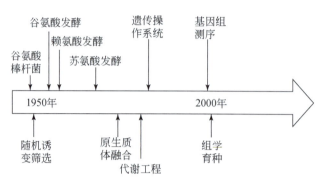

图 4-58　谷氨酸棒杆菌及其应用的发展历程

（一）通过代谢工程手段改造谷氨酸棒杆菌的主要策略

通过代谢工程技术进行氨基酸产生菌的理性改造已经成为目前提高氨基酸产量的一个主要手段（D'Este et al.，2018），具体内容如下：①过表达参与目标产物（如氨基酸、有机酸、乙醇等）生物合成的主要基因；②删除代谢旁路，减少副产物的产生；③消除目标产物对其生物合成关键酶的反馈抑制；④提供充足的还原力，如 NADPH 等；⑤降低通向 TCA 循环的代谢流；⑥增加目标产物的外排。

（二）改造谷氨酸棒杆菌的技术手段

1. 基因组编辑
在基因组、转录组及代谢组研究的基础上，有目标地开展谷氨酸棒杆菌的基因组编辑，通过对菌体细胞遗传和代谢的精确调控及对代谢通路的定向改造，能够更好地使细胞中的代谢流集中到特定的氨基酸合成中。

2. 基于基因表达的改造
利用密码子优化、增加基因拷贝数、选择自身启动子（组成型启动子和诱导型启动子）、异源启动子、人工合成启动子、优化核糖体结合位点（RBS）、构建双/多顺反子系统、利用 CRISPRi 及 CRISPR-Cas9 等技术优化目标基因的表达水平。

3. 适应性进化策略
适应性进化又称为定向进化（directed evolution），是在特定条件下（选择压力下）对微生物进行连续传代培养，通过菌株自发突变的不断富集，获得适应特定条件下的表型或生理特性。开展在代谢工程基础上的适应性进化。

4. 生物感应器
利用转录因子感应器、Riboswitch 感应器及蛋白质作用感应器等监测和改良菌株中目标产物生物合成中的代谢流。

5. 基于合成生物学的底盘细胞

通过基因组删减、细胞区室重排、代谢途径重构等手段构建适合目标产物生物合成的底盘细胞。

（三）基于计算机设计和组学分析的菌种选育

基因组测序及分析手段的不断进步，以及遗传操作和基因编辑技术快速发展，为氨基酸工业升级换代，尤其是高效的菌种选育和定向改造提供了条件（Hirasawa and Shimizu, 2016）。下文以赖氨酸、甲硫氨酸和乙醇生产菌株的定向遗传改造为例，做一简要介绍。

1. 定向遗传改造谷氨酸棒杆菌生产 L- 赖氨酸

通过定向遗传改造提升 L- 赖氨酸产量的具体方法包括：向谷氨酸棒杆菌中引入变形链球菌（*Streptococcus mutans*）甘油醛脱氢酶 GapN、梭菌 GapC 或 GapA 变体等，增加 NADPH 的供给；通过删除甘露醇抑制子，引入外源果糖激酶，优化磷酸戊糖（PPP）途径；增加草酰乙酸的供给；减少丙酮酸脱氢酶、异柠檬酸脱氢酶和柠檬酸合酶的表达；改造天冬氨酸激酶等。

2. 定向遗传改造谷氨酸棒杆菌生产 L- 甲硫氨酸

通过定向遗传改造提升 L- 甲硫氨酸产量的具体方法包括：删除控制甲硫氨酸合成的全局性调控基因 *mcbR*，解除菌株的 L- 甲硫氨酸抑制；删除高丝氨酸激酶编码基因 *thrB* 和调整二氢吡啶酸合酶编码基因 *dapA* 的表达，减少苏氨酸和赖氨酸的量；解除产物对天冬氨酸激酶和高丝氨酸脱氢酶的抑制；通过删除甲硫氨酸转运蛋白编码基因 *metD*，阻止 L- 甲硫氨酸的转入；增加 NADPH 的供给；增加草酰乙酸的供给；通过定向进化，增强菌株对 L-甲硫氨酸的耐受等。

3. 定向遗传改造谷氨酸棒杆菌生产乙醇

通过定向遗传改造提升乙醇产量的具体方法包括：引入外源的丙酮酸脱羧酶 Pdc 和乙醇脱氢酶 AdhB，并通过增加相应基因的拷贝数增加其表达量；删除乳酸脱氢酶 LdhA 和磷酸烯醇式丙酮酸羧化酶 Ppc 编码基因，减少通向乳酸和琥珀酸的代谢流；通过过表达 6- 磷酸葡萄糖异构酶 Pgi、磷酸果糖激酶 PfkA、甘油醛脱氢酶 GapA、磷酸丙糖异构酶 Tpi、丙酮酸激酶 Pyk 等基因，增加丙酮酸的含量等。

习　题

（1）链霉菌具有哪些突出的生物学特点？链霉菌为什么是研究原核生物发育分化的模式材料？

（2）简述链霉菌遗传操作系统中质粒载体和受体系统的构建及其在基因表达和调控中所发挥的作用。

（3）应用于链霉菌基因组编辑与大片段 DNA 克隆的技术有哪些？

（4）链霉菌的形态分化和生理分化（次级代谢）对其自身有何意义？

（5）如何通过组合生物合成获得新结构活性化合物？

（6）结合谷氨酸棒杆菌中谷氨酸生物合成途径，阐述提高谷氨酸产量的可能途径或方法。

主要参考文献

Arnison PG，Bibb MJ，Bierbaum G，Bowers AA，Bugni TS，Bulaj G，Camarero JA，Campopiano DJ，Challis GL，Clardy J，et al. 2013. Ribosomally synthesized and post-translationally modified peptide natural products：overview and recommendations for a universal nomenclature. *Nat Prod Rep*，30：108-160.

Bahl H，Scholz H，Bayan N，Chami M，Leblon G，Gulik-Krzywicki T，Shechter E，Fouet A，Mesnage S，Tosi-Couture E，et al. 1997. Molecular biology of S-layers. *FEMS Microbiol Rev*，20：47-98.

Bao K，Cohen SN. 2013. Recruitment of terminal protein to the ends of *Streptomyces* linear plasmids and chromosomes by a novel telomere-binding protein essential for linear DNA replication. *Genes Dev*，17：774-785.

Belteki G，Gertsenstein M，Ow DW，Nagy A. 2003. Site-specific cassette exchange and germline transmission with mouse ES cells expressing phiC31 integrase. *Nat Biotechnol*，21：321-324.

Bentley SD，Chater KF，Cerdeño-Tárraga AM，Challis GL，Thomson NR，James KD，Harris DE，Quail MA，Kieser H，Harper D，et al. 2002. Complete genome sequence of the model actinomycete *Streptomyces coelicolor* A3（2）. *Nature*，417：141-147.

Bobek J，Strakova E，Zikova A，Vohradsky J. 2014. Changes in activity of metabolic and regulatory pathways during germination of *S. coelicolor*. *BMC Genomics*，15：1173.

Burkovski A. 2003. Ammonium assimilation and nitrogen control in *Corynebacterium glutamicum* and its relatives：an example for new regulatory mechanisms in actinomycetes. *FEMS Microbiol Rev*，27：617-628.

Capstick DS，Willey JM，Buttner MJ，Elliot MA. 2007. SapB and the chaplins：connections between morphogenetic proteins in *Streptomyces coelicolor*. *Mol Microbiol*，64：602-613.

Chandra G，Chater KF. 2014. Developmental biology of *Streptomyces* from the perspective of 100 actinobacterial genome sequences. *FEMS Microbiol Rev*，38：345-379.

Chater KF，Chandra G. 2006. The evolution of development in *Streptomyces* analysed by genome comparisons. *FEMS Microbiol Rev*，30：651-672.

Chater KF，Biró S，Lee KJ，Palmer T，Schrempf H. 2010. The complex extracellular biology of *Streptomyces*. *FEMS Microbiol Rev*，34：171-198.

Chater KF. 1999. David Hopwood and the emergence of *Streptomyces* genetics. *Int Microbiol*，2：61-68.

Claessen D，de Jong W，Dijkhuizen L，Wösten HA. 2006. Regulation of *Streptomyces* development：reach for the sky! *Trends Microbiol*，14：313-319.

Claessen D，Stokroos I，Deelstra HJ，Penninga NA，Bormann C，Salas JA，Dijkhuizen L，Wösten HA. 2004. The formation of the rodlet layer of *Streptomycetes* is the result of the interplay between rodlins and chaplins. *Mol Microbiol*，53：433-443.

Cong L，Ran FA，Cox D，Lin S，Barretto R，Habib N，Hsu PD，Wu X，Jiang W，Marraffini LA，Zhang F. 2013. Multiplex genome engineering using CRISPR/Cas systems. *Science*，339：819-823.

Crosa JH，Walsh CT. 2002. Genetics and assembly line enzymology of siderophore biosynthesis in bacteria. *Microbiol Mol Biol Rev*，66：223-249.

de Jong W, Wösten HA, Dijkhuizen L, Claessen D. 2009. Attachment of *Streptomyces coelicolor* is mediated by amyloidal fimbriae that are anchored to the cell surface via cellulose. *Mol Microbiol*, 73: 1128-1140.

Deb Roy A, Grüschow S, Cairns N, Goss RJ. 2010. Gene expression enabling synthetic diversification of natural products: chemogenetic generation of pacidamycin analogs. *J Am Chem Soc*, 132: 12243-12245.

D'Este M, Alvarado-Morales M, Angelidaki I. 2018. Amino acids production focusing on fermentation technologies—A review. *Biotechnol Adv*, 36: 14-25.

Du D, Wang L, Tian Y, Liu H, Tan H, Niu G. 2015. Genome engineering and direct cloning of antibiotic gene clusters via phage φBT1 integrase-mediated site-specific recombination in *Streptomyces*. *Sci Rep*, 5: 8740.

Elliot MA, Karoonuthaisiri N, Huang J, Bibb MJ, Cohen SN, Kao CM, Buttner MJ. 2003. The chaplins: a family of hydrophobic cell-surface proteins involved in aerial mycelium formation in *Streptomyces coelicolor*. *Genes Dev*, 17: 1727-1740.

Feng C, Ling H, Du D, Zhang J, Niu G, Tan H. 2014. Novel nikkomycin analogues generated by mutasynthesis in *Streptomyces ansochromogenes*. *Microb Cell Fact*, 13: 59.

Flärdh K, Buttner MJ. 2009. *Streptomyces* morphogenetics: dissecting differentiation in a filamentous bacterium. *Nat Rev Microbiol*, 7: 36-49.

Flärdh K. 2003. Growth polarity and cell division in *Streptomyces*. *Curr Opin Microbiol*, 6: 564-571.

Galanie S, Thodey K, Trenchard IJ, Filsinger Interrante M, Smolke CD. 2015. Complete biosynthesis of opioids in yeast. *Science*, 349: 1095-1100.

Gibson DG, Young L, Chuang RY, Venter JC, Hutchison CA, Smith HO. 2009. Enzymatic assembly of DNA molecules up to several hundred kilobases. *Nat Methods*, 6: 343-345.

Grantcharova N, Lustig U, Flärdh K. 2005. Dynamics of FtsZ assembly during sporulation in *Streptomyces coelicolor* A3（2）. *J Bacteriol*, 187: 3227-3237.

Guo F, Xiang S, Li L, Wang B, Rajasärkkä J, Gröndahl-Yli-Hannuksela K, Ai G, Metsä-Ketelä M, Yang K. 2015. Targeted activation of silent natural product biosynthesis pathways by reporter-guided mutant selection. *Metab Eng*, 28: 134-142.

Gust B, Challis GL, Fowler K, Kieser T, Chater KF. 2003. PCR-targeted *Streptomyces* gene replacement identifies a protein domain needed for biosynthesis of the sesquiterpene soil odor geosmin. *Proc Natl Acad Sci U S A*, 100: 1541-1546.

Heide L. 2009. Genetic engineering of antibiotic biosynthesis for the generation of new aminocoumarins. *Biotechnol Adv*, 27: 1006-1014.

Hertweck C, Luzhetskyy A, Rebets Y, Bechthold A. 2007. Type II polyketide synthases: gaining a deeper insight into enzymatic teamwork. *Nat Prod Rep*, 24: 162-190.

Hirano S, Kato JY, Ohnishi Y, Horinouchi S. 2006. Control of the *Streptomyces* subtilisin inhibitor gene by AdpA in the A-factor regulatory cascade in *Streptomyces griseus*. *J Bacteriol*, 188: 6207-6216.

Hirasawa T, Shimizu H. 2016. Recent advances in amino acid production by microbial cells. *Curr Opin Biotechnol*, 42: 133-146.

Hopwood DA, Malpartida F, Kieser HM, Ikeda H, Duncan J, Fujii I, Rudd BA, Floss HG, Omura S. 1985. Production of "hybrid" antibiotics by genetic engineering. *Nature*, 314: 642-644.

Hopwood DA, Wright HM, Bibb MJ, Cohen SN. 1977. Genetic recombination through protoplast fusion in *Streptomyces*. *Nature*, 268: 171-174.

Huang H, Zheng G, Jiang W, Hu H, Lu Y. 2015. One-step high-efficiency CRISPR/Cas9-mediated genome editing in *Streptomyces*. *Acta Biochim Biophys Sin*（Shanghai）, 47: 231-243.

Ikeda H, Ishikawa J, Hanamoto A, Shinose M, Kikuchi H, Shiba T, Sakaki Y, Hattori M, Omura S. 2003. Complete genome sequence and comparative analysis of the industrial microorganism *Streptomyces avermitilis*. *Nat Biotechnol*, 21: 526-531.

Kelemen GH, Viollier PH, Tenor J, Marri L, Buttner MJ, Thompson CJ. 2001. A connection between stress and development in the multicellular prokaryote *Streptomyces coelicolor* A3（2）. *Mol Microbiol*, 40: 804-814.

Kieser T, Bibb MJ, Buttner MJ, Chater KF, Hopwood DA. 2000. Practical *Streptomyces* genetics. Norwich: The John Innes Foundation.

Kimura E. 2003. Metabolic engineering of glutamate production. *Adv Biochem Eng Biotechnol*, 79: 37-57.

Kodani S, Hudson ME, Durrant MC, Buttner MJ, Nodwell JR, Willey JM. 2004. The SapB morphogen is a lantibiotic-like peptide derived from the product of the developmental gene *ramS* in *Streptomyces coelicolor*. *Proc Natl Acad Sci U S A*, 101: 11448-1153.

Kohanski MA, Dwyer DJ, Collins JJ. 2010. How antibiotics kill bacteria: from targets to networks. *Nat Rev Microbiol*, 8: 423-435.

Krieg NR, Ludwig W, Whitman WB, Hedlund BP, Paster BJ, Staley JT, Ward N, Brown D. 2010. Bergey's Manual of Systematic Bacteriology. 2nd ed. vol. 4, New York: Springer-Verlag.

Larionov V, Kouprina N, Graves J, Chen XN, Korenberg JR, Resnick MA. 1996. Specific cloning of human DNA as yeast artificial chromosomes by transformation-associatedrecombination. *Proc Natl Acad Sci U S A*, 93: 491-496.

Lee CJ, Won HS, Kim JM, Lee BJ, Kang SO. 2007. Molecular domain organization of BldD, an essential transcriptional regulator for developmental process of *Streptomyces coelicolor* A3（2）. *Proteins*, 68: 344-352.

Leskiw BK, Lawlor EJ, Fernandez-Abalos JM, Chater KF. 1991. TTA codons in some genes prevent their expression in a class of developmental, antibiotic-negative, *Streptomyces* mutants. *Proc Natl Acad Sci U S A*, 88: 2461-2465.

Li J, Li L, Tian Y, Niu G, Tan H. 2011. Hybrid antibiotics with the nikkomycin nucleoside and polyoxin peptidyl moieties. *Metab Eng*, 13: 336-344.

Manteca A, Fernandez M, Sanchez J. 2006. Cytological and biochemical evidence for an early cell dismantling event in surface cultures of *Streptomyces antibioticus*. *Res Microbiol*, 157: 143-152.

Miao V, Coëffet-Le Gal MF, Nguyen K, Brian P, Penn J, Whiting A, Steele J, Kau D, Martin S, Ford R, et al. , 2006. Genetic engineering in *Streptomyces roseosporus* to produce hybrid lipopeptide antibiotics. *Chem Biol*, 13: 269-276.

Miguélez EM, Hardisson C, Manzanal MB. 1999. Hyphal death during colony development in *Streptomyces antibioticus*: morphological evidence for the existence of a process of cell deletion in a multicellular prokaryote. *J Cell Biol*, 145: 515-525.

Mishra AK, Driessen NN, Appelmelk BJ, Besra GS. 2011. Lipoarabinomannan and related glycoconjugates: structure, biogenesis and role in *Mycobacterium tuberculosis* physiology and host-pathogen interaction. *FEMS Microbiol Rev*, 35: 1126-1157.

Murakami T, Burian J, Yanai K, Bibb MJ, Thompson CJ. 2011. A system for the targeted amplification of bacterial gene clusters multiplies antibiotic yield in *Streptomyces coelicolor. Proc Natl Acad Sci U S A*, 108: 16020-16025.

Nett M, Ikeda H, Moore BS. 2009. Genomic basis for natural product biosynthetic diversity in the actinomycetes. *Nat Prod Rep*, 26: 1362-1384.

Niu G, Chater KF, Tian Y, Zhang J, Tan H. 2016. Specialised metabolites regulating antibiotic biosynthesis in *Streptomyces spp. FEMS Microbiol Rev*, 40: 554-573.

Niu G, Tan H. 2015. Nucleoside antibiotics: biosynthesis, regulation, and biotechnology. *Trends Microbiol*, 23: 110-119.

Ochi K. 2007. From microbial differentiation to ribosome engineering. *Biosci Biotechnol Biochem*, 71: 1373-1386.

Paddon CJ, Keasling JD. 2014. Semi-synthetic artemisinin: a model for the use of synthetic biology in pharmaceutical development. *Nat Rev Microbiol*, 12: 355-367.

Paddon CJ, Westfall PJ, Pitera DJ, Benjamin K, Fisher K, McPhee D, Leavell MD, Tai A, Main A, Eng D, et al. 2013. High-level semi-synthetic production of the potent antimalarial artemisinin. *Nature*, 496: 528-532.

Rowe CJ, Böhm IU, Thomas IP, Wilkinson B, Rudd BA, Foster G, Blackaby AP, Sidebottom PJ, Roddis Y, Buss AD, et al., 2001. Engineering a polyketide with a longer chain by insertion of an extra module into the erythromycin-producing polyketide synthase. *Chem Biol*, 8: 475-485.

Schmidt-Dannert C. 2015. Biosynthesis of terpenoid natural products in fungi. *Adv Biochem Eng Biotechnol*, 148: 19-61.

Shimizu Y, Ogata H, Goto S. 2017. Type III polyketide synthases: functional classification and phylogenomics. *ChemBioChem*, 18: 50-65.

Siegl T, Petzke L, Welle E, Luzhetskyy A. 2010. I-SceI endonuclease: a new tool for DNA repair studies and genetic manipulations in *Streptomyces. Appl Microbiol Biotechnol*, 87: 1525-1532.

Testa G, Zhang Y, Vintersten K, Benes V, Pijnappel WW, Chambers I, Smith AJ, Smith AG, Stewart AF. 2003. Engineering the mouse genome with bacterial artificial chromosomes to create multipurpose alleles. *Nat Biotechnol*, 21: 443-447.

Uchida T, Miyawaki M, Kinashi H. 2003. Chromosomal arm replacement in *Streptomyces griseus. J Bacteriol*, 185: 1120-1124.

Willey J, Schwedock J, Losick R. 1993. Multiple extracellular signals govern the production of a morphogenetic protein involved in aerial mycelium formation by *Streptomyces coelicolor. Genes Dev*, 7: 895-903.

Winn M, Fyans JK, Zhuo Y, Micklefield J. 2016. Recent advances in engineering nonribosomal peptide assembly lines. *Nat Prod Rep*, 33: 317-347.

Xiang SH, Li J, Yin H, Zheng JT, Yang X, Wang HB, Luo JL, Bai H, Yang KQ. 2009. Application of a double-reporter-guided mutant selection method to improve clavulanic acid production in *Streptomyces clavuligerus. Metab Eng*, 11: 310-318.

Xu W, Qiao K, Tang Y. 2013. Structural analysis of protein-protein interactions in type I polyketide synthases. *Crit Rev Biochem Mol Biol*, 48: 98-122.

Yamanaka K, Reynolds KA, Kersten RD, Ryan KS, Gonzalez DJ, Nizet V, Dorrestein PC, Moore BS. 2014. Direct cloning and refactoring of a silent lipopeptide biosynthetic gene cluster yields the antibiotic taromycin A. *Proc Natl Acad Sci U S A*, 111: 1957-1962.

Yanai K, Murakami T, Bibb M. 2006. Amplification of the entire kanamycin biosynthetic gene cluster during empirical strain improvement of *Streptomyces kanamyceticus*. *Proc Natl Acad Sci U S A*，103：9661-9666.

Yang CC，Tseng SM，Chen CW. 2015. Telomere-associated proteins add deoxynucleotides to terminal proteins during replication of the telomeres of linear chromosomes and plasmids in *Streptomyces*. *Nucleic Acids Res*，43：6373-6383.

Zhao Y，Li L，Zheng G，Jiang W，Deng Z，Wang Z，Lu Y. 2018. CRISPR/dCas9-mediated multiplex gene repression in *Streptomyces*. *Biotechnol J*，13：e1800121.

第五章　放线菌次级代谢产物生物合成的分子调控

在微生物次级代谢产物中抗生素是最典型的代表，而在抗生素产生菌中放线菌又是最重要的产生者。放线菌进化出数量庞大的调控蛋白和复杂高效的调控系统来控制次级代谢产物的生物合成，借此对环境变化做出准确迅速的反应。从感应环境变化到抗生素的产生，次级代谢产物生物合成的调控是由不同调控蛋白参与的信号级联传递过程，根据参与次级代谢产物生物合成调控蛋白的功能，可以将调控分为途径特异性调控、全局性调控和自调控等3种主要类型。在抗生素生物合成中调控基因起到了一个开关的作用，它可决定一种抗生素生物合成的起始与终止的精细调控过程。次级代谢产物生物合成调控机制的阐明可为合成途径的定向改造、产量提高、隐性基因簇的激活及获得有应用前景的新型次级代谢产物提供重要的理论依据。

第一节　链霉菌及抗生素的研究背景

抗生素是指微生物在其代谢过程中产生的具有抑制它种微生物生长活动，甚至杀灭它种微生物的化学物质。也有人把抗生素的定义戏称为"保护自己，杀死他人"。

初级代谢（primary metabolism）是指维持微生物生长、发育所必需的代谢过程，如糖的分解代谢、核酸和蛋白质的合成等。

次级代谢（secondary metabolism）是指对生命的维持不具有明显功能，也就是说它不直接影响微生物的生长和发育等，因此称之为次级代谢。次级代谢产物通常以初级代谢产物作为合成起始物质，由成簇排列的基因编码的酶催化合成。这些合成基因簇受到复杂生理信号和外界营养条件等变化的调节。

在微生物次级代谢产物中抗生素是最重要的典型代表，而抗生素的产生者——链霉菌是微生物中最杰出的产生菌株。因此，本节主要对链霉菌和抗生素进行介绍。

一、链霉菌的研究背景

链霉菌属于原核生物界（Kingdom）、厚壁菌门（Phylum）、放线菌纲（Class）、放线菌目（Order）、链霉菌科（Family）、链霉菌属（*Genus*）的革兰氏阳性和高 G+C 含量（70%～76%）的一类土壤丝状细菌（图 5-1）。

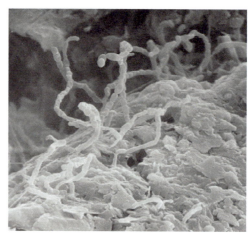

图 5-1 土壤中的链霉菌

在固体培养基上，链霉菌由孢子萌发开始，通过顶端生长形成丝状的基质菌丝，进而分化成气生菌丝，然后经过菌丝螺旋和分隔形成多细胞的孢子链，其中包含染色体的复制和分配，最后形成伴有色素的游离孢子（图 4-19）。

（一）具有复杂的发育分化的生命周期

天蓝色链霉菌（*Streptomyces coelicolor*）作为链霉菌的模式菌株，对其进行深入研究，能够更好地了解原核生物的发育分化。从表型和形态上看，影响发育分化的基因可以分为两大类，即光秃基因（*bld*）和白色基因（*whi*）。*bld* 突变导致气生菌丝不能形成，因而在固体培养基上显示为光秃的表型（像人没有长头发的光头那样），*bld* 突变通常具有多效性，不仅影响链霉菌的发育分化，而且影响抗生素的产生；而 *whi* 突变，虽然在固体培养条件下（即在液体培养基中添加有琼脂）能够形成气生菌丝，但是这些气生菌丝即使在延长培养时间的条件下，仍然不能形成灰色的成熟孢子，只呈现一种在培养基表面向空气中延伸且较长而弯曲的菌丝体的白色表型，如果将与发育分化有关的关键基因 *whiG* 敲除或阻断，得到的突变株（Δ whiG）在相同培养条件下与野生型菌株（WT）比较，只能形成白色气生菌丝的表型（图 5-2）。

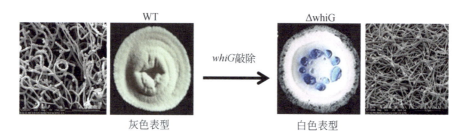

图 5-2 链霉菌相关基因突变的白色表型和形态

链霉菌虽然属于原核生物，但链霉菌却有着与丝状真菌类似的生活周期，并且每个发育阶段都有其独特的表型特征。链霉菌首先由单个孢子萌发产生 1 ～ 2 个萌发管，通过顶端生长、分支并产生横隔形成拟核结构的基质菌丝；当环境中营养物质匮乏时，亲水性的基质菌丝通过表面覆盖疏水外鞘突破培养基表面的气－水张力向空气中延伸形成疏水性的气生菌丝；气生菌丝经过螺旋、分隔形成单基因组的长链的前孢子单元（prespore compartment），随后孢子壁加厚并最终形成成熟的灰色孢子。在从基质菌丝向气生菌丝生长的过程中，通常会伴随着次级代谢产物的合成，因而链霉菌成为研究微生物发育分化和基因时空表达的良好模式材料。

（二）具有无与伦比的合成抗生素的能力

为了对抗同一生境中其他微生物掠夺营养的竞争，一方面，链霉菌通过合成抗生素并释放到邻近环境来保护自身；另一方面，链霉菌通过基质菌丝分解得到的营养物质如糖、氨基酸等作为诱饵，诱导周围与其竞争的微生物游动到链霉菌周围，并通过分泌的抗生素杀死这些微生物以获得额外的营养（Hopwood，2007）。链霉菌能够产生数量庞大、种类繁多的抗生素，目前所知约 70% 的天然抗生素是放线菌产生的（表 5-1），这是天然抗生素的主要来源，其中 60% 以上临床上使用的抗生素都由链霉菌产生（Kitani，2011），它们很多具有抗细菌（如红霉素、万古霉素、达托霉素）、抗真菌（如两性霉素 B）、抗肿瘤（如 doxorubicin 和 epoxomicin）、抗寄生虫（如阿维菌素 B1a 和多杀菌素 A）的作用，并具有除草剂（如草铵膦或草甘膦）及免疫抑制剂（FK-506）的功能，结构的差异和多样性暗示着链霉菌次级代谢产物的多样性和复杂性，而一种链霉菌通常能产生多种抗生素和多种活性化合物。

表 5-1　放线菌产生的天然抗生素

名称	抗生素	其他活性物质	总计
放线菌	7 900	1 220	9 120
其他细菌	1 400	240	1 640
真菌	2 600	1 540	4 140
总计	11 900	3 000	14 900

二、抗生素的发现

（一）青霉素的发现

世界上第一个被发现的抗生素是 1928 年 Alexander Fleming 发现的由青霉菌产生的青霉素。1928 年，Fleming 在伦敦大学讲解细菌学时无意中发现绿色霉菌周围没有葡萄球菌生长，他想难道是霉菌阻止了细菌的生长和繁殖吗？ Fleming 不放过任何一个可疑现象，最后他通过更多细致的观察证实了这种绿色霉菌就是杀死细菌的有效物质。他给它取名"盘尼西林"（penicillin）。当时他没有开展盘尼西林治疗效果的试验，仅给健康的兔子和大鼠注射菌体培养的过滤液来进行毒性试验，而未给患病的动物注射后去观察病症的状况。

如果当时他做了这方面的试验，青霉素可能会提早 10 年问世。

Alexander Fleming

Fleming 于 1881 年 8 月 6 日出生在苏格兰洛克菲尔德，由于家道贫穷而不能完成高等教育，他 16 岁时就出去谋生；在 20 岁那年，继承了姑母的一笔遗产，他才继续完成了学业。25 岁从医学院毕业之后，一直从事医学研究工作。

英、美两国媒体在报道中把 Fleming 描述成发现青霉素的天才，但在 Fleming 本人的演讲中，他总是把青霉素的发现和应用归功于 Florey、Chain 和他的同事所做的研究。Fleming 1955 年 3 月 11 日逝世于英国伦敦，终年 74 岁。《大不列颠百科全书》记载着关于 Fleming 传奇故事的许多内容。

在后来若干年的研究中，对青霉素的作用机制有了深入的研究和全面的了解。青霉素是肽聚糖单体五肽末端的 D- 丙氨酰 -D- 丙氨酸的结构类似物，两者可相互竞争转肽酶的活性中心。转肽酶一旦被青霉素结合，前后 2 个肽聚糖单体间不能形成肽桥，因此合成的肽聚糖结构是不具有功能的缺乏机械强度的分子，由此产生了原生质体或球状体之类的细胞壁缺损细菌，当它们处在不利环境时细菌细胞的内含物就会外渗，导致细胞裂解而死亡。青霉素主要是抑制革兰氏阳性菌细胞壁的形成。由于革兰氏阴性菌的细胞壁结构缺乏五肽交联桥这样的分子结构，青霉素对其作用不大，因此青霉素对革兰氏阴性菌几乎不具有抑制作用。

Howard Walter Florey

Howard Walter Florey 出生于澳大利亚南部，1917 ~ 1921 年就读于阿德雷得大学医学院。1924 年在英国牛津大学获硕士学位。1927 年在剑桥大学获博士学位。1939 年，Florey 和 Chain 重复了 Fleming 的工作并分离纯化了青霉素。1941 年青霉素被成功地用于患者，1945 年后青霉素在全球被广泛使用。

Ernst Boris Chain

Ernst Boris Chain 1930 年毕业于腓特烈 - 威廉大学。因为具有犹太人血统，在纳粹党掌权后，他感觉自身安全受到威胁，于 1933 年离开德国前往英国。他在英国剑桥大学霍普金斯的领导下工作，1935 年应 Florey 的邀请去牛津大学从事青霉素应用方面的工作。

上述三位科学家，由于发现了青霉素及其对多种病原微生物的治疗作用，为拯救成千上万的生命做出了巨大贡献，他们共同获得了 1945 年的诺贝尔生理学 / 医学奖。

（二）链霉素的发现

1945 年，Fleming、Florey 和 Chain 三人虽因发现青霉素及其治疗作用分享了诺贝尔生理学 / 医学奖，但青霉素对许多病菌并不起作用，包括引起肺结核的结核杆菌。肺结核是对人类危害最大的传染病之一，在进入 20 世纪之后，仍有大约 1 亿人死于肺结核。世界各国医生都曾经尝试过用多种方法来治疗肺结核病，但是没有一种方法真正有效，患上结核病就意味着被判了死刑。青霉素的神奇疗效给人类带来了新的希望，能否发现一种类似的抗生素有效地治疗肺结核，这是人们十分渴望的。果然，在 1945 年的诺贝尔奖颁发几个月后，

1946 年 2 月 22 日，美国罗格斯大学教授 Selman A. Waksman 宣布其实验室发现了第二种应用于临床的抗生素——链霉素，对抗结核杆菌有特效，人类战胜结核病的新纪元自此开始。

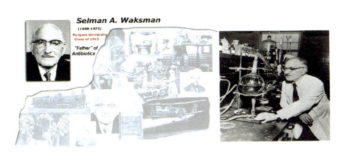

Selman A. Waksman

Waksman 是一个土壤微生物学家，自大学时代起就对土壤中的放线菌十分感兴趣，1915 年他还在罗格斯大学上本科时就与同事发现了链霉菌。1940 年，Waksman 和同事 Woodruff 分离出了他们的第一种抗生素——放线菌素，可惜其毒性太强，使用价值不大。1942 年，他们又分离出第二种抗生素——链丝菌素。这种抗生素对包括结核杆菌在内的许多种细菌都有很强的抗菌活性，但是对人体的毒性也非常大。

链霉素是由 Waksman 的学生 Albert Schatz 分离出来的。1942 年，Schatz 成为 Waksman 的博士研究生。不久，Schatz 应征入伍，到一家军队医院工作。1943 年，Schatz 因病退伍，又回到了 Waksman 实验室继续攻读博士学位。Schatz 发现了链霉菌的新种，并分离出了两个链霉菌菌株：一个是从土壤中分离的，另一个是从鸡的咽喉分离得到的。这两个菌株和 Waksman 在 1915 年发现的链霉菌在分类上同属一个种，但不同的是 Schatz 分离的两个菌株能抑制结核杆菌等几种病菌的生长。Schatz 在 Waksman 的指导下于 1943 年 10 月发现了一种新的抗生素，即链霉素。1944 年美国和英国开始大规模的临床试验，证实链霉素的毒性不大，而且对肺结核的治疗效果非常好。1952 年 10 月，瑞典卡罗林斯卡医学院宣布将诺贝尔生理学 / 医学奖授予 Waksman 一个人，以表彰他发现了链霉素。

Waksman 此后继续研究抗生素，一生中与其学生共同发现了 20 多种抗生素，以链霉素（streptomycin）和新霉素（neomycin）最为成功。Waksman 于 1973 年去世，享年 85 岁，留下了 500 多篇论文和 20 多本专著。Waksman 被称为抗生素之父，美国还专门成立了一个以他的名字命名的研究所，即 Waksman 研究所。

链霉素是由灰色链霉菌（*Streptomyces griseus*）产生的一种氨基糖苷类抗生素，它对结核分枝杆菌有较强的抑制作用。后来很多有关链霉素作用机制的研究揭示，链霉素主要与细菌核糖体 30S 亚单位结合，抑制细菌蛋白质的合成，使细菌不能正常生长而死亡，细菌与链霉素接触后极易产生耐药性。链霉素和其他抗菌药物或抗结核药物联合应用可减少或延缓耐药性的产生。新霉素是弗氏链霉菌（*Streptomyces fradiae*）产生的一种氨基糖苷类抗生素，其主要作用机制类似于链霉素，主要是与细菌核糖体 30S 亚单位结合，抑制细菌蛋白质的合成，对结核分枝杆菌和其他相关细菌（如埃希氏菌属、克雷伯菌属、变形杆菌属、肠杆菌属、沙门氏菌属、志贺氏菌属等）具有抑制作用。新霉素中的主要有效组分是 B，当细菌与新霉素接触后易产生耐药性，新霉素和其他抗生素（如链霉素和卡那霉素等）交叉使用时可减少或延缓对其耐药性的产生。

（三）阿维菌素的研究

William C. Campbell

William C. Campbell 和大村智发现了一种由链霉菌产生的名为阿维菌素（avermectin）的新药。阿维菌素的衍生物伊维菌素在 20 世纪 80 年代作为兽药投入市场，并且带来了巨大的利润。1978 年 Campbell 提出伊维菌素除了用作兽药外，还可用来治疗人类盘尾丝虫病。同时，他的研究小组也成功地解析了生产阿维菌素的阿维链霉菌的全基因组。瑞典卡罗林斯卡医学院 2015 年 10 月 5 日在斯德哥尔摩宣布，将 2015 年诺贝尔生理学 / 医学奖授予 Campbell、大村智和中国女科学家屠呦呦，表彰他们在寄生虫疾病治疗方面取得的成就。

Campbell 生于 1930 年。1952 年毕业于都柏林大学，1957 年在美国威斯康星州立大学获得博士学位。后在美国大学及科研机构任职，现任美国新泽西州德鲁大学的荣誉研究员。

大村智 1935 年毕业于日本山梨大学。1968 年取得东京大学药学博士学位，1970 年取得东京理科学大学化学博士学位。1975 ～ 2007 年，他任教于日本北里大学，现已从北里大学荣誉退休。

大村智从土壤中成功地分离出新菌株，并在实验室中进行了培养，再选出其中最具活性的 50 株作为新的生物活性化合物来源，这些菌株中的一个，后来被证明是阿维菌素的产生菌株。大村智获得诺贝尔生理学 / 医学奖，主要是因为他发现了阿维菌素在治疗盘尾丝虫症和淋巴丝虫病（象皮病）方面做出的突出贡献。

大村智（Satoshi ōmura）

阿维菌素最早是由日本北里大学大村智等和美国 Merck 公司首先开发的一类具有杀虫、杀螨、杀线虫活性的十六元大环内酯化合物，由阿维链霉菌（*Streptomyces avermitilis*）发酵产生。天然阿维菌素中含有 8 个组分：A1a、A2a、B1a 和 B2a，其总含量 ≥ 80%；对应的 4 个比例较小的同系物是 A1b、A2b、B1b 和 B2b，其总含量 ≤ 20%。其作用机制是干扰神经生理活性，影响细胞膜氯化物传导，氨基丁酸是其主要作用位点。当药剂作用于此位点后，阻断运动神经信息的传递过程，使害虫中央神经系统的信号不断被运动神经元接受，害虫在几小时内迅速麻痹、拒食、缓动或不动，随后死亡。

三、链霉菌的基因组特征

近年来，随着基因组测序技术的快速发展，大量的链霉菌基因组序列得到测定和分析，为链霉菌的研究提供了极大的便利。最早测序的是天蓝色链霉菌（*Streptomyces. coelicolor*），其基因组序列于 2001 年由英国 John Innes 研究所和剑桥大学 Sanger 研究中心完成（Bentley et al.，2002）。之后，一株重要的工业生产用链霉菌——阿维链霉菌（*S. avermitilis*）的基因组序列于 2003 年由日本北里研究所（National Institute of Technology and Evaluation）完成并公布（Ikeda et al.，2003）。而随着 DNA 测序技术的发展，被测定的链霉菌基因组的数量也在不断增多。对模式链霉菌天蓝色链霉菌、阿维链霉菌和灰色链霉菌的分析发现，它们的基因组具有一定的共性，其主要特点如下：①与一般细菌基因组相比，链霉菌基因组都比较大，链霉菌基因组大小约为大肠杆菌基因组的 2 倍，其基因数量（8000个左右）比真核生物酿酒酵母的还多；②链霉菌基因组呈线状结构，末端都具有反向重复序列且共价结合有末端蛋白质，这种类似"端粒"的结构是链霉菌和其他一些放线菌所特有的；③线状基因组中间 4.9 Mb 的区域比较保守，与生长和发育相关的必需基因都在此区域，而基因组两侧的染色体区域可变性较大，大量次级代谢产物生物合成的基因簇都位于该区域。

基因组测序给人们带来一个惊喜的发现，即除了已知结构的抗生素外，在链霉菌基因组上还蕴藏有大量的次级代谢产物生物合成基因簇，并且每个链霉菌染色体所含的次级代谢产物生物合成基因簇远多于其产生的已知的次级代谢产物。例如，天蓝色链霉菌基因组上有 31 个次级代谢生物合成基因簇（包括质粒 SCP1 上的 2 个），而其中只有 17 个基因簇对应的产物结构是已知的；在阿维链霉菌基因组上有 37 个次级代谢产物生物合成基因簇，但只检测到 14 个次级代谢产物（Rutledge and Challis，2015）。这一数量在其他链霉菌中甚至更低，如圈卷产色链霉菌基因组中含有 35 个次级代谢产物生物合成基因簇，但已知的只有 3 种，即尼可霉素、泰乐霉素类似物及 oviedomycin 生物合成基因簇。如此大量未知产物结构的基因簇为挖掘和寻找新型治疗药物提供了丰富的资源。那么如何从这些沉默的基因簇中获得有重要生物活性的化合物呢？为此，我们对链霉菌隐性基因簇的激活提出了可行的策略（Liu et al.，2013）。其中包括对关键调控基因的遗传操作、对结构基因的高效表达、基因簇倍增，培养基优化、菌株共培养或者信号分子诱导等，这些为基因组挖掘提供了重要指导。

第二节　抗生素生物合成基因簇

本节主要介绍抗生素生物合成基因簇的结构特点，以尼可霉素和杰多霉素的生物合成基因簇为例介绍基因簇中结构基因、调控基因及抗性基因等连锁成簇和形成共转录单元的结构特点。

一、抗生素生物合成基因簇的结构特征

近年来，随着基因组测序技术的快速发展，大量的链霉菌基因组序列得到测定和分析，为抗生素生物合成调控机制的研究提供了极大的便利。最早测序的天蓝色链霉菌（图 5-3）（Bentley et al.，2002），是英国 John Innes 研究所和剑桥大学 Sanger 研究中心于 2002 年完成的。到目前为止，完成全基因组测序的链霉菌有 108 株（截止到 2018 年 8 月 28 日），而已完成基因组草图的则有 1670 株。测序结果表明，每一种链霉菌都含有 30 个左右的抗生素生物合成基因簇（表 5-2），而且几乎全部成簇排列在染色体上，只有个别在质粒上。

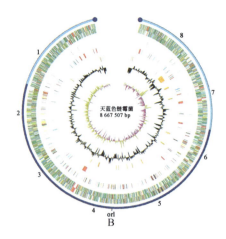

图 5-3 天蓝色链霉菌的菌落表型及全基因组序列分析

A. 菌落表型；B. 基因组图谱

表 5-2 链霉菌基因组的基本特征

基因组特征	菌株名称		
	天蓝色链霉菌	阿维链霉菌	灰色链霉菌
基因组大小（bp）	8 667 507	9 025 608	8 545 929
G+C 含量（%）	72.12	70.7	72.2
蛋白质编码基因（个）	7 825	7 581	7 138
平均基因大小（bp）	991	1 034	1 055
编码基因比例（%）	88.9	86.2	88.1
rRNA 基因（16S-23S-5S）	6	6	6
tRNA 基因	63	68	66
次级代谢基因簇	29	37	36
产物鉴定的基因簇	15	13	10
产物未知的基因簇	14	24	26

　　抗生素生物合成基因簇一般由调控基因（1个及以上）、结构基因（一般 10～30 个）和相关抗性基因（与抗生素的种类有关，如果合成产物对自身有杀死作用的时候，就需要抗性基因存在去保护自己，大多数基因簇不需要抗性基因的存在）组成，每个开放阅读框（open reading frame，ORF）就是一个编码基因（图 5-4），而且这些基因总是成簇排列。进行抗生素生物合成基因簇研究时，首先要建立基因组文库，如 Cosmid 文库和 BAC 文库等。如果基因组已经测序，可以直接通过设计引物（primers）采取 Chromosome 步移方法去克隆所需要的基因簇，并对其基因的组成进行分析。

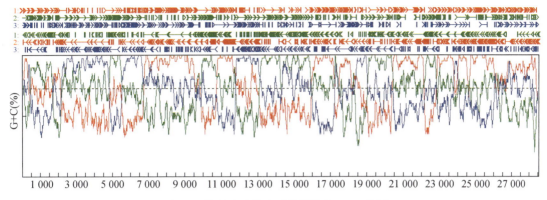

图 5-4　抗生素生物合成基因簇的 ORF 分析

基因簇被克隆后，要通过相关的软件去分析才知该 DNA 片段是什么样的遗传结构，是由多少基因和什么样的基因组成的。图 5-4 所示为尼可霉素生物合成基因簇的 ORF。由于链霉菌基因组成的 G+C 含量高，科学家们通过对几百个基因的 ORF 分析，总结出了如下规律或特点：①在蛋白质编码序列中，G+C 含量以 60%～80% 的概率出现在第一个碱基的位置中；②在第二个碱基位置中出现的概率是 50%；③在第三个碱基位置中出现的概率是 90%～100%。一个基因如果符合上述三个规律就会形成一个 ORF（即编码蛋白质的 DNA 序列或蛋白质编码基因）。

可用 Sanger Institute 共享的本地应用软件 Artemis 进行基因注释和 ORF 分析（http://www.sanger.ac.uk/sciences/tools/artemis）。此外，通过其他程序进行分析亦可得到 ORF。

二、代表性抗生素生物合成基因簇的基因组成

（一）尼可霉素的生物合成基因簇

尼可霉素（nikkomycins）是一类核苷肽类抗生素（图 5-5），是几丁质合成酶的天然底物 UDP-N- 乙酰葡萄糖胺的结构类似物，能竞争性抑制该酶的活性，而导致几丁质不能被合成。由于几丁质是真菌、昆虫和酵母细胞壁的重要结构组分，因此尼可霉素表现出强的抗真菌、杀昆虫和杀螨虫的活性，对哺乳动物、蜜蜂、植物无毒或者毒性极低，同时在自然界中易降解和对环境无污染，是一种值得开发应用的新型农用抗生素。

UDP-N-乙酰葡萄糖胺　　　　　　　　　　尼可霉素X

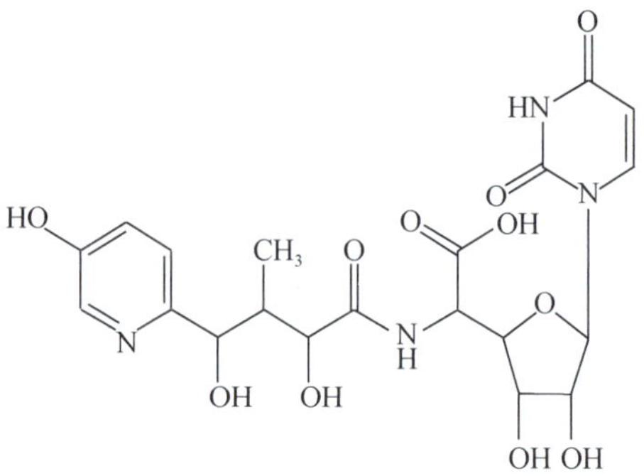

尼可霉素Z

图 5-5　尼可霉素的化学结构

UDP-*N*- 乙酰葡糖胺 . 真菌细胞壁的重要组分；尼可霉素 X 和尼可霉素 Z. 圈卷产色链霉菌（*Streptomyces ansochromogenes*）产生的尼可霉素的两个主要组分

　　自 20 世纪 70 年代首次分离到尼可霉素产生菌以来，有关尼可霉素生物合成的研究取得了较大进展。到目前为止，尼可霉素的生物合成基因簇已分别从唐德链霉菌和圈卷产色链霉菌中得到克隆（Bormann et al.，1996；Chen et al.，2000）。其中，圈卷产色链霉菌尼可霉素生物合成基因簇的克隆是由中国科学院微生物研究所谭华荣领导的实验室完成的，该基因簇近 40 kb，由 25 个基因组成，而 *sanG* 是唯一的途径特异性调控基因，其他都是尼可霉素生物合成中相关的结构基因，基因簇的组成结构如图 5-6 所示。

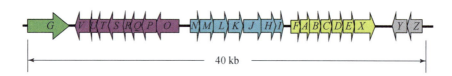

图 5-6　圈卷产色链霉菌尼可霉素的生物合成基因簇

G. sanG，是尼可霉素生物合成途径特异性调控基因，它编码的是 SARP 类调控蛋白；*O*、*N*、*F*. 分别代表同一转录单元的第一个结构基因 *sanO*、*sanN* 和 *sanF*，这 3 个转录单元中不同结构基因编码了不同的酶，这些酶在尼可霉素生物合成途径中扮演了重要的角色

（二）杰多霉素的生物合成基因簇

　　杰多霉素是委内瑞拉链霉菌（*Streptomyces venezuelae*）产生的一种角蒽环类聚酮类抗生素（图 5-7）。1991 年，加拿大的 Vining 小组在 37℃热激培养委内瑞拉链霉菌时发现产生了一种橘红色化合物，将其命名为杰多霉素（jadomycin），随后发现，通过热激、乙醇刺激或噬菌体感染委内瑞拉链霉菌均能产生杰多霉素（Doull et al.，1994）。核磁共振（NMR）数据显示，杰多霉素除了具有非典型角蒽环结构外，还有一个含氮的六元杂环和一个含氮的内酯环（见图 5-7），属于聚酮类家族的抗生素。内酯环上插入不同的氨基酸（如常见的 L-氨基酸、D- 氨基酸或者人工合成的非天然氨基酸）可形成不同的杰多霉素类似物。杰多霉

素的结构多样性赋予其生物活性的多样性，对已经鉴定的几种杰多霉素类似物的研究表明，杰多霉素具有抗革兰氏阳性菌、酵母菌及抗肿瘤活性，而且对耐药性金黄色葡萄球菌也存在明显的抑制作用，其作用机制是抑制蛋白质的合成。

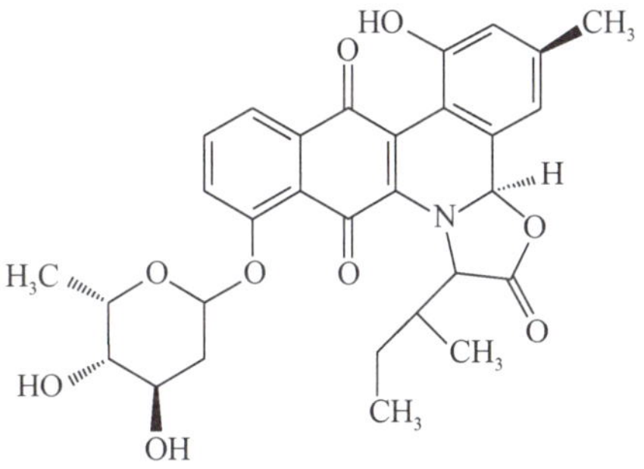

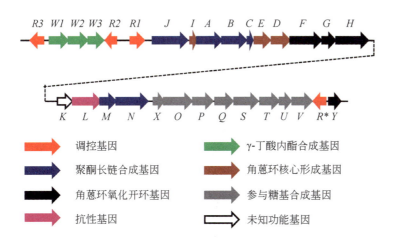

图 5-7　杰多霉素的化学结构

　　杰多霉素生物合成基因簇的克隆最早是由 Vining 领导的小组完成的，他们通过用 actI 和 actIII 作探针与委内瑞拉链霉菌基因组杂交克隆得到了杰多霉素合成基因簇的一部分 （4.8 kb）（Han et al.，1994）。随后该 DNA 片段两侧序列陆续被克隆。随着委内瑞拉链霉菌基因组的测序及相关基因功能的研究，目前已得到完整的杰多霉素生物合成基因簇（图 5-8），其全长 32.9 kb，由 30 个基因组成，位于染色体右臂。基于基因簇内各基因的功能，杰多霉素可能的生物合成途径得到了推测。杰多霉素的合成大体分为聚酮长链的合成、角蒽环核心的形成、核心结构氧化开环、氨基酸插入和糖苷配体的糖基化修饰几个步骤。

图 5-8　委内瑞拉链霉菌杰多霉素的生物合成基因簇

该基因簇由 30 个基因组成，除 4 个调控基因（jadR1、jadR2、jadR3 和 jadR*）外，其他都是杰多霉素生物
合成途径中的相关结构基因

第三节　几种重要的调控类型

在抗生素生物合成中调控基因起到了一个开关的作用，它可以决定一种抗生素生物合成的起始与终止的精细调控过程。调控机制的阐明可为途径的定向改造、产量提高、隐性基因簇的激活及其获得有应用前景的新型次级代谢产物提供重要的理论依据。

一、抗生素生物合成的途径特异性调控

链霉菌的次级代谢产物生物合成基因簇通常成簇排列，包括一个或多个调控基因，一般只负责调控所在基因簇基因表达的调控称为途径特异性调控。途径特异性调控蛋白分属不同的蛋白质家族，如 SARP（*Streptomyces* antibiotic regulatory proteins）家族、LAL（large ATP-binding regulators of the LuxR family）家族、LysR 家族、TetR 家族和应答调控蛋白等，而 SARP 家族是被研究得最多的一种。SARP 蛋白都含有 OmpR 类的 DNA 结合结构域和转录激活结构域，通过招募 RNA 聚合酶到靶基因的启动子上游激活基因的转录。大多数 SARP 蛋白都是途径特异性调控子，一般只调控与其相邻的基因（Liu et al.，2005）。本节以多氧霉素生物合成的途径特异性调控为例进行介绍。

多氧霉素（polyoxins）是可可链霉菌（*Streptomyces cacaoi*）产生的一种核苷肽类抗生素（图 5-9），主要用于植物病原真菌的感染。多氧霉素是 20 世纪 60 年代由 Isono 等从可

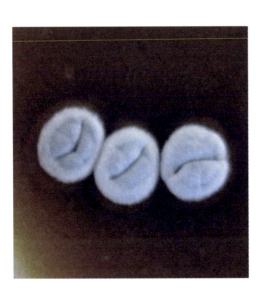

R₁：—H，—CH₃，—CH₂OH或—COOH；

R₂：—H或—OH；

R₃：—H 或

图 5-9　可可链霉菌的菌落表型和多氧霉素的化学结构

可可链霉菌在固体培养基上能够形成具有灰色色素的菌落，且产生扩散到培养基中的深棕色色素，其产生的多氧霉素是核苷肽类抗生素，由核苷和多肽两个部分缩合而成

可链霉菌阿苏变种（*Steptomyces cacaoi* var. *asoensis*）中分离获得的。多氧霉素是第一个被发现抑制真菌细胞壁几丁质生物合成的核苷肽类抗生素，主要用于防治植物病源真菌感染。多氧霉素已经实现了商业化生产，在日本大规模应用已有 40 多年的历史，主要应用于水果、蔬菜及水稻的真菌病害防治，其使用效果显著。多氧霉素由多种结构相似的活性组分组成，所有活性组分易溶于水，难溶于甲醇、乙醇、丁醇、丙酮、氯仿、苯、乙醚等常见有机溶剂，这些性质增加了多氧霉素各组分分离纯化的难度。Isono 等通过出色的分离纯化工作从可可链霉菌中分离到了 12 种多氧霉素的组分（polyoxin A ～ L），并鉴定了它们的结构（Isono et al.，1969）（见图 5-9）。

多氧霉素的生物合成基因簇已被克隆（Li et al.，2010），其中包括 18 个结构基因和 2 个调控基因（*polY* 和 *polR*）（图 5-10）。通过基因敲除、遗传回补、抗生素产生的 HPLC 分析和抗菌生物活性的测定等方法研究了多氧霉素生物合成中基因的功能，发现 *polR* 和 *polY* 是途径特异性的正调控基因，这两个基因的阻断导致多氧霉素不能生物合成（图 5-11）。*polY* 的转录在抗生素产生之前，是整个基因簇中转录最早的一个基因。*polY* 编码一个 962 个氨基酸的蛋白质，其分子质量约为 108 kDa。在 NCBI 蛋白质数据库进行序列一致性比较发现，它与 *Streptomyces echinatus* 中参与 aranciamycin 合成调控的 Orf4 有 39% 的相同性（identity），与天蓝色链霉菌中全局性调控因子 AfsR 有 34% 的相同性。PolY 和 AfsR 具有相似的结构域组成：在其 N- 末端具有 SARP 类 DNA 结合和转录激活结构域，紧邻的是 NB-ARC 结构域（属于 P-loop 三磷酸核苷酸水解酶蛋白超家族，通过结合或水解 ATP 而参与蛋白质折叠，往往行使类似蛋白分子伴侣的功能），C- 末端是 TPR（tetratricopeptide repeat）结构域（图 5-12）。PolY 的 SARP 结构域与报道的 SARP 类调控蛋白（如天蓝色链霉菌中的 AfsR、*S. argillaceus* 中参与 mithramycin 合成调控的 MtmR、*S. thioluteus* 中参与 aureothin 合成调控的 AurD 和 *S. natalensis* 中参与 pimaricin 合成调控的 PimR）在 N- 末端有较高的同源性，说明 PolY 也属于链霉菌 SARP 类调控蛋白。目前知道 AfsR 可以水解 GTP 和 ATP 生成 GDP 和 ADP，因此将此结构域命名为 ATPase 结构域，推测 PolY 也具有 ATP 水解活性。TPR 是在很多蛋白质中均存在的一个含有 34 个氨基酸的蛋白质重复序列，其基本功能是参与蛋白质间或者蛋白质－配体的相互作用。由于在 PolY 的 C- 末端具有明显的 TPR 结构域，因此可以推测，PolY 执行功能过程中需要与其他蛋白质或者配体的相互作用。与其他链霉菌中途径特异性调控蛋白编码基因类似，*polY* 也含有两个稀有密码子 TTA（亮氨酸残基 153 和 361），说明 *polY* 的 mRNA 翻译可能受 *bldA* 编码的稀有密码子 tRNA 的调控。基于 PolY 的上述特点，有必要对其调控机制进行深入的研究。一些研究结果揭示：PolY 直接激活 *polR* 的转录，而 PolR 则通过激活 18 个结构基因的转录启动抗生素的生物合成（图 5-13）。PolR 直接调控的基因是 *polC* 和 *polB*，其特异性地结合到 *polC* 和 *polB* 的启动子区发挥调控功能（图 5-14）。对 *polR* 启动子区 DNA 序列分析发现，它还受 A 因子受体蛋白调控；而翻译水平上 *polR* 和 *polY* 都受 *bldA* 调控。综上所

图 5-10　多氧霉素生物合成基因簇的基因组成

polR 和 *polY* 是调控基因，其他都是相关的结构基因，由两个主要的转录单元组成

述，PolR 作为最底层的调控蛋白直接激活多氧霉素生物合成基因簇内相关结构基因的转录，其自身的转录和翻译又受到基因簇内基因（*polY*）和簇外基因（*arpA* 和 *bldA*）的调控。而 *polY* 通过激活 *polR* 转录，间接地调控多氧霉素的生物合成。

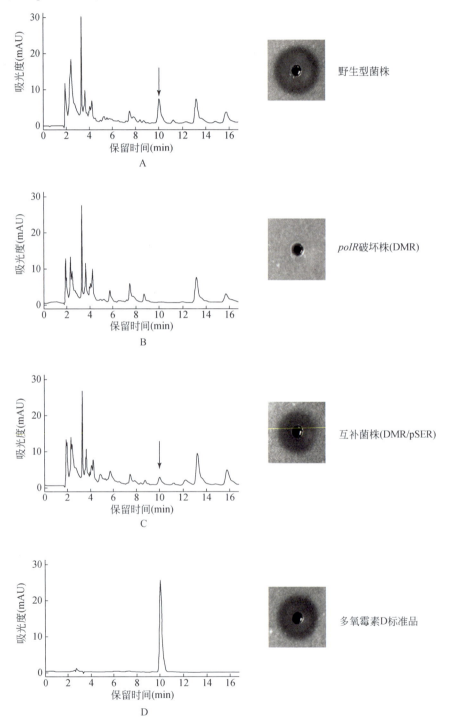

图 5-11　多氧霉素的 HPLC 分析和生物活性测定（修改自 Li et al.，2009）

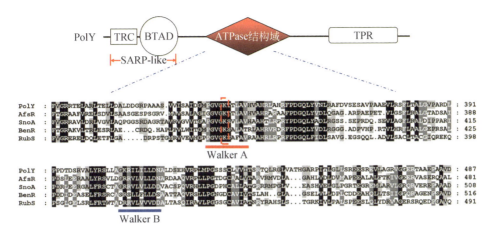

图 5-12　PolY 蛋白的 ATPase 结构域序列比对

Walker A、Walker B. Walker 及其同事于 1982 年经蛋白质测序分析后首次报道的高度保守、能结合 ATP 或 GTP 的两个功能域；BTAD. 细菌转录激活结构域；TRC. *trans*-reg-C 结构域

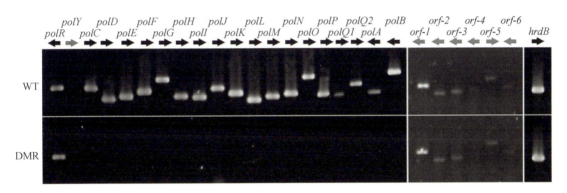

图 5-13　野生型菌株和突变株 *pol* 基因簇中全部基因的转录分析（Li et al., 2009）

分别从野生型菌株和 ΔpolR 突变菌株中提取 RNA（mRNA）；使用随机六聚体引物［d（*N*）6，*N* 代表任意碱基］以 mRNA 为模板在反转录酶作用下合成 DNA；设计特异引物，以 cDNA 为模板通过 PCR 扩增（27 个循环）得到相关基因的 PCR 产物。WT. 野生型；DMR. *polR* 阻断突变株

　　在很少的例子里，抗生素合成基因簇中存在两个相同类型的激活子。多氧霉素的生物合成基因簇中 *polY* 和 *polR* 都编码 SARP 类调控蛋白，其调控方式都是直接结合到靶基因启动子的 -35 区 7 个碱基的正向重复序列上，进而招募 RNA 聚合酶启动靶基因的转录。PolR 和 PolY 蛋白 SARP 结构域的序列同源一致性只有 30%，它们识别的 DNA 重复序列有很大差异：PolY 识别 *polR* 启动子中 5′-CGTCAGT-3′ 和 5′-CGTCACT-3′ 组成的 DNA 重复序列，而 PolR 识别 *polC* 启动子中 5′-GGGCGAG-3′ 和 5′-CGGCAAG-3′ 组成的 DNA 重复序列及 *polB* 启动子中 5′-GGGCAAG-3′ 和 5′-CGGCAGG-3′ 组成的 DNA 重复序列。正是由于 PolY 和 PolR 两个 SARP 类调控蛋白识别序列的差异，决定了其对靶基因调控的专一性，保证菌株在不同生长时期激活不同基因的转录，完成抗生素生物合成复杂的级联调控（图 5-15）。

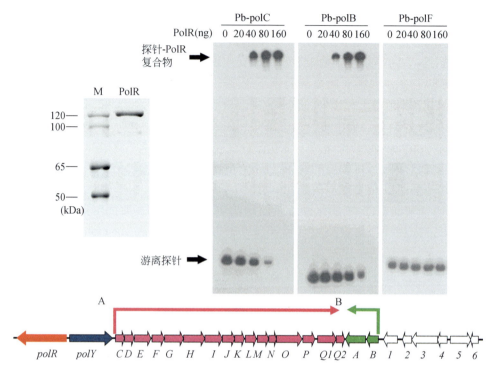

图 5-14 PolR 特异性地结合到 *polC* 和 *polB* 的启动子区（修改自 Li et al.，2009）

A. PolR 蛋白 SDS-PAGE；B. PolR 与含有 *polC* 和 *polB* 启动子的 DNA 探针结合的 EMSA 实验。对于探针 Pb-polC 和 Pb-polB，随着加入 PolR 量的增加，游离探针逐渐减少，DNA 探针－蛋白质复合物逐渐增多；在相同条件下，PolR 蛋白不与 Pb-polF 结合形成 DNA－蛋白质复合物

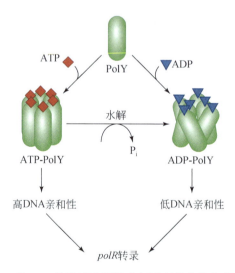

图 5-15 PolY 通过感应 ADP 和 ATP 的浓度来调控多氧霉素的生物合成（修改自 Liu et al.，2013）

    PolY 和 PolR 都属于链霉菌中含有 ATPase 结构域的 SARP 类调控蛋白。这类蛋白质在链霉菌中广泛存在，并参与了次级代谢产物生物合成调控。实验表明，PolY 蛋白 ATPase 结构域确实具有 ATP 酶活性，有趣的是，它还可以通过结合 ADP 或 ATP，提高 PolY 对

DNA 的亲和力和蛋白质寡聚化。在可可链霉菌发酵过程中，细胞内 ADP 和 ATP 浓度会随着菌体生长时期的变化而变化，对不同时间点的 PolY 靶基因 *polR* 转录水平分析发现，ATPase 结构域可能是通过感受细胞内 ADP 和 ATP 浓度变化来调整 PolY 活性，进而影响靶基因转录水平的。上述结果揭示了 ATPase 结构域与 SARP 类调控蛋白功能的关系，并且说明 ADP 和 ATP 作为细胞内广泛存在的能量分子，也可以作为生理信号被调控蛋白直接感受（见图 5-15）。

二、抗生素生物合成的全局性调控

全局性调控蛋白能对多种营养和环境胁迫压力（磷酸或碳氮源胁迫、金属离子、乙酰葡萄糖胺、热激或 pH 胁迫压力等）做出响应。这些全局性调控蛋白对抗生素生物合成的调控通常是通过直接或间接地调控途径特异性调控蛋白的基因而行使其功能。除了调控次级代谢产物的生物合成外，很多全局性调控蛋白还控制着链霉菌的形态分化，还有一些全局性调控蛋白能够调控初级代谢，并成为初级代谢向次级代谢转换的媒介。典型的全局多效调控蛋白有双组分信号转导系统、GntR 家族的调控蛋白 DasR、TetR 家族蛋白、AraC/XylS 家族的 AdpA 及多种转运蛋白超家族等，双组分信号转导系统是其中研究较多的一种。下文以尼可霉素生物合成的途径中由全局性调控子 AdpA 介导的调控为例进行介绍。

尼可霉素是一类新型的核苷肽类抗生素，其产生菌是唐德链霉菌（*Streptomyces tendae*）和分离自我国东北土壤的圈卷产色链霉菌（*Streptomyces ansochromogenes*）。通过 cosmid 文库构建、DNA 序列分析及异源表达，表明该基因簇由 22 个基因组成，其中 21 个结构基因由 3 个共转录单元组成，*sanG* 是唯一的途径特异性转录调控基因（图 5-16）。

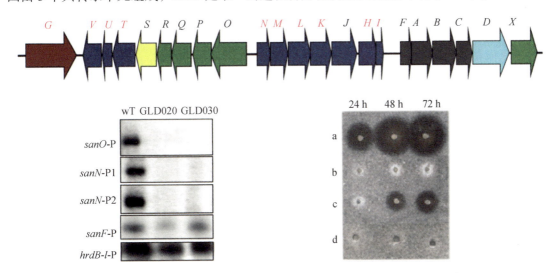

图 5-16 *sanG* 是尼可霉素生物合成中的正调控基因（Liu et al.，2005）

a. 野生型菌株（WT）；b. *sanG* 敲除株（ΔsanG）；c. *sanG* 互补株；d. *sanG* 敲除株

AdpA 是全局性调控子，在链霉菌甚至放线菌中普遍存在，而且它对链霉菌中 1000 多个基因具有调控作用，这些基因与初级代谢和次级代谢有关。其中 300 多个基因是它的直接靶基因。*adpA* 的功能研究表明，当其被敲除后将导致不同链霉菌产生的多种抗生素的表达或关闭。同时链霉菌的形态分化也不能正常进行，使发育分化停止在早期阶段，只能形成基质菌丝和呈现光秃的表型（Higo et al.，2012）。有关全局性调控蛋白 AdpA 在圈卷产色链霉菌尼可霉素生物合成中作用的分子机制进行了较深入的研究。*adpA* 所编码的蛋白质与灰色链霉菌转录激活因子 AdpA 有较高的同源性，因此该蛋白质也被命名为 AdpA。基因阻断和遗传互补实验表明：*adpA* 是尼可霉素生物合成和形态分化所必需的。AdpA 能够特异性地结合在尼可霉素生物合成途径特异性调控基因——*sanG* 基因启动子上游至翻译起始密码子约 1 kb 的区域内（Pan et al.，2009）。DNA 酶 I 足迹法（DNase I footprinting）实验证实了这个区段包括 5 个不同的结合位点（位点 I、位点 II、位点 III、位点 IV 和位点 V）（图 5-17～图 5-19），并确定了其中的保守序列。AdpA 对 5 个结合位点的亲和力次序依次为：位点 I ＞ 位点 V ＞位点 IV ＞位点 II ＞位点 III。进一步的突变研究结果表明：位点 I 具有开启 *sanG* 转录的作用，位点 V 能进一步增强 *sanG* 的转录，而位点 II、位点 III 和位点 IV 则具有阻遏 *sanG* 转录的作用，其中位点 III 的阻遏作用最强，另外，位点 II、位点 III、位点 IV 和位点 V 之间还存在着相互作用。而且上述 5 个位点的 DNA 序列对 AdpA 而言是相对保守和特异的，这些位点序列中相关的碱基突变后就导致 AdpA 不能与其结合形成 DNA/蛋白质复合物（图 5-20）。体内实验结果表明：位点 III 位点突变可使尼可霉素的产量提高 1.5 倍左右（图 5-21）。综上所述，AdpA 是通过控制 *sanG* 的转录来行使对尼可霉素生物合成的调控的。AdpA 蛋白结合 *sanG* 基因启动子区启动了 *sanG* 的转录，SanG 蛋白激活尼可霉素生物合成基因簇中以 *sanN* 和 *sanO* 为第一个基因的两个转录单元，从而开启了尼可霉素的生物合成。如果 *adpA* 基因敲除或发生突变，不但影响了尼可霉素的生物合成，而且使圈卷产色链霉菌不能正常发育分化形成灰色孢子，只能形成光秃型的表型。

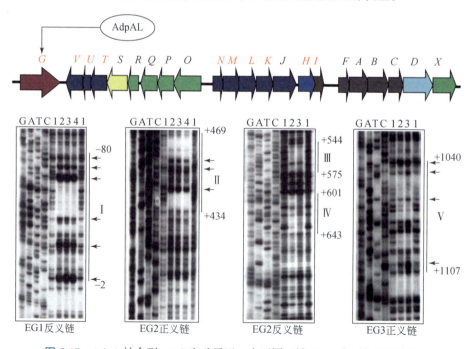

图 5-17 AdpA 结合到 *sanG* 启动子区 5 个不同区域 DNA 序列的足迹实验

TCAACCTCATCCCGAATGGCCAGGTCG**CGGATA**CATGGAGCCA**CTTTAAGTCACC**TGGCTCATTC**GCG**
TTCGCCCAGCTCAGGAGAATGCTCGATACACTGATTCCGGCGAGGCATACCAGCCTCAGAAAAGCAGG
GGC......383bp......TCTCAGGCAGGCAGCGAG**GTCAC**TGGCTGAATA**CC**AGGCGC**TGGCAAGAAG**AGGCA
CTCGACTATCAGGCGAGACGGCGTAATGGCCGGCAGCCGCAGGGGCCGCTGGGGCCTCCTTGTCGCGA
TGCG**GTTCGGCGTCGGCAA**TGGCTGGTAT**TGGCTGTG**CTCGGGTGCGGACGTTGACACGTT**AATCGTT**
TCCGGCAATTCCGATTTGGCCAATCG**GCGTTTGCGA**GCCGGGTTGCCGCCGCTCCAGGCGGCAGTAGA
CGGCCTTTCGGCCATT......328bp......AACGCGGGACCGGACGAGCG**GGCACGGCCAGCTCAC**TGGCCGG
TATCGAAATCGCCGTGTCATGGCGTGTTCAGTGCGTCACTTGATCGGCACCGTTTCAGCACCTGCCCC
GCC......37bp......**AAGAA**CCCCCGGC**ATGGCGTAC**
　　　　　　　　RBS　(sanG)　M　A　Y

图 5-18　AdpA 结合到 sanG 的上游序列

红色标记的碱基是 AdpA 识别或结合靶序列，它们大部分位于启动子的上游位置

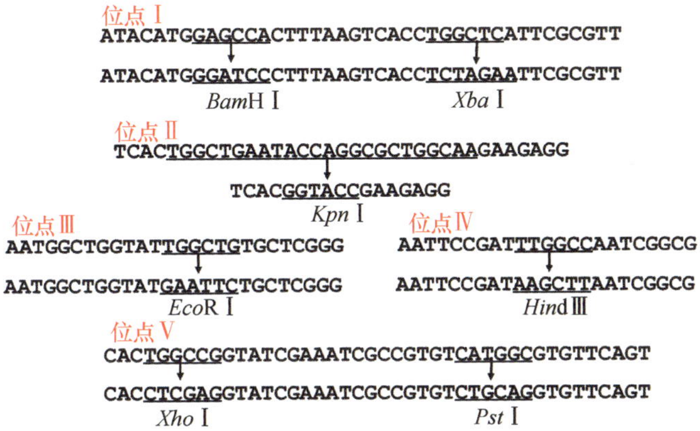

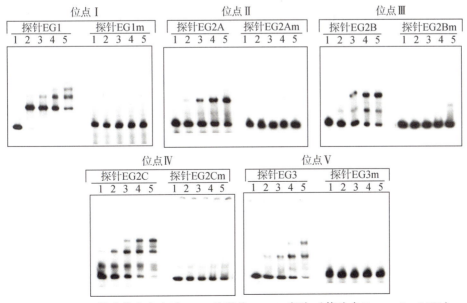

图 5-19　AdpA 5 个结合位点碱基突变的示意图

在位点Ⅰ序列中引入了 XbaⅠ和 BamHⅠ突变；在位点Ⅱ序列中引入了 KpnⅠ突变；在位点Ⅲ序列中引入了 EcoRⅠ突变；
在位点Ⅳ序列中引入了 HindⅢ突变；在位点Ⅴ序列中引入了 PstⅠ和 XhoⅠ突变。改变的序列以下划线标出

图 5-20　AdpA 结合位点突变后 DNA 片段的 EMSA 实验（修改自 Pan et al., 2009）

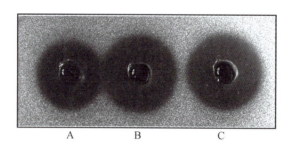

图 5-21　位点Ⅲ突变对尼可霉素产生的影响

A. 含有完整 *sanG* 基因的菌株；B、C. *sanG* 基因启动子区的位点Ⅲ进行了突变的菌株

三、抗生素生物合成的自调控、反馈调控和前馈调控

（一）杰多霉素生物合成的自调控

链霉菌产生的信号分子或作为信号分子的抗生素介导的调控蛋白的调控称为自调控，在这种自调控系统中，由信号分子介导的调控可取代双组分系统中通过磷酸化作用的应答调控机制。在杰多霉素（jadomycin）生物合成基因簇中（图 5-22）存在多个调控基因，其中 *jadR1* 编码的调控蛋白 JadR1 接受的是作为信号分子的杰多霉素终产物或其中间产物。*jadR2* 编码的调控蛋白 JadR2 是自调控子——信号分子的受体蛋白，一般信号分子生物合成酶编码基因和信号分子受体蛋白（一般是一种调控蛋白）编码基因在基因簇结构中是连锁在一起的（图 5-22）。

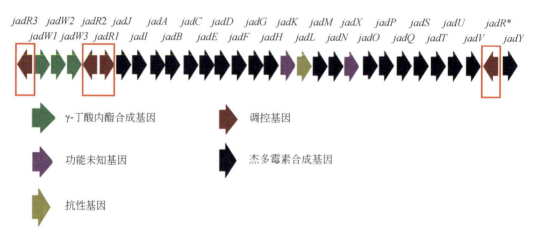

图 5-22　杰多霉素的生物合成基因簇

双组分调控系统（two component regulatory system）：通常由一个组氨酸激酶（histidine kinase，HK）和一个应答调控蛋白（response regulator，RR）构成典型的双组分系统（two-component system，TCS）（图 5-23），组氨酸激酶通过感应不同的环境刺激，在组氨酸残

基发生自磷酸化，形成高能磷酸基团并进一步传递给同系的应答调控蛋白上保守的天冬氨酸残基（D），磷酸化过程引起应答调控蛋白构象的变化从而激活相应的结构域，并作用于下游靶基因或靶蛋白来引起应答，应答结束后通过水解天冬氨酸残基上的磷酸基团来解除应答。

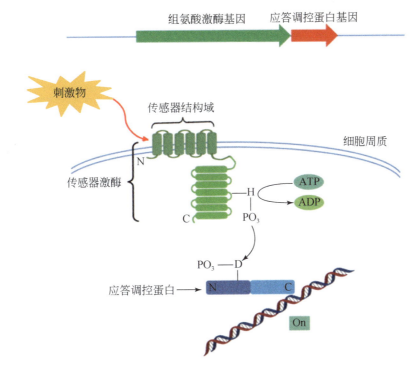

图 5-23　细菌双组分系统的结构特征

JadR1 属于 OmpR 家族应答调控蛋白。但与以磷酸化作为调控开关的经典应答调控蛋白不同，JadR1 的 N- 末端接受结构域不含有磷酸化必需的保守氨基酸残基（图 5-24），且不能在体外被小分子磷酸基团供体磷酸化。因此，JadR1 是一个非典型应答调控蛋白（atypical response regulator，ARR），其接受结构域不像双组分系统中的应答调控蛋白那样具有保守的氨基酸残基，这意味着它可能不通过磷酸化作用来行使其调控功能。它是通过什么机制来进行调控的呢？这是非常具有创新性的研究课题。王琳淇等的研究结果揭示，JadR1 以一种配体介导的方式调控 *jadJ*（杰多霉素合成基因簇中的第一个结构基因）和自身编码基因的转录。进一步实验证实，与 JadR1 结合的配体是杰多霉素合成途径的后期产物（杰多霉素 A 和 B，另外还包括其中间产物 DHU 和支路产物 DHR）。表面等离子共振（surface plasma resonance，SPR）和凝胶阻滞试验（electrophoretic mobile shift assay，EMSA）结果显示，这些配体通过直接结合 JadR1 影响后者的调控活力从而精细地调节自身的合成（图 5-25）（Wang et al.，2009）。

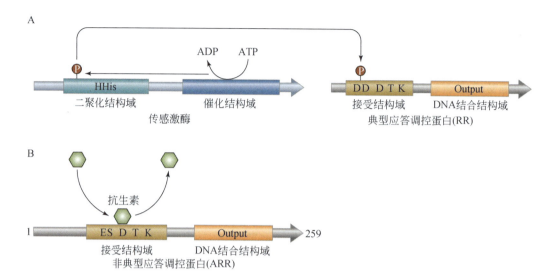

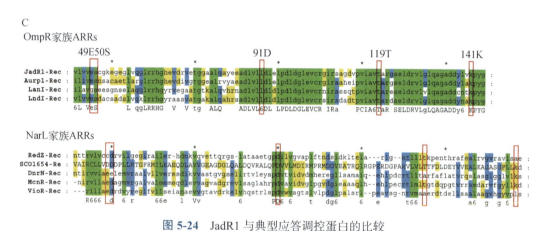

图 5-24　JadR1 与典型应答调控蛋白的比较

A. 典型的双组分应答调控蛋白（RR）的结构特点，接受域中的第 49、50 和 91 位一般都是比较保守的天冬氨酸（D）；B. 非典型的应答调控蛋白（ARR）的结构特点不同于典型的应答调控蛋白，接受域中第 49 和 50 位不是保守的天冬氨酸（D），而是谷氨酸（E）和丝氨酸（S）；C. 相关调控蛋白的同源性比较

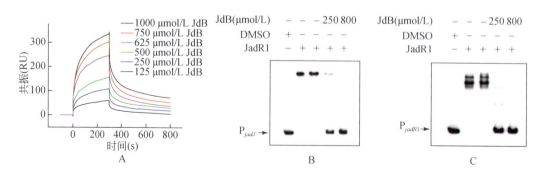

图 5-25　JadR1 与靶基因结合的 SPR 和 EMSA 实验（修改自 Wang et al., 2009）

A. 杰多霉素结合到 JadR1 上的表面离子共振（SPR）分析；B. 杰多霉素使 JadR1 从其靶基因 *jadJ* 启动子上解离的 EMSA 分析；C. 杰多霉素使 JadR1 从其自身基因 *jadR1* 启动子上解离的 EMSA 分析

（二）JadR1 和 JadR2 介导的杰多霉素生物合成的反馈调控

反馈调控（feedback regulation）指一种微生物生物合成的终产物（end-product）在代谢合成过程中对合成基因簇中调控基因或生化反应关键酶基因的调控。不同于双组分系统中应答调控蛋白的作用机制，即抗生素作为终产物介导的自调控系统可取代双组分系统中通过磷酸化作用的应答调控机制，并证明这种新调控机制在微生物次级代谢生物合成中是广泛存在的。这不仅回答了国际上这类调控蛋白近 20 年来悬而未决的问题，而且对提高抗生素产量的理性化设计有重要的指导意义（图 5-26）。

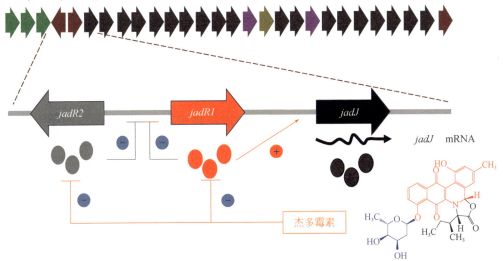

图 5-26　JadR1 和 JadR2 介导杰多霉素生物合成的调控机制

JadR1 是 OmpR 家族的 ARR，通过激活基因簇中第一个结构基因 *jadJ* 的表达，而开启基因簇中其他结构基因的表达（Wang et al.，2009）。JadR2 是一个假 GBL 受体，通过直接抑制 *jadR1* 的转录而影响杰多霉素的生物合成。终产物杰多霉素积累到一定浓度时也可反馈抑制 *jadR1* 和 *jadR2* 的表达

（三）JadR* 介导的杰多霉素生物合成的前馈调控

前馈调控（feed-forward regulation）指一种微生物代谢反应的底物（substrate）或中间物（intermediate）在代谢合成过程中对生物合成基因簇中调控基因或关键酶基因的调控。JadR* 是一个含有 204 个氨基酸残基的 TetR 家族的调控蛋白，研究表明 JadR* 通过直接结合在同一基因簇中 *jadY*、*jadR1*、*jadI* 和 *jadE* 4 个基因的上游区域而负调控杰多霉素的生物合成。将 *jadR** 敲除后，这 4 个基因的转录丰度明显增加，说明 JadR* 能够直接抑制这些基因的转录。杰多霉素 B（JdB）及其生物合成中间体分子 DHU、DHR 和杰多霉素 A（JdA）能够调节 JadR* 与 DNA 的结合活性，其中 SPR 结果显示 JadR* 对 DHR 的亲和力最高（图 5-27）。

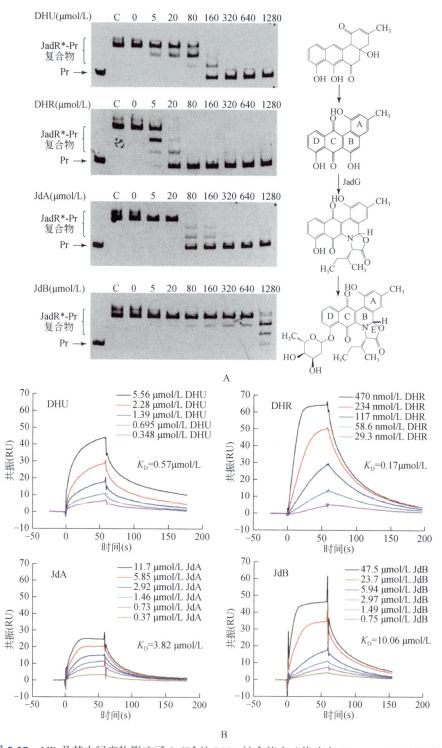

图 5-27　JdB 及其中间产物影响了 JadR* 的 DNA 结合能力（修改自 Zhang et al.，2013）

A. 小分子配体（DHU、DHR、JdA、JdB）的不同浓度影响 JadR* 与 DNA 的结合，各泳道加入 7 ng 的探针；C. 仅含有 JadR* 与 DNA 的反应体系，作为对照；0. 加入与小分子配体溶液同等体积的二甲基亚砜（DMSO），作为对照；其他数据为添加的配体的不同浓度（µmol/L）。B. 小分子与 JadR* 结合的 SPR 分析；K_D. 解离常数，K_D 数值越小，相互作用的亲和力越高

在杰多霉素的生物合成过程中，JadG 能够催化 B 环的氧化断裂，将 DHR 转化为 JdA，而 JadG 催化反应所需的辅因子 $FMNH_2/FADH_2$ 则是由 JadY 提供的。近期的研究表明，*jadY* 是 JadR* 的主要靶基因，因此认为 JadR* 通过控制辅因子供给来调控抗生素的生物合成。实验结果分析表明：在体外，中间体 DHU 和 DHR 能够有效地调节 JadR* 的 DNA 结合活性；在体内，DHU 和 DHR 则可以有效地激活 *jadY* 和 *jadR** 的转录，而终产物 JdA 或 JdB 则未表现出激活作用。这些结果表明 JadR* 通过前馈机制调控了杰多霉素的生物合成：JadR* 能够对 DHU 或 DHR 作出应答，进而释放对 *jadY* 的抑制，而后者的编码产物 JadY 则负责了辅因子的供给（图 5-28）（Zhang et al.，2013）。

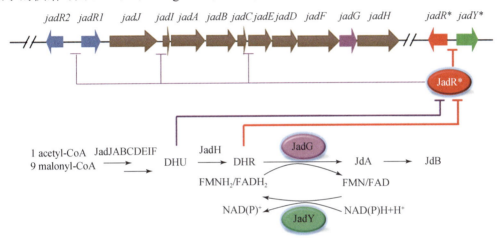

图 5-28　JadR* 介导杰多霉素生物合成的前馈调控（Zhang et al.，2013）

JadR* 通过直接阻遏 *jadY*、*jadR1*、*jadI* 和 *jadE* 4 个基因的转录，而负调控杰多霉素的生物合成（见图 5-28）。杰多霉素生物合成的中间产物 DHU 和 DHR 可解除 JadR* 对其靶基因转录的阻遏作用。*jadY* 是 JadR* 的主要靶基因，JadY 的作用是通过前馈机制调控杰多霉素生物合成中 JadG 催化的氧化开环反应中辅因子 $FMNH_2/FADH_2$ 的供给，这是抗生素生物合成调控中"前馈调控辅因子供给"的首次报道（见图 5-28）。

第四节　群体感应信号分子介导抗生素生物合成的分子调控

本节主要介绍革兰氏阴性（Gram negative，G⁻）菌和革兰氏阳性（Gram positive，G⁺）菌信号分子的结构特点及其在生物发光、共生现象、生物膜形成，尤其是在抗生素生物合成中介导调控的分子机制。

一、群体感应信号分子的研究

群体感应这一术语是由 Fuqua 等于 1994 年正式提出的，其定义是指细菌的数量达到一定密度（quorum）时才能发生感应的现象（Fuqua et al.，1994）。在自然生境中，作为单细胞生物的细菌通常以群体形式生存繁衍，并通过细胞间通信交流（cell-to-cell communication），执行与多细胞生物类似的生物学行为。也可以定义为：微生物细胞间通信交流的过程被称为群体感应（quorum sensing，QS）。

细菌的数量达到一定密度时才能发生感应现象，这种感应的物质基础是一种小分子化合物，将其称为信号分子（signaling molecule）。细菌通过产生并分泌某些特定信号分子到周围环境，并通过信号分子浓度变化来感知周围环境中自身或其他细菌数量的变化，当信号分子浓度随着菌群密度的增加达到一定阈值时，将启动菌体中特定基因的表达，改变和协调细胞之间的行为，使群体呈现某种生理特征，如生物发光、共生现象、生物膜形成、抗生素产生、群体运动性及毒力因子表达等（Camilli and Bassler，2006；Cook and Federle，2014）。

（一）革兰氏阴性菌信号分子的研究

在革兰氏阴性菌中，群体感应现象最早是由 Hasting 实验室在费氏弧菌（*Vibrio fiscberi*）中发现的。费氏弧菌寄生于夏威夷鱿鱼（*Euprymna scolopes*）体内，当费氏弧菌繁殖到一定细胞浓度后，诱导细菌产生荧光，宿主利用细菌产生的荧光掩饰自己的阴影避免被捕食，细菌则利用宿主体内丰富的营养而进行增殖。荧光的产生与费氏弧菌的细胞密度密切相关，即只有在高细胞密度（high cell density，HCD）情况下才能诱导荧光的产生（对细胞生长及其代谢抑制的作用都会导致发光的减少，因此费氏弧菌目前被普遍作为环境测试指标）。

随后的研究发现，荧光的产生是由费氏弧菌产生的一种被称为自诱导物（autoinducer）的胞外信号所介导的，分离鉴定该信号分子为含六碳脂肪酸侧链的酰基高丝氨酸内酯（*N*-acyl homeserine lactones，HSL）（Williams et al.，2007）。之后，Silverman 实验室克隆了与信号分子合成及调控相关的基因，并对其调控机制进行了初步阐明，建立了费氏弧菌中群体感应的分子模型（Engebrecht and Silverman，1987）。然而多年以来，人们普遍认为这一群体密度相关的基因表达现象仅限于弧菌属。

直到 20 世纪 90 年代初，科学家先后在软腐欧文氏菌（*Erwinia carotovora*）、铜绿假单胞菌（*Pseudomonas aeruginosa*）及根瘤农杆菌（*Agrobacterium tumefaciens*）中发现与费氏弧菌中类似的高丝氨酸内酯（HSL）类信号分子系统，人们才意识到由信号分子介导的群体感应现象可能是普遍存在的。与此同时，不同科学家分别在枯草芽孢杆菌、金黄色葡萄球菌及肺炎链球菌等革兰氏阳性菌中也发现了类似的群体感应现象。而随着越来越多的细菌甚至是一些致病真菌中群体感应现象的发现、不同化学结构的信号分子的分离鉴定及其调控机制的阐明，研究细菌与细菌之间的信息交流也已成为微生物学的一个热门领域。

群体感应过程包括了信号分子的产生、分泌、感知、反应几个阶段（Bassler，2002）。不同细菌群体感应系统的基本组成相同，但信号分子结构、受体蛋白、信号转导机制及所调控的基因类型在每个细菌的群体感应系统中又各不相同。信号分子结构多样，目前已发现的主要有高丝氨酸内酯（HSL）、自诱导肽（AIP）、AI-2、γ- 丁酸内酯（gamma butyrolactone，GBL）、扩散性信号因子（DSF）、假单胞喹诺酮信号分子（PQS）、法尼醇等。

研究得最多的群体感应系统有以下 4 种：①革兰氏阴性菌中的酰基高丝氨酸内酯（AHL）介导的群体感应系统；②革兰氏阳性菌中的 AIP 介导的群体感应系统；③呋喃硼酸二酯结构的 AI-2 介导的种间群体感应系统；④ GBL 介导的群体感应系统。

1. 费氏弧菌 HSL 群体感应系统

HSL 群体感应系统广泛存在于革兰氏阴性菌中，目前至少在约 100 种菌株中发现有 HSL 群体感应系统的存在。最早报道的 HSL 群体感应系统是来自海洋的发光细菌费氏弧菌，它被认为是革兰氏阴性菌 HSL 群体感应的一个范例（图 5-29）。该系统的核心是两个蛋白质 LuxI 和 LuxR，其中 LuxI 是 AHL 合成酶，LuxR 是 AHL 受体蛋白。LuxI 催化底物 S-腺苷甲硫氨酸（SAM）和己酰基载体蛋白（hexanoyl-ACP）在细胞内合成 3-氧-己烷基高丝氨酸内酯（3OC6HSL）。合成的 3OC6HSL 自由扩散至细胞外，并随着细胞浓度的增加不断累积。LuxR 是 3OC6HSL 的受体，是一种 DNA 结合转录激活调控蛋白，能激活萤光素酶操纵子 luxICDABE 的表达（见图 5-29）。

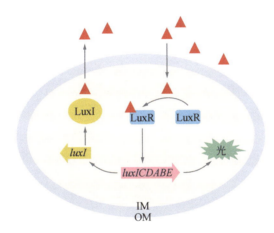

图 5-29 费氏弧菌中 LuxI/LuxR 群体感应系统（修改自 Waters and Bassler，2005）

2. HSL 群体感应系统的多样性

与费氏弧菌类似，许多其他的革兰氏阴性菌中的 HSL 群体感应系统也利用一个基本的 LuxI/LuxR 调节蛋白来控制不同的生物学行为，但为了适应不同的生理需求，不同菌株中的 HSL 群体感应系统相对费氏弧菌可能有一定程度的修饰和进化上的改变，从而表现出多样性的特点（表 5-3）。与结构多样的信号分子相对应的是 LuxI/LuxR 调节蛋白的多样性。

表 5-3 革兰氏阴性菌中信号分子 HSL 群体感应系统

菌株	信号分子	合成酶/受体	孤儿型 LuxR	选择性的功能
A. tumefaciens	3-oxo-C8-HSL	TraI/TraR	TrlR	质粒接合转移
A. vitiae	C14：1-HSL，3-oxo-C16：1-HSL	AvsI/AvsR	AviR AvhR	毒力相关
B. cenocepacia	C8-HSL	CepI/CepR CciI/CciR	CepR2	胞外酶
	C6-HSL			生物膜形成
				群集运动

续表

菌株	信号分子	合成酶/受体	孤儿型 LuxR	选择性的功能
E. carotovora	3-oxo-C6-HSL	CarI/CarR	ExpR	酶的产生 碳青霉烯类抗生素 生物合成
E. coli	—	—	SdiA	细胞分裂 染色体复制
P. stewartii	3-oxo-C6-HSL	EsaI/EsaR	—	胞外多糖
P. aeruginosa	3-oxo-C12-HSL C4-HSL	LasI/LasR RhlI/RhlR	QscR	胞外酶分泌 生物膜
P. putida	3-oxo-C10-HSL，3-oxo-C12-HSL	PpuI/PpuR	—	生物膜形成
R. leguminosarum bv. *viciae*	3-OH-C14：1-HSL C6-HSL/C7-HSL/C8-HSL 3-oxo-C8-HSL/C8-HSL	CinI/CinR RhiI/RhiR TraI/TraR	ExpR	生长抑制 结瘤/共生 质粒转移
R. sphaeroides	7-*cis*-C14-HSL	CerI/CerR	—	细胞聚集
R. palustris	*p*-coumaroyl-HSL	RpaI/RpaR	—	未知功能
S. liquefaciens MG1	C4-HSL/C6-HSL	SwrI/SwrR	—	群集运动 生物膜形成
V. fischeri	3-oxo-C6-HSL C8-HSL	LuxI/LuxR AinS/AinR	—	生物发光
V. harveyi	3-OH-C4-HSL	LuxM/LuxN	—	生物发光
Yersinia *pseudotuberculosis*	C6-HSL 3-oxo-C6-HSL C8-HSL	YpsI/YpsR YtbI/YtbR	—	细胞游动性/细胞 聚集

信号分子与其受体 LuxR 结合的特异性导致了受体蛋白的多样性。进化分析表明，LuxR 蛋白可以分为 A、B 两个不同的家族，相互之间没有同源性。A 家族的 LuxR 类蛋白广泛存在于 α- 变形菌纲、β- 变形菌纲和 γ- 变形菌纲中，而 B 家族 LuxR 类蛋白则仅存在于 γ- 变形菌纲中。有趣的是，A 家族蛋白通常为激活子，而 B 家族蛋白通常为抑制子，说明 A、B 两个家族可能分别从一个祖先激活蛋白和一个祖先抑制蛋白进化而来。

目前已知有 3 种不同的 AHL 合酶家族：LuxI 家族、AinS 家族和 HdtS 家族。LuxI 家族蛋白是 AHL 合成的最主要蛋白酶家族，已知存在于至少 50 个微生物种群中，不同的 LuxI 家族蛋白只能识别含有特定长度的 acyl-ACP。AinS 家族 AHL 合酶仅存在于弧菌属中，包括 *V. fischeri* 中的 AinS、*V. harveyi* 中的 LuxM 和 *V. anguillarum* 中的 VanM。与 LuxI 型蛋白不同，AinS 可利用 acyl-ACP 或 acyl-CoA 作为底物。*Pseudomonas fluorescens* 中的 HdtS 则属于溶血磷脂酸乙酰转移酶家族，推测其通过与溶血磷脂酸乙酰转移酶类似的机制合成 AHL。

（二）革兰氏阳性菌信号分子的研究

与革兰氏阴性菌 HSL/LuxR 群体感应系统不同，链球菌（*Streptococcus*）和芽孢杆菌

（*Bacillus*）等革兰氏阳性菌主要是以寡肽［也称为信息素（pheromone）或自诱导肽（autoinducer peptides，AIPs）］作为信号分子，并以双组分信号转导系统（two component signal transduction system）作为受体组成的 QS 系统。金黄色葡萄球菌（*Staphylococcus aureus*）是一种条件致病菌，在其生长早期细胞密度较低时主要表达一些表面蛋白如 protein A（一种表面抗原），而在对数生长后期细胞密度较高时，这些表面蛋白表达量降低，取而代之的是一些与毒力反应相关的分泌蛋白，包括毒素、溶血素和组织降解酶等，这种基因表达的程序性控制主要由 Agr（accessory gene regulator）群体感应系统完成。

1. 金黄色葡萄球菌 Agr 群体感应系统

Agr 基因座（accessory gene regulator locus）由两个方向相反的启动子（P2 和 P3）控制的转录单元组成（图 5-30）。P2 转录本包括 agrB、D、C、A 4 个基因组成的操纵子，AgrA 和 AgrC 组成一个双组分信号转导系统，AgrD 是 AIP 的前体肽；AgrB 负责 AgrD 的修饰和跨膜运输。P3 转录本是一个具有 512 个核苷酸的 RNA（RNAⅢ）。当胞外 AIP 达到阈值浓度时，AIP 结合到 AgrC 上导致了 AgrA 的磷酸化。磷酸化的 AgrA 一方面激活 P2 启动子导致 Agr 系统的自诱导，另一方面又激活 P3 启动子诱导 RNAⅢ 的大量表达，RNAⅢ 在控制外毒素、生物膜形成、肽聚糖合成、氨基酸代谢和抗生素外排等过程中发挥重要作用（见图 5-30）。

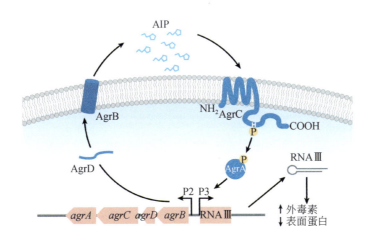

图 5-30　Agr 群体感应系统的调控机制（修改自 Novic and Geisinger，2008）

2. 链霉菌信号分子的研究

虽然到目前为止仅有 12 种链霉菌中的信号分子结构得到鉴定，但已经发现的受体蛋白则要多得多，尤其是近年来基因组学的发展给 GBL 受体蛋白的挖掘提供了极大的便利。目前已鉴定的 GBL 受体蛋白有 50 多个，其中绝大部分来自链霉菌（表 5-4），在一些非链霉菌的放线菌中也发现有 GBL 受体蛋白，说明这些放线菌也可能以 GBL 作为信号分子。至少有超过 2/3 的 GBL 受体蛋白编码基因与抗生素生物合成基因簇毗邻，并调控相应抗生素的生物合成，因此 GBL 受体蛋白成为途径特异性的调控蛋白。

表 5-4 链霉菌中 GBL 受体蛋白及其功能

调控蛋白	菌株名称	同源性（%）	配体	抗生素产生	孢子形成
BarA	*S. virginiae*	46	VBs	+：virginiamycin	±
ArpA	*S. griseus*	37	A-factor	+：streptomycin	−
ScbR	*S. coelicolor*	52	SCBs	（−）：act，red +：coelimycin	±
AvaR1	*S. avermitilis*	43	avenolide	+：avermectin	
FarA	*S. lavedulae*	54	IM-2	+：nucleoside +：blue pigment +：D-cycloserine	±
MmfR	*S. coelicolor*（SCP1）		MMF	+：methylenomycin	±
AlpZ	*S. ambofaciens*	48		+：alpomycin +：orange pigment	±
SrrA	*S. rochei* pSLA2-L	47		+：lankacidin +：lankamycin	−
TarA	*S. tendae*	47		（−）：nikkomycin	
SabR	*S. ansochromogens*	48		（−）：nikkomycin	+
Brp	*S. clavuligerus*	44		+：clavulanic acid +：cephamycin	±
SpbR	*S. pristinaespiralis*	48		−：pristinamycin	±
SngR	*S. natalensis*	44		+：natamycin	+
TylP	*S. fradiae*			+：tylosin	±
BulR1	*S. tsukubaensis*	50		−：tacrolimus	
ScgR	*S. chattanoogensis*			（−）：natamycin	−

注：同源性指与 JadR3 蛋白的一致性；抗生素产生：+、−、（−）分别指 GBL 受体编码基因阻断导致抗生素产量提高、降低、延迟；孢子形成：+、−、± 分别指 GBL 受体编码基因阻断导致产孢提前、不产孢、没有影响。

　　自调控子（autoregulator）作为原核生物细胞间通信交流的语言，广泛存在于革兰氏阴性菌和革兰氏阳性菌中，链霉菌广泛使用 GBL 类化合物作为自调控因子。GBL 在胞内合成并分泌到胞外，当达到一定阈值浓度时，能够被胞内的受体蛋白所感知，从而引起群体反应（抗生素合成或产孢）。由于链霉菌丝状生长阶段的多细胞特性，GBL 引起的是菌丝体细胞之间及邻近菌丝体之间的通信交流。抗生素的抗性通常与抗生素合成同时进行，因此抗生素的合成在所有菌丝体内同步开始，而 GBL 无疑是链霉菌通信交流的一种"语言"。

　　对 GBL 的研究最早可以追溯到 20 世纪 60 年代，当时俄国的 Khokhlov 等发现了一种不能正常产孢和不能合成抗生素的灰色链霉菌突变株，而当添加野生型的发酵液到该突变株中时，突变株就能正常产孢并合成抗生素（Khokhlov et al.，1967）。当时他们认为导致这种现象的原因是突变株缺少一种类似"激素"的化合物，并称之为 A 因子（autoregulator factor）。之后，他们通过大规模发酵分离了该化合物，并鉴定其结构为一个五元环连接一个脂肪酸侧链的 GBL 类化合物。

20 世纪 80 年代，日本东京大学和大阪大学的 Teruhiko Beppu 课题组和 Yasuhiro Yamada 课题组继续对 A 因子及类似的化合物进行研究。Teruhiko Beppu 和他的学生 Sueharu Horinouchi 对 A 因子激活链霉素生物合成的分子机制进行了详细研究。Yasuhiro Yamada 则在维吉尼亚链霉菌（*S. virginiae*）中发现了多个控制维吉霉素合成的 A 因子类似物。然而由于链霉菌信号分子产量极低（通常为 nmol/L 级），要鉴定这类化合物的结构通常需要从大规模的发酵液中分离，这就使得对其研究受到一定的限制，导致对这类化合物的结构和功能的研究进展非常缓慢。

3. 革兰氏阳性菌信号分子的结构特点

目前已知结构的链霉菌信号分子有 34 种（图 5-31），分别来自 12 种不同链霉菌。从结构上来看可以分为以下 5 种类型：①含有 GBL 呋喃环结构的 GBL 家族；② PI 因子（pimaricin-inducer factor）；③次甲基霉素呋喃型因子（methylenomycin furans factor，MMF）；④丁烯醇（丁烯羟酸内酯）结构的阿维碱（*S. avermitilis* 丁烯酸内酯）和 SRBs（*Streptomyces rochei* 丁烯酸内酯）；⑤二酮哌嗪（diketopiperazine）类化合物。研究表明，

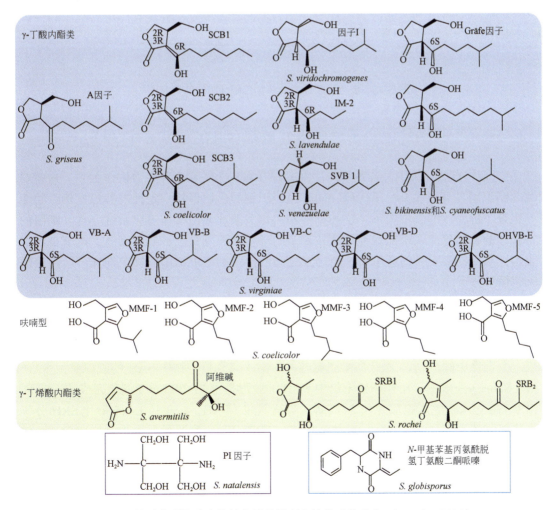

图 5-31 链霉菌群体感应信号分子的类型和结构（修改自 Niu et al., 2016）

信号分子的受体蛋白可以是一个或多个。有趣的是，有些信号分子可以同时存在于革兰氏阳性菌和革兰氏阴性菌中（图 5-32）。

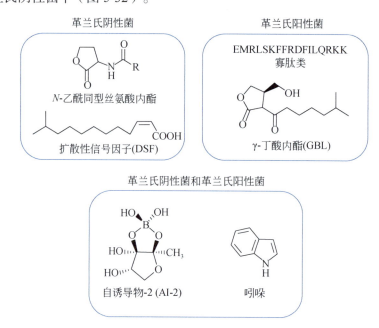

图 5-32 革兰氏阴性菌和革兰氏阳性菌的信号分子

（三）革兰氏阴性菌和革兰氏阳性菌都存在的信号分子

在复杂的自然环境中，各种细菌之间既存在着竞争关系也存在着协作关系，这就要求细菌既能识别自身以保持竞争优势，同时也能识别异己以保持一定种群数量比例、功能上有一定分工的稳定的共生关系。这种竞争和协作关系通常由群体感应系统介导。细菌的种内特异性的群体感应系统能保证细菌在复杂的环境中识别自己种群的密度，调节自身的基因表达，从而提高自身的竞争力，而相互之间的协作则要求细菌能够识别异己所产生的群体感应信号分子。

在革兰氏阳性菌和革兰氏阴性菌中都存在着一种由 LuxS 催化合成的呋喃酮结构的信号分子 AI-2，AI-2 是活性甲基循环（activated methyl cycle，AMC）的一个副产物。AMC 是甲基供体 S-腺苷甲硫氨酸（SAM）再循环的一个重要途径。SAM 将甲基提供给受体后形成一个毒性中间产物 S-腺苷高半胱氨酸（SAH）。真核生物中 SAH 的脱毒是由 SAH 水解酶（SahH）完成的，而在原核生物中 SAH 的脱毒是由 Pfs 和 LuxS 催化完成的。SAH 首先由 Pfs 催化水解生成腺嘌呤和 S-核糖高半胱氨酸（SRH），随后 LuxS 催化 SRH 分解成高半胱氨酸和 4, 5-二羟基-2, 3-乙酰丙酮（4, 5-dihydroxy-2, 3-pentanedione，DPD）。DPD 不稳定，会自发环化和加水生成 4 种衍生物：R-DHMF、S-DHMF、R-THMF 和 S-THMF，在哈氏弧菌中还会引入硼形成 S-THMF-硼酸盐。这些衍生物的任何一种形式之间都能自发地相互转换，所以 AI-2 实际上是指由这些衍生物组成的一种混合物（图 5-33）。在已经测序的 1402 个细菌基因组中，至少有 537 个含有 LuxS 同源蛋白，并且相互之间同源性很高

（Pereira et al.，2013）。人们因此推测，AI-2 可能是介导细菌（尤其是革兰氏阳性菌和革兰氏阴性菌）间交流的一个通用语言。

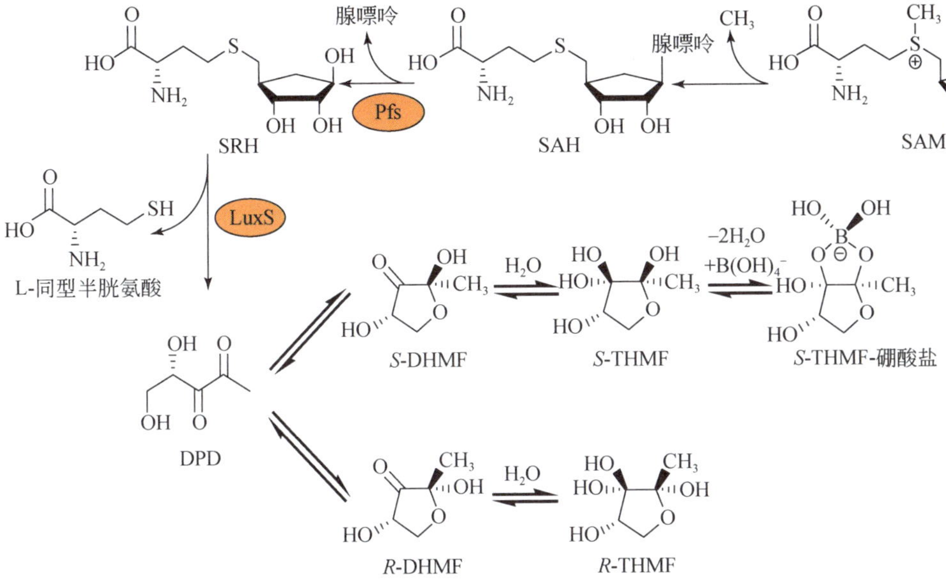

图 5-33　AI-2 的合成途径（修改自 Schauder et al.，2001）

目前已知 AI-2 群体感应系统调控基因表达机制的模式有两种：以哈氏弧菌、霍乱弧菌为代表的 Lux 系统；以大肠杆菌、沙门氏菌为代表的 Lsr 系统。这两套系统中与对应受体结合的 AI-2 的活化形式是不一样的，在哈氏弧菌中 AI-2 受体 LuxP 结合含有硼的 S-THMF-硼酸盐，而鼠伤寒沙门氏菌中 AI-2 受体 LsrB 结合的则是不含硼的 R-THMF。在哈氏弧菌中生物发光现象受到三套平行的群体感应系统的控制：3-OH-C4-HSL/LuxN、AI-2/ LuxP 和 CAI-1/CqsS。LuxP 是一个周质蛋白，是 AI-2 的受体蛋白，LuxP-AI-2 复合物与膜上的 LuxQ 相互作用。LuxQ 是一个膜结合蛋白，由一个组氨酸激酶结构域和一个应答调控蛋白结构域组成，类似于双组分信号转导系统。在没有 AI-2 的情况下，LuxQ 自磷酸化，也可以将磷酸基团传递给 LuxU，LuxU 再将其传递给 LuxO。LuxO 是一个 σ^{54} 依赖的激活子，磷酸化的 LuxO 与 σ^{54} 共同作用，激活具有调控能力的小 RNA（sRNA）基因 $qrr1\text{-}5$ 的转录。sRNA Qrr1-5 与分子伴侣 Hfq 相互作用"扣押"（sequester）了 $luxR$ 的 mRNA，LuxR 蛋白不能表达，发光基因 $luxIC$、D、A、B、E 也不能转录，因此在这种情况下弧菌不能发光。而当细胞外的 AI-2 的浓度较高时，AI-2 通过 LuxP 与 LuxQ 作用，使 LuxQ 变为磷酸酶，LuxQ 使磷酸传递过程反向进行导致 LuxO 脱磷酸，从而激活发光基因的转录，导致发光。

大肠杆菌、沙门氏菌都能产生 AI-2 信号分子，但 AI-2 的胞外大量积累发生在对数生长期，而一旦进入稳定期胞外的 AI-2 浓度会迅速降低。研究发现，AI-2 的消失是通过 Lsr 系统的调控来实现的。lsr 操纵子包括 $lsrA$、C、D、B、F、G、E，其中 $lsrA$、C、D、B 编码的产物组成一个 ABC 转运体，而 LsrB 是 AI-2 的受体。紧邻 lsr 操纵子的是两个反向转录的基因 $lsrR$、K，其中 LsrR 是 lsr 操纵子的转录抑制子；LsrK 是一个激酶，能将 AI-2 磷酸化。当胞外 AI-2 浓度达到一定阈值时；与 LsrB 结合，导致 ABC 转运体的构象发生改变，将 AI-2 输送到胞内；LsrK 在胞内将 AI-2 磷酸化形成 AI-2-P，磷酸化的 AI-2 与 LsrR 结合解除了 LsrR 对 *lsr* 操纵子的抑制，激活了 *lsr* 操纵子的转录，从而形成一个正馈效应，使更多的 AI-2 被运输到胞内，导致胞外 AI-2 的浓度迅速降低。AI-2 的这两种调控机制对种间信号交流的意义在于：一方面一种细菌可以感知其他种类细菌产生的 AI-2 来感应自身浓度的变化，另一方面有些细菌可通过大量吸收外界的 AI-2 来迷惑同一生境中其他细菌进而获得竞争优势（Xavier and Bassler，2005）。

有关 AI-2 在革兰氏阳性菌基因表达调控中作用的分子机制研究得很少，尤其是结构类似的 AI-2 在革兰氏阳性菌和革兰氏阴性菌的通信交流中是如何发挥作用的，将是未来值得研究的重要课题。

（四）群体感应系统的级联调控

群体感应系统多样性表现的一方面是如上所述的为数众多、结构多样的信号分子和调节蛋白，另一方面单个细菌使用多套群体感应系统的现象也普遍存在。细菌通过多个信号分子系统之间的相互作用形成一个复杂的多层次信号调控网络，进而对许多重要的群体行为进行精密调控。例如，洋葱伯克霍尔德氏菌、铜绿假单胞菌、豌豆根瘤菌、费氏弧菌和哈氏弧菌等，其中铜绿假单胞菌群体感应系统级联调控是研究得最为广泛也是最具有代表性的一种。铜绿假单胞菌是一种具有高度环境适应性的致病菌。研究表明，铜绿假单胞菌基因组中至少有 10% 的基因受到 QS 系统的调控。QS 系统在铜绿假单胞菌毒力因子产生、生物膜形成、群集运动、耐药性及与宿主的相互作用中发挥着重要作用（图 5-34）。

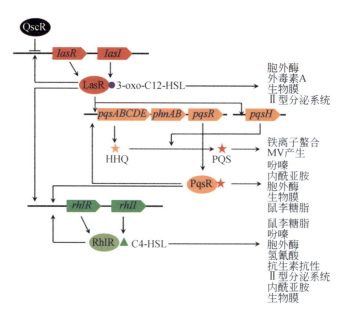

图 5-34　铜绿假单胞菌 QS 系统的级联调控（修改自 Tashiro et al.，2013）

三种信号分子介导的级联调控，LasR∷3-oxo-C12-HSL（高丝氨酸内酯系统）、PQS（喹诺酮信号分子系统）和
RhlR∷C4-HSL（高丝氨酸内酯类自诱导物系统）

二、信号分子介导链霉素生物合成的分子调控

（一）GBL 信号分子的生物合成基因簇的结构特点及其分子调控

信号分子的生物合成基因一般是由合成酶基因和相关修饰酶基因组成的一个小的生物合成基因簇（图 5-35），而且信号分子的受体基因和信号分子的合成酶基因一般都是连锁在一起的，如图 5-35 所标出的受体蛋白编码基因 *jadR3*、信号分子合成基因 *jadW1*、2、3，以及 *barA* 和信号分子合成基因 *barX-S1*、2 组成的小基因簇，受体蛋白基因编码的产物一般都是一种调控蛋白。单独的信号分子一般不具有调控功能，只有当其与受体结合组合成一个调控系统才能发挥其调控功能。

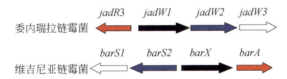

图 5-35　委内瑞拉链霉菌和维吉尼亚链霉菌信号分子合成酶基因的比较

在委内瑞拉链霉菌中，*jadW1*、*jadW2* 和 *jadW3* 是合成信号分子的相关基因，其中 *jadW1* 是合成酶基因，*jadW2* 和 *jadW3* 是修饰酶基因；在维吉尼亚链霉菌中，*barX* 是合成酶基因，而 *barS1* 和 *barS2* 是修饰酶基因

（二）GBL 和 MMFs 信号分子的生物合成

磷酸酶（phosphatase）是一种能够将底物去磷酸化的酶。推测造成 GBL 结构差异的原因有两个：一是底物 β- 酮酰衍生物中脂肪酸链长度及分支不同，二是还原酶的存在与否决定了 C-6 位的酮基或羟基的结构（图 5-36）。

与 A 因子合成由 AfsA、BprA 和磷酸酶催化完成不同，维吉利亚链霉菌中的丁烯酸内酯类信号分子 VB（virginiae butenolide）是由同一个转录单元编码的 3 个酶（BarX、BarS1 和 BarS2）参与合成的，其中 BarX 为 AfsA 同源蛋白，AfsA 能部分互补其功能，推测 VB 合成第一步是由 BarX 催化二羟丙酮（dihydroxyacetone，DHA）来源的 β- 酮酯和 β- 酮酸衍生物缩合，经分子内醛醇缩合后，由 BarS2（NAD 依赖的脱水酶）催化脱水形成含有酮基的 VB，之后由 BarS1（还原酶）催化形成成熟的 VB（图 5-37）。

（三）信号分子（GBL）介导链霉素生物合成的分子调控

在链霉素生物合成中，*strR* 是途径特异性调控基因。当 A 因子积累到一个关键阈值浓度时，就可与其受体 ArpA 结合，使 ArpA 从 *adpA* 启动子上解离开来，此时的 *adpA* 可以进行转录，表达后的 AdpA 随后激活链霉素生物合成基因簇中的正调控基因 *strR*，后者经转录和翻译表达后依次激活簇内的相关结构基因，从而启动链霉素的生物合成（图 5-38）。

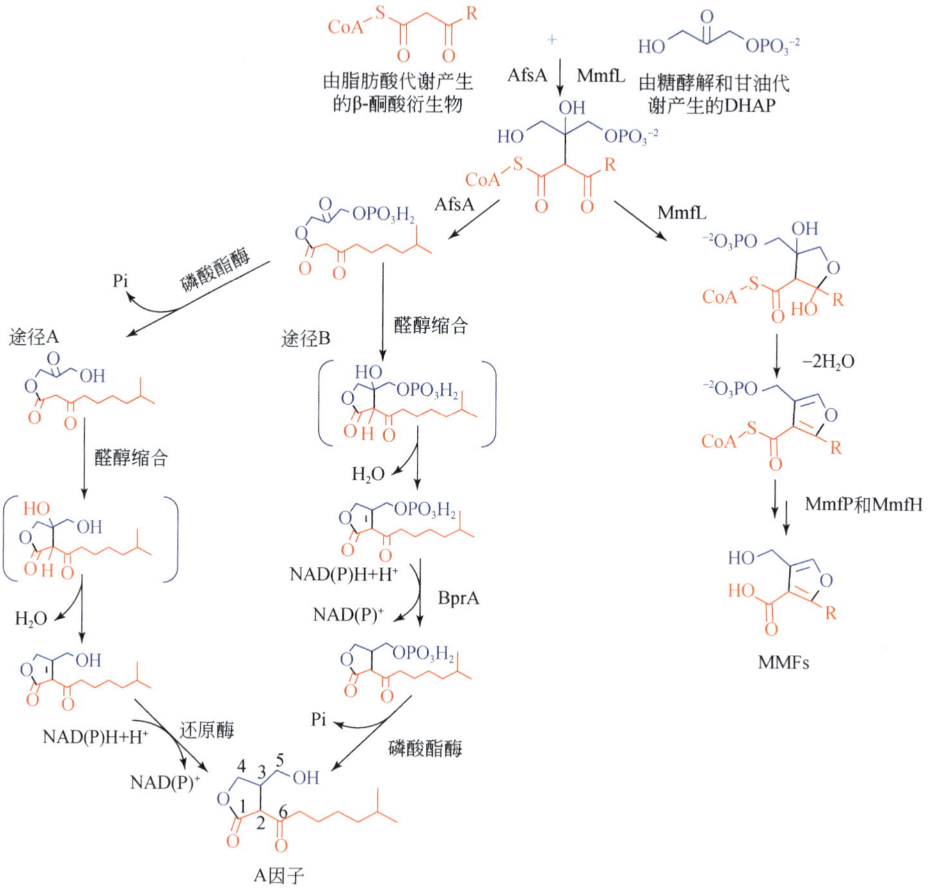

图 5-36 GBL 和 MMFs 信号分子的生物合成途径

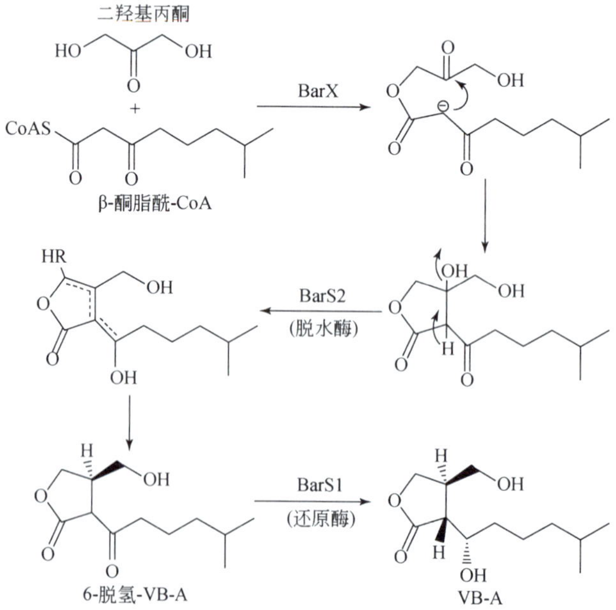

图 5-37 维吉尼亚链霉菌信号分子 VB-A 的合成

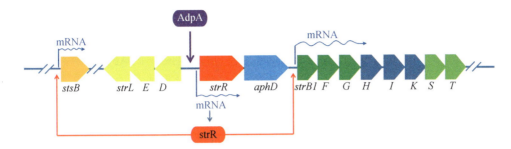

图 5-38 部分链霉素生物合成基因簇的结构及其调控机制

（四）GBL（A 因子）信号分子的调控机制

灰色链霉菌的 A 因子是链霉菌中最早发现的自调控因子，经过日本的三位科学家 Beppu、Horinouchi 和 Ohnishi 的努力，目前对于 A 因子/ArpA 系统的调控机制已经比较明晰（Horinouchi and Beppu，2007）。已知 A 因子在固体培养上主要在基质菌丝到气生菌丝生长发育阶段产生并积累，液体培养时 A 因子浓度随着培养时间的延长而积累，到对数生长中期达到 $25 \sim 30$ ng/ml（约 100 nmol/L），之后其浓度又逐渐降低。A 因子在很低浓度（10^{-9} mol/L 或 nmol/L 水平）下即可发挥其作用，成为控制灰色链霉菌形态分化，以及链霉素、黄色色素（grixazone）和一个聚酮化合物生物合成的开关。

A 因子信号以级联调控的方式传导（图 5-39），传导通路涉及 4 个关键元件：A 因子和其合成酶 AfsA、A 因子受体 ArpA（A-factor receptor protein）、多效调控蛋白 AdpA（A-factor dependent protein）及 AdpA 调控元件（AdpA regulon）。当胞内 A 因子浓度较低时，ArpA 能以二聚体形式结合一段 22 bp 的回文序列；已知灰色链霉菌中唯一的 ArpA 结合位点位于 *adpA* 启动子上游，ArpA 的结合阻碍了 RNA 聚合酶结合到 *adpA* 启动子区，从而抑制

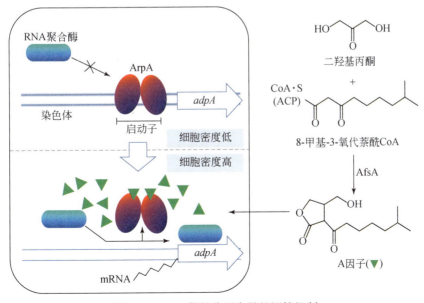

图 5-39 GBL 信号分子介导的调控机制

了 *adpA* 的转录；AdpA 属于 AraC/XylS 家族转录激活蛋白，是灰色链霉菌中的一个重要调控蛋白。AdpA 识别其靶基因启动子上游序列并招募 RNA 聚合酶到靶基因启动子区激活靶基因的转录；受 AdpA 直接调控的基因很多，由此组成一个 AdpA 调控元件。AdpA 调控元件包括：①形态分化相关基因，如编码与气生菌丝形成相关的应答调控蛋白基因 *amfR*、孢子隔膜形成必需基因 *ssgA*、*bldA* 及很多胞外蛋白酶的合成基因；②次级代谢产物生物合成相关基因，如链霉素和 grixazone 生物合成的途径特异性调控基因 *strR* 和 *griR*（Horinouchi and Beppu，2007；Akanuma et al.，2009；Higo et al.，2011）。当 A 因子积累到一个关键阈值浓度时，与 ArpA 结合使其从 *adpA* 启动子解离，*adpA* 得以表达；合成的 AdpA 随后激活 AdpA 调控元件中与形态分化及次级代谢产物生物合成相关基因的表达，从而诱导了灰色链霉菌形态分化的起始及次级代谢产物的生物合成，形成了复杂的级联调控。

Natsume 等（2004）对天蓝色链霉菌中 ArpA 的同源蛋白 CprB 进行了结晶。结果表明，CprB 也是由一个 DNA 结合结构域和一个信号分子结合结构域组成。DNA 结合结构域由 3 个 α 螺旋（α1、α2、α3）组成，其中 α2 和 α3 形成一个典型的螺旋 – 转角 – 螺旋（HTH）结构域；信号分子结合结构域由 6 个 α 螺旋（α5 ～ α10）组成，形成反平行的 α 螺旋结构（图 5-40A）。

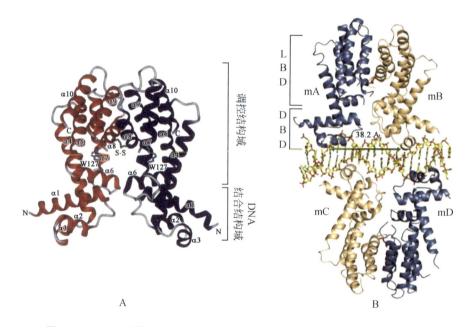

图 5-40　CprB 及其与 DNA 结合的晶体结构（修改自 Natsume et al.，2004）

Bhukya 等进一步对 CprB-DNA 复合物进行了结晶，发现 CprB 是以两个二聚体的形式与 DNA 结合的（图 5-40B）。Sugiyama 等对灰色链霉菌 ArpA 中保守氨基酸的定点突变表明：DNA 结合结构域中的一个缬氨酸（Val-41）为 ArpA 结合 DNA 所必需，信号分子结合结构域中的一个色氨酸（Trp-119）为配体识别所必需。

三、信号分子（GBL）介导杰多霉素生物合成的分子调控

委内瑞拉链霉菌（*S. venezuelae*）由于具有生长迅速、遗传操作系统成熟简单、在液体培养基中可形态分化并完全产孢等特点，现已被认定为是继天蓝色链霉菌之后链霉菌属的又一个模式菌株。1991 年，加拿大 Vining 实验室在 37℃热激培养委内瑞拉链霉菌时发现产生了一种橘红色化合物，将其命名为杰多霉素（jadomycin，Jd）。随后通过核磁共振和质谱数据分析发现，杰多霉素除了具有非典型角蒽环结构外，还含有一个含氮的六元杂环和一个含氮的内酯环（图 5-41）。

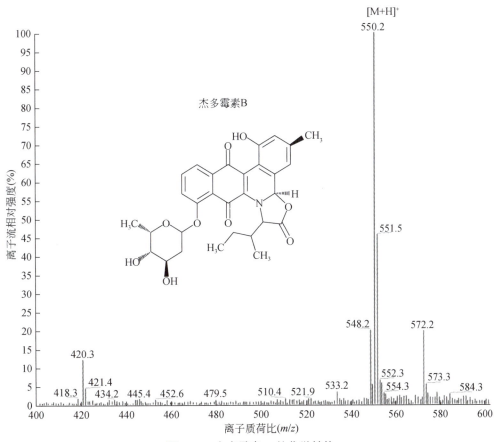

图 5-41　杰多霉素 B 的化学结构

在杰多霉素生物合成基因簇（图 5-42）中，除了必需的结构基因之外，还存在 4 个调控基因（*jadR1*、*jadR2*、*jadR** 和 *jadR3*）和 3 个参与 GBL 生物合成的基因（*jadW1*、*jadW2* 和 *jadW3*）。近年来中国科学院微生物研究所谭华荣领导的实验室对 4 个调控基因在杰多霉素生物合成中的相互关系及其作用的分子机制进行了深入的研究，他们的结果揭示：杰多霉素生物合成调控蛋白 JadR1 是一个 OmpR 家族的非典型应答调控蛋白，JadR1 正调控杰多霉素的生物合成。转录研究表明，JadR1 激活杰多霉素生物合成基因簇中一个大的转录单元中的第一个结构基因 *jadJ*，而抑制自身编码基因的转录，而且 JadR1 对自身编码基

因的抑制仅发生在杰多霉素大量产生之前。杰多霉素生物合成途径的后期产物（杰多霉素A、B）与 JadR1 的 REC 结构域特异性结合，调节 JadR1 对靶基因的调控强度。终产物介导的自调控系统在非典型应答调控蛋白所调控的次级代谢产物生物合成中广泛存在（Wang et al.，2009）。杰多霉素生物合成调控蛋白 JadR2 也是一个 GBL 受体的同源蛋白。JadR2 可以直接抑制 JadR1，而 JadR1 可以直接激活杰多霉素的生物合成却抑制氯霉素的生物合成，从而实现对两种不同抗生素生物合成的协同调控。ScbR2 是 JadR2 的同源蛋白，ScbR2 也是模式菌株天蓝色链霉菌中的一个 GBL 受体的同源蛋白，但它不能结合其内源性的 GBL 分子 SCB1，而结合并以内源性抗生素放线紫红素（actinomycin，ACT）和十一烷基灵菌红素（RED）作为配体，从而使一个隐性的 I 型聚酮合酶基因簇的激活子 KasO 解除抑制。同样，JadR2 也可以结合内源性抗生素杰多霉素和氯霉素，从而使 JadR1 解除抑制（Xu et al.，2010）。

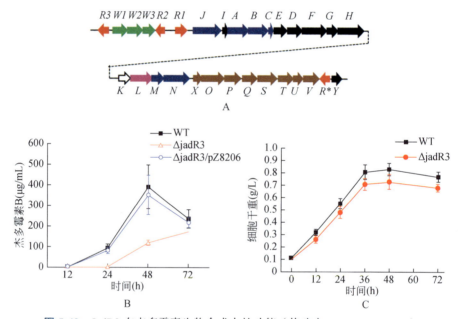

图 5-42　JadR3 在杰多霉素生物合成中的功能（修改自 Zou et al.，2014）

jadR* 编码一个 204 个氨基酸残基的蛋白质。序列分析表明，JadR* 和 TetR 家族的转录调控蛋白有较高的同源性，*jadR** 阻断导致杰多霉素不需要乙醇诱导而大量产生。张艳艳等的进一步研究揭示 JadR* 能够与杰多霉素生物合成基因簇中的 4 个启动子 P_Y、P_{R1}、P_I 和 P_E 结合，足迹实验表明 JadR* 能够直接调控 *jadR1*、*jadY*、*jadI* 和 *jadE* 4 个基因的转录；转录分析表明 JadR* 对 *jadY* 转录起持续的抑制作用，且在发酵前期能明显抑制 *jadR1*、*jadI* 和 *jadE* 的转录。此外，JadR* 能与杰多霉素及其中间产物结合，从而使其从靶基因上脱离，失去其对靶基因的抑制作用。将 *jadR** 和 *jadR2* 进行双敲除后，杰多霉素产量有大幅度提高，明显高于 *jadR** 和 *jadR2* 单敲除株杰多霉素产量之和，这说明 *jadR2* 和 *jadR** 具有协同作用，共同抑制杰多霉素的生物合成，使杰多霉素的生物合成基因簇在没有环境压力时保持隐性状态，而当这两个基因被敲除后，杰多霉素就可以大量产生。转录结果表明，*jadR** 具有非常强的自抑制作用，是 *jadR1* 和 *jadR2* 的上层调控基因，能够直接抑制 *jadR1* 和 *jadR2* 的转录，并且分别与 JadR1 和 JadR2 协同作用而高效抑制 *jadR1* 的转录，JadR* 还能够与 JadR2 协同

作用抑制 *jadR2* 的转录。进一步的转录分析表明，JadR* 和 JadR2 能够协同抑制 *jadR1* 的转录进而抑制杰多霉素的合成，上述调控基因之间的相互关系研究为激活隐性抗生素生物合成基因簇的研究提供了理论指导。

调控蛋白 JadR3 是信号分子的受体蛋白，该蛋白质由 223 个氨基酸组成，预测其分子质量为 24.7 kDa。Blast 结果表明，JadR3 与已知的 GBL 受体蛋白一致性较高（图 5-43），如与 *S. coelicolor* A3（2）中 ScbR 的一致性为 52%、*S. virginiae* 中 BarA 的一致性为 46% 等。序列比对结果表明（图 5-43），JadR3 与 CprB 等 GBL 受体蛋白有相似的结构域，N- 末端是 DNA 结合结构域，C- 末端是配体结合结构域（图 5-43）。JadR3 所结合的 4 个位点与已知的 GBL 受体蛋白所识别的自调控元件（ARE）类似。

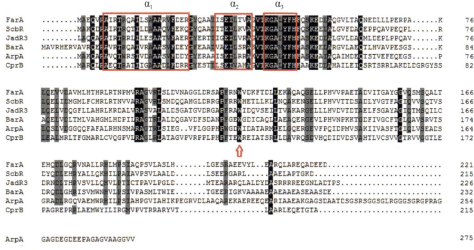

图 5-43　JadR3 与 GBL 受体蛋白的序列比较

红色方框所示为 DNA 结合结构域的 3 个保守的 α 螺旋，箭头所示为信号分子结合域保守的色氨酸残基

序列比对结果表明，JadR3 与 ArpA 等信号分子 GBL 受体蛋白也有相似的结构域。这说明 JadR3 为信号分子 GBL 受体类的调控蛋白，并且极有可能行使类似的功能。通过 EMSA 和 DNase Ⅰ 足迹法实验分析了 JadR3 调控蛋白所识别的启动子区域的特异性碱基（图 5-44、图 5-45）（Zou et al.，2014）。

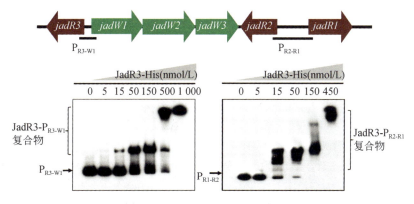

图 5-44　JadR3 识别启动子区的 EMSA 分析（修改自 Zou et al.，2014）

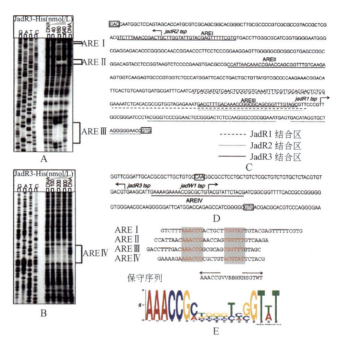

图 5-45　JadR3 结合到不同靶位点的 DNaseⅠ足迹法（修改自 Zou et al.，2014）

　　JadR3 在 *jadR2-jadR1* 基因间有 3 个结合位点（AREⅠ、AREⅡ和AREⅢ）（图 5-45A），其中 ARE（autoregulator element）是自调控子或信号分子所识别的位点。ARE Ⅰ 靠近 *jadR2* 转录起始位点（transcription start point，tsp），相对于 *jadR2* tsp 的位置为 −25 bp 到 +17 bp；AREⅡ处于 *jadR1* tsp 和 *jadR2* tsp 之间，相对于 *jadR2* tsp 的位置为 −195 bp 到 −162 bp，相对于 *jadR1* tsp 的位置为 −252 bp 到 −219 bp；AREⅢ靠近 *jadR1* tsp，相对于 *jadR1* tsp 的位置为 −41 bp 到 −8 bp。此外，在 *jadR3-jadW1* 基因间区还有另一个结合位点（AREⅣ，图 5-45B）。有关这 4 个位点的具体结合序列和具有保守特点的序列见图 5-45C、D 和 E。为比较JadR3 对这4个位点的亲和力差别，分别合成45 bp包含结合位点的单链DNA片段（Ⅰ-F/R、Ⅱ-F/R、Ⅲ-F/R、Ⅳ-F/R）。将合成的这些片段分别用同位素标记退火后得到双链 DNA 片段，与JadR3 反应，在体系中添加不同浓度的探针（冷探针，没有同位素标记）来比较4 个位点的亲和力大小（图 5-46）。从图 5-46A 可以看出，当以 AREⅡ作为标记探针时，加入 90 倍 AREⅡ冷探针，大部分 JadR3-AREⅡ复合物被解离，其余 3 种冷探针的加入对 JadR3-AREⅡ复合物形成影响不大。当以 ARE Ⅲ 作为标记探针时，加入 90 倍 AREⅡ冷探针，JadR3-AREⅢ复合物被完全解离，而其余 3 种冷探针的加入则不能使 JadR3-AREⅡ完全解离（图 5-46B），这说明 AREⅡ对 JadR3 蛋白的亲和能力是最强的。当以 AREⅣ作为标记探针时，30 倍的 AREⅡ冷探针就能使 JadR3-AREⅣ完全解离，进一步说明了 AREⅡ为 4 个位点中亲和力最强的，90 倍的 ARE Ⅲ 和 AREⅠ冷探针也能使 JadR3-AREⅣ完全解离，而 90 倍的 AREⅣ冷探针则不能使 JadR3-AREⅣ完全解离（图 5-46C），说明 AREⅣ为 4 个位点中亲和力最弱的。对于 AREⅠ和 AREⅢ的亲和力，从图 5-46B 和 C 中可以看出，当以 AREⅢ或AREⅣ作为标记探针时，相同条件下的 AREⅢ能使更多对应的 JadR3-DNA 复合物解离，说明 JadR3 对 AREⅢ位点的亲和力要比 AREⅠ的稍强。综合上述结果，这 4 个位点的亲和力大小可以确定为：ARE Ⅱ ＞ ARE Ⅲ ＞ ARE Ⅰ ＞ ARE Ⅳ。

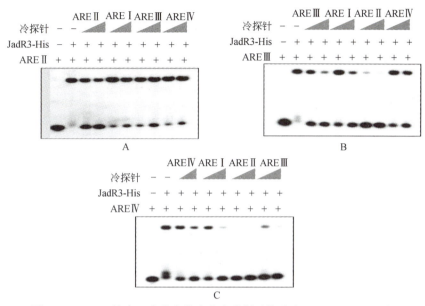

图 5-46 JadR3 结合 4 个位点的亲和力分析（修改自 Zou et al.，2014）

A. γ-^{32}P 标记的 ARE Ⅱ 与 JadR3 的 EMSA 体系中加入不同的冷探针；B. γ-^{32}P 标记的 ARE Ⅲ 与 JadR3 的 EMSA 体系中加入不同的冷探针；C. γ-^{32}P 标记的 ARE Ⅳ 与 JadR3 的 EMSA 体系中加入不同的冷探针

为了验证野生型抽提物对 JadR3 与 *jadR2-jadR1* 启动子区结合的影响，用 γ-^{32}P-ATP 标记了探针 R3-W1，当添加野生来源的抽提物时可以使 JadR3-P$_{R3-W1}$ 复合物解离（图 5-47A），即探针 DNA 与蛋白质 JadR3 分开；当添加信号分子合成基因敲除突变株（ΔjadW123）的抽提物时不具有这样的解离功能（图 5-47A），说明发挥解离作用的物质是 *jadW123* 合成的信号分子。同样在 JadR3 与 P$_{R2-R1}$ 的 DNase Ⅰ 足迹法实验中加入不同浓度的野生型抽提物也具有这种作用，进一步说明野生型产生的信号分子能解离 JadR3-P$_{R2-R1}$ 复合物，DNase Ⅰ 就可以酶切探针的 DNA 序列，使原来形成的足迹消失（图 5-47B）。

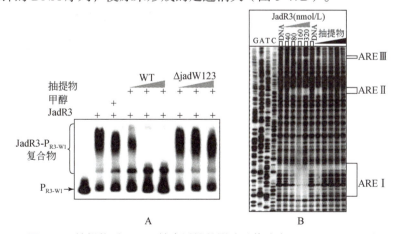

图 5-47 抽提物对 JadR3 结合活性的影响（修改自 Zou et al.，2014）

A. EMSA 检测抽提物（野生型和 ΔjadW123）对 JadR3 结合 P$_{R3-W1}$ 的影响；B. DNase Ⅰ 足迹法检测野生型抽提物对 JadR3 结合 P$_{R2-R1}$ 的影响

为了深入研究信号分子的结构和功能，建立适合的发酵条件和分离纯化的平台是必要的（图5-48、图5-49）。在此基础上，通过纯化后信号分子的添加研究其跨种间的相互作用与抗生素产生的关系，揭示信号分子作用的分子机制。为揭示分离纯化的SVB1结构，首先进行质谱和核磁共振分析。高分辨率质谱（HR-ESI-MS）数据显示，SVB1化合物的相对分子质量［M+H］$^+$为259.190 2，推测其分子式为$C_{14}H_{27}O_4$（图5-50）。以CDC_{13}为溶剂进行^{1}H NMR、^{1}H-^{1}H COSY、^{1}H-^{13}C HMBC、^{1}H-^{13}C HSQC、DEPT135分析。结果表明，SVB1与已知的GBL类化合物SCB1的^{1}H NMR谱类似（见图5-50）。

图5-48　信号分子的分离和纯化过程

图5-49　信号分子的大规模制备和分离纯化

为了确定分离到的SVB1是否具有信号分子的特征及其对杰多霉素的影响，将得到的SVB1纯品添加到ΔjadW123菌株中能观察到杰多霉素的产生。在接种ΔjadW123种子培养液至GM发酵培养基的同时添加不同浓度（1 nmol/L ～ 3.2 μmol/L）的SVB1，发酵48 h，乙酸乙酯萃取发酵液，HPLC检测杰多霉素产量。结果发现，添加1 nmol/L的SVB1就能使ΔjadW123产生杰多霉素（图5-51），说明SVB1作为信号分子是杰多霉素产生所必需的，并且表现出"微生物激素"的特征。当添加25 nmol/L的SVB1时，能使ΔjadW123中杰

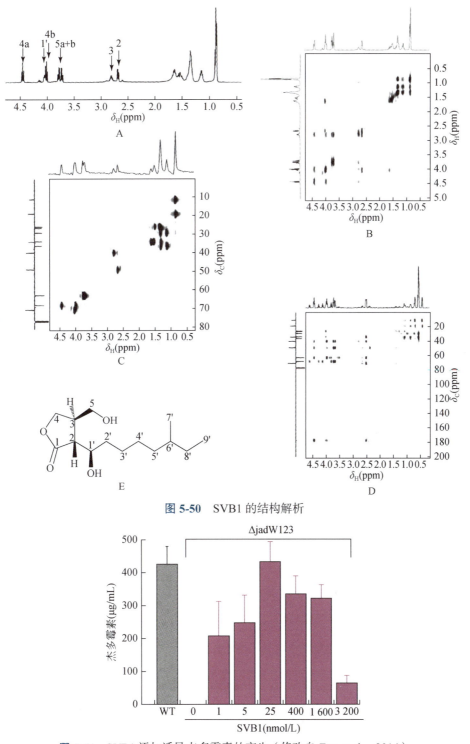

图 5-50　SVB1 的结构解析

图 5-51　SVB1 添加诱导杰多霉素的产生（修改自 Zou et al.，2014）

多霉素产量完全恢复到野生型的水平，而当 SVB1 浓度继续增加时，对杰多霉素产量反而有一定的抑制作用（见图 5-51）。

SVB1/SCB3 既可以作为种内信号分子诱导各自产生菌中抗生素的产生，同时也能作为种间信号分子诱导委内瑞拉链霉菌和天蓝色链霉菌不同抗生素的产生（图 5-52），这是至今为止链霉菌种间信号分子相互作用的最清楚的直接证据。

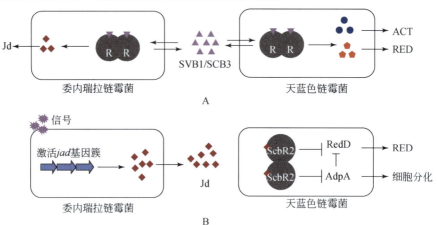

图 5-52　信号分子的种间相互作用（修改自 Niu et al.，2016）

基于对 JadR3 和 SVB1 组成的调控系统的体内及体外功能的研究，谭华荣实验室提出了一个 SVB1/JadR3 在杰多霉素生物合成中可能的调控模式（图 5-53）：在对数生长期，JadR3 结合于 ARE Ⅳ 位点抑制了 *jadW1* 的转录，导致 SVB1 的低水平表达，低水平的 SVB1 作为杰多霉素生物合成的必需前提，通过未知方式激活 *jadR1* 基础水平的转录；JadR3 结合于 ARE Ⅱ 和 ARE Ⅲ 位点导致 *jadR1* 启动子区 DNA-loop 形成，有利于 RNA 聚合酶结合，进一步增强了 *jadR1* 的转录。与此同时，SVB1 通过 JadR3 对自身合成形成自调控：逐渐积累的

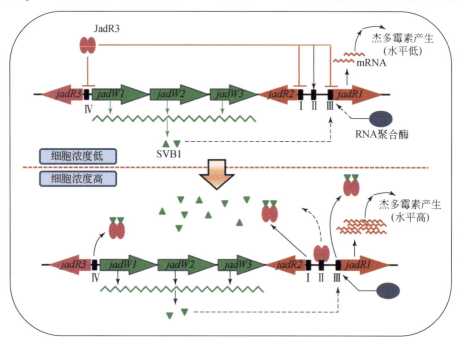

图 5-53　SVB1/JadR3 信号系统在杰多霉素生物合成中可能的调控模式

SVB1 与其受体 JadR3 结合导致 JadR3 从 ARE Ⅳ 位点上解离，解除了对 *jadW1* 的抑制，进而导致 SVB1 大量合成。在细胞生长进入稳定期后，大量合成的 SVB1 与 JadR3 结合使 JadR3 从 ARE Ⅰ 和 ARE Ⅲ 位点解离下来，此时，JadR3 与 ARE Ⅱ 的结合导致了 *jadR1* 高水平转录，依次导致杰多霉素的大量产生；随着 SVB1 的更多积累，最终导致 JadR3 从 ARE Ⅱ 解离下来，从而丧失了对 *jadR1* 转录激活功能，*jadR1* 又回归到基础的转录水平（见图 5-53）。

四、信号分子介导尼可霉素生物合成的分子调控

在圈卷产色链霉菌中通过基因组挖掘发现一个信号分子生物合成基因簇 *sab*，包括 3 个结构基因（*sabA*、*sabP* 和 *sabD*）和 2 个调控蛋白编码基因（*sabR1* 和 *sabR2*）。其中信号分子合酶基因 *sabA* 的破坏导致尼可霉素不能合成，而回补后尼可霉素的产量恢复到野生型菌株的水平，并且在 *sabA* 突变株（Δ sabA）中添加野生型发酵液的粗提液也能恢复尼可霉素的产生。说明 SabA 合成了可分泌表达的代谢产物，并且该化合物具有激活尼可霉素生物合成的活性。在大肠杆菌 C41 和天蓝色链霉菌 M1146 中分别异源表达 *sabA* 及相关的修饰酶基因 *sabP* 和 *sabD*，采用诱导Δ sabA 产生尼可霉素活性追踪的检测方法对发酵液的相关产物进行 HPLC 分离和纯化，在大肠杆菌异源表达菌株 CpAPD 中得到了 30 mg 的活性代谢产物 SAB1，在链霉菌异源表达菌株 MpAPD 中分别得到了 10 mg SAB1、20 mg SAB2 和 10 mg SAB3。通过质谱和磁共振分析鉴定了 SAB1、SAB2 和 SAB3 的结构，它们都属于丁烯酸内酯类（γ-butenolides）信号分子，其中 SAB1 是一种新结构的信号分子（图

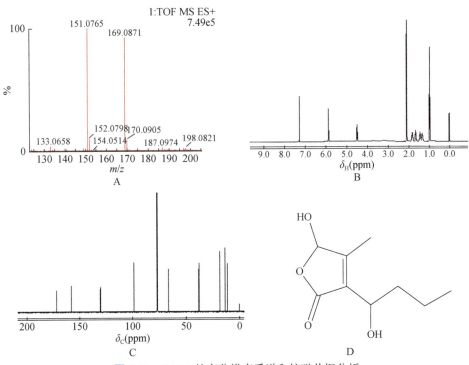

图 5-54　SAB1 的高分辨率质谱和核磁共振分析

A. SAB1 的质谱分析；B、C. SAB1 的氢和碳谱的核磁共振分析；D. SAB1 的化学结构

5-54）。分别在Δ sabA 突变株中添加不同浓度的 SAB1、SAB2 和 SAB3，结果显示 5 nmol/L 的 SAB1 和 SAB3 就能诱导尼可霉素的生物合成，而 500 nmol/L 的 SAB2 才能诱导尼可霉素的产生（Wang et al.，2018）。

为确定 SABs 的受体蛋白，对 *sab* 基因簇进行分析发现其中存在一个信号分子受体基因 *sabR1*。单独敲除 *sabR1* 对尼可霉素的生物合成基本没有影响，在 *sabA* 突变株中敲除 *sabR1* 则能使Δ sabA 恢复产生尼可霉素，说明 SABs 通过 SabR1 调控尼可霉素的生物合成，从体内证明 SabR1 是 SABs 的受体。转录结果揭示，SabR1 负调控 *adpA*、*sanG*，结构基因 *sanO*、*sanN* 和 *sanF*，以及 *sabR1*、*sabR2* 和 *sabA* 的转录。采用 EMSA 实验对 SabR1 可能的靶基因进行筛查，发现 SabR1 不能与 *adpA*、*sanG* 和结构基因的启动子区结合，表明 SabR1 间接调控尼可霉素的生物合成；但 SabR1 能与 *sabR1*、*sabR2* 和 *sabA* 的启动子区结合，而添加 SAB1、SAB2 和 SAB3 能使 SabR1 从其靶基因上解离下来，因此在体外也证明了 SabR1 是 SABs 的受体。DNase I 足迹法实验表明，在这 3 个靶基因的启动子区都存在一个 SabR1 结合位点，通过 MEME 软件分析得到一个 23 bp 保守的反向重复序列（Wang et al.，2018）。

根据 SabR1 识别的保守基序，在圈卷产色链霉菌基因组中进行扫描，找到了另外一个可能的 SabR1 的靶基因 *cprC*。EMSA 实验表明 *cprC* 的启动子区能被 SabR1 结合，并且 *cprC* 的转录受到 SabR1 的抑制。*cprC* 的敲除导致尼可霉素的产量大幅度降低，而在Δ sabA 中高表达 *cprC* 可使尼可霉素恢复产生，说明 SabR1 主要通过 CprC 调控尼可霉素的生物合成，并且 CprC 在尼可霉素的产生中发挥正调控的功能。进一步通过 EMSA 实验发现 CprC 能够与多效调控基因 *adpA* 的启动子区结合，并且通过 DNase I 足迹法实验确定了结合位点。转录分析表明 CprC 可激活 *adpA* 的转录，在Δ cprC 中高表达 *adpA* 也可恢复尼可霉素的产生，说明 CprC 主要通过激活 AdpA 进而正调控尼可霉素的生物合成（图 5-55）。

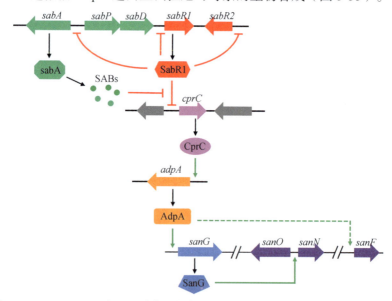

图 5-55 SABs/SabR1 在尼可霉素生物合成中的调控模式图（Wang et al.，2018）

SabR1 是 SABs 的受体，能够直接与 *cprC* 启动子区的 ARE-C 结合，抑制 *cprC* 的转录，当 SABs 积累到一定浓度时，就会与 SabR1 结合使其从 *cprC* 的启动子区解离下来，解除对 *cprC* 的抑制，使 *cprC* 得以表达，而 CprC 又能够与 *adpA* 启动子区的位点 A 结合，激活 *adpA* 的转录，从而通过 AdpA 进一步激活尼可霉素的生物合成

五、信号分子的多样性和多效性

(一)信号分子的多样性

抗生素的功能具有浓度依赖性,高浓度时作为细胞的生长抑制剂,而低浓度时作为信号分子参与种内或种间的信息交流。亚抑制浓度的抗生素能引起细菌的许多生理反应,如低浓度的红霉素和利福平能够影响鼠伤寒沙门氏菌基因组中约 5% 基因的表达;在铜绿假单胞菌和大肠杆菌中,低浓度氨基糖苷类抗生素能通过细胞的第二信使 c-di-GMP(环二鸟苷酸)影响生物膜形成。大多数抗生素产生菌——链霉菌同样能响应低浓度的抗生素并改变其生理行为(图 5-56)。例如,天蓝色链霉菌中放线紫红素和十一烷基灵菌红素能与 SoxR(氧化应答调控子)作用影响其他基因的表达。

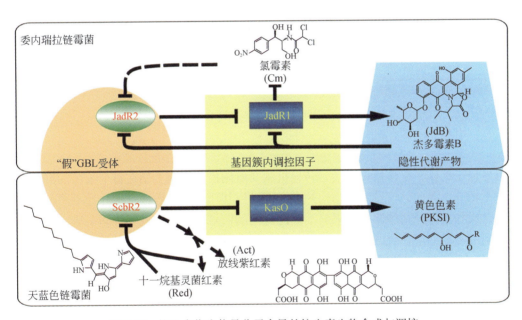

图 5-56 抗生素作为信号分子介导的抗生素生物合成与调控

近年来的研究表明,PolY ATPase 结构域除了可以水解 ATP 外,还可以通过结合 ADP 和 ATP 改变 PolY 对 DNA 的亲和力及寡聚化状态,进而影响靶基因的转录强度(Li et al., 2010)。该研究首次将 ATPase 结构域与链霉菌抗生素合成调控蛋白(SARPs)的调控功能建立联系,并从分子水平上证明 ADP、ATP 除了作为能量分子外,还可以作为生理信号调控抗生素的生物合成(图 5-57)。肌醇(inositol)作为一种信号分子影响链霉菌的生长和发育分化。肌醇是水溶性 B 族维生素中的一种,肌醇和胆碱一样是亲脂肪性的维生素,又称为环己六醇。肌醇从头合成途径在原核生物中仅存在于放线菌中,在链霉菌中该途径的关键酶基因 *inoA* 具有很高的保守性,其蛋白质的氨基酸序列一致性在 93% 以上。链霉菌 *inoA* 阻断突变株(Δ*inoA*)在不含肌醇的固体基本培养上不能正常发育分化而呈现光秃型的表型，如果在体外添加肌醇可以使该突变株恢复气生菌丝生长和产孢（Zhang et al.，2012）。WhiI 是链霉菌发育分化的一个关键蛋白质，DNA 足迹法实验揭示，WhiI 可以与肌醇生物合成中的调控基因（inoR）的启动子区域结合而控制链霉菌的发育分化，在链霉菌孢子分隔阶段有大量的肌醇产生，而在后期孢子成熟阶段肌醇的合成大量减少。上述结果说明信号分子肌醇在链霉菌发育分化中有重要的作用。到目前为止，尚未发现肌醇在抗生素生物合成中的功能。

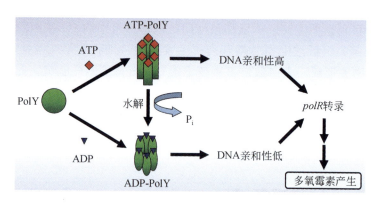

图 5-57 ADP/ATP 生理信号调控抗生素的生物合成

（二）信号分子的多效性

信号分子结构、受体蛋白、信号转导机制及所调控的基因类型在每个细菌的群体感应系统中各不相同。因此，信号分子结构的多样性导致其功能的多效性，即介导不同种类抗生素的生物合成和发育分化的调控，来自不同链霉菌的信号分子可以进行种间交流，触发或诱导不同类型抗生素的生物合成（图 5-52）。微生物产生的信号分子将来可用于正在日益快速发展的合成生物学中，如用于生物合成途径的分段激活、癌症治疗中细胞过程的时序控制等。

第五节　基因组挖掘及隐性次级代谢基因簇的激活

链霉菌具有无与伦比的合成次级代谢产物的能力，而且代谢产物种类结构复杂多样，其基因组序列分析结果揭示次级代谢产物生物合成基因簇存在的数量远比已知抗生素的种类多，可以说已发现的次级代谢产物种类只是冰山一角，还有很多次级代谢产物资源有待挖掘和开发。例如，在天蓝色链霉菌基因组信息中有 29 个次级代谢产物生物合成基因簇，但它作为已经被研究多年的模式菌株，目前只有 14 种次级代谢产物被分离鉴定；在重要工业菌株阿维链霉菌基因组信息中含有 37 个次级代谢产物生物合成基因簇，但是目前只有 13 种次级代谢产物被分离鉴定。这些在实验室条件下，不转录或者其产物难以被检测到的次级代谢产物生物合成基因簇，被称为隐性次级代谢产物生物合成基因簇（隐性基因簇）。激活这些隐性基因簇将为应对抗药性微生物不断出现导致的抗生素危机提供大量的先导化合物（Liu et al., 2013，Rutledge and Challis，2015）。目前激活隐性基因簇的方法见图 5-58。

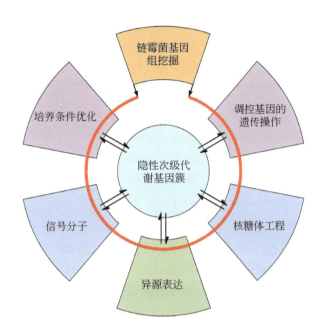

图 5-58　隐性次级代谢基因簇的激活策略（修改自 Liu et al., 2013）

一、链霉菌基因组的生物信息学分析及挖掘

基因组学的迅速发展使人类可以从宏观和全局的角度去获得构成生命的所有基本信息，从而极大地拓展了人类从中获得有用资源的视野和机会。随着更多链霉菌基因组测序的不断完成和大量信息积累，为抗生素生物合成基因簇的研究，发现新型抗生素提供了重要的条件。自 2002 年第一个模式菌株天蓝色链霉菌（*S. coelicolor*）由英国剑桥 Sanger 研究中心和 John Innes 研究所完成全基因组序列分析以来（见图 5-3），目前已完成全基因组测序的链霉菌有 108 株。就目前所知的 12 000 多种天然抗生素中有 60% 以上是链霉菌产生的，尤其是商业上一些重要抗生素的 70% 以上都是链霉菌产生的。三株模式菌株（一种遗传操作系统的模式菌株天蓝色链霉菌，工业应用重要菌株——灰色链霉菌和阿维链霉菌）基因组全序列完成 10 多年来，只是对其中各自的 30 多种次级代谢生物合成基因簇中的部分基因簇产物进行了鉴定（见表 5-2），而在已经完成基因组全序列分析的其他链霉菌中，对次级代谢产物生物合成基因簇的产物进行鉴定的就更少了（表 5-5）。

表 5-5　其他链霉菌次级代谢基因组的特征

基因特征	圈卷产色链霉菌	禾粟链霉菌
基因组大小（bp）	9 561 920	8 023 489
叠连群（contigs）	1 266	2 654

续表

基因特征	圈卷产色链霉菌	禾粟链霉菌
G+C 含量（%）	71.81	71.64
蛋白质编码基因	7 087	7 094
平均基因大小（bp）	847	801
编码基因占基因组比例（%）	63.60	70.87
次级代谢基因簇	26	22
产物鉴定的基因簇	3	2
产物未知的基因簇	23	20

在目前分类上已经定名的 900 多个链霉菌种中，许多链霉菌的基因组尚未测序，这极大地影响了新型抗生素的发现。因此，更多链霉菌基因组的全序列测定和分析是非常必要的，这是未来获得新型抗生素的最重要和最直接的资源。

为了从基因组数据中挖掘出有研究价值的信息，有许多软件和网址已被开发和建立（表 5-6）。由于基因簇中功能酶序列和结构域的保守性，很多软件和网址可以通过 HMM（hidden Markov model）等方式来寻找基因组信息中可能的基因簇。其中，antiSMASH（antibiotics and secondary metabolites analysis shell）是目前用于基因组挖掘和分析次级代谢产物生物合成基因簇最广泛的工具。antiSMASH 从 2011 年开发出来以后，已被国际上众多的实验室广泛使用。

表 5-6 次级代谢产物生物合成基因簇生物信息学分析工具

类型	数据库	网址	来源
基因簇数据库	ClusterMine360	http://www.clustermine360.ca/	Conway and Boddy，2013
	ClustScan Database	http://csdb.bioserv.pbf.hr/csdb/ClustScanWeb.html	Diminic et al.，2013
			Starcevic et al.，2008
活性化合物数据库	KNApSAcK database	http://kanaya.aist-nara.ac.jp/KNApSAcK/	Afendi et al.，2012
	StreptomeDB	http://www.pharmaceutical-bioinformatics.de/streptomedb	Lucas et al.，2013
I 型 PKS 和 NRPS 数据库	NaPDos	http://napdos.ucsd.edu/	Ziemert et al.，2012
	NP.searcher	http://dna.sherman.lsi.umich.edu/	Li et al.，2009
特异性底物预测数据库	LSI based A-domain function predictor	http://bioserv7.bioinfo.pbf.hr/LSIpredictor/AdomainPrediction.jsp	Baranasic et al.，2014
挖掘次级代谢产物基因簇的数据库	antiSMASH 2	http://antismash.secondarymetabolites.org	Blin et al.，2013
	MIDDAS-M	http://133.242.13.217/MIDDAS-M/	Umemura et al.，2013

除了使用生物信息学的方式挖掘基因簇外，也可以使用蛋白质组学和代谢组学等方式来挖掘基因簇。次级代谢产物的生物合成遵循一些保守的生化特性，在获得化学结构以后，我们可以通过化合物结构信息，尤其是代谢途径推测相关的酶促反应，从而寻找相应的酶编码基因。除了通过生化分析外，对于完整且注释非常好的基因组信息，可以基于高灵敏的质谱（mass spectrometry，MS）数据挖掘基因簇。质谱数据尤其是多级质谱数据能

够提供次级代谢产物，如糖基和氨基酰基等特征片段的分子质量。氨基酰基基团的信号主要被用来寻找核糖体合成基因簇和非核糖体合成基因簇中的氨基酸构筑模块（building block）。负责糖基合成的基因也非常保守，同样可以通过糖基信号来寻找负责糖基合成的基因簇。

二、培养条件的优化

微生物只能在适合的条件下生长和繁殖，培养基基本成分中碳源、氮源、无机盐和微量元素对维持菌株的正常生长是必需的。不同的营养（如不同的碳源和氮源等）条件导致不同的生理代谢（图 5-59）。次级代谢产物的生物合成是与前体的提供和相关因子的诱导密切相关的。同时，相关菌株的共同培养可以提供互补的重要物质和信息交流，这为隐性次级代谢基因簇的激活提供了可能的条件。通常培养条件或发酵条件的改变对工业菌株产量的改善至关重要。在培养基中添加稀土元素钪能够明显提高天蓝色链霉菌中放线紫红素（actinorhodin，ACT）、抗生链霉菌中放线菌素（actinomycin）和灰色链霉菌中链霉素（streptomycin）的产量（Kawai et al.，2007）。改变菌株的培养条件，如营养成分、温度和 pH 等，同样可以激活链霉菌中隐性基因簇。委内瑞拉链霉菌在常规培养条件下并不生产杰多霉素，但是如果在培养时使用热激、乙醇诱导或噬菌体入侵等手段，杰多霉素的基因簇则能够被激活（Doull et al.，1994）。结合转录组分析和培养条件的改变，在浅黄链霉菌（*Streptomyces flaveolus*）中获得了多种新的化合物（Qu et al.，2011）。培养条件的改变可能导致了原限制因素的解除，同时不同的培养基组分可能提供了合成抗生素的前体等，从而使原隐性的次级代谢生物合成基因簇得到了有效表达。

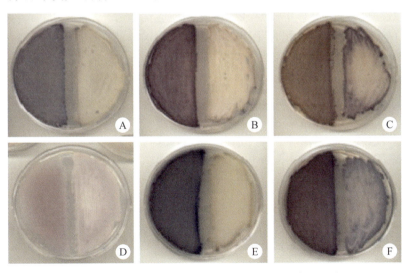

图 5-59　不同碳源对天蓝色链霉菌产生抗生素的影响
A. 琼脂；B. 半乳糖；C. 乳糖；D. 甘露醇；E. 几丁质；F. 麦芽糖

天蓝色链霉菌 M145-1（只产放线紫红素）和 M145-2 [只产十一烷基灵菌红素（RED）]在含有不同碳源的基本培养基（MM）上的生长状况不同；不同颜色显示抗生素（每个培养皿

的左边是 M145-1 产生的放线紫红素，右边是 M145-2 产生的十一烷基灵菌红素）的产生和产量，说明不同碳源对抗生素的生物合成有重要的作用（见图 5-59）。此外，浅黄链霉菌（*Streptomyces flaveolus*）在不同培养条件下产生的次级代谢产物是不同的，产生的化合物经 HPLC 分析，化合物 1 和 2 可在第 V 号培养基中产生，化合物 2 仅在第 VI 号培养基中产生，这两种化合物在其他 4 种培养基中都不能产生，说明不同培养基的物质对抗生素的合成是重要的（图 5-60）。

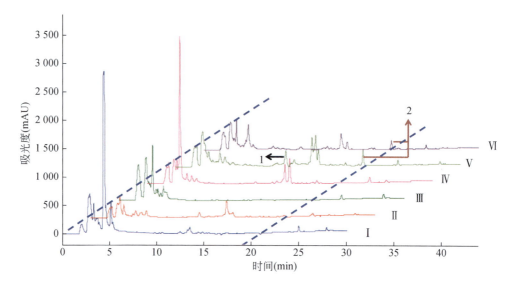

图 5-60　浅黄链霉菌不同培养条件下产生次级代谢产物的 HPLC 分析（修改自 Qu et al.，2011）

化合物 1 仅在第 V 号培养基中产生，化合物 2 仅在第 V 号和第 VI 号培养基中产生

　　在激活隐性基因簇的过程中需要某些特殊的环境信号分子和合适的营养物质，这反映了微生物在自然环境中存在的相互作用，因此采用共培养的方式激活隐性基因簇也是一个有效的手段。将产分枝菌酸的肺冢村氏菌（*Tsukamurella pulmonis*）TP-B0596 和变铅青链霉菌（*Streptomyces lividans*）TK23 共培养，使后者产生了放线紫红素，此抗生素在 TK23 中是隐性不表达的（图 5-61）（Onaka et al.，2011）。

图 5-61　变铅青链霉菌 TK23 与肺冢村氏菌 TP-B0596 共培养（Onaka et al.，2011）

A-1. 平板中心为肺冢村氏菌 TP-B0596，变铅青链霉菌均匀地平铺在整个平板上；A-2. 平板 Sl 表示变铅青链霉菌 TK23，Tp. 表示肺冢村氏菌 TP-B0596，Sl 与 Tp 接触时才产红色的放线紫红素；B-1. 肺冢村氏菌；B-2. 变铅青链霉菌 TK23；B-3. 两个菌株混合培养；C-1. 肺冢村氏菌；C-2. 变铅青链霉菌 TK23，中间放置一个滤膜，细胞不能穿过。红色色素为 TK23 产生的放线紫红素，在正常培养条件下为隐性抗生素

　　这种相互作用主要是肺孢村氏菌产生的不饱和长链羟基脂肪酸（分枝菌酸）附着在细胞壁上，只有活细胞接触时分枝菌酸才能进入链霉菌中发挥其激活隐性次级代谢基因簇的作用。除肺孢村氏菌外，目前所知其他能够产生分枝菌酸的微生物还有红球菌［如红串红球菌（*Rhodococcus erythropolis*）］和棒杆菌［如谷氨酸棒杆菌（*Corynebacterium glutamicum*）］等。当这些微生物与链霉菌共培养时也可诱导链霉菌相关隐性次级代谢基因簇的激活，使抗生素能被产生。

　　链霉菌广泛存在于土壤中，它们与邻近的微生物发生相互作用，感应和应答各种环境和生理信号，因此链霉菌和其他细菌共培养可能导致新型抗生素的产生。同时真菌和细菌共培养，由于二者的亲密接触和相互作用，可激活相关隐性基因簇的表达，使真菌原不产生的次级代谢产物能被产生。其中成功的例子是：雷帕链霉菌（*Streptomyces rapamycinicus*）和构巢曲霉（*Aspergillus nidulans*）有共同的生存环境，当把雷帕链霉菌和构巢曲霉放到同一培养基中共培养时，可以激活构巢曲霉中的隐性基因簇的表达，而得到新的代谢产物（图 5-62）。

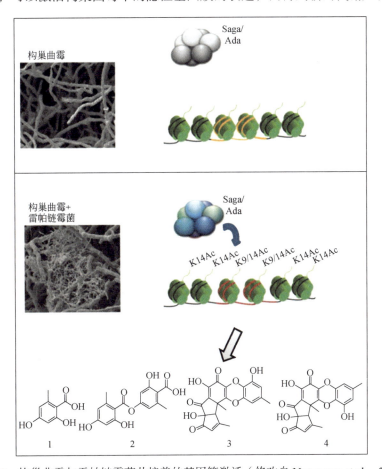

图 5-62　构巢曲霉与雷帕链霉菌共培养的基因簇激活（修改自 Nutzmann et al., 2011）

在非诱导条件下，通过脱乙酰化组蛋白 H3 鉴定了次级代谢基因（黄色）。构巢曲霉与雷帕链霉菌之间的亲密接触导致 Saga/Ada 复合物催化的组蛋白 H3 加强了乙酰化作用。H3K9 的修饰对次级代谢基因簇（红色）是特异的，而对 H3K14 乙酰化不是特异的靶位点。因此，Saga/Ada 激发了 *ors*（orsellinic acid）基因簇表达，使苔色酸（4, 6- 二羟 -2- 甲苯甲酸）、红粉苔酸等能被合成

三、调控子的遗传操作

隐性次级代谢基因簇在受阻遏和缺乏激活因子的情况下不能表达，去除负调控基因的阻遏和构建正调控基因的有效表达是激活隐性次级代谢基因簇表达的策略之一。同时，对转录单元中启动子的替换和定向遗传改造也是提高抗生素产量与隐性次级代谢基因簇激活的有效方法。

（一）途径特异性调控基因的功能

在抗生素生物合成基因簇中含有一个或多个途径特异性调控子（cluster-situated regulator，CSR），如尼可霉素（nikkomycin）基因簇中含有一个正调控基因 *sanG*（图 5-6）；杰多霉素（jadomycin）基因簇中则含有 4 个调控子（JadR1、JadR2、JadR3 和 JadR*）。高表达正调控基因或者敲除阻遏基因可有效地提高抗生素产量和激活隐性基因簇的表达。例如，高表达途径特异性正调控基因 *sanG* 能够显著地提高尼可霉素的产量（图 5-63）；同样，高表达途径特异性正调控基因 *polR* 可使多氧霉素的产量提高 2 倍左右（Li et al.，2010）；高表达 LAL 家族的调控基因，能够激活一个 150 kb 的 I 型聚酮类基因簇，这个基因簇合成含有独特化学结构和糖基化的大环内酯类抗生素——stambomycins，其具有非常好的抑制癌细胞增殖的活性（Laureti et al.，2011）。另外，在天蓝色链霉菌中敲除 *scbR2* 和 *dasR* 能够激活一个隐性基因簇并且产生新型抗生素。在委内瑞拉链霉菌中敲除 *scbR2* 的同源基因 *jadR2*，可以在缺少乙醇刺激的情况下产生杰多霉素。在 *Streptomyces* PGA64 中敲除可能的抑制子基因 *pgaY*，导致产生两个野生型所不具有的角蒽环类化合物 UWM6 和 rabelomycin。

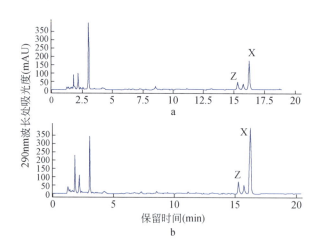
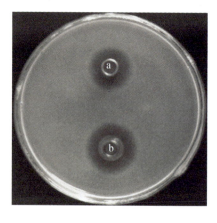

图 5-63 *sanG* 的高效表达提高尼可霉素的产量（修改自 Liu et al.，2005）

a. 野生型菌株；b. *sanG* 高表达菌株。X. 尼可霉素 X 组分；Z. 尼可霉素 Z 组分

（二）全局性调控基因的功能

链霉菌的基因组，尤其是其核心区域基因组，含有一些既影响发育分化又影响次级代谢生物合成的全局性调控因子，如 AdpA、WblA 和 BldA 等。这些全局性调控因子能够直接影响基因簇的表达。例如，灰色链霉菌中 *adpA* 的敲除导致链霉素不能合成，同时高表达 *adpA* 能提高链霉素的产量；同样，在圈卷产色链霉菌中 *adpA* 被敲除后，直接导致尼可霉素基因簇不再转录；天蓝色链霉菌中 *wblA* 被敲除后，放线紫红素和十一烷基灵菌红素产量增加（Fowler-Goldsworthy et al.，2011）。这些全局性调控因子的遗传操作不但能影响抗生素的产量，而且可激活隐性基因簇的表达。例如，在裸秃链霉菌（*Streptomyces calvus*）基因组中整合一个具有功能的编码 BldA 的基因（*bldA*），就能激活一个多烯类隐性基因簇的表达。

从天蓝色链霉菌中发现的 *wblA* 作为放线菌特有的基因，在发育分化和抗生素合成中发挥了重要的作用，而且在链霉菌中具有广泛性。圈卷产色链霉菌作为尼可霉素的产生菌，已在中国科学院微生物研究所谭华荣实验室研究多年，对其遗传背景等有了深入的了解。与天蓝色链霉菌的序列比对发现，圈卷产色链霉菌也存在 *wblA* 基因。通过同源双交换获得 *wblA* 破坏突变株（ΔwblA），得到的圈卷产色链霉菌 ΔwblA 不能正常发育分化，而出现白色气生菌丝的表型，同时尼可霉素也不能被合成。ΔwblA 的发酵液显示抑制金黄色葡萄球菌和蜡状芽孢杆菌的活性，这种活性是野生型菌株发酵液所不具有的。为了对全局性调控基因的研究有一个全面系统的了解，本节以 *wblA* 为例，对具体研究其的策略做如下介绍。

1. *wblA* 阻断突变株（ΔwblA）的构建

首先将 *wblA* 基因通过设计的引物进行 PCR 扩增形成含有限制性内切酶位点的两个片段，并将卡那霉素抗性基因（*kan'*）插入两个片段之间，然后把经连接酶作用后的这个杂合 DNA 片段插入被 *Hind* Ⅲ 和 *Bam*H Ⅰ 酶切后的 pKC1139 质粒上，从而得到重组质粒 pKC1139∷wblA-neo；随后通过接合转移方法将其转入圈卷产色链霉菌中，pKC1139 含有温度敏感型的复制子（*oriT*），当温度在 34℃以下时可以独立复制，当温度高于 34℃时（实验用 38℃，一般是链霉菌生长的最高温度）不能独立复制，只能通过该质粒上含有的基因与染色体上的同源基因进行交换，使目的基因被破坏，而得到 ΔwblA。在以甘露醇为唯一碳源的固体基本培养基（MM）上，ΔwblA 呈现一种白色的表型，而野生型菌株由于能够产生成熟的孢子呈现一种灰色的表型（图 5-64）。用完整的 *wblA* 回补 ΔwblA，得到的回补菌株在以甘露醇为唯一碳源的固体基本培养基上能够产生成熟的孢子，并呈现出与野生型一样的灰色表型，进一步验证了 *wblA* 的生物学功能（见图 5-64）。扫描电镜结果显示，野生型和回补菌株均能产生孢子链和孢子，但是 ΔwblA 不能产生孢子链和孢子。ΔwblA 在电镜图片上呈现的是未分隔的气生菌丝，这和天蓝色链霉菌中 *wblA*（*whiB*-like A）属于前期基因的结论是一致的（Lu et al.，2015）。

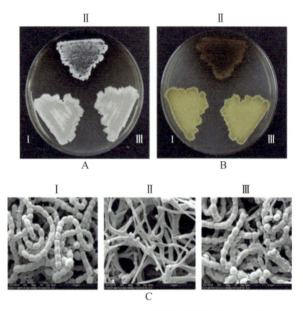

图 5-64 *wblA* 破坏对圈卷产色链霉菌分化的影响

wblA 敲除对圈卷产色链霉菌表型（A 和 B）和形态分化（C）的影响。*wblA* 敲除导致圈卷产色链霉菌不能正常发育分化，在以甘露醇为碳源的固体基本培养上 *wblA* 敲除突变株（ΔwblA）出现白色气生菌丝的表型。

Ⅰ. WT；Ⅱ. ΔwblA；Ⅲ. ΔwblA/pSET152∷*wblA*

2. *wblA* 的敲除对抗生素产生的影响

尼可霉素是一种核苷肽类抗生素，*wblA* 的破坏或缺失在多种链霉菌中都能影响次级代谢产物的产生，谭华荣实验室通过生物活性实验和 HPLC 分析了 ΔwblA 中尼可霉素的产量变化。以烟草赤星灰霉和白色念珠菌为指示菌株，进行了生物活性测定，结果显示，ΔwblA 发酵液对上述两种指示菌没有抑制能力，而野生型和回补菌株发酵液都能产生明显的抑菌圈（图 5-65）。将上述发酵液用 HPLC 分析，发现野生型和 *wblA* 回补菌株发酵液中都能检测到尼可霉素，但是 ΔwblA 发酵液中检测不到尼可霉素，这与生物活性检测结果一致（图 5-66）。进一步的研究发现，*wblA* 阻断主要是影响了尼可霉素生物合成中关键调控基因 *sanG* 和 3 个转录单元中各自的第一个结构基因（*sanN*、*sanO* 和 *sanF*）的转录，致使尼可霉素不能被合成（图 5-65D）。

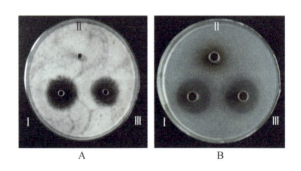

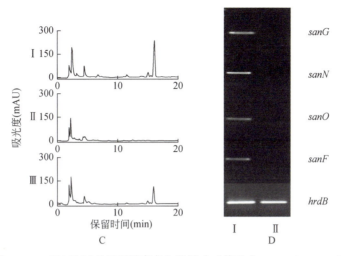

图 5-65　*wblA* 破坏对尼可霉素产生的影响（修改自 Lu et al., 2015）

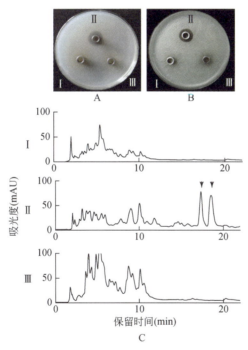

图 5-66　*wblA* 破坏株发酵液的生物活性测定和 HPLC 分析

wblA 破坏株的发酵液具有抑制金黄色葡萄球菌（A）和蜡状芽孢杆菌（B）的活性，且 HPLC 分析显示出新的吸收峰（C）。
图中箭头所指为 *wblA* 突变株中产生的新峰。Ⅰ. WT；Ⅱ. Δ wblA；Ⅲ. Δ wblA/pSET152∷*wblA*

以两株革兰氏阳性菌（金黄色葡萄球菌和蜡状芽孢杆菌）作为抑菌指示菌株，对Δ wblA 发酵液进行检测，结果发现Δ wblA 发酵液能够对两株革兰氏阳性菌产生明显的抑制作用（图 5-66A、B），而野生型和回补菌株的发酵液没有这样的抑菌圈出现。同时 HPLC 测定结果揭示在Δ wblA 发酵液中出现了两个新的吸收峰（图 5-66C），而在野生型和 *wblA* 回补菌株的发酵液中不存在这样的新吸收峰。这些结果表明，*wblA* 破坏后导致尼可霉素不能产生的同时激活了一种隐性基因簇的表达，而该基因簇在 *wblA* 未被敲除时，在现有实验室条件下均未检测到其产物。WblA 是尼可霉素生物合成基因簇的关键调控因子，它在尼可霉素的生物合成中起到了激活的作用。但是，WblA 是如何调控的，其作用机制是什么，目前尚在研究中，此机制的阐明对于 WblA 全局性调控因子在其他链霉菌抗生素生物合成中的作用有重要的参考意义。

3. 新化合物的分离纯化、结构解析及生物活性研究

用氯仿对 ΔwblA 菌株的发酵液进行萃取，蒸干后用甲醇重溶、用交联葡聚糖凝胶（Sephadex）分离等过程得到了 3 个化合物（图 5-67）。进一步对这 3 个初步纯化的化合物进行 HPLC 分析，确定其均为单一吸收峰，并发现它们的最大吸收波长均在 286nm，说明这 3 个化合物有可能属于同一类型，都属于十六元的大环内酯类结构（见图 5-67）。

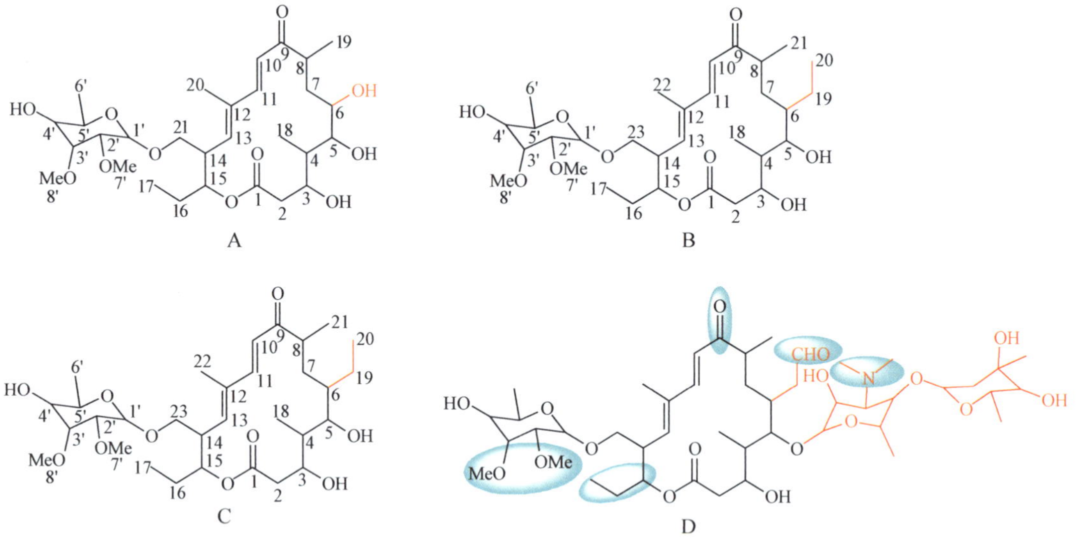

图 5-67　新型次级代谢产物的结构解析（修改自 Lu et al.，2015）

A. 化合物 1；B. 化合物 2；C. 化合物 3；D. 泰乐霉素；红色部分为这 4 个平面结构的差异部分；泰乐霉素结构中的蓝色区域为其活性基团。泰乐霉素是美国科学家 Waksman 等于 1959 年从弗氏链霉菌（*Streptomyces fradiae*）培养液中获得的一种大环内酯类抗生素，20 世纪 60 年代初开展了应用方面的研究工作

大环内酯类抗生素的抑菌活性主要基于以下活性基团：醛基、9 位的羰基、糖苷上的二甲氨基和甲氧基及 15 位上的乙基（见图 5-67）。结果表明，这 3 个化合物的抑菌谱没有明显差别，且对大多数待测菌株的活性低于泰乐霉素。但是对于肺炎链球菌，这 3 个化合物的抑菌活性比泰乐霉素高 15 倍左右（表 5-7）。这种抑菌活性上的优势，使这 3 个化合物可以用于改造泰乐霉素的化学结构和提高相关的生物活性。

表 5-7　活性化合物的最低抑菌浓度（MIC）试验　　　　　　　　（单位：μg/mL）

指示菌株	化合物 1	化合物 2	化合物 3	泰乐霉素
Streptococcus pneumoniae	7.06	7.31	7.27	> 100
Streptococcus pyogenes	3.53	3.65	3.63	0.2

指示菌株	化合物 1	化合物 2	化合物 3	泰乐霉素
Staphylococcus epidermidis	> 100	> 100	> 100	> 100
Staphylococcus aureus	56.5	58.5	58.2	0.4
Bacillus subtilis	14.1	14.6	14.5	0.4
Bacillus cereus	28.2	29.2	29.1	0.4

圈卷产色链霉菌中 *wblA* 的破坏导致尼可霉素不能合成，而激活了一个隐性次级代谢产物生物合成基因簇。通过 HPLC 分析，在 ΔwblA 发酵液中发现了 3 个新的峰。经过大规模发酵、柱层析和 HPLC 分析，获得 3 个化合物（化合物 1、化合物 2 和化合物 3）。然后经过质谱和核磁共振图谱解析这些化合物的结构，发现这些化合物是泰乐霉素的类似物。而且这 3 个化合物对于肺炎链球菌的抑菌活性比泰乐霉素高出了近 15 倍。这种抑菌活性上的优势，使这 3 个化合物可以用于改造泰乐霉素的化学结构和扩宽相关的抗菌谱。

四、基因簇的异源表达

为了消除菌株中的一些限制因素（如抑制物的存在、合成底物的缺乏等），基因簇的异源表达除用来检测基因簇的完整性外，现在也是一种常用来有效表达隐性基因簇的方法。Martin 等（2001）将山丘链霉菌（*Streptomyces collinus*）中的隐性基因簇在天蓝色链霉菌 CH999 中异源表达，获得了 collinone 产物。同时，由于基因簇中相关基因的启动子受到严谨的调控或启动子本身的弱化致使基因簇中的相关基因不能转录而导致抗生素不能被生物合成。此外，替换次级代谢基因簇中的相关启动子也是值得尝试的使隐性基因簇能表达的方法。例如，stambomycin 生物合成基因簇中的调控基因 *samR0484* 的启动子被红霉素抗性基因启动子 *ermE** 所替代，导致 *samR0484* 的高表达，从而使相关的结构基因得到高效表达（图 5-68），使 stambomycin 能够被合成。目前，作为模式菌株的天蓝色链霉菌是用于

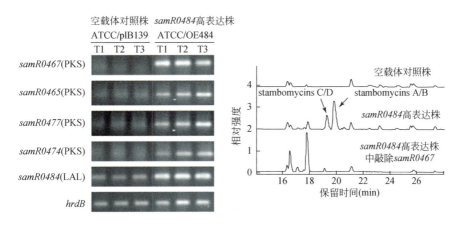

图 5-68　相关基因高表达的 RT-PCR 分析和产物的 HPLC 分析（修改自 Laureti et al., 2011）

T1. 指数期（exponential phase）；T2. 过渡期（transition phase）；T3. 稳定期（stationary phase）；ATCC. *Streptomyces ambofaciens* ATCC23877

基因簇异源表达的首选宿主菌。Gomez-Escribano 和 Bibb 构建了天蓝色链霉菌来源的用于异源表达的菌株，这个菌株中本身负责合成放线紫红素、十一烷基灵菌红素、钙依赖抗生素和 CPK（cryptic type Ⅰ polyketide）的基因簇都被敲除，且 *rpoB* 和 *rpsL* 也都被突变以利于基因簇的异源表达。多环特拉姆酸酯（polycyclic tetramate macrolactams，PTM）生物合成基因簇，其本身在灰色链霉菌中是隐性不表达的，在体外将每个基因的启动子进行替换，然后构建的基因簇在异源宿主变铅青链霉菌中进行了有效表达，可以产生 PTM（图 5-69）。

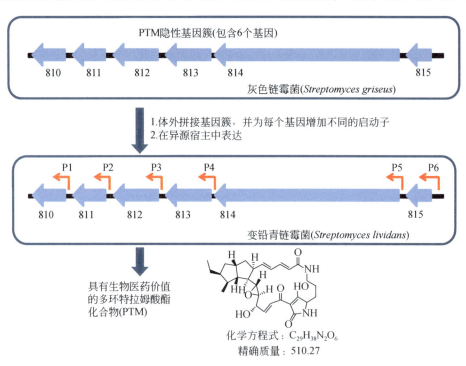

图 5-69　链霉菌 PTM 隐性基因簇的异源表达（修改自 Luo et al.，2014）

当 *act* 基因簇构建到质粒 pKC1139 上，转化天蓝色链霉菌后在 34℃以下培养时，由于重组质粒拷贝数（约 20 个拷贝）较高，导致放线紫红素高水平的产生，得到比野生型菌株高几十倍的产量。用此方法，同样可以使玫瑰孢链霉菌（*S. roseosporus*）产生达托霉素的量有显著的提高（图 5-70）。由于大肠杆菌不像链霉菌那样生长时间长（一般 7 天），如果抗生素生物合成基因簇或一些重要药物的生物合成基因经理性设计和改造后能在大肠杆菌中高效表达，将是工业上的重大突破。

　　紫杉醇是目前癌症治疗效果较佳的药物，主要从紫杉树皮或红豆杉树皮中分离萃取，从而导致大量的树木被剥皮和砍伐。在分子生物学和生化研究方面，紫杉醇生物合成的途径已基本被揭示。紫杉醇生物合成功能基因（如紫杉烯合酶基因和紫杉烯羟化酶基因等）经定向修饰改造后可以在大肠杆菌中得到表达，能合成紫杉醇的前体。在紫杉醇结构复杂而不能实现化学全合成的情况下，采用半合成的方法是行之有效的。在天然来源又非常有限和社会需求极大的状况下，在红豆杉中寻找产量较高的紫杉醇前体化合物，然后通过化学方法将其转化为紫杉醇是非常有效的解决途径。通过研究发现：从红豆杉植物中分离得

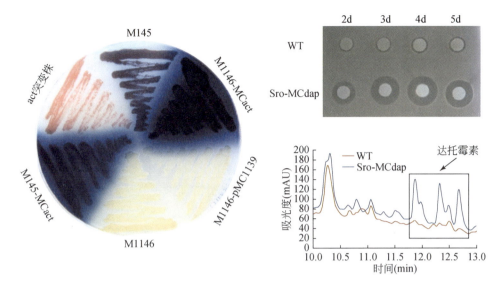

图 5-70 放线紫红素和达托霉素的高表达（修改自 Du et al.，2015）

到的紫杉醇前体化合物 baccatin Ⅲ 的生物活性虽低于紫杉醇，但其与紫杉醇具有相同的母核结构，而且在红豆杉针叶中含量较高，并可经 4 步化学反应得到紫杉醇，产率高达 80%。这个发现为解决紫杉醇新来源途径取得了重大进展，使得大量生产紫杉醇成为可能。当然，如果通过紫杉醇生物合成基因的定向优化改造或通过合成生物学的方法能在微生物作为底盘的宿主中表达和智能化制造，这将具有重要的科学意义和应用价值。

五、群体感应信号分子介导的激活

大部分链霉菌都以具有 γ- 丁酸内酯环的 GBL 类化合物作为信号分子，包括灰色链霉菌中的 A 因子，天蓝色链霉菌中的 SCB1、SCB2、SCB3，维吉尼亚链霉菌中的 VB-A、VB-B、VB-C、VB-D、VB-E，*S. lavendulae* 中的 IM-2，*S. viridochromogenes* 中的 I 因子等。这些 GBL 的骨架结构相同，差别主要是侧链脂肪酸链长度及侧链 C-6 立体异构和还原状态的不同，据此可将其分为 3 种类型：① A 因子型，含有 6- 酮基，以最早在灰色链霉菌中发现的 A 因子为代表；② VB 型，含有 6α- 羟基及 6S 构型，以维吉尼亚链霉菌中的 VBs（virginiae butanolides）为代表；③ IM-2 型，含有 6β- 羟基及 6R 构型，以 *S. lavendulae* 中的 IM-2 和天蓝色链霉菌中的 SCBs 为代表。GBL 作为放线菌主要的信号分子，通过与其相应的受体蛋白结合成为一个调控系统（信号分子 / 受体蛋白），进而激活多种次级代谢产物的生物合成基因簇。除 GBL 外，在抗生素生物合成中信号分子具有多样性和多效性，如抗生素本身可作为信号分子参与抗生素的生物合成调控。

（一）信号分子介导的隐性次级代谢基因簇的激活

在信号分子介导抗生素生物合成的调控中，研究最早和最深入的是 GBL 类的 A 因子，当细胞生长到一定密度时 A 因子就大量产生并分泌到胞外，当达到一定阈值浓度时就与其受体蛋白（ArpA）结合，这解除了 ArpA 对全局性调控基因 *adpA* 的阻遏，*adpA* 就可正常转录和翻译，于是就可激活链霉素生物合成基因簇中的正调控基因 *strR* 的表达，依次激活链霉素生物合成基因簇中关键结构基因的表达，使链霉素能被合成。同时小分子抗生素本身也可作为信号分子，如巴龙霉素（paromomycin）在亚抑制浓度下能影响多种链霉菌中抗生素的产生，莫能菌素则能诱导一个隐性抗生素的产生（Amano et al.，2011）。更多的抗生素具有自抑制或自诱导的功能。例如，在委内瑞拉链霉菌中，低浓度的杰多霉素能与 JadR1 结合激活杰多霉素生物合成基因簇的转录，高浓度的杰多霉素又能解除 JadR1 对自身生物合成基因簇激活的作用（Wang et al.，2009）。一些抗生素的中间体也具有类似的功能。例如，在放线菌浮游单孢菌中，羊毛硫细菌素类游动孢子素（planosporicin）的多肽前体也能通过激活 ECFσ 因子 PspX 的表达进而促进类游动孢子素的生物合成，从而实现类游动孢子素的自诱导合成（Sherwood and Bibb，2013）。英国约翰英纳斯中心（John Innes Centre）的 Bibb 教授等首次发现的类游动孢子素已经进入治疗耐甲氧西林的金黄色葡萄球菌感染及耐万古霉素的肠球菌感染的临床试验中。

在天蓝色链霉菌中，ScbR2 直接阻遏信号分子受体基因 *scbR* 的表达，当放线紫红素和十一烷基灵菌红素积累到一定浓度时可以与 ScbR2 结合，使其从 *scbR* 启动子上解离，失去了其阻遏作用。ScbR 发挥阻遏 *cpko* 的功能，使 *cpk* 成为一个隐性基因簇（cryptic gene cluster）；当信号分子 SCBs 积累到一定浓度时可以与其受体 ScbR 结合，使 ScbR 失去对 *cpko* 的阻遏作用，*cpko* 编码一种 SARP 类的激活子，激活了 *cpk* 生物合成基因簇的表达（图 5-71）。

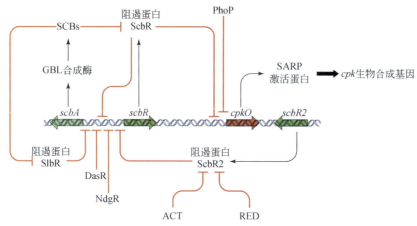

图 5-71　信号分子和 ScbR 及 ScbR2 介导的隐性基因簇 *cpk* 的激活（修改自 Liu et al.，2013）

此外，*SSGG_02995* 是玫瑰孢链霉菌中 mureidomycin 生物合成基因簇的调控基因，但 mureidomycin 生物合成基因簇是隐性的，未表达其应有的代谢产物。而存在于 sansanmycin 生物合成基因簇中的调控基因 *ssaA* 与调控基因 *02995* 有较高的同源性，而且 *ssaA* 在 sansanmycin 生物合成中发挥正调控的作用，能激活 sansanmycin 生物合成基因簇的表达。通过在玫瑰孢链霉菌中高表达 *ssaA* 导致 mureidomycin 生物合成基因簇表达，得到了有生物活性的 7 个 mureidomycin 的衍生物。而同样高表达自身调控基因 *SSGG-02995* 不能使 mureidomycin 基因簇表达。上述结果表明，组成型高表达 *ssaA* 可以有效激活 *nap/mur* 隐性基因簇，并产生对铜绿假单胞菌有明显抑菌活性的化合物。

（二）更多信号分子的发现和功能研究

由于缺少某些特殊的信号分子，如 GBL、丁烯酸内酯类信号分子等，导致某些次级代谢产物生物合成基因簇的沉默。在放线菌中，除类似于激素类的信号分子外，在多种放线菌中同样存在一些化合物，在极低的浓度下能够促进次级代谢产物的产生和发育分化形成。例如，*Streptomyces* TP-A0584 产生的 19 个氨基酸的短肽 goadsporin，其结构中含有 4 个噁唑和 2 个噻唑；灰色链霉菌产生的铁载体去铁胺 E。发现更多的信号分子并阐明其生物学功能，还有助于激活隐性基因簇。

信号分子对链霉菌抗生素的产生和种间交流至关重要，经过近 50 年的研究，目前链霉菌中有 33 个信号分子被发现并进行了结构解析；当前研究重点为抗生素的生物活性、作用机制、生物合成与调控等方面，却忽视了其作为信号分子的生物学功能。因此，我们在未来的研究中发现更多的信号分子，并深入研究其生物学功能是至关重要的。

六、核糖体工程

（一）核糖体突变激活隐性基因簇的表达

在链霉菌中，核糖体蛋白 S12（*rpsL* 编码）的突变同样可以影响抗生素的产量。在天蓝色链霉菌中，S12 蛋白的 K88E 突变使该菌株对链霉素有很强的抗性，并且提高了 ACT 的产量。这种现象可能是由于生长后期蛋白质合成增加所引起的。除了对抗生素产量的影响外，一些核糖体蛋白 S12 的突变可导致级联效应，如翻译的超严谨（hyper-accuracy）、生长变慢和肽链延长受阻等。

Ochi（2007）认为，核糖体的工程改造是一个激活隐性次级代谢基因簇的有效途径。基于以上策略，将链霉菌放置在含有亚致死浓度抗生素（抑制核糖体合成抗生素）的培养基中培养，获得抗性菌株后，测量其次级代谢产物谱。变铅青链霉菌中的 ACT 基因簇通常是沉默状态，但在筛选得到的耐药性菌株中，ACT 基因簇被激活，这有力地证明了上述方法的可行性。对于筛选新化合物，这种方法也是有效的。Hosaka 等用亚致死浓度的利福平、庆大霉素和链霉素培养 1068 株放线菌，同时用金黄色葡萄球菌检测其发酵液的抑菌活性。这些放线菌在用抗生素筛选前均没有抑菌活性，但是用抗生素筛选后，43% 具有抗性的链霉菌产生了抑制金黄色葡萄球菌的抑菌物质。从一株 *rpsL* 和 *rpoB* 均突变的菌株中获得了 8 个新型 piperidamycin。*rpoB* 的突变增加了 RNA 聚合酶对 piperidamycin 生物合成基因簇中一些基因启动子区域的结合效率，从而增强了相应基因的转录。*rpsL* 的突变则增强了生长后期的蛋白质合成。对这些基因的深入研究，有助于获得新型活性化合物。在天蓝色链霉菌中同时突变 *rpsL* 和 *rpoB* 能够极大地提高基因异源表达效率与相关抗生素产量。

（二）*rimP* 破坏可导致链霉菌抗生素产量的提高

RimP 属于核糖体成熟因子，在核糖体的 30S 小亚基成熟过程中起重要作用。通过基因组信息挖掘和蛋白质保守域分析，发现 *rimP* 存在于多种链霉菌中，如天蓝色链霉菌和委内瑞拉链霉菌。破坏天蓝色链霉菌中的 *rimP* 基因后，发现放线紫红素和钙依赖抗生素的产量大幅度提高。将委内瑞拉链霉菌的 *rimP* 基因插入突变后，大幅度提高了杰多霉素的产量（图 5-72）。通过转录实验发现，*rimP* 基因的破坏导致杰多霉素生物合成基因簇中多个功能基因的转录明显增强。以大肠杆菌为宿主的酶活实验证明 RimP 能够影响核糖体的翻译严谨性。在天蓝色链霉菌野生型和 *rimP* 突变株中，对 *metK* 基因的转录和翻译进行对比，发现 RimP 通过作用于 *metK* 的翻译来影响抗生素的生物合成。

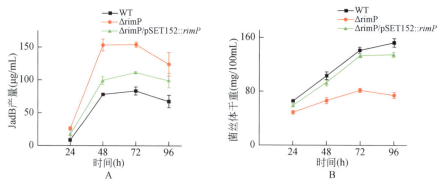

图 5-72　*rimP* 破坏对杰多霉素产量的影响

七、其他新方法和策略

由于抗生素的过量使用及抗性基因在环境中的平行转移等导致一些常用抗生素在逐渐失去其应有的作用，临床上可使用的抗生素越来越少（图 5-73），长久下去会造成无药可用的局面，这给人类的生存带来极大的威胁和挑战。如何在微生物中挖掘新的次级代谢产物？如何将新型化合物开发成临床上可用的药物？这是近年来本领域的研究热点和前沿课题。因此，建立一些新方法和新策略以获得新型次级代谢产物显得尤为迫切。

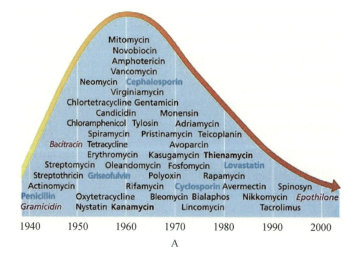

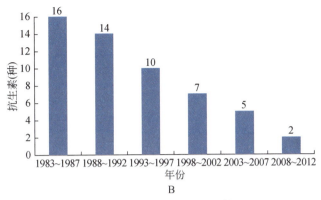

图 5-73　全球抗生素研发数量图

显示进入临床的新抗生素在不断下降

（一）组合生物合成

组合生物合成是指利用基因工程、代谢工程等方法对天然产物的生物合成途径进行修饰、改造等，合成"非天然的"天然产物的方法。与传统组合化学的主要区别是它在基因水平上由微生物来合成自然界原本并不存在的新化合物。传统的化学合成和半合成方法所不能合成的具有复杂结构的化合物，都能够通过组合生物合成的方法来实现。因此，它已经成为获得化合物结构多样性的重要途径之一。

尼可霉素 X 和多氧霉素 B 具有类似的化学结构（图 5-74），都能抗植物病原真菌，抑制真菌细胞壁几丁质的合成。但尼可霉素 X 的生物活性高于多氧霉素 B，而多氧霉素 B 的结构稳定性比尼可霉素 X 好，经研究揭示生物活性高与核苷的结构有关，而稳定性好与肽

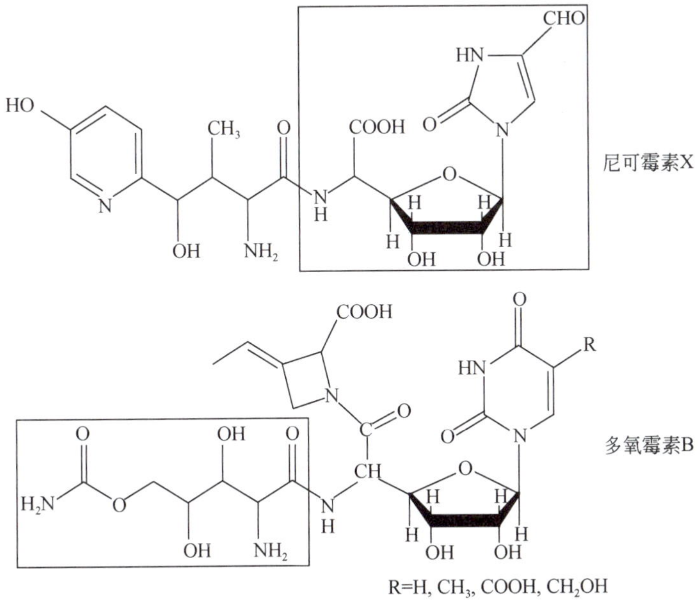

尼可霉素X

多氧霉素B

R=H, CH₃, COOH, CH₂OH

图 5-74　尼可霉素 X 和多氧霉素 B 的化学结构比较

基的结构有关。如果在基因簇水平上把二者的优点组合在一起，就成为既有重要科学意义又有应用前景的研究课题。

　　通过基因簇的重新构建，即把来自尼可霉素生物合成基因簇中合成核苷的基因（图 5-75，红色标出的基因）和来自多氧霉素生物合成基因簇中合成多肽的基因（图 5-75，蓝色标出的基因）组合在一起，构建的重组质粒转化到尼可霉素肽基部分合成基因阻断突变株（ΔsanN）中，得到的转化菌株经发酵、HPLC 分析和生物活性检测，得到了所期望的新型杂合抗生素 polynik A 和多氧霉素 N。进一步经质谱和核磁共振结构解析，证明该杂合抗生素的核苷部分与尼可霉素完全相同，而肽基部分与多氧霉素完全相同（图 5-76）。得到的这些新的杂合抗生素显示了如下优点：①它们对植物病原真菌的抑菌活性高于多氧霉素 B；②在不同 pH 和温度条件下的稳定性要好于尼可霉素 X（Li et al.，2011）。

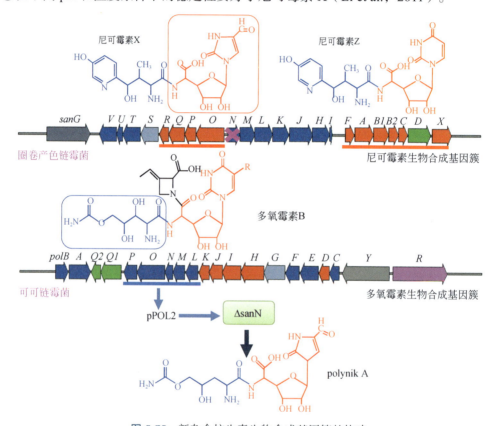

图 5-75　新杂合抗生素生物合成基因簇的构建

　　此外，突变合成（mutasynthesis）也是值得研究的课题，所谓突变合成是指在关键生物合成中间体形成缺失突变的构建基础上，把不同的中间体添加到突变株的发酵培养中，从而得到结构不同、活性更优的新型抗生素衍生物。

（二）合成生物学

　　合成生物学（synthetic biology）最初由 Hobom 于 1980 年提出，是用来表述基因重组

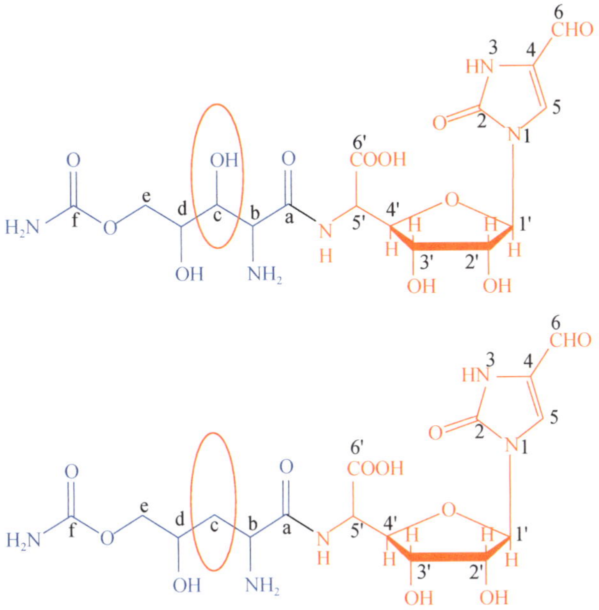

多氧霉素N

polynik A

图 5-76　新型杂合抗生素的化学结构（修改自 Li et al.，2011）

技术的一种方法。随着分子系统生物学的发展，2000 年 Kool 在美国化学年会上重新提出了合成生物学，2003 年国际上将合成生物学定义为基于系统生物学的遗传工程和工程方法的人工生物系统的研究。也可简单地定义为：人们将"基因"连接成网络，让细胞来完成人们所设计的和预期的各种任务的方法或技术。

2010 年 7 月，在美国文特研究所，由 Craig Venter（克雷格·文特）带领的研究小组成功地创造了一个通过化学合成基因组所控制的新细菌物种。他们将 *Mycoplasma capricolum*（山羊支原体）的细胞拟核消除；将 *M. mycoides*（蕈状支原体）的 DNA 序列重新制作后移植到 *Mycoplasma capricolum* 中，产生的新细胞具有所期望的表型特性，而且合成的基因组可继续自我复制（Gibson et al.，2010）。这是世界上第一个由纯人工合成基因组创造的新细菌物种。

合成生物学将催生又一次生物技术革命。合成生物学在很多领域将具有极好的应用前景，这些领域包括有效疫苗的生产、新药和改进的药物、以生物学为基础的制造、利用可再生能源生产可持续能源、环境污染的生物治理等。尤其是在新型抗生素的合成中，人们可采用合成生物学的理念，通过不同抗生素合成途径的优化组合，在基因组水平重新构建代谢元件模块和代谢网络，以期获得可战胜各种抗药性病原微生物的超级新型抗生素。

（三）未来可能的突破

以链霉菌为模式，进一步阐明抗生素生物合成与调控机制，为提高重要抗生素的产量乃至激活隐性基因簇、挖掘新型活性次级代谢产物方面做出创新性的研究成果。

深入开展抗生素的组合生物合成、合成生物学和微生物组学的研究，突破天然产物合成过程中的瓶颈，获得在结构上和功能上具有突出特点的新型活性化合物（图 5-77）。

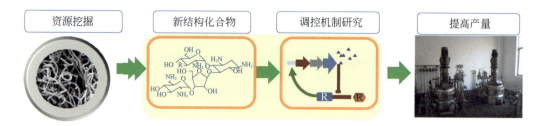

图 5-77　新化合物的挖掘及其应用

习　　题

（1）链霉菌（*Streptomyces*）是原核微生物，为什么基因组都比较大（8～10 Mb），其编码基因几乎是大肠杆菌的 2 倍，甚至比真核微生物酿酒酵母（*Saccharomyces cerevisiae*）的基因还多，根据你的理解，请进行陈述。

（2）简述调控基因在抗生素生物合成中的主要功能，其中反馈调控和前馈调控有什么不同？

（3）链霉菌信号分子有哪几种类型？ GBL 类型的信号分子或 A 因子在抗生素（如链霉素）生物合成中如何发挥其调控功能？

（4）简述信号分子跨种间相互作用的重要意义及其潜在的应用价值。

（5）有哪些方法可激活隐性次级代谢产物生物合成基因簇的表达以得到新型抗生素？

（6）为什么不同种属的微生物共培养可诱导隐性次级代谢基因簇的表达？请给出一个成功例子。

主要参考文献

Afendi FM，Okada T，Yamazaki M，Hirai-Morita A，Nakamura Y，Nakamura K，Ikeda S，Takahashi H，Altaf-Ul-Amin M，Darusman LK，et al. 2012. KNApSAcK family databases：integrated metabolite-plant species databases for multifaceted plant research. *Plant Cell Physiol*，53：229-235.

Akanuma G，Hara H，Ohnishi Y，Horinouchi S. 2009. Dynamic changes in the extracellular proteome caused by absence of a pleiotropic regulator AdpA in *Streptomyces griseus*. *Mol Microbiol*，73：898-912.

Amano SI，Sakurai T，Endo K，Takano H，Beppu T，Furihata K，Sakuda S，Ueda K. 2011. A cryptic antibiotic triggered by monensin. *J Antibiot*，64：703.

Baranasic D，Zucko J，Diminic J，Gacesa R，Long PF，Cullum J，Hranueli D，Starcevic A. 2014. Predicting substrate specificity of adenylation domains of nonribosomal peptide synthetases and other protein properties by latent semantic indexing. *J Ind Microbiol Biotechnol*，41：461-467.

Bassler BL. 2002. Small talk：cell-to-cell communication in bacteria. *Cell*，109：421-424.

Bentley SD，Chater KF，Hopwood DA. 2002. Complete genome sequence of the model actinomycete *Streptomyces coelicolor* A3（2）. *Nature*，417：141-147.

Blin K，Medema MH，Kazempour D，Fischbach MA，Breitling R，Takano E，Weber T. 2013. antiSMASH 2. 0-a versatile platform for genome mining of secondary metabolite producers. *Nucleic Acids Res*，41：W204-212.

Bormann C，Mohrle V，Bruntner C．1996．Cloning and heterologous expression of the entire set of structural genes for nikkomycin synthesis from *Streptomyces tendae* Tü901 in *Streptomyces lividans*．*J Bacteriol*，178：1216-1218.

Camilli A，Bassler BL．2006．Bacterial small-molecule signaling pathways．*Science*，311：1113-1116.

Chen W，Zeng H，Tan H．2000．Cloning，sequencing，and function of *sanF*：a gene involved in nikkomycin biosynthesis of *Streptomyces ansochromogenes*．*Curr Microbiol*，41：312-316.

Conway KR，Boddy CN．2013．ClusterMine360：a database of microbial PKS/NRPS biosynthesis．*Nucleic Acids Res*，41：D402-D407.

Cook LC，Federle MJ．2014．Peptide pheromone signaling in *Streptococcus* and *Enterococcus*．*FEMS Microbiol Rev*，38：473-492.

Diminic J，Zucko J，Ruzic IT，Gacesa R，Hranueli D，Long PF，Cullum J，Starcevic A．2013．Databases of the thiotemplate modular systems（CSDB）and their in silico recombinants（r-CSDB）．*J Ind Microbiol Biot*，40：653-659.

Doull JL，Singh AK，Hoare M，Ayer SW．1994．Conditions for the production of jadomycin B by *Streptomyces venezuelae* ISP5230：effects of heat shock，ethanol treatment and phage infection．*J Ind Microbiol*，13：120-125.

Du D，Wang L，Tian Y，Liu H，Tan H，Niu G. 2015. Genome engineering and direct cloning of antibiotic gene clusters via phage φBT1 integrase-mediated site-specific recombination in *Streptomyces. Sci Rep*, 5: 8740.

Engebrecht J，Silverman M．1987．Nucleotide sequence of the regulatory locus controlling expression of bacterial genes for bioluminescence．*Nucleic Acids Res*，15：10455-10467.

Fowler-Goldsworthy K，Gust B，Mouz S，Chandra G，Findlay KC，Chater KF．2011．The actinobacteria-specific gene *wblA* controls major developmental transitions in *Streptomyces coelicolor* A3（2）．*Microbiology*，157：1312-1328.

Fuqua WC，Winans SC，Greenberg EP．1994．Quorum sensing in bacteria：the LuxR-LuxI family of cell density-responsive transcriptional regulators．*J Bacteriol*，176：269-275.

Gibson DG，Glass JI，Lartigue C，Noskov VN，Chuang RY，Algire MA，Benders GA，Montague MG，Ma L，Moodie MM，et al．2010．creation of a bacterial cell controlled by a chemically synthesized genome．*Science*，329：52-56.

Han L，Yang K，Ramalingam E，Mosher RH，Vining LC．1994．Cloning and characterization of polyketide synthase genes for jadomycin B biosynthesis in *Streptomyces venezuelae* ISP5230．*Microbiology*，140：3379-3389.

Higo A，Hara H，Horinouchi S，Ohnishi Y．2012．Genome-wide distribution of AdpA，a global regulator for secondary metabolism and morphological differentiation in *Streptomyces*，revealed the extent and complexity of the AdpA regulatory network．*DNA Research*，19：259-273.

Higo A，Horinouchi S，Ohnishi Y．2011．Strict regulation of morphological differentiation and secondary metabolism by a positive feedback loop between two global regulators AdpA and BldA in *Streptomyces griseus*．*Mol Microbiol*，81：1607-1622.

Hopwood DA．2007．How do antibiotic-producing bacteria ensure their self-resistance before antibiotic biosynthesis incapacitates them．*Mol Microbiol*，63：937-940.

Horinouchi S，Beppu T．2007．Hormonal control by A-factor of morphological development and secondary metabolism in *Streptomyces*．*Proc Jpn Acad Ser B Phys Biol Sci*，83：277-295.

Ikeda H, Ishikawa J, Hanamoto A, Shinose M, Kikuchi H, Shiba T, Sakaki Y, Hattori M, Omura S. 2003. Complete genome sequence and comparative analysis of the industrial microorganism *Streptomyces avermitilis*. *Nat Biotechnol*, 21: 526-531.

Isono K, Asahi K, Suzuki S. 1969. Studies on polyoxins, antifungal antibiotics, the structure of polyoxins. *J Am Chem Soc*, 91: 7490-7505.

Kawai K, Wang G, Okamoto S, Ochi K. 2007. The rare earth, scandium, causes antibiotic overproduction in *Streptomyces* spp. *FEMS Microbiol Lett*, 274: 311-315.

Khokhlov AS, Tovarova II, Borisova LN, Pliner SA, Shevchenko LN, Kornitskaia E, Ivkina NS, Rapoport IA. 1967. The A-factor, responsible for streptomycin biosynthesis by mutant strains of *Actinomyces streptomycini*. *Dokl Akad Nauk SSSR*, 177: 232-235.

Kitani S, Kiyoko T. Miyamoto K, Satoshi T, Herawati E, Iguchi H, Nishitomi K, Uchida M, Nagamitsu T, Omura S, et al. 2011. Avenolide, a *Streptomyces* hormone controlling antibiotic production in *Streptomyces avermitilis*. *Proc Natl Acad Sci USA*, 108: 16410-16415.

Laureti L, Song L, Huang S, Corre C, Leblond P, Challis GL, Aigle B. 2011. Identification of a bioactive 51-membered macrolide complex by activation of a silent polyketide synthase in *Streptomyces ambofaciens*. *Proc Natl Acad Sci USA*, 108: 6258-6263.

Li J, Li L, Tian Y, Niu G, Tan H. 2011. Hybrid antibiotics with the nikkomycin nucleoside and polyoxin peptidyl moieties. *Metab Eng*, 13: 336-344.

Li MHT, Ung PMU, Zajkowski J, Garneau-Tsodikova S, Sherman DH. 2009. Automated genome mining for natural products. *BMC Bioinformatics*, 10: 185.

Li R, Liu G, Xie Z, He X, Chen W, Deng Z, Tan H. 2010. PolY, a transcriptional regulator with ATPase activity, directly activates transcription of *polR* in polyoxin biosynthesis in *Streptomyces cacaoi*. *Mol Microbiol*, 75: 349-364.

Li R, Xie Z, Tian Y, Yang H, Chen W, You D, Liu G, Deng Z, Tan H. 2009. *polR*, a pathway-specific transcriptional regulatory gene, positively controls polyoxin biosynthesis in *Streptomyces cacaoi* subsp. asoensis. *Microbiology-SGM*, 155: 1819-1831.

Liu G, Chater KF, Chandra G, Niu G, Tan H. 2013. Molecular regulation of antibiotic biosynthesis in *Streptomyces*. *Microbiol Mol Biol Rev*, 77: 112-143.

Liu G, Tian Y, Yang H, Tan H. 2005. A pathway-specific transcriptional regulatory gene for nikkomycin biosynthesis in *Streptomyces ansochromogenes* that also influences colony development. *Mol Microbiol*, 55: 1855-1866.

Lu C, Liao G, Zhang J, Tan H. 2015. Identification of novel tylosin analogues generated by a *wblA* disruption mutant in *Streptomyces ansochromogenes*. *Microbial Cell Fact*, 14: 173.

Lucas X, Senger C, Erxleben A, Gruning BA, Doring K, Mosch J, Flemming S, Gunther S. 2013. StreptomeDB: a resource for natural compounds isolated from *Streptomyces* species. *Nucleic Acids Res*, 41: D1130-D1136.

Luo LW, Ophir N, Chen CP, Gabrielli LH, Poitras CB, Bergmen K, Lipson M. 2014. WDM-compatible mode-division multiplexing on a silicon chip. *Nat Commun*, 5: 3069.

Martin R, Sterner O, Alvarez MA, de Clercq E, Bailey JE, Minas W. 2001. Collinone, a new recombinant angular polyketide antibiotic made by an engineered *Streptomyces* strain. *J Antibiot*, 54: 239-249.

Metsa-Ketela M, Ylihonko K, Mantsala P. 2004. Partial activation of a silent angucycline-type gene cluster from a rubromycin beta producing *Streptomyces* sp. PGA64. *J Antibiot*，57：502-510.

Natsume R，Ohnishi Y，Senda T，Horinouchi S. 2004. Crystal structure of a γ-butyrolactone autoregulator receptor protein in *Streptomyces coelicolor* A3（2）. *J Mol Biol*，336：409-419.

Niu G，Chater KF，Tian Y，Zhang J，Tan H. 2016. Specialised metabolites regulating antibiotic biosynthesis in *Streptomyces* spp. *FEMS Microbiol Rev*，40：554-573.

Novick R，Geisinger E. 2008. Quorum sensing in staphylococci. *Annu Rev Genet*，42：541-564.

Nutzmann HW，Reyes-Dominguez Y，Scherlach K，Schroeckh V，Horn F，Gacek A，Schumann J，Hertweck C，Strauss J，Brakhage A. 2011. Bacteria-induced natural product formation in the fungus *Aspergillus nidulans* requires Saga/Ada-mediated histone acetylation. *Proc Natl Acad Sci USA*，108：14282-14287.

Ochi K. 2007. From microbial differentiation to ribosome engineering. *Biosci Biotechnol Biochem*，71：1373-1386.

Onaka H，Mori Y，Igarashi Y，Furumai T. 2011. Mycolic acid-containing bacteria induce natural-product biosynthesis in *Streptomyces* species. *Appl Environ Microbiol*，77：400-406.

Pan Y，Liu G，Yang H，Tian Y，Tan H. 2009. The pleiotropic regulator AdpA-L directly controls the pathway-specific activator of nikkomycin biosynthesis in *Streptomyces ansochromogenes*. *Mol Microbiol*，72：710-723.

Pereira CS，Thompson JA，Xavier KB. 2013. AI-2-mediated signalling in bacteria. *FEMS Microbiol Rev*，37：156-181.

Qu X，Lei C，Liu W. 2011. Transcriptome mining of active biosynthetic pathways and their associated products in *Streptomyces flaveolus*. *Angewandte Chemie*，50：9651-9654.

Rutledge PJ，Challis GL. 2015. Discovery of microbial natural products by activation of silent biosynthetic gene clusters. *Nat Rev Microbiol*，13：509-523.

Schauder S，Shokat K，Surette MG，Bassler BL. 2001. The LuxS family of bacterial autoinducers：biosynthesis of a novel quorum-sensing signal molecule. *Mol Microbiol*，41：463-476.

Sherwood EJ，Bibb MJ. 2103. The antibiotic planosporicin coordinates its own production in the actinomycete *Planomonospora alba*. *Proc Natl Acad Sci USA*，110：2500-2509.

Starcevic A，Zucko J，Simunkovic J，Long PF，Cullum J，Hranueli D. 2008. ClustScan：an integrated program package for the semi-automatic annotation of modular biosynthetic gene clusters and in silico prediction of novel chemical structures. *Nucleic Acids Res*，36：6882-6892.

Tashiro Y，Yawata Y，Toyofuku M，Uchiyama H，Nomura N. 2013. Interspecies interaction between *Pseudomonas aeruginosa* and other microorganisms. *Microbes Environ*，28：13-24.

Umemura M，Koike H，Nagano N，Ishii T，Kawano J，Yamane N，Kozone I，Horimoto K，Shin-ya K，Asai K，et al. 2013. MIDDAS-M：motif-independent *de novo* detection of secondary metabolite gene clusters through the integration of genome sequencing and transcriptome data. *PLoS One*，8：e84028.

Wang L，Tian X，Wang J，Yang H，Fan K，Xu G，Yang K，Tan H. 2009. Autoregulation of antibiotic biosynthesis by binding of the end product to an atypical response regulator. *Proc Natl Acad Sci USA*，106：8617-8622.

Wang W，Zhang J，Liu X，Li D，Li Y，Tian Y，Tan H. 2018. Identification of a butenolide signaling system that regulates nikkomycin biosynthesis in *Streptomyces*. *J Biol Chem*，doi：10. 1074/jbc. RA118. 005667.

Waters CM，Bassler BL. 2005. Quorum sensing：cell-to-cell communication in bacteria. *Annu Rev Cell Dev*

Biol，21：319-346.

Williams P，Winzer K，Chan WC，Camara M. 2007. Look who's talking：communication and quorum sensing in the bacterial world. *Philos Trans R Soc Lond B Biol Sci*，362：1119-1134.

Xavier KB，Bassler BL. 2005. Interference with AI-2-mediated bacterial cell-cell communication. *Nature*，437：750-753.

Xu G，Wang J，Wang L，Tian X，Yang H，Fan K，Yang K，Tan H. 2010. "Pseudo" gamma-butyrolactone receptors respond to antibiotic signals to coordinate antibiotic biosynthesis. *J Biol Chem*，285：27440-27448.

Zhang G，Tian Y，Hu K，Zhu Y，Chater KF，Feng C，Liu G，Tan H. 2012. Importance and regulation of inositol biosynthesis during growth and differentiation of *Streptomyces*. *Mol Microbiol*，83：1178-1194.

Zhang Y，Pan G，Zou Z，Fan K，Yang K，Tan H. 2013. JadR*-mediated feed-forward regulation of cofactor supply in jadomycin biosynthesis. *Mol Microbiol*，90：884-897.

Ziemert N，Podell S，Penn K，Badger JH，Allen E，Jensen PR. 2012. The natural product domain seeker NaPDoS：a phylogeny based bioinformatic tool to classify secondary metabolite gene diversity. *PLoS One*，7：e34064.

Zou Z，Du D，Zhang Y，Zhang J，Niu G，Tan H. 2014. A-butyrolactone-sensing activator/repressor，JadR3，controls a regulatory mini-network for jadomycin biosynthesis. *Mol Microbiol*，94：490-505.

第六章　古菌的遗传与分子生物学

古菌是与细菌和真核生物并列的第三种生命形式，它们广泛分布于各种自然环境中，主要包括高盐、高碱、高酸、高温及厌氧等极端环境。从系统发育来看，古菌与细菌是两种完全不同的生物类群，但却同属于原核生物。古菌具有特殊的遗传和生化特征，它们在细胞成分（如细胞膜结构）及基本的生命过程（如 DNA 复制、转录和翻译）等方面，具有区别于细菌和真核生物的特点。本章将围绕古菌的遗传特征及环境适应的分子基础、古菌基本遗传过程及分子机制、模式古菌及染色体外因子这三部分内容，对古菌遗传与分子生物学进行全面系统的介绍。

第一节　古菌遗传特征及环境适应的分子基础

古菌的发现和生命三域系统学说的提出是 20 世纪生命科学领域最具有里程碑意义的事件之一。本节主要从古菌的发现入手，介绍古菌的遗传与生化特征、极端古菌环境适应的分子基础，以及古菌遗传与分子生物学研究的意义，从而对古菌遗传特征及极端环境适应机制有一个较系统的认识。

一、古菌的发现和生命三域系统学说的建立

目前科学界认为，地球上原始生命（LUCA，最近共同祖先）可能出现在 38 亿年前，并在约 35 亿年前演化为古菌和细菌两大分支。早期生命是适应地球极端环境的化能自养微生物，它们可利用二氧化碳作为碳源并氧化无机物获得能量。推测在约 30 亿年前，在细菌分支上出现了产氧的光合细菌，它们的大量繁殖改变了地球的大气环境，在约 20 亿年前大气层出现了丰富的氧气和生命进化的方向，如好氧生物的出现。之后在约 17 亿～ 18 亿年前，从古菌的分支上演化出了单细胞真核微生物，直到几亿年前出现动物和植物。因此古菌尤其是极端厌氧的古菌类群，应该是地球上最早的细胞生命形式之一。

（一）古菌发现的生物化学与分子生物学背景

20 世纪 50 ～ 70 年代是生物化学与分子生物学发展的黄金时代。1952 年，美国科学家通过赫尔希－蔡斯实验（Hershey-Chase experiment）用同位素标记噬菌体侵染细菌证明了 DNA 是遗传物质，控制着生物体的各种性状，从此人类对生命的理解进入分子水平。1953 年，Watson 和 Crick 发现了 DNA 双螺旋结构，以此为基础，科学家们进一步揭示了遗传信

息是如何存储和传递的，标志着分子生物学的诞生。20 世纪 60 年代密码子的解析，破译了 RNA 翻译成蛋白质的机制，结合其他一系列重要的发现，以中心法则（central dogma）为基础的现代分子遗传学基本理论得以建立和发展。

　　20 世纪 70 年代以后，基因重组与 DNA 测序技术的发展，使分子生物学的发展进入了一个全新的时期。基因工程技术的出现作为新的里程碑，标志着人类深入认识生命本质并能动改造生命的新时代的开始。正是在这样的生物化学与分子生物学背景下，美国著名微生物学家 Woese 于 70 年代发现了古菌。古菌作为第三种生命形式，是当时生物化学与分子生物学发展与天才科学家缜密思维相结合的产物。

　　古菌的发现，得益于 Woese 首次采用核糖体小亚基 rRNA（small subunit ribosomal RNA，SSU rRNA）对地球细胞生命开展的系统发育研究。SSU rRNA 即原核生物的 16S rRNA 或真核生物的 18S rRNA，在结构与功能上具有高度的保守性，在进化上具有良好的时钟性质，即使进化关系较远的物种间也可进行相关性比较（图 6-1）。同时，所有细胞生

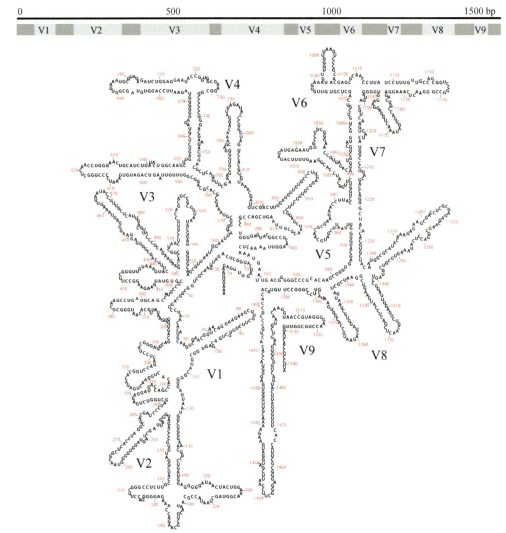

图 6-1　原核生物大肠杆菌 16S rRNA 二级结构（修改自 Petrov et al.，2014）

命都有 rRNA，这便于对整个生命体系进行进化关系分析，之前任何用于进化分析的标志性蛋白都达不到此标准。特别是生物体内 rRNA 含量极高（＞80%），易于制备（密度梯度离心或胶回收），且当时相当一部分生物或细胞器中的 16S（18S）rRNA 序列已经被鉴定，RNA 片段测序技术已被建立。16S（18S）rRNA 适于进化关系分析的原因还在于其大小适中（1.5～1.9 kb），而 5S（5.8S）rRNA 过小，23S（28S）rRNA 过大，均不及 SSU rRNA 合适。

Woese 通过 SSU rRNA 序列比较进行了系统发育研究，但对 SSU rRNA 全长测序在那个时期还不能实现，因此 Woese 采用的策略是序列片段的比较分析（comparative cataloging analysis）。分析原理：用核糖核酸酶 T1 对目标序列进行酶切，每个物种有特定的酶切片段，再对酶切片段进行比较分析从而确定进化关系的远近。主要过程：在培养过程中，加 $^{32}PO_4$（0.5～1 mCi/mL）进行标记；用聚丙烯酰胺凝胶电泳（PAGE）对 16S rRNA 进行分离纯化；纯化的 16S rRNA 经 T1 核糖核酸酶酶切后，进行醋酸纤维素（pH 3.5，7 mol/L 尿素）－二乙氨乙基纤维素（pH 1.7）二维电泳；对其中＞6 nt 的片段进行测序分析，并根据"Comparative Cataloging"分析，研究不同物种间的亲缘关系（图 6-2）。

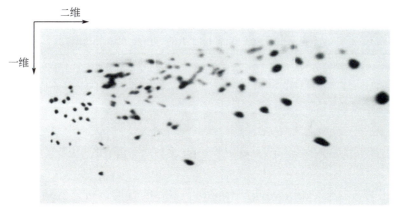

图 6-2　16S rRNA/T1 二维指纹图谱（修改自 Fox et al.，1977）

基于上述方法学的创新，Woese 于 1977 年根据 SSU rRNA 序列信息构建了细胞生命的系统发育树，从而开拓了现代分子生物学分类体系。Woese 等首次鉴定了 10 种产甲烷菌的 16S rRNA，并根据其核酸序列差异性来构建产甲烷菌的系统进化树，发现产甲烷菌与典型细菌相距甚远，进而推测产甲烷菌可能是一种新的生命形式（Fox et al.，1977）。在随后的研究中 Woese 等将所有细胞生命进行全局性系统进化研究，首次通过计算核糖体小亚基序列的关联系数分析生物的系统进化，发现产甲烷菌与细菌和真核生物的进化距离相当（Woese and Fox，1977），因此提出了"三域学说"的初步构想。

Woese 发现"古菌"生命形式的关键证据：产甲烷菌与细菌和真核生物的亲缘关系都较远（表 6-1），它们具有与细菌和真核生物不同的特殊细胞膜结构等，而且这类微生物一般生活在极端环境条件下，如与地球早期环境相似的无氧环境。因此，Woese 最初将这个类群称为古细菌（Archaebacteria），后来考虑到其与细菌存在本质差别，最终改称为古菌（Archaea）。

表 6-1　甲烷古菌与其他生物的相关系数

		1	2	3	4	5	6	7	8	9	10	11	12	13
真核生物	1. *Saccharoncyces cerevisiae*, ISS	1	0.29	0.33	0.05	0.06	0.08	0.09	0.11	0.08	0.11	0.11	0.08	0.08
	2. *Lemna minor*,ISS	0.29	1	0.36	0.10	0.05	0.06	0.10	0.09	0.11	0.10	0.10	0.13	0.07
	3. Lcell,ISS	0.33	0.36	1	0.06	0.06	0.07	0.07	0.09	0.06	0.10	0.10	0.09	0.07
细菌	4. *Escherichia coli*	0.05	0.10	0.06	1	0.24	0.25	0.28	0.26	0.21	0.11	0.12	0.07	0.12
	5. *Chlorobian vibrioforme*	0.06	0.05	0.06	0.24	1	0.22	0.22	0.20	0.19	0.06	0.07	0.06	0.09
	6. *Bacillns firmus*	0.08	0.06	0.07	0.25	0.22	1	0.34	0.26	0.20	0.11	0.13	0.06	0.12
	7. *Corynebacterium diphtheriae*	0.09	0.10	0.07	0.28	0.22	0.34	1	0.23	0.21	0.21	0.12	0.12	0.10
	8. *Aphanocapsa* 6714	0.11	0.09	0.09	0.26	0.20	0.26	0.23	1	0.31	0.11	0.11	0.10	0.10
	9. Chloroplast(Lemna)	0.08	0.11	0.06	0.21	0.19	0.20	0.21	0.31	1	0.14	0.12	0.10	0.12
甲烷菌	10. *Methanobacterium thernoautotrophicun*	0.11	0.10	0.10	0.11	0.06	0.11	0.12	0.11	0.14	1	0.51	0.25	0.30
	11. *M.noninanaum strain* M-1	0.11	0.10	0.10	0.12	0.07	0.13	0.12	0.11	0.12	0.51	1	0.25	0.24
	12. *Methanobacterium* sp., Cariacoisolate JR-1	0.08	0.13	0.09	0.07	0.06	0.06	0.09	0.10	0.10	0.25	0.25	1	0.32
	13. *Methanosarcina barkeri*	0.08	0.07	0.07	0.12	0.09	0.12	0.10	0.10	0.12	0.30	0.24	0.32	1

　　注：列出的每个物种的 SSU rRNA 均用 T1 核糖核酸酶消化并用二维电泳分离来制成寡核苷酸指纹图谱，对分离到的每个寡核苷酸进行测序得到该物种的寡核苷酸分类特征。并根据寡核苷酸分类特征来计算不同物种间相关系数，表中相关系数越大表示亲缘关系越近。

（二）古菌的发现改变了人类对生命系统发育的认识

　　Woese 提出的古菌概念在最初并没有得到学术界的普遍认可，直到 1990 年，Woese 集微生物遗传、生物化学与分子生物学，尤其是 16S rRNA 系统发育分析之大成，才正式提出生命三域系统学说（ Woese et al., 1990）。根据该学说，细胞生命在最高层级即"域"（domain）水平，可分为古菌（Archaea）、细菌（Bacteria）和真核生物（Eukaryota）三大类群（图 6-3）。此后更多古菌类群被发现，其遗传和细胞特征与细菌均存在明显的差别，此后古菌作为生命的第三种形式才逐渐得到学术界的普遍认可。

　　Woese 1977 年开拓性发现古菌这种生命形式所发表的论文，是微生物学界乃至整个生命科学领域最具影响力的论著之一。它可与 Watson、Crick 和 Darwin 的研究相媲美，因为它为微生物世界令人难以置信的多样性提供了进化蓝图，改变了人类对生命进化系统的认识。1990 年三域系统学说的提出，使地球上所有细胞生命有了一个最高层级的归属。在生命三域系统学说中，域就是细胞生命分类系统中最高层级。域以下的分类层次依次为界、门、纲、目、科、属、种，每个物种均可以对应到不同的分类层级。

　　如图 6-4 所示，瓦氏盐方形菌的分类位置为：Archaea 域、Euryarchaeota 界 / 门、Halobacteria 纲、Haloferacales 目、Haloferacaceae 科、*Haloquadratum* 属、*Haloquadratum walsbyi* 种。对 *Haloquadratum walsbyi* 命名的方法称为双名命名法（ binary nomenclature,

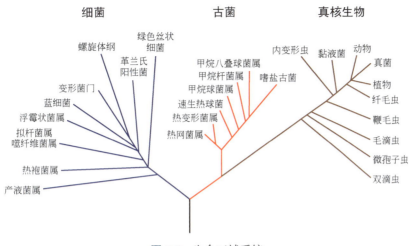

图 6-3　生命三域系统

又称二名法），其命名规则为：属名和种加词（加命名人）。
自林奈《植物种志》（*Species Plantarum*，1753 年）后，双名
命名法成为种的学名形式。这里属名由拉丁语法化的名词形成，
但是它的字源可以由来自拉丁词或希腊词或拉丁化的其他文字
构成，首字母须大写；种加词是拉丁文中的形容词，首字母不
大写。通常在种加词的后面加上命名人及命名时间，如果学名
经过改动，则要保留最初命名人，并加上改名人及改名时间。
命名人和命名时间一般可省略。习惯上，在科技文献印刷出版
时，学名的引用常以斜体表示，或者在正体字学名下加底线
表示。

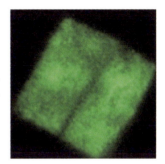

图 6-4　瓦氏盐方形菌

二、古菌的遗传与生化特征

（一）古菌的基本特征

　　古菌是一类单细胞原核生物，具有独特的细胞结构、遗传信息处理系统和系统发育生
物大分子序列（如 16S rRNA）。古菌细胞壁骨架为蛋白质或假肽聚糖，细胞膜含甘油醚键，
具有与真核生物同源但相对简单的复制、转录、翻译系统，以及与细菌类似或独特的代谢系统。
　　古菌中的相当一部分为极端微生物，生活在地球上的极端自然生境中，营自养或异养，
具有特殊的生理功能，如嗜高温、嗜高酸碱、嗜高盐及喜好无氧环境等。极端古菌是生命
极限边界的主要界定者。

（二）古菌的细胞壁

　　古菌与细菌同属原核生物，均没有核膜包被的完整细胞核结构。它们的细胞结构相似，

但在化学成分上却有很大差别。古菌具有多种特殊结构的细胞壁类型，如由假肽聚糖或酸性杂多糖组成的细胞壁、由蛋白质或糖蛋白的亚单位组成的细胞壁，以及同时具有假肽聚糖与糖蛋白外层的细胞壁等类型。溶菌酶主要通过破坏细菌细胞壁中的 *N-* 乙酰胞壁酸和 *N-* 乙酰葡糖胺之间的 β-1，4- 糖苷键，使细胞壁不溶性黏多糖分解成可溶性糖肽，导致细胞壁破裂。青霉素通过抑制细胞壁四肽侧链和五肽交联桥的结合，干扰细胞壁的合成。因此，从细胞壁结构上看，溶菌酶和青霉素等常用抗细菌物质对古菌没有杀伤效果。

古菌细胞壁假肽聚糖的多糖骨架由 *N-* 乙酰葡糖胺（*N*-acetylglucosamine，简写 G）和 *N-* 乙酰塔罗糖胺糖醛酸（*N*-acetyltalosaminuronic acid，简写 T）以 β-1，3- 糖苷键交替连接而成；连在后一氨基糖上的肽尾由 L- 谷氨酸、L- 丙氨酸和 L- 赖氨酸 3 个 L 型氨基酸组成；肽桥则由 L- 谷氨酸组成。而细菌细胞壁肽聚糖的多糖骨架则是由 *N-* 乙酰葡糖胺和 *N-* 乙酰胞壁酸（*N*-acetylmuramic acid，简写 M）通过 β-1，4- 糖苷键交替相连而组成的线状聚糖链。M 在 *N-* 乙酰葡糖胺的 C3 位置上连接一个乳酰醚，而在 M 的乳酰基上连接着一条由 4 个氨基酸残基组成的短肽链（图 6-5）。细菌短肽链的氨基酸组成因菌种而异，包括不常见的 D- 谷氨酸、D- 丙氨酸、L- 二氨基庚二酸和其他二氨基酸，其中 L 型和 D 型氨基酸交替排列。

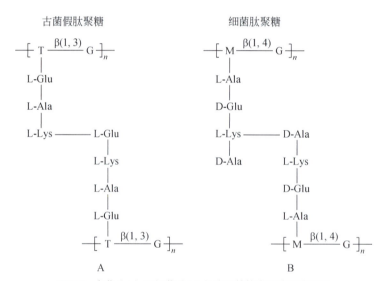

图 6-5　古菌（A）和细菌（B）细胞壁结构中的肽聚糖比较

（三）古菌的细胞膜

古菌细胞膜的化学成分与其他生物有较大的差异。最主要的差别在于古菌细胞膜具有醚键、异戊二烯基侧链及单层膜等独特的化学成分与细胞结构（图 6-6）。

古菌的细胞膜也是由亲水的头部及疏水的尾部构成，但构成亲水头部的甘油是细菌和真核生物细胞膜上所用甘油的立体异构体。细菌和真核生物的细胞膜中是 D 型甘油，而古菌中是 L 型甘油。此外，细菌和真核生物的磷脂上的侧链通常是链长为 16～18 个碳原子的脂肪酸；而古菌的疏水尾部很独特，古菌细胞膜磷脂的侧链不是脂肪酸，而是由异戊二烯基构成的长链烷烃（Jain et al.，2014）。古菌细胞膜中连接头尾的是独特的醚键结构，

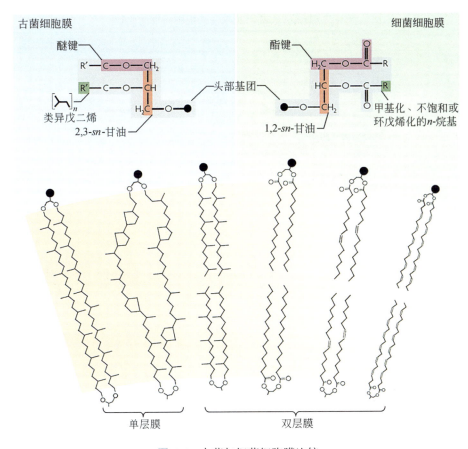

古菌细胞膜　　　　　　　　　　　　　　　　　　　　细菌细胞膜

醚键　　　　　　　　　　　　　　　　　　　酯键

R′—C—O—CH₂　　　　　　　　H₂C—O—C—R

R″—C—O—CH　　头部基团　　HC—O—C—R

类异戊二烯　　　　　　　　　　　　　　　　甲基化、不饱和或
　　　　　　　H₂C—O—●　　　　　　●—O—CH₂　　环戊烯化的n-烷基

2,3-sn-甘油　　　　　　　　1,2-sn-甘油

单层膜　　　　　　　　　　　双层膜

图 6-6　古菌与细菌细胞膜比较

而非其他原核或真核生物的酯键，一般来说醚键（C—O—C）化学性质更加稳定。

古菌细胞膜中存在独特的单分子层膜或单、双分子层混合膜结构。当古菌细胞膜的两个磷酸甘油酯分子的侧链发生共价结合时，会出现独特的单分子层膜。这类单分子层膜在高温古菌中常见，推测其原因可能是此类细胞膜较双分子层膜具有更高的机械强度和热稳定性。

（四）古菌特殊的遗传机器

相比于细菌和真核生物，古菌处于独特的进化位置，决定了其具有不同于细菌和真核生物的独特的细胞成分。

古菌在细胞结构上类似于原核生物中的细菌，均无核膜包被的完整的细胞核，无典型的具有膜结构的细胞器。而在复制、转录与翻译系统上，古菌与真核生物具有很多相似之处（表 6-2）。在转录系统方面，古菌与真核生物的启动子核心序列都含有 TATA 盒结构，RNA 聚合酶都由复杂亚基所构成，转录过程都需要转录因子 TBP 和 TFB 的参与。古菌与真核生物可能都具有多个复制起点，具有相同类型的复制相关蛋白和翻译起始氨基酸。从代谢类型看，古菌的代谢与细菌更加类似，目前古菌是产甲烷的主要类群（Zheng et al., 2018）。

表 6-2　细菌、古菌与真核生物细胞特性的比较

特性	细菌	古菌	真核生物
细胞核（核膜）	无	无	有
细胞器	无	无	有
细胞壁	肽聚糖、胞壁酸	假肽聚糖、无胞壁酸	无胞壁酸（纤维素等）
细胞膜	酯键，直链脂肪酸	醚键，分支脂链	酯键，直链脂肪酸
顺反子	有	有	无
启动子	-10（TATAAT） -35（TTGACA）	TATA 盒 BRE	TATA 盒
RNA 聚合酶	1 种，简单亚基	1 种，复杂亚基	3 种，复杂亚基
基本转录因子	无（或 σ）	TBP、TFB 等	TBP、TFIIB 等
染色体复制起点	1 个	1 至多个	多个
复制相关蛋白	DnaA、DnaB、DnaG、Beta…	Orc/Cdc、MCM、Pri、PCNA	Orc/Cdc、MCM、Pri、PCNA
起始氨基酸	N-formyl-Met	Met	Met
氯霉素	敏感	不敏感	不敏感
茴香霉素	不敏感	敏感	敏感
产甲烷	有（极少）	有	无
固氮	有	有	无

（五）不断拓展的古菌类群

　　自 1990 年 Woese 正式提出"三域学说"将古菌归为第三种生命形式以来，古菌的分类研究总体上可以分为 3 个阶段。1990～2002 年，受限于当时科学技术的发展水平，人们认识到的古菌类群仅有广古菌门（Euryarchaeota）和泉古菌门（Crenarchaeota），所以最初通过 16S rRNA 鉴别到的序列都归属于这两个古菌门。2002～2011 年，研究者依据系统进化关系和基因组分析结果，新提出了初古菌门（Korarchaeota）、纳古菌门（Nanoarchaeota）、奇古菌门（Thaumarchaeota）及曙古菌门（Aigarchaeota）等新的古菌门，进一步扩展了古菌类群。而自 2011 年以来，得益于高通量测序技术的不断发展，人们对未培养微生物类群有了更加深入的认识，发现了很多的候选门，将古菌分类研究又向前推进了一步。并且在门水平的基础上，提出了超门（superphylum）的概念。根据古菌间的进化关系可将古菌域总体分为以下 4 个超门：广古菌超门、仙宫超门（Asgard）、DPANN 超门和 TACK 超门（图 6-7）。

　　随着对古菌研究的逐渐深入，人们发现古菌并不像开始想象的那样只能生活在极端环境中，而是广泛分布于地球上的各种生境中，是微生物生物量中的重要组成部分。代谢组学研究表明古菌具有丰富的代谢类型，在地球化学循环中扮演着重要的角色。例如，甲烷古菌影响着地球的温室气体排放，在全球厌氧陆地和海洋环境中奇古菌承担着将氨氧化为亚硝酸盐的重任。进化基因组学的最新进展表明古菌在生命的起源和进化中具有重要的地位，这将为研究生命的起源和进化提供新的见解。

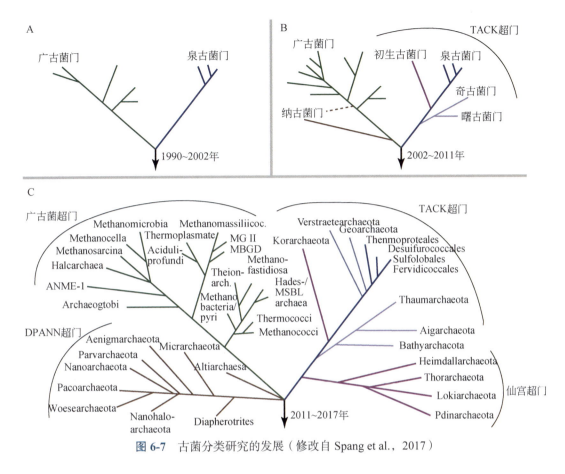

图 6-7　古菌分类研究的发展（修改自 Spang et al.，2017）

三、极端古菌环境适应的分子基础

（一）极端微生物与极端古菌

人们早期发现的古菌主要都来自于极端环境中。一般来说，能够在各种极端自然环境中最适生长的微生物，统称极端环境微生物，简称极端微生物。生活在极端环境中的古菌，也称极端古菌。极端古菌的生存环境，从含酸矿液到盐碱地，从高辐射低气压的大气平流层到高放射性高压的地下岩层，从高海拔和高纬度地区的冰川冻土到接近沸点的温泉和海底火山口，这些环境对普通生物而言往往是不可耐受的。极端环境中生活着多样的极端古菌类群，如生活于沼泽的极端厌氧甲烷古菌、生活于盐湖或晒盐场的极端嗜盐古菌、生活于海底热液口的极端嗜热古菌，以及生活于硫磺热泉的嗜酸热古菌等。

极端微生物中只能在极端环境中最适生长的微生物，被称为嗜极微生物。嗜极微生物通常可以分成嗜热微生物、嗜冷微生物、嗜盐微生物、嗜酸碱微生物等。

极端古菌是地球极端环境微生物的杰出代表，不同古菌对不同极端环境的适应性可能是长期进化的结果。虽然已分离培养的古菌很多是极端环境微生物，如极端嗜热、嗜盐、嗜酸碱微生物中均可以看到古菌的身影，但并不是所有的古菌都是极端微生物。从实验室培养及非培养的微生物基因组学测序数据来看，古菌广泛地生存于地球上的几乎所有环境中，并不只生活在极端环境中，土壤、海洋甚至人体中都有多种多样的古菌存在。极端微生物也不全是古菌，部分极端微生物是细菌，甚至是真核生物，如在极端嗜酸碱微生物中也发现了真菌和藻类的存在（Rothschild and Mancinelli，2001）。

（二）极端嗜热古菌及环境适应机制

一般来说，最适生长温度在 45℃以上的微生物称为嗜热微生物，最适生长温度在 80℃以上的微生物称为超嗜热微生物。极端的温度条件给微生物带来了多种生理生化挑战。温度过低时，微生物胞内会形成冰晶，使细胞中生物大分子结构破坏，功能丧失；而温度过高时，胞内蛋白质、核酸等分子会热变性，导致细胞结构溃损、代谢紊乱。例如，62℃以上时真核生物细胞器（膜）功能丧失，75℃以上时叶绿素等光合色素降解，因此这种高温环境中通常不存在光合自养菌，但可能会存在化能自养菌；100℃以上时细菌会因细胞膜损毁而无法生存。同时，氧气和二氧化碳气体在水体中的溶解度与环境温度有很大的关系，所以高温条件也会给需要这些气体的水生微生物带来挑战。

尽管如此，高温生境中依然存在着大量的古菌类群，如热火球古菌属（*Pyrococcus*）、热球菌属（*Thermococcus*）、热原体属（*Thermoplasma*）、硫化叶菌属（*Sulfolobus*）和一些产甲烷菌。目前已知的超嗜热古菌 "*Geogemma barossii* Strain 121" 可以在 121℃下生长繁殖，其最高可以耐受 131℃的高温。

极端嗜热古菌采用了多种策略来适应高温环境。高温会增加细胞膜的流动性，为了防止细胞结构被破坏，古菌细胞膜中的独特醚键使古菌细胞膜更稳定，而高温古菌中常见的单分子层细胞膜较其他双分子层膜具有更高的机械强度，具有良好的保护作用。同时，嗜热菌蛋白质结构中的特殊离子对、盐桥及疏水作用也能增强其热稳定性。此外，极端嗜热古菌胞内的 DNA 比其他常温微生物的更加稳定，其胞内的单价或二价盐离子中和了磷酸基团的负电荷，从而有效防止了 DNA 的脱嘌呤和水解。

极端嗜热微生物对现代生物技术有诸多重要的贡献，其中最具有应用价值的例子是从高温细菌——水生栖热菌（*Thermus aquaticus*）中分离出了 *Taq* DNA 聚合酶，以及从高温古菌——激烈热火球古菌（*Pyrococcus furiosus*）中分离出了 *Pfu* DNA 聚合酶。由于该类酶在高温下不会变性，使得聚合酶链反应（polymerase chain reaction，PCR）实现了自动化并广泛应用，其发明人 Kary Mullis 也因此于 1993 年获得诺贝尔化学奖。

（三）极端嗜盐古菌及环境适应机制

极端嗜盐古菌代表了地球生命对高盐环境的极限适应能力。其一般定义是指最低生长 NaCl 浓度为 1.5 mol/L（大约9%），最适生长 NaCl 浓度为 2 ~ 4 mol/L（12%~23%），乃至饱和盐浓度（NaCl 浓度 5.5 mol/L，大约32%）的一类古菌（图 6-8）。嗜盐古菌通常采用最节能的盐泵入（salt in）抗渗透策略，通过在胞内积累高浓度钾离子来耐受高盐环境。

而其他原核微生物通常采取较为耗能的方式，即通过胞内大量合成小分子有机物如甜菜碱、海藻糖、甘油、四氢嘧啶等，来对抗高盐条件下的渗透胁迫。

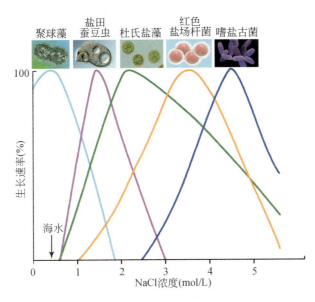

图 6-8　几种嗜盐微生物的盐生存范围

极端嗜盐古菌之所以能够适应胞内较高的钾离子浓度，与其基因组、蛋白质组、细胞膜及特殊的代谢途径相关。具体来说，其基因组中通常具有较高的 G+C 含量（60%～70%），使得基因组结构更加稳定；多复制子及多复制起始位点有助于其基因组复制的稳定性，同时每个复制子具有多个拷贝，便于其进行生理调节及抗损伤的适应性。从蛋白质组上看，极端嗜盐古菌中具有典型的呈酸性的蛋白质组。蛋白质表面富含酸性氨基酸，可以帮助蛋白质周围形成水化层，增加其可溶性，减小其聚集盐析的可能性，从而可以在高钾离子条件下正常行使功能。此外，极端嗜盐古菌细胞膜中还有稳定的醚键结构，使细胞在高盐条件下也可稳定地生存。

嗜盐微生物及其代谢产物具有广阔的应用前景。例如，可以作为生物纳米材料的紫膜，是由嗜盐古菌的视紫红质构成的。视紫红质是一种光驱动的质子泵，可以作为一种具有光电效应、光致变色、能量转换和信息处理能力的生物纳米材料。另外一种应用是生物可降解塑料聚羟基脂肪酸酯（polyhydroxyalkanoates，PHA），嗜盐古菌合成的 PHA 既具有完全生物可降解性，可以作为绿色包装材料，同时又具有良好的生物相容性，可作为生物医疗材料，拥有巨大潜力。

（四）极端嗜酸（碱）古菌及环境适应机制

极端古菌在适应极端高温或极端高盐环境时均有其独特的适应机制，但大多数生物对极端 pH 环境的适应机制比较类似，就是尽可能保持胞内环境偏中性及维持胞外蛋白质的酸碱适应性，从而避免胞内蛋白质等生物分子进化的必要。因此在极端碱性环境，除古菌外也能找到细菌和原生动物的存在；在极端酸性环境，除古菌外也可发现真菌和藻类生存。只是古菌通常能耐受更极端的酸碱环境。

极端嗜酸（碱）古菌对酸碱的耐受主要是通过膜相关的逆转运蛋白对质子等离子的转运来实现的。具体来看，嗜酸微生物主要依靠其独特的细胞膜抗渗透特性、表面带正电荷、较高的胞内缓冲能力、较强的胞内修复系统及 H^+ 转运酶的过表达来阻止更多的 H^+ 进入胞内（图 6-9）。而嗜碱微生物一方面通过主动向胞内转入更多 H^+，以平衡细胞内部的 OH^-；另一方面通过被动机制，即细胞壁含有的多种酸性基团来阻止 OH^- 进入细胞。

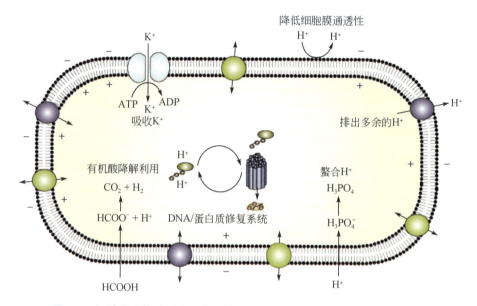

图 6-9 极端微生物酸适应机制（修改自 Baker-Austin and Dopson，2007）

（五）抗辐射极端微生物

辐射是传输中的能量，可以是粒子（如中子、电子或重离子），也可以是电磁波（如 X 射线、紫外线等）。地球上很少自然地出现极端的高辐射水平，但由于高强度的紫外线和电离辐射对医学、能源生产及太空旅行的重要性，人们对它们也进行了深入的研究。紫外线和电离辐射会降低生物体的运动能力，抑制生物的光合作用。但最严重的是它们对生物体核酸的损害，它们能对 DNA 造成直接或间接的损伤，包括碱基突变和单双链断裂。

极端微生物中有一类微生物如耐放射奇异球菌（*Deinococcus radiodurans*）可以抵抗高达 20 kGy 的辐射（人的吸收致死剂量为 10 Gy），而一类嗜盐古菌如 *Halobacterium* sp. NRC-1 突变株能够耐受相当或更高剂量的辐射。这类微生物对电离辐射、紫外线和一些 DNA 损伤剂都具有极强的抵抗能力，它们抗辐射的可能机制与其 DNA 损伤的高效修复、对活性氧自由基的有效清除、特殊的物质结构（如色素等）及生存方式有关。因此，抗辐射极端微生物可以应用于特殊污染环境治理领域。

因此，极端古菌是生物圈生命极限边界的主要界定者。

四、古菌遗传与分子生物学研究的意义

尽管古菌的概念始于 20 世纪 70 年代 Carl Woese 的论文，但根据文献对古菌菌株的研究可以追溯到 1880 年，迄今已有近 140 年，其间出现了许多里程碑式的研究成果（Cavicchioli，2010）。例如，1971 年科学家在嗜盐古菌细胞中发现了细菌视紫红质；1977 年提出了古菌域的概念；1990 年确立了生命系统分类的三域学说；1996 年，对第一株古菌进行了全基因组测序，进一步证明了古菌是一种独特的生命形式；1999 年，发现了厌氧氨氧化古菌对全球生态的重要影响；2002 年，发现了古菌编码的第 22 种氨基酸，推动了生物技术的创新发展；2003 年，发现了能够在 121℃极端高温条件下生长的古菌（*Geogemma barossii* Strain 121），突破了人们对生命极限的认识；2008 年，生长于 122℃极高温条件下的古菌——坎氏甲烷火菌（*Methanopyrus kandleri* strain 116）的发现，再次刷新了人们对高温生命的认识。

（一）第一株古菌全基因组测定

1994 年美国能源部启动了微生物基因组计划（microbial genome project，MGP），次年 *Science* 杂志发表了第一株细菌流感嗜血杆菌（*Haemophilus influenzae*）的全基因组序列。紧随其后，1996 年 J. Craig Venter 和 Carl Woese 等完成了第一株古菌詹氏甲烷球菌（*Methanococcus jannaschii*）全基因组序列的测定（Bult et al.，1996）。对詹氏甲烷球菌的基因组序列分析发现（图 6-10），詹氏甲烷球菌序列中注释为物质和能量代谢的部分基因与细菌来源的基因较为相似，但转录、翻译及复制相关的基因却与真核来源的基因更加类似，而且其基因组中 62% 的基因在当时来看是未知功能的。这进一步验证了 Woese 等的三域学说：古菌既不同于真核生物，也不同于细菌，是一种新的生命形式。

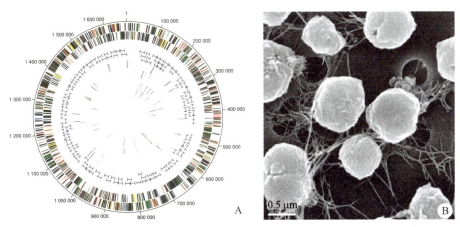

图 6-10　詹氏甲烷球菌的基因组（A）与电镜图（B）（Bult et al.，1996）

（二）古菌的基本遗传过程

结构生物学兴起于 20 世纪 50 年代 DNA 双螺旋结构的发现，此后随着物理学中 X 射线晶体学、核磁共振波谱学及电镜技术等在生物学中的应用，结构生物学得到了快速发展。结构生物学对古菌域（特别是嗜热古菌）的一系列研究，对人们认识古菌及生命遗传过程有着巨大的贡献。一系列关于古菌复制、转录、修复等相关蛋白质三维结构的解析，显示古菌的遗传机器与真核生物的非常相似，可以被看作一种简化模型用以解释一些在真核生物中还未清楚阐述的科学问题。可以说，古菌的分子生物学研究极大地推动和加深了人们对生命遗传过程的认识。

2009 年的诺贝尔化学奖授予了英国科学家 Venkatraman Ramakrishnan、美国科学家 Thomas Steitz 和以色列科学家 Ada Yonath 三人，以表彰他们在核糖体晶体研究中的突破。

三位科学家通过构筑三维模型来研究不同的抗生素是如何抑制核糖体功能的。其中，Yonath 研究组于 1991 年在三域生物中首先得到了来自死海盐盒菌（*Haloarcula marismortui*）核糖体 50S 亚基的高分辨率晶体（3Å），其后三位科学家集中解析了 *Thermus thermophilus* 和 *H. marismortui*（图 6-11）的高分辨率核糖体晶体结构（Ban et al., 1998，2000；von Böhlen et al., 1991）。

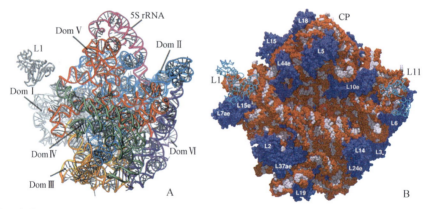

图 6-11 嗜盐古菌 *H. marismortui* 核糖体 50S 亚基结构（A）和空间填充模型（B）（Moore and Steitz，2003）

（三）第 22 种氨基酸的发现

自 1806 年研究者首次发现天冬氨酸，到 1940 年自然界中已发现 20 种氨基酸。第 21 种是硒半胱氨酸，由 UGA 编码。甲烷八叠球菌等古菌和一些真细菌，以及包括哺乳动物在内的动物体中的硒半胱氨酸都是由密码子 UGA 直接编码的。

2002 年，Krzycki 实验室在对巴氏甲烷八叠球菌（*Methanosarcina barkeri*）分析时发现了一个异常的琥珀密码子（Hao et al., 2002）。后经蛋白质结构解析发现其编码一个新的氨基酸——吡咯赖氨酸（pyrrolysine）。琥珀密码子（amber codon）是指 mRNA 多核苷酸链中的终止密码子 UAG，它能够引起蛋白质翻译的中止。这个名字的由来是因为该密码子是在大肠杆菌 T4 噬菌体的"琥珀型"突变株中发现的，T4 突变株的发现者是德国科学家 Harris Bernstein，而 Bernstein 这个姓在德语中意为"琥珀"。

发现第 22 种氨基酸吡咯赖氨酸后，研究者进一步通过稳定同位素示踪法和代谢中间产物检测等手段，证明了吡咯赖氨酸来源于赖氨酸，可由两分子赖氨酸合成。合成过程中 *pylT* 基因编码相应的 tRNA$_{CUA}$，识别琥珀密码子 UAG，PylS 催化形成赖氨酰 tRNA$_{CUA}$，PylBCD 催化赖氨酰 tRNA$_{CUA}$ 生成吡咯赖氨酰 tRNA$_{CUA}$。此后，相应的特异 tRNA 及合成过程中的一些酶也陆续被发现，进一步肯定了吡咯氨基酸为一种新的氨基酸。目前，该发现已经被用于蛋白质类新药的开发。

（四）奇古菌氨氧化及环境技术

2005 年，Stahl 等首次从海洋中分离培养了第一个完全自养的海洋奇古菌——*Nitrosopumilus maritimus*，它可以利用 CO_2 为碳源进行化能无机自养生长，同时可以氧化氨为亚硝酸（Könneke et al.，2005）。这是首次在古菌中发现的硝化作用，揭示了古菌中的氨氧化古菌类群在全球氮循环中发挥着重要作用，特别是在低营养、酸性和含硫环境中。为利用氨氧化古菌开发一种低营养要求的氮污染去除生物技术提供了可能。

（五）厌氧甲烷氧化阻止全球变暖

在传统化石燃料煤炭、石油等大量消耗，出现能源危机时，寻找可替代的能源意义重大。甲烷是一种很重要的燃料，是天然气的主要成分。海洋沉积物中含有大量的天然气水合物（俗称可燃冰），其中含有大量的甲烷，可作为化石能源的良好替代物。但海底开采天然气水合物难度巨大，天然气水合物中甲烷的温室效应为二氧化碳的 20 多倍，而全球海底天然气水合物中的甲烷总量约为地球大气中甲烷总量的 3000 倍，若有不慎，将带来严重的温室效应。

虽然海底甲烷含量巨大，但它们在接触到含氧海水或大气层之前就被消耗掉了。DeLong 等在 1999 年的研究中发现，在厌氧条件下，一类新发现的海洋甲烷古菌可与硫酸盐还原细菌共生代谢，将甲烷氧化成二氧化碳（Hinrichs et al.，1999）。厌氧甲烷氧化使海底甲烷的 75% 转化为碳酸盐沉淀，从而减少海洋温室气体的排放，具有重要的生态意义。

（六）古菌与全球生态

古菌在生命之树中占有重要地位，是微生物多样性的重要组成部分。近年来，大量培养与非培养生物技术研究表明，古菌不仅生活于地球各种极端环境，而且在海洋、土壤和湖泊等环境中更加广泛地存在，它们在地球与生命共进化进程中具有不可低估的重要地位，同时在调节全球生态元素循环的过程中具有重要作用。此外，古菌还是人体微生物组的一个重要组成部分，在健康和疾病中的作用尚不清楚，亟须更多深入的研究。

古菌生物量非常大，多种多样的古菌参与了地球生物化学的多个过程，对全球生态具有重要影响。有研究表明，古菌约占世界海洋浮游微生物细胞总量的 20% ～ 30%（Karner et al., 2001）。而海底沉积物中的微生物约占海洋微生物总量的 50%，其中古菌约占海底沉积微生物总量的 80%（Lipp et al., 2008）。因此，在分子水平上对古菌进行深入研究具有重大的科学意义。

第二节　古菌基本遗传过程及分子机制

古菌属于原核生物，其基因组结构与细菌相似，通常包含一条或几条环形染色体。但古菌却具有与真核生物类似的 DNA 复制、转录和翻译等遗传机器，是研究真核生物遗传信息传递及生命基本科学问题最简单的原核生物模型。因此，古菌 DNA 复制、转录和翻译等遗传分子机制的研究具有特别重要的意义。

一、古菌 DNA 的复制

（一）古菌的复制机器

古菌的复制过程同细菌及真核生物的基本相同，可分为复制的起始、延伸及终止 3 个过程。整个复制过程涉及众多酶和辅助因子的协调作用，并按照一定的时空顺序高效有序地进行。古菌的复制机器类似于真核生物的，是真核生物的简化版（表 6-3）（Myllykallio et al., 2000）。

表 6-3　三域生命基因组复制过程中的相关蛋白质对比

	细菌	真核生物	古菌
前复制复合物	DnaA	ORC	Cdc6/Orc1
	DnaB	MCM（2、3、4、5、6、7）	MCM
	DnaC	Cdc6，Cdt1	Cdc6/Orc1
前起始复合物	—	Cdc45	GAN（Cdc45）
	—	GINS（Sld5，Psf1、2、3）	GINS（Gins23，Gins51）
	SSB	RPA	RPA
延伸复合物	DnaG	Pol α /PriSL	PriSL
	β- 钳子	PCNA	PCNA
	τ- 复合物	RFC	RFC
	PolC	Pol α，Pol β，Polε	PolB，PolD
冈崎片段成熟过程所需蛋白复合物	PolI	Fen1	Fen1
	RNaseH	Dna2	Dna2
	NAD⁺- 依赖的 DNA 连接酶	ATP- 依赖的 DNA 连接酶	ATP- 依赖的 DNA 连接酶

Cdc6（cell division cycle 6）/Orc1：为复制原点结合蛋白，几乎在所有的古菌中，至少存在一个和真核生物同源的 Orc 或 Cdc6 蛋白。古菌中的复制蛋白与真核生物中的 Orc1 和 Cdc6 蛋白都具有同源性，通常被注释为 Cdc6/Orc1。也正是由于古菌的 Cdc6/Orc1 与真核生物的 ORC 复合物和 Cdc6 均相似，因此它既可以结合复制原点又可以加载解旋酶。

MCM（minichromosome maintenance）解旋酶：为古菌中负责解开双链 DNA 的酶。它具有 ATP 依赖的 $3' \rightarrow 5'$ 解旋酶活性，并可结合于单链 DNA（ssDNA）上，沿着 ssDNA 移动（Slaymaker and Chen，2012）。

RPA（replication protein A）：为古菌中的单链结合蛋白。但在不同古菌中，RPA 在序列、亚基组成和生化特征方面存在差异。RPA 通过寡核苷酸结合折叠结构域与单链 DNA 结合（Wadsworth and White，2001）。

引发酶（primase）：古菌的引发酶通常具有两个亚基。其中小亚基 p41（PriS）具有催化活性；大亚基 p46（PriL）具有铁-硫结构域，可调节引发酶的活性。古菌的引发酶也同样具有链取代、填补缺口、末端转移酶及焦磷酸酶活性，但是这些活性发挥的生理作用尚不清楚。

GINS 复合物：是一个四聚体化合物。一般情况下，古菌的 GINS 由两个 Gins23 和两个 Gins51 组成。其中 Gins23 和真核生物的 Psf2 和 Psf3 同源，Gins51 与真核生物的 Psf5 和 Psf1 同源。有证据表明，GINS 复合物的作用类似于脚手架复合物，可以和复制体中的很多组分发生相互作用，包括引发酶、MCM 和 PCNA 等（Makarova et al.，2005）。

DNA 聚合酶：几乎在所有古菌中，由 B 型和 D 型 DNA 聚合酶来参与 DNA 的复制。B 型 DNA 聚合酶（PolB）在所有的古菌中具有相似的氨基酸序列、结构域组成和整体结构，并且具有潜在的 $3' \rightarrow 5'$ 外切酶校正活性。除泉古菌外，其他所有古菌还具有古菌特有的 D 型 DNA 聚合酶（PolD），也称 Pol Ⅱ。PolD 是一个异二聚体，具有小亚基（DP1）和大亚基（DP2）。其中 DP2 具有聚合酶催化活性，而 DP1 具有 $3' \rightarrow 5'$ 的外切核酸酶活性。

PCNA（proliferating cell nuclear antigen）：为古菌 DNA 复制中的滑动夹子，与真核生物的 PCNA 具有同源性。它与 PolB 和 PolD 具有直接的相互作用。古菌中的 PCNA 是一个三聚体，由于各个亚基之间具有微弱的相互作用，因此 PCNA 能够包裹双链 DNA 发生自发组装，并沿着 DNA 链双向滑动。

RFC（replication factor C）：为滑动夹子装载蛋白，由 5 个亚基组成。RFC 能够将 PCNA 围绕着双链 DNA 进行组装，协助 PolB 发挥复制功能（Chia et al., 2010）。

Fen1（flap endonuclease 1）：为结构专一的核酸酶，在冈崎片段的成熟过程中发挥重要作用。它具有和其他核酸酶相似的蛋白质催化结构域（Balakrishnan and Bambara，2013）。

DNA 连接酶（DNA ligase）：在染色体复制的过程中参与了冈崎片段的连接。一些古菌 DNA 连接酶的结构已被解析，它们具有 DNA 结合结构域、核苷酸转移酶催化活性结构域和羧基末端的寡核苷酸结合折叠结构域。

（二）古菌 DNA 的复制过程

1. 复制起始

古菌的 DNA 复制起始和真核生物的类似，主要分为三步：复制原点识别，解旋酶加载及 DNA 解链。古菌的复制起始区域同样是富含 A/T 的序列。Cdc6/Orc1 识别起始位点识别框（origin recognition box，ORB）并结合于复制原点后，便开始招募 MCM 解旋酶，进而在其他因子的协调作用下打开双链 DNA（图 6-12）（Kelman and White，2005）。

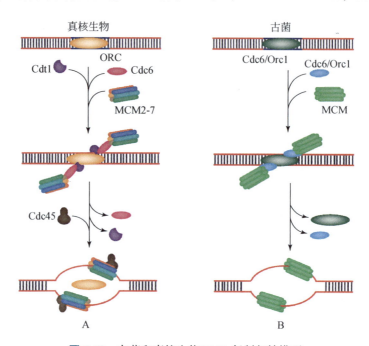

图 6-12　古菌和真核生物 DNA 复制起始模型

2. 复制的链延伸

在古菌 DNA 复制的延伸过程中，Gins23 和 Gins51 与 PriSL 和 MCM 通过与 Gan（Gins-associated nuclease）互作，形成一个完整的引发复合物，进而合成引物。DNA 解旋打开双链后形成的单链 DNA 由 RPA 维持和保护。RFC 与引发酶相互作用，并将 PCNA 装载到引物附近。PCNA 环绕 DNA 并通过与 DNA 聚合酶紧密互作将其固定在模板上，引物通过 DNA 聚合酶延伸。DNA 复制表现为半不连续性复制，前导链连续复制，而在后随链上则形成一系列冈崎片段（Okazaki fragments）。古菌 DNA 复制过程中所产生的冈崎片段长度与真核生物相似，约 100 nt。ATP 依赖的 RFC 通过与引发复合物及 PCNA 互作，协调 DNA 聚合酶在后随链上的重复装载及链延伸。在包括 Fen1 核酸酶和 DNA 连接酶等一系列酶的帮助下，去除 RNA 引物，填补缺口，连接冈崎片段，最后产生一条完整的 DNA 链（图 6-13）（Lindas and Bernander，2013）。

3. 复制的终止

在复制的末期，复制叉相遇前必须完成复制，复制体也必须从 DNA 模板上解聚下来。复制叉需要跨越彼此并继续复制一段，形成过度复制的 DNA。在细菌中复制的终止发生在特定的终止区域（ter），Tus 蛋白参与这一过程（Reyes-Lamothe et al.，2012）。对于古菌的 DNA 复制终止过程研究尚少。由于古菌的染色体为环状，这或许暗示古菌可能采取了和细菌一样的复制终止机制。然而，对于硫化叶菌复制终止的研究表明，该过程是随机的，

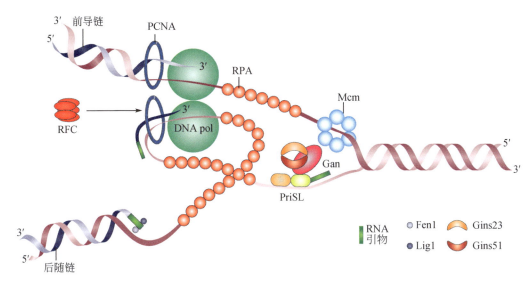

图 6-13 古菌复制体（修改自 Lindas and Bernander，2013）

且没有特定的终止位点（Duggin et al.，2011）。除此之外，*ter*-like 序列或 Tus-like 蛋白在古菌中尚未有报道。

（三）古菌多复制原点研究

虽然古菌属于原核生物，但其染色体通常有多个复制原点。对已测序的嗜盐古菌进行生物信息与遗传学分析表明，染色体多复制原点在嗜盐古菌中普遍存在，因此嗜盐古菌可作为研究多位点复制起始调节机制的重要模型。目前，高温古菌和嗜盐古菌的多复制原点及其调控是这一领域的研究热点。

1. 古菌多复制原点的发现

随着越来越多古菌基因组测序的完成，人们逐渐对古菌的复制起始有了深入的了解。通过 Z- 曲线分析，研究者发现古菌普遍具有多复制原点，如泉古菌门的硫磺矿硫化叶菌染色体上具有 3 个复制原点、广古菌门的西班牙盐盒菌的主染色体具有 2 个复制原点。科学家已经开发出了许多鉴定复制原点的技术，常用的有二维凝胶电泳分析（2D gel analysis）、RIP 图谱（replication initiation point mapping），以及基于微阵列或全基因组测序技术的基因组 DNA 片段拷贝数分析（marker frequency analysis，MFA）。

MFA 技术是目前预测和研究古菌多复制起始位点的主要手段，原理是复制活跃时期复制原点附近的 DNA 拷贝数远高于复制终点附近的 DNA 拷贝数，因此在 MFA 分析结果中复制原点位置具有明显的峰。该方法已成功应用于古菌多复制原点的研究中，如 Lundgren 等（2004）就是利用 MFA 技术鉴定了硫磺矿硫化叶菌染色体具有 3 个复制原点。随着高通量测序技术的发展，以深度测序为基础的 MFA 成为研究复制原点体内利用情况的主要手段。

2. 嗜盐古菌多复制原点的利用和特征

古菌多复制原点通常位于 *orc1* 基因附近，如硫磺矿硫化叶菌的复制原点 *oriC1* 与 *oriC2* 位于 *cdc6* 附近的一段 A/T 丰富区内，且两端具有重复序列。实验证明，这些重复序列是

Cdc6 的结合位点。值得注意的是，硫磺矿硫化叶菌的第二个复制原点区域的重复序列只与 ORB 的部分序列同源，故被称为 mini-ORB。mini-ORB 也可以与 Orc1-1 结合（由于硫磺矿硫化叶菌编码多个 Orc1 类似物，这些蛋白质分别被命名为 Orc1-1、Orc1-2），但亲和力要低得多。与 Orc1-1 亲和力最高的为 ORB1，其次是 ORB2 和 ORB3（Samson et al.，2013）。

2013 年，英国学者发现沃氏富盐菌染色体上所有已知的复制原点可以同时被敲除，复制原点敲除突变株甚至比野生型菌株生长得更快（Hawkins et al.，2013）。因此，推测该嗜盐古菌可不依赖细胞生命普遍采用的复制原点，而可能采用同源重组策略高效起始基因组的复制，相关机制尚不清楚。

3. 古菌的休眠复制原点

许多古菌存在休眠的复制原点，利用一定的手段将其激活，可以检测到该复制原点能够行使复制的功能。例如，采用高通量基因芯片分析技术对地中海富盐菌全生长周期染色体上多复制原点活性进行系统检测，发现该菌染色体具有 3 个活跃的复制原点。精细的基因组复制原点检测分析表明，当活跃复制原点部分或全部缺失后，一个新的休眠复制原点就会被激活，并与其他复制原点一起或单独用于染色体复制。休眠复制原点的激活程度与活跃复制原点的缺失个数呈正相关。单独的休眠复制原点被激活后可以正常起始整个染色体的复制（Yang et al.，2015）。

嗜盐古菌中的休眠复制原点可能是进化后期通过基因水平转移获得的，其来源可能包括环境中的质粒、病毒或其他嗜盐古菌。基因水平转移在嗜盐古菌中普遍存在，外来复制原点的获取对嗜盐古菌重塑染色体及适应多变的环境十分重要。此外，获得的复制原点根据细胞内外不同的条件可以存在休眠和激活两种状态，这又进一步增强了嗜盐古菌的适应能力。

二、古菌细胞周期与细胞分裂机制

（一）古菌细胞周期

细胞周期是指正常连续分裂的细胞从一次分裂完成到下一次分裂结束的过程。目前，古菌的细胞周期仅在硫化叶菌属中有较系统的研究（Bernander，2007）。

硫化叶菌的细胞周期包括 DNA 合成前期（G_1 期）、DNA 合成期（S 期）、DNA 合成后期（G_2 期）、染色体分裂期（M 期）和细胞分裂期（D 期）。其中，G_1 期占细胞周期的比例不足 5%。在 G_1 期，细胞体积增大，为染色体复制做准备。S 期占细胞周期的 30% ~ 35%，是染色体复制阶段，在此期间染色体倍增。G_2 期最长，持续时间超过细胞周期的 50%，为 M 期的染色体分离做准备。M 期和 D 期通常连续发生并很快完成，表明二者紧密偶联，这两个阶段的持续时间各占整个细胞周期的 5% 左右。在 M 期，细胞含有两个完整的染色体拷贝，其间发生染色体排列，子染色体分离，随后进入细胞分裂期，即 D 期（图 6-14）（Lindas and Bernander，2013）。

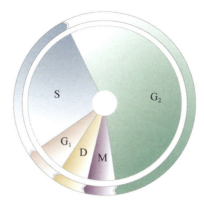

图 6-14　硫化叶菌的细胞周期

对嗜盐古菌细胞周期的研究比较困难，因为嗜盐古菌的基因组有多个拷贝，染色体复制阶段不易区分，细胞周期各阶段的相对时长难以确定。

（二）二聚体解离和染色体分离

1. 古菌染色体二聚体解离

部分古菌的复制起始于唯一的复制原点。如果复制完成的 DNA 之间未发生同源重组，复制叉就会在复制终止区域相遇，产生两个分离的子染色体。如果它们之间发生了同源重组，就会形成染色体二聚体，需要解聚二聚体才能分开。在细菌中，酪氨酸重组酶 XerCD 能够完成二聚体的解离。在古菌中，由与 XerCD 同源的 XerA 蛋白完成染色体二聚体的解离（Cortez et al.，2010）。

大多数的古菌具有多复制原点，以硫磺矿硫化叶菌为例，其染色体含有 3 个复制原点，每一个复制原点都会被特定的复制起始蛋白识别，复制过程有 6 个复制体同时工作。如果复制过程中无同源重组，最后复制阶段复制叉相遇，复制终止，不同复制体可能异步终止于 3 个终止位点，完成基因组倍增。如果复制过程中两个子染色体发生同源重组，复制结束后将形成相互嵌套的染色体二聚体。基因组分离前，二聚体需通过重组酶 XerA 进行解离（Duggin et al.，2011）。

2. 古菌染色体分离

近年来，对于硫磺矿硫化叶菌的染色体分离机制开始有了初步的了解和认识（Makarova et al，2010）。与细菌中参与染色体分离的 ParAB 系统类似，硫磺矿硫化叶菌基因组分离系统由 segA 和 segB 参与，这两个基因形成一个操纵子，位于染色体复制原点附近。SegA 与 ParA 属于同一个蛋白质家族，可能具有相似的功能，但古菌特异性蛋白 SegB 与 ParB 没有同源性。SegAB 介导的染色体分离有两种模型：拉动模型和推动模型。拉动模型与细菌 ParA 介导的染色体分离模型类似，由 SegB 与染色体上的多位点结合，SegA 与 SegB 互作，SegA 聚合与细胞两极相连，然后 SegA 的解聚将复制后的染色体分开。推动模型由 SegB 与染色体多位点结合，SegA 与 SegB 互作，通过 SegA 在两套基因组间的聚合将复制后的染色体推向两极，从而实现染色体的分离（图 6-15）。

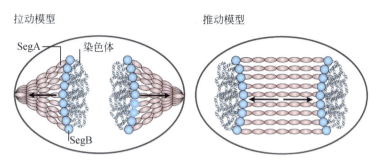

图 6-15　硫磺矿硫化叶菌中 SegAB 介导的染色体分离（修改自 Lindas and Bernander，2013）

（三）细胞分裂

子染色体分离之后将进行细胞分裂，细胞在分离的染色体之间缢缩，形成两个新的子细胞。在古菌中，主要有两种细胞分裂系统，即 FtsZ 系统和 Cdv 系统（Makarova et al.，2010）。

1. FtsZ 介导的细胞分裂

广古菌门（除嗜酸古菌属以外）及纳古菌门中的古菌具有 FtsZ 蛋白，介导细胞分裂。FtsZ 蛋白属于微管蛋白家族，在细菌中，通过 FtsZ 单体的聚合，细胞中部形成一种内膜相关的环形结构，称为 Z 环，细胞分裂发生时，Z 环逐渐收缩，使细胞膜内陷。尽管 FtsZ 在古菌中介导细胞分裂的详细的分子机制尚不清楚，但 Z 环的出现暗示它们利用了和细菌一样的细胞缢缩机制。

2. Cdv 介导的细胞分裂

泉古菌和奇古菌主要采用 Cdv 介导的细胞分裂系统。CdvABC 系统与真核生物中介导细胞分裂的 ESCRT-Ⅲ 系统同源。CdvABC 系统包含 CdvA、CdvB 和 CdvC，分别由 cdv 操纵子中的 cdvA、cdvB 和 cdvC 基因编码，CdvABC 可形成环状结构，在细胞缢缩时位于内陷膜的前缘，与 Z 环相似。硫化叶菌中，cdv 操纵子构成其独特细胞分裂系统的一部分，基因组的分离诱导 cdv 的表达，在分离的拟核之间，Cdv 蛋白聚合并存在于整个细胞分裂期间，在细胞缢缩期间形成较小的结构。CdvA 是泉古菌特有的蛋白质，可能在细胞分裂过程中起着关键的作用。CdvB 与 ESCRT-Ⅲ 复合物的组成蛋白同源，CdvC 与 Vps4 同源，Vps4 是一种 ATP 酶，参与 ATP 介导的 ESCRT-Ⅲ 复合物的解聚。

三、古菌转录机制及调控

地球上的三域生命包括古菌（A）、细菌（B）和真核生物（E），它们进化出了两套基础转录机器（B 和 EA）和两套转录调控因子（E 和 BA）。随着越来越多的古菌全基因组序列的测定和体外转录系统的建立，人们在分子水平上对古菌的转录机制及其调控有了更加深入的认识。研究发现，古菌的转录系统具有细菌和真核生物的融合特征，具有与真核生物高度同源的基础转录机器（EA 型），同时也具有与细菌类似的转录调控因子（BA 型）。

（一）古菌的基本转录体系

古菌的基本转录装置包括启动子、DNA 依赖的 RNA 聚合酶（RNA polymerase，RNAP）及基础转录因子（general transcription factor，GTF）。古菌启动子结构类似于真核生物的启动子，其核心序列包括 TATA 盒和转录因子 B 识别元件（TFB recognition element，BRE）。TATA 盒一般位于基因转录起始位点上游 25 ～ 30 bp 处，富含 AT 碱基，在转录起始时 TBP（TATA box binding protein）结合于此。TATA 盒对于编码稳定 RNA 的基因（rRNA 和 tRNA）和编码蛋白基因的转录起始都十分重要，此外它也是决定启动子活性与强度的关键因素。BRE 通常位于 TATA 盒上游，富含嘌呤，BRE 介导了转录因子 B（transcription factor B，TFB）与启动子序列的特异性结合，对 TFB/TBP/DNA 三元转录前起始复合物的组装和转录起始方向的确定十分重要（图 6-16）。

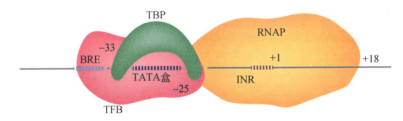

图 6-16　古菌启动子及基本转录体系

在三域生命中，RNAP 是基因表达和调控的关键酶，由 DNA 依赖的 RNAP 催化的转录过程非常保守。古菌 RNAP 与真核生物类似，与细菌差别较大。古菌 RNAP 包含至少 10 个亚基（通常包含 10 ～ 13 个亚基），其亚基组成与真核生物的亚基组成非常类似，且多个单亚基的序列与真核生物单亚基序列高度同源。古菌的 RNAP 分子质量约为 370 kDa，根据亚基分子质量从大到小依次被命名为 A、B、C 等（图 6-17）。它们按照功能可以分为 3 类：第一类是具有催化功能的 A′/A″ 亚基和 B′/B″ 亚基；第二类是具有组装功能的 L、N、D 和 P 亚基；第三类是具有辅助功能的 F、E、H 和 K 亚基。D-L-N-P 亚基能够结合 A′ A″ B′ B″ 亚基形成活性位点。K 亚基可与 TFB 互作，对上述活性有增强作用，但并非必不可少。H 亚基增加 RNAP 对启动子的特异性。EF 亚基是 RNAP 的结构组分，但也非活性必需。随着古菌 RNAP 晶体结构的解析，从结构生物学角度进一步证明了古菌的 RNAP 和真核生物的 RNAP Ⅱ 有较高的相似性，RNAP 的绝大部分亚基与真核生物 RNAP 的亚基高度同源（Werner and Weinzierl，2002）。这是古菌与细菌同为原核生物，却处于生命进化树不同地位的重要分子生物学证据之一。

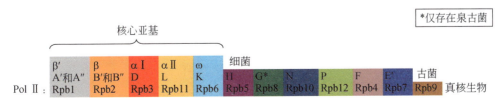

图 6-17　三域生命 RNAP 亚基构成

与真核生物 RNAP 相似，古菌 RNAP 自身不能单独有效地识别启动子序列。体外生化实验表明，至少还需要另外两个基础转录因子 TBP 和 TFB。

古菌 TBP 的结构与真核生物的 TBP 非常相似，呈典型的马鞍状（saddle shape），具有特异性识别 TATA 盒，使 DNA 发生弯曲及招募 TFB 的功能。在真核生物中，TBP 通过与一些大型多亚基复合物如（SL1、TFIID、TFIIIB）稳定结合，在转录过程中发挥重要的功能。这些复合物中有一类特定的 TBP 结合因子（TBP-associated factors，TEFs），这类因子不仅能介导 RNA 聚合酶特异性地与 DNA 结合，还具有给特定转录因子传递信号等重要作用。同样，在古菌中也已经鉴定出具有类似功能的转录因子 TFEs。古菌 TFEs 包含两个结构域，分别是 WH（winged helix）结构域和 ZR（zinc ribbon）结构域，二者与真核生物 TFIIEα 亚基氨基端的部分序列高度同源，具有促进 DNA 解链及将 RNAP 从复合物中释放出来的功能。

古菌 TFB 的结构与真核生物的 TFIIB 结构非常相似，氨基末端结构域包含一个金属结合基序和 ZR 结构，其中 ZR 结构与真核生物 TFIIS 中的 ZR 结构非常类似，后者在真核生物中是一类与 DNA 单链或双链都能结合的转录延长因子。古菌 TFB 羧基末端核心结构域与 TBP 和 TATA 盒形成三元复合物，此复合物的结构与真核生物 TBP-TFIIB-DNA 复合物的结构相似。TBP 结合到 TATA 盒的小沟，使小沟变宽且诱使 DNA 发生扭曲，导致 DNA 构象发生改变。TFB 结合到小沟的另一侧，与 TBP 的羧基末端和 TATA 盒同时相互作用，形成转录起始三元复合物。与真核生物的 TFIIB 类似，TFB 的核心结构域包含一个同向重复序列基序，其结构类似于细胞周期蛋白 A 的结构。古菌转录起始三元复合物的结构与真核生物三元复合物存在显著的差异，即在两种结构中蛋白质结合到 DNA 的方向相反。在真核生物的转录起始复合物结构中，TBP 和 TFIIB 的氨基末端都正面朝向转录起始位点，这说明 TFIIB 氨基末端的 ZR 基序在选择转录起始位点的过程中发挥重要作用。然而，在古菌三元复合物的结构中，TFB 的氨基末端发生 180° 旋转，远离起始位点。

（二）古菌转录起始过程

在体外转录系统中，只要含有纯化的 RNAP、TBP、TFB 及模板 DNA，就可以起始大多数古菌的基因转录。在转录起始过程中，首先由古菌的基础转录因子 TBP（中温古菌的 TBP 甚至可被真菌或人的 TBP 替换）识别并结合于启动子的 TATA 盒区域。然后，TFB 的羧基末端结合于 TATA 盒上游的 BRE 序列。同时，TFB 的氨基端伸展到 TBP/TATA 盒复合物的周围，与 TATA 盒下游序列接触，从而确定转录方向。TFB 与 BRE 相互作用，从而招募 RNAP 到转录起始位点附近起始转录。当 TBP-TFB-RNAP 转录前起始复合物（preinitiation complex，PIC）形成后，转录便在线性的 DNA 模板上开始。其他转录因子如 TFA、TFE、TFF 和 TFH 也参与某些基因的转录，可能对 RNAP 的招募及 DNA 的解链有促进作用。

（三）古菌转录过程

古菌和真核生物转录起始机制之间的普遍相似性，是否会延展到转录延伸过程呢？这一推测在硫磺矿硫化叶菌中得到证实。在硫磺矿硫化叶菌中鉴定到真核生物延伸因子 TFIIS 的同源蛋白，随后的研究中发现该蛋白质与真核生物 RNAP Ⅱ小亚基的同源性更高，因此推测该蛋白质可能是古菌 RNAP 的一个亚基。事实上，古菌 RNAP 的Ⅰ亚基功能未知，分子质量约 11 kDa，与真核 TFIIS 蛋白的分子质量接近，推测 I 亚基可能在转录延伸中发挥作用。有趣的是，古菌的基因组中也发现与细菌转录延伸因子 NusA 和 NusG 的同源蛋白的编码基因，但是它们在古菌转录中发挥的具体功能尚未报道。因此，古菌基因的转录延伸过程可能与细菌的更加相似。与基因转录起始相比，古菌基因的转录延伸和终止的研究报道相对较少。

古菌基因转录过程如图 6-18 所示，首先基础转录因子 TBP 结合于 TATA 盒，使启动子上的 DNA 序列发生大约 90° 的扭曲，便于启动子招募 TFB 和 RNAP，进而形成 DNA-TBP-TFB-RNAP 封闭复合物。在 TFE 帮助下，启动子下游的 DNA 发生解链，RNAP 构象发生改变，形成开放复合物，转录起始。然后，在某些因子的作用下，RNAP 从复合物中释放出来，不断滑动并离开启动子，开始合成 RNA 寡核苷酸片段，但经常伴随着转录流产。当合成的 RNA 片段达到一定长度时，RNAP 在延伸因子 TFS 和 Spt4-5 等的帮助下使 RNA 的合成进入链延伸阶段。最后，当 RNAP 遇到转录终止子时，转录结束，RNAP 释放。通过 TBP、TFB 和 RNAP 结合启动子，开启下一轮转录。

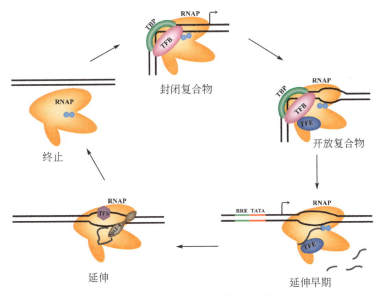

图 6-18 古菌基因的转录过程

（四）古菌基因转录调控策略

与细菌相似，古菌染色体上邻近的基因通常以多顺反子的形式进行共转录。古菌没有核膜，其基因的转录和翻译是同步进行的。因此，古菌基因的表达调控可能主要发生在转录水平。转录调控主要发生在起始阶段，转录起始的任何步骤被阻止都可能抑制基因的表达，任何步骤被强化都可能增强基因的表达。

1. 阻遏蛋白或其类似物参与的基因转录调控

古菌中，一些阻遏蛋白或类似物采用与细菌类似的调控方式参与基因的转录调控。阻遏蛋白通常结合于基因的启动子区域，从而封闭了 TATA 盒和 BRE 区域，使 TBP 或 TFB 无法与启动子结合。或者阻遏蛋白结合于启动子的转录起始位点附近，从而阻止 RNAP 的招募。例如，硫磺矿硫化叶菌的 Lrs-14 蛋白通过结合在乙醇脱氢酶基因 *adh* 和自身基因启动子调控区域（这一区域与 TATA 盒和 BRE 重叠），从而阻止转录因子结合，进而抑制 TBP-TFB-DNA 转录起始三元复合物的形成，最终阻遏了基因的转录。另外，体外生化实验表明，对 Fe^{2+}、Mn^{2+} 或 Ni^{2+} 依赖的 Mdr1 蛋白可以结合到 *mdr1* 启动子的多个区域，这些区域一直延伸到 *mdr1* 转录起始位点下游，从而阻止了 RNAP 的招募（Bell et al.，1999）。地中海富盐菌在合成 PHA 的过程中，PhaR 对 PHA 积累和颗粒形成起了关键的调节作用。PhaR 可同时结合到 PHA 颗粒和 *phaRP* 启动子上，通过调节 PHA 颗粒关键蛋白 PhaP 和自身的表达，确保 PHA 颗粒的有序形成。PhaP 的量达到一定程度后，会导致颗粒分隔成多个。随后，PhaP 的进一步增加会与 PhaR 竞争结合 PHA 颗粒，被竞争下来的游离 PhaR 蛋白会结合到 *phaRP* 启动子上，关闭 *phaP* 的转录表达（图 6-19）（Cai et al.，2012）。

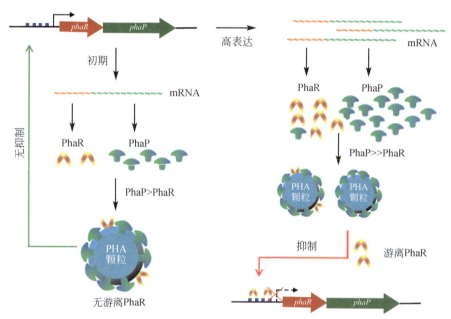

图 6-19 嗜盐古菌中 PhaR 调节 *phaRP* 的表达与 PHBV 颗粒的形成

增强启动子活性使之超过其基础转录活性，被称为增强基因表达。基因表达的增强可以通过以下几种机制实现：启动子与激活蛋白相互作用、改变启动子附近的 DNA 构型、使用不同的转录起始因子 TBP-TFB 组合等。在古菌中，对该部分的研究相对较少。

2. 基础转录因子（GTF）直接介导的基因表达调控

在三域生命中，基础转录因子参与的基因转录调控是一种重要的基因调控方式。真核生物存在着大量的 GTFs 与 4 种不同的聚合酶，它们通过与各种基因的启动子区域结合，参与基因组的调控及组织特异性基因的表达调控。目前，有关古菌GTFs参与转录调控的报道还非常有限。

古菌转录调控研究一直是古菌研究领域的重点和热点。极端嗜盐古菌编码了数目众多的GTFs，如 *Halobacterium* sp. NRC-1 基因组上存在 7 个 *tfb* 基因（*tfbA* ～ *tfbG*）和 6 个 *tbp*（*tbpA* ～ *tbpF*）基因。这些基因所编码的GTFs形成了不同的TFB-TBP组合，不同的组合被推测参与了不同基因类群的转录调控。一直以来，热休克蛋白编码基因在细菌和真核生物都是研究转录调控的很好的靶点。极端嗜盐古菌存在着大量的编码热休克蛋白的基因，因此热休克蛋白的编码基因也可用来作为研究古菌基因转录调控的靶点。科学家通过突变极端嗜盐古菌中较为保守的热休克基因 *hsp5* 启动子上的核心元件（BRE序列和TATA盒）使其丧失基础转录和热诱导转录活性。这一研究首次证实了是基础转录因子而不是特定的调控蛋白参与了 *hsp5* 基因的转录调控，为阐明极端嗜盐古菌多个基础转录因子的功能提供了一定的帮助。同时，也丰富了古菌转录调控领域的知识，为古菌基因的转录调控提供了一个新的范例。相关研究使得对理解GTFs在全局水平对细胞生理与适应的基础调控提供了更完整的认识（Lu et al., 2008）。

四、古菌翻译机制

古菌的蛋白质翻译系统是一个"嵌合体"系统，即同时具有真核生物和细菌蛋白质翻译系统的特征。与真核生物翻译起始因子（eukaryal initiation factors，eIFs）的命名相同，古菌翻译起始因子被命名为aIFs。科研人员对已测序的古菌全基因组序列进行分析，发现古菌蛋白质翻译起始因子不仅在序列上与真核生物的具有较高的同源性，而且在数量上也接近。古菌和真核生物的翻译起始因子都超过10个，而细菌的翻译起始因子只有3个，包括IF1、IF2和IF3。另外，古菌和真核生物用于翻译起始的第一个氨基酸均为甲硫氨酸。尽管古菌的翻译起始因子与真核生物的类似，但其他组分却更接近于细菌的。

另外，与细菌的核糖体类似，古菌核糖体由50S大亚基和30S小亚基两个亚基组成。其核糖体RNA与细菌类似，分别为23S、16S和5S，但其序列为古菌所特异。古菌核糖体蛋白（r-protein）至少包含68个家系，其中28个属于小亚基SSU，40个属于大亚基LSU。古菌的15个小亚基SSU和19个大亚基LSU在三域生命中保守，13个小亚基SSU和20个大亚基LSU与真核生物的核糖体蛋白同源，只有1个核糖体亚基为古菌特异性。总体而言，古菌核糖体蛋白更像真核生物的核糖体蛋白。

（一）古菌翻译起始

翻译起始是蛋白质合成过程的第一步，此过程非常关键，控制着蛋白质合成整个过程的速率和效率。参与古菌翻译起始过程的主要包括核糖体的大小亚基，tRNAi（initiator tRNA）及一系列翻译起始因子（aIF-1A、aIF-2、aIF-2B和aIF-5等）。在原核生物中，mRNA的结构相对单一，翻译起始主要采用基于 Shine Dalgarno 序列（SD序列）的识别机制。SD序列相对保守，位于mRNA的5′-UTR区域，距离起始密码子4～8个核苷酸。通过 mRNA 上的 SD 序列与 16S rRNA 3′端的"反 SD 序列"进行碱基互补配对，进而促进翻译起始。而古菌 mRNA 的结构呈现多样性，仅有少数古菌 mRNA 的 5′-UTR 含有 SD 序列，部分古菌 mRNA 虽包含 5′-UTR，但缺乏 SD 序列，还有部分古菌的 mRNA 不含有 5′-UTR。缺乏 SD 序列（Sartoriusneef and Pfeifer，2004）甚至缺失全部 5′-UTR 序列这一现象在古菌 mRNA 中普遍存在，此类 mRNA 在翻译的过程中没有引导序列。在某些古菌中，无引导序列的 mRNA 所占比例高达 50%。且在翻译起始，无引导序列的 mRNA 会在核糖体上进行随机移动，有科学家猜测这种无引导序列的 mRNA 有可能是其他 mRNA 的祖先。但这种无引导序列的 mRNA 的翻译起始机制到目前为止并不清楚（Londei，2005）。

在古菌中，含有 SD 序列的 mRNA 翻译起始过程研究得相对较多。首先，古菌翻译起始因子 aIF-1A 抑制核糖体大小亚基的互作，从而招募翻译起始复合物 tRNA-aIF-2-GTP，进而促进 aIF-2B 的结合。随后，mRNA 结合到小亚基上，其翻译起始密码子通过 mRNA 上的 SD 序列与 16S rRNA 3′端配对而被定位。随后，翻译起始因子 aIF-5 替代 aIF-2 复合物，GTP 水解生成 GDP，招募核糖体大亚基结合到小亚基上，完成核糖体装配过程（图 6-20）。

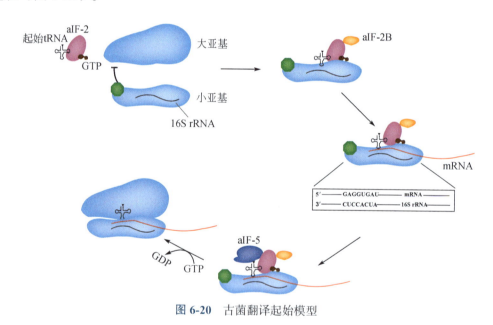

图 6-20　古菌翻译起始模型

（二）古菌翻译链延伸和翻译终止

核糖体完成装配后，便有序地开始翻译过程。古菌的翻译延伸因子和终止因子类似于真核生物的，如 aEF-1 和 aEF-2 分别与真核生物的 eEF（eukaryotic elongation factor）-1α 和 eEF-2 同源。古菌的氨酰 tRNA 把 aEF-1 招募到核糖体上空置的 A 位点，与肽链上的氨基酸形成肽键，然后在 aEF-2 的介导下转位至 P 位点，实现肽链合成。

翻译终止过程中，终止密码子的识别由翻译终止因子介导完成。在某些古菌中，终止密码子能够编码第 21 种或第 22 种氨基酸。

第三节 模式古菌及染色体外因子

古菌在适应不同环境的过程中，进化形成了不同的生理类群。本节将以几个重要古菌类群（嗜盐古菌、高温古菌和甲烷古菌）中的模式菌为例，从遗传与分子生物学角度介绍古菌类群的特色与研究方法及其染色体外因子（质粒和病毒），为实际开展古菌领域的研究奠定基础。

一、古菌模式生物基本概念

人类关于生物过程及其基本机制的知识，首先来自相对简单和易于实验操作的模式物种。但面对多样的生命世界，已有的模式物种如大肠杆菌（*Escherichia coli*）、酿酒酵母（*Saccharomyces cerevisiae*）和秀丽隐杆线虫（*Caenorhabditis elegans*）等还远远不够。具有极端环境适应性的古菌必然蕴含着其他的生命奥秘，因此有必要将模式生物扩展到古菌域的重要代表类群，如嗜盐古菌、甲烷古菌及嗜热古菌等。模式微生物应具有以下几个特点：①易于培养，生长较快，代时较短；②可在固体培养基上形成单克隆；③可进行遗传转化，有合适的选择标记系统，可构建外源基因的表达系统，能够对基因进行定点突变，可进行基因敲除与回补操作；④已获得完整基因组信息；⑤对特定类群的生命形式具有一定的代表性。

古菌在遗传信息处理系统方面与真核生物同源，代表"古菌－真核生物"进化分支的基本特性。极端古菌的极端适应性和独特的代谢能力，为生命机制的解析及生物技术的开发提供了新的可能。其中，嗜盐古菌具有中温培养、好氧、原生质体易制备、易遗传转化、质粒丰富等特点，具有独立的遗传操作体系。甲烷古菌需厌氧培养，其细胞壁特殊，遗传转化相对困难，胞内环境呈中性，可借用细菌的一些基础元件。高温古菌易于生化分析，但平板培养及遗传操作较困难，还需寻找合适的筛选标记。

目前，已经完成全基因组测序且具有较成熟遗传操作系统的菌株，包括嗜盐古菌中的地中海富盐菌（*Haloferax mediterranei*）、西班牙盐盒菌（*Haloarcula hispanica*）、沃式富盐菌（*Haloferax volcanii*）和盐沼盐杆菌（*Halobacterium salinarum*），甲烷古菌中的醋酸甲烷八叠球菌（*Methanosarcina acetivorans*）和海沼甲烷球菌（*Methanococcus maripaludis*），嗜热古菌中的鹿儿岛热球菌（*Thermococcus kodakaraensis*）、冰岛硫化叶菌（*Sulfolobus islandicus*）和硫磺矿硫化叶菌（*Sulfolobus solfataricus*）。此外，正在开展或具有潜力开展遗传操作的菌株，包括湖渊盐红杆菌（*Halorubrum lacusprofundi*）、马泽氏甲烷八叠球菌（*Methanosarcina mazei*）、巴氏甲烷八叠球菌（*Methanosarcina barkeri*）、沃式甲烷球菌（*Methanococcus voltae*）、*Thermococcus onnurineus*、激烈热火球古菌（*Pyrococcus furiosus*）和 *Pyrococcus abyssi*。

二、嗜盐古菌模式菌

（一）嗜盐古菌简介

嗜盐古菌均属于古菌域广古菌门（Euryarchaeota），2001年第二版《伯杰氏系统细菌学手册》将嗜盐古菌设立为嗜盐菌纲（Halobacteria）、嗜盐菌目（Halobacteriales）、盐杆菌科（Halobacteriaceae）及14个属。2015年，Baker等对嗜盐古菌进行了系统性分类研究，建议将嗜盐菌纲更设为3个目：盐杆菌目（Halobacteriales）、盐富饶菌目（Haloferacales）和无色需碱菌目（Natrialbales）。目前，嗜盐古菌共有1纲3目6科64属。

嗜盐古菌生活在地球上的各种高盐环境中，如盐湖、晒盐场、盐矿和盐碱地等。细胞具有多种形态，如杆状、球形、盘状、三角形及四方形，不运动或以簇生鞭毛运动。其细胞含有 C_{50} 类胡萝卜素，使菌落呈现红色。嗜盐古菌多数好氧，部分菌可厌氧生长，其营养型为化能/光能有机异养型，能以氨基酸、有机酸或葡萄糖等有机物为碳源和能源。其基因组 G+C 含量较高，复制子多拷贝，常含有多个染色体外因子如大质粒，易培养，易遗传转化。"盐泵入"机制是嗜盐古菌普遍采用的对抗盐胁迫的策略，即通过胞内积累高浓度的无机盐离子（主要为钾离子）来维持渗透压。同时，嗜盐古菌胞内蛋白质含有较多的酸性氨基酸和较少的疏水性氨基酸，可在蛋白质表面形成水合阳离子水化层，帮助其在高盐环境中正确折叠和行使功能。利用常用的蛋白质表达体系来表达嗜盐古菌蛋白，通常不能够得到构象正确的蛋白质，因此需要开发适合嗜盐古菌的表达系统用以蛋白质的表达。

（二）嗜盐古菌的研究特色和意义

嗜盐古菌是研究物种形成和演化的重要模式生物，其优势在于易培养、不易被污染，具有丰富的遗传与代谢类型，并且具有古菌域中最完善的遗传操作系统。嗜盐古菌对饱和盐浓度和辐射等极端条件具有很强的适应能力，推测它们具有地外（如火星）生命可能的特质，因此也是研究地外生命起源和传播的重要材料。嗜盐古菌具有独特的盐适应机制，合成特殊功能物质的能力，以及培养与操作的方便性，对现代生命科学的发展和生物技术的进步起到了重要的推动作用。例如，死海盐盒菌（*Haloarcula marismortui*）核糖体的解析工作，获得了2009年诺贝尔化学奖。嗜盐古菌合成的生物纳米材料紫膜及生物医用材料PHA，都具有潜在的高值应用前景。

（三）嗜盐古菌常用模式菌

1. 盐杆菌

盐杆菌（图6-21）的分类地位为 Archaea 域、Euryarchaeota 门、Halobacteria 纲、Halobacteriales 目、Halobacteriaceae 科、*Halobacterium* 属。

　　盐杆菌主要生活于海水晒盐场、盐湖及腌制食品等盐浓度高达 4 mol/L 的环境中，所能耐受的最高盐浓度可达饱和。菌体呈杆状，有鞭毛和气囊，可运动，产生的菌红素和紫膜可使盐场或盐湖变红。盐杆菌的紫膜可利用光能产 ATP，具有很强的抗辐射能力。盐杆菌为好氧异养型微生物，能以氨基酸为碳源和能源，但不能利用葡萄糖。

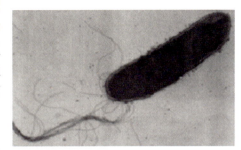

图 6-21　盐杆菌的形态特征

　　盐沼盐杆菌 *Halobacterium salinarum* R1 和盐杆菌 *Halobacterium* sp. NRC-1 两株菌的基因组主染色体序列一致，大质粒（megaplasmid）存在差异。其主染色体 G+C 含量为 68%，而大质粒平均 G+C 含量为 58%。菌株 R1 有 4 个大质粒，而 NRC-1 有 2 个大质粒。两个菌株的基因组均编码约 2800 个蛋白质。盐杆菌的基因组相对较小（约 2.5 Mb），易于操作，可以作为模式菌株，用以解答嗜盐古菌的基本科学问题。

　　2. 富盐菌

　　富盐菌（图 6-22）的分类地位为 Archaea 域、Euryarchaeota 门、Halobacteria 纲、Haloferacales 目、Haloferacaceae 科、*Haloferax* 属。

　　除地中海富盐菌（*Haloferax mediterranei*）外，沃氏富盐菌（*Haloferax volcanii*）也是富盐菌的典型菌株，它们分别分离自西班牙和死海海水盐场。二者染色体同源性较高，可通过细胞融合形成含有两个菌株基因组的杂合细胞，进而获得二者的重组子代。沃氏富盐菌和地中海富盐菌可共享遗传转化载体系统。二者具有以下共同点：无细胞壁，通过 S 层（S-layer）保持细胞结构和多晶（pleomorphic）形态（如碟形或球形等），无紫膜，不能利用光能产 ATP。其中，地中海富盐菌碳代谢能力更强，可利用葡萄糖合成生物塑料 PHA，而沃氏富盐菌则不能。长期以来，沃氏富盐菌是研究嗜盐古菌遗传学的模式菌，用于解答嗜盐古菌染色体复制、DNA 修复、蛋白质翻译后修饰等科学问题。而地中海富盐菌则是嗜盐古菌固碳、储碳等生理代谢研究的理想模型。

　　3. 盐盒菌

　　盐盒菌（图 6-23）的分类地位为 Archaea 域、Euryarchaeota 门、Halobacteria 纲、Halobacteriales 目、Halobacteriaceae 科、*Haloarcula* 属。

图 6-22　富盐菌的形态特征

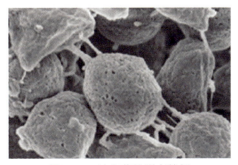

图 6-23　盐盒菌的形态特征

西班牙盐盒菌分离于西班牙海水晒盐场，细胞主要为三角形或方形，形似盒子，故称盐盒菌。西班牙盐盒菌具有1个主染色体、1个小染色体和1个大质粒，其基因组共编码3859个蛋白质。主染色体大小为2 995 271 bp，G+C含量为63.7%；小染色体大小为488 918 bp，G+C含量为57.0%；大质粒pHH400大小为405 816 bp，G+C含量为59.9%。西班牙盐盒菌的限制修饰系统活性低，易于接受外源DNA，可进行高效的遗传操作。许多嗜盐古菌病毒可感染西班牙盐盒菌，因此该菌是研究古菌与病毒互作的理想模式菌株。

（四）嗜盐古菌的遗传操作系统

1. 嗜盐古菌的遗传转化

古菌具有较厚的细胞壁，细胞容易发生聚集，生长需要极端的培养温度、盐度及pH，具有特殊的启动子类型并具有密码子的偏好性。这些特性在较长一段时期内都阻碍了古菌的遗传学研究，使之落后于真核生物和细菌的相关研究。随着技术的发展，目前嗜盐古菌、甲烷古菌及嗜热古菌均已成功建立了相应的遗传转化系统。嗜盐古菌所使用的遗传转化载体的组成，包括选择标记（表6-4）、穿梭载体的可自主复制区、古菌特殊启动子及其表达调控元件等。同时，受体系统的限制性系统障碍的克服与内源性质粒的去除，也为嗜盐古菌的遗传转化提供了便利。因此，嗜盐古菌的基因敲除和互补及点突变等方法，也在此基础上得以发展（Farkas et al., 2013）。

表6-4 嗜盐古菌可用的筛选/反向筛选标记

筛选/反向筛选	筛选标记
莫维诺林	HMG-CoA
新生霉素	gyrB
尿嘧啶/5-氟乳清酸	pyrE/pyrF
亮氨酸	leuB
色氨酸	trpA
胸腺嘧啶	hdrB

聚乙二醇（PEG）介导的原生质体转化是嗜盐古菌常用的转化方法。其工作原理是利用二价金属螯合剂乙二胺四乙酸（EDTA）螯合细胞膜Mg^{2+}，降低细胞膜的稳定性，使外源DNA易于进入；然后再加入混有PEG溶液的待转化质粒或线性DNA片段，孵育后进行复苏、涂布平板，即完成了一轮转化。嗜盐古菌对通用的细菌抗生素（如氨苄青霉素、卡那霉素、氯霉素和四环素）不敏感。目前，嗜盐古菌所能用的选择标记包括3-羟基-3-甲基戊二酸单酰辅酶A还原酶（HMG-CoA reductase）的抑制剂莫维诺林（mevinolin）的抗性基因，以及DNA促旋酶抑制剂新生霉素的抗性基因等。同时，基于pyrF或者pyrE反向选择标记基因的基因敲除系统也已建立（Peck et al., 2000）。科学家发现，由于限制修饰系统的存在，沃式富盐菌和地中海富盐菌对来源于E. coli（dam⁺）（甲基化修饰）的穿梭载体具有限制性，转化效率较低，但西班牙盐盒菌对其几乎没有限制性。因此，在对沃式富盐菌和地中海富盐菌进行转化时，为提高转化效率，目的DNA需先经过E. coli JM110（dam⁻ dcm⁻）进行穿梭，将其去甲基化，再进行相关菌株的转化（Holmes et al., 1991）。

2. 基于 *pyrF* 基因的基因敲除系统

乳清苷 -5′ - 磷酸脱羧酶（PyrF）催化生物尿嘧啶合成的最后一步反应。当培养基中加入 5- 氟乳清酸（5-FOA）时，PyrF 催化其产生有毒的 5- 氟尿嘧啶（5-FU），对细胞致死。因此该基因敲除系统是建立在 *pyrF* 基因敲除的基础上，在含目的片段两端同源臂的质粒上引入 *pyrF* 基因构建"自杀质粒"，用 5- 氟乳清酸进行反向筛选，从而获得双交换菌株。目前，常用的宿主菌株有地中海富盐菌 *H. mediterranei* AS2087 Δ*pyrF* 和西班牙盐盒菌 *H. hispanica* AS2049 Δ*pyrF*（Liu et al., 2011）。嗜盐古菌基因敲除的具体步骤如图 6-24 所示，首先将欲敲除目标序列的上游和下游的片段 US′ -DS′（500 ～ 800 bp）克隆到 pHFX 中，在大肠杆菌中构建"自杀质粒"，然后将"自杀质粒"转化到敲除 *pyrF* 基因的宿主菌中；用不含尿嘧啶的固体培养基（AS-168SY）筛选发生了第一次同源重组的转化子，并进行 PCR 验证；随后将正确的转化子在添加了尿嘧啶和 5- 氟乳清酸的培养基中培养并传代，促使

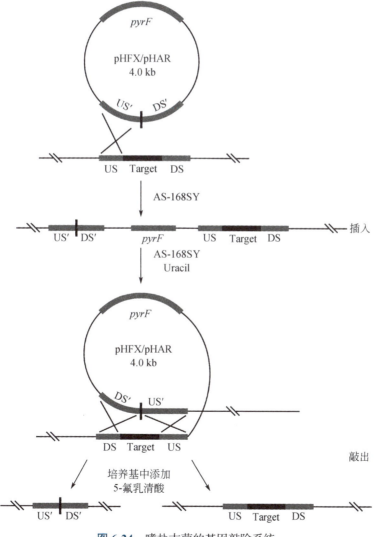

图 6-24 嗜盐古菌的基因敲除系统

其发生第二次同源重组，第二次同源重组的菌株包含野生型和目的基因敲除型菌株；最后，用含尿嘧啶和 5- 氟乳清酸的培养基筛选发生了第二次同源重组的转化子，并进行 PCR 验证，以获得目的基因敲除株。

3. 嗜盐古菌异源蛋白的表达纯化系统

目前，常用的嗜盐古菌蛋白表达宿主为沃氏富盐菌 *H. volcanii* H1424（Stroud et al.，2012），其基因型为 Δ*pyrE2* Δ*hdrB* Δ*mrr Nph-pitA cdc48d-Ct*，表型为尿嘧啶和胸苷营养缺陷。表达载体为 pTA1228，含 P_{tnaA} 启动子，受色氨酸诱导。中国科学院微生物所向华研究组在此基础上对 pTA1228 进行了改造，插入 P_{phaR} 启动子，用以目的基因的组成型表达，已经构建了 pTA03 ～ 06 系列表达载体，不同质粒仅在多克隆酶切位点数目与组氨酸标签位置有所不同。

（五）研究实例：嗜盐古菌生物可降解塑料的合成途径及调控机制解析

PHA 是微生物合成的胞内聚脂，具有完全的生物可降解性及良好的生物相容性，可作为环保的生物塑料和优良的组织工程材料。目前，已经实现了 PHB 和 PHBV（两种 PHA）的工业化生产，限制 PHA 大规模应用的主要因素是材料性能单一和生产成本过高。极端嗜盐古菌作为 PHA 的生产菌株，优点在于生产成本较低，生产过程不易受到污染，提取工艺简单，材料性能好。目前，对于嗜盐古菌合成 PHA 的关键基因及前体供应的关键途径已基本阐明。

中国科学院微生物所向华研究组报道了一种来自地中海富盐菌的新型 β - 酮硫解酶，负责了 PHA 合成的前体供应（图 6-25）。地中海富盐菌基因组测序后，发现有 8 个可能编码 β - 酮硫解酶的候选基因。有趣的是，这些候选基因都连锁着一个小的阅读框，且两者进行共转录。利用遗传学的方法，对每一个可能的候选基因进行了基因敲除，通过检测突变株中 PHA 的积累确定其功能。结果显示，该菌存在两个具有不同底物特异性的 β - 酮硫解酶，BktB 和 PhaA。他们还通过体内实验研究了 PhaA 和 BktB 大小亚基的功能及它们相互识别的特性，发现大亚基决定底物特异性，而小亚基是 β - 酮硫解酶活性所必需；二者小亚基可以互换，但它们会优先与各自的大亚基形成有功能的酶。嗜盐古菌的 β - 酮硫解酶由大小两种亚基组成，明显区别于细菌中已经报道的单种亚基组成的 β - 酮硫解酶（Hou et al.，2013）。

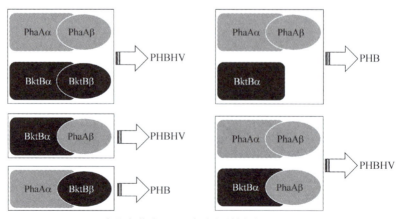

图 6-25　嗜盐古菌中 PHA 合成的关键酶 β - 酮硫解酶

三、甲烷古菌模式菌

（一）甲烷古菌简介

甲烷古菌是一类具有特殊生化与生态学特征的古菌类群，属广古菌门（Euryarchaeota）。甲烷古菌包括 5 个目：甲烷古菌目（Methanococcales）、甲烷八叠球菌目（Methanosarcinales）、甲烷杆菌目（Methanobacteriales）、甲烷微球菌目（Methanomicrobiales）和甲烷火菌目（Methanopyrales）。甲烷古菌是可培养古菌中的最大类群之一，但目前仅在甲烷古菌目和甲烷八叠球菌目的个别种内建立了遗传操作系统。甲烷古菌是地球上最厌氧的生物，在 $Eh < -320$ mV（氧化还原电位）的环境中最适生活，并能利用特殊的辅酶 F_{420} 在 420 nm 波长的光照下自发荧光。甲烷古菌主要栖息于各种厌氧生境，包括海洋和淡水沉积物、稻田、生物反应器和活性污泥、垃圾填埋场、动物消化道及海底热液口等。这些生态系统大多含有能通过厌氧分解生成甲烷的有机物，在热液口处甲烷古菌则是将地质来源的 CO_2 和 H_2 转化为甲烷。此外，甲烷古菌还可将甲酸、甲醇和乙酸转化为甲烷。

（二）甲烷古菌的研究意义

1. 甲烷是重要的可再生能源

甲烷是天然气的主要成分，人类利用甲烷燃气已有 3000 多年的历史，"西气东输工程"重要气源区之一柴达木盆地的天然气资源储量达 2.5 万亿 m^3。沼气发酵是将有机废物资源进行再生化的一个过程，甲烷为其分解代谢的末端产物。

2. 甲烷古菌的发现对生命科学的贡献

1906 年，Beijerinck 实验室描述了第一株甲烷菌甲烷甲基单胞菌（*Methylomonas methanica*）。1940 年，Barker 分离到第一株甲烷菌。1976 年，Carl Woese 分析甲烷菌的 SSU rRNA 时发现其细胞膜含醚键酯，这也是他提出第三生命域——古菌域的理论基础。20 世纪 70 年代，研究者们发现甲烷古菌特有的酶和辅酶，包括甲基 CoM 还原酶、F_{420}、F_{430}、CoM、甲烷呋喃、四氢甲烷蝶呤，以及特殊的金属离子辅因子如钴、钨、镍、锰。1996 年，詹氏甲烷球菌（*Methanococcus jannaschii*）的全基因组测序完成，这是第一株测序的古菌，进一步验证了 Woese 等的三域学说。2002 年，Krzycki 实验室在巴氏甲烷八叠球菌中发现了第 22 种氨基酸——吡咯赖氨酸。

（三）甲烷古菌的关键模式菌株

1. 海沼甲烷球菌

海沼甲烷球菌（*Methanococcus maripaludis*）（图 6-26）分类地位为 Archaea 域、Euryarchaeota 门、Methanococci 纲、Methanococcale 目、Methanococcaceae 科、

Methanococcus 属、*Methanococcus maripaludis* 种。

海沼甲烷球菌为球形，单生，不产芽孢，菌落呈透明状凸起，颜色微黄。该菌生长较快，代时为 2 h，液体培养 2 h 可获得较高浓度菌液，平板培养 2 天可获得菌落。海沼甲烷球菌属于氢营养型，可利用 H_2/CO_2、甲酸盐和硒生长，在厌氧条件下可产甲烷。海沼甲烷球菌生长温度为 20～40℃，最适生长温度为 35～39℃，可耐受盐浓度为 1%～4%，最适 pH 为 6.8～7.2。海沼甲烷球菌胞内不含质粒，其染色体为环状，大小为 1.66 Mb，G+C 含量为 33%，包含 1719 个开放阅读框。

2. 醋酸甲烷八叠球菌

醋酸甲烷八叠球菌（*Methanosarcina acetivorans*）（图 6-27）分类地位为 Archaea 域、Euryarchaeota 门、Methanomicrobia 纲、Methanosarcinales 目、Methanosarcinaceae 科、*Methanosarcina* 属、*Methanosarcina acetivorans* 种。

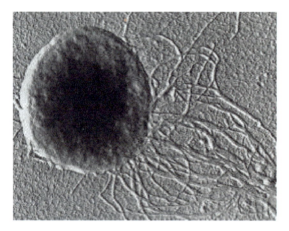

图 6-26　海沼甲烷球菌的形态特征　　　　图 6-27　醋酸甲烷八叠球菌的形态特征

醋酸甲烷八叠球菌属于甲基营养型，不能以 H_2/CO_2 为唯一碳源生长，但能利用甲胺、三甲胺和乙酸生长。菌体生长温度为 36～39℃，pH 为 6.5～7.0。该菌在厌氧条件下可产甲烷，代谢类型多样，但生长相对较慢，代时为 8 h。菌体在以甲醇为底物的培养条件下呈不规则球形，代时为 6 h；而以乙酸为碳源时，倍增时间约为 26 h。该菌具有较大的基因组，大小为 5.75 Mb，包含 4524 个开放阅读框。

（四）甲烷古菌遗传操作系统的构建

由于甲烷古菌对氧气的高敏感性，菌体的培养需要严格的厌氧环境。同时，严格的厌氧生长条件，为甲烷古菌遗传转化体系的构建带来了较大的困难。甲烷古菌的细胞外层通常被 S 层糖蛋白包被，这阻碍了外源 DNA 进入细胞。利用 DTT、巯基乙醇或 EDTA 等制备原生质体，可以去除 S 层糖蛋白，有利于外源 DNA 进入细胞。细胞转化后，S 层糖蛋白再生，进而形成完整的细胞壁。甲烷古菌形成原生质体后，可通过电击、PEG 或脂质体介导、接合及转导方法进行基因转移。甲烷古菌对嘌呤霉素、假单胞菌酸、夫西地酸、新霉素和崔西杆菌素等多种抗生素敏感，细菌来源的抗性基因，如嘌呤霉素抗性基因和新霉素抗性基因，能够用作甲烷古菌的遗传转化筛选标记（表6-5）。除了抗性选择外，也可使用来自 *E. coli* 的表型筛选标记，如编码 β - 葡糖醛酸苷酶的 *uidA* 和编码 β - 半乳糖苷酶的 *lacZ* 基因。目前，可使用的穿梭质粒包括 pDLT44 和 pWM 系列质粒，其自主复制区来于 pURB500 和 pC2A，二者分别用于甲烷球菌和甲烷八叠球菌的转化（Farkas et al.，2013）。

表 6-5　甲烷古菌可用的筛选 / 反向筛选标记

筛选 / 反向筛选	筛选标记
嘌呤霉素	*pac*
新生霉素	*aph3*
8-azahypoxanthine，6-azauracil	*hpt*
假单胞菌酸	*ileS*
8-aza-2，6-diaminopurine	*hpt*
脯氨酸	*proC*

以甲烷球菌表达载体的构建为例，首先分离甲烷球菌质粒 pURB500 以提供复制子。同时，在大肠杆菌中构建质粒 pWLG14，该质粒包含了大肠杆菌复制子（*ori*）和选择标记（*amp*[r]），甲烷古菌启动子 P_{hmvA} 及选择标记 *pur*[r]，以及多克隆位点。而后，将 pURB500 与 pWLG14 连接构建穿梭表达载体 pWLG30。将外源基因置于甲烷古菌启动子 P_{hmvA} 后，即可实现该基因的异源表达。其中，P_{hmvA} 可被其他具有不同强度的启动子所替换，用于实现基因不同强度的表达。

（五）研究实例

1. tRNA[Pyl] 的鉴定是发现第 22 种氨基酸吡咯赖氨酸的关键

2002 年，Krzycki 等研究发现甲烷古菌在利用单甲胺类物质时，必须由 "甲基转移酶" 这一关键酶参与（Hao et al.，2002）。对该酶进行结构分析，发现其中一个氨基酸是被称为第 22 种氨基酸的吡咯赖氨酸。分析其编码基因时发现，该新型氨基酸由一种终止密码子 UAG 编码。为了研究该菌中是否存在相应的 tRNA 能识别 UAG 密码子、携带吡咯赖氨酸，研究者在该菌的基因组中寻找这种可能存在的特殊 tRNA 的编码基因，并对其进行敲除。结果发现，在一个编码催化赖氨酸生成吡咯赖氨酸的酶的基因簇上游存在一个编码 tRNA 的基因 *pylT*，将 *pylT* 基因敲除，发现 Δ*pylT* 敲除株具有新的表型，不再合成相应的 tRNA，不再合成甲基转移酶，不能利用甲胺生长。以上表型说明 *pylT* 编码的 tRNA 可识别 UAG 密码子，转运吡咯赖氨酸。该研究为后来解析 tRNA[Pyl] 的合成机制奠定了基础（Mahapatra et al.，2006）。

2. 吡咯赖氨酸在生物医药领域的应用——活病毒疫苗生产

2016 年，北京大学的周德敏 / 张礼和课题组以流感病毒为模型，发明了人工控制病毒复制从而将病毒直接转化为疫苗的技术。研究者首先构建可编码 tRNA$_{CUA}$（识别终止密码子 UAG）的 HEK 293T 细胞，同时将病毒若干关键基因的部分密码子突变为 UAG。用编码突变病毒的质粒感染上述改造后的 293T 细胞，当 DNA 上出现 TAG 时，在培养基中添加吡咯赖氨酸的情况下，蛋白质翻译不会终止，可获得有活性的病毒突变株。这种突变病毒可作为疫苗去接种人体，由于人体细胞没有上述翻译系统，蛋白质翻译过程中遇到终止密码子 UAG 时将导致病毒蛋白翻译失败，从而无法产生新病毒。这种突变过的活病毒具有很好的免疫原性，有望作为活病毒疫苗使用（Si et al., 2016）。

四、嗜热古菌模式菌

（一）嗜热古菌简介

嗜热古菌广泛分布于地球的各种高温环境中，如热泉和海底热液口。嗜热古菌并不是一个分类学概念，一般最适生长温度在 45℃ 及以上的各类古菌，都可称为嗜热古菌。嗜热古菌不仅包括广古菌门的大量嗜热菌，如古生球菌目（Archaeoglobales）的嗜热硫酸盐还原菌，甲烷球菌目（Methanococcales）和甲烷火菌目（Methanopyrales）的嗜热甲烷古菌类群，以及热球菌目（Thermococcales）的嗜热硫氧化还原菌等，还包括泉古菌界的大量嗜热菌，如模式古菌硫化叶菌和代表地球生命高温极限的菌株 *Geogemma barossi* 121。

许多超嗜热古菌的生长都需要单质硫。其中，一些厌氧嗜热古菌以硫代替氧作为细胞呼吸链的电子受体。还有一些化能自养型的嗜酸热古菌，通过硫氧化生成硫酸根而获得能量。嗜热古菌具有特殊的核酸结构（如正超螺旋）以保持其基因组的稳定性；同时，也具有热稳定性蛋白，因此嗜热古菌是耐热蛋白和工具酶的很好来源。例如，来源于嗜热菌激烈热火球古菌的 Pfu 酶，已经广泛应用于 PCR。

（二）嗜热古菌重要模式属——硫化叶菌属

硫化叶菌属（图 6-28），其分类地位为 Archaea 域、Crenarchaeota 门、Thermoprotei 纲、Sulfolobales 目、Sulfolobaceae 科、*Sulfolobus* 属。

硫化叶菌主要生活于陆地含硫酸性热泉，通常最适 pH 为 2 ~ 3，最适温度为 75 ~ 80℃，因此为典型的嗜酸热微生物。硫化叶菌属有多个种，包括硫磺矿硫化叶菌、嗜酸热硫化叶菌（*S. acidocaldarius*）、芝田硫化叶菌（*S. shibatae*）、冰岛硫化叶菌（*S. islandicus*）、腾冲硫化叶菌（*S. tengchongensis*）和头蔻岱硫化叶菌（*S. tokodaii*）等。硫化叶菌细胞呈树叶状或球状，直径为 0.7 ~ 2 μm。该菌属于兼性自养微生物，能以 CO_2 为碳源，以硫、硫代硫酸盐为能源自养生长；也能以蛋白胨、糖或酵母提取物为碳源和能源进行异养生长。硫化叶菌细胞膜脂质主要为四醚单层膜结构，这种膜对质子的通透性差，利于其胞内维持近中性（pH

图 6-28　硫化叶菌的形态特征

6.5）的环境。硫化叶菌基因组为双链环状 DNA，A+T 含量高（63% ~ 67%），具有多个复制起点，在稳定期细胞有两个拷贝的基因组。硫磺矿硫化叶菌基因组全长为 2 992 245 bp，

G+C 含量为 35%，编码 2977 个蛋白质。硫化叶菌是研究 DNA 复制分子机制的重要模式生物。例如，古菌 DNA 复制相关蛋白的研究，包括其真核类型的 Primase、MCM、Cdc6/Orc1、RPA、RPC 和 PCNA 等的结构解析，古菌多复制起始位点的发现，以及泉古菌细胞周期的研究等，大多首先是在硫化叶菌中取得突破性进展的。目前，硫化叶菌仍是研究真核生物 DNA 复制的重要原核模型。硫磺矿硫化叶菌和冰岛硫化叶菌易于实验室培养和操作，这两种菌在液体培养基和固体培养基中均能生长，既能形成单菌落，也能形成菌苔，并且可通过结合、转导和转化进行基因转移。此外，从硫化叶菌中还分离到许多质粒和病毒，在此基础上发展起来的遗传操作系统也日趋成熟。因此，硫化叶菌已经成为研究古菌生理生化性质和遗传机制的重要模式微生物。

（三）硫化叶菌遗传操作系统

硫化叶菌是泉古菌中唯一已实现遗传操作的菌株。有些硫化叶菌既可无机自养生长，也可在有氧条件下异养快速增殖（代时为 3 ~ 6 h），已成为研究泉古菌遗传机制的重要模式菌。由于硫化叶菌中难以获得有效的遗传标记，其遗传操作系统的发展一直滞后于甲烷古菌和嗜盐古菌。到目前为止，在硫化叶菌中成功应用的遗传标记包括 lacS 基因和 pyrF 基因。前者采用乳糖利用缺陷型菌株进行互补筛选，后者采用尿嘧啶合成缺陷型菌株进行正向筛选，并利用 5- 氟乳清酸进行反向筛选，该方法应用更为广泛。潮霉素（hygromycin）在硫化叶菌的生理条件下（75℃，pH 3.0）仍具有活性，因此潮霉素磷酸转移酶基因（hph）也可被用做硫化叶菌遗传转化的筛选标记（Cannio et al.，1998）。大多数硫化叶菌所使用的复制子都是完整的病毒或者质粒，包括 SSV1、pSSVx、oriC、pRN1 和 pRN2。SSV1 病毒是最早从硫化叶菌中分离出的染色体外遗传因子，能够有效地在宿主中传播。同属于 pRN 质粒家族的 pSSVx 与 pRN1，也是常用于构建硫化叶菌穿梭载体的遗传因子（Wagner et al.，2009；Farkas et al.，2013）。目前，基于质粒或病毒的遗传操作系统已在硫磺矿硫化叶菌（S. solfataricus PBL2025）、冰岛硫化叶菌（S. islandicus E322S）及嗜酸热硫化叶菌（S. acidocaldarius）等模式菌中建立，常用的转化方法是电穿孔法。

（四）研究实例

硫化叶菌引发酶 PriSL 在体外活性低，一种新的古菌引发酶非催化亚基 PriX 被发掘。遗传分析表明 PriX 为硫化叶菌生长所必需。PriX 与 PriSL 构成稳定的三聚体 PriSLX，PriSLX 表现出远高于 PriSL 的底物结合亲和力及引发活性，并且在硫化叶菌的生长温度下表现出引物合成活性。引物延伸实验表明，该过程是由 PriL（而非 PriX）与 PriS 形成的 PriSL 催化延伸反应。当 rNTPs 和 dNTPs 同时存在时，PriSL 优先利用 dNTPs 进行引物延伸。这说明在古菌引物合成过程中，发生了由 PriX 到 PriL 的引发酶非催化亚基转换事件。编码 PriX 或含 PriX 结构域蛋白的基因分布于古菌 TACK 超门中，并与真核生物引发酶非催化亚基羧基端具有一定的相似性。据此，科学家提出了古菌引发酶演化路径和 PriX 起源的假说（Liu et al.，2015）。

五、古菌染色体外因子——质粒与病毒

古菌具有丰富的染色体外因子，如质粒和病毒，尤其是古菌病毒，具有丰富的遗传多样性与形态多样性。在对染色体外因子的研究中，不仅发现了大量新颖的遗传相关蛋白，而且还为古菌生物学研究提供了重要的遗传工具。古菌与染色体外因子的互作，促进了二者的共同进化。与细菌类似，古菌也进化出了多种限制染色体外因子入侵的防御系统，如天然的限制修饰系统和适应性的成簇规律的间隔短回文重复序列（clustered regularly interspaced short palindromic repeat，CRISPR）等。

（一）古菌质粒

作为染色体外遗传因子，质粒携带一定量的遗传信息。有些质粒和染色体一样，携带编码多种遗传性状的基因，并赋予宿主细胞一定的遗传特性。另外一些质粒则不显示出任何表型效应，被称为隐性质粒（cryptic plasmid）。古菌具有丰富的质粒，已知的古菌质粒主要来自于嗜热古菌、嗜盐古菌及甲烷古菌。依据其来源，这些古菌质粒可分为 4 种重要类群：硫化叶菌质粒、嗜盐古菌质粒、热球菌质粒及甲烷古菌质粒。前 3 种质粒分别来自于硫化叶菌科（Sulfolobaceae）、盐杆菌目（Halobacteriales）和热球菌科（Thermococcaceae），而甲烷古菌质粒来源广泛，并不局限于一个科。

目前，已经从硫化叶菌科中分离出 24 种泉古菌质粒和质粒 - 病毒杂合子。这些染色体外因子大部分来自硫化叶菌，被命名为硫化叶菌质粒。遗传差异性分析表明，这些染色体外因子相关性很大，尽管其可能的复制相关蛋白有所差异，但是均享有共同的 DNA 结合蛋白，如 pRN1 PRF80 所编码的 DNA 结合蛋白，调节蛋白 A（PlrA）在所有硫化叶菌质粒中也是保守的。另一个保守的 ORF 编码一个转录抑制子，该抑制子与细菌 pMV158 家族质粒的 CopG 蛋白高度同源，被推测用于抑制复制蛋白的表达以调控质粒的拷贝数，但还没有体内实验的证明。

嗜盐古菌基因组通常包含一个主染色体和一定数量的大质粒，这些序列信息可在嗜盐古菌基因组数据公开数据库里查询到。嗜盐古菌大质粒与主染色体的基因传递的遗传信息存在着动态互作，而部分大质粒也承载着宿主细胞生长所必需的基因。嗜盐古菌的质粒数量庞大，分为大质粒与小质粒。热球菌科已分离得到 15 种热球菌质粒，依据其复制蛋白的类型可分为 6 类。只有小质粒 pGT5 和 pTN1 的复制机制被解析，这两种质粒分别来自于 *P. abyssi* 和 *Thermococcus nautilus*，均采用滚环复制方式进行扩增。对于来源广泛的甲烷古菌的质粒而言，虽然严格的厌氧培养条件使甲烷古菌的遗传操作受到限制，但已获得一定数量的甲烷古菌质粒。这些质粒包括来自醋酸甲烷八叠球菌的 pC2A，马堡甲烷热杆菌（*Methanothermobacter marburgensis*）的 pME2001 与 pME2200，甲酸甲烷杆菌（*Methanobacterium formicicum*）的 pFV1 和 pFZ1，海沼甲烷球菌的 pURB500，以及通过测序获得的詹氏甲烷球菌和马堡甲烷热杆菌的染色体外遗传元件。但是，科学家对甲烷古菌质粒的复制机制仍知之甚少。

（二）质粒复制机制

常见的细菌质粒复制方式有 3 种，包括 θ 型复制、滚环复制（RCR）及链替代复制（D-loop）。复制原点（*ori*）、复制蛋白（Rep）和调控质粒复制的区域，是质粒的最核心区域。根据这 3 个核心区域的序列特征，可以分析该质粒复制方式并将其归类。

θ 型复制和滚环复制在细菌中研究得较为清楚，而链替代复制型的质粒比较少，只被 IncQ 家族质粒所采用，其中研究最为深入的质粒是 RSF1010。θ 型复制与大多数染色体 DNA 的复制类似，复制起始包括 DNA 的解链、引物 RNA 的合成和 RNA 引物的延伸。复制过程中有一条连续合成的前导链和一条不连续合成的后随链，且复制可以从一个或多个复制原点起始，以单向或双向的方式进行。

大多数滚环复制质粒都比较小，为 1.3 ～ 10 kb。滚环质粒复制的功能单元，包括双链复制起点（double stranded origin，DSO）、*rep* 基因、参与复制控制的元件及单链复制起点（single stranded origin，SSO）（图 6-29）。典型的滚环复制模型是质粒编码的 Rep 蛋白在双链 DSO 区切割并引入一个特异的 nick，然后由宿主 DNA 聚合酶 III 以 nick 处产生的 3′-OH 作为引物进行延伸合成前导链；一轮复制后置换出全长的前导链，Rep 蛋白再次在 DSO 的 nick 位点切割前导链，将形成的单链 DNA（ssDNA）释放出去；随后，ssDNA 的 SSO 被宿主 RNA 聚合酶结合并合成一段 RNA 引物，最后在宿主 DNA 聚合酶 I 的作用下延伸，从而完成一个循环的复制（Khan，2005；Zhou et al.，2008）。

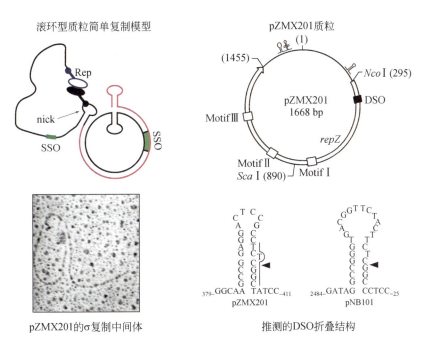

图 6-29　嗜盐古菌滚环型复制质粒

　　极端嗜盐古菌较小的质粒多数为滚环型质粒，如 pHK2、pHGN1、pGRB1、pHSB1、pHSB2、pNB101 和 pZMX201 等。这些质粒 DNA 序列上的同源性并不高，但它们所编码的 Rep 蛋白的同源性都在 40% 以上，并且这些 Rep 蛋白具有典型滚环复制子的 Rep 蛋白所共有的 3 个模块（Motif），被划分到滚环质粒超家族 I。有关嗜盐古菌滚环型质粒的复制机制的报道并不多。中国科学院微生物所向华研究团队以 pZMX201 为模型，深入研究了嗜盐古菌滚环型质粒的 DSO 序列特征及其功能。pZMX201 包含典型的滚环型质粒的功能单元。研究者利用透射电镜观察到了 pZMX201 的 σ 复制中间体，引物延伸实验确定了 pZMX201 的精确 DSO nick 位点（图 6-29），并由此发现嗜盐古菌滚环质粒的 DSO nick 位点具有保守性，位于保守序列 TCTC/GGC（斜杠处为 nick 位点）中。该序列不同于其他滚环复制子的 DSO 序列，说明极端嗜盐古菌滚环型质粒家族进化地位的独特性。随后，他们基于 pZMX201 和 pNB101 的复制子构建了杂合质粒，发现这两个质粒的 Rep 蛋白能够相互识别对方的 DSO 作为复制起始和终止信号。进一步将点突变引入 pZMX201 的 DSO 区域内，详细解析了嗜盐古菌 DSO 序列在 DNA 复制起始和终止中的作用，鉴定了 DSO 的最小功能区域（Zhou et al.，2008）。

（三）古菌病毒

1. 古菌病毒具有丰富的遗传和形态多样性

　　病毒缺乏细胞生物成熟的分类体系，尤其在古菌病毒中，分类的依据主要为形态学和基因组学。按照形态，可将古菌病毒分为纺锤形病毒、瓶状病毒、水滴形病毒、线状病毒、棒状病毒和头尾型病毒。而根据病毒基因组，分析其与真核生物、细菌的进化关系，则可将古菌病毒分为两类：古菌专一性病毒和非古菌特有病毒。古菌专一性病毒共有 12 个科及未分类的一个属，该类病毒在形态与基因组上的特点是其他两域生物宿主病毒所没有的（图 6-30），如 Ampullaviridae 的瓶子形，Bicaudaviridae、Fuselloviridae 和 Salterprovirus 的纺锤形，Spiraviridae 的线状，以及 Guttaviridae 的水滴形。除纤维状病毒 Rudiviridae、Lipothrixviridae、Clavaviridae 和 Tristromaviridae 是单链 DNA（ssDNA）或单链 RNA（ssRNA）基因组外，古菌特有病毒均为双链 DNA（dsDNA）。已知的非古菌特有病毒共 5 个科，具有二十面体衣壳的古菌病毒可依据其尾部的长短和伸缩性，划分为 Myoviridae、Siphoviridae 和 Podoviridae 科，统一归为 Caudovirales 目。Caudovirales 目古菌病毒在形态上与细菌有尾噬菌体较为相似，并且这两类病毒编码许多同源蛋白，如参与病毒粒子结构组成、形态发生和成熟的蛋白质，以及参与基因组包装的蛋白质。有趣的是，这些蛋白质与真核生物的疱疹病毒编码的相应蛋白质也有很高的同源性。两类无尾二十面体古菌病毒，Sphaerolipoviridae 与 Turriviridae 病毒，在外形上较为相似，最大的区别在于 Sphaerolipoviridae 病毒表型上与细菌病毒相似，由两种旁系同源的 SJR（single Jelly-Roll）组成主要衣壳蛋白（MCP），在蛋白衣壳下有内膜层。而 Turriviridae 病毒则只有一种 MCP，采用的是 DJR（double Jelly-Roll）折叠，常见于真核病毒与细菌病毒的 Tectiviridae 和 Corticoviridae 中。并且 Turriviridae 病毒与这些真核和细菌病毒在主要衣壳蛋白、次要衣壳蛋白及基因组包装的 ATPase（FtsK/HerA 超家族）上也具有同源性，说明非古菌特有病毒与细菌及真核病毒可能拥有共同祖先。

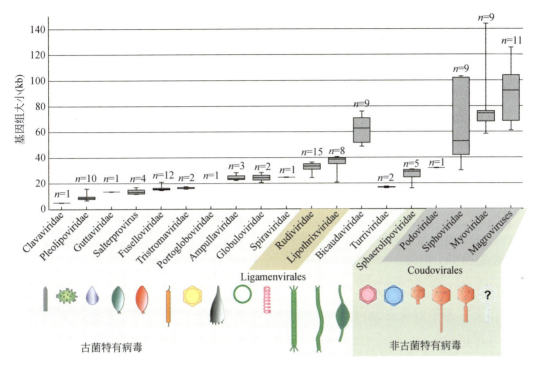

图 6-30　古菌病毒的形态与基因组大小（修改自 Krupovic et al.，2017）

2. 古菌病毒的吸附与入侵

古菌病毒的前期研究大多停留在形态学的观察和基因组的测序上。随着生物化学分析技术与电子显微镜技术的发展与应用，科学家渐渐揭开了古菌病毒生命周期的神秘面纱，其感染机制、DNA 复制机制及病毒粒子的组装与释放等方面也逐渐被揭示。病毒的吸附与入侵是病毒生命周期的起始步骤。首先，病毒衣壳蛋白与宿主表面特定受体间发生特异性识别与结合，病毒附着在宿主细胞表面，通过受体介导的胞吞或膜融合进入宿主细胞内。尽管病毒入侵古菌的具体分子机制尚不清楚，但古菌病毒末端或其表面的附件结构可能对其附着和入侵具有重要作用。古菌病毒一般通过自身的末端附属结构吸附在细胞表面或者细胞碎片上（图 6-31），暗示该末端附属结构可能在病毒对宿主细胞的识别与吸附过程中发挥了重要作用。例如，SSV1 与 SSV6 病毒，其尾丝的不同形状、长度、密度、刚性及黏度影响着病毒的附着。而冰岛硫化叶菌的丝状病毒 SIFV 与 *Acidianus* 的丝状病毒 AFV1 则是"爪子"这一附属器与病毒的附着相关。另以 ATV、STSV1 及 STSV2 为代表的尖端无尾丝病毒，其附着机制仍有待挖掘。

（四）古菌线状 dsDNA 病毒复制机制

大部分已报道的古菌病毒具有环状或线状的 dsDNA 基因组，只发现 5 种 ssDNA 古菌病毒，包括 ACV、HRPV1、HRPV2、HRPV6 和 HHPV2。对古菌病毒复制机制

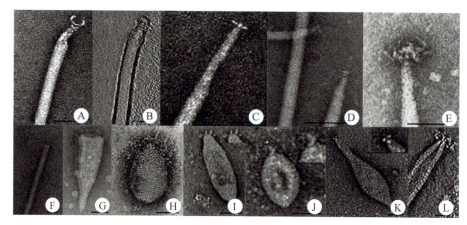

图6-31 部分古菌病毒附属结构

A.AFV1 的爪状末端结构；B.AFV2 的末端结构；C.AFV3 的末端结构；D.AFV9 的末端结构；E.SIFV 的尾丝结构；F.SIRV2 的插座型末端；G.ABV 末端细短纤维状结构；H.SNDV 的胡须状尾丝结构；I.ASV1 末端的粗纤维尾丝；J.SSV1 末端的粗棒状尾丝；K.APSV1 的尾丝；L.ATV 的尾丝（修改自 Wang et al.，2015）

的探索，大多源于对病毒基因组序列的生物信息学分析，只有少量病毒的复制机制得到了实验验证。

多数泉古菌病毒的基因组为双链环状 DNA，尽管科学家通过生物信息学方法预测了一些双链环状 DNA 古菌病毒的复制起始位点及复制相关蛋白，但尚未得到实验验证。该类双链环状 DNA 病毒复制机制，被预测可能通过滚环复制或 θ 复制进行自身基因组扩增。但双链线状基因组病毒的 DNA 复制机制比较特殊。以研究较为透彻的 SIRV1 为例，SIRV1 基因组为末端封闭的线性 dsDNA，复制采用 nick-joining 机制，与滚环复制机制相类似。如图 6-32 所示，Rep 蛋白在末端附近形成切口，复制起始（A）。随后新合成的末端再次连接，母本 DNA 重新环化（B），进而子代 DNA 以母本为模板复制至形成环状 DNA（C）。DNA 聚合酶继续第二圈复制，而早前完成一圈复制的 DNA 通过退火形成新的线性 dsDNA（D）。最后，Rep 蛋白完成切接，释放新合成的末端封闭了的线状病毒 DNA（E）。

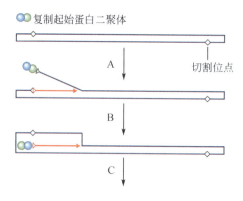

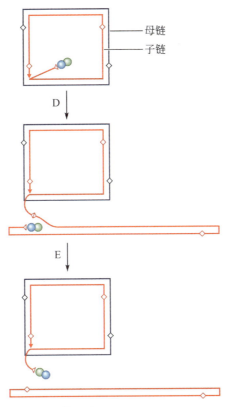

母链
子链

D

E

图 6-32　SIRV1 复制方式示意图（修改自 Oke et al., 2011；Wang et al., 2015）

习　题

（1）16S rRNA 的功能是什么？举例说明 16S rRNA 序列分析在现代微生物学领域有哪些应用。

（2）哪些结构与分子生物学特性使极端嗜热古菌成为地球上最耐热的生命形式？

（3）简述研究古菌的科学与技术价值。

（4）根据古菌、细菌及真核生物遗传本质的异同点，设想真核生物形成的可能机制。

（5）如果要人工合成一个单细胞生命的基因组，在基因组有效复制和分配方面需要考虑哪些因素？

（6）详述一种古菌的遗传转化方法，理解各步骤的意义和注意事项。

（7）如何设计基因敲除实验，用以证明一个基因是非必需的、是重要的或者是必不可少的。

（8）简述甲烷古菌、嗜盐古菌和高温古菌的特色及其研究意义。

主要参考文献

Baker-Austin C, Dopson M. 2007. Life in acid: pH homeostasis in acidophiles. *Trends Microbiol*, 15: 165-171.

Balakrishnan L, Bambara RA. 2013. Flap endonuclease 1. *Annul Rev Biochem*, 82: 119-138.

Ban N, Freeborn B, Nissen P, Penczek P, Grassucci RA, Sweet R, Frank J, Moore PB, Steitz TA. 1998. A 9 A resolution X-ray crystallographic map of the large ribosomal subunit. *Cell*, 93: 1105-1115.

Ban N, Nissen P, Hansen J, Moore PB, Steitz TA. 2000. The complete atomic structure of the large ribosomal subunit at a 2.4 A resolution. *Science*, 289: 905-920.

Bell SD, Cairns SS, Robson RL, Jackson SP. 1999. Transcriptional regulation of an archaeal operon *in vivo* and *in vitro*. *Mol Cell*, 4: 971-982.

Bernander R. 2007. The cell cycle of *Sulfolobus*. *Mol Microbiol*, 66: 557-562.

Bult CJ, White O, Olsen GJ, Zhou L, Fleischmann RD, Sutton GG, Blake JA, FitzGerald LM, Clayton RA, Gocayne JD, et al. 1996. Complete genome sequence of the methanogenic archaeon, *Methanococcus jannaschii*. *Science*, 273: 1058-1073.

Cai S, Cai L, Liu H, Liu X, Han J, Zhou J, Xiang H. 2012. Identification of the haloarchaeal phasin（PhaP）that functions in polyhydroxyalkanoate accumulation and granule formation in *Haloferax mediterranei*. *Appl Environ Microbiol*, 78（6）: 1946-1952.

Cannio R, Contursi P, Mosè Rossi, Bartolucci S. 1998. An autonomously replicating transforming vector for *Sulfolobus solfataricus*. *J Bacteriol*, 180: 3237-3240.

Cavicchioli R. 2010. Archaea—timeline of the third domain. *Nat Rev Microbiol*, 9: 51-61.

Chia N, Cann I, Olsen GJ. 2010. Evolution of DNA replication protein complexes in eukaryotes and archaea. *PLoS One*, 5: e10866.

Cortez D, Quevillon-Cheruel S, Gribaldo S, Desnoues N, Sezonov G, Forterre P, Serre MC. 2010. Evidence for a Xer/dif system for chromosome resolution in archaea. *PLoS Genet*, 6: e1001166.

Duggin IG, Dubarry N, Bell SD. 2011. Replication termination and chromosome dimer resolution in the archaeon *Sulfolobus solfataricus*. *EMBO J*, 30: 145-153.

Farkas JA, Picking JW, Santangelo TJ. 2013. Genetic techniques for the archaea. *Annu Rev Genet*, 47: 539-561.

Fox GE, Magrum LJ, Balch WE, Woese WCR. 1977. Classification of methanogenic bacteria by 16S ribosomal RNA characterization. *Proc Natl Acad Sci USA*, 74: 4537-4541.

Fox GE, Pechman KR, Woese CR. 1977. Comparative cataloging of 16S ribosomal ribonucleic acid: molecular approach to procaryotic systematics. *Int J Syst Evol Microbiol*, 27: 44-57.

Hao B, Gong W, Ferguson TK, James CM, Krzycki JA, Chan MK. 2002. A new UAG-encoded residue in the structure of a methanogen methyltransferase. *Science*, 296: 1462-1466.

Hawkins M, Malla S, Blythe MJ, Nieduszynski CA, Allers T. 2013. Accelerated growth in the absence of DNA replication origins. *Nature*, 503: 544-547.

Hinrichs KU, Hayes JM, Sylva SP, Brewer PG, DeLong EF. 1999. Methane-consuming archaebacteria in marine sediments. *Nature*, 398: 802-805.

Holmes ML, Nuttall SD, Dyall-Smith ML. 1991. Construction and use of halobacterial shuttle vectors and further studies on *Haloferax* DNA gyrase. *J Bacteriol*, 173: 3807-3813.

Hou J，Feng B，Han J，Liu HL，Zhao DH，Zhou J，Xiang H. 2013. Haloarchaeal-type β-ketothiolases involved in poly（3-hydroxybutyrate-co-3-hydroxyvalerate）synthesis in *Haloferax mediterranei*. *Appl Environ Microbiol*，79：5104-5111.

Jain S，Caforio A，Driessen AJ. 2014. Biosynthesis of archaeal membrane ether lipids. *Front Microbiol*，5：641.

Karner MB，DeLong EF，Karl DM. 2001. Archaeal dominance in the mesopelagic zone of the Pacific Ocean. *Nature*，409：507-510.

White M F. 2005. Archaeal DNA replication and repair. *Curr Opin Microbiol*，8：669-676.

Khan SA. 2005. Plasmid rolling-circle replication：highlights of two decades of research. *Plasmid*，53：126-136.

Könneke M，Bernhard AE，de la Torre JR，Walker CB，Waterbury JB，Stahl DA. 2005. Isolation of an autotrophic ammonia-oxidizing marine archaeon. *Nature*，437：543.

Krupovic M，Cvirkaite-Krupovic V，Iranzo J，Prangishvili D，Koonin EV. 2017. Viruses of archaea：structural，functional，environmental and evolutionary genomics. *Virus Res*，244：181-193.

Lindas AC，Bernander R. 2013. The cell cycle of archaea. *Nat Rev Microbiol*，11：627-638.

Lipp JS，Morono Y，Inagaki F，Hinrichs KU. 2008. Significant contribution of Archaea to extant biomass in marine subsurface sediments. *Nature*，454：991-994.

Liu B，Ouyang S，Makarova KS，Xia Q，Zhu Y，Li Z，Guo L，Koonin EV，Liu ZJ，Huang L. 2015. A primase subunit essential for efficient primer synthesis by an archaeal eukaryotic-type primase. *Nat Commun*，6：7300.

Liu H，Han J，Liu X，Zhou J，Xiang H. 2011. Development of *pyrF*-based gene knockout systems for genome-wide manipulation of the archaea *Haloferax mediterranei* and *Haloarcula hispanica*. *J Genet Genomics*，38：261-269.

Londei P. 2005. Evolution of translational initiation：new insights from the archaea. *FEMS Microbiol Rev*，29：185-200.

Lu Q，Han J，Zhou L，Coker JA，DasSarma P，DasSarma S，Xiang H. 2008. Dissection of the regulatory mechanism of a heat-shock responsive promoter in haloarchaea：a new paradigm for general transcription factor directed archaeal gene regulation. *Nucleic Acids Res*，36：3031-3042.

Lundgren M，Andersson A，Chen L，Nilsson P，Bernander R. 2004. Three replication origins in *Sulfolobus* species：synchronous initiation of chromosome replication and asynchronous termination. *Proc Natl Acad Sci USA*，101：7046-7051.

Mahapatra A，Patel A，Soares JA，Larue RC，Zhang JK，Metcalf WW，Krzycki JA. 2006. Characterization of a *Methanosarcina acetivorans* mutant unable to translate UAG as pyrrolysine. *Mol Microbiol*，59：56-66.

Makarova KS，Wolf YI，Mekhedov SL，Mirkin BG，Koonin EV. 2005. Ancestral paralogs and pseudoparalogs and their role in the emergence of the eukaryotic cell. *Nucleic Acids Res*，33：4626-4638.

Makarova KS，Yutin N，Bell SD，Koonin EV. 2010. Evolution of diverse cell division and vesicle formation systems in archaea. *Nat Rev Microbiol*，8：731-741.

Moore PB，Steitz TA. 2003. The structural basis of large ribosomal subunit function. *Annu Rev Biochem*，72：813-850.

Myllykallio H，Lopez P，López-García P，Heilig R，Saurin W，Zivanovic Y，Philippe H，Forterre P. 2000. Bacterial mode of replication with eukaryotic-like machinery in a hyperthermophilic archaeon. *Science*，288：2212-2215.

Oke M，Kerou M，Liu H，Peng X，Garrett RA，Prangishvili D，Naismith JH，White MF. 2011. A dimeric

Rep protein initiates replication of a linear archaeal virus genome: implications for the Rep mechanism and viral replication. *J Virol*, 85: 925-931.

Peck RF, DasSarma S, Krebs MP. 2000. Homologous gene knockout in the archaeon *Halobacterium salinarum* with *ura3* as a counterselectable marker. *Mol Microbiol*, 35: 667-676.

Petrov AS, Bernier CR, Gulen B, Waterbury CC, Hershkovits E, Hsiao C, Harvey SC, Hud NV, Fox GE, Wartell RM, et al. 2014. Secondary structures of rRNAs from all three domains of life. *PLoS One*, 9: e88222.

Reyes-Lamothe R, Nicolas E, Sherratt DJ. 2012. Chromosome replication and segregation in bacteria. *Annu Rev of Genet*, 46: 121-143.

Rothschild LJ, Mancinelli RL. 2001. Life in extreme environments. *Nature*, 409: 1092-1101.

Samson RY, Xu Y, Gadelha C, Stone TA, Faqiri JN, Li D, Qin N, Pu F, Liang YX, She Q, et al. 2013. Specificity and function of archaeal DNA replication initiator proteins. *Cell Rep*, 3: 485-496.

Sartoriusneef S, Pfeifer F. 2004. *In vivo* studies on putative shine-dalgarno sequences of the halophilic archaeon *Halobacterium salinarum*. *Mol Microbiol*, 51: 579-588.

Slaymaker IM, Chen XS. 2012. Mcm structure and mechanics: what we have learned from archaeal mcm. *Subcell Biochem*, 62: 89-111.

Spang A, Caceres EF, Ettema TJG. 2017. Genomic exploration of the diversity, ecology, and evolution of the archaeal domain of life. *Science*, 357 (6351). pii: eaaf3883.

Stroud A, Liddell S and Allers T. 2012. Genetic and biochemical identification of a novel single-stranded DNA-binding complex in *Haloferax volcanii*. *Front Microbiol*, 3: 224.

Si L, Xu H, Zhou X, Zhang Z, Tian Z, Wang Y, Wu Y, Zhang B, Niu Z, Zhang CJS. 2016. Generation of influenza A viruses as live but replication-incompetent virus vaccines. *Science*, 354: 1170-1173.

von Böhlen K, Makowski I, Hansen HA, Bartels H, Berkovitch-Yellin Z, Zaytzev-Bashan A, Meyer S, Paulke C, Franceschi F, Yonath A. 1991. Characterization and preliminary attempts for derivatization of crystals of large ribosomal subunits from *Haloarcula marismortui* diffracting to 3Å resolution. *J Mol Biol*, 222: 11-15.

Wadsworth RI, White MF. 2001. Identification and properties of the crenarchaeal single-stranded DNA binding protein from *Sulfolobus solfataricus*. *Nucleic Acids Res*, 29: 914-920.

Wagner M, Berkner S, Ajon M, Driessen AJ, Lipps G, Albers SV. 2009. Expanding and understanding the genetic toolbox of the hyperthermophilic genus *Sulfolobus*. *Biochem Soc Trans*, 37: 97-101.

Wang H, Peng N, Shah SA, Huang L, She Q. 2015. Archaeal extrachromosomal genetic elements. *Microbiol Mol Biol Rev*, 79: 117-152.

Werner F, Weinzierl RO. 2002. A recombinant RNA polymerase Ⅱ-like enzyme capable of promoter-specific transcription. *Mol Cell*, 10: 635-646.

Woese CR, Fox GE. 1977. Phylogenetic structure of the prokaryotic domain: the primary kingdoms. *Proc Natl Acad Sci USA*, 74: 5088-5090.

Woese CR, Kandler O, Wheelis ML. 1990. Towards a natural system of organisms: proposal for the domains Archaea, Bacteria, and Eucarya. *Proc Natl Acad Sci USA*, 87: 4576-4579.

Yang H, Wu Z, Liu J, Liu X, Wang L, Cai S, Xiang H. 2015. Activation of a dormant replication origin is essential for *Haloferax mediterranei* lacking the primary origins. *Nat Commun*, 6: 8321.

Zheng Y, Harris DF, Yu Z, Fu Y, Poudel S, Ledbetter RN, Fixen KR, Yang ZY, Boyd ES, Lidstrom ME, et al. 2018. A pathway for biological methane production using bacterial iron-only nitrogenase. *Nat*

Microbiol, 3：281-286.

Zhou L，Zhou M，Sun C，Han J，Lu Q，Zhou J，Xiang H. 2008. Precise determination，cross-recognition，and functional analysis of the double-strand origins of the rolling-circle replication plasmids in haloarchaea. *J Bacteriol*，190：5710-5719.

第七章 原核生物 CRISPR 分子机制和基因编辑技术

CRISPR-Cas 系统是广泛存在于细菌（> 50%）和古菌（> 90%）中的一种获得性免疫系统，它能够对外源遗传因子（如病毒和质粒等）产生特异性免疫。该系统包括成簇的规律间隔的短回文重复序列 CRISPR（clustered regularly interspaced short palindromic repeats）和功能相关的 Cas（CRISPR-associated）蛋白两个组分。CRISPR 是一连串正向 DNA 重复序列（repeat），它们由序列多变但长度基本一致的间隔序列（spacer）间隔开来。由于间隔序列往往来源于病毒等外源遗传因子，CRISPR 能够通过"记忆"这些外源遗传因子的序列信息，在 Cas 蛋白的帮助下，为原核细胞提供一种直接靶向外源核酸分子的免疫机制，这是目前在原核生物中发现的唯一一种获得性免疫系统。近年来，科学家利用 CRISPR-Cas 的核酸靶向特异性，开发了以 CRISPR-Cas9 为代表的新一代基因编辑技术，带来了基因编辑研究领域的革命性突破。

第一节 CRISPR-Cas 发现之旅

CRISPR 结构广泛存在于原核生物基因组中，在真核生物中尚未见报道。该结构由高度保守的短重复序列和各不相同的间隔序列组成，其中重复序列多具有回文特征，而间隔序列往往来源于病毒、质粒等外源遗传因子（图 7-1）。CRISPR 的一端往往有一段富含腺嘌呤（A）或胸腺嘧啶（T）的保守序列，称为前导序列，其内部含有启动子元件，决定了 CRISPR 结构的转录方向，同时也包含了整合新间隔序列所必需的识别序列，因此，也决定了该结构生长的方向性（新间隔序列往往插入到前导序列这一端）。Cas 蛋白的编码基因往往形成一个 *cas* 操纵子，与 CRISPR 结构在原核基因组上偶联存在。当一个基因组中含有多个相同类型的 CRISPR 结构时，*cas* 操纵子往往在其中一个 CRISPR 结构的附近。Cas 蛋白和 CRISPR 结构经过长期的共同进化，形成了多种多样的 CRISPR-Cas 系统。

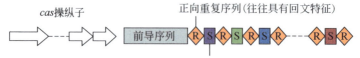

图 7-1 CRISPR-Cas 系统的一般结构组成

R. repeat，重复序列；S. spacer，间隔序列

CRISPR 结构最早发现于 1987 年，然而这种特殊的重复序列结构当时并未引起足够重视。直到 2007 年，CRISPR-Cas 的免疫功能被证实，人们开始认识到这是一种新型的微生物免疫系统。而 CRISPR 系统真正成为整个生命科学领域关注的焦点，是从 2012 年 CRISPR 被开发为一种新型的基因编辑工具开始。这一工具由于具有高效、特异、设计简单等显著优势，迅速成为 21 世纪最受关注的分子生物学技术之一。了解一个领域的科学史，理解每个突破性发现的背景，对于启迪科学研究具有重要意义。本节将主要介绍 CRISPR 系统的发现历程和 CRISPR-Cas 基因编辑技术建立过程中的一些里程碑式的工作（图 7-2）。

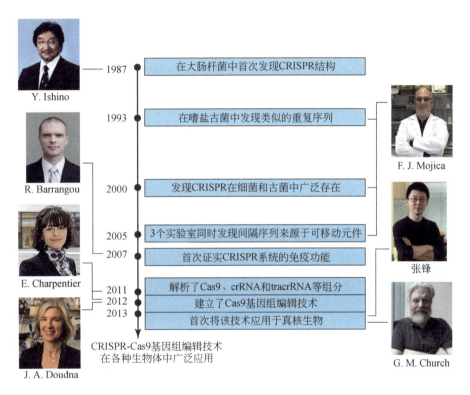

图 7-2 从 CRISPR-Cas 的发现到 CRISPR-Cas9 基因编辑技术建立的主要研究历程

一、CRISPR 在细菌和古菌中的最初发现

1987 年，日本学者 Ishino 及其同事在研究大肠杆菌中负责碱性磷酸酶同工酶转化的 *iap* 基因时，发现其下游存在一连串 29 bp 的正向重复序列（Ishino et al., 1987）。有意思的是，这些重复单元之间均被 32 bp 的非重复序列间隔开来。这是对 CRISPR 的最早报道。

1993 年，Mojica 等在一株名为地中海富盐菌的嗜盐古菌中发现了类似的重复序列。1989 ～ 2000 年，这种间隔重复序列陆续在更多的细菌和古菌中被发现。2000 年，Mojica 及其同事通过生物信息学分析，在已测序的基因组数据库中发现这类重复序列在细菌（＞ 50%）和古菌（＞ 90%）中广泛存在，并描述了其结构特征，从而使科学家们意识到这类重复序列可能在原核生物中具有重要的生理功能（Mojica et al.，2000）。因此，Mojica 是 CRISPR 早期研究的重要推进者，目前他仍在从事该领域的研究。

二、CRISPR-Cas 系统的正式命名

2002 年，荷兰学者 Jansen 等通过生物信息学分析总结了这类重复序列的特点（Jansen et al.，2002）。尤其重要的是，他们发现了与这类结构偶联存在的特征蛋白 Cas，这些蛋白质大多为核酸相关蛋白，且只在具有 CRISPR 结构的基因组中存在。在与 Mojica 讨论后，他们正式将该系统命名为 CRISPR-Cas 系统。虽然这些系统的功能尚不确定，他们依据 Cas 蛋白多为核酸相关蛋白的特征，推测该系统可能与 DNA 复制、修复等生理过程相关。

三、CRISPR-Cas 系统免疫功能的预测

2005 年，Mojica 带领的研究团队首先发现 CRISPR 的许多间隔序列与病毒 DNA、接合转移质粒等外源遗传因子具有很高的同源性，因此推测该系统可能与抵御病毒（质粒）入侵有关；紧接着，Pourcel 和 Bolotin 的研究团队也各自独立报道了类似的发现（Bolotin et al.，2005；Mojica et al.，2005；Pourcel et al.，2005）。另外，科学家们发现 CRISPR 结构可以发生转录，病毒无法侵染含有其同源间隔序列的古菌细胞等，这些现象暗示 CRISPR 系统可能基于核酸间的 Watson-Crick 碱基匹配性抵御病毒等外源遗传因子的入侵。虽然这些初期的探索性工作尚未证实 CRISPR 系统的免疫功能，但它们为后人的研究指明了方向。

四、首次实验证明 CRISPR-Cas 的免疫功能

2007 年，CRISPR 的研究取得了重要突破。由法国 Horvath 研究组领衔，Barrangou 为第一作者，报道了一株用于酸奶发酵的嗜热链球菌（*Streptococcus thermophilus*）从烈性噬菌体获得新的间隔序列后可以产生对该噬菌体的特异性免疫，从而首次实验证实了 CRISPR-Cas 系统的适应性免疫功能（Barrangou et al.，2007）。该研究发现，嗜热链球菌从某一噬菌体基因组上获得新间隔序列后可产生相应的噬菌体抗性，而且多个间隔序列的获取还可以增强这一抗性（图 7-3）。另外，该研究也首次揭示了这一免疫过程的若干具体分子机制，如新获取的间隔序列往往插入到 CRISPR 结构的特定一端（近前导序列端）、Cas9 为免疫过程的关键蛋白质组分等。

五、CRISPR-Cas 作用机制的初步解析

2008 年，荷兰 Wageningen（瓦格宁根大学）大学 van der Oost 研究团队的 Brouns 等在研究大肠杆菌 I-E 型 CRISPR 系统时，发现 CRISPR 结构的转录本会被 CasE 蛋白切割成大量 crRNA 小分子，每个 crRNA 携带一个间隔序列 RNA 作为向导序列，指导 Cas 蛋白切割与其具有同源序列的噬菌体。该实验还发现，无论间隔序列 RNA 靶向目标 DNA 的转录模板链（template strand）还是编码链（sense strand），都可导致干扰过程的发生，因此推测

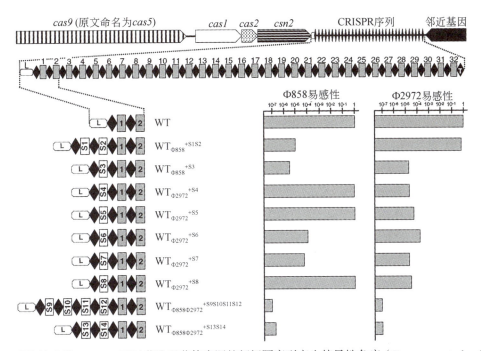

图 7-3 嗜热链球菌 CRISPR 通过获取噬菌体来源的新间隔序列产生特异性免疫（Barrangou et al., 2007）

新间隔序列 S1 ~ S3 和 S4 ~ S8 分别来源于噬菌体 Φ858 和 Φ2972，赋予宿主细胞相应的噬菌体抗性；而 S9 ~ S14 来源于两者的共有序列，赋予宿主对这两种噬菌体的免疫能力

CRISPR 免疫的靶标分子是 DNA（Brouns et al., 2008）。

2010 年，Moineau 实验室对嗜热链球菌Ⅱ型 CRISPR 系统进行了深入研究，确定了该系统在外源质粒双链 DNA 上精确的切割位点，并且研究表明 Cas9 是介导靶序列切割所需的唯一蛋白质（Garneau et al., 2010）。

因此，截至 2010 年，人们对 CRISPR-Cas 系统免疫功能的一般机制已有了基本认识，并开始利用该系统发展微生物应用和研究的相关技术，如构建抗噬菌体侵染的奶制品发酵工程菌株、利用 CRISPR 对细菌进行精细的系统发育分类等。

六、CRISPR-Cas9 工作机制的重要突破

2011 年，瑞典的 Charpentier 实验室对酿脓链球菌（*Streptococcus Pyogenes*）Ⅱ型 CRISPR-Cas 系统进行了更加深入的研究，发现了在 crRNA 加工过程中一个关键的 RNA 组分——反式激活 crRNA（*trans*-activating crRNA），简称 tracrRNA（Deltcheva et al., 2011）。tracrRNA 与重复序列 RNA 存在部分序列匹配，因此可以在 Cas9 的帮助下招募 RNase Ⅲ加工并产生成熟的 crRNA。这两个实验说明重建 CRISPR 核酸酶系统至少需要 Cas9 蛋白、成熟 crRNA 及 tracrRNA。

七、CRISPR-Cas9 基因编辑技术的创立与应用

2012 年，Charpentier 和 Doudna 实验室合作，发现体外实验中嗜热链球菌或酿脓链球

菌纯化的 Cas9 蛋白可被 crRNA 引导切割靶标 DNA（Jinek et al.，2012）。Siksnys 实验室也独立发表了类似的结果（Gasiunas et al.，2012）。此外，Charpentier 和 Doudna 实验室还对该系统进行了简化，她们将 tracrRNA 与 crRNA 嵌合成一条单链向导 RNA（single guide RNA，sgRNA），只需 sgRNA 和 Cas9 蛋白两个组分即可靶向特定的序列，并指出这将是一种重要的基因组编辑技术（Jinek et al.，2012）（图 7-4）。

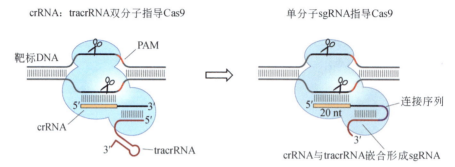

crRNA：tracrRNA双分子指导Cas9   单分子sgRNA指导Cas9

图 7-4　crRNA：tracrRNA 双分子和单一 sgRNA 分子分别指导 Cas9 切割靶标 DNA 的示意图（Jinek et al.，2012）

2013 年，张锋实验室和 Church 实验室几乎同时将该技术应用于真核生物的基因组编辑（Mali et al.，2013；Ran et al.，2013）。张锋实验室采用嗜热链球菌或酿脓链球菌的 II 型系统，发现 Cas9 蛋白在 sgRNA 的引导下可以在小鼠和人类基因组中实现靶向切割。当提供外源供体时，还可以通过同源重组过程精确编辑靶位点。此外，当在 CRISPR 序列上添加多个引导序列时，该系统可同时编辑哺乳动物基因组的多个位点。Church 实验室也采用 II 型系统编辑人类基因组，得到类似的结果。这两篇文章开拓了 CRISPR 基因组编辑技术编辑真核生物细胞的新时代。此后，CRISPR-Cas9 系统迅速被全球各个实验室用来对各种生命体进行基因编辑。其中许多开放的资源平台，如 Addgene，以及许多在线用户论坛为 Cas9 技术的推广起了很好的推动作用。

第二节　CRISPR-Cas 多样性及分类

随着被鉴定的 CRISPR-Cas 系统越来越多，科学家们发现 cas 基因和 CRISPR 序列是高度多样且动态变化的，他们认为病毒和宿主在进化过程中不断"较量"，从而使 CRISPR-Cas 在长期进化中形成了高度多样化的分子机制。由于 CRISPR 系统的复杂性，依据单一的分类标准无法将其进行很好的分类。因此，科学家们提出一种多元的 CRISPR 系统分类体系，包括多种分类依据，如保守 cas 基因的系统发育分析、某些类型特有的特征 cas 基因、cas 基因簇和 CRISPR 序列的组成及排布等（Koonin et al.，2017）。根据上述的分类体系，科学家将 CRISPR-Cas 系统分为两大类群，即类群 1（class 1）和类群 2（class 2），每个类群又各自细分为 3 种类型（type）和多种亚型（subtype）（图 7-5、图 7-6）。类群 1 和类群 2 两类系统的主要差异在于结合 crRNA 并参与靶标识别和干扰的关键效应物（effector）是由多个蛋白质亚基组成的复合物（类群1），还是一个由多个功能结构域组成的单一蛋白质（类群2）。但值得注意的是，在所有的 CRISPR-Cas 系统中几乎都存在 Cas1 和 Cas2，它们作为参与 CRISPR 适应过程的主要蛋白质而被称为核心蛋白。

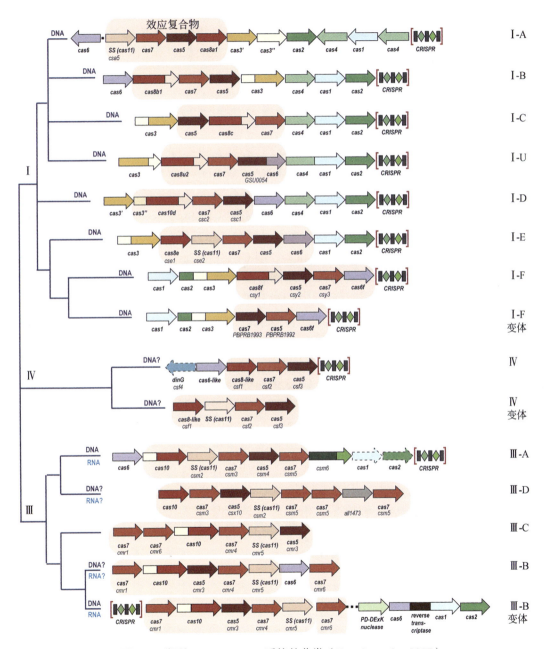

图 7-5　类群 1 CRISPR-Cas 系统的分类（Koonin et al., 2017）

该类群细分为Ⅰ型、Ⅲ型和Ⅳ型，其中Ⅰ型可进一步细分为Ⅰ-A 到Ⅰ-F 共 7 种亚型（以及Ⅰ-F 亚型的变体）；Ⅲ型可细分为Ⅲ-A 到Ⅲ-D 共 4 种亚型（以及Ⅲ-B 亚型的变体）。类群 1 的特征是多亚基的效应复合物，这些亚基由多个 *cas* 基因编码（红色背景标注）

一、类群 1 的 CRISPR-Cas 系统

类群 1 的 CRISPR-Cas 系统需要多种 Cas 蛋白与 crRNA 形成效应复合物参与干扰过程，该类群可细分为Ⅰ型、Ⅲ型和Ⅳ型。其中，Ⅰ型和Ⅲ型分布最为广泛，变化最多，普遍存在于细菌和古菌中，它们的效应复合物一般由 Cas5、Cas6、Cas7 蛋白（多个拷贝）和另外两个蛋白质组分（习惯上称为大亚基和小亚基）组成，但实际组分在不同亚型中存在一定差异。

（一）Ⅰ型 CRISPR-Cas 系统

Ⅰ型 CRISPR-Cas 系统的特征基因是 cas3（见图 7-5），它编码的 Cas3 蛋白具有解旋酶和核酸酶两个功能结构域，能够解开双链 DNA（或 RNA-DNA 杂交体），并作为切割靶DNA 的重要组分。Ⅰ型 CRISPR-Cas 系统又可进一步分为 7 种亚型，包括 I-A 型至 I-F 型和 I-U 型，每种亚型具有各自的特征基因和独特的操纵子排布（Koonin et al.，2017）。

目前的研究结果表明，I-B 型 CRISPR-Cas 系统分布最广泛，其具有保守的 cas 基因组成，包含 cas1 ～ cas8（见图 7-5）。I-A 型和 I-C 型 CRISPR-Cas 系统可能是该系统的两种衍生类型。I-A 型 CRISPR-Cas 系统的 cas8 基因分裂为两个基因，分别编码效应复合物中的大亚基和小亚基；同时，该系统的 cas3 基因也分裂为 cas3′ 和 cas3″ 两个基因，分别编码解旋酶和核酸酶功能域。I-C 型 CRISPR-Cas 系统缺少 Cas6 蛋白，其功能由 Cas5 蛋白代替。I-D 型 CRISPR-Cas 系统的特征基因是 cas10d 基因，并具有一个独特的 Cas3 蛋白变体。I-E 型和 I-F 型 CRISPR-Cas 系统均缺少 cas4 基因。另外，在 I-F 型 CRISPR-Cas 系统中 cas3 和 cas2 融合成一个基因，由于 Cas2 和 Cas3 蛋白分别参与适应和干扰过程，这一基因融合现象暗示干扰过程和适应过程之间的分子偶联（即引发适应）。I-U 型 CRISPR-Cas 系统的特征基因尚未明确，且该系统的前体 crRNA（pre-crRNA）剪切机制和效应复合物的结构等信息尚不清楚，有待进一步研究。

在Ⅰ型 CRISPR-Cas 系统中，Cas 蛋白组成的效应复合物称为 Cascade（CRISPR-associated complex for antiviral defence），不同亚型的 Cascade 组分存在一定的差异。在 CRISPR RNA（crRNA）生物合成阶段，一般情况下 Cas6 作为核酸内切酶识别并切割 CRISPR 长转录本上的重复序列，产生的成熟 crRNA 会指引 Cascade 复合物结合到与之碱基匹配的外源 DNA 上，然后招募 Cas3 切割靶标 DNA。

（二）Ⅲ型 CRISPR-Cas 系统

所有的Ⅲ型 CRISPR-Cas 系统都具有特征基因 cas10（见图 7-5），该基因编码的蛋白质含有一个 Palm 结构域，与多数核酸聚合酶和环化酶的核心结构域同源。Ⅲ型 CRISPR-Cas 系统效应复合物由 Cas10 蛋白、Cas5 蛋白、数个 Cas11 蛋白和 Cas7 家族蛋白组成。Cas10 蛋白是该效应复合物中最大的亚基，其序列在不同的亚型中变化很大，且经常与一个 HD 核酸酶结构域融合在一起。

III型 CRISPR-Cas 系统又可进一步分为 4 种亚型：III-A 型、III-B 型、III-C 型和III-D 型。III-A 型 CRISPR-Cas 系统的效应复合物称为 Csm 复合物，III-B 型 CRISPR-Cas 系统的效应复合物称为 Cmr 复合物，其特征基因分别为 *csm2* 和 *cmr5*。III-A 型 CRISPR-Cas 系统通常含有 *cas1*、*cas2* 和 *cas6* 基因，而大多数的III-B 型系统缺少上述基因，因此其发挥功能依赖于其他类型的 CRISPR-Cas 系统。值得注意的是，III-A 型和III-B 型 CRISPR-Cas 系统既可以靶向 RNA 又可以靶向 DNA。III-C 型 CRISPR-Cas 系统是III-B 型 CRISPR-Cas 系统的变体，该系统中 Cas10 蛋白的环化酶结构域处于失活状态。而III-D 型 CRISPR-Cas 系统是III-A 型 CRISPR-Cas 系统的变体，该系统中 Cas10 蛋白缺少 HD 核酸酶结构域。III-C 型和III-D 型两类 CRISPR-Cas 系统都缺少 Cas1、Cas2 蛋白，因此研究人员猜测它们的适应过程可能需要其他系统提供这两种蛋白质。

III型 CRISPR-Cas 系统的 crRNA 合成过程与 I 型 CRISPR-Cas 系统类似，pre-crRNA 的切割由 Cas6 核酸酶催化。成熟的 crRNA 指导 Csm/Cmr 复合物靶向切割外源 RNA 和 DNA。

（三）IV 型 CRISPR-Cas 系统

IV 型 CRISPR-Cas 系统的特征基因是 *csf1*（见图 7-5），其编码的蛋白质是效应复合物中的大亚基。该系统的效应复合物仅由 Csf1 蛋白、单一的 Cas5 蛋白和 Cas7 蛋白组成。与大多数III-B 型 CRISPR-Cas 系统类似，IV 型 CRISPR-Cas 系统缺少 *cas1* 和 *cas2* 基因，且通常存在于不含有 CRISPR 序列的基因组中。

IV 型 CRISPR-Cas 系统有两种变体，其中一种编码 DinG 家族解旋酶，另一种不含该解旋酶，但编码一个小型的 α 螺旋蛋白。IV 型 CRISPR-Cas 系统的 crRNA 加工机制和干扰机制尚未得到解析，但是该系统具有 *cas5*、*cas6*、*cas7* 和 *cas8* 的对应类似基因，推测其加工方式和干扰机制与其他类群 1 型 CRISPR-Cas 系统相似。

二、类群 2 的 CRISPR-Cas 系统

在类群 2 的 CRISPR-Cas 系统中，效应复合物是一个具有多功能域的单一 Cas 蛋白，根据这一类蛋白质的进化关系，该类群又细分为II 型、V 型和VI型（图 7-6）（Shmakov et al.，2017）。

（一）II 型 CRISPR-Cas 系统

II 型 CRISPR-Cas 系统的特征基因是 *cas9*，该基因编码具有多结构域的 Cas9 蛋白，后者独立地作为II 型系统的效应蛋白，不仅参与 crRNA 加工和靶标 DNA 切割这两个过程，而且在适应过程中也具有重要作用。Cas9 蛋白具有 RuvC 核酸酶结构域和 HNH 核酸酶结构域，且 HNH 结构域嵌入 RuvC 结构域中，两个结构域共同发挥功能分别切割双链 DNA 的一条单链（Shmakov et al.，2017）。除此之外，所有的II 型系统都含有 *cas1* 和 *cas2*，同时也编码一条 tracrRNA，该 tracrRNA 与 CRISPR 序列中的重复序列 RNA 存在部分序列匹配，

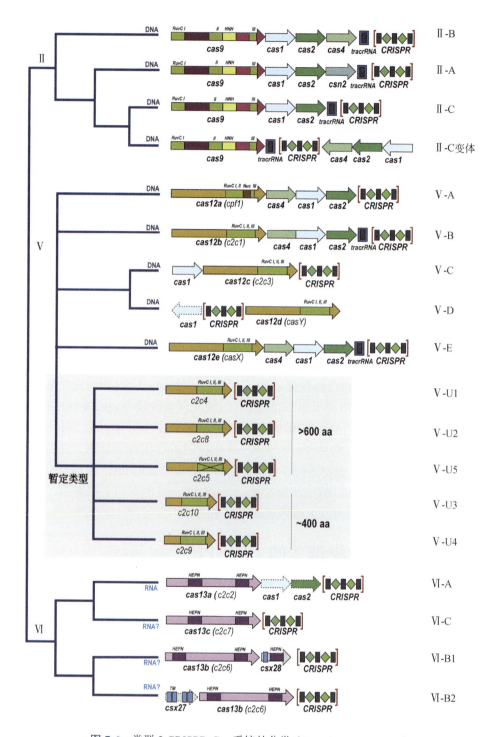

图 7-6　类群 2 CRISPR-Cas 系统的分类（Koonin et al.，2017）

该类群细分为Ⅱ型、Ⅴ型和Ⅵ型，其中Ⅱ型可进一步细分为Ⅱ-A 到Ⅱ-C 共 3 种亚型（以及Ⅱ-C 亚型的变体）；
Ⅴ型可细分为Ⅴ-A 到Ⅴ-E 共 5 种亚型，以及 5 种暂定类型（灰色背景标注）；Ⅵ型可细分为Ⅵ-A、Ⅵ-B1、
Ⅵ-B2 和Ⅵ-C 共 4 种亚型

对 crRNA 的加工过程至关重要。

Ⅱ 型 CRISPR-Cas 系统可进一步分为 3 种亚型：Ⅱ-A 型、Ⅱ-B 型和 Ⅱ-C 型。Ⅱ-A 型 CRISPR-Cas 系统的特征基因为 *csn2*。Ⅱ-B 型 CRISPR-Cas 系统不含 *csn2*，但是具有 *cas4*。Ⅱ-C 型 CRISPR-Cas 系统是细菌中分布最广泛的 Ⅱ 型 CRISPR-Cas 系统，该系统仅含有 3 个蛋白质编码基因：*cas1*、*cas2* 和 *cas9*。

在 Ⅱ 型 CRISPR-Cas 系统的 crRNA 生物合成阶段中，tracrRNA 与前体 crRNA 的重复序列 RNA 互补配对，然后在 Cas9 的帮助下，RNase Ⅲ 被招募并加工产生成熟的 crRNA。在干扰阶段，tracrRNA 与 crRNA 形成的复合物指导单一 Cas9 蛋白识别并切割外源 DNA。

（二）Ⅴ 型 CRISPR-Cas 系统

Ⅴ 型 CRISPR-Cas 系统的特征基因是 *cas12*（图 7-6），该基因编码的 Cas12 蛋白与 Cas9 类似，具有 RuvC 核酸酶结构域，但没有 HNH 核酸酶结构域。不同亚型之间 RuvC 结构域的同源性不高，主要通过保守的催化基序（motif）和保守结构来进行归类。Ⅴ 型 CRISPR-Cas 系统的效应蛋白是单一的 Cas12 蛋白（Shmakov et al.，2017）。

Ⅴ 型 CRISPR-Cas 系统可进一步分为 6 种亚型：Ⅴ-A 型、Ⅴ-B 型、Ⅴ-C 型、Ⅴ-D 型、Ⅴ-E 型和 Ⅴ-U 型（图 7-6）。Ⅴ-A 型 CRISPR-Cas 系统的特征基因为 *cpf1*（*cas12a*），其编码的 Cpf1 蛋白虽然不具有 HNH 核酸酶结构域，但是含有一个 Nuc 结构域嵌入 RuvC 结构域中，且实验表明 Nuc 结构域参与靶标核酸序列的切割。张锋与 Koonin 实验室通过对该蛋白质的深入研究，发现 CRISPR-Cpf1 系统也可用于基因编辑，且可作为 Cas9 系统的补充，弥补其某些不足（如 PAM 识别限制）（Zetsche et al.，2017）。值得注意的是，Ⅴ-A 型 CRISPR-Cas 系统的免疫功能不需要 tracrRNA 的参与。Ⅴ-B 型 CRISPR-Cas 系统的特征基因为 *cas12b*（*c2c1*），与 Cpf1 蛋白不同的是，Cas12b 蛋白只含有 RuvC 核酸酶结构域，且该系统需要 tracrRNA 参与免疫反应。Ⅴ-U 型 CRISPR-Cas 系统缺少 *cas1* 和 *cas2* 等适应元件，编码小型的效应蛋白，这类蛋白质均含有 RuvC 核酸酶结构域和锌指结构域（Shmakov et al.，2017）。其他亚型的 CRISPR-Cas 系统的结构和功能尚不清楚，有待进一步研究。

（三）Ⅵ 型 CRISPR-Cas 系统

Ⅵ 型 CRISPR-Cas 系统的特征基因是 *cas13*（图 7-6），其编码的 Cas13 蛋白特征性地携带 2 个 HEPN 结构域，该结构域通常出现在 RNase 中，且实验证明 Ⅵ 型 CRISPR-Cas 系统的靶标是 RNA 分子。因此，这是目前唯一一类仅能靶向 RNA 的 CRISPR 系统（Ⅲ 型系统既靶向 RNA，也靶向 DNA）。

Ⅵ 型 CRISPR-Cas 系统可进一步分为 3 种亚型：Ⅵ-A 型、Ⅵ-B 型和 Ⅵ-C 型（Shmakov et al.，2017）。3 种亚型中，目前只发现 Ⅵ-A 型 CRISPR-Cas 系统存在 *cas1* 和 *cas2* 基因，且 3 种亚型均不需要 tracrRNA 参与免疫反应。

第三节　CRISPR-Cas 作用过程与机制

虽然 CRISPR-Cas 系统高度多样（不同类型的系统编码不同的 Cas 组分，且采用的具体分子机制也有很大差异），但是它们介导的免疫过程一般可分为以下 3 个基本的功能阶段（图 7-7）。

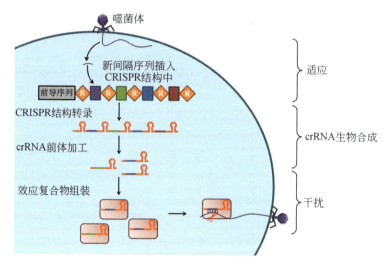

图 7-7　CRISPR 免疫的 3 个基本功能阶段

在病毒首次侵染时，CRISPR 从其 DNA 上获取新间隔序列，并伴随着重复序列（R）的精确复制，该过程称为适应；然后，CRISPR 结构发生转录，转录前体被加工成小分子 crRNA，该过程称为 crRNA 生物合成；最后，crRNA 指导 Cas 蛋白在细胞内寻找并切割再次侵染的病毒 DNA，该过程称为干扰

（1）适应阶段（adaptation stage），即外源 DNA 片段被特异性选取并作为新的间隔序列整合到 CRISPR 结构中的过程，该过程决定了免疫的特异性和记忆性，又被称为间隔序列获取阶段。

（2）CRISPR RNA 生物合成阶段（CRISPR RNA biogenesis stage）。通常 CRISPR 结构的前导序列（leader sequence）中含有转录必需的启动子元件，转录产生的较长前体 RNA（pre-crRNA）经过特定核酸酶的加工，产生成熟的功能性 crRNA 分子。

（3）干扰阶段（interference stage），即成熟的 crRNA 分子指导由一个或多个 Cas 核酸酶组成的效应复合物，特异性地识别并切割靶标 DNA 或 RNA 的分子过程，决定特异性免疫的最终实现。

一、第一阶段：CRISPR 适应

长期以来，人们认为原核生物（包括细菌和古菌）中不存在特异性免疫系统，直到

CRISPR-Cas 系统的发现使人们改变了这一观点。与原核生物的其他免疫系统（如限制性修饰系统）相比，CRISPR-Cas 介导的免疫过程最大的特征就是其适应性，也就是 CRISPR 特有的"记忆"过程。这是一个由多种蛋白质协同参与，并涉及多种核酸底物的、极为复杂的分子过程。首先，病毒或质粒等外源 DNA 分子入侵原核细胞时会被 Cas 蛋白（主要是 Cas1 和 Cas2）形成的复合物识别并获取特定 DNA 片段，这一阶段可以称为"间隔序列的选取过程"（spacer selection）。随后，该片段被特异地整合到 CRISPR 结构的特定位点（一般是紧邻前导序列的重复序列处），并伴随着整合位点处重复序列的精确复制，于是间隔序列片段插入到新产生的两个重复序列拷贝之间，从而维持了 CRISPR 结构的特有周期性，这一子阶段可以称为"间隔序列的整合过程"（spacer integration）。目前，适应过程是 CRISPR 免疫的 3 个功能阶段中了解最少的，而且已有的相关研究主要集中在 I 型和 II 型 CRISPR-Cas 系统中。

（一）原生适应和引发适应

2007 年，Barrangou 等首次在嗜热链球菌中观察到了 CRISPR-Cas 的适应性免疫过程（Barrangou et al., 2007）。他们用烈性噬菌体侵染嗜热链球菌工业菌株 DGCC7710，对存活下来的少量抗性克隆进行测序分析，发现它们的 CRISPR 结构获得了 1～4 个新间隔序列。这些新的间隔序列与用于侵染的噬菌体 Φ858 和 Φ2972 的部分基因组序列匹配，而且他们的进一步的遗传实验表明，正是这些新获取的间隔序列赋予了菌株对相应噬菌体的抗性。这些结果说明 CRISPR-Cas 系统能够通过从噬菌体 DNA 上获取新间隔序列来产生对该噬菌体的抗性，从而首次证实了 CRISPR 系统的免疫功能，这也是对 CRISPR 适应现象的首次报道。值得注意的是，该实验中通过烈性噬菌体侵染大量菌体时才能观察到少量存活子，这说明这个适应过程的效率是非常低的，这种低效的适应方式称为"原生适应"（naïve adaptation）（图 7-8）。参与原生适应的主要 Cas 蛋白是 Cas1 和 Cas2，在部分系统中还有其他组分的参与，如 II-A 型 CRISPR-Cas 系统需要所有 Cas 蛋白（Cas1、Cas2、Cas9 和 Csn2）的参与（Wei et al., 2015）。需要注意的是，这种原生的适应方式存在一个很大的问题，就是可能从自身获取序列从而靶向自身 DNA。科学家们认为，可能正是由于缺乏这种严谨的异己区分，适应需要被严格地控制在较低的效率水平，否则 CRISPR 系统可能靶向自身 DNA 并最终导致菌体死亡。

很长一段时间以来，科学家们尝试利用各种细菌及其相应的单一噬菌体建立高效的适应模型，但均未成功，而这一模型的缺乏严重阻碍了 CRISPR 适应机制的研究。2012 年，Datsenko 等在大肠杆菌的研究中发现，当 CRISPR 通过低效的原生适应过程从噬菌体 DNA 上获取一个新间隔序列后，该间隔序列不仅能够赋予宿主细胞一定的噬菌体抗性，而且能够引发更高效的间隔序列获取（比原生适应高几个数量级），这一高效的过程被称为"引发适应"（primed adaptation）（Datsenko et al., 2012）。引发适应不仅需要传统上认为参与原生适应过程的 Cas1 和 Cas2 蛋白，而且还需要参与干扰过程的各种 Cas 蛋白（Datsenko et al., 2012；Li et al., 2014b）（见图 7-8）。

原生适应是对初次入侵的外源遗传物质进行"记忆"，而引发适应是由已经存在的间

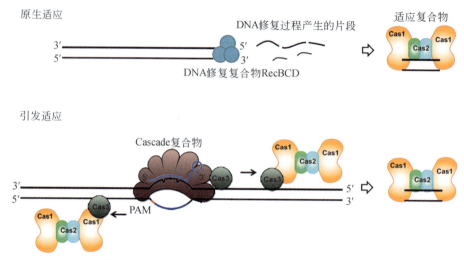

图 7-8 Ⅰ 型 CRISPR-Cas 系统的原生适应与引发适应

Ⅰ 型系统的原生适应过程仅需要 Cas1 和 Cas2 两个蛋白质，间隔序列的获取依赖于来源 DNA 的复制和修复过程，因此高频复制的病毒 DNA 更倾向于被获取；引发适应还需要其他多种 Cas 蛋白，依赖于已有间隔序列与外源 DNA 的完全 / 不完全匹配，因此具有更严格的异己区分

隔序列（与外源遗传物质中的序列完全或部分匹配）激发的更高效的间隔序列获取。目前，引发适应现象只在 Ⅰ 型 CRISPR-Cas 系统中有所报道。而且在一些 Ⅰ 型 CRISPR-Cas 系统中，如西班牙盐盒菌的 Ⅰ-B 型 CRISPR-Cas 系统（Li et al., 2014b）和黑腐坚固杆菌（*Pectobacterium atrosepticum*）的 Ⅰ-F 型 CRISPR-Cas 系统（Richter et al., 2014），似乎只能发生引发适应过程，原生适应过程可能无法发生或被高度抑制。由于 Ⅰ 型 CRISPR-Cas 系统在原核生物中最为普遍，加之引发适应非常高效且能够严格地区分异己，科学家们普遍认为引发适应可能在自然界中是一种主要的适应方式。

（二）间隔序列的特异性选取

自从首次观察到 CRISPR 适应现象以来，一个非常重要的科学问题一直困扰着科学家们，即在选取间隔序列时如何特异性地识别外源 DNA，避免从自身染色体 DNA 上获取间隔序列片段？这就是对于任何免疫系统而言都非常重要的一种机制——异己识别机制。CRISPR-Cas 免疫系统的异己识别发生在干扰和适应两个层面。在干扰层面，干扰效应物需要很好地区分间隔序列和原间隔序列（protospacer，间隔序列在外源 DNA 上的来源序列），避免对携带间隔序列的自身 DNA 产生免疫。在适应层面，适应复合物需要特异地选取外源 DNA 片段整合到 CRISPR 结构中，否则将产生自我靶向的间隔序列，并最终导致自我免疫。值得注意的是，在这两个层面，原间隔序列旁侧的保守序列 PAM（protospacer adjacent motif）均发挥重要作用（Westra et al., 2013；Li et al., 2014a）。

1. 原生适应过程中的异己识别

虽然在自然界中引发适应可能是一种主要的适应形式，但在 Ⅰ 型以外的其他类型系统中目前只观察到了原生适应过程。实际上，原生适应表现出了一定的外源 DNA 偏好性。例如，在大肠杆菌的原生适应研究中，从质粒获取间隔序列的效率比从染色体DNA获取的效率高200多倍（Yosef et al.，2012）。2015年，Levy等的工作很好地解释了大肠杆菌中这种偏好性产生的原因——间隔序列获取依赖于底物DNA复制过程中RecBCD（双链断裂修复复合物）介导的双链断裂修复行为（Levy et al.，2015）（见图7-8）。RecBCD会结合到双链断裂处（double strand break，DSB），继续解链并降解DNA，直至遇到最近的Chi位点（GCTGGTGG），而降解DNA产生的ssDNA可以作为底物被Cas1-Cas2获取，形成新的间隔序列。一方面，由于高拷贝数的质粒和病毒复制行为比较活跃，它们的DNA会产生更多的双链断裂；另一方面，染色体DNA上存在大量的Chi位点，这些位点可以有效阻断RecBCD复合物在染色体DNA上的滑动，从而降低了自身DNA被适应机器获取的频率。因此，这两方面的差异很好地解释了大肠杆菌原生适应过程中表现出的对外源DNA的偏好性。此外，在这一过程中选取的序列通常带有保守的PAM，说明大肠杆菌的Cas1-Cas2复合物足以在选取间隔序列来源序列时实现对PAM的识别（Datsenko et al.，2012）。

但是，原生适应过程中对外源DNA的偏好性毕竟无法保证严谨的异己识别，甚至在某些系统中可能不存在这一偏好性。例如，在嗜热链球菌中，Wei等发现将Ⅱ-A型CRISPR-Cas系统的Cas9活性位点突变后，可以观察到原生适应过程对自身DNA和外源DNA表现出相同的间隔序列获取效率。因此，原生适应过程必须被维持在非常低的活性水平甚至被沉默掉，如大肠杆菌中全局转录调控蛋白H-NS会抑制其Ⅰ-E型CRISPR系统Cas蛋白的表达（Pul et al.，2010）。否则，活跃的原生适应必将导致危险的自我免疫行为。

2. 引发适应过程中的异己识别

由于引发适应需要现有的间隔序列识别外源DNA上与其完全或部分匹配的一段序列（称为"引发原间隔序列"），因此可以在一定程度上保证适应机器特异地从外源DNA上获取新间隔序列。但是，crRNA是由CRISPR DNA编码的，因此两者序列之间也是完全匹配的，这就说明单纯依靠crRNA与靶DNA的碱基匹配特性无法保证引发过程特异地发生在外源DNA上，还有可能发生在编码crRNA的CRISPR DNA上。中国科学院微生物研究所的向华研究团队在西班牙盐盒菌的研究中表明PAM识别在该过程中发挥着重要作用（图7-9）。由于他们研究的Ⅰ-B型系统的PAM序列是由3个核苷酸组成（5′-TTC-3′）的，因此他们设计了64种靶标质粒携带相同的原间隔序列，但在PAM位置上具有各不相同的三联核苷酸，然后测试了干扰过程和引发过程对这些靶标质粒的识别能力。结果他们发现，干扰过程能够有效识别其中的4种三联核苷酸，而引发过程可以识别其中的23种（包括上述4种）三联核苷酸，剩下的41种三联核苷酸既不能被干扰过程识别，又不能被引发过程识别。值得注意的是，在CRISPR结构中，间隔序列侧旁是保守的重复序列，它对应PAM位置的三联核苷酸恰恰属于上述两个过程均无法识别的41种三联核苷酸之一，从而有效避免自身CRISPR DNA成为干扰的靶标或引发适应的底物（Li et al.，2014a）。可以看出，引发比干扰在识别PAM时具有更宽松的严谨性，因此能够在保证异己区分的同时，更好地耐受病毒的逃逸突变（PAM区域或间隔序列匹配区域发生点突变），通过快速获取新间隔序列重启对逃逸病毒的干扰。

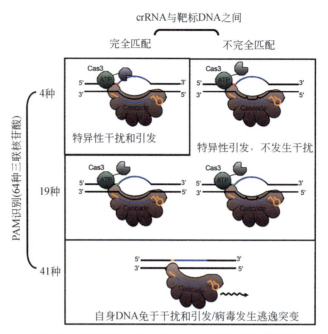

图 7-9 西班牙盐盒菌中基于 PAM 的异己识别机制

当引发间隔序列与病毒序列完全匹配时，有 4 种三联核苷酸可以充当干扰和引发过程的 PAM 序列；
当两者不完全匹配或 PAM 为另外 19 种三联核苷酸时，只能发生引发适应；而其他 41 种三联核苷酸
（包括）无法充当干扰或引发过程的 PAM

3. 间隔序列获取的链特异性

原生适应中，新间隔序列的获取具有 PAM 选择性，但往往没有明显的链特异性。引发适应具有明显的链特异性，但在不同类型的系统中存在不同规律。对大肠杆菌 I -E 型 CRISPR-Cas 系统的研究发现，引发适应过程中获取的新间隔序列特异地来源于噬菌体 DNA 双链中引发原间隔序列所在的那条链，因此该过程具有单链特异性（Shmakov et al., 2014）。单分子实验发现，当靶标 DNA 上的 PAM 存在一定的突变时，Cascade 即使结合靶标也无法招募单独的 Cas3，但 Cas1-Cas2 的存在会促进 Cas3 的招募。此时，Cas3 的易位酶活性被激活而核酸酶活性被抑制，在非靶标链（不与 crRNA 发生碱基匹配的同义链）上、下游滑动以寻取新间隔序列，但不会对靶标 DNA 进行降解，具体机制仍不清楚。

不同于大肠杆菌中观察到的单链特异性，向华研究团队在西班牙盐盒菌 I -B 型系统的研究中发现，在病毒基因组上的引发位点上游，新间隔序列特异地来源于引发原间隔序列所在链；而在引发位点下游，新间隔序列却来源于引发原间隔序列的互补链，因此，这是一种双向差异的单链特异性（Li et al., 2014b）（图 7-10）。通过对 Cas3 的解旋酶活性位点进行突变，研究人员发现该酶活性对于高效适应也是必要的，因此推测 Cas3 的 3′ -5′ 解旋酶活性帮助适应机器在引发位点的上、下游沿着不同的 DNA 单链获取新间隔序列。通过分析新间隔序列被获取的频率，他们还发现距离引发原间隔序列位点越近的往往被获取的频率越高，这一规律很好地支持了"滑动"假说（Li et al., 2014b；Li et al., 2017）。随后，黑腐坚固杆菌 I -F 型系统中的研究也报道了类似的间隔序列获取规律（Richter et al., 2014）。

图 7-10　西班牙盐盒菌引发适应过程中的间隔序列选取机制

Cascade 识别靶标 DNA 后可引发适应机器在非靶标链上向上游滑动（绿色），而在靶标链上向下游滑动（红色），寻取新的原间隔序列。它通过识别 PAM 序列（5′-TTC-3′）定义原间隔序列的 5′ 端，然后通过分子尺机制在一定范围内倾向将胞嘧啶（C）下游 2 nt 处定义为 3′端

（三）间隔序列的特异性整合

1. 间隔序列尺寸的度量机制

2015 年，美国加州大学伯克利分校的 Doudna 团队和中国科学院生物物理所王艳丽研究团队分别独立报道了大肠杆菌 Cas1-Cas2 与原间隔序列底物形成的复合物的晶体结构（Nunez et al.，2015；Wang et al.，2015）。该 Cas1-Cas2- 原间隔序列复合物包括 6 个蛋白质亚基，其中 2 个 Cas1 二聚体和 1 个 Cas2 二聚体。Cas1 蛋白通过 2 个酪氨酸将原间隔序列的一段 23 bp 双链区域固定住，然后从两端的 3′ 单链突出部分分别截取 5 nt，最终切取的 DNA 长度是 33 bp，正好相当于大肠杆菌间隔序列的保守尺寸 32 bp 加上 PAM 来源的 1 bp（在大肠杆菌的间隔序列获取过程中，原间隔序列和 PAM 的最后一个碱基被同时切取并插入 CRISPR 结构中）。因此，Cas1-Cas2 复合物的结构似乎提供了一个刚性的分子尺，确定了间隔序列的尺寸（图 7-11）。

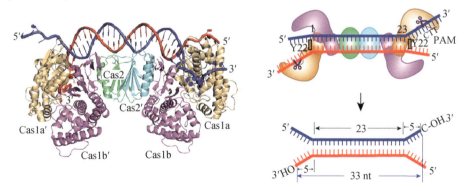

图 7-11　Cas1-Cas2- 原间隔序列复合物的结构及其所提供分子尺的示意图（Wang et al.，2015）

值得注意的是，虽然大肠杆菌中间隔序列长度一般均为 32 bp，但是许多其他细菌中间隔序列的尺寸往往具有一定的多态性，即在一定的长度范围内波动。向华研究团队在研究西班牙盐盒菌 I-B 型系统时，通过高通量测序技术分析了近 4 万条新获取的间隔序列，发现间隔序列的 3′ 端第 3 个碱基对胞嘧啶呈现明显的偏好性（见图 7-10），通过遗传手段改

变间隔序列序列中该胞嘧啶的位置可以改变最终获取的间隔序列尺寸（Li et al.，2017）。因此，间隔序列尺寸的度量过程可能不仅需要 Cas1-Cas2 复合物提供的分子尺，还需要该复合物与原间隔序列之间发生一定的序列特异性识别，该识别作用可以对分子尺进行一定程度的微调。

2. 间隔序列的精确复制

间隔序列（或原间隔序列）只有以正确的方向整合到 CRISPR 结构的特定位点才能形成记忆性免疫。前导序列是 CRISPR 序列上游富含 A/T 的一段序列，往往含有启动子元件，可以起始 CRISPR 的转录。一般情况下，新间隔序列总是整合到 CRISPR 结构的前导序列一端，并伴随着邻近重复序列的精确复制，介导该过程的整合复合物至少含有 Cas1 和 Cas2 两种蛋白质。大肠杆菌中间隔序列整合过程的研究最详细，其中 Cas1-Cas2 整合新间隔序列的过程与病毒的整合酶及转座酶类似：Cas1-Cas2 复合物携带原间隔序列靠近 CRISPR 结构的前导序列端，原间隔序列双链裸露的 3′-OH 分别对重复序列的两侧进行亲核攻击并发生酯交换反应（Nuñez et al.，2015）（图 7-12）。该过程还需要非 Cas 组分——宿主整合因子（integration host factor，IHF）的参与。IHF 可将 DNA 剧烈弯曲，从而提高 Cas1 识别前导序列和重复序列连接处序列的效率及准确性（Wright et al.，2017）。而 II -A 型系统中，只需要 Cas1-Cas2 即可识别前导序列。整合反应过程中产生的单链 DNA 区域被未知的机制修复，从而形成新的重复序列 – 间隔序列单元。

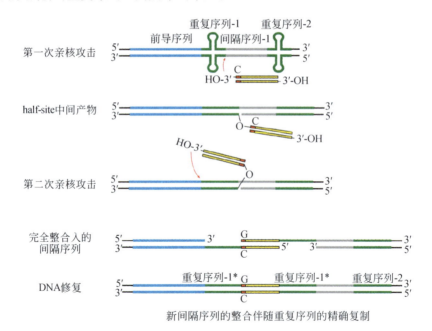

新间隔序列的整合伴随重复序列的精确复制

图 7-12　大肠杆菌新间隔序列整合的分子过程示意图（改编自 Nuñez et al.，2015）

该模型认为，两端各携带 3′-OH 基团的原间隔序列片段通过对重复序列一端进行第一次亲核攻击，然后识别重复序列另一端发生第二次亲核攻击，最后由未知的 DNA 修复酶类补齐缺口，实现间隔序列的插入和重复序列的精确复制

值得注意的是，在整合过程中重复序列需要发生精确的复制，即两次整合反应（亲核攻击）要精确发生在重复序列的两端，否则 CRISPR 周期性将被破坏，且获得的新间隔序

列可能无法产生有功能的 crRNA。向华研究团队在西班牙盐盒菌 I -B 型系统中首次解析了重复序列精确复制的分子机制，并提出了基于双分子尺的整合位点识别模型（图 7-13）。他们通过对重复序列进行饱和突变分析，鉴定到重复序列内部两个关键的元件，它们的突变可阻断间隔序列整合过程（Wang et al.，2016）。同时，他们发现两者分别作为锚点帮助间隔序列整合复合物精确地识别重复序列边界并发生亲核攻击：当两个元件的间距发生改变时，发生复制的重复序列尺寸也相应改变。随后，大肠杆菌中也报道了类似的双分子尺现象（Goren et al.，2016）。

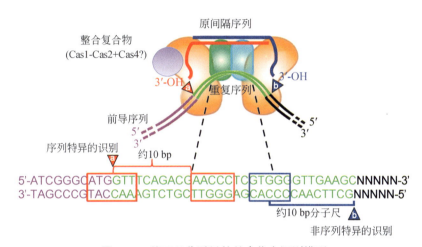

图 7-13 基于双分子尺的整合位点识别模型

在西班牙盐盒菌的 I -B 型 CRISPR 中，研究人员鉴定了重复序列内部的两个关键序列元件 AACCC 和 GTGGG，两者间距的改变可致使复制产生的新重复序列尺寸发生改变。另外，前者突变或其与前导序列之间 10 bp 间距的改变可阻断整合过程（暗示 a 反应位点的识别存在序列特异性）

二、第二阶段：CRISPR RNA 的生物合成

CRISPR-Cas 的免疫过程主要是 crRNA 基于序列匹配性特异地识别靶 DNA/RNA，从而引导效应复合物对靶标进行切割。CRISPR 的转录起始于前导序列内部，转录产生的前体 RNA 分子被特定核酸酶切割产生成熟的 crRNA。切割发生于重复序列 RNA 内部，因此得到的 crRNA 通常包含一个间隔序列 RNA 及其两侧重复序列 RNA 的部分序列。这个过程被称为 crRNA 的生物合成过程。

（一）类群 1 的 crRNA 加工机制

I 型系统的前体 crRNA 加工通常由 Cas6 催化，产生的成熟 crRNA 两端携带来源于重复序列的组分，称为 5′ 手柄（handle）和 3′ 手柄。大部分 I 型系统的重复序列具有回文特征，可以形成茎环结构，Cas6 特异性地识别该结构并直接在其下游进行切割（图 7-14）。此外，最近的研究发现对于重复序列无法形成茎环结构的系统（以 I-A 型系统和 I-B 型系统为主），两分子的 Cas6 可对重复序列进行重塑，使其生成茎环结构以确定切割位点（图

7-14）。切割后，部分系统中 Cas6 继续结合在 3′手柄上，为 Cascade 的形成提供基础（Jore et al.，2011），但也有一些体外实验发现，3′手柄会被未知核酸酶进一步加工，且 Cas6 并不属于 Cascade 组分。虽然成熟 crRNA 分子的 3′手柄有时会被进一步加工，甚至完全去除，但是 5′手柄通常为固定的长度（8 nt）。另外，有的 I-C 型系统不编码 Cas6 的同源蛋白，如耐盐芽孢杆菌（*Bacillus halodurans*）中的 CRISPR 系统，相关研究发现该系统是由 Cas5 负责前体 crRNA 的切割加工。

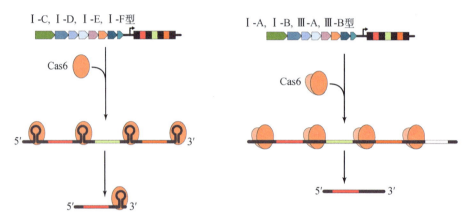

图 7-14　类群 1 CRISPR-Cas 系统的 crRNA 加工机制（Hille et al.，2018）

Ⅲ型系统的 crRNA 加工机制和 I-A/B 型系统有许多共同之处（图 7-14），如 3′手柄被进一步切割，甚至部分间隔序列 RNA 序列也会被切割，从而获得不同长度的成熟 crRNA，而且，Cas6 也不是效应复合物的结构性组分。此外，Ⅲ-C 型和Ⅲ-D 型系统中没有 Cas6 的同源蛋白，可能由 Cas5 替代其发挥作用。Ⅳ型系统发现较晚，研究也较少，相关的加工机制还不清楚，但是它具有与 *cas5*、*cas6* 类似的基因，推测其加工方式与其他 I 型系统相似（Hille et al.，2018）。

（二）类群 2 的 crRNA 加工机制

类群 2 CRISPR-Cas 系统包括Ⅱ型、Ⅴ型和Ⅵ型，它们采用不同的 crRNA 加工机制（图 7-15）。

大多数的Ⅱ型系统编码一个与重复序列部分互补的 tracrRNA。在Ⅱ-A 型系统中，Cas9 与 tracrRNA：crRNA 杂交链结合并招募 RNase Ⅲ对双链区域进行初次切割，随后在间隔序列序列内部靠近 5′端的位置上发生二次切割（催化该切割反应的 RNase 尚未确定），最终产生的成熟 crRNA 分子 5′端是来源于间隔序列的特异性序列，而 3′端是来源于重复序列的保守序列（Deltcheva et al.，2011）。此外，人们在脑膜炎奈瑟菌（*Neisseria meningitides*）的Ⅱ-C 型系统中发现了一种特殊的 crRNA 生成机制，它可直接由重复序列内部的启动子转录产生（图 7-15）。

Ⅴ型系统和Ⅵ型系统的效应蛋白分别为 Cas12 和 Cas13，均同时具有加工 crRNA 和切割靶标的双重功能。Ⅴ-A 型系统的研究表明，该系统不编码 tracrRNA，Cas12a 可以直接识

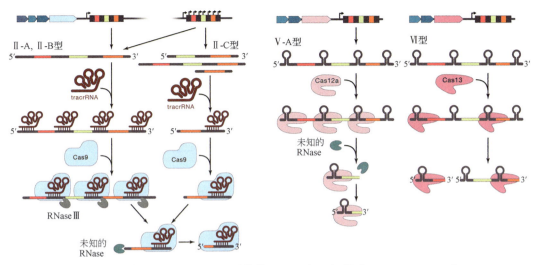

图 7-15 类群 2 CRISPR-Cas 系统的 crRNA 加工机制（Hille et al.，2018）

别重复序列 RNA 的茎环结构并进行切割。Ⅵ型系统也不编码 tracrRNA，而 Cas13a 同样也可以识别重复序列 RNA 的茎环结构并切割，但有意思的是，该系统中前体 crRNA 即使不经过加工也可以发挥其靶向作用。Ⅵ-B 型系统也比较特殊，同一个 CRISPR 序列中重复序列长度是变化的，而间隔序列长度是固定的，最后生成的 crRNA 都包含 30 nt 的间隔序列部分，但重复序列部分有 36 nt 和 88 nt 两种尺寸，而这两种 crRNA 都具有靶向功能。

从上述可见，不同类型的 CRISPR 系统中 crRNA 的加工机制存在较大差异。因此，随着新的 CRISPR 系统被不断发现，可能会出现更多新型的 crRNA 加工机制。

三、第三阶段：CRISPR 干扰

第二阶段产生的成熟 crRNA 将基于其间隔序列区域与靶标 DNA/RNA 之间的碱基匹配，指导 Cas 蛋白（或复合物）识别并降解外源核酸分子，该过程即为 CRISPR 干扰。其中，与 crRNA 结合并参与靶向外源核酸分子的 Cas 蛋白或 Cas 蛋白复合物，被称为效应物。最新的分类体系将已知 CRISPR-Cas 系统分为两大类就是根据效应物的性质进行划分的：类群 1（class 1）的 crRNA 效应物复合物含有多个蛋白质亚基，如Ⅰ型中的 Cascade 复合物和Ⅲ型中的 Csm/Cmr 复合物；而类群 2（class 2）采用的是单亚基效应物，如 Cas9、Cas12 和 Cas13。

（一）干扰过程中的异己识别机制

CRISPR 干扰的特异性是基于 crRNA 与靶标核酸分子之间的碱基匹配。然而，由于 crRNA 是由 CRISPR 结构转录加工产生的，它与 CRISPR DNA 也可以发生完全的碱基匹配。因此，科学家们认为必然存在一种或多种策略可以使 CRISPR 干扰有效地区分间隔序列 DNA 和原间隔序列 DNA。目前已知有两种不同的异己识别策略：一种称为自我/非我识别机制（self versus non-self discrimination），另一种称为靶标 / 非靶标识别机制（target versus non-target discrimination）（图 7-16）。

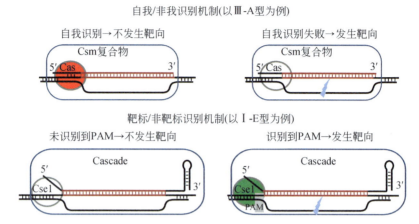

图 7-16　干扰过程中的两种异己识别机制（Westra et al.，2013）

1. 自我 / 非我识别机制

自我 / 非我识别机制是指免疫系统通过某个分子验证过程识别自我组分（间隔序列 DNA），而无法通过该分子验证的则被识别为非我组分被特异性靶向。CRISPR 干扰过程的这一识别机制于 2010 年由 Marraffini 和 Sontheimer 首次提出并解析（Marraffini and Sontheimer，2010）。他们在研究表皮葡萄球菌（*Staphylococus epidermidis*）Ⅲ型系统的干扰过程时发现，干扰的发生不仅需要 crRNA 的间隔序列区域与靶标上原间隔序列之间的碱基匹配性，还需要该区域以外的特定位点存在碱基不匹配性。当 crRNA 分子的 5′ 手柄与编码该组分的重复序列 DNA 发生碱基匹配时，间隔序列 DNA 被识别为自身组分而避免自我免疫发生；而原间隔序列 DNA 旁侧往往与 5′ 手柄缺乏这种匹配性，从而被识别为外源组分并被降解。

自我 / 非我识别机制主要出现在Ⅲ型系统中。最近，中国科学院生物物理所的王艳丽团队通过结构生物学手段在Ⅲ -A 型系统中深入解析了这一机制的分子过程（You et al.，2018）。他们发现若 crRNA 的 5′ 手柄与靶标 RNA 的 3′ 端序列无法形成互补配对，则会通过别构效应调节激活 Cas10 的 HD 结构域的 DNase 活性，切割靶标 DNA。此外，还会激活 Cas10 的 Palm 结构域的环化寡腺苷酸 cOA（cyclic oligoadenylate）合成酶活性，随后得到的 cOA 将作为第二信使激活 Csm6 的 RNase 活性，非特异地切割 ssRNA，抑制宿主细胞的整个转录过程。

2. 靶标 / 非靶标识别机制

靶标 / 非靶标识别机制是指免疫系统通过某个分子过程识别外源组分（原间隔序列 DNA）并作为干扰靶标，而无法通过该分子验证的即为非靶标。在 CRISPR 系统这一机制往往涉及一个非常重要的元件——PAM。除了Ⅲ型系统以外，其他类型的 CRISPR 系统几乎都采用其特征 PAM 进行靶标和非靶标的区分。PAM 序列最早于 2009 年由 Mojica 等提出，他们通过大量生物信息学分析发现，在靶标序列原间隔序列的 5′ 端一侧或 3′ 端一侧往往存在一个 2～5 nt 的保守序列，该序列决定了靶标是否能够被干扰，也决定了新间隔序列插入的方向。同时，他们也注意到 PAM 在不同类型的 CRISPR 系统中的位置和序列都有较大差异（Mojica et al.，2009）。

2013 年，荷兰瓦格宁根大学的 Westra 等在研究大肠杆菌的 CRISPR 干扰过程时发现，与Ⅲ型系统中基于 crRNA 的 5′ 手柄与间隔序列 DNA 两侧序列的碱基匹配实现自我组分识别的策略不同，Ⅰ-E 型系统是通过识别原间隔序列侧旁的特定 PAM 而将原间隔序列 DNA 识别为可干扰的靶标。当 PAM 发生突变时，即使该部分序列无法与 crRNA 的 5′ 手柄发生碱基匹配，原间隔序列 DNA 也不会被识别为干扰靶标，因此他们提出了靶标/非靶标的异己识别策略（Westra et al.，2013）。后来的生化研究表明，在 Cascade 识别原间隔序列时，需要先识别 PAM 才能解开原间隔序列双链并进一步检验 crRNA 与原间隔序列的碱基匹配性（Hayes et al.，2016）。若 PAM 序列不对，即使间隔序列 RNA 与靶标序列完全匹配也无法进行干扰。

对比引发适应过程和基于靶标/非靶标识别异己的干扰过程，可以看出，引发与干扰都需要基于已有间隔序列与外源 DNA 之间的碱基匹配性，而且都需要验证 PAM 序列。不同的是，这两个过程对不完全碱基匹配和 PAM 突变表现出不同的耐受性，这也解释了引发适应为何能够高效地应对那些逃避了 CRISPR 干扰的病毒突变体。

此外，在激烈火球菌（*Pyrococcus furiosus*）Ⅲ-B 型系统中的研究发现，该系统实际上采取的也是靶标/非靶标识别机制。但在这一过程中，被识别的不是靶标 DNA 上的 PAM 序列，而是靶标 RNA 上的 rPAM（RNA protospacer-adjacent motif）序列（Elmore et al.，2016）。

（二）类群 1 的干扰机制

1. Ⅰ型系统的干扰机制

Ⅰ型系统是分布最普遍的 CRISPR-Cas 系统，由多个 Cas 蛋白与 crRNA 形成 Cascade 效应复合物。在不同亚型中，Cascade 的整体结构十分相似，但是它们的具体组成存在一定差异。以目前解析最深入的大肠杆菌Ⅰ-E 型系统为例，其 Cascade 分子质量为 405 kDa，包括 11 个 Cas 亚基：结合在 crRNA 5′ 手柄的 Cas5（CasD），结合在 3′ 手柄的 Cas6（CasE），覆盖在间隔序列 RNA 区域的 6 个拷贝的 Cas7（CasC），以及 Cas8e（Cse1）和 2 个拷贝的 Cas11（Cse2）（Jore et al.，2011）。其中，6 个拷贝的 Cas7 将它们的 β 发卡结构在 crRNA 上每 6 个碱基处实现一次插入，使前 5 个碱基暴露出来与靶标进行匹配，而第 6 个碱基则不参与匹配；Cas11 又被称为小亚基，可与 Cas7 和 crRNA 互作；Cas8e 又被称为大亚基，与 Cas5、Cas7 及 Cas11 均存在互作（图 7-17）。Cascade 在 crRNA 指导下可识别靶标 DNA，随后招募Ⅰ型系统的特征蛋白 Cas3 对其进行切割，实现干扰。

Ⅰ型干扰过程分为以下 3 个阶段（图 7-17）。

（1）R 开环（R-loop）结构形成。Cascade 复合物首先在靶标 DNA 上扫描 PAM，一旦识别到 PAM 序列将会使 DNA 发生严重弯曲并自发解链，该识别过程通常由大亚基 Cas8 完成（Hayes et al.，2016）。靶标双链会先解开一段种子序列（seed sequence），使间隔序列 RNA 与原间隔序列 DNA 双链中的互补链发生碱基匹配。这个匹配过程诱导整个原间隔

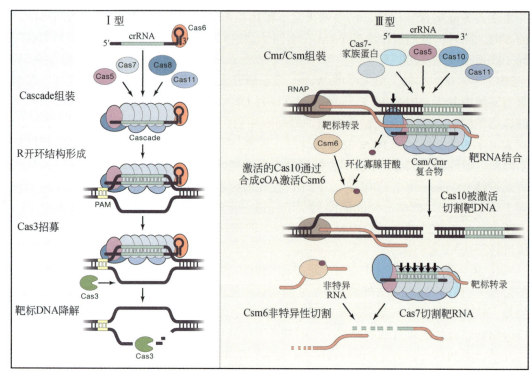

图 7-17 类群 1 的干扰过程（Hille et al.，2018）

Ⅰ型和Ⅲ型都是通过多亚基的效应复合物实现干扰过程的。不同的是，前者通过 Cascade 复合物
只作用于靶标 DNA，而后者通过 Csm 或 Cmr 复合物先靶向靶标 RNA，然后再靶向靶标 DNA

序列双链打开，间隔序列 RNA 进一步与原间隔序列 DNA 互补链发生完全匹配，形成稳定的
R 开环结构。种子序列通常为近 PAM 端的原间隔序列部分碱基，Ⅰ型系统中不同亚型种子序
列长度略有差异，但第 6 个碱基均不参与碱基互补配对。例如，大肠杆菌Ⅰ-E 型系统中种子
序列是 1～5 位及 7～8 位碱基，而沃氏富盐菌（*Haloferax volcanii*）Ⅰ-B 型系统中种子序列
共包含 9 个碱基。此外，PAM 序列及种子序列的突变会严重影响 Cascade 与靶标的结合。

（2）Cas3 招募。Cascade 与靶标 DNA 形成 R 开环结构后构象会发生变化并招募
Cas3。Cas3 是同时具有内切活性和外切活性的核酸酶，可特异切割 ssDNA，因此被招募后
会迅速在 R 开环结构的 ssDNA 区域产生一个缺刻。大肠杆菌中的研究表明，这一缺刻发生
在非靶标链上。

（3）靶标 DNA 降解。除了具有核酸酶活性外，Cas3 还具有解旋酶活性。在对靶标进
行首次切割后，Cas3 结构将发生变化，激活 ATP 依赖的解旋酶活性。该活性使其能够在
ssDNA 底物上发生 3′→5′ 的移位，移位过程又可激活其外切酶活性，从而不断降解靶标
DNA。在大肠杆菌中，Cas3 的外切酶活性会在靶标基因组上产生 200～300 nt 的单链间隔，
不过这可能只是降解过程的中间产物，靶标的完全降解可能需要其他非 Cas 的核酸酶参与，
或需要 Cas3 不依赖于 Cascade 的核酸酶活性（这一活性曾在体外实验中观察到）。

虽然对于不同亚型的系统而言，干扰的具体分子机制存在差异，但 Cascade 的组装、
PAM 的识别、R 开环结构的形成及 Cas3 对靶标的切割这些分子过程是Ⅰ型干扰的普遍特征。

2. Ⅲ型系统的干扰机制

Ⅲ型系统目前已鉴定出 4 种亚型（A～D），其中Ⅲ-A 型和Ⅲ-D 型的效应复合物是 Csm，而Ⅲ-B 型和Ⅲ-C 型的效应复合物是 Cmr。在 Csm 和 Cmr 中，它们的蛋白质 Cas10 被相应命名为 Csm1 和 Cmr2。与Ⅰ型系统类似，Ⅲ型系统的效应物也是由多个 Cas 亚基组成的，crRNA 的 5′ 手柄被 Cas5（Csm4/Cmr3）结合，间隔序列 RNA 序列被 Cas7 家族蛋白（Ⅲ-A 型的 Csm3 和 Csm5，Ⅲ-B 型的 Cmr4、Cmr6 和 Cmr1）结合，小亚基 Cas11 结合在中部，大亚基 Cas10 结合在 Cas5 一侧（见图 7-17）。同样，Cas7 的 β 发卡结构会在 crRNA 上每 6 个碱基处发生一次插入，使内部 5 个碱基暴露出来与靶标进行碱基匹配，而 Cas7 会继续在每 6 个碱基处对靶标进行切割（Staals et al.，2014）。

比较特别的是，Ⅲ型系统既可靶向 RNA 也可靶向 DNA，且后者依赖于前者，即对靶标 DNA 的切割活性依赖于靶基因的转录（见图 7-17）。Ⅲ型系统主要采取自我 / 非我异己识别机制。若 crRNA 的 5′ 手柄与靶标 RNA 的 3′ 端序列无法形成互补配对，则将引发别构调节激活 Cas10 的 DNase 活性和环化寡腺苷酸（cOA）合成酶活性，Cas10 将利用其 DNase 活性切割靶标 DNA，而 cOA 可以作为第二信使通过别构调节激活 Csm6/Csx1（非效应复合物组分）的 RNase 活性，后者非特异地切割附近的 ssRNA（靶标 RNA 或宿主自身的 mRNA 等）（You et al.，2018）。Ⅲ-C 型系统和Ⅲ-D 型系统发现得较晚，相关研究也较少。虽然它们缺少引发适应元件（Cas1 和 Cas2），但是效应蛋白的组成与Ⅲ-A/B 型系统相似，暗示它们采取类似的干扰机制（Shmakov et al.，2017）。

Ⅳ型系统也有类似 cas5、cas7 和 cas8 的基因，但其免疫机制尚未得到解析（Shmakov et al.，2017）。

（三）类群 2 的干扰机制

1. Ⅱ型系统的干扰机制

Ⅱ型系统的干扰过程由 crRNA：tracrRNA 形成的杂交双链 RNA 分子共同指导 Cas9 实现。Cas9 可以稳定 crRNA：tracrRNA 杂交体，并招募 RNase Ⅲ 对其进行加工。成熟的 crRNA 和 tracrRNA 继续保持 RNA 杂交双链状态。随后 Cas9 可在靶标 DNA 上快速扫描 PAM 序列，由其羧基端的结构域负责 PAM 的识别。之后采用与Ⅰ型系统类似的方式，首先在种子序列区域发生 crRNA 和原间隔序列 DNA 的碱基匹配，并进一步将碱基匹配延伸到整个原间隔序列区域，形成稳定的 R 开环结构（图 7-18）。不同的是，Ⅱ型系统中种子序列通常是连续的 12 nt，即第 6 位碱基的匹配也是重要的（Kunne et al.，2014）。

Cas9 蛋白结构为二裂片（lobe）状，包括 REC 裂片和 NUC 裂片。二者通过柔性连接肽和高度保守的富含精氨酸的桥连接，可与向导 RNA 发生大量互作。其中 NUC 裂片有两个活性结构域，分别是 HNH 核酸酶结构域和 RuvC 核酸酶结构域。稳定的 R 开环结构形成后，会激活 HNH 结构域的活性。由于 HNH 结构域和 RuvC 结构域是被柔性连接肽连接的，RuvC 的活性也会被激活。两者分别对靶标链（与 crRNA 发生碱基匹配的互补链）和非靶标链（不与 crRNA 发生碱基匹配的同义链）进行切割，切割的位点均位于 PAM 序列上游第 3 个碱基处，产生具有平末端的双链断裂（Garneau et al.，2010）。

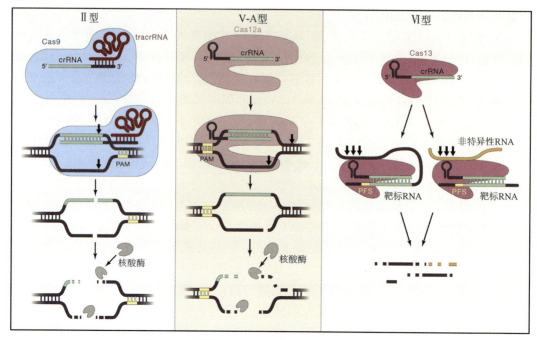

图 7-18　类群 2 的干扰过程（Hille et al.，2018）

Ⅱ型、Ⅴ型和Ⅵ型都是通过单亚基的效应蛋白实现干扰过程的。Ⅱ型系统通过 crRNA 和 tracrRNA 双分子指导 Cas9
蛋白切割靶标 DNA，Ⅴ-A 型系统仅利用 crRNA 分子即可指导 Cas12a 蛋白切割靶标 DNA，Ⅵ型系统则通过 crRNA
指导 Cas13 蛋白靶向靶标 RNA

2. Ⅴ型系统的干扰机制

　　Ⅴ型系统效应蛋白为 Cas12，具有 RuvC 核酸酶结构域，但是不同亚型之间 RuvC 结构域的相似性不高。Ⅴ-A 型系统不需要 tracrRNA，且 Cas12a（Cpf1）的 RuvC 结构域中唯一的催化中心可对双链进行切割。与 Cas9 不同的是，Cas12a 识别的 PAM 位于靶标序列原间隔序列的 5′ 端，且对 PAM 的识别发生在两条 DNA 单链上。Ⅴ-B 型系统需要 tracrRNA，这一点类似于Ⅱ型系统，但 Cas12b 具有不同于 Cas9 和 Cas12a 的 PAM 识别结构域。

　　Cas12a 和 Cas12b 的分子结构在组织方式上与 Cas9 类似，为二裂片状，包括 REC 裂片和 NUC 裂片。不同于 Cas9，Cas12a 和 Cas12b 均识别约 18 nt 的种子序列，而且在 PAM 远端进行错位切割，因此产生黏性末端（见图 7-18）。目前Ⅴ-A 型系统和Ⅴ-B 型系统的研究比较多，而其他亚型的分子机制有待进一步解析。

3. Ⅵ型系统的干扰机制

　　Ⅵ型系统的效应蛋白是 Cas13，它有两个 HEPN 基序，这种基序通常出现在 RNase 中。这类系统的干扰机制具有许多独特之处。首先，它的靶标是 RNA，而且不仅是与 crRNA 互补配对的靶标 RNA，特异性的切割还会激活效应蛋白的非特异性 RNase 活性，因此会继续切割附近的各种非靶标的 RNA 分子。其次，该系统中 crRNA 的加工过程不仅不需要 tracrRNA，并且前体 crRNA 不经加工也可以直接发挥靶向引导功能。此外，种子序列位于间隔序列的中间部分，因此 Cas13 的靶向活性可以耐受 crRNA 与靶标 RNA 在间隔序列边缘区域的碱基错配，但对中间区域的错配较敏感。除此之外，Cas13 的活性还受靶序列旁侧位点（protospacer flanking site，PFS）的影响（图7-18）。例如，在纱式纤毛菌（*Leptotrichia shahii*）的研究中发现，其Cas13a发挥功能需要靶序列3′端侧翼位点不含鸟嘌呤，而对Cas13b的研究发现靶序列的5′端不能携带胞嘧啶，3′端必须为5′-NAN-3′或5′-NNA-3′。

Cas13a结合crRNA时会发生构象改变，进一步稳定crRNA并帮助靶标结合。结合靶标后，Cas13a的构象会进一步改变，使两个HEPN结构域靠近，激活其RNase活性。不同于类群2的其他系统，Cas13a的活性中心在酶的表面而不是内部。将Cas13a或Cas13b在大肠杆菌中异源表达，可以观察到其对ssRNA病毒的抗性，但是由于其无差别地降解ssRNA，也会明显抑制菌体的生长。

（四）病毒与CRISPR-Cas系统的互作机制

原核生物与其病毒在长期的进化过程中不断竞争也不断进化，科学家们陆续发现一些噬菌体逃逸或抵御CRISPR-Cas系统的机制。

首先，CRISPR-Cas系统主要通过序列特异性来识别靶标，因此噬菌体基因组可以通过发生点突变逃避CRISPR干扰，这些突变通常发生在PAM序列和种子序列。不过，对表皮葡萄球菌Ⅲ-A型系统的研究发现，CRISPR干扰过程对靶标分子的点突变表现出很强的耐受性。另外，Ⅰ型系统高效的引发适应也是对噬菌体逃逸的一种有效策略，相比干扰过程，它可以耐受靶标的更多突变，从而通过获取新间隔重启对逃逸病毒的干扰。

其次，一些噬菌体进化出更复杂的抗CRISPR策略，它们可以编码抑制CRISPR系统的Acr蛋白（anti-CRISPR protein），这是一类可以直接和CRISPR-Cas组分互作的小蛋白质。最早的Acr蛋白是从铜绿假单胞菌（*Pseudomonas aeruginosa*）的噬菌体中发现的，Bondy-Denomy等发现了5个可以抑制宿主Ⅰ-F型系统的噬菌体基因。之后，他们对这些基因的作用机制进行了解析，发现不同的Acr蛋白作用靶点不同：有的与Cascade蛋白亚基互作，防止Cascade与靶标DNA的结合；有的与Cas3互作，防止其被Cascade招募（Bondy-Denomy et al.，2015）。目前已经鉴定出几十种Acr家族蛋白，均作用于Cas蛋白，但值得注意的是，一种Acr蛋白通常只在特定类型的CRISPR系统中发挥作用（Borges et al.，2017）。

另外，还有一些噬菌体可以利用CRISPR-Cas系统来攻击宿主。霍乱弧菌（*Vibrio cholerae*）的噬菌体可编码功能完全的Ⅰ-F型系统靶向宿主的其他免疫系统（Seed et al.，2013）。

（五）CRISPR-Cas系统的其他功能

某些CRISPR-Cas系统在进化上比较保守，可能参与除了防御功能之外的其他生理过程。已有研究表明，CRISPR系统可以参与DNA修复、基因组进化和基因转录调控等过程。

对大肠杆菌的研究表明，Cas1与多种关键的DNA修复蛋白互作。敲除Cas1后，细菌对DNA损伤更加敏感，并且影响染色体分离过程。此外，CRISPR序列的敲除也会导致类似结果，说明CRISPR系统确实参与了DNA修复过程（Babu et al.，2011）。对黑腐坚固杆菌Ⅰ-F型系统的研究发现，若CRISPR序列中有靶向基因组的间隔序列，虽然很可能引发自我免疫导致细胞死亡，但同时也提供了选择压力，促进基因组的进化。在病原菌新凶手弗朗西斯氏菌（*Francisella novicida*）Ⅱ型系统中，scaRNA（Cas-associated RNA，一种小 RNA）会与 tracrRNA 及 Cas9 形成复合体，降解菌体脂蛋白的 mRNA，而细胞膜上脂蛋白的减少会使其不容易被宿主免疫系统检测到，从而提高其毒力（Sampson et al., 2013）。

第四节　CRISPR 基因编辑技术及其应用

　　DNA 双链断裂可以触发真核生物基因组以同源修复（homology-directed repair，HDR）或非同源末端连接（non-homologous end-joining，NHEJ）两种方式进行修复，在修复的过程中可引入碱基突变、序列替换、插入或缺失等，利用这一特点可以实现基因组的精准编辑（图 7-19）。基于高效靶向核酸酶的发现，科学家们分别发展了第一代和第二代基因组编辑技术——锌指核酸酶（zinc finger nuclease，ZFN）技术和转录激活因子样效应物核酸酶（transcription activator-like effector nuclease，TALEN）技术。这两种基因编辑技术的核心都是融合了一个特异的 DNA 结合蛋白和一个非特异性的核酸酶。但这两项技术中 DNA 结合蛋白的改造和组装都比较复杂，且序列识别受基因组环境影响较大，因此限制了它们的发展。基于细菌的 CRISPR-Cas 特异性免疫系统进行改造而发展的新一代基因编辑技术，凭借其简便性、高效性和经济性等特点在细菌、植物、动物及人细胞中得到了广泛的应用研究，不仅可用于基因功能的研究、动物模型的建立、农作物的品种改良，在基因治疗中更是具有巨大的发展前景，可以为遗传疾病等提供新的治疗方案。

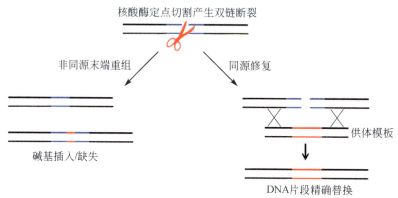

图 7-19　基因编辑的一般原理

一、基于 CRISPR 的新一代基因编辑技术

　　利用 CRISPR-Cas 系统在干扰过程中对特定 DNA 序列的靶向能力，可以在真核生物的庞大基因组中特定位点上产生双链断裂。如前所述，这种断裂经过非同源末端连接可以随机引入插入 / 缺失突变，或在供体 DNA 存在的情况下通过同源重组精确地引入预期突变。

CRISPR-Cas 系统分为两大类群——类群 1 和类群 2，其中类群 2 的组分较为简单，因此更便于进行应用性改造。下面将围绕最常用的 CRISPR-Cas9 技术和 CRISPR-Cpf1 技术，以及基于前者衍生出的更具医学应用前景的单碱基编辑技术，介绍新一代基因编辑技术的原理和特点。

（一）CRISPR-Cas9 基因编辑技术

目前使用最广泛的 CRISPR-Cas9 基因编辑技术来源于酿脓链球菌的 Ⅱ -A 型 CRISPR-Cas 系统。该系统实现 CRISPR 干扰过程的效应复合物由 crRNA、tracrRNA 和多功能域的 Cas9 蛋白组成（图 7-20）。Cas9 含有 HNH 和 RuvC 两个核酸酶结构域，分别负责切割靶标 DNA 中与 crRNA 互补的靶标链和被 crRNA 替换的非靶标链。2012 年，Doudna 和 Charpentier 研究团队发现 crRNA：tracrRNA 杂交体可以通过碱基匹配识别与 crRNA 互补的靶标 DNA，并指导 Cas9 特异性地切割该靶标分子（Jinek et al.，2012）。他们尝试将 crRNA 和 tracrRNA 融合成一条 sgRNA，使其包含了 20 nt 的引导序列（与靶标 DNA 发生碱基互补）和 Cas9 结合所需的 RNA 二级结构，然后发现单一 sgRNA 分子同样能够引导 Cas9 特异性切割靶标 DNA。这一研究为将 CRISPR-Cas 系统从细菌的免疫系统开发成新一代基因编辑技术奠定了理论基础。

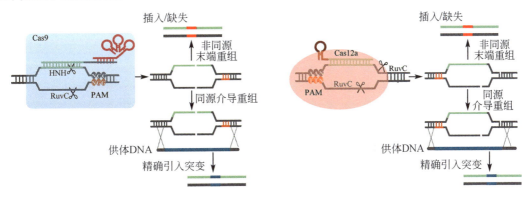

图 7-20　基于 CRISPR-Cas9 和 CRISPR-Cas12a/Cpf1 的基因编辑（Yao et al.，2018）

Cas9 的 HNH 和 RuvC 两个核酸酶结构域分别切割靶标 DNA 的两条单链，产生平末端；而 Cas12a 的 RuvC 结构域切割靶标 DNA 双链，产生黏性末端。两种断裂均可通过非同源末端重组或同源介导重组过程在切割位点处引入突变

与传统的 ZFN 和 TALEN 技术相比，CRISPR-Cas9 基因编辑技术利用 RNA 分子而非 DNA 结合蛋白进行特异性靶向，因此进行重编程的简便性大大提高，成本也大大降低。不过，由于 CRISPR-Cas9 系统需要识别靶序列 3′ 端的 PAM 序列，如目前广泛应用的 SpCas9 识别的 PAM 通常为富含鸟嘌呤（G）的序列 5′-NGG-3′。因此，这在一定程度上限制了靶点的选择范围。然而，不同来源的 Cas9 可以识别不同的 PAM 序列，如脑膜炎奈瑟氏菌来源的 NmCas9 识别的 PAM 序列为 5′-NNNNGATT-3′，金黄色葡萄球菌来源的 SaCas9 识别的 PAM 序列为 5′-NNGRRT-3′，这些 Cas9 同源蛋白的应用可以在一定程度上拓宽靶点的选择范围。

（二）CRISPR-Cpf1 基因编辑技术

CRISPR-Cas12a/Cpf1 属于 V 型 CRISPR 系统，最早在新凶手弗朗西斯菌等微生物中发现。2015 年，张锋实验室从 16 种不同来源的 Cpf1 中筛选出两种能够应用于哺乳动物细胞基因组编辑的 Cpf1 蛋白，*Acidaminococcus* sp. BV3L6 来源的 Cpf1（AsCpf1）和毛螺科菌 *Lachnospiraceae bacterium* 来源的 Cpf1（LbCpf1）。相比于 CRISPR-Cas9 系统，CRISPR-Cpf1 系统在组分及作用机制上有很大不同：① Cpf1 仅有 RuvC 结构域，没有 HNH 结构域，RuvC 结构域催化了靶标 DNA 两条单链的切割（图 7-20）；② Cpf1 同时具有 DNA 内切酶和 RNA 内切酶活性，不仅参与靶标 DNA 的降解，还催化了 crRNA 的加工过程，因此不依赖于 tracrRNA 和 RNase Ⅲ 的参与，而相应开发出的 CRISPR-Cpf1 基因编辑技术也只需要一个 42 ～ 44 nt 的 crRNA 作为引导，不需要 crRNA：tracrRNA 双 RNA 分子或较长的 sgRNA 分子（> 100 nt）；③切割后产生黏性末端，在体外分子克隆操作中更具应用优势；④识别的 PAM 序列位于靶序列 5′ 侧，且富含胸腺嘧啶（T），如 LbCpf1 识别的 PAM 序列为 TTTN，这一特征可与 Cas9 识别的富含鸟嘌呤的 PAM 形成优势互补，大大扩宽了利用 CRISPR 技术进行基因组编辑的靶点范围；⑤切割位点距离 PAM 序列较远，通过 NHEJ 修复造成的核苷酸插入 / 缺失一般不会改变 PAM 和种子序列，Cpf1 仍然可以再次识别并切割靶基因，相对于 Cas9 具有一定的优势。

（三）基因组 DNA 单碱基编辑技术

虽然 CRISPR-Cas9 等基因编辑技术可以在基因组特定位点造成双链断裂后通过同源修复过程精确引入预期突变，但是实际上同源修复过程发生的效率很低（0.1% ～ 5%），而且 Cas9 切割产生的双链断裂不可避免地激活非同源末端连接过程，从而引入非预期的突变。因此，科学家们考虑是否能够在不产生双链断裂的情况下进行精确的基因编辑。

美国哈佛大学 David Liu 领导的研究团队于 2016 年 4 月首次将胞嘧啶脱氨酶与 CRISPR-Cas9 基因编辑技术融合，建立了胞嘧啶脱氨酶介导的单碱基编辑技术（cytidine-deaminase-mediated base editing，CBE）。他们最初利用的是 HNH 和 RuvC 两个核酸酶结构域携带突变的 dCas9（dead Cas9），这一 Cas9 突变体不能切割 DNA，但在 sgRNA 的引导下仍可特异地结合 DNA。将 dCas9 与胞嘧啶脱氨酶融合后，sgRNA 可以引导融合蛋白结合到靶位点，融合蛋白中的胞嘧啶脱氨酶能够使胞嘧啶（C）经脱氨基作用转变为尿嘧啶（U），而尿嘧啶在 DNA 复制过程中会被识别为胸腺嘧啶（T），从而实现 C 到 T 的转换。对应地，互补链的鸟嘌呤（G）将会转变成腺嘌呤（A），而且在整个过程中不会引入 DNA 双链断裂。然而该团队发现这一系统的编辑效率不高，猜测可能是尿嘧啶 DNA 糖基化酶切除了在 DNA 中引入的尿嘧啶，启动了碱基切除修复过程。为了提高效率，他们对系统进行了优化，在前述融合蛋白的基础上进一步融合了尿嘧啶 DNA 糖基化酶抑制子（uracil DNA glycosylase inhibitor，UGI），用来抑制细胞 DNA 双链中尿嘧啶的切除和修复过程，从而显著提高了编辑效率。后来，他们进一步用 nCas9（Cas9-D10A 突变体）替换 dCas9，该突变体恢复了 Cas9 的 HNH 结构域的核酸酶活性，使其只切割与 sgRNA 发生碱基互补的靶标链，保持待编辑链的完整性，使得编辑效率得到进一步提高（Komor et al.，2016）。

2017 年，Liu 研究团队又将腺嘌呤脱氨酶与 CRISPR-Cas9 融合，成功构建了可以实现 A 到 G 转换的腺嘌呤单碱基编辑系统（adenine base editor，ABE）。该系统的工作原理类似于胞嘧啶单碱基编辑系统，即将 nCas9 与腺嘌呤脱氨酶融合，腺嘌呤脱氨酶可以催化 sgRNA 靶向的特定位点处的腺嘌呤脱氨转化为肌苷，后者在碱基配对时可与胞嘧啶（C）发生配对，因此在随后的 DNA 修复或复制过程中，靶点的 A-T 碱基对有一定概率被替换为 G-C 碱基对，实现另一种形式的单碱基突变（图 7-21）（Gaudelli et al.，2017）。

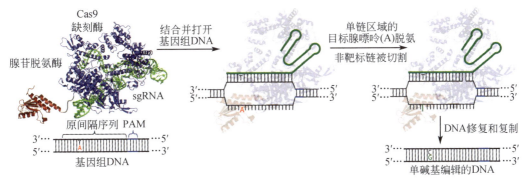

图 7-21　单碱基编辑系统（Gaudelli et al.，2017）

从上述可见，新一代基因编辑工具单碱基编辑系统能够在不产生双链断裂的情况下进行单碱基的精确编辑，但是目前该系统仍然有一些不足。第一，单碱基编辑系统只能实现 C 到 T、T 到 C、A 到 G 和 G 到 A 的转换突变，无法引入 A 到 C、G 到 T 等颠换突变。第二，如同 CRISPR-Cas9 技术，其可编辑范围或靶点受到 PAM 识别的限制。第三，虽然目前的单碱基编辑系统均不切割产生 DNA 双链断裂，但是仍然会在靶位点上产生少量的插入/缺失突变。韩国首尔大学基础科学研究所的 Kim 研究组推测这些突变是由 nCas9 造成的，然而，其他研究人员为了避免单链 DNA 的切割，使用了没有切割活性的 dCas9-HF2 进行单碱基编辑，但发现靶位点处仍然会发生插入/缺失突变，他们推测这些突变可能是由于脱氨基作用激活了碱基切除修复，在碱基切除产生的无碱基位点诱导下最终产生了 DNA 双链断裂，进而在双链断裂的修复过程中产生了插入缺失突变（Liang et al.，2017）。第四，如同 CRISPR-Cas9 基因编辑技术，单碱基编辑系统也存在一定的脱靶效应。

二、CRISPR 基因编辑技术的应用

（一）CRISPR 基因编辑技术在细菌和古菌中的应用

目前 CRISPR 基因编辑技术已经在细菌、古菌、植物、动物等各种细胞中实现了广泛应用。细菌和古菌是生物界的重要组成部分，其种类繁多、分布广泛，它们在农业、医学等领域研究中得到了广泛的应用，在细菌和古菌中开发和建立遗传操作工具可加快对它们的研究和应用。虽然细菌和古菌基因组编辑技术没有真核生物基因组编辑技术那么受关注，

但是它们基因组编辑的原理是相同的。Cas9、Cpf1 和单碱基编辑系统均可实现对细菌基因组的编辑。

利用 CRISPR-Cas 系统对细菌和古菌基因组进行编辑可以通过两种方式：一是向宿主菌中引入外源 CRISPR-Cas 系统，如使用较多的 SpCas9 及相应的 sgRNA；二是利用宿主菌内源的 CRISPR-Cas 系统进行基因编辑。2013 年，Jiang 等利用 CRISPR-Cas9 系统分别在肺炎链球菌（*Streptococcus pneumoniae*）和大肠杆菌中引入了精确的突变，编辑效率分别约为 100% 和 65%，这是首次利用 CRISPR-Cas 系统在细菌中实现基因组编辑的报道（Jiang et al.，2013）。Cas9 在 sgRNA 指引下在细菌基因组的特定位点上产生双链断裂，这一断裂可以在提供供体 DNA 的情况下通过同源重组精确引入预期突变。可见，利用外源的 CRISPR-Cas 系统进行基因编辑需要利用表达质粒同时表达 Cas9 和 sgRNA 两个组分，另外需要提供供体 DNA。对于重组效率低的菌株，往往还需要引入 λ-Red 等同源重组系统以提高重组效率，因此需要较多的分子克隆和菌株操作。由于 CRISPR-Cas 系统广泛分布于细菌（＞50%）和古菌（＞90%）中，利用它们内源的 CRISPR-Cas 系统进行基因组编辑将是一种更加便利的选择。在这一过程中，只需要根据内源 CRISPR-Cas 系统的类型设计相应 CRISPR 结构，使其产生的 crRNA 引导 Cas 蛋白靶向目的基因，即可在基因组上引入双链断裂。例如，Pyne 等在巴氏梭菌（*Clostridium pasteurianum*）中利用其内源的 I-B 型 CRISPR-Cas 实现了高效的基因组编辑（Pyne et al.，2016）。丹麦哥本哈根大学的佘群新研究团队和中国科学院微生物研究所的向华研究团队分别在冰岛硫化叶菌和西班牙盐盒菌中利用各自的内源 CRISPR-Cas 系统实现了基因组编辑，该过程只需向古菌细胞中引入一个编辑质粒（该质粒携带了靶向目标基因的人工 CRISPR 和一段供体 DNA）即可对目标基因进行高效的精准编辑（Dominguez et al.，2016；Cheng et al.，2017）。利用单碱基编辑系统在大肠杆菌中也可进行单碱基编辑，Banno 等利用融合了胞嘧啶脱氨酶的 CRISPR-Cas9 系统，可以在靶点实现胞嘧啶突变，而进一步将尿嘧啶 DNA 糖基化酶抑制剂和蛋白降解标签融合，并设计表达多个 sgRNA，可以同时对多个基因实现编辑。

目前，基于 CRISPR 的基因编辑技术已被成功应用于多种原核生物中，包括大肠杆菌（*Escherichia coli*）、肺炎链球菌（*Streptococcus pneumoniae*）、地衣芽孢杆菌（*Bacillus licheniformis*）、艰难梭菌（*Clostridium difficile*）、丙酮丁醇梭菌（*Clostridium acetobutylicum*）、谷氨酸棒杆菌（*Corynebacterium glutamicum*）、铜绿假单胞菌（*Pseudomonas aeruginosa*）、恶臭假单胞菌（*Pseudomonas putida*）、金黄色葡萄球菌（*Staphylococcus aureus*）、变铅青链霉菌（*Streptomyces lividans*）、解纤维素梭菌（*Clostridium cellulolyticum*）、白色链霉菌（*Streptomyces albus*）、天蓝色链霉菌（*Streptomyces coelicolor*）、嗜热链球菌（*Streptococcus thermophilus*）、痰塔特姆菌（*Tatumella citrea*）、玫瑰孢链霉菌（*Streptomyces roseosporus*）、路氏乳杆菌（*Lactobacillus reuteri*）、干酪乳杆菌（*Lactobacillus casei*）等。

（二）CRISPR 基因编辑技术在植物中的应用

植物在生长发育的过程中经常会遭遇高温、干旱、高盐、创伤或病害等逆境威胁，从而导致农业生产力下降，因此现代农业面临巨大的挑战。而不断增加的全球人口则相应地需要更高产量和更高质量的农作物，农作物的育种改良对于人类健康和国家粮食安全极为重要。基因编辑技术不仅是阐明基因功能的重要工具，也对植物育种上克服逆境威胁及改善农业现状具有重要的意义。

CRISPR-Cas基因组编辑系统具有简便高效、低成本及可靶向多基因等特点，基于这些特性，CRISPR-Cas9在植物中得到了迅速而广泛的应用，这也将会是解决植物育种中各种问题的有效方案。水稻是人类的主要粮食作物，也是单子叶植物中的一种模式生物，许多研究已利用CRISPR-Cas9基因编辑技术对水稻基因进行改造。2013年，中国科学院遗传与发育生物学研究所高彩霞研究团队将核定位信号添加到密码子优化后的SpCas9的末端，并设计了sgRNA靶向水稻中八氢番茄红素脱氢酶基因 *OsPDS*，发现在原生质体中引入点突变的效率为14.5%～20%。随后，他们尝试构建引入上述突变的水稻植株，发现得到突变株的概率为4.0%～9.4%，且突变植株具有白化及矮小的预期表型（Shan et al.，2013）。

Cpf1在植物基因编辑中也已得到成功应用，由于其识别的PAM序列与Cas9不同，可以弥补Cas9识别PAM序列的限制。利用FnCpf1，科学家们已成功地在烟草和水稻的基因组中引入突变，但是其产生突变的效率不同，在水稻中比在烟草中的效率高。另外，LbCpf1也已被应用于水稻基因组的编辑。在水稻中，相比于其他大多数的基因组编辑核酸酶，FnCpf1和LbCpf1核酸酶能更高效地在目标位点通过同源修复实现精确的基因插入。而 *Acidaminococcus* sp. BV3L6来源的AsCpf1虽然在人类细胞中可以进行高效的编辑，但在水稻和大豆中的编辑效率极低。

在植物中，利用CRISPR-Cas产生基因组双链断裂，然后通过同源重组修复精确引入突变的编辑效率较低，因此在植物中很难进行单个核苷酸的替换。然而，对全基因组关联分析表明，单碱基的改变通常是造成作物优良性状变异的原因，因此在植物中建立产生精确点突变的编辑技术尤为重要。2017年，高彩霞研究团队成功地将单碱基编辑技术运用到了小麦、水稻和玉米三大重要农作物中，并在其基因组中实现了高效精确的单碱基突变（Zong et al.，2017）。在这项工作中，研究人员将Cas9的突变体nCas9（Cas9-D10A）与大鼠胞嘧啶脱氨酶rAPOBEC1和尿嘧啶糖基化酶抑制剂（UGI）融合，并进一步进行了密码子优化，最终在植物中建立了高效的单碱基编辑系统nCas9-PBE（plant base editor）。研究人员在上述3种作物的原生质体中，对报告基因蓝色荧光蛋白（blue fluorescent protein，BFP）基因和5个内源基因中的多个靶点序列进行了突变分析，发现nCas9-PBE系统可成功地将靶点序列DNA的C替换为T，单个C的替换效率为0.39%～7.07%，多个C（2～5个）的替换效率为0.31%～12.48%。通过遗传转化，利用nCas9-PBE系统在小麦、水稻和玉米中获得靶序列区单碱基替换突变株的效率最高可达43.48%。单碱基编辑系统在植物中的成功建立和应用，为高效培育单碱基突变体提供了切实可行的策略和方案。

利用CRISPR基因编辑技术可以简便高效地对植物基因组进行改造，从而改善作物的营养状况、提高抗病抗逆水平、延长作物产品的寿命等，为农作物的遗传性状改良和育种提供重要的技术手段。至今，CRISPR基因编辑技术已成功应用于水稻、小麦、玉米、大豆、大麦、高粱、土豆、番茄、亚麻、油菜、亚麻荠、棉花、黄瓜、莴苣、葡萄、苹果、橙子、西瓜、拟南芥等多种植物中。

（三）CRISPR 基因编辑技术在动物中的应用

在胚胎干细胞中，利用同源重组的方法进行基因打靶是构建动物突变模型的传统方法，对研究发育过程或疾病中的基因突变与表型之间的关联具有重要意义。研究表明，利用 CRISPR 基因编辑技术可在各种模型动物中快速进行靶向基因组修饰。通常用于基因编辑的 Cas9 蛋白来源于细菌，因此为了使 Cas9 蛋白可以高效地在哺乳动物细胞中表达并运送到细胞核内，需要将 Cas9 编码序列进行密码子优化，并在 Cas9 蛋白的氨基端或羧基端添加核定位信号，将 Cas9 和设计的 sgRNA 分别在启动子的控制下进行转录表达，在细胞中表达的 sgRNA 指导 Cas9 识别并切割基因组上特定的 DNA 位点（图 7-22）。2013 年年初，美国麻省理工学院的张锋研究团队首次利用 CRISPR-Cas9 系统在哺乳动物细胞中进行基因编辑，成功对 293T 细胞的 *EMX1* 和 *PVALB* 基因引入点突变。其中，CRISPR-Cas9 基因编辑技术在 *EMX1* 基因中引入突变的效率等于甚至高于 TALEN 技术（Cong et al.，2013）。Mali 等（2013）在 *Science* 杂志发表了另一篇关于利用 CRISPR-Cas9 对人类细胞进行基因组编辑的研究，该论文报道了利用 CRISPR-Cas9 靶向切割人 293T 细胞和 K652 细胞基因组，进而利用细胞的 DNA 修复机制实现基因组编辑的研究工作。Hwang 等（2013）将编码 Cas9 的 mRNA 和 sgRNA 显微注射到斑马鱼胚胎中，利用 CRISPR-Cas9 系统成功地在斑马鱼胚胎中实现了对靶基因的修饰，CRISPR-Cas9 基因编辑技术在靶基因 *fh1* 处产生的突变效率与 TALEN 技术相似。而在靶基因 *gsk3b* 和 *drd3* 中，利用 CRISPR-Cas9 基因编辑技术可以产生高效的突变，利用 TALEN 技术却未能获得突变。可见，在编辑某些靶点基因时，CRISPR-Cas9 基因编辑技术比 TALEN 技术表现出更高的编辑效率。

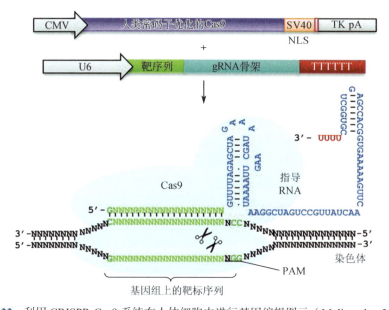

图 7-22　利用 CRISPR-Cas9 系统在人体细胞中进行基因编辑图示（Mali et al.，2013）

以此图示为例，Cas9 蛋白经过人源密码子优化和添加 SV40 核定位信号后在人体细胞中用 CMV 强启动子表达，同时用 U6 启动子表达指导 RNA（包括靶标识别序列和骨架序列），可实现对基因组上靶标序列的特异性切割

基因修饰的小鼠、大鼠、猪等动物模型是研究基因功能、疾病发生机制及寻找合适的药物作用靶标的重要工具。在小鼠中，将 Cas9 mRNA、sgRNA 和携带突变的寡核苷酸共同注入受精卵可获得携带精确点突变的基因敲除小鼠。利用 CRISPR 基因编辑技术的多重靶向优势，甚至可以高效地一步生成携带多种突变（如基因插入、缺失等）的小鼠。相比于小鼠，大鼠在生理上与人更为接近，而且其体形较大，在实验中较容易操作。2013 年，中国科学院动物所周琪领导的研究团队利用 CRISPR-Cas9 系统诱导大鼠 *Tet1/Tet2/Tet3* 基因敲除，成功实现了高达 100% 编辑效率的单基因敲除及接近 60% 编辑效率的三基因同时敲除，研究人员还证实了通过 CRISPR-Cas 系统引入的基因修饰可以通过生殖细胞传递到下一代，该研究首次在大鼠这一重要的模式动物上实现了多基因同步敲除（Li et al., 2013）。vWF（von Willebrand factor）的突变会导致临床上的血管性血友病，2014 年周琪领导的研究团队利用 CRISPR-Cas9 基因编辑技术获得了 *vWF* 基因敲除猪，从而建立了血管性血友病的小型猪模型，这也是首次报道利用 CRISPR-Cas9 基因编辑技术获得具有特定疾病表型的哺乳动物疾病模型，这一研究将极大推动家畜疫病及人类疾病的发病机制与治疗方法的研究（Hai et al., 2014）。

CRISPR-Cpf1 也已成功被用于动物的基因编辑。在人们利用 Cpf1 向人体细胞中引入片段的插入和缺失时，发现其脱靶效率比 Cas9 低，如 LbCpf1 和 AsCpf1 比 SpCas9 在人体基因组上的潜在脱靶位点更少，因此在人类细胞基因组的编辑中具有更高的特异性（Kim et al., 2016；Kleinstiver et al., 2016）。通过显微注射将 Cpf1 mRNA 及相应的 crRNA 导入小鼠胚胎中，可以成功得到基因突变的小鼠。

动物模型中通常利用 CRISPR 核酸酶切割靶标序列，同时提供单链寡核苷酸为模板，通过同源重组精确引入点突变，但是这一流程的效率较低。为了实现高效的点突变，Jin-Soo Kim 研究组将单碱基编辑系统成功运用于小鼠中，他们将编辑系统 rAPOBEC-XTEN-nCas9-UGI 融合蛋白的 mRNA 和靶向抗肌萎缩蛋白基因 *Dmd* 的 sgRNA 显微注入小鼠受精卵中，在获得的 9 只 *Dmd* 的 F_0 代小鼠中，5 只携带了靶位点的突变，而将靶向 *Tyr* 的 sgRNA 和 rAPOBEC1-nCas9-UGI 蛋白的复合物电转到小鼠受精卵时，他们得到等位基因突变 F_0 代小鼠的效率高达 100%（Kim et al., 2017b）。

目前，CRISPR 基因编辑技术已在小鼠、果蝇、线虫、斑马鱼、热带爪蟾、大鼠、猪等动物中实现了有效的基因编辑。CRISPR 基因编辑技术在动物中的广泛应用，将有助于开发人类疾病的动物模型和治疗策略。

（四）CRISPR 基因编辑技术在疾病治疗中的研究应用

CRISPR 基因编辑技术具有优异的编辑效率和精确性，不仅可用来进行基因表达调控和基因功能的研究，也促进了疾病模型的快速建立，在疾病治疗中更是具有重大意义。人类基因组功能已知的基因中，与疾病相关的突变已经超过 3000 种，而且未来将有更多的疾病相关基因突变被鉴定出来。利用基因编辑技术通过导入正常基因或编辑缺陷基因对突变位点进行修复，可以实现治疗疾病的目的，将从根本上解决困扰人类多年的遗传性疾病问题。

镰状细胞贫血是首个致病机制研究得比较清楚的单基因遗传病，该病是由 β-珠蛋白

基因 *HBB* 的第 7 个密码子的点突变造成的，全世界每年有超过 250 000 例新增镰状细胞贫血患者。2016 年，Dever 等研究人员利用 CRISPR-Cas9 技术，在镰状细胞贫血患者的造血干细胞中实现了 *HBB* 基因点突变位点的修复。在干细胞分化为红细胞后，他们能够检测到正常 *HBB* 的 mRNA，这为 CRISPR 基因编辑技术应用于镰状细胞贫血的治疗提供了理论基础。

基因编辑技术不仅可以用于遗传性疾病的治疗，在非遗传性疾病的治疗中也有重要应用潜力。血管生长因子如 VEGFA（vascular endothelial growth factor A）的基因与视网膜病变相关，Kim 等（2017a）将靶向 *VEGFA* 基因的 Cas9-sgRNA 核糖核蛋白导入成年小鼠眼中，使 *VEGFA* 基因突变失活，并且在小鼠模型中发现 Cas9 核糖核蛋白有效地减少了脉络膜新血管生成的面积，暗示 CRISPR 基因编辑技术有可能用于非遗传性退行性眼部疾病的治疗。

CRISPR 基因编辑技术与免疫治疗的结合有效促进了抗肿瘤免疫治疗的发展，尤其是促进了 CAR（chimeric antigen receptor）-T 细胞、TCR（T cell receptor）-T 细胞的制备和应用，推动了 CAR-T 等细胞治疗技术的发展。CAR-T 细胞治疗是一个非常有前景的肿瘤治疗方法，使用健康的异体供者 T 细胞制备通用型 CAR-T 可用以治疗多个患者，但在这一过程需要使异体细胞不攻击患者自身的细胞，并降低其免疫原性从而避免宿主细胞的攻击。CAR-T 细胞中 *TRAC*（*TCRα subunitconstant*）基因的敲除可以避免移植物抗宿主病（graft-versus-host-disease，GVHD）的发生，敲除 CAR-T 细胞中 *B2M*（beta-2 microglobulin）基因将会破坏人类白细胞抗原（HLA）的表达，从而降低自身的免疫原性。PD-1（programmed death 1）和其配体 PD-L1（programmed cell death ligand 1）的结合可以抑制 T 细胞的免疫功能，进而可能导致肿瘤免疫逃逸，敲除 *PD-1* 基因可以阻断 PD-1 信号通路。2016 年，中国科学院动物研究所王皓毅研究组利用 CRISPR-Cas9 系统对 CART 细胞进行 2 个基因（*TRAC* 和 *B2M*）或者 3 个基因（*TRAC*、*B2M* 和 *PD-1*）的敲除，这些编辑的 CAR-T 细胞比普通 CAR-T 细胞在体外及体内具有相当甚至更强的肿瘤细胞杀伤能力，具有很好的临床应用前景（Liu et al.，2017b）。2017 年，科学家们利用 CRISPR-Cas9 全基因组筛选技术筛选并鉴定到 PD-L1 的调节蛋白 CMTM6，发现它延缓了 PD-L1 蛋白的泛素化降解过程并延长了 PD-L1 蛋白的半衰期，从而增强 PD-L1 的表达水平并抑制 T 细胞的免疫能力，该调节蛋白的发现为肿瘤靶向治疗提供了新的潜在靶点（Burr et al.，2017）。Manguso 等（2017）利用 CRISPR-Cas9 技术系统在黑色素瘤细胞中对 2368 个基因进行了筛选，得到了对肿瘤免疫疗法具有抑制效应的 *Ptpn2* 基因，为开发相应分子抑制剂并提高肿瘤免疫治疗效果提供了参考。

2017 年，美国俄勒冈健康科学大学的 Mitalipov 研究组利用 CRISPR-Cas9 技术在人类早期胚胎中修复了与心肌肥大相关的 *MYBPC3* 突变基因。此外，结合单碱基编辑技术可以使 CRISPR-Cas 技术更好地应用于疾病治疗。由于单碱基基因编辑技术是在不造成 DNA 双链断裂的情况下进行精确的碱基替换，这对于基因治疗而言是非常有效的工具，尤其是对由单碱基突变而引起的疾病。2017 年，黄军就团队将单碱基编辑技术用于在人类胚胎中，对 *HBB* 的点突变进行编辑，成功地实现了 G 到 A 的修正，该研究为治疗遗传性疾病提供了可能的途径。Chadwick 等通过单碱基编辑技术敲除了与冠心病相关的 *PCSK9* 基因，从而降低了血浆胆固醇的水平。

CRISPR 技术作为一种简单高效的基因编辑工具，展现出了巨大的应用潜力，在小鼠等疾病动物模型构建及多种遗传或非遗传疾病的临床治疗中具有广阔的应用前景。

三、CRISPR-Cas9 技术的优化与扩展

虽然 CRISPR-Cas9 技术已表现出强大的基因组编辑能力，但科学家们仍不断对其进行各种改造并衍生出了一系列多样化的应用（图 7-23）。例如，通过突变 Cas9 的 HNH 和 RuvC 活性位点构建的 dCas9 可以用来抑制基因的表达；当 dCas9 与转录激活蛋白融合表达时可对目的基因进行转录激活；当 dCas9 与组蛋白修饰或 DNA 甲基化相关蛋白融合表达时，可改变特定位点的组蛋白或 DNA 修饰状态（即表观基因组编辑）；当 dCas9 与荧光蛋白融合表达时，可对基因组特定位点进行荧光定位（即基因组成像）；通过合成大量的 sgRNA，可以利用 CRISPR-Cas9 技术建立突变文库，进行高通量的遗传筛选。将 Cas9 两个结构域拆解成两个独立的蛋白质，并使用化学诱导或光诱导的两者的二聚化可以实现对上述各种基因组或表观基因组操作的瞬时控制等。

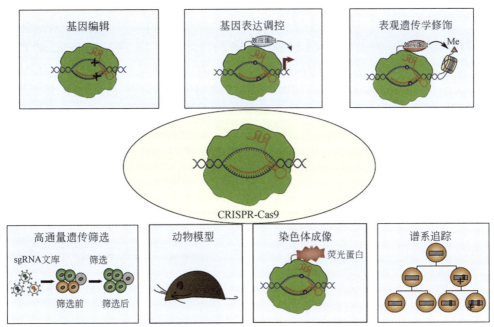

图 7-23　CRISPR-Cas9 技术的多样化分子遗传应用（Wang and Qi，2016）

CRISPR-Cas9 技术已被应用于基因编辑、转录调控、表观遗传修饰、高通量遗传筛选、
动物模型构建、染色体成像和谱系追踪等

基于 CRISPR 系统，科学家还开发了对核酸分子进行特异性检测的方法。CRISPR-Cas13a（也称为 C2c2）与靶向 DNA 的 CRISPR 酶不同（如 Cas9 和 Cpf1），Cas13a 在切割它的靶标 RNA 后激活非特异性 RNA 酶活性，继续切割其他 RNA 分子。基于 CRISPR-Cas13a 系统的这一特性，张锋等开发了低成本、快速且高灵敏度的生物分子诊断工具 SHERLOCK（specific high sensitivity enzymatic reporter UnLOCKing）。该工具的成功还依赖于两个方面：

一方面是利用了重组聚合酶扩增技术（recombinase polymerase amplification，RPA），RPA 的扩增反应在常温下就能进行，不需要变性过程，更重要的是其反应灵敏，可以将痕量的核酸模板扩增到可以检测的水平，这样就可以被 Cas13a 蛋白识别捕获；另一方面是向系统加入一种特定 RNA 荧光报告分子。若样品中有靶序列，经过 RPA 扩增后达到可被 Cas13a 检测的水平，Cas13a 切割靶序列后还将继续切割非特异的 RNA，当 RNA 荧光报告分子被切割时便会释放荧光信号。该系统的灵敏度达到阿摩尔级（amol/L），可以检测到单个核酸分子（Gootenberg et al.，2017）。

四、CRISPR 基因编辑技术脱靶效应及优化方案

CRISPR 基因编辑技术的特异性主要取决于 sgRNA 对靶标 DNA 的识别，由于 sgRNA 有一定的概率与非靶标 DNA 序列发生匹配，从而导致非预期的突变，这一效应被称为脱靶效应（off-target effect）。脱靶效应会增加基因组的不稳定性，并破坏非靶标正常基因的功能，这在基因治疗上存在巨大风险。sgRNA 对非靶标位点的识别分为两种情况：一是 sgRNA 与非靶点 DNA 存在部分碱基错配，其序列长度相等；二是 sgRNA 与非靶点 DNA 序列长度不同，通过形成凸起与其他碱基匹配。

目前，科学家们研发出了多种 CRISPR-Cas9 的优化方案以提高 CRISPR-Cas9 的特异性（图 7-24）。一方面，可以对 sgRNA 进行改造。一般 sgRNA 的向导序列中靠近 PAM 的部分称为种子序列（seed sequence），在更大程度上决定了靶点识别的特异性，其余部分序列对靶点识别的影响相对较弱。研究表明，sgRNA 中向导序列的长度对特异性有一定影响。例如，有报道称通过对 sgRNA 的 5′ 端进行 2～3nt 的截短，产生的 tru-gRNA（truncated gRNA）对碱基错配耐受性降低，从而大大降低其脱靶效应。但值得注意的是，这种方法并不能完全消除脱靶效应，而且有可能产生一些新的脱靶位点。另有研究发现，在 sgRNA 的

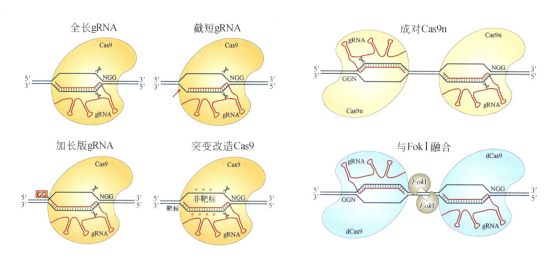

图 7-24 CRISPR-Cas9 基因编辑技术脱靶效应的多种优化方案（Tsai and Joung，2016）

NGG 为 Cas9 识别的 PAM 序列。gRNA. guide RNA，向导 RNA；Cas9n.Cas9 缺刻酶（只能在靶标 DNA 上产生单链缺刻）；*Fok* I . 一种 II s 型限制性内切酶

5′端添加两个鸟嘌呤，则能够明显降低脱靶效应（Kim et al.，2016b）。另一方面，可以对Cas9蛋白进行改造。例如，将Cas9中HNH或RuvC结构域突变失活，可以得到两种Cas9缺刻酶nCas9（Cas9 D10A和Cas9H840A），它们只能对DNA双链中的某一条单链进行切割，这样利用两个sgRNA将两个拷贝的nCas9分别指引到邻近的两个靶位点，并在不同的DNA单链上产生两个邻近的切口造成DNA双链断裂。很明显，这一策略只有当两条sgRNA均发生错配时才会发生脱靶，从而大大提高了基因打靶的特异性。类似地，将Cas9蛋白的结构域进行突变产生dCas9（HNH和RuvC结构域均失活），然后与FokⅠ核酸酶形成融合蛋白，由于FokⅠ需要形成二聚体才具有核酸酶活性，利用两个sgRNA引导Cas9-FokⅠ结合到靶序列区才可激活FokⅠ的二聚体化和核酸酶活性，从而提高切割的特异性。另外，Cas9蛋白与DNA之间的非特异性结合是导致脱靶效应的重要因素之一，因此通过晶体结构分析对Cas9蛋白参与这种非特异性结合的个别残基进行理性改造，可以有效降低脱靶效应（Slaymaker et al.，2016）。

　　另外，细胞内持续表达Cas9蛋白将会增加脱靶的风险，因此控制细胞内Cas9蛋白或sgRNA的浓度也是降低脱靶效应的有效策略。但需要注意的是，浓度降低后，其相应的基因组编辑效率也会降低。因此，选择合适的递送系统增加Cas9核酸酶的特异性、运用Cas9酶的"关闭开关"避免Cas9蛋白在细胞中的持续表达，以及对sgRNA进行化学修饰等策略均可在一定程度上降低脱靶效应。

　　随着科学家的不断深入研究探索，CRISPR基因编辑技术正在逐步走向成熟和完善，也许未来会有新一代的基因编辑技术被开发出来。相信在不久的将来，基因编辑技术会在人类生产和临床疾病治疗中发挥巨大的作用。

习　题

（1）理解引发适应机制对CRISPR系统对抗病毒逃逸的重要意义。
（2）了解CRISPR-Cas系统抗病毒与质粒之外的其他生理功能，相关研究进展与态势。
（3）探讨CRISPR在现代微生物技术中的应用。
（4）CRISPR-Cas9技术目前需解决的关键问题是克服其脱靶现象，总结相关研究进展并尝试提出新的解决方案。

主要参考文献

Babu M，Beloglazova N，Flick R，Graham C，Skarina T，Nocek B，Gagarinova A，Pogoutse O，Brown G，Binkowski A，et al. 2011. A dual function of the CRISPR-Cas system in bacterial antivirus immunity and DNA repair. *Mol Microbiol*，79：484-502.

Barrangou R，Fremaux C，Deveau H，Richards M，Boyaval P，Moineau S，Romero DA，Horvath P. 2007. CRISPR provides acquired resistance against viruses in Prokaryotes. *Science*，315：1709-1712.

Bolotin A，Quinquis B，Sorokin A，Ehrlich SD. 2005. Clustered regularly interspaced short palindrome repeats（CRISPRs）have spacers of extrachromosomal origin. *Microbiology*，151：2551-2561.

Bondy-Denomy J，Pawluk A，Maxwell KL，Davidson AR. 2013. Bacteriophage genes that inactivate the CRISPR/Cas bacterial immune system. *Nature*，493：429-432.

Bondy-Denomy J，Garcia B，Strum S，Du M，Rollins MF，Hidalgo-Reyes Y，Wiedenheft B，Maxwell KL，Davidson AR. 2015. Multiple mechanisms for CRISPR-Cas inhibition by anti-CRISPR proteins. *Nature*，526：136-139.

Borges AL，Davidson AR，Bondy-Denomy J. 2017. The discovery，mechanisms，and evolutionary impact of anti-CRISPRs. *Annu Rev Virol*，4：37-59.

Brouns SJ，Jore MM，Lundgren M，Westra ER，Slijkhuis RJ，Snijders AP，Dickman MJ，Makarova KS，Koonin EV，van der Oost J. 2008. Small CRISPR RNAs guide antiviral defense in Prokaryotes. *Science*，321：960-964.

Burr ML，Sparbier CE，Chan YC，Williamson JC，Woods K，Beavis PA，Lam EYN，Henderson MA，Bell CC，Stolzenburg S，et al. 2017. CMTM6 maintains the expression of Pd-L1 and regulates anti-tumour immunity. *Nature*，549：101-105.

Cheng FY，Gong LY，Zhao DH，Yang HB，Zhou J，Li M，Xiang H. 2017. Harnessing the native type I-B CRISPR-Cas for genome editing in a polyploid archaeon. *Journal of Genetics and Genomics*，44：541-548.

Cong L，Ran FA，Cox D，Lin SL，Barretto R，Habib N，Hsu PD，Wu XB，Jiang WY，Marraffini LA，et al. 2013. Multiplex genome engineering using CRISPR/Cas systems. *Science*，339：819-823.

Datsenko KA，Pougach K，Tikhonov A，Wanner BL，Severinov K，Semenova E. 2012. Molecular memory of prior infections activates the CRISPR/Cas adaptive bacterial immunity system. *Nature Communications*，3：945.

Deltcheva E，Chylinski K，Sharma CM，Gonzales K，Chao Y，Pirzada ZA，Eckert MR，Vogel J，Charpentier E. 2011. CRISPR RNA maturation by trans-encoded small RNA and host factor RNaseⅢ. *Nature*，471：602-607.

Dominguez AA，Lim WA，Qi LS. 2016. Beyond editing：repurposing CRISPR-Cas9 for precision genome regulation and interrogation. *Nat Rev Mol Cell Biol*，17：5-15.

Elmore JR，Sheppard NF，Ramia N，Deighan T，Li H，Terns RM，Terns MP. 2016. Bipartite recognition of target RNAs activates DNA cleavage by the type Ⅲ-B CRISPR-Cas system. *Genes Dev*，30：447-459.

Garneau JE，Dupuis ME，Villion M，Romero DA，Barrangou R，Boyaval P，Fremaux C，Horvath P，Magadan AH，Moineau S. 2010. The CRISPR/Cas bacterial immune system cleaves bacteriophage and plasmid DNA. *Nature*，468：67-71.

Gasiunas G，Barrangou R，Horvath P，Siksnys V. 2012. Cas9-CrRNA ribonucleoprotein complex mediates specific DNA cleavage for adaptive immunity in Bacteria. *Proc Natl Acad Sci USA*，109：E2579-2586.

Gaudelli NM，Komor AC，Rees HA，Packer MS，Badran AH，Bryson DI，Liu DR. 2017. Programmable base editing of A.T to G.C in genomic DNA without DNA cleavage. *Nature*，551：464-471.

Gootenberg JS，Abudayyeh OO，Lee JW，Essletzbichler P，Dy AJ，Joung J，Verdine V，Donghia N，Daringer NM，Freije CA，et al. 2017. Nucleic acid detection with CRISPR-Cas13a/C2c2. *Science*，356：438-442.

Goren MG，Doron S，Globus R，Amitai G，Sorek R，Qimron U. 2016. Repeat size determination by two molecular rulers in the type I-E CRISPR array. *Cell Rep*，16：2811-2818.

Hai T，Teng F，Guo RF，Li W，Zhou Q. 2014. One-step generation of knockout pigs by zygote injection of CRISPR/Cas system. *Cell Research*，24：372-375.

Hayes RP，Xiao Y，Ding F，van Erp PB，Rajashankar K，Bailey S，Wiedenheft B，Ke A. 2016. Structural basis for promiscuous PAM recognition in type I-E cascade from *E. coli*. *Nature*，530：499-503.

Hille F，Richter H，Wong SP，Bratovic M，Ressel S，Charpentier E. 2018. The biology of CRISPR-Cas：backward and forward. *Cell*，172：1239-1259.

Hwang WY，Fu YF，Reyon D，Maeder ML，Tsai SQ，Sander JD，Peterson RT，Yeh JRJ，Joung JK. 2013. Efficient genome editing in zebrafish using a CRISPR-Cas system. *Nat Biotechnol*，31：227-229.

Ishino Y，Shinagawa H，Makino K，Amemura M，Nakata A. 1987. Nucleotide sequence of the *Iap* gene，responsible for alkaline phosphatase isozyme conversion in *Escherichia coli*，and identification of the gene product. *J Bacteriol*，169：5429-5433.

Jansen R，Embden JD，Gaastra W，Schouls LM. 2002. Identification of genes that are associated with DNA repeats in Prokaryotes. *Mol Microbiol*，43：1565-1575.

Jiang WY，Bikard D，Cox D，Zhang F，Marraffini LA. 2013. RNA-guided editing of bacterial genomes using CRISPR-Cas systems. *Nat Biotechnol*，31：233-239.

Jinek M，Chylinski K，Fonfara I，Hauer M，Doudna JA，Charpentier E. 2012. A Programmable dual-RNA-guided DNA endonuclease in adaptive bacterial immunity. *Science*，337：816-821.

Jore MM，Lundgren M，van Duijn E，Bultema JB，Westra ER，Waghmare SP，Wiedenheft B，Pul U，Wurm R，Wagner R，et al. 2011. Structural basis for CRISPR RNA-guided DNA recognition by cascade. *Nat Struct Mol Biol*，18：529-536.

Kim D，Kim S，Kim S，Park J，Kim JS. 2016b. Genome-wide target specificities of CRISPR-Cas9 nucleases revealed by multiplex digenome-seq. *Genome Research*，26：406-415.

Kim K，Park SW，Kim JH，Lee SH，Kim D，Koo T，Kim KE，Kim JH，Kim JS. 2017a. Genome surgery using Cas9 ribonucleoproteins for the treatment of age-related macular degeneration. *Genome Research*，27：419-426.

Kim K，Ryu SM，Kim ST，Baek G，Kim D，Lim K，Chung E，Kim S，Kim JS. 2017b. Highly efficient RNA-guided base editing in mouse embryos. *Nat Biotechnol*，35：435-437.

Kim Y，Cheong SA，Lee JG，Lee SW，Lee MS，Baek IJ，Sung YH. 2016a. Generation of knockout mice by Cpf1-mediated gene targeting. *Nat Biotechnol*，34：808-810.

Kleinstiver BP，Tsai SQ，Prew MS，Nguyen NT，Welch MM，Lopez JM，McCaw ZR，Aryee MJ，Joung JK. 2016. Genome-wide specificities of CRISPR-Cas Cpf1 nucleases in human cells. *Nat Biotechnol*，34：869-874.

Komor AC，Kim YB，Packer MS，Zuris JA，Liu DR. 2016. Programmable editing of a target base in genomic DNA without double-stranded DNA cleavage. *Nature*，533：420-424.

Koonin EV，Makarova KS，Zhang F. 2017. Diversity，classification and evolution of CRISPR-Cas systems. *Curr Opin Microbiol*，37：67-78.

Kunne T，Swarts DC，Brouns SJ. 2014. Planting the seed：target recognition of short guide RNAs. *Trends Microbiol*，22：74-83.

Levy A，Goren MG，Yosef I，Auster O，Manor M，Amitai G，Edgar R，Qimron U，Sorek R. 2015. CRISPR adaptation biases explain preference for acquisition of foreign DNA. *Nature*，520：505-510.

Li M，Wang R，Xiang H. 2014a. *haloarcula hispanica* CRISPR authenticates PAM of a target sequence to prime discriminative adaptation. *Nucleic Acids Res*，42：7226-7235.

Li M，Wang R，Zhao DH，Xiang H. 2014b. Adaptation of the *haloarcula hispanica* CRISPR-Cas system to a purified virus strictly requires a priming process. *Nucleic Acids Res*，42：2483-2492.

Li M，Gong LY，Zhao DH，Zhou J，Xiang H. 2017. The spacer size of I-B CRISPR is modulated by the terminal sequence of the protospacer. *Nucleic Acids Res*，45：4642-4654.

Li W，Teng F，Li TD，Zhou Q. 2013. Simultaneous generation and germline transmission of multiple gene mutations in rat using CRISPR-Cas systems. *Nat Biotechnol*，31：684-686.

Liang PP，Sun HW，Ying S，Zhang XY，Xie XW，Zhang JR，Zhen Z，Chen YX，Ding CH，Xiong YY，et al. 2017. Effective gene editing by high-fidelity base editor 2 in mouse zygotes. *Protein & Cell*，8：601-611.

Liu XJ，Zhang YP，Cheng C，Cheng AW，Zhang XY，Li N，Xia CQ，Wei XF，Liu X，Wang HY. 2017. CRISPR-Cas9-mediated multiplex gene editing in Car-T cells. *Cell Research*，27：154-157.

Mali P，Yang LH，Esvelt KM，Aach J，Guell M，DiCarlo JE，Norville JE，Church GM. 2013. RNA-guided human genome engineering via Cas9. *Science*，339：823-826.

Manguso RT，Pope HW，Zimmer MD，Brown FD，Yates KB，Miller BC，Collins NB，Bi K，Lafleur MW，Juneja VR，et al. 2017. *In vivo* CRISPR screening identifies Ptpn2 as a cancer immunotherapy target. *Nature*，547：413-418.

Marraffini LA，Sontheimer EJ. 2010. Self versus non-self discrimination during CRISPR RNA-directed immunity. *Nature*，463：568-571.

Mojica FJ，Diez-Villasenor C，Soria E，Juez G. 2000. Biological significance of a family of regularly spaced repeats in the genomes of Archaea，Bacteria and Mitochondria. *Mol Microbiol*，36：244-246.

Mojica FJ，Diez-Villasenor C，Garcia-Martinez J，Soria E. 2005. Intervening sequences of regularly spaced prokaryotic repeats derive from foreign genetic elements. *J Mol Evol*，60：174-182.

Mojica FJ，Diez-Villasenor C，Garcia-Martinez J，Almendros C. 2009. Short motif sequences determine the targets of the prokaryotic CRISPR defence system. *Microbiology*，155：733-740.

Niewoehner O，Jinek M. 2016. Structural basis for the endoribonuclease activity of the type Ⅲ-A CRISPR-associated protein Csm6. *RNA*，22：318-329.

Nuñez JK，Lee ASY，Engelman A，Doudna JA. 2015. Integrase-mediated spacer acquisition during CRISPR-Cas adaptive immunity. *Nature*，519：193-198.

Nunez JK，Harrington LB，Kranzusch PJ，Engelman AN，Doudna JA. 2015. Foreign DNA capture during CRISPR-Cas adaptive immunity. *Nature*，527：535-538.

Pourcel C，Salvignol G，Vergnaud G. 2005. CRISPR Elements in *Yersinia pestis* acquire new repeats by preferential uptake of bacteriophage DNA，and provide additional tools for evolutionary studies. *Microbiology*，151：653-663.

Pul U，Wurm R，Arslan Z，Geissen R，Hofmann N，Wagner R. 2010. Identification and characterization of *E. coli* CRISPR-Cas promoters and their silencing by H-NS. *Mol Microbiol*，75：1495-1512.

Pyne ME，Bruder MR，Moo-Young M，Chung DA，Chou CP. 2016. Harnessing heterologous and endogenous CRISPR-Cas machineries for efficient markerless genome editing in *Clostridium*. *Sci Rep*，6：25666.

Ran FA，Hsu PD，Wright J，Agarwala V，Scott DA，Zhang F. 2013. Genome engineering using the CRISPR-Cas9 system. *Nat Protoc*，8：2281-2308.

Richter C，Dy RL，McKenzie RE，Watson BNJ，Taylor C，Chang JT，McNeil MB，Staals RHJ，Fineran PC. 2014. Priming in the type I-F CRISPR-Cas system triggers strand-independent spacer acquisition，bi-directionally from the primed protospacer. *Nucleic Acids Res*，42：8516-8526.

Sampson TR，Saroj SD，Llewellyn AC，Tzeng YL，Weiss DS. 2013. A CRISPR/Cas system mediates bacterial innate immune evasion and virulence. *Nature*，497：254-257.

Seed KD，Lazinski DW，Calderwood SB，Camilli A. 2013. A bacteriophage encodes its own CRISPR/Cas adaptive response to evade host innate immunity. *Nature*，494：489-491.

Shan QW，Wang YP，Li J，Zhang Y，Chen KL，Liang Z，Zhang K，Liu JX，Xi JJ，Qiu JL，et al. 2013. Targeted genome modification of crop plants using a CRISPR-Cas system. *Nat Biotechnol*，31：686-688.

Sheppard NF，Glover CV 3rd，Terns RM，Terns MP. 2016. The CRISPR-associated Csx1 protein of pyrococcus furiosus is an adenosine-specific endoribonuclease. *RNA*，22：216-224.

Shmakov S，Savitskaya E，Semenova E，Logacheva MD，Datsenko KA，Severinov K. 2014. Pervasive generation of oppositely oriented spacers during CRISPR adaptation. *Nucleic Acids Res*，42：5907-5916.

Shmakov S，Smargon A，Scott D，Cox D，Pyzocha N，Yan W，Abudayyeh OO，Gootenberg JS，Makarova KS，Wolf YI，et al. 2017. Diversity and evolution of class 2 CRISPR-Cas systems. *Nat Rev Microbiol*，15：169-182.

Sinkunas T，Gasiunas G，Fremaux C，Barrangou R，Horvath P，Siksnys V. 2011. Cas3 is a single-stranded DNA nuclease and Atp-dependent helicase in the CRISPR/Cas immune system. *EMBO J*，30：1335-1342.

Slaymaker IM，Gao LY，Zetsche B，Scott DA，Yan WX，Zhang F. 2016. Rationally engineered Cas9 nucleases with improved specificity. *Science*，351：84-88.

Staals RH，Zhu Y，Taylor DW，Kornfeld JE，Sharma K，Barendregt A，Koehorst JJ，Vlot M，Neupane N，Varossieau K，et al. 2014. RNA targeting by the type Ⅲ-A CRISPR-Cas Csm complex of *Thermus thermophilus*. *Mol Cell*，56：518-530.

Sternberg SH，LaFrance B，Kaplan M，Doudna JA. 2015. Conformational control of DNA target cleavage by CRISPR-Cas9. *Nature*，527：110-113.

Taylor DW，Zhu Y，Staals RH，Kornfeld JE，Shinkai A，van der Oost J，Nogales E，Doudna JA. 2015. Structural biology：structures of the CRISPR-Cmr complex reveal mode of RNA target positioning. *Science*，348：581-585.

Tsai SQ，Joung JK. 2016. Defining and improving the genome-wide specificities of CRISPR-Cas9 nucleases. *Nat Rev Genet*，17：300-312.

Wang F，Qi LS. 2016. Applications of CRISPR genome engineering in cell biology. *Trends Cell Biol*，26：875-888.

Wang J，Li J，Zhao H，Sheng G，Wang M，Yin M，Wang Y. 2015. Structural and mechanistic basis of PAM-dependent spacer acquisition in CRISPR-Cas systems. *Cell*，163：840-853.

Wang R，Li M，Gong LY，Hu SN，Xiang H. 2016. DNA motifs determining the accuracy of repeat duplication during CRISPR adaptation in *Haloarcula hispanica*. *Nucleic Acids Res*，44：4266-4277.

Wei Y，Terns RM，Terns MP. 2015. Cas9 function and host genome sampling in type Ⅱ-A CRISPR-Cas adaptation. *Genes Dev*，29：356-361.

Westra ER，Semenova E，Datsenko KA，Jackson RN，Wiedenheft B，Severinov K，Brouns SJJ. 2013. Type I-E CRISPR-Cas systems discriminate target from non-target DNA through base pairing-independent PAM recognition. *Plos Genetics*，9：e1003742.

Wiedenheft B，Sternberg SH，Doudna JA. 2012. RNA-guided genetic silencing systems in bacteria and archaea. *Nature*，482：331-338.

Wright AV，Liu JJ，Knott GJ，Doxzen KW，Nogales E，Doudna JA. 2017. Structures of the CRISPR genome integration complex. *Science*，357：1113-1118.

Yao R，Liu D，Jia X，Zheng Y，Liu W，Xiao Y. 2018. CRISPR-Cas9/Cas12a biotechnology and application in bacteria. *Synth Syst Biotechnol*，3：135-149.

Yosef I，Goren MG，Qimron U. 2012. Proteins and DNA elements essential for the CRISPR adaptation process in *Escherichia coli. Nucleic Acids Res*，40：5569-5576.

You L，Ma J，Wang J，Artamonova D，Wang M，Liu L，Xiang H，Severinov K，Zhang X，Wang Y. 2018. Structure studies of the CRISPR-Csm complex reveal mechanism of co-transcriptional interference. *Cell*，176：239-253.

Zetsche B，Heidenreich M，Mohanraju P，Fedorova I，Kneppers J，DeGennaro EM，Winblad N，Choudhury SR，Abudayyeh OO，Gootenberg JS，et al. 2017. Multiplex gene Editing by CRISPR-Cpf1 using a single CrRNA array. *Nat Biotechnol*，35：31-34.

Zong Y，Wang YP，Li C，Zhang R，Chen KL，Ran YD，Qiu JL，Wang DW，Gao CX. 2017. Precise base editing in rice，wheat and maize with a Cas9-Cytidine deaminase fusion. *Nat Biotechnol*，35：438-440.

第八章　模式真菌的遗传调控

真菌属真核生物，是生物界中独立的一个类群，全世界真菌物种数目为 350 万～510 万种。本章主要介绍重要模式真菌酿酒酵母、裂殖酵母和粗糙脉孢菌的重要生物学过程的遗传与环境调控机制。讲述模式真菌的生物遗传和变异规律，重要基因、信号途径及基因组的功能及其调控机制；天然菌株的表型和遗传多样性，有性生殖的调控机制，表观遗传调控，以及 21 世纪模式真菌研究的新方向；模式真菌在生命科学研究中的应用价值；酿酒酵母在工业中的应用等方面的内容。

第一节　真菌及真核生物简介

真核生物是指一类具有双层膜细胞核，能进行有丝分裂，细胞质中存在线粒体等等多种细胞器的生物。真菌属于真核生物，主要包括单细胞酵母菌、丝状真菌及大型子实体的蕈菌等。现在已经被描述了的真菌有 10 万多种，这仅仅是自然界所有真菌的一小部分。真菌具有形态多样性，一般分为单细胞真菌和多细胞真菌，酵母菌属于单细胞真菌，而丝状真菌和蕈菌属于多细胞真菌，它们归属于不同的门。本节主要介绍真菌在所有生物中的分类学地位及真菌的种类，并阐述真菌与人类生活的关系。

一、真菌与细菌及其他真核生物的区别

基于 rRNA 基因序列的系统发育树，可以将地球上所有的生物分为 3 个类群：细菌、古菌和真核生物。真菌属于真核生物，与动物、植物的进化关系密切（图 8-1）。真菌与细

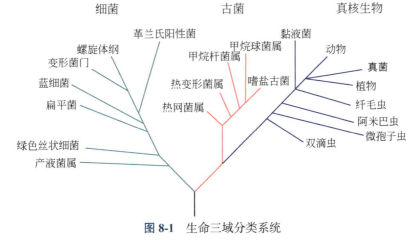

图 8-1　生命三域分类系统

真菌属于真核生物，在进化上与动植物关系密切

357

菌的不同之处在于前者细胞中包含具有双层膜的细胞核，而细菌细胞中只有一个不具有核膜的拟核；前者能进行有丝分裂，且细胞质中存在线粒体等多种细胞器（图8-2）。

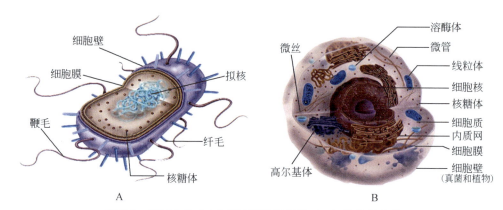

图8-2 原核生物（A）和真核生物细胞（B）结构的比较

原核生物细胞结构简单，胞内具有一个无膜的拟核；真核生物细胞具有膜结构的细胞核和线粒体等细胞器

真菌与植物等其他真核生物的不同点在于，真菌细胞中没有叶绿体和叶绿素，无法进行光合作用；真菌一般具有发达的菌丝体或具有发育菌丝的潜力，细胞壁多数含几丁质，营养方式为异养吸收型，能够产生大量的无性或有性孢子。图8-3和图8-4分别展示了子囊菌和担子菌真菌物种的多样性与典型物种的进化关系（James et al., 2006），该系统发育树包括了第八至十章所涉及的主要真菌物种。

二、人类与真菌

真菌的种类很多，已经被命名和描述的物种有10万多种，其中包括造福于人类的食药用大型真菌和工农业等产业真菌，也包括能引起植物病害和动物与人类疾病的病原性真菌。

大型真菌，如蘑菇、香菇、木耳、灵芝、茯苓等食药用菌，所含蛋白质比一般水果蔬菜都要高，且包括人体所必需的多种氨基酸，此外还含有多种维生素、核酸和糖类。酵母菌被认为是人类的第一种家养微生物，千百年来人类生活的很多方面几乎已经离不开酵母菌，例如酒类生产，面包制作，饲料、药用、食用蛋白的生产等。此外，很多真菌，例如青霉菌等，可以产生抗生素，延长了人类的寿命。工业上，霉菌除可用于酿酒、制酱和制作发酵食品外，也是生产酶制剂、有机酸、抗生素等的主要微生物。如柠檬酸，传统方法是用柠檬果生产，现可用丝状真菌黑曲霉生产。蓝色霉菌能生产具有独特香味的蓝色的干酪。还有一些虫生真菌如白僵菌、绿僵菌等可以杀死害虫，是重要的生防菌，这些真菌源于环境，具有绿色环保的优势。

部分真菌也给人类健康带来严重威胁。例如，黄曲霉产生的黄曲霉毒素导致食物变质，食用后大大提高致癌率。念珠菌、新生隐球菌及烟曲霉等真菌是重要的人体机会性致病真菌，重大疾病或使用免疫抑制剂等药物导致人体自身免疫力下降、使用内置医疗器具或接受大型外科手术后，这些机会性致病菌就有可能引起疾病，严重的甚至可能导致死亡。除此之外，稻瘟菌、黑粉菌、白粉菌、锈菌等真菌是常见的植物病原菌，往往会导致农作物的产量急

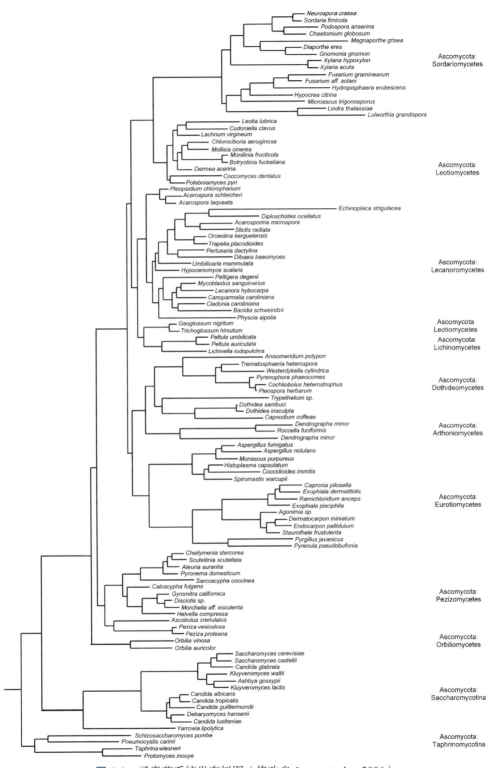

图 8-3　子囊菌系统发育树图（修改自 James et al., 2006）

系统发育树图是利用贝叶斯模型，基于 18S rDNA、28S rDNA、5.8S rDNA、EF1α、RPB1 和 RPB2 六个基因或核酸序列片段构建的

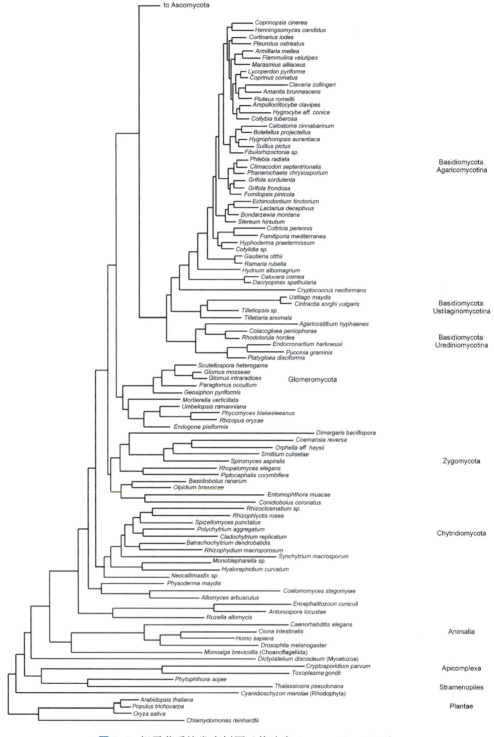

图 8-4 担子菌系统发育树图（修改自 James et al., 2006）

系统发育树图是利用贝叶斯模型，基于 18S rDNA、28S rDNA、5.8S rDNA、EF1α、RPB1 和 RPB2 六个基因或核酸
序列片段构建的

剧下降，造成严重的经济损失。可见，真菌与人类的生存和健康有着密切的关系。了解真菌，研究其基本生物学和遗传学特征，不仅有利于开发利用有益真菌，也有利于更好地防控有害真菌。

第二节　酿 酒 酵 母

酵母菌是一个通俗名称，一般泛指能发酵糖类的各种单细胞真菌。酿酒酵母是酵母菌中的明星物种。酿酒酵母（*Saccharomyces cerevisiae*）又称面包酵母或出芽酵母。酿酒酵母是与人类关系最密切的一种真菌，不仅因为传统上它被用于制作面包和馒头等食品及酿酒，而且在现代分子和细胞生物学中，它是最简便、研究得最透彻的真核模式生物，是细胞学和遗传学研究中良好的模式系统。本节主要介绍了酿酒酵母的分类学、生物学与基因组学，以及其作为模式生物的优点与研究历史。重点介绍了酿酒酵母的细胞周期、生活史、遗传多样性，以及其应用于疾病模型研究和合成生物学研究的典型例子。

一、背 景 介 绍

酿酒酵母作为模式生物有许多优势，如快速的繁殖能力，成熟简便的实验分析方法，完善的有性生殖操作系统，与高等真核生物的亲缘关系相对较近等。1988～2018 年，利用酿酒酵母作为研究模型所获得的诺贝尔奖达到 5 次之多（表 8-1），可见诸多生命科学中的根本问题都有赖于模式生物酿酒酵母来解决。同时，酿酒酵母在自然环境中大量存在，并被广泛应用于食品、工业等各个方面。

表 8-1　酵母相关的诺贝尔奖简介（1988～2018 年）

年份	获奖者	贡献
2016	Yoshinori Ohsumi	发现了自噬的机制
2013	James E. Rothman Randy W. Schekman Thomas C. Südhof	发现了细胞主要运输系统——囊泡运输系统的调控组件
2009	Elizabeth H. Blackburn Carol W. Greider Jack W. Szostak	发现了端粒和端粒酶保护染色体的机制
2001	Leland H. Hartwell Tim Hunt Sir Paul M. Nurse	发现了细胞周期的关键调控元件
1999	Günter Blobel	蛋白质分子的内在信号可以控制蛋白质分子在细胞内的运输和定位

酿酒酵母的驯化历史至少达到 9000 年。考古学家在中国河南出土的公元前 7000 年的陶器中发现了大米、蜂蜜和水果的混合发酵饮料，这意味着酿酒酵母可能是在人们无意识

的使用中登上了与人类文明息息相关的漫长舞台。直到 19 世纪发明显微镜之后，人类才逐渐关注到这一与葡萄酒和啤酒发酵有重要关系的真菌。在 1838 年由 Meyen 将这类微生物命名为 *Saccharomyces cerevisiae*，并提出 *Saccharomyces* 这一属名。Reess 于 1870 年将 *Saccharomyces* 属定义为：简单子囊菌，无真菌丝，细胞通过重复出芽而繁殖，有些细胞发育为子囊，含有一至四个子囊孢子。Hansen 随后在 1883 年完善并发展了 Louis Pasteur 的纯培养技术，并首次获得了酿酒酵母菌的纯培养。酿酒酵母的生境是工业环境和自然 / 野生环境，在临床上和昆虫体内也有发现。从系统发育上来看，酿酒酵母属于真菌界、子囊菌门、酵母亚门、酵母目、酵母科、酿酒酵母属。酿酒酵母属于 WGD（whole genome duplicantion）分支，该分支中的物种曾经发生过全染色体加倍事件。与 WGD 分支相对应的是 CTG 分支，该分支物种的基因组密码子 CTG 通常翻译成丝氨酸而不是经典的亮氨酸，包括德巴利酵母科和梅奇酵母科，前者包括人体机会性致病真菌白色念珠菌，而后者则拥有多重耐药性"超级真菌"耳念珠菌。

二、遗传多样性

酿酒酵母在 1996 年成为第一个被完成基因组测序的真核生物。酿酒酵母的基因组包含大约 12 Mb 碱基对，由 16 条染色体组成，共有大约 6400 个基因，其中约有 5800 个基因功能已知或已被研究。酿酒酵母单倍体细胞的 16 条染色体中第 I 条最短，第 IV 条最长。基因组中没有明显的操纵子结构，有间隔区和内含子。酿酒酵母染色体基因组中，开放阅读框（ORF）大约占整个基因组的 70%，基因间平均间隔区为 600 bp。酿酒酵母中编码蛋白质的基因约 4% 含有内含子。此外，有关酿酒酵母其他的一些遗传特征见表 8-2。

表 8-2 本章模式物种的基因组信息

菌株	基因组大小（Mb）	染色体数	基因数	G+C 含量（%）	基因组版本（年 - 月 - 日）	文献
酿酒酵母	12.16	16	6 445	38.16	2018-04-04	Foury et al., 1998
裂殖酵母	12.61	3	6 974	36.04	2018-04-05	Schäfer et al., 2018
粗糙脉孢菌	41.10	7	10 591	48.57	2015-03-23	Galagan et al., 2003

狭义酿酒酵母属实际上是非常复杂的群体，工业上广泛应用的各类菌株实际上只是酿酒酵母大家族中很小的一部分。自然界中酿酒酵母分布广泛，并具有极高的遗传多样性。橡树或栎树及果园是天然酿酒酵母的重要栖身之地。近年来，相关学者从世界各地收集了大量的酿酒酵母菌株，并通过高质量的酿酒酵母的群体基因组学分析发现，酿酒酵母可划分为 5 个主要的谱系，不同谱系菌株的表型多样性从总体上看与基因组水平上的遗传多样性有一定的关联性。

在中科院微生物研究所白逢彦团队的最新研究中，通过来自国内外的 554 株酿酒酵母基因组分析发现，全球的酿酒酵母可以划分成两大分支，代表着酿酒酵母的两大类群，分别是野生种群和驯养种群（图 8-5）。其中野生种群绝大多数是从中国的原始森林或次生林分离获得，而驯养种群包括来自各种酒类或糖类发酵物、发面、水果和所有的国外菌株。野生型菌株的遗传多样性是驯养型菌株的 2 倍，这表明野生型菌株的遗传多样性显著高于驯养型菌株（$P < 0.0001$）。绝大多数的野生型菌株都来源于中国，也就是说中国的酿酒酵母有着远高于全球其他地区的遗传多样性，这意味着酿酒酵母很有可能起源于中国本土。遗传多样性往往预示着种群内的表型多样性。酿酒酵母对糖类物质的利用与其发酵能力密切相关。研究表明，中国地区不同来源的酿酒酵母对半乳糖、麦芽糖、棉籽糖、蜜二糖、蔗糖、海藻糖的利用效率各有不同。同时，耐高温和耐乙醇的能力也不尽相同。例如，野生种群对麦芽糖利用效率低下；相反，驯养种群麦芽糖利用能力卓越。原因是后者的麦芽糖利用基因有着更高的拷贝数，这正预示着驯化种群是以粮食为发酵底物的长期驯化所致。

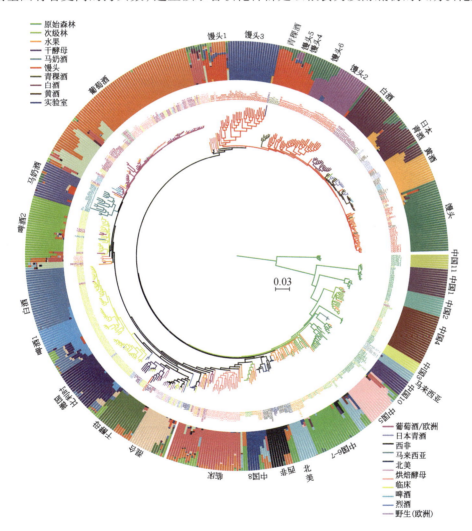

图 8-5　酿酒酵母系统发育树与群体结构图（Duan et al.，2018）

系统发育树和群体结构分析基于 554 株酿酒酵母菌株；系统发育树是基于来自基因组中的 736 689 个 SNP 位点，并使用最大似然模型分析构建而成，以 CHN-IX 谱系为根。群体结构分析是通过 ADMIXTURE 软件分析而得，K 值设定为 27。菌株和分支的不同颜色代表其所在的环境来源

三、有性生殖调控

天然酿酒酵母主要以二倍体形式存在。其繁殖的主要方式是无性生殖，有性生殖是很少发生的。如图 8-6 所示，在野外环境中，野生型二倍体菌株进行减数分裂的概率只有 0.1%，减数分裂发生后，酿酒酵母会产生 4 个子囊孢子，孢子萌发后可以形成不同交配型的单倍体菌株 a 和 α，不同交配型或交配型发生转换后的单倍体菌株都可以通过交配回到二倍体菌株形态。交配过程中，姐妹菌株（inbreeding）的交配概率更高（99%），因此变异会被迅速消除，外交（outbreeding）发生比例非常低（约 1%）。

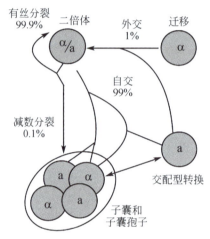

图 8-6 酿酒酵母有性生殖示意图

酿酒酵母的单倍体菌株 a 和 α 可以相互转换，以促进异性交配。如图 8-7 所示，酿酒酵母的交配基因座（MAT）位于Ⅲ号染色体上，而基因座的两侧接近染色体末端位置，有两个沉默的供体座位，左侧为 HMLα，右侧为 HMRa。这些供体位于异染色质的结构中，由相邻的两个沉默序列 HML-E（E_L）和 HML-I（I_L）、HMR-E（E_R）和 HMR-I（I_R）沉默表达，它们的序列与 MAT 位点的部分序列完全一致，但无法表达基因产物。编码核酸内切酶的 HO 基因表达后，HO 蛋白对 MAT 基因座进行切割，促进 a 和 α 基因型的相互转换，从而促进"a×α"异性交配的发生。

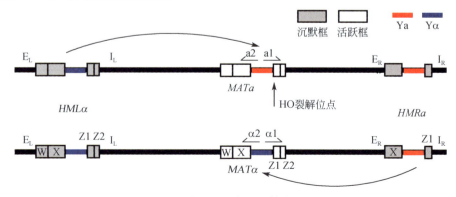

图 8-7 酿酒酵母交配型转换原理

四、酿酒酵母在细胞周期研究中的应用

细胞周期包括 DNA 复制、有丝分裂和细胞质分裂等几个过程。酿酒酵母细胞通过出芽生殖，从一个母细胞分裂成两个细胞。细胞周期包括 4 个时期：DNA 复制期（S 期），有丝分裂期（M 期），M 期前后各有一个间隔期 G_1 期和 G_2 期。所有细胞分裂过程都会经历这样一个基本的循环。酿酒酵母纺锤体极体的复制和细胞质微管的重组进入核纺锤体必须在分裂早期发生，从而帮助酿酒酵母出芽及细胞核迁移至芽颈内。因此，酿酒酵母细胞周期中 S 期、G_2 期和 M 期的界限并不明显（图 8-8）。此外，酿酒酵母细胞周期的主要调控阶段是 G_1 期，在每一个 G_1 期，酵母细胞可以有 3 种选择。细胞可以直接通过细胞周期完成分裂；当营养匮乏时，细胞可以进入静止期来帮助其抵抗环境压力，当营养丰富时，细胞可以重新进入细胞周期；如果细胞是单倍体，可以进行交配。

图 8-8　酿酒酵母细胞周期示意图（修改自 Forsburg and Nurse，1991）

五、酿酒酵母主要信号通路及其作为疾病模型研究的典型例子

（一）自噬研究

自噬（autophage）是一个保守的生物学过程。这个过程起始于细胞选择性地吞噬细胞溶质中某些组分进入双层膜的囊泡，随后转运至溶酶体或液泡中被降解及回收利用。这条通路可以感应胞内胞外的压力，例如可利用营养的变化，从而改变细胞代谢平衡。因此，在外界环境压力下，自噬的调控目的是维持细胞基本功能，以保证细胞的生存。酿酒酵母是研究细胞自噬行为的重要模式生物之一。与高等真核生物一样，酿酒酵母自噬的调控主要是两条信号转导通路，即 TOR 通路和 cAMP-PKA 通路。自噬的发生与 Atg 系列蛋白有关，在酿酒酵母中，目前已发现 31 个自噬相关蛋白（Atg），这些蛋白质参与了细胞自噬的不同阶段或过程。

图 8-9 展示了 TOR 和 Ras/cAMP-PKA 信号通路对自噬的调节机制。在营养丰富的情况下自噬是被抑制的（见图 8-9A）。在营养丰富时，TOR 和 Ras/cAMP-PKA 信号通路通过级联反应使 Atg1 和 Atg13 处于过磷酸化状态。这种修饰降低了这两种蛋白质之间的亲和力，也降低了 Atg1 对自噬泡组装位点（PAS）的招募效率，导致细胞形成 Cvt（胞质空泡靶向途径）小泡而不是自噬体。此外，TORC1 还可以负调控 PP2A 磷酸酶家族成员，正调控激酶 Sch9。结果，饥饿反应所需的转录因子通过各种机制保留在细胞质中。同时，PKA 也参与维持 Msn2/4 和 Rim15 在细胞质中的水平。

细胞饥饿状态下会诱导自噬（见图 8-9B）。营养缺乏会导致 TOR 和 Ras/cAMP-PKA 信号通路的失活。PP2A 磷酸酶介导了 Gln3 从其阻遏的 Ure2 蛋白上解离。Gln3 转移到细胞

核从而激活包括 *ATG14* 在内的多种基因的表达。PP2A 磷酸酶也可能参与了 Atg1 和 Atg13 的脱磷酸化，促进这两种蛋白质与 Atg17 结合，以及它们向自噬泡组装位点（PAS）募集。这些变化对于自噬体的形成是必不可少的。在这两个级联信号失活后，Rim15 和 Msn2/4 会相继去磷酸化并连续地转移到细胞核中，从而诱导另一组基因的转录，包括 *ATG8*。整个自噬通路被激活，细胞开始发生自噬。

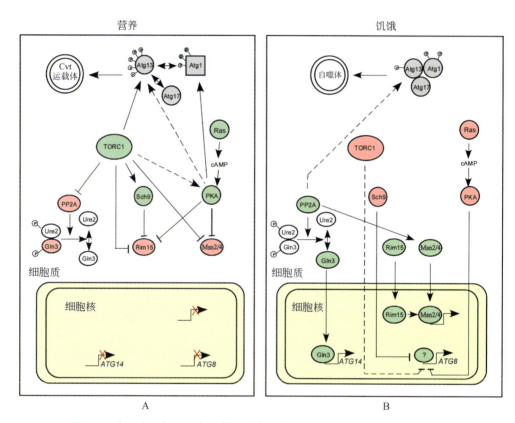

图 8-9　酿酒酵母自噬通路示意图（修改自 Cebollero and Reggiori，2009）

转录因子、蛋白激酶和磷酸酶用绿色表示有活性，红色表示失活。方形和圆形 Atg1 分别代表低蛋白激酶活性和高蛋白激酶活性。PKA 磷酸化以蓝色磷酸酯（P）为代表。TOR 磷酸化标记为灰色 P，而由 Atg1 自磷酸化活性产生的 TOR 磷酸化标记为黑色。连续箭头表示已建立的功能连接，而虚线箭头表示假定的连接

（二）菌丝发育与絮凝现象

　　酿酒酵母通过不同的适应性机制应对外界环境的变化。在氮源缺乏的情况下，一些酿酒酵母菌株能从酵母形态向菌丝形态转变，形成假菌丝。假菌丝可以帮助酿酒酵母在更大的范围内获取营养，以促进细胞生长。多条信号转导途径参与了这个复杂生物学过程的调控，包括 cAMP-PKA、MAPK 及 TOR 等通路。这些信号通路最终通过控制 *FLO11* 基因的转录，协同调控着酿酒酵母的表型转换。*FLO11* 编码一种与絮凝相关的细胞壁蛋白，是酿酒酵母侵入性生长和假菌丝发育的关键因子。

如图 8-10 所示，cAMP-PKA、MAPK 和 TOR 等多条信号通路参与了酿酒酵母菌丝生长的调控。Mep2 在 cAMP 和 MAPK 通路上游起到了信号感应的作用。Kelch 重复蛋白 Gpb1/2 与 cAMP-PKA 通路的 Gpa2 和 PKA（磷酸激酶 A）相互拮抗，并可以稳定 Ira1，从而导致 MAPK 通路的 Ras2 失活。在 cAMP-PKA 途径中，Ras2 和 Gpa2 可以激活腺苷酸环化酶 Cyr1，从而合成 cAMP，cAMP 与 PKA 调节亚基结合，从而解除调节亚基对 3 种催化亚基 Tpk1、Tpk2 和 Tpk3 激酶的抑制作用。Tpk2 激活参与调节 *FLO11* 基因的转录激活因子 Flo8。在 MAPK 通路中，Ras2 和 Sho1 可以激活 Cdc42-Ste20 复合物，后者在级联反应中相继激活了 MAPK 途径中的 Ste11、Ste7 和 Kss1，从而控制转录激活复合物 Ste12-Tec1 的活性。氮饥饿或雷帕霉素处理会导致 TOR 通路失活。TOR 通路的磷酸化激酶 Tap42 可以与另外两个磷酸酶 Sit4 和 Pph21/22 组合形成复合物。此外，Sit4 和 Pph21/22 还可以分别调控 Gln3 介导的 *NCR* 基因和 Msn2/4 介导的 *STRE* 基因的表达。TOR 通路激活的 Tap42 还参与总体翻译起始。TOR 通路可以控制 G_1 细胞周期蛋白 Cln3 的翻译，后者又可以控制 G_1 细胞周期蛋白 Cln1/2 的合成。Cln1/2 可以被 Grr1 破坏，参与 *FLO11* 基因的转录激活。

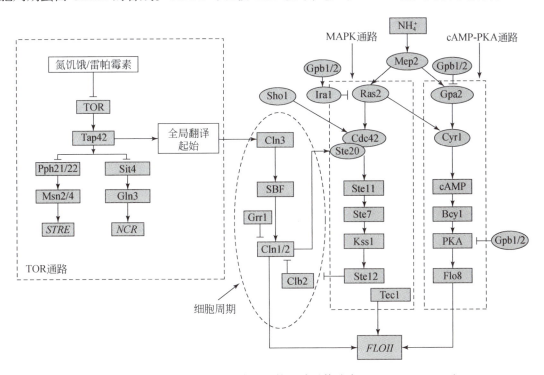

图 8-10　酿酒酵母细胞菌丝发育的调控通路（修改自 Vinod et al.，2008）

六、酿酒酵母与合成生物学

合成生物学是一门结合了生物学、数理科学和工程学等多种学科、高度交叉融合的新兴学科。它的理念是"自下而上"的，从"元件"到"模块"再到"系统"来设计、创造自然界不存在的人工生物系统，或对已有自然生物系统进行改造、重建。这种由人工设计的元件组装而成，以信号转导、基因调控及细胞代谢等作用方式整合而成的生物功能和系统，较天然的生物系统更具有简单可控的特点，这使得合成生物学系统在化工、医药、能源、环保等诸多领域具有广阔的应用前景。

（一）青蒿素半合成

合成生物学和代谢工程的结合使得细胞工厂成为可能。这个特殊的"工厂"可以高效地将可再生原料转变为生物燃料及大量的精细化工品，它不依赖于化石燃料，有利于经济的可持续发展。到目前为止，超过一百种概念设计完善的化学产品可以在酵母中生产，但仅有一小部分达到了商业生产的规模。如何在消耗最少资源的前提下达到较高的生产效率，这是合成生物学要解决的问题。半合成青蒿素及其商业生产的成功是近年来合成生物学在药物开发和生产方面潜力的第一次展示。青蒿素是抗疟疾中广泛使用的有效药物。根据 2010 年的一份报告，世界各地大约已经有 66 万人死于疟疾，主要分布在亚洲和非洲。此项成果将为那些疟疾流行区提供一个稳定的、低成本的药源供应，对于挽救更多患者生命意义重大。

半合成青蒿素的主要步骤如图 8-11 所示。最初阶段是在酿酒酵母工程菌株中过表达甲戊酸合成途径的 9 个基因和黄花蒿（*Artemisia annua*）的异戊二烯合成酶基因，从而使每升发酵液产出大于 25 g 的异戊二烯。随后的工作步骤，包括过表达黄花蒿的细胞色素 P450 酶（CYP71AV1）、其同源的还原酶 Cpr1、细胞色素 b5 和两个脱氢酶，从而逐步把异戊二烯氧化成青蒿酸，可以从发酵液中提取青蒿酸，并在体外通过化学转化把它变成青蒿素。

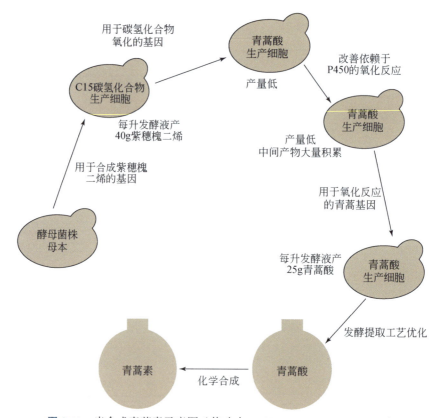

图 8-11　半合成青蒿素示意图（修改自 Paddon and Keasling，2014）

用这种方法每升发酵液可获得青蒿酸 25 g。青蒿素的生物合成是合成生物学中较成功的一个经典案例，从而开创了生物合成的新时代。

（二）酿酒酵母 Sc2.0 计划

随着合成生物学的蓬勃发展，基因组领域的研究正在由读取基因组信息拓展到编写基因组信息——合成基因组学。2002 年，人类首次合成病毒（Cello et al.，2002）；2010 年，第 1 个合成基因组的原核生物（支原体）问世（Gibson et al.，2010）；合成酵母基因组计划（Sc2.0）旨在完成对酿酒酵母整个基因组的重新设计与化学再造。该项目是合成基因组学中标志性的国际合作项目，美、中、英、法、澳大利亚、新加坡等多国研究机构共同参与其中，是人类首次尝试对真核生物基因组的从头设计合成。合成过程中加入了特定的DNA 元件，这些元件有助于简化未来酿酒酵母的基因组操作，从而帮助改造酿酒酵母成为高效的细胞工厂。目前，酿酒酵母细胞中全部 16 条染色体的设计与合成大约完成了 1/3。可以期待，首个合成染色体的真核生物不久将问世。

（三）单染色体酵母合成

在 Sc2.0 计划同时，科学家完成了将单细胞真核生物酿酒酵母天然的 16 条染色体人工创建为具有完整功能的单条染色体的工作。单染色体酵母的建立过程如图 8-12 所示。

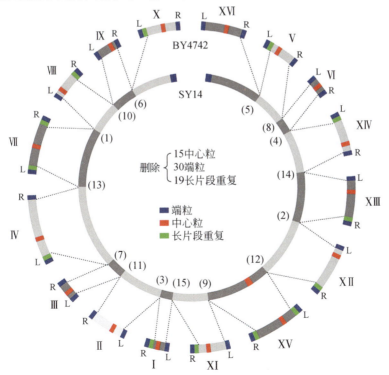

图 8-12　酿酒酵母单条染色体设计图（引自 Shao et al.，2018）

野生型酿酒酵母有 16 条原生染色体（Ⅰ～ⅩⅥ）（图中排列在外环），16 条染色体经过了 15 轮的染色体端到端融合（图中用虚线表示），最终形成单条染色体——SY14 菌株（图中内环排列展示）

　　此项研究表明，真核生物也能像原核生物一样，用一条线型染色体装载所有遗传物质并完成正常的细胞功能，这颠覆了染色体三维结构决定基因时空表达的传统观念，揭示了染色体三维结构与实现细胞生命功能的全新关系。尽管取得了大的成功，但尚有大量工作要做，因原核生物细菌的染色体只有一个复制位点，而真菌 16 条染色尽管像细菌那样连接成环状，但都保留了各自的复制位点，严格来说还是 16 条染色体，只不过是把它们连接起来而已，遗传结构的特点未发生改变。

第三节　裂殖酵母

　　裂殖酵母属于子囊菌门、酵母科中的裂殖酵母亚科。与酿酒酵母一样，裂殖酵母也是一种简单的单细胞生物，在进化关系上，裂殖酵母比酿酒酵母更接近哺乳动物。在细胞周期、染色体结构等方面，裂殖酵母与哺乳动物细胞的相似性比酿酒酵母与哺乳动物细胞的相似性大。因此，裂殖酵母也日益成为研究真核细胞生物学和分子生物学的极具吸引力的实验系统。本节主要介绍裂殖酵母的分类学、生物学与基因组学，以及其作为模式生物与酿酒酵母的异同点。重点介绍裂殖酵母的细胞周期及表观遗传学研究方面的应用与研究进展。

一、背景介绍

　　裂殖酵母（*Schizosaccharomyces pombe*）属于子囊菌门、酵母科中的裂殖酵母亚科。裂殖酵母是一种简单的单细胞生物，其基因组大小约为 14 Mb。裂殖酵母和酿酒酵母一样，其基本生物学研究都很深入，这两个物种是在 3 亿～6 亿年前开始分化。由于其染色体结构及细胞周期与高等真核生物十分相似，因此裂殖酵母通常用于研究细胞分裂和细胞生长，其基因组很多保守的结构和动态过程也存在于人类的基因组中，包括：异染色质蛋白、大片段重复序列、大着丝粒、保守的细胞检核功能、端粒的功能、基因剪接及许多其他的细胞过程。

　　尽管都是单细胞真菌，酿酒酵母和裂殖酵母之间存在很多明显的不同之处：①酿酒酵母大约有 6275 个蛋白质编码基因，而裂殖酵母是 4970 个；②基因数量虽然差不多，但酿酒酵母仅仅有 250 个基因含有内含子，而裂殖酵母有接近 5000 个基因具有内含子；③单倍体酿酒酵母有 16 条染色体，而裂殖酵母只有 3 条；④酿酒酵母通常以二倍体形式存在于自然界中，而裂殖酵母以单倍体存在；⑤裂殖酵母有端粒蛋白复合体结构，而酿酒酵母没有；⑥从细胞周期来看，酿酒酵母 G_1 期是延长的，严格调控 G_1/S 期的过渡，而裂殖酵母的 G_2 期是延长的，严格调控 G_2/M 期的过渡；⑦酿酒酵母中的 RNA 干扰组件已经丢失，而裂殖酵母有着与高等真核生物相似的 RNA 干扰组件；⑧酿酒酵母的异染色质结构相比于裂殖酵母而言是非常简单的，但前者的过氧化物酶体相当发达；⑨酿酒酵母的着丝粒比较小，只有 125 bp，而裂殖酵母的着丝粒很大，有 40～100 kb，且拥有很多重复结构，这与哺乳动物的着丝粒很相似。

二、细胞周期及信号通路

裂殖酵母与酿酒酵母一样，也是真核微生物，在分子遗传的研究中应用非常广泛。如图 8-13 所示，裂殖酵母的细胞周期和酿酒酵母相比，与高等真核生物更加相似，但其 G_1 期和 G_2 期与高等真核生物的细胞周期明显不同。裂殖酵母细胞呈棒状，其细胞的分裂方式与酿酒酵母的出芽生殖不同，是从细胞中间分隔分裂的。与其他真核生物一样，其微管的识别与形成发生于有丝分裂间隔期 G_2 期。在快速生长的裂殖酵母细胞中，S 期起始于胞质完全分裂之前，随后经历一个非常短的 G_1 期。对于裂殖酵母来说，其细胞周期的主要调控阶段是 G_2/M 期，这个时期分裂细胞随时监控着细胞大小和营养相关信息。当营养匮乏时，细胞可能经历两种命运：一种情况是细胞被滞留在 G_1 期或 G_2 期，根据届时的温度或营养的匮乏程度，细胞会进入静止期；另一种情况下，裂殖酵母不同的交配型可以进行接合，从而形成二倍体。在自然环境中，裂殖酵母的二倍体细胞状态是很少的，二倍体细胞会在短暂存在后，迅速进行减数分裂和产孢作用，产生单倍体的孢子（Forsburg and Nurse，1991）。

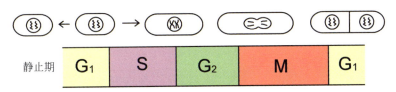

图 8-13　裂殖酵母细胞周期示意图（修改自 Forsburg and Nurse，1991）

三、表观遗传及 RNAi 研究

异染色质是真核细胞染色体表观遗传和保守的特征，在染色体分离、基因组稳定性和基因调控等方面具有重要作用。裂殖酵母中有关 RNA 干扰（RNAi）的研究揭示了 RNAi 途径直接调控了裂殖酵母着丝粒附近异染色质的组装和交配位点的沉默。裂殖酵母中存在两种 RNAi 复合物，RITS（RNA 诱导的转录沉默复合物）和 RDRC（RNA 导向的 RNA 聚合酶复合物）。其中 RITS 可以利用小干扰 RNA（siRNA）靶向沉默特定染色体区域，也可以通过招募 RDRC 到异染色质附近来调节 dsRNA 和 siRNA 的合成。dsRNA 介导的染色体关联扩增模型如图 8-14 所示，RITS 复合物可以通过 siRNA 和 H3-K9 甲基化依赖的方式将 RDRC 募集到新转录本附近，从而导致 dsRNA 的顺式扩增。siRNA 被推测是通过对着丝粒区域转录的正义和反义 dsRNA 产物的加工而产生的，但是在 *rdp1* 缺陷细胞中无法检测到 dsRNA，说明 Rdp1 很可能也参与了 dsRNA 合成的早期步骤（见图 8-14 左）。一旦 RITS 加载了 siRNA，可以靶向与 siRNA 互补的新转录本，同时招募到 RDRC 复合物，以促进顺式合成 dsRNA，最终沉默特定染色体区域（见图 8-14 右）。

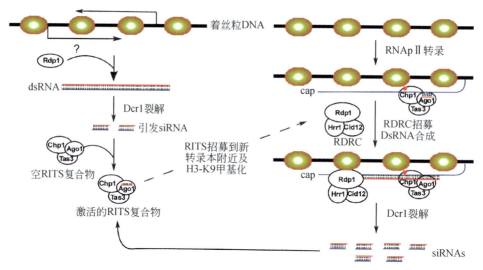

图 8-14 裂殖酵母 RNAi 机制示意图（修改自 Verdel and Moazed，2005）

第四节　粗糙脉孢菌

　　粗糙脉孢菌（*Neurospora crassa*）是属于子囊菌门（Ascomycoya）的一种多细胞丝状真菌。其菌丝多核，附有橘色分生孢子，俗称红色面包霉，即长在面包上的霉。粗糙脉孢菌是一种遗传学研究的经典模式生物。其独特的生物学特性及研究工作积累不但确定了其作为模式生物的地位，并使其在分子遗传学、生物化学、生理学、细胞生物学、发育生物学、表观遗传、昼夜节律、基因沉默、生态和进化等研究中发挥重要作用。本节主要介绍粗糙脉孢菌的分类学、生物学与基因组学，以及其作为模式生物的优点与研究历史。重点介绍粗糙脉孢菌在细胞极性、光感应与生物钟系统及表观遗传学研究方面的应用和研究进展。

一、粗糙脉孢菌简介

（一）分类学、生物学与基因组简介

　　粗糙脉孢菌（*Neurospora crassa*）是一种丝状真菌，通常存在于富含碳水化合物的食品和蔗糖加工残余物上。粗糙脉孢菌属于子囊菌门（Ascomycoya）、子囊菌纲（Ascomycetes）、粪壳目（Sordariales）、粪壳菌科（Sordariaceae）、脉孢菌属（*Neurospora*）。

　　粗糙脉孢菌的发育包括营养生长、无性生殖和有性生殖，通常以无性生殖为主。粗糙脉孢菌在无性世代中，菌丝与分生孢子均为单倍体。粗糙脉孢菌可以形成多核的菌丝细胞，其菌丝含有很多分支且不同细胞之间的分隔并不完全。无性生殖时，菌丝体上产生气生菌丝，并进一步分化成大小不同的两类分生孢子，其中小分生孢子单核，而大分生孢子多核。

大小分生孢子均可萌发长出新菌丝而完成无性世代循环。粗糙脉孢菌在有性世代期间为二倍体，其有性生殖为异宗配合（heterthallic），有 a 和 A 两种交配型。粗糙脉孢菌的有性过程形成梨形的子囊果，内含多个子囊。有性发育时不同交配型的细胞核融合产生一个二倍体合子核，经过减数分裂和一次有丝分裂后形成 8 个橄榄状的子囊孢子，并且以直线方式顺序排列在一个子囊中，直接反映了减数分裂的结果，是用于遗传分析的好材料，尤其是经典的顺序排列四分体的遗传分析。

　　粗糙脉孢菌含有 7 条染色体，其完整的基因组测序于 2003 年就已完成，最新的数据（2015 年）显示其基因组大小约 41.10 Mb，包括约 10 591 个基因。粗糙脉孢菌基因组组成和维持的独特之处在于拥有重复序列诱导的 DNA 点突变（repeat-induced point mutation，RIP）。RIP 可以控制转座子跳跃引起的基因组不稳定，是最早发现的一种基因组防御机制。后来，人们根据 RIP 原理将 RIP 开发成构建粗糙脉孢菌基因突变体的一种简便有效的方法，为解析基因功能发挥了巨大作用。

（二）研究历史

　　粗糙脉孢菌作为经典的模式生物具有悠久的研究历史。1843 年粗糙脉孢菌最早作为法国面包店的污染生物出现在文献中。1927 年，Dodge 首先确定了粗糙脉孢菌的分类地位，研究了其生活史，并通过杂交实验确定了其有性生殖的异宗交配方式。1932 年，Lindegren 把粗糙脉孢菌用于分离交配型因子的研究，其利用分离到的形态学变异作为标记来进行遗传分析，建立了粗糙脉孢菌的 5 个连锁群，使得粗糙脉孢菌成为一种易于操作的实验物种。1939 年，粗糙脉孢菌的线性子囊成为生物学教科书中展示减数分裂四分体连锁互换的实例。此后，Beadle 和 Tatum 利用 X 射线诱变获得粗糙脉孢菌突变体，并通过实验证实菌株的营养缺陷是基因突变的结果，由此确立了基因与蛋白质的关系。基于这些实验结果，Beadle 和 Tatum 于 1941 年提出了著名的"一个基因编码一种酶的假说"（one gene-one enzyme hypothesis）。1958 年，两位科学家因此获得诺贝尔生理学／医学奖。1979 年，Case 等在粗糙脉孢菌中建立了第一个丝状真菌的 DNA 转化系统，从此丝状真菌的遗传研究跨入了分子遗传学时代。

　　进入 21 世纪，粗糙脉孢菌基因组测序完成（Galagan et al.，2003），并且 70% 以上的基因获得了定向敲除突变体（Colot et al.，2006），这是目前为止丝状真菌中基因覆盖率最大的一个突变体库。加上这些年其他途径获得的突变体，目前美国真菌遗传学保藏中心（Fungal Genetics Stock Center，FGSC）拥有大量的粗糙脉孢菌突变体和每一个非必需基因的敲除突变体。此外，粗糙脉孢菌具有两种遗传背景的菌株，研究人员据此构建了基因组高密度 SNP 图谱并鉴定了大量酶切扩增多态性序列（CAPS）标签，通过 CAPS 分析可以快速定位与表型相关的突变基因（Lambreghts et al.，2009）。以上这些研究工作不但确定了粗糙脉孢菌作为模式生物的地位，并使其在分子遗传学、生物化学、生理学和细胞学，以及近年来在细胞发育、表观遗传、昼夜节律、基因沉默、生态和进化等研究中发挥重要作用。

二、粗糙脉孢菌在细胞极性研究中的应用

细胞极性是细胞的基本特性之一。由于生长很快，细胞处于高度的延伸模式，丝状真菌就是一个最基本的极性化生长的例子，同时也是极性化生长的优良模式生物。真菌孢子萌发初期的几小时其生长是各向同性的，此后就进入了极性生长阶段，芽管通过顶端的极性生长最终变成成熟的菌丝。菌丝分支是在接近菌丝顶端的隔室产生新的极性生长点，通过极性生长形成的。不同生物组织细胞骨架和早期极性化的基本原则是保守的。对于丝状真菌有一些特殊的特性，例如细胞的高速延伸、分支形成及分支单空间分布的调控。这些特性的研究对高等生物神经元的高速延伸及发育研究有一定的借鉴作用。

大多数丝状真菌营养生长时的细胞极性的建立有两个不同的节点，基本的孢子芽管形成及菌丝分支的形成。极性的建立首先是表型发育组件的招募，可能需要一些特定的位点。在粗糙脉孢菌中，芽管的形成首先是小 Rho GTPase CDC-42 及其胍交换因子 CDC-24 在孢子内的局部积累与激活。一旦极性化芽管形成，Rho GTPase RAC 募集到顶点形成一个新月形，开始极性生长。在成熟菌丝中，CDC-42、CDC-24 与 RAC 主要集中于顶点区域。极体组分 BUD-6、SPA-2 和 BNI-1 是保持顶端生长与细胞形态的重要物质。而隔膜蛋白（CDC-3、CDC-10、CDC-11、CDC-12 与 ASP-1）参与隔膜的形成。这些物质在粗糙脉孢菌极性成长建立阶段的时空分布详见图 8-15。

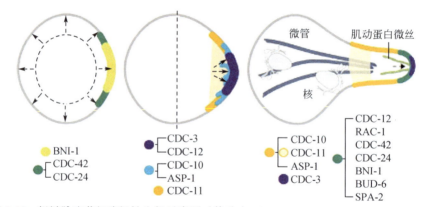

图 8-15 粗糙脉孢菌细胞极性生长示意图（修改自 Riquelme and Martinez-Nuñez，2016）
在菌丝早期发育阶段极体组分（SPA-2、BUD-6 与 BNI-1）、Rho GTPases（RAC、CDC-42 与 CDC-24）与隔膜蛋白（CDC-3、CDC-10、CDC-11、CDC-12 与 ASP-1）的时空分布

三、光感应与生物钟系统

（一）真菌的光感应

对于很多生物来说，光具有调节生物发育、代谢、神经活动、昼夜节律运行等重要作用。粗糙脉孢菌中发现的光应答反应都由蓝光诱导，在蓝光照射下，粗糙脉孢菌实现菌丝体类胡萝卜素的合成、促进分生孢子的形成及原子囊壳的发育等功能。粗糙脉孢菌的光应答反

应通过蓝光受体 WC-1 和 VVD 所介导，这些受体调节光反应的基本过程已经研究清楚。

蓝光受体 WC-1 和 WC-2 形成具有转录活性的 WCC 复合体。WC-2 是 WCC 结合 DNA 和转录激活所必需的，在 WC-2 不存在的情况下 WC-1 不能结合 DNA。WC-1 含有核黄素类发色团（flavin adenine dinucleotide，FAD），其将光信号转变为生化反应信号。WCC 复合体一方面激活昼夜钟核心分子 FRQ（frequency）的表达，另一方面在光照的条件下，控制光调节基因的表达。对 WC-1 的光反应机制研究发现，WC-1 功能的调节主要通过其磷酸化实现，WC-1 磷酸化状态直接影响 WCC 与其调控基因启动子的结合及基因的表达水平。

粗糙脉孢菌中的另一光蓝光受体是 VVD，其能与核黄素类的发色团 FMN 或 FAD 结合，这与 WC-1 只能结合 FAD 明显不同。VVD 只能在光照后产生，其基因表达由 WCC 启动，是一种光调节基因。VVD 含有一种特殊的 N- 末端帽状结构，形成一个插入环以接受核黄素分子。在光照下，引起核黄素质子化而导致 N- 末端构象变化，进行光信号的传递（Zoltowski et al.，2007）。VVD 的主要功能是调节光适应（photo adaptation）和昼夜节律在不同环境下的分子转换，以精确地适应周围环境。

（二）生物钟与昼夜节律

生物钟是生物体内在的计时装置，存在于从低等原核生物到高等真核生物几乎所有活体细胞中，并且在分子水平上不同物种的生物钟作用机制保守相似。完整的生物钟系统由三部分构成：输入途径（时间信号）、核心振荡器（分子时钟）和输出途径（昼夜节律）。核心振荡器接受来自外界光照、温度或营养化学信号等的引导，从而做出内部调整，并与输入信号同步化，通过控制一系列下游基因表达完成信号输出。生物钟的输出就是生物的"昼夜节律"（circadian rhythm），表现在生化反应、细胞、发育和行为等各个层面。生物钟在不同物种中具有共同特点：①在恒定环境条件下，生物钟的周期长短近似 24 h；②生物钟具有温度补偿效应，即在一定温度范围内，生物钟不受化学反应速率的影响，其周期保持恒定。

生物钟研究常用的模式生物包括粗糙脉孢菌、细长聚球藻、拟南芥、果蝇和小鼠。粗糙脉孢菌作为模式用于生物钟系统研究已经接近半个世纪，这些研究涵盖了我们对生物钟最基本的理解。由于粗糙脉孢菌在进化上与植物和动物密切相关，而且生长周期短，加之研究方法简单有效（通过竞争性生长管检测分生孢子带产生周期、Western blot 分析 FRQ 蛋白磷酸化周期及 *frq* 基因启动子驱动的荧光素酶报告系统实时定量分析生物钟节律等），粗糙脉孢菌生物钟系统方面的研究对整个生物钟研究领域起到了重要的推动作用。

粗糙脉孢菌生物钟的核心振荡器是由紧密连接的正、负调控因子组成的转录和翻译的负反馈调控环路组成。正调控因子（white collar complex，WCC）作为转录激活因子驱动 *frq* 基因的转录，表达的 FRQ 蛋白与 FRH 形成复合物（FRQ/FRH complex，FFC）。FFC 和 CK-Ia 等组成的负调控因子在反馈抑制自身表达过程中产生的时间延迟即为生物钟周期（图 8-16）。具体的调控过程如下（Heintzen and Liu，2007；Montenegro-Montero et al.，2015；张云峰和黄国存，2015）：

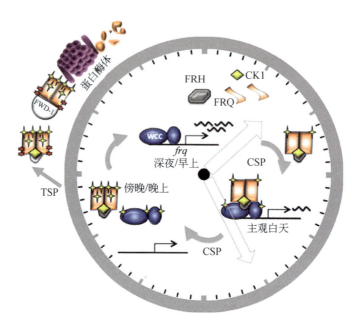

图 8-16 粗糙脉孢菌昼夜节律振荡器（修改自 Montenegro-Montero et al.，2015）

粗糙脉孢菌核心振荡器是由紧密连接的正、负调控因子组成的转录和翻译的负反馈调控环路组成。具体调控过程详见正文。CSP. clock-signaling phosphorylations，时钟信号磷酸化；TSP. termination-signaling phosphorylations，终止信号磷酸化。CSP 的动力学决定了昼夜节律循环的速度

（1）在主观夜晚 FRQ 含量最低时，WC-1 和 WC-2 形成异源二聚体 WCC，结合到 *frq* 基因的启动子 C-box 区域（the clock box），远端光反应元件（LRE），诱导该基因的转录表达。*frq* mRNA 逐渐积累，第 2 天上午达到峰值。

（2）翻译出的 FRQ 蛋白比其 mRNA 晚 4 ～ 6 h。FRQ 形成同型二聚体，再与 FRH 形成复合物 FFC，然后酪蛋白激酶 CK-1a 与 FCC 结合形成蛋白复合物并磷酸化复合物中的 FRQ。随后，这个蛋白复合物就转运到细胞核中通过介导 WCC 的高磷酸化而抑制 WCC 的转录活性，降低 *frq* mRNA 水平。高磷酸化的 WCC 从细胞核进入细胞质，*frq* 转录在晚上达到低谷。

（3）在细胞质中，新合成的 FRQ 蛋白逐渐被蛋白激酶磷酸化，两种磷酸酶 PP1 和 PP4 会拮抗这一过程。当 FRQ 磷酸化达到一定程度时，这种高度磷酸化的 FRQ 能够被泛素连接酶复合物 SCF 中的 F-box 蛋白 FWD-1 识别，接着被泛素蛋白酶体分解。当细胞质中的 FRQ 含量降低到一定阈值时，就不能和其他蛋白形成复合物转运到细胞核中抑制 WCC 的转录活性。这样 WCC 被 PP4 或 PP2A 去磷酸化，然后返回细胞核，在主观夜晚重新开始一轮转录激活 *frq* 的循环，这个周期近似 24 h。

（4）除了 *frq* 基因外，WCC 也会结合到很多钟控基因（clock controlled genes，*ccgs*）的启动子区域调控这些基因的表达。但是，这些基因不会负反馈抑制 WCC 活性，而是直接输出，所以被称为输出基因。此外，FFC 能和外切酶体的催化亚基 RRP44 和 RRP6 结合，促进 *frq* mRNA 的降解，这是一种生物钟的转录后调控方式。

四、丝状真菌的表观遗传学

丝状真菌粗糙脉孢菌拥有十分丰富的与表观遗传现象相关的知识。一些特性是很难甚至不能从其他生物系统中获得的。粗糙脉孢菌和高等真核生物中具有 DNA 甲基化和组蛋白 H3K27 甲基化，这在芽殖酵母和裂殖酵母中缺失。在表观遗传学方面，粗糙脉孢菌还具有最为独特的基于 RNAi 的基因沉默机制（Aramayo and Selker，2013）。

DNA 甲基化修饰与基因组稳定性、基因表达和发育有关，包括基因与转座子的沉默、基因组印记、X 染色体失活等。DNA 甲基化主要发生在胞嘧啶的第 5 位碳原子上（5-methycytosine，5mC），粗糙脉孢菌基因组中大约 1.5% 的胞嘧啶被甲基化修饰，主要位于着丝粒旁区、端粒区及 RIP 之后的遗迹序列上。富含 AT 的 DNA 序列信息能够引发邻近 DNA 序列上从头甲基化修饰的发生。已有的研究揭示粗糙脉孢菌的 DNA 甲基化修饰过程如下：基因组上的 DNA 甲基化信号被识别后，组蛋白甲基转移酶 DIM-5 被募集到该区域，并与基于 Cul4 的泛素连接酶形成复合体对组蛋白 H3K9 进行三甲基化修饰，异染色质蛋白 HP1 识别 H3K9me3 而结合到染色质上，由 HP1 募集 DNA 甲基转移酶 DIM-2 到基因组上对胞嘧啶进行甲基化修饰（Honda and Selker，2008；Xu et al.，2010）。

组蛋白 H3 赖氨酸 K27 的甲基化修饰（H3K27me）在生长发育和基因表达调控中有着重要作用，它经常在异染色质区域存在。粗糙脉孢菌中 7% 的基因组存在 H3K27 三甲基化修饰（H3K27me3），并主要位于端粒附近，也有少量分散在其他区域。这些被 H3K27me3 覆盖的基因组区域包括大约 700 个预测的基因，这些基因都是不表达的。在动植物中，H3K27 三甲基化需要多数抑制复合物 PRC1 与 PRC2 的参与，而粗糙脉孢菌中缺少动植物中的 PRC1 同源蛋白，只有 PRC2 发挥作用（Jamieson et al.，2013）。

粗糙脉孢菌独特的基于 RNAi 的基因沉默机制包括 3 种（Aramayo and Selker，2013），并体现在其生命周期的整个过程中（图 8-17）。第一种沉默机制是由沉默 RNA 介导的转基因或同源基因的沉默，发生在营养生长时期。第二种沉默机制是减数分裂沉默（meiotic silencing），也是基于 RNAi 的沉默方式，这类基因沉默只发生在减数分裂过程中，这类基因的发生时间、靶向目标及目的性有明显的不同。最为特别的第三种机制是重复序列诱导的点突变（RIP），RIP 现象发生在有性发育受精后到不同细胞核融合前的阶段。这个机制同时有表观遗传和经典遗传参与，同时也是有同源性介导的基因组防护系统的首个例子。RIP 的原理：在营养生长阶段粗糙脉孢菌基因组获得的重复 DNA 序列（大于 400 bp 的串联重复 DNA 序列或大于 1000 bp 未连锁的 DNA 重复序列），将在有性发育受精后的 DNA 复制和细胞核融合前阶段被 RIP 机器识别并锁定，从而引起重复序列上 C：G 碱基对突变成 T：A 碱基对。由于 RIP 机器使这些重复序列突变成富含 AT（AT-rich）的 DNA 片段，这很容易在基因开放阅读框中引入终止密码子 TAA 和 TAG，使重复序列的基因或转座子突变成不能表达完整蛋白的基因。因此，RIP 是一种独特的基因组防御机制。

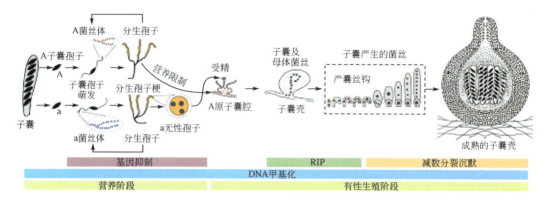

图 8-17　粗糙脉孢菌表观遗传与生命周期示意图（修改自 Aramayo and Selker，2013）

子囊孢子（ascospores）与分生孢子（conidia）均可萌发产生菌丝。在一定条件下，菌丝体上产生气生菌丝，并进一步分化成分生孢子。在氮饥饿等条件下，任一交配型（A 或 a）菌丝均可发育形成称为原子囊壳（protoperithecia）的雌性结构，另一交配型的营养组织可以作为"雄性（male）"进行受精而起始子囊壳（perithecia）的发育。有性发育时不同交配型的细胞核融合产生一个二倍体合子核，经过减数分裂和一次有丝分裂后形成 8 个橄榄状的子囊孢子，直线排列在子囊中。图中同时标记了在脉孢菌发育的各个时期存在的表观遗传过程。红色孢子（子囊孢子）是交配型 A，蓝色孢子是交配型 a。"基因抑制"主要存在于营养细胞阶段，"RIP"存在于有性生殖起始的受精和 Crozier 形成阶段，而"减数分裂沉默"处于有性生殖后面阶段，主要是减数分裂和子囊成熟阶段

第五节　真菌遗传相关实验技术

本节内容涉及真菌分子遗传学中最基本的实验技术，很多方法与细菌或动植物的实验技术类似，包括核酸提取与分析、基因型特征鉴定技术、细胞转化、基因敲除和过表达技术、显微技术、有性生殖或准性生殖分析、生化分析、动物模型分析技术、群体遗传和群体基因组学研究。

一、核酸提取与分析

包括基因组 DNA 提取（微量和大量）和 RNA 提取，核酸提取方法大同小异，不同物种提取方法的主要差别集中在细胞破碎方法上，细胞破碎可利用酶解形成原生质体法、机械破坏法（液氮研磨和玻璃珠机械破碎）及氯化苄法等。DNA 提取后可用于酶切、电泳、印记杂交、聚合酶链式反应、高通量测序等。RNA 提取后可用于 Northern 杂交分析、RT-PCR、高通量测序分析等。

二、基因型特征鉴定

基因组中的序列往往会有很多变异，可以通过一些技术手段去发现这些变异，常用方法是限制性片段长度多样性分析（RFLPs）、随机扩增 DNA 片段多态性分析（RAPD）、PCR- 测序、高通量测序等。而利用物理核型分析，例如使用脉冲场电泳仪分析核型，能够

分析基因组重组事件及阐明基因组中无法预测的突变。

三、细胞转化、基因敲除和过表达技术

DNA 高效转化，利用基因互补、基因破坏、基因替换等原理，克隆或表达目的基因。酵母中最常用的是化学转化和电转化，丝状真菌采用的转化方法是基因枪法或农杆菌转化法。转化后的片段可以用于基因敲除、基因过表达、启动子或转录元件分析及 RNAi 等多个基因表达调控机制和基因功能的研究。

四、显微技术

利用显微镜观察细胞形态。真菌受到遗传操作或群体分化后，其细胞的某些特性可能会发生变化，例如不同营养型的细胞及酵母－菌丝态的转变等。研究人员需要各类显微镜观察细胞形态或菌落形态。常用的显微镜包括光学显微镜、透射电镜、扫描电镜和荧光显微镜。针对不同的样品研究人员还需掌握娴熟的制片技术，方能观察到理想的结果。

五、有性生殖或准性生殖分析

单倍体由于其仅拥有一套染色体，因此易于进行分子遗传操作。常用的分析方法包括：单孢分离（显微操作仪）、四分体分析、八分体分析和杂交分析等。

六、生化分析

除了基因功能，基因产物往往也是研究的重要部分。例如，分析细胞的次级代谢产物、胞内信号分子、细胞膜组分、细胞壁组分、细胞器分离、蛋白质纯化、胞内的微环境（pH 和 ROS）等。蛋白质纯化后续可用于蛋白质互作分析（Western blot 和酵母双杂交系统）、蛋白质表达量分析、修饰分析及组学分析等。对这些细胞进行生化指标测定和蛋白质分析有助于进一步了解基因的功能和细胞的生理生化特性。

七、动物模型分析技术

动物疾病模型主要用于实验生理学、实验病理学和实验治疗学（包括新药筛选）研究。动物模型有助于更好地了解人体多种真菌病原菌（新生隐球菌、霉菌、念珠菌等）的侵入和致病机制，以及进行毒力分析。涉及的技术包括病原菌接种技术（注射、灌肠、灌胃等）、解剖技术（内脏）、给药方法、采血方法、处死等。

八、群体遗传和群体基因组学研究

一个物种内不同群体的个体往往存在遗传变异，而不同群体之间有一定的概率进行基

因交流。在很大的时间维度上，不同的群体之间如果完全没有基因交流，不同群体之间的差异会越来越大，甚至进化成不同的物种。最常用的分析不同群体间遗传变异的技术包括电泳核型、ITS、RAPD、RFLP、AFLP 等分子标记技术。而近期基于测序技术的发展，还可以利用多基因技术和高通量技术更精准更全面地评估不同群体间的遗传变异及一个物种内的群体多样性。

以上实验技术可以参看 Amberg 等的专著（Amberg et al., 2005）和《丝状真菌分子细胞生物学与实验技术》（林福呈和王洪凯，2010）。

第六节 真菌保守的信号途径

信号转导是指通过将化学或物理信号作为一系列的分子事件传递到细胞中，最终引起细胞对外界信号做出反应的过程。分子事件最常见的是通过激酶引起的蛋白磷酸化。所有的生物包括细菌、真菌乃至高等生物，随时可以对环境中的变化做出反应。信号转导通常是以级联的形式发挥作用的，称作信号通路。不同的信号通路可以感应外界不同的信号，引发不同的生物学过程，例如图 8-18 总结了 TOR、cAMP-PKA 和 MAPK 3 条通路的核心组件，以及它们如何分工合作促进酿酒酵母菌丝发育，下文汇总了几条重要的代谢通路。

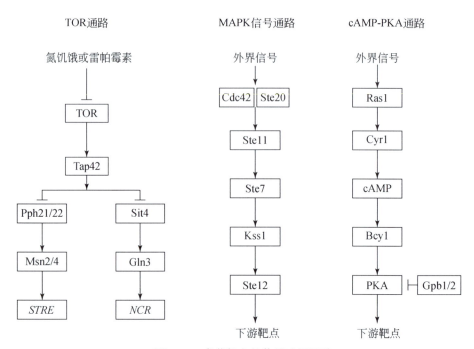

图 8-18 真菌保守的信号途径通路

一、TOR 通路

丝氨酸 / 苏氨酸蛋白激酶 TOR（target of rapamycin）是磷脂酰肌醇 -3- 羟激酶家族的成员，主要响应营养物质变化从而调控细胞的生长和分化。抗真菌和免疫抑制的天然产物雷帕霉素可以结合并抑制 TOR 激酶。在酵母和哺乳动物中，TOR 激酶高度保守。TOR 可以调控大量与生长相关的生物学过程，例如激活营养转运蛋白、细胞自噬及细胞进入静止期，抑制转录、翻译、核糖体 RNA 合成、肌动蛋白的组装及 PKC 信号通路等。TOR 最初是从酿酒酵母中分离到的。TOR 激酶是真核细胞连接细胞所能得到的营养信号与细胞生长过程的保守信号转导网络中的非常重要的激酶。在酿酒酵母中有两个非常相似的 TOR 激酶——Tor1 和 Tor2，它们分别形成 TORC1 和 TORC2 两个蛋白质复合物，这两个蛋白质复合物拥有不同的功能。酿酒酵母的两个 TOR 基因具有部分重叠功能，它们可以通过调节翻译、转录、核糖体生物合成、营养物质的运转及与营养条件相关的自溶来调控细胞的生长。TORC1 定位于液泡膜上，而 TORC2 定位于细胞膜上。不同细胞定位有助于它们从空间上分别特异性地接受来自上游的信号和调控下游靶标。TORC1 和 TORC2 各自调控细胞生长的不同方面。TORC1 与细胞生长的营养物质及压力相关，在多细胞动物中 TORC1 可以整合来自于生长因子、激素、代谢流及物质聚集的信号。TORC1 能被雷帕霉素抑制，但 TORC2 不能与雷帕霉素结合且对雷帕霉素并不敏感。

二、MAPK 信号通路

促丝裂原活化蛋白激酶信号通路 MAPK（mitogen-activated protein kinase）是一种广泛存在于真菌的信号转导通路。MAPK 介导的信号通路对多种调控反应有十分重要的贡献，包括正常的或病理性的细胞生长、细胞分裂、细胞分化、细胞自噬、压力耐受和细胞死亡等生物学过程。MAPK 信号通路由丝 / 苏氨酸蛋白激酶组成，包括 3 个核心的蛋白激酶（MAPK/MAPKK/MAPKKK）：促分裂原活化蛋白激酶激酶激酶（mito-gen-activated protein kinase kinase kinase）激活促分裂原活化蛋白激酶激酶（mitogen-activated protein kinase kinase），进而激活促分裂原活化蛋白激酶（mitogen-activated protein kinase），通过依次磷酸化将上游信号传递至下游应答分子。MAPK 信号通路的组分结构高度保守，可以连续地发挥功能。在酿酒酵母菌中，不同的外界信号如高渗透压、激素及细胞壁损坏分别通过级联反应激活不同的 MAPK 下游组件 Hog1、Fus3、Slt2，激活不同的生物学过程。在白色念珠菌中，MAPK 信号通路对其形态生成、细胞交配、细胞生长、细胞壁合成和对压力的应答起着至关重要的作用，在白色念珠菌发病机制中有重要的意义。

三、cAMP-PKA 信号通路

cAMP-PKA 信号通路在酿酒酵母、白色念珠菌及其他真菌的菌丝发育中扮演了重要的角色。例如，cAMP-PKA 可以调控白色念珠菌菌丝形成、形态转换、生物被膜形成、甾醇合成、糖酵解等一系列生物和代谢过程，这些过程对白色念珠菌的生长繁殖及致病力都十分重要。氮源饥饿会通过 cAMP 通路激活酿酒酵母细胞假菌丝的发育。Ras 是高度保守 GTP 酶家族中的成员，在许多重要的细胞生长和分化信号通路中起着重要的"分子开关"的作用。Ras 属于小 G 蛋白家族（与普通 G 蛋白由 α/β/γ 三个亚基组成异三聚体不同，以单体分子存在，并且分子量只有 20～35 kDa），Ras 有 GTP 结合的活化状态和 GDP 结合的非活化状态两种存在形式，当其处于活化状态时，可使下游的效应分子活化，两者之间的转换依赖于 Ras 本身具有的 GTP 酶活性。RAS1 在白色念珠菌的形态转换过程中发挥着重要的作用，能促进菌丝的形成，当 RAS1 基因被敲除后，白色念珠菌生长减慢、呈假菌丝样生长、菌丝形成能力减弱、胞内 cAMP 水平显著降低。将 RAS1 第 13 位的甘氨酸突变成缬氨酸后，RAS1 活性显著增强，胞内 cAMP 含量升高且菌丝形成能力增强。CYR1（又称 CDC35）在白色念珠菌中负责编码腺苷酸环化酶（AC），CYR1 缺失菌菌丝形成缺陷，cAMP 含量下降。AC 在细胞内的作用是催化 ATP 生成 cAMP，在白色念珠菌的凋亡、CO_2 感知等过程中发挥重要作用，是 RAS1 的下游效应物。当 RAS1 与 GTP 结合时，可以与 AC 上保守的 RA 结构域结合，激活 AC 的活性提高 cAMP 的水平。此外，在低 pH 环境下，CYR1 的表达下调，菌丝生长缺陷，说明 CYR1 在白色念珠菌适应不同 pH 环境中也发挥着作用。许多外界环境因子都可以激活腺苷酸环化酶，如菌丝生长的诱导因子、N- 乙酰葡萄糖胺、血清等可以激活 Ras1 蛋白，进而刺激 cAMP 的产生。AMP 是生物体内重要的第 2 信使分子，cAMP 激活 PKA（cAMP 依赖性蛋白激酶），使靶蛋白磷酸化，产生后续的效应，最后 cAMP 被磷酸二酯酶（Pde）水解成 5′- AMP 而失活，发挥这一作用的主要是由 PDE2 编码的磷酸二酯酶 2 蛋白（Pde2）。PDE2 基因缺失后会导致细胞内 cAMP 无法降解从而持续激活 PKA。PKA 又称 cAMP 依赖的蛋白激酶 A，它的激活依赖于 cAMP，当 cAMP 水平升高后，与 PKA 的调节亚基结合，从而改变构象，释放出催化亚基而激活 PKA。白色念珠菌中 PKA 的调节亚基由 BCY1 编码，催化亚基分别由 TPK 系列基因编码。酿酒酵母有 3 个 TPK 基因，白色念珠菌有 2 个 TPK 基因。在 TPK2 基因缺失后，细胞内的 PKA 活性显著下降，只有野生型的 10%，说明 PKA 的活性主要由 TPK2 发挥。但是，TPK1 在白色念珠菌细胞壁成分的调控中发挥着更重要的作用。TPK 可以通过磷酸化作用经转录因子把信号进一步传递到下游元件，例如 FLO8 及 EFG1，它们都是调控细胞形态发育非常关键的调控因子。

四、Rim101 通路（感应碱性 pH）

除了上述 3 条主要通路，酵母中还有一些重要的信号通路，例如 Rim101 感应碱性 pH 的通路。Rim101 家族的蛋白质在不同的物种中高度保守，是响应 pH 通路的重要组分之一。碱性的环境会激活 Rim101，从而激活和抑制下游一系列受碱性 pH 调控的基因。在碱性环境下，白色念珠菌通过 Rim101 通路来调控菌丝的发育。

习 题

（1）什么是模式生物，模式真菌有哪些共同的特点？

（2）酿酒酵母菌丝发育受哪几条信号通路调控？

（3）从遗传角度来看，酿酒酵母与裂殖酵母有哪些异同点？

（4）粗糙脉孢菌作为经典模式生物，有哪些独特的生物学特性和遗传操作的优点？

（5）请简述生物钟和生物节律的含义以及它们的生物学意义。

（6）请列出真菌的保守通路并描绘出各个通路的核心组件。

主要参考文献

林福呈，王洪凯 . 2010. 丝状真菌分子细胞生物学与实验技术 . 北京：科学出版社 .

张云峰，黄国存 . 2015. 生物钟在粗糙脉孢菌中的运行机制 . 生命科学，27（11）：328-1335.

Amberg D，Burke D，Strathem J. 2005. Methods in Yeast Genetics. New York：Cold Spring Harbor Laboratory Press，230.

Aramayo R，Selker EU. 2013. *Neurospora crassa*，a model system for epigenetics research. *Cold Spring Harbor Perspectives in Biology*，5（10）：a017921.

Baker CL，Loros JJ，Dunlap JC. 2012. The circadian clock of *Neurospora crassa*. *FEMS Microbiol Rev*，36（1）：95-110.

Cebollero E，Reggiori F. 2009. Regulation of autophagy in yeast *Saccharomyces cerevisiae*. *Biochimica Et Biophysica Acta-Molecular Cell Research*，1793（9）：1413-1421.

Cello J，Paul AV，Wimmer E. 2002. Chemical synthesis of poliovirus cDNA：generation of infectious virus in the absence of natural template. *Science*，297（5583）：1016-1018.

Colot HV，Park G，Turner GE，Ringelberg C，Crew CM，Litvinkova L，Weiss RL，Borkovich KA，Dunlap JC. 2006. A high-throughput gene knockout procedure for *Neurospora* reveals functions for multiple transcription factors. *Proc Natl Acad Sci USA*，103：10352–10357.

Davis RH，Perkins DD. 2002. *Neurospora*：a model of model microbes. *Nature Reviews Genetics*，3（5）：397-403.

Duan SF，Han PJ，Wang，QM，Liu WQ，Shi JY，Li K，Zhang XL，Bai FY. 2018. The origin and adaptive evolution of domesticated populations of yeast from Far East Asia. *Nat Commun*，9（1）：2690.

Dunlap JC. 1999. Molecular bases for circadian clocks. *Cell*，96（2）：271-290.

Forsburg SL and，Nurse P. 1991. Cell-cycle regulation in the yeasts *Saccharomyces cerevisiae* and *Schizosaccharomyces pombe*. *Annual Review of Cell Biology*，7：227-256.

Foury F，Roganti T，Lecrenier N，Purnelle B. 1998. The complete sequence of the mitochondrial genome of Saccharomyces cerevisiae. *FEBS Lett*，440（3）：325-331.

Froehlich AC，Liu Y，Loros JJ，Dunlap JC. 2002. White Collar-1，a circadian blue light photoreceptor，binding to the frequency promoter. *Science*，297（5582）：815-819.

Galagan JE，Calvo SE，Borkovich KA，Selker EU，Read ND，Jaffe D，FitzHugh W，Ma LJ，Smirnov S，Purcell S，et al. 2003. The genome sequence of the filamentous fungus *Neurospora crassa*. *Nature*，422（6934）：859-868.

Galagan JE，Calvo SE，Borkovich KA，Selker EU，Read ND，Jaffe D，Fitzhugh W，Ma L，Smirnov S，Purcell S，et al. 2003. The genome sequence of the filamentous fungus *Neurospora crassa*. *Nature*，422（6934）：859-868.

Galagan JE，Selker EU. 2004. RIP：the evolutionary cost of genome defense. *Trends in Genetics*，20（9）：417-423.

Gibson DG，Glass JI，Lartigue C，Noskov VN，Chuang R，Algire MA，Benders GA，Montague MG，Ma L，Moodie MM，et al. 2010. Creation of a bacterial cell controlled by a chemically synthesized genome. *Science*，329（5987）：52-56.

Guo J，Cheng P，Yuan H，Liu Y. 2009. The exosome regulates circadian gene expression in a posttranscriptional negative feedback loop. *Cell*，138（6）：1236-1246.

Harris SD. 2006. Cell polarity in filamentous fungi：shaping the mold. *Int Rev Cytol*，251：41-77.

He Q，Cheng P，Yang Y，Wang L，Gardner KH，Liu Y. 2002. White collar-1，a DNA binding transcription factor and a light sensor. *Science*，297（5582）：840-843.

He Q，Liu Y. 2005. Molecular mechanism of light responses in *Neurospora*：from light-induced transcription to photoadaptation. *Genes Dev*，19（23）：2888-2899.

Heintzen C，Liu Y. 2007. The *Neurospora crassa* circadian clock. *Advances in Genetics*，58：25-66.

Hittinger CT. 2013. *Saccharomyces* diversity and evolution：a budding model genus. *Trends in Genetics*，29（5）：309-317.

Honda S，Selker EU. 2008. Direct interaction between DNA methyltransferase DIM-2 and HP1 is required for DNA methylation in *Neurospora crassa*. *Molecular and Cellular Biology*，28（19）：6044-6055.

James TY，Kauff F，Schoch CL，Matheny PB，Hofstetter V，Cox CJ，Celio G，Gueidan C，Fraker E Miadlikowska，et al. 2006. Reconstructing the early evolution of fungi using a six-gene phylogeny. *Nature*，443（7113）：818-822.

Jamieson K，Rountree MR，Lewis ZA，Stajich JE，Selker EU. 2013. Regional control of histone H3 lysine 27 methylation in *Neurospora*. *Proc Natl Acad Sci*，110：6227–6232.

Lambreghts，R，Shi M，Belden WJ，Decaprio D，Park D，Henn MR，Galagan JE，Basturkmen M，Birren BW，Sachs MS，et al. 2009. A high-density single nucleotide polymorphism map for *Neurospora crassa*. *Genetics*，181（2）：767-781.

Liti G，Carter DM，Moses AM，Warringer J，Parts L，James SA，Davey RP，Roberts IN，Burt A，Koufopanou V，et al. 2009. Population genomics of domestic and wild yeasts. *Nature*，458（7236）：337-341.

Lodder J，Kreger-van Rij NJW. 1952. Discussion of the genera belonging to the endomycetaceae. *In the Yeasts*，A *Taxonomic Study*，116-225.

McGovern PE，Zhang J，Tang J，Zhang Z，Hall GR，Moreau RA，Nunez A，Butrym ED，Richards，MP，Wang CS，et al. 2004. Fermented beverages of pre- and proto-historic China. *Proc Natl Acad Sci USA*，101（51）17593-17598.

Montenegro-Monteroa A，Canessaa P，Larrondo LF. 2015. Around the fungal clock：recent advances in the molecular study of circadian clocks in *Neurospora* and other fungi. *Advances in Genetics*，92：107-184.

Paddon CJ，Keasling JD. 2014. Semi-synthetic artemisinin：a model for the use of synthetic biology in pharmaceutical development. *Nature Reviews Microbiology*，12（5）：355-367.

Riquelme M，Martinez-Nuñez L. 2016. Hyphal ontogeny in *Neurospora crassa*：a model organism for all seasons F 1000 Research 5:2801 doi：10. 12688/f1000research. 9679. 1

Schafer B，Hansen M，Lang B F. 2005. Transcription and RNA-processing in fission yeast mitochondria. *RNA*，11（5）：785-795.

Selker EU. 1990. Premeiotic instability of repeated sequences in *Neurospora crassa*. *Annual Review of Genetics*，24（1）：579-613.

Shao YY，Lu N，Wu ZF，Cai C，Wang SS，Zhang LL，Zhou F，Xiao SJ，Liu L，Zeng XF，et al. 2018.

Creating a functional single-chromosome yeast. *Nature*，560（7718）：331-335.

Talora C，Franchi L，Linden H，Ballario P，Macino G. 1999. Role of a white collar-1-white collar-2 complex in blue-light signal transduction. *EMBO J*，18（18）：4961-4968.

Verdel A，Moazed D. 2005. RNAi-directed assembly of heterochromatin in fission yeast. *Febs Letters*，579（26）：5872-5878.

Vinod PK，Sengupta N，Bhat PJ，Venkatesh KV. 2008. Integration of global signaling pathways, cAMP-PKA，MAPK and TOR in the regulation of FLO11. *PLoS One*，3（2）：e1663.

Watters MK，Randall TA，Margolin BS，Selker EU，Stadler DR. 1999. Action of repeat-induced point mutation on both strands of a duplex and on tandem duplications of various sizes in *Neurospora*. *Genetics*，153（2）：705-714.

Xu H，Wang J，Hu Q，Quan Y，Chen H，Cao Y，Li C，Wang Y，He Q. 2010. DCAF26，an adaptor protein of Cul4-based E3，is essential for DNA methylation in *Neurospora crassa*. *PLoS Genet*，6（9）：e1001132.

Zoltowski BD，Schwerdtfeger C，Widom J，Loros JJ，Bilwes AM，Dunlap JC，Crane BR. 2007. Conformational switching in the fungal light sensor Vivid. *Science*，316（5827）：1054-1057.

第九章　病原真菌的遗传调控

本章主要介绍人体和植物病原真菌的生物学及遗传调控研究相关内容。重点讲述人体病原真菌白色念珠菌、新生隐球菌、烟曲霉，以及植物病原真菌稻瘟病菌、黑粉菌和镰刀菌等的基因、信号途径和基因组学；病原真菌重要生物学过程，如有性生殖、致病性和耐药性的进化和形成机制；病原真菌生物被膜、形态发生、环境适应及宿主互作机制；重要信号途径的保守性及功能研究，医学真菌感染及农业真菌病害的防治。

第一节　人体病原真菌

人体病原真菌是一类能够侵入人体、引起浅部或深部组织感染的病原体。全世界每年因病原真菌引发的浅表感染病例高达 3 亿以上，免疫缺陷人群感染真菌引起的致命性感染达 250 万例以上，致死率超过 50%。近年来，随着人们生活方式的改变，广谱抗生素的滥用，先进医疗技术的广泛使用及全球艾滋病的流行，临床上由病原真菌引发的感染病例越来越多。但长期以来，全世界临床医师、科研人员、科研管理部门和社会媒体等对病原真菌的认知与重视程度远远不够，从而导致相关基础和临床研究较少，临床上有效的抗真菌治疗药物也不多,而且已经出现严重的耐药性问题。真菌感染已成为全世界面临的严重威胁，提高对真菌生物学及感染机制的认知度，有效遏制真菌疾病的传播、降低真菌感染致死率，是病原真菌学发展的重要使命。

地球上已知的能够引起人体疾病的真菌有 600 多种，而 90% 以上的真菌疾病是由 30 种常见病原真菌引起。其中，以念珠菌、曲霉和隐球菌最为常见，分别以白色念珠菌（*Candida albicans*）、烟曲霉（*Aspergillus fumigatus*）和新生隐球菌（*Cryptococcus neoformans*）为主要病原体，表 9-1 总结了病原真菌的基因组基本信息。目前临床上遏制这些真菌感染的有效药物较少，以唑类、多烯类和棘白菌素类为主，而长期使用部分种类药物也导致了耐药性菌株的出现。如近年来暴发的"超级真菌"感染疫情是由一种称作耳念珠菌的新物种引

表 9-1　人体病原真菌的基因组信息

菌株	基因组大小（Mb）	染色体数	基因数	基因组版本（年-月-日）	文献
白色念珠菌	15.8	8	6 735	2014-06-24	Muzzey et al.，2013
耳念珠菌	12.3 ～ 12.5	7	7 988	2017-08-04	Chatterjee et al.，2015
新生隐球菌 JEC21	18.5	14	6 572	2018-04-11	Loftus et al.，2005
烟曲霉 Af293	29.2	8	9 922	2014-08-04	Nierman et al.，2005

起的。该菌具有多重耐药特性，对大多数抗真菌药物不敏感，对临床常用的药物均有强耐受性，感染该菌的患者死亡率高达 60%。美国 CDC 曾两次发布警报呼吁全美高度警惕耳念珠菌感染。最近我国北京和沈阳地区也发现了十多例耳念珠菌感染，对临床诊治及基础科学研究提出了新的挑战。

一、白色念珠菌

白色念珠菌又称白念珠菌或白假丝酵母菌，是目前公认的最常见的临床致病真菌，也是研究得最清楚的病原真菌之一。在健康人体内，白色念珠菌通常不引发疾病，可定植于人体的口腔、表皮、上呼吸道、胃肠道及生殖道等处。但是当人体免疫系统受损或正常微生物菌群失衡时，该菌能迅速从不致病的共生菌转变成致病菌，引发严重的浅表感染（如鹅口疮、阴道炎），甚至导致致命性的深部器官感染或血液感染（如败血症等）。全球范围内每年约 40 万人死于白色念珠菌感染，由其引发的败血症居美国院内血行感染第四位，病死率高达 46%～75%。据估计，大约 75% 的女性一生中至少一次患有外阴阴道念珠菌病，其中 40%～50% 至少会复发一次。

（一）白色念珠菌的基因组

白色念珠菌是最早完成全基因组序列测定的致病真菌物种之一，第一次全基因组序列测定完成于 2007 年，而最新和最完整的白色念珠菌基因组序列（Assembly 22）于 2013 年发布。白色念珠菌是二倍体，其单倍体基因组由 8 条染色体组成，大约 15.845 Mb，序列中 G+C 碱基含量约为 33.3%，包含 6735 个 ORF，存在 132 个非编码 RNA 和大量的转座子（见表 9-1）。白色念珠菌的基因组呈现明显的多态性，当受到外界环境、药物等影响时，白色念珠菌可发生染色体丢失或增加、易位、突变等。许多药物或试剂还可以使白色念珠菌发生染色体不分离现象，产生非整倍体。不同实验室菌株或部分临床分离株，所测得的染色体往往不太一致。白色念珠菌这种独特的基因组可塑性，赋予其较强的环境适应能力、致病能力和抗药性。尽管已证实白色念珠菌能够以单倍体状态稳定存在，且相反交配型细胞可以发生融合，但仍未发现其具有减数分裂现象。白色念珠菌能够在压力环境条件下进行准性生殖，即两个二倍体细胞先融合产生四倍体，随后通过染色体随机丢失的方式产生近似二倍体的子细胞。

（二）表型特征

白色念珠菌最重要的生物学特征是形态的多样性和可塑性，该菌可以感应不同的宿主环境在多种形态之间频繁地相互转换，以此达到适应宿主体内复杂环境的目的。从细胞形态上看，白色念珠菌可分为 7 种不同形态：酵母态、假菌丝、菌丝，以及在某些特殊条件下形成的厚垣孢子，其中酵母态可分为 white、opaque、gray 和 GUT（gastrointestinally-induced transition）形态（Gow and Yadav，2017）。酵母–菌丝形态转换和 white-opaque 形态转换是白色念珠菌研究得最多的两种形态转换系统。Gray 形态和 GUT 形态是近年来发现的两种新形态，gray 细胞可参与 white-opaque 形态转换建立 white-gray-opaque 三稳态转换系统。GUT 细胞可与 white 细胞之间发生转换。白色念珠菌不同形态细胞在基因表达谱、毒性和交配能力等多方面具有明显差异，并与其致病性密切相关。

1. 酵母态、假菌丝、菌丝和厚垣孢子

酵母态和菌丝态是人们熟知的两种形态，酵母–菌丝形态转换是白色念珠菌一种典型的形态转换系统。酵母态也称作"white"细胞，是类似于酿酒酵母的球形或椭球形细胞，繁殖方式为芽殖，核分裂发生在母细胞和子细胞的连接处。由于子代细胞在胞质分裂后与母代细胞完全分离，故酵母态细胞均为单细胞。与此不同，菌丝态是由多个细长的管状细胞组成，核分裂发生在子细胞内，随后一个子核迁移到母细胞内。菌丝细胞在胞质分裂后仍牢固连接，随着细胞分裂重复产生多细胞、多分支的丝状结构，成为菌丝体。菌丝态还可细分为真菌丝与假菌丝，真菌丝是完全平行延伸的管状菌丝，假菌丝则兼有酵母态和菌丝态的特征，虽然各个细胞之间没有分离，但细胞之间存在明显的隔膜，形成缢缩，且假菌丝易产生分支，可能与其摄取营养有关。厚垣孢子是菌丝体在严酷环境下（如营养匮乏、缺氧等）由顶端膨大形成的球形厚壁细胞。核分裂发生在母细胞内，随后将子代细胞核迁移到新生的厚垣孢子中。

2. 酵母态细胞

除了典型的球形或椭球形酵母细胞形态"white"，白色念珠菌在不同的环境条件下，还能够被诱导产生另外 3 种伸长形状的酵母细胞，包括 opaque、gray、GUT 细胞，这 4 种细胞具有不同的生物学特征和致病特性（Noble et al., 2016）。White 细胞呈球形或椭球形，在固体培养基上形成光滑的凸起菌落；opaque 细胞较大，伸长至长杆状，胞内通常含有大液泡，细胞表面有小突起（pimples），在固体培养基上形成粗糙、扁平菌落；gray 细胞大小介于 white 和 opaque 之间，呈短杆状，细胞表面无小突起。由于这 3 种酵母形态的细胞壁通透性不同，在添加荧光桃红染料（phloxine B）的固体平板上，white 细胞仍形成白色菌落，opaque 细胞吸收染料形成红色或粉红色菌落，gray 细胞可形成浅粉色菌落（图 9-1）。在交配能力方面，white 细胞几乎不能交配，opaque 细胞的交配效率大约是 white 细胞的 100 万倍，gray 细胞交配效率介于二者之间。GUT 细胞是在筛选感染小鼠消化道内共生状态的细胞时发现的。GUT 细胞形态上与 opaque 细胞相似，呈长杆状，可在固体平板上形成粗糙菌落，但不同的是该细胞表面并没有小突起，且不能进行交配。研究表明，将体外培养的 GUT 细胞重新引入小鼠体内时，立刻表现出超强的共生竞争性，GUT 细胞中 *WOR1* 基因的表达量提高了 10^4 倍，小鼠模型证实 GUT 细胞比 white 和 opaque 细胞更适应胃肠道生存和传播。推测哺乳动物的胃肠道可能诱导白色念珠菌高效表达 *WOR1* 基因，并由 white 细胞转变为 GUT 细胞，进而定植于肠道。另外，与 white 细胞相比，GUT 细胞对葡萄糖的利用能力和吸收铁的能力均较弱，而对 GlcNAc 和短链脂肪酸的利用能力增强，因此 GUT 细胞可能是白色念珠菌在哺乳动物胃肠道定植过程中的进化产物（Pande et al., 2013）。

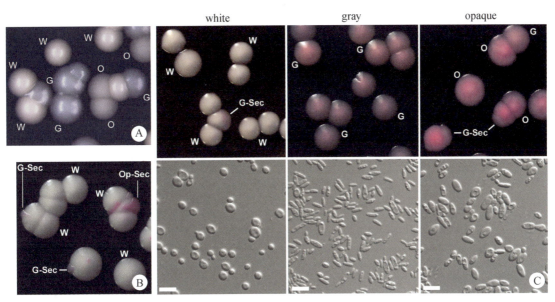

图 9-1 白色念珠菌 white、gray 和 opaque 3 种细胞形态及菌落特征（Tao et al.，2014）

A. white、gray、opaque 在 YPD 培养基平板上的菌落形态；B. 在添加染料荧光桃红染料 B 的 YPD 培养基平板上，white 及其形成的 gray 和 opaque 形态扇形菌落；C. 在添加染料 phloxine B 的 YPD 培养基平板上，white、gray 和 opaque 形态的菌落和细胞图。W. white；G.gray；O. opaque；G-Sec. gray 形态扇形菌落；Op-Sec. opaque 形态扇形菌落。图中标尺：

10 μm

（三）形态转换

1. 酵母－菌丝形态转换

在复杂的宿主生境中，白色念珠菌能够感应不同的环境信号在酵母态和菌丝态之间进行转换，从而更好地适应环境，增强致病性。酵母型细胞能够黏附于皮肤或黏膜组织的表面，通常不引发宿主免疫反应，但容易通过血液在宿主体内播散；菌丝细胞（包括菌丝和假菌丝）在穿透上皮细胞和入侵宿主组织方面的能力较强，且可以逃避巨噬细胞的吞噬。酵母和菌丝形态的致病特性截然不同，且均可在被感染的宿主组织中发现，说明白色念珠菌的酵母－菌丝形态转换与其毒性有密切关系。

多种宿主环境因子参与调控白色念珠菌酵母－菌丝形态转换，如 pH、温度、血清、GlcNAc 和 CO_2 等（Huang，2012）。人体内不同部位的 pH 差异较大，白色念珠菌适应 pH 变化的能力也非常强，能够在 pH 2.0 ～ 10.0 的条件下生存。酸性 pH（pH < 6.5）抑制酵母型向菌丝型细胞转换，中性或碱性 pH（pH > 6.5）条件促进菌丝生长。温度是另一个影响菌丝发育的环境因子，人体生理温度 37℃是白色念珠菌菌丝生长的最适温度。在低温和常规条件下培养白色念珠菌则有利于酵母型细胞的形成，但在培养基包埋培养条件下，即使 25℃低温也能促进菌丝形成，说明物理接触也在菌丝发育中起重要作用。人体血清和肠道中的 GlcNAc 是白色念珠菌菌丝生长的两种诱导因子。血清诱导菌丝生长的成分可能是肽聚糖，经证实其主要来源于肠道共生细菌代谢。GlcNAc 是消化道黏膜和细菌细胞壁的组成成分。人体肠道和血液中的 CO_2 浓度远高于空气中的 CO_2 浓度，高浓度 CO_2 能够快速地诱导白色念珠菌由酵母形态向菌丝形态转换。

宿主环境因子激活白色念珠菌相应的信号通路调控菌丝发育（Huang，2012）。目前研究得较为清楚的信号通路主要有 Ras1-cAMP/PKA 信号通路、MAPK 信号通路、pH 信号通路及 Tup1 等调控因子介导的调控作用（图 9-2）。

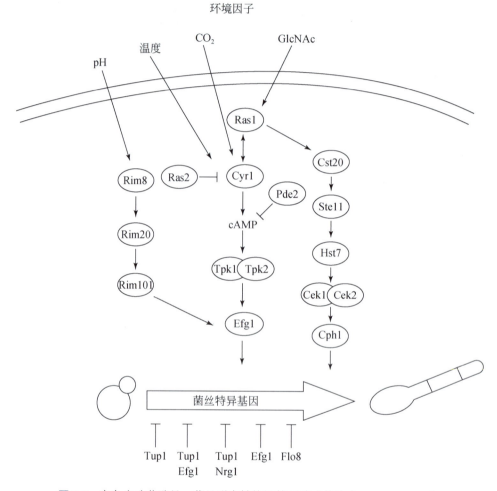

图 9-2 白色念珠菌酵母－菌丝形态转换调控通路（修改自 Huang，2012）

图中显示 Ras1-cAMP/PKA 信号通路、MAPK 信号通路、pH 信号通路及 Tup1 等调控因子的作用模式。环境 pH、温度、GlcNAc 和 CO_2 通过 Rim101 途径、Ras1-cAMP/PKA 和 MAPK 信号通路调控白色念珠菌菌丝发育。其中 Efg1 和 Cph1 是两个关键调控因子，各信号通路将信号汇合于 Efg1 和 Cph1，调控菌丝形成。负调控因子 Tup1 与 Nrg1 等互作，抑制菌丝特异性基因表达，阻遏菌丝发育

（1）Ras1-cAMP/PKA 信号途径。Ras-cAMP/PKA 信号通路是真核生物中保守的信号转导途径，环境因子 CO_2、GlcNAc 和血清主要通过这条途径诱导白色念珠菌菌丝生长。Ras1 是保守的 GTP 酶（small GTPase）蛋白，位于 cAMP/PKA 通路的上游，Cyr1 是白色念珠菌中唯一的腺苷酸环化酶，胞外信号分子通过 Ras1 激活 Cyr1，催化 ATP 转化为

cAMP，导致胞内 cAMP 水平升高。cAMP 结合 PKA 复合物的调节亚基 Bcy1，使其与 PKA 催化亚基 Tpk1 和 Tpk2 解离，激活催化亚基，磷酸化下游相应的转录因子（如 Efg1 和 Flo8 等）。Efg1 和 Flo8 调控菌丝特异性基因 *HGC1*、*HWP1*、*ECE1* 等的表达，进而调控菌丝生长。同样作用于该途径的 Pde2（高亲和性磷酸二酯酶）的主要功能是降解细胞内 cAMP，是 Ras-cAMP/PKA 信号通路的负调控因子。

（2）Ste11-Hst7-Cek1/Cek2 介导的 MAPK 信号途径。MAPK（mitogen-activated protein kinase，丝裂原激活蛋白激酶）通路是一条高度保守的级联反应信号通路，它不仅调控白色念珠菌菌丝发育，也参与交配过程的调控。细胞壁损伤、渗透压改变、缺氧和低氮环境均可激活该途径。环境信号通过 Ras1 激活 Cdc42（Rho-type GTPase），将级联信号由蛋白激酶 MAPKKK（Ste11）传递到 MAPKK（Hst7），通过 MAPK（Cek1）作用于下游的转录因子 Cph1，调控菌丝发育。交配信息素则通过蛋白激酶 Ste11 和 Hst7，将信号传递给 Cek2，激活交配关键基因，起始交配。

（3）Rim101 介导的 pH 感应途径。pH 变化是所有微生物经常面临的环境压力。白色念珠菌中 pH 的感应主要由转录因子 Rim101 介导的途径实现。当环境中的 pH 由酸性变为碱性时，细胞膜上的 Dfg16 和 Rim21 受体蛋白首先感应信号，起始蛋白水解级联反应，激活蛋白酶 Rim13，水解去除 Rim101 蛋白 C- 末端 D/E 富集区，产生 Rim101 的活化形式，进而激活下游的 Efg1 及菌丝发育相关调控因子。激活态的 Rim101 调控 pH 相关的糖苷酶基因 *PHR1* 和 *PHR2* 表达，从而调控白色念珠菌在不同 pH 环境中的菌丝生长。

（4）菌丝生长调控因子。目前，白色念珠菌菌丝发育相关的正调控途径研究得比较多，少部分负调控因子的调控作用也有较深入的研究。转录因子 Tup1 和 Nrg1 是两个保守的菌丝生长抑制因子，Tup1 抑制大部分起始菌丝发育和维持菌丝生长的基因，敲除 *TUP1* 基因使得白色念珠菌形成大量菌丝，且目前所有实验室测试条件都不能抑制该突变株菌丝生长；Nrg1 是一个锌指结构的转录因子，可招募 Tup1 蛋白结合到菌丝相关基因的启动子区域，抑制基因表达，进而阻断菌丝发育。另一个抑制因子 Rfg1 也是一个 DNA 序列特异性结合蛋白，其酿酒酵母同源蛋白 Rox1 可与 Tup1-Ssn6 复合物相互作用，调控氧压力相关基因表达。在白色念珠菌中其功能相似，已证实一部分菌丝发育基因可同时受到 Rfg1、Nrg1 和 Tup1 调控，推测三者可能作为一个复合物起作用。

2. White-opaque 形态转换

White-opaque 形态转换是 20 世纪 80 年代由美国 Soll 实验室首次发现的，这种现象是自发的、不依赖于基因组改变、可逆且可遗传的。White 和 opaque 细胞各自表达一系列特异基因，有 1300 多个基因的表达存在差异，包括交配和代谢等关键基因。白色念珠菌在体外培养条件下的 white-opaque 转换频率很低（$10^{-4} \sim 10^{-3}$），但已知多种宿主体内环境因子能够显著提高转换频率。White 细胞通常比较稳定，而 opaque 细胞在 24 ~ 30℃下较稳定，高温（37℃）或低温（4℃）均能够促使 opaque 向 white 转变。作为人体共生菌，白色念珠菌在宿主生理温度（37℃）下进行 white-opaque 形态转换主要依赖于体内的重要环境因子 *N*-乙酰葡萄糖胺（GlcNAc）和 CO_2（图 9-3，Huang，2012）。

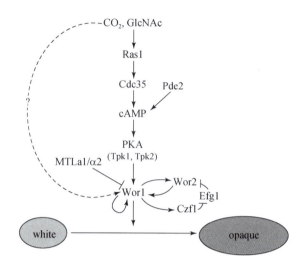

图 9-3 白色念珠菌 white-opaque 形态转换调控通路（Huang，2012）

宿主体内重要环境因子 N- 乙酰葡萄糖胺（GlcNAc）和 CO_2 经 cAMP-PKA 途径和另一条未知途径调控 white-opaque 形态转换，环境信号汇总于调控因子 Wor1，其与 Wor2、Efg1 和 Czf1 共同形成一个正反馈调控网络，调节 white-opaque 形态转换

白色念珠菌交配型基因座（mating type locus，*MTL*）在 white-opaque 转换中起重要调控作用。White-opaque 转换主要发生在 *MTL* 纯合菌株中，即白色念珠菌第 5 号染色体上 *MTL* 位点的等位基因 *MTLa* 和 *MTLα* 发生同源化后，产生的 *MTLa/a* 型和 *MTLα/α* 型的菌株。研究证实，在杂合型（*MTLa/α*）的细胞中，由于同时存在 *MTLa* 和 *MTLα* 基因，其合成的 Mtla1 和 Mtlα2 蛋白可以形成 a1-α2 异源复合物，结合到 white-opaque 形态转换的关键调控因子 Wor1（white-opaque regulator 1）的上游启动子区域，阻遏 *WOR1* 基因表达，抑制 white 向 opaque 转换。由于在纯合型菌株中不存在 a1-α2 复合物，*WOR1* 基因得以表达，使得 white 转变为 opaque。而随后有研究发现，在模拟宿主体内环境的条件下，如 GlcNAc 存在且 5% CO_2 中培养，*MTL* 杂合型的菌株也可以转变为灰色菌，这可能是由于环境因素的介入削弱了 a1-α2 复合物的阻遏作用，使 *WOR1* 基因得以表达（图 9-4）。

MTL 基因座不仅调控 white-opaque 形态转换，还控制着白色念珠菌的交配。只有 *MTL* 纯合型菌株能够进行交配，且其中 opaque 的交配效率是 white 的 100 万倍。虽然后期发现了 *MTL* 杂合型 opaque 形态，但经证实其在所有检测条件下均不能交配。也就是说，白色念珠菌进行高效率的交配需要经过两个环节：首先是 *MTL* 位点同源化，然后由 white 形态转换为 opaque 形态。

与 Wor1（opaque 稳定必需）功能相反，Efg1 是维持 white 形态稳定的关键调控因子，可抑制 white-opaque 转换。转录因子 Czf1 和 Wor2 可正向调节 white-opaque 转换。4 种调控因子可以相互作用，形成一个紧密关联的反馈调控网络。Wor1 处于这个网络的中心位置，通过正反馈方式激活自身的表达，它还能够结合到 *CZF1*、*WOR2* 和 *EFG1* 基因的启动子区域，抑制 *EFG1* 表达，激活 *CZF1*、*WOR2* 表达（图 9-3）。

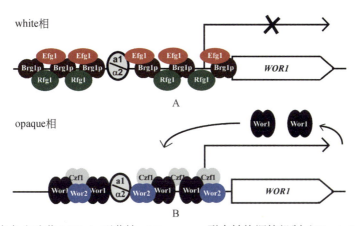

图 9-4 白色念珠菌 *MTL*a/α 型菌株 white-opaque 形态转换调控机制（Xie et al.，2013）

A. White 细胞中，负调控因子 Brg1、Efg1、Rfg1 与 *MTL*a1/α2 复合物共同结合于 *WOR1* 基因启动子，抑制其表达，进而抑制 white-opaque 形态转换。B. Opaque 细胞中，正调控因子 Wor2、Czf1 和 Wor1 自身可结合于 *WOR1* 基因启动子，激活其表达，进而稳定 opaque 形态

3. White-gray-opaque 形态转换

最近发现的白色念珠菌 gray 形态，也是一种可以稳定遗传的新形态，并与之前发现的 white 和 opaque 形态可以相互转换，形成 "white-gray-opaque" 三稳态转换系统（见图 9-1，Tao et al.，2014）。Gray 细胞除了形态特异，还有着独特的生物学特性。当 gray 细胞受到蛋白质或皮肤组织的诱导后，可产生大量的分泌型天冬氨酸蛋白酶（secreted aspartyl protease，Sap）。小鼠模型实验发现，在皮肤和黏膜感染中，gray 细胞致病力最强，opaque 细胞次之。与 white 和 opaque 细胞相比，gray 细胞在细胞壁合成、抗药基因和代谢相关基因等表达方面有很大差异。Efg1 和 Wor1 都不是 gray 细胞形成必需的转录因子，但可能协同调控 white-gray-opaque 三稳态转换系统的运转，进一步阐明白色念珠菌具有更复杂的应对环境信号的机制（图 9-5）。

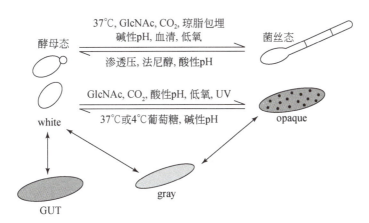

图 9-5 白色念珠菌的不同形态及相互转换（Huang，2012；Noble et al.，2017）

白色念珠菌酵母态细胞（yeast / white）与菌丝态之间在不同环境条件下可相互转换；白色念珠菌 white、gray 和 opaque 形态细胞可形成三稳态形态转换系统，white 形态还能够与 GUT 形态进行相互转换

（四）白色念珠菌生物被膜

生物被膜是由不同形态细胞（包括酵母型、菌丝和假菌丝）及胞外分泌物（extracellular polymeric substances，EPS）组成的致密结构，其在对抗真菌药物、宿主免疫系统和环境胁迫因子等方面都表现出较强的抵抗力和耐受性，是临床上病原真菌感染防治的重大挑战。2012 年美国国立卫生研究院（NIH）研究显示，生物被膜在所有病原微生物感染中所占的比例超过 80%。

白色念珠菌生物被膜的形成与酵母和菌丝型细胞的发育存在密切的关系（Lohse et al.，2018）。首先，酵母型细胞通过黏附作用定植于生物体或非生物体表面，形成生物被膜的基层；然后酵母细胞伸长形成大量的菌丝或假菌丝，同时伴有胞外基质的产生；胞外基质能够有效地保护生物被膜内部营养及结构的稳定，抵抗宿主免疫系统和抗菌药的攻击。

生物被膜的形成过程受多种机制调控，包括细胞壁及黏附相关蛋白、转录调控因子、*MTL* 基因座和激酶等。细胞壁及黏附相关蛋白（如 Als 蛋白、Hwp1、Eap1、Rbt5、Ywp1、Ece1 和 Csh1）不仅是白色念珠菌酵母型或菌丝型细胞发育的重要因子，在细胞黏附和生物被膜形成调控中也发挥重要作用。另外，由不同的转录因子（如 Bcr1、Efg1、Tec1、Gat2、Ndt80 和 Rob1，以及 Zap1、Gca1、Gca2、Ume6、Adh1、Adh5 和 Chk1 等）介导的遗传调控网络通过响应不同的环境信号分子对白色念珠菌生物被膜形成的各阶段进行严格的调控，从而确保生物被膜有条不紊地建成和发育（图 9-6，Finkel and Mitchell，2011）。

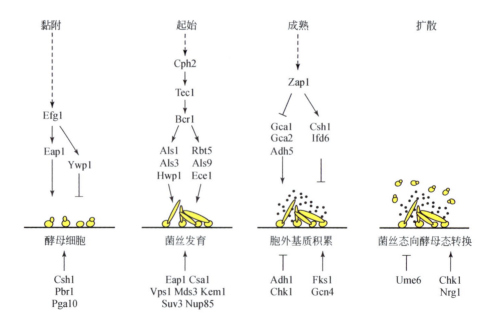

图 9-6　白色念珠菌生物被膜形成调控（修改自 Finkel and Mitchell，2011）

生物被膜形成包括4个主要阶段：黏附（adherence）、起始（initiation）、成熟（maturation）和扩散（dispersal）。生物被膜形成初期，首先由酵母态细胞黏附到基质表面，经诱导萌发产生菌丝，多种黏附和菌丝生长相关的调控因子发挥作用；细胞不断增殖，胞外基质产生，生物被膜逐渐成熟，具备较强的抗逆和耐药能力；然后，由生物被膜再次产生游离的酵母态细胞，进行散播或起始下一轮生物被膜的形成过程。

White-opaque 形态转换及 *MTL* 基因座也参与调控白色念珠菌生物被膜的形成。根据交配基因型的不同，白色念珠菌能形成两种不同的生物被膜：一种是具有致病性特征的 *MTL* 杂合型生物被膜，另一种是具有促进交配特性的 *MTL* 纯合型生物被膜。这两种不同类型的生物被膜分别受 cAMP/PKA 信号通路和性信息素介导的 MAPK 信号途径的调控（图 9-7，Soll，2014）。MAPK 信号途径中的蛋白激酶 Mkc1 和 Cek1 也是生物被膜形成的重要调节因子，在细胞表面接触反应中起作用。耐药性是生物被膜独特的生物学功能，同时也是白色念珠菌研究的热点。对白色念珠菌生物被膜的遗传调控机制的深入研究，将有助于进一步揭示其耐药性的分子调控机制，并为临床上预防和治疗生物被膜引发的病原感染提供理论基础。

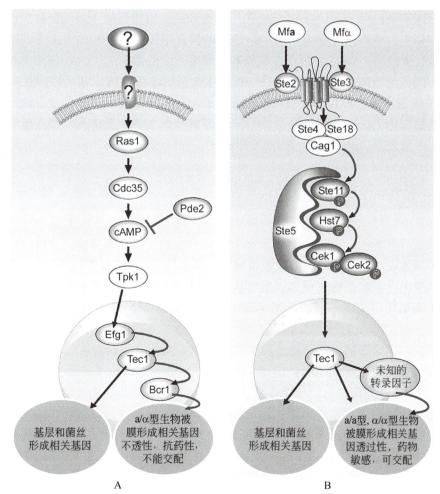

图 9-7 白色念珠菌两种生物被膜的调控机制（Soll，2014）

A. *MTL* 杂合型生物被膜受 cAMP/PKA 信号通路调控；B. *MTL* 纯合型生物被膜受 MAPK 信号途径调控

（五）白色念珠菌形态发生与致病性

在白色念珠菌感染初期，细胞可表达黏附素以便其黏附到宿主的组织或上皮细胞上。这个过程涉及白色念珠菌的菌丝形成，菌丝特异性细胞壁黏附蛋白 Hwp1、Rbt1 及凝集素样序列蛋白（Als）家族基因表达。随着菌丝的不断伸长，黏附、物理压力和真菌水解酶的分泌有助于菌丝入侵宿主组织。分泌型天冬氨酸蛋白酶（Sap）家族具有较高的蛋白水解酶活性，通过水解多种宿主底物，满足白色念珠菌生长、附着和入侵宿主的目的。白色念珠菌还能够分泌磷酸酯酶和脂肪酶等水解酶，有助于其降解宿主细胞膜，引发入侵行为。念珠菌素是由 31 个氨基酸构成的一种溶细胞毒素多肽，是由菌丝特异性蛋白 Ece1（extent of cell elongation 1）经丝氨酸蛋白酶 Kex1 和 Kex2 切割后产生的分泌型毒素，可以直接诱发宿主细胞损伤。入侵宿主组织后的白色念珠菌可以转变为酵母形态，通过血液播散，在不同组织的内皮细胞中不断繁殖，引发严重疾病。

White-gray-opaque 和 white-GUT 形态转换是白色念珠菌适应宿主环境，引发疾病的重要策略。总体上说，white 细胞在系统感染中毒性较强，由于其易于形成菌丝，因此可以快速侵入组织器官，造成深度感染；opaque 细胞的器官定植能力较差，但由于其能够产生大量的天冬氨酸蛋白酶（Sap），因而在皮肤和黏膜感染中能力较强。Gray 细胞虽然在体外没有明显的不同，但当被宿主蛋白诱导后，可产生大量 Sap 蛋白酶，其活性往往高于 opaque 细胞。GUT 细胞作为一种在宿主胃肠道中发现的白色念珠菌共生态，凸显了该菌超强的对宿主环境的适应能力。在 4 种不同毒性特征的细胞形态之间相互转换，是白色念珠菌快速适应环境、大量繁殖，进而引发疾病的重要特征。

（六）白色念珠菌的耐药性

目前临床上治疗念珠菌病的一线药物主要有：唑类、多烯类、5- 氟胞嘧啶和棘白菌素类等。随着这些药物的广泛应用，临床上出现了大量的白色念珠菌耐药菌株，其中尤以唑类药物耐药最为突出。唑类药物主要通过抑制麦角甾醇合成途径中的 14α- 脱甲基酶，使麦角甾醇合成受阻，导致细胞膜受损，发挥抗真菌作用。白色念珠菌对唑类耐药的产生机制主要有：①药靶蛋白（14α- 脱甲基酶）编码基因 ERG11 的突变导致药物与 14α- 脱甲基酶亲和力下降，或 ERG11 的转录水平上调而产生耐药；②药物外排泵（drug efflux pumps）的正调控作用。白色念珠菌中与药物外排泵相关的两大类基因分别为 ATP 结合区转运子基因（ATP-binding cassette transporter，CDR1 和 CDR2）和主要易化子基因（major faciliator，MDR1）。当唑类药物存在时，药物外排泵的表达水平明显升高，引发白色念珠菌耐药。

多烯类药物可与白色念珠菌细胞膜上的麦角甾醇形成复合体，然后在膜上形成孔洞，杀死细胞，临床一线药物主要是两性霉素（AMB）。临床上，对 AMB 耐药的白色念珠菌菌株相对较少，存在一些与唑类药物交叉耐药的菌株，经证实是由麦角甾醇合成基因 ERG3 突变引起的。

5- 氟胞嘧啶（5-FC）是核苷类似物，进入细胞后在胞嘧啶脱氨酶的作用下转化为氟尿嘧啶，后者再在尿嘧啶核酸核糖转移酶的作用下转变为磷酸核苷氟尿嘧啶（FUMP），FUMP 插入 RNA 分子，或者转化成 FMP 插入 DNA 分子，发挥抗真菌作用。因此，胞嘧啶脱氨酶和尿嘧啶核酸核糖转移酶的突变，导致菌株耐药。

棘白菌素类药物通过抑制细胞 β- 葡聚糖合成酶的活性，干扰 β-1, 3-D 葡聚糖合成，发挥抗念珠菌作用，主要包括卡泊芬净和米卡芬净。白色念珠菌 β- 葡聚糖合成酶编码基因 *FKS1* 突变，使得菌株对棘白菌素药物敏感性降低。

生物被膜是白色念珠菌耐药的一种重要策略。生物被膜的耐药机制，除上述提到的药物外排泵作用，还有胞外基质（extracellular matrix）的产生，以及持留细胞（persister cell）的存在。生物被膜在成熟阶段会释放出大量的胞外基质，它作为天然的物理屏障可以阻挡药物的渗入，并维持和保护生物被膜结构的完整性。最近研究发现，胞外基质主要是由大分子物质蛋白和糖蛋白（55%）、糖类（25%）、脂质（15%）和核酸（5%）构成。其中，蛋白质已鉴定出 500 多种，大部分为酶类。多糖是胞外基质第二大组成成分，主要为甘露聚糖复合体。目前已知，β-1, 3- 葡聚糖是胞外基质发挥耐药作用的重要分子；胞外 DNA 在生物被膜抵抗药物的杀伤过程中也表现出间接的促进作用。持留细胞是生物被膜随机产生的少量处于休眠状态的酵母型细胞。它们也是白色念珠菌生物被膜形成耐药性的关键因子，对抗真菌药物具有较强的耐受性。虽然生物被膜中持留细胞的形成和作用机制尚不清楚，但其耐药性却不依赖于细胞壁的构成和外排泵的表达，而与持留细胞所处的休眠代谢状态有关。

二、"超级真菌"——耳念珠菌

"超级真菌"——耳念珠菌（*Candida auris*），是近年来出现的一种人体病原真菌新物种，可引发血液、肺部、尿道、表皮伤口及耳道等器官和组织感染，临床分离株具有多重耐药和高致死率等特征，血液感染致死率高达 60%。继 2009 年日本首次报道耳念珠菌感染病例后，其疫情在多个国家呈现暴发式增长（Meis and Chowdhary，2018）。目前已报道的感染病例遍布六大洲的 30 多个国家，最近我国北京、沈阳和台湾地区也出现耳念珠菌感染的报道，对临床诊治和基础科学研究提出了新的挑战（Wang et al.，2018；Tian et al.，2018）。

（一）基因组

耳念珠菌分类学上属于梅奇酵母科（Metschnikowiaceae），与希木龙念珠菌（*Candida heamulonii*）的亲缘关系较近。耳念珠菌通常为单倍体，基因组大小为 12.3 ～ 12.5 Mb，其中 G+C 碱基含量为 44.53% ～ 44.8%。基因组分析发现了耳念珠菌的 *MTLa* 和 *MTLα* 位点，交配型基因有 *MTLa*1、a2 和 α1，然而目前还没有观察到其有性生殖现象。另外，在耳念珠菌基因组中发现了多拷贝的转运蛋白超家族和 ABC 蛋白家族基因，暗示可能与该菌的多重耐药特性有关。此外，还发现了一系列与毒力相关的同源蛋白，如 Ste 相关蛋白、MADS-box、Ste12p、甘露醇转移酶、黏附素和整合素，以及 Hog1 蛋白激酶和组氨酸激酶等。

（二）表型特征

耳念珠菌在 SDA 培养基上可形成白色或奶油色的光滑菌落，最高可在 42℃ 下生长，这一特性被认为是该菌在人体内高存活率的原因之一。在实验条件下发现，耳念珠菌不能在含有环己酰亚胺的培养基上生长，基于其利用碳源、氮源和耐盐性的特性，研究人员研制出两种高灵敏度的检测培养基 Salt SAB Broth 和 Salt YNB，可以帮助医护人员快速地从临床标本中准确鉴定耳念珠菌。除了酵母形态，在特定的培养条件下，耳念珠菌可以形成假菌丝，或者形成聚集细胞，有研究者通过大蜡螟感染模型证实了非聚集细胞比聚集细胞的毒性和致病力更强。2018 年，Yue 等首次发现了耳念珠菌的菌丝生长现象，而且菌丝的发育与细胞记忆有密切关系。耳念珠菌细胞感染宿主后获得了菌丝发育的能力，并能够将菌丝生长特征传递给子代细胞。菌丝细胞具有多个液泡，通常呈不规则形状。人体生理温度（高温）有利于白色念珠菌菌丝生长，但却抑制耳念珠菌菌丝生长。转录组学分析发现耳念珠菌酵母和菌丝细胞在能量代谢、转录调控、细胞周期调控等方面存在显著差异。酵母和菌丝细胞在毒性因子的分泌和不同宿主器官定植方面的能力也明显不同（图 9-8）。

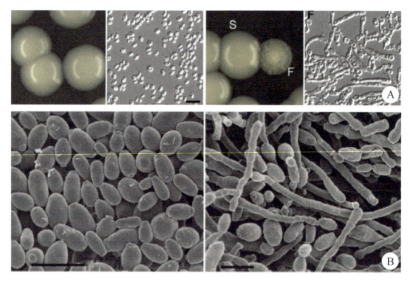

图 9-8 耳念珠菌的菌落和细胞形态（修改自 Yue et al., 2018）

A. 菌落形态和光学显微镜拍摄的细胞图；B. 扫描电镜照片。S. 典型酵母形态在固体平板上形成光滑菌落；F. 菌丝形态可形成表面褶皱菌落

（三）耐药机制

美国疾病控制和预防中心分析了 742 株耳念珠菌菌株的耐药谱，计算了这些菌株对各种抗真菌药物的耐受性、频率和比率。大多数菌株对氟康唑耐药（$n \geqslant 318$；44.29%），其次是两性霉素 B（$n \geqslant 111$；15.46%），伏立康唑（$n \geqslant 91$；12.67%）和

卡泊芬净（$n \geqslant 25$；3.48%）等。在大多数国家迄今报道的研究中，耐药性的顺序是氟康唑＞两性霉素 B ＞棘白菌素，一些菌株对氟康唑、两性霉素 B 和棘白菌素三类抗真菌药物均有强耐受性。因此，非白色念珠菌对氟康唑的较高耐药性可成为鉴别耳念珠菌感染的特征之一。目前，有关耳念珠菌多重耐药机制的研究还很少，已有的研究认为外排泵基因上调、*ERG* 基因的突变及生物被膜的形成是耳念珠菌耐药性形成的可能机制。

（四）诊断和预防

耳念珠菌目前应用最广泛的诊断技术是 PCR，扩增 ITS 和 / 或 D1/D2 rDNA 序列，该方法特异性高，耗时短。其次是基质辅助激光解析离子飞行质谱（MALDI-TOF MS）和 Vitek 2 酵母系统。这两种鉴定方法主要依赖于数据库的更新。MALDI-TOF 可以使用 FDA 已经批准的 CA 系统数据库来鉴定耳念珠菌，MALDI-TOF MS 还具有区分耐药和敏感的耳念珠菌的能力，而 Vitek 2 是一种用于测量耳念珠菌对各种真菌药 MIC 的仪器，但目前还无法有效区分两性霉素易感和耐药菌株。此外，在体外分离耳念珠菌时，在原有 Sabouraud 液体培养基和 YNB 培养基中加入 10% NaCl、庆大霉素、氯霉素和半乳糖、甘露醇或葡萄糖，置于 42℃ 下培养，即可抑制所有其他物种的生长。

耳念珠菌能够在床上用品、地板、水槽、空气、皮肤、鼻腔和患者的内部组织等不同环境长时间存活。此外，耳念珠菌能够以大约 10^6 个细胞 /h 的速度从皮肤上定植和脱落，从而可能导致医院内长时间暴发和传播该疾病。因此，有必要定期检测和消毒可能被污染的医疗保健设施。在程度严重的情况下，也需要考虑患者隔离和接触预防等措施。

三、新生隐球菌

新生隐球菌（*Cryptococcus neoformans*）是一种环境病原真菌模式菌，该类病原真菌主要栖息于特定自然环境且与人类并无紧密的共生和共进化关系，绝大多数侵袭性病原真菌属于这一类群。新生隐球菌生境广泛，可在土壤、鸽粪和桉树等环境中分离得到，可以以干酵母或孢子的形态存在，也能够侵染人体皮肤，通过呼吸进入肺部，再通过血液扩散至全身，侵染骨骼、淋巴结等全身各脏器，也可引发高致死率的隐球菌脑膜炎。据统计，全球每年新生隐球菌导致的新发感染可达 100 万例，其中约 60 万人死亡，艾滋病患者的新生隐球菌感染率为 $7\% \sim 15\%$，器官移植患者的病死率在 $15\% \sim 20\%$。更为严重的是，新生隐球菌还可感染免疫功能健全人群。目前，在我国一些地区新生隐球菌已经成为感染性脑炎的主要病原体，暗示该菌未来可能成为新兴的高致死率的常规病原真菌。

（一）基因组

新生隐球菌有 14 条染色体，大小从 762 kb 到 2.3 Mb 不等，单倍型基因组大小约为 18.5 Mb，共编码 6572 种蛋白质。基因组序列中含有 5% 的 rDNA 重复序列，还有 5% 的基因组序列由转座子构成，转座子中间由 40 bp 到 100 bp 长的着丝粒隔开，这些转座子主要集中在与 rDNA 重复序列相邻的部位和交配型（MAT）位点内。基因组分析发现在 *MAT* 位点内有许多额外的基因，且许多与菌株交配相关的基因不在 *MAT* 上或 *MAT* 染色体上，而是分散存在于基因组中。

（二）表型特征

作为典型的人类环境病原真菌，新生隐球菌具备较强的细胞形态可塑性，主要存在酵母、巨细胞、有性孢子、菌丝及假菌丝等多种形态。隐球菌的酵母形态为最常见的细胞形态，被认为是其侵染宿主的主要形态。当隐球菌酵母细胞侵入肺部以后，一部分细胞膨大形成巨细胞，也称作泰坦细胞（Titan cell）形态。一般来说，这类巨细胞直径大于 15 μm，或是产生荚膜后总体直径大于 30 μm。泰坦细胞可以侵染宿主在脑部和肺部定植，其不但自身很难被吞噬细胞捕获，还能保护正常隐球菌细胞逃离吞噬过程。有性孢子是隐球菌有性生殖的产物，由于其形体小（1.8 ～ 3.0 μm）、抗逆性强和易于散播，是隐球菌重要的感染繁殖体。隐球菌的假菌丝细胞并不具备致病能力。在以铵盐为单一氮源的培养基中，或与阿米巴变形虫共培养可以诱导假菌丝形成，说明该形态可能与隐球菌抗逆或抵抗捕食者吞噬有关。与假菌丝相同，隐球菌的菌丝形态也被认为不参与感染和致病，而菌丝形成作为隐球菌的一个重要的性发育阶段，参与有性生殖过程。另外，菌丝形态还可以帮助隐球菌细胞有效扩张并获取营养。隐球菌在不同形态之间相互转换是其适应复杂生境的生存方式，与其感染和致病密切相关（图 9-9）。

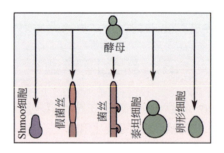

图 9-9　新生隐球菌不同形态及其致病能力（Wang and Lin，2015）

新生隐球菌具备酵母、Shmoo 细胞、泰坦细胞、菌丝及假菌丝等多种形态，在感染和致病过程中发挥不同作用

（三）有性生殖和高毒菌株——格特隐球菌

新生隐球菌在环境中主要以单倍体酵母细胞存在，其增殖方式主要是无性出芽生殖。单倍体细胞可分为两种交配型（a 和 α），只有在一些特定的环境因子诱导下，隐球菌才能够进行有性生殖，包括 a×α 异性生殖与 α×α 同性生殖。由于自然界中超过 99% 的菌株为 α 交配型，因而推测 α 同性生殖可能是隐球菌主要的有性生殖方式（Lin et al.，2007）。同性生殖主要是通过细胞核内复制完成染色体倍化阶段，二倍体菌丝进而形成担子，借助减数分裂产生单倍体担孢子。异性生殖过程与同性生殖非常相似，只是在交配初期是由 a 细胞和 α 细胞进行细胞－细胞融合，完成染色体倍化阶段的（图 9-10）。由于有性生殖的核

心生物学过程——减数分裂可导致子代遗传信息多样性，故其被认为是隐球菌加速基因组微进化的重要策略。已证实，有性生殖作为重要的微进化驱动手段导致新生隐球菌的姊妹种格特隐球菌的产生，并造成了加拿大温哥华岛的格特隐球菌暴发性感染，其发病率是以往报道的十多倍（Chen et al.，2014）。

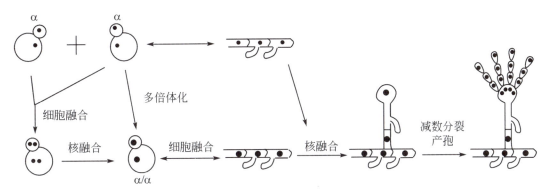

图 9-10　新生隐球菌同性生殖（修改自 Lin et al.，2007）

新生隐球菌 99% 的菌株为 α 交配型，α×α 同性生殖可能是其主要的有性生殖方式。首先细胞发生融合，再核融合，形成二倍体菌丝进而形成担子，然后进行减数分裂并产孢

（四）致病性调控

除了可侵染人体皮肤和肺部，新生隐球菌在免疫缺陷机体内还能够透过血脑屏障引发严重的感染，如致命的脑膜炎等。该菌胞外的荚膜组织可以帮助其利用巨噬细胞或单核细胞的胞吞转运方式高效地穿过大脑微血管的上皮细胞，从而突破血脑屏障，入侵中枢神经系统。入侵后的新生隐球菌可以产生黑色素，从而清除脑组织中的自由基，这对人体是致命的。

新生隐球菌中的信号转导系统的结构和功能与其他模式真菌相比十分保守，但应答宿主内环境机制还是有其物种特异性的。研究得比较清楚的是 6 条信号通路：Ras 蛋白信号通路、MAPK 涉及的三条通路（Cpk1、Hog1 和 Mpk1）、cAMP-PKA 通路、应答高温的钙调磷酸酶通路。Ras 蛋白介导营养饥饿信号，与交配信息素均作用于 Cpk1-MAPK 通路，通过级联反应促进细胞交配和子实体形成；压力应激信号由膜受体 Sho1 接收，通过 Cdc24/Cdc42 复合物传递至 Pbs2 蛋白，激活 Hog1，细胞产生应激反应；细胞壁损伤由 Wsc1 受体感应，通过 Rho1-Pkc1-Bck1-Mkk1 磷酸化级联反应，将信号传递至 Mpk1 蛋白，保证细胞壁完整性；Cam1 蛋白与 Cna1/Cnb1 复合体介导的钙调磷酸酶信号通路主要应答高温信号；另外还有 G 蛋白介导的 cAMP-PKA 信号通路，主要调控毒力因子（荚膜和黑色素）的产生。

四、烟　曲　霉

烟曲霉（*Aspergillus fumigatus*）属于丝孢纲、丝孢目、丛梗孢科、曲霉属，是丝状致病真菌的典型代表，也是临床上最常见的机会性致病真菌之一。该菌在免疫功能低下或缺陷的人群中可引起多种急慢性疾病，最受关注的是致死率很高的侵袭性曲霉病（invasive aspergillosis，IA）。该病常见于接受骨髓或器官移植者及白血病患者，发病率高达 50%。每年约有 20 万人受到感染，在缺乏诊断或延迟诊断时，其死亡率接近 100%；即便是在被诊断和给药的情况下，其死亡率也高达 50%。此外，医院病例数据统计显示，除了感染免疫缺陷人群，ICU 患者的侵袭性曲霉感染发病率也高达 50%，这与其长期使用抗生素及机械通气等密切相关。国内外的资料表明，侵袭性曲霉病在国内乃至国际上已成为位列第二的临床真菌病。

（一）基因组及表型特征

烟曲霉的基因组序列已全部测定，共有 8 条染色体，约 29.2 Mb，G+C 含量约 49.9%，含 9922 个蛋白质编码基因，基因平均长度为 1431 bp。其线粒体基因组总长为 31 892 bp，含 16 个蛋白质编码序列和 25 tRNA 序列，更多的遗传信息见表 9-1。由于烟曲霉为致病真菌，与构巢曲霉和米曲霉相比，其基因组信息也呈现出明显差异，仅 7500 个基因与构巢曲霉或米曲霉拥有同源片段，而三者均有同源片段的基因仅 5899 个，且这些基因所编码的蛋白质序列的同源性仅为 70%。除此之外，发现约 500 个烟曲霉的特有基因，主要包括致病、代谢和有性生殖等方面的调控基因。

烟曲霉具有 3 种细胞形态：菌丝体形态，包括伸入营养基质内部负责吸取营养物的营养菌丝体和伸展到空间的气生菌丝体；无性分生孢子形态，主要介导霉菌的传播；休眠囊孢子形态，可抵抗不良环境保证长期生存。烟曲霉在察氏琼脂培养基上可形成绒状或絮状暗绿色菌落，反面无色或呈黄褐色。分生孢子头呈短柱状，长短不一，长约 400 μm，直径 40 ～ 50 μm；分生孢子更短且光滑，长达 300 μm，直径 5 ～ 8 μm，绿色。顶囊呈烧瓶形，直径 20 ～ 30 μm，小梗单层，密集地排布于顶囊上部，一般（6 ～ 8）μm×（2.5 ～ 3.0）μm；分生孢子呈球形或椭球形，直径 2.5 ～ 3 μm，绿色（图 9-11）。

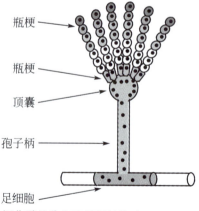

瓶梗
瓶梗
顶囊
孢子柄
足细胞

图 9-11 烟曲霉的分生孢子梗结构（Tao and Yu，2011）

当烟曲霉受到产孢信号刺激后，其营养菌丝会分化，呈足细胞（foot cell），接着萌生分生孢子柄（stalk），孢子柄顶端膨大成球形顶囊（vesicle），其表面萌生一层小梗，即造孢细胞"瓶梗（phialide）"，由瓶梗特化为造孢细胞产生分生孢子（conidia）

（二）细胞壁及极性生长

细胞壁作为真菌的细胞外骨架结构不仅起维持细胞形状、保护细胞抵抗外界压力等作用，在病原真菌极性生长、入侵宿主、启动宿主免疫反应中也具有重要功能。细胞壁组分还是真菌感染的分子诊断基础和开发抗真菌药物的理想靶标。烟曲霉细胞壁约占细胞干重的 30%，主要由糖蛋白和多糖组成，包括碱不溶性的纤维状骨架，如几丁质和甘露聚糖（占 7% ～ 15%）、β-1, 3- 葡聚糖（占 20% ～ 35%），以及无定型的碱可溶组分，如 α-1, 3- 葡聚糖（占 35% ～ 46%）和半乳甘露聚糖（20% ～ 25%）。多糖的生物合成起始于胞内活化的核苷酸糖，这些核苷酸糖在一系列跨膜合成酶、转糖苷酶和糖基水解酶的作用下形成兼具刚性与柔韧性的细胞壁。在烟曲霉的生长发育过程中，其细胞壁组分一直处于动态变化中，如分生孢子具有黑色素层和棒状层疏水蛋白层，而营养菌丝有其特有组分半乳糖氨基半乳聚糖（GAG）。分生孢子在萌发时首先发生膨胀，同时 rodlet 层被水解，孢子由疏水性转为亲水性；随着孢子内渗透压的增加，极性生长开始出现，细胞壁多糖被糖基水解酶降解并产生新的多糖层，孢子进一步膨大，逐渐产生芽管；黑色素层被瓦解，新合成的多糖层构成了细胞壁，菌丝逐渐形成，随后菌丝特有组分半乳糖氨基半乳聚糖覆盖于新的细胞壁表面。烟曲霉是一种丝状病原真菌，其菌丝呈现高度极性化生长。极性化生长需要两个关键事件，极性轴的特化和轴的稳定化。烟曲霉中主要由 Rho 家族鸟苷酸三磷酸合成酶调控菌丝的极性化生长，其中 RhoA 蛋白负责促进极性形态的建成和生长活性，RhoB 和 RhoD 蛋白负责调控细胞壁的合成和隔膜的形成。Rho 家族蛋白上游受渗透压感应受体 Sho1 调控，Sho1 受体可通过影响 Rho 蛋白的表达，控制肌动蛋白细胞骨架和分泌小泡分布，进而影响菌丝的极性化生长。

（三）烟曲霉的感染机制

烟曲霉主要依赖其产生的轻而小的孢子达到传播和侵染的目的。在感染初期，首先由分生孢子黏附于人体肺上皮细胞或血管内皮细胞，通过诱发宿主细胞形态改变而内化侵入细胞，逃避宿主免疫攻击，在呼吸组织中定植或沿血管扩散，同时产生多种真菌毒素，如烟曲霉毒素（fumagillin）、粘帚霉毒素（gliotoxin）、烟曲霉酸（helvolicacid）和内毒素等，造成机体严重损害，危及生命。烟曲霉的产孢发育过程受 AfubrlA → AfuabaA → AfuwetA 这一中心调控路径调控（Tao and Yu, 2011）。AfubrlA 基因表达的激活是烟曲霉进行产孢发育的关键一步，主要在分生孢子梗的发育初期表达，负责促进泡囊的形成并激活其他产孢必需基因。AfuabaA 基因是在分生孢子梗的发育中期被 AfuBrlA 激活，其功能是控制分生孢子梗特化成造孢细胞，使分生孢子萌生。AfuwetA 基因在分生孢子成熟初期被 Afu AbaA 激活，负责促进孢子细胞壁的合成与组配，使分生孢子成熟。烟曲霉的产孢发育受多种环境因素的诱导，如暴露于空气、光照或营养匮乏等，环境信号通过一系列级联反应将信号传递到胞内。这些参与级联反应的调控基因统称为 "fluffy genes"，目前已被鉴定的有 AfufluG、AfuflbB、AfuflbC、AfuflbD 和 AfuflbE，它们共同组成上游信号转导途径，激活

AfubrlA → *AfuabaA* → *AfuwetA* 中心路径，起始产孢发育（图 9-12）。另外，烟曲霉中毒素的生物合成路径与产孢发育密切相关。在胶霉毒素合成基因簇的启动子区域发现了多拷贝的 *Afu* BrlA 结合位点，且破坏 *Afu* BrlA 功能导致菌株不能产生该毒素，说明产孢关键调控因子 *Afu* BrlA 也是烟曲霉毒素合成的重要阀门。烟曲霉在入侵宿主后面临多种宿主内环境压力，包括渗透压、营养、pH 和氧化压力等，该菌应答这些压力的信号通路在真菌中较为保守，主要有 MAPK 通路、Ras 蛋白和 G 蛋白介导的 cAMP-PKA 通路，以及组氨酸激酶和钙信号转导通路等。

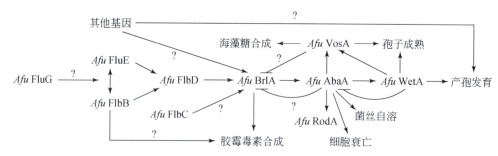

图 9-12　烟曲霉产孢发育的调控模型（Tao and Yu，2011）

Afu FluG、*Afu* FlbE、*Afu* FlbB、*Afu* FlbC 和 *Afu* FlbD 是已知的上游调控因子，*Afu* BrlA、*Afu* AbaA 和 *Afu* WetA 组成一条中心调控路径，负责分生孢子梗发育及孢子成熟过程的调控；*Afu* AbaA 还参与了细胞衰亡和菌丝自溶的调控，*Afu* WetA 也参与了孢子内容物海藻糖的生物合成调控

（四）有性生殖

长期以来，人们一直认为烟曲霉仅能通过产生分生孢子进行无性生殖。而 2002 年研究者对烟曲霉的基因组分析发现，该菌也含有交配型基因和信息素应答相关基因，包括控制子囊菌交配型的保守基因：*MAT-1* 和 *MAT-2*。通过鉴定 *MAT* 基因可以将烟曲霉菌株分为 MAT-1 型和 MAT-2 型，暗示两种交配型菌株可以进行异宗交配。基于这些基因组信息的发现，人们不断寻找烟曲霉进行有性生殖的实验室证据。O'Gorman 等于 2009 年在 *Nature* 上刊登了一篇关于烟曲霉存在有性生殖的文章，文中报道了两个能够进行互补交配的烟曲霉菌株，它们可以产生闭囊壳和子囊孢子，直接证明了烟曲霉能进行有性生殖（O'Gorman et al.，2009）。这一发现对理解烟曲霉的生物学属性和进化具有重要意义。

第二节　植物病原真菌

植物病原真菌是一类能够寄生于植物并引发病害的真菌。目前已发现的植物病原真菌有 8000 种以上，由其引起的病害占植物病害的 70%～80%，是导致农作物减产的第一大病原体。常见的植物稻瘟病、黑粉病、白粉病和锈病四大病害都是由病原真菌引发的，表 9-2 总结了常见的植物病原真菌，表 9-3 总结了常见植物病原真菌的基因组信息。植物病原真菌不仅能导致作物减产、品质下降，还能够产生大量的真菌毒素，威胁人类和动物的生命健康，因此病原真菌的发生规律、种群结构和致病机制等一直是植物病理学研究的主要方面，有着重要的生物学和生态学意义。

表 9-2　常见植物病原真菌

门	属别 / 代表种	常见病害
鞭毛菌	根肿菌属：芸薹属根肿菌	十字花科根肿病
	粉痂菌属：马铃薯粉痂菌	马铃薯粉痂病
	霜霉菌属：寄生霜霉菌	蔬菜、果树霜霉病
	疫霉菌属：致病疫霉菌	疫霉根腐病、马铃薯、番茄晚疫病
接合菌	根霉菌属：甘薯软腐病菌	甘薯软腐病
子囊菌	白粉菌属：小麦白粉菌	小麦、蔬菜、果树白粉病
	长喙壳菌属：甘薯长喙壳菌	甘薯黑斑病
	赤霉菌属：稻恶苗赤霉	水稻恶苗病、禾谷类赤霉病
	黑腐皮壳菌属：黑腐皮壳菌	果树腐烂病
	黑星菌属：苹果黑星菌	果树黑星病
	核盘菌属：核盘菌	蔬菜菌核病
担子菌	锈菌属：梨胶锈菌	蔬菜、禾谷类、果树锈病
	黑粉菌属：裸黑粉菌	禾谷类作物黑粉病、黑穗病
半知菌	丛梗孢菌属：稻瘟病菌、镰刀菌	稻瘟病、玉米小斑病、棉花枯萎病
	黑盘孢菌属：黑线炭疽菌	作物炭疽病
	球壳孢菌属：球壳孢菌	黄麻干枯病
	无孢菌属：立枯丝核菌	蔬菜水稻立枯病

表 9-3　常见植物病原真菌基因组

菌株	基因组大小（Mb）	染色体数	基因数	基因组版本（年-月-日）	文献
稻瘟病菌	37.3	7	13 184	2016-03-31	Dean et al.，2005
黑粉菌	20.1	23	6 902	2015-02-18	Kämper et al.，2006
轮枝镰刀菌 7600	41.89	11	16 240	2015-03-11	Ma et al.，2010
致病疫霉菌 T30-4	228.544	—	19 150	2014-08-06	Paquin et al.，1997
小麦白粉菌 DH14	118.726	—	7 061	2015-01-30	Spanu et al.，2010
核盘菌 1980 UF-70	38.4592	—	14 714	2014-08-06	Amselem et al.，2011
立枯丝核菌 AG-3 Rhs1AP	51.7059	—	12 737	2014-11-18	Cubeta et al.，2014

注："—"表示未知。

一、稻瘟病菌

稻瘟病是水稻最严重的病害之一，可引起大幅度减产，严重时减产 40%～50%，甚至颗粒无收。世界各稻区均有发生，近几十年来，稻瘟病已经在中国流行起来，据统计已有570万公顷的稻田遭受稻瘟病的侵害。稻瘟病是由子囊菌中的丝状真菌稻瘟菌（*Magnaporthe grisea*）导致的。稻瘟病菌主要通过产生分生孢子进行传播，其孢子可在稻草和稻谷上越冬，翌年借风雨传播到稻株上，萌发侵入寄主后向邻近细胞扩展发病，形成中心病株。病部形成的分生孢子，借风雨传播进行再侵染，如此循环导致大规模稻瘟病害。适温高湿，有雨、雾、露存在条件下更利于稻瘟病蔓延。

（一）基因组和表型特征

稻瘟病菌共有7条染色体，基因组大小是37.3 Mb（见表9-3）。其分生孢子梗不分枝，3～5根丛生，从寄主表皮或气孔伸出，大小（80～160）μm×（4～6）μm，具2～8个隔膜，基部稍膨大，淡褐色，向上色淡，顶端曲状，上生分生孢子。分生孢子无色，洋梨形或棍棒形，常有1～3个隔膜，大小（14～40）μm×（6～14）μm，基部有脚胞，萌发时两端细胞立生芽管，芽管顶端产生附着胞，近球形，深褐色，紧贴附于寄主，产生菌丝侵入寄主组织内。菌丝生长温度8～37℃，最适温度26～28℃。孢子形成温度10～35℃，以25～28℃最适，相对湿度90%以上。孢子萌发需有水存在并持续6～8 h。

（二）致病相关信号通路

稻瘟病菌主要通过形成关键结构附着胞侵染寄主，其附着胞的形成由 Pmk1-MAPK 通路和 cAMP 信号通路协同调控（Talbot., 2013）。其中 MAPK 通路与附着胞的产生和萌发有关，而 cAMP-PKA 通路与附着胞的成熟有关。当稻瘟病菌的分生孢子接触水稻表面的角质层和蜡质层后，孢子萌生芽管同时分泌 Mpg1 疏水蛋白，形成黏性薄膜牢固地附着于水稻表面。此黏着过程可作为诱发附着胞形成的信号，由跨膜受体 Pth11 将信号传递到胞内，由 Ras1、Cdc42 蛋白和 Gβ 蛋白 Mgb1 协同起始 MAPK 磷酸化级联反应，磷酸化的 Pmk1 进入核内激活相应的转录因子，促进附着胞的形成与萌发。另外，由跨膜受体 Pth11 接收的信号也可以传递给 GTP 结合蛋白 MagA 和 MagB，进而激活腺苷酸环化酶 Mac1，产生 cAMP 与 PKA 调节亚基 Sum1 结合，释放催化亚基 CpkA，激活下游的转录因子，调控附着胞的成熟（图 9-13，Wilson and Talbot, 2009）。

（三）有性生殖

稻瘟病菌为异宗配合子囊菌，其交配型是由单一基因位点（*MAT1*）决定的，只有当两种相对交配型（*MAT1-1* 和 *MAT1-2*）的菌株相配对且其中至少一个为两性菌株时才能进行有性生殖。稻瘟病菌在自然界中以无性繁殖为主，然而在其寄主起源地或生存环境适合的地区，仍保留其有性生殖的能力。

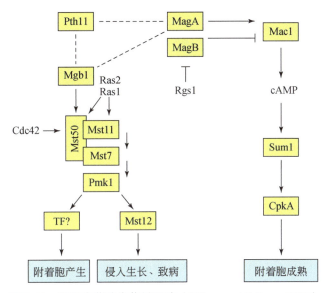

图 9-13　稻瘟病菌致病信号通路（Wilson and Talbot，2009）

Pmk1-MAPK 通路和 cAMP 信号通路在稻瘟病菌的致病过程中发挥主要作用。Pmk1-MAPK 通路在附着胞的形成早期起
作用，而 cAMP 通路负责调控附着胞的成熟

二、黑　粉　菌

　　黑粉菌（*Ustilago maydis*）分布极为广泛，是玉米的主要病害之一，也能侵染其他农作物，如小麦、大麦及甘蔗等。该菌主要靠产生大量的黑色冬孢子进行传播。冬孢子能够在地表、土壤、病残株及土杂粪肥中越冬，而成为第二年发病的初侵染病原。在适宜的条件下，冬孢子萌发产生担孢子和次生担孢子，随风雨、气流散播到农作物叶片、节等幼嫩分生组织，在组织内生长蔓延，并产生类似生长素的物质，刺激寄主局部组织细胞旺盛分裂，逐渐肿大成病瘤，病瘤成熟破裂后散出冬孢子进行再次侵染。由于黑粉菌并不是用侵略性策略杀死宿主，而是类似于寄生虫利用活体组织进行增殖，又称其为活体营养病原菌。

（一）基因组和表型特征

　　黑粉菌拥有 23 条染色体，基因组大小约 20.1 Mb，目前预测共含有 6902 个基因（见表 9-3）。其致病形态冬孢子呈球形或椭球形，表面有钝刺，直径一般为 8～12 μm。冬孢子入侵植物组织后诱导组织细胞快速增殖，肿大成瘤，长或直径 3～15 cm。病瘤未成熟时，外披白色或淡红色、具光泽的薄膜，往往由植物组织形成，后转呈灰白色或灰黑色，病瘤成熟时外膜破裂，散出黑粉，即新生冬孢子。

（二）有性生殖

　　黑粉菌是双相型真菌，在自然界中其生命周期分为单倍体孢子和双核菌丝体两个阶段。单倍体孢子具有腐生性，可以通过芽殖进行无性繁殖；而双核菌丝体是进入活体寄生、实现有性生殖的细胞形态。黑粉菌双核菌丝体的生长过程就是对寄主植物的致病过程。在树叶表面，不同的交配型细胞发生交配后形成双核菌丝体，随后这些菌丝细胞分化为附着胞，侵入植物表皮层。感染黑粉菌的植物会被诱导合成花青素并形成大块的植物肿瘤，其内部滋生大量真菌孢子。在合适的条件下（温度和湿度），二倍体的孢子可以萌发，继而进行减数分裂，形成原菌丝体，在原菌丝体中，通过分隔作用4个单倍体核相互分离，通过有丝分裂，单倍体细胞从原菌丝体上以出芽形式离开原菌丝体，接着进入新一轮的细胞周期。

（三）致病相关信号通路

黑粉菌中感应外环境和宿主内环境的信号通路仍然是保守的 cAMP 通路和 MAPK 信号通路，且两条通路功能互补、相互影响（Kaffarnik et al., 2003）。黑粉菌对信息素的应答是由 G 蛋白偶联的跨膜蛋白起始介导的，已经鉴定了 4 种编码 G 蛋白 α 亚基的基因，包括 *gpa1*、*gpa2*、*gpa3* 和 *gpa4*，由 Gpa3 激活下游的腺苷酸环化酶 Uac1 及 Ubc1 和 Adr1（PKA 催化亚基）。其中 Gpa3 和 Uac1 也参与了 MAPK 信号途径，该途径的级联反应由 Ubc3（MAPK）、Ubc5（MAPKK）、Ubc4（MAPKKK）介导，其中 Ubc3（MAPK）和 Ubc5（MAPKK）也在信息素响应中发挥功能，也就是说，信息素可以同时激活 cAMP 途径和 MAPK 途径，作用于关键转录因子 Prf1，Prf1 上携带多个 PKA 和 MAPK 依赖的磷酸化位点，这些位点是 Prf1 发挥功能所必需的。磷酸化的 Prf1 可以诱导交配相关基因表达，起始有性生殖（图 9-14）。对环境的营养感应和寄主植物的信号应答主要是由 cAMP-PKA 途径介导的，包括 PKA 位点的激活及额外的磷酸化。

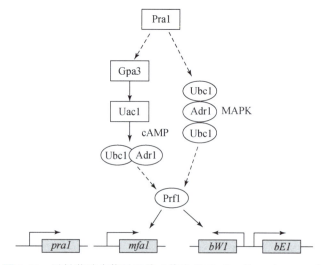

图 9-14 黑粉菌致病信号通路（修改自 Kaffarnik et al., 2003）

MAPK 和 cAMP-PKA 途径是黑粉菌的两条主要致病通路，经不同环境信号诱导后，激活关键转录因子 Prf1，可以诱导相关基因表达

三、镰 刀 菌

镰刀菌（*Fusarium*）是一类世界性分布的丝状真菌，普遍存在于土壤及动植物有机体上。镰刀菌属于无性真菌类，有性时期为子囊菌门的肉座菌科（Hypocreaceae）。镰刀菌依物种的不同会产生 3 种不同类型的无性孢子：小型分生孢子（多为单细胞，少数为 1～3 分隔）、大型分生孢子（3～10 分隔，形状各异，有的如镰刀状）和厚垣孢子（壁厚，抗逆性强）。镰刀菌的有性发育产生子囊孢子，有的种为同宗配合，有的种为异宗配合。

镰刀菌属中包含一些毒素产生菌和人类的机会致病菌，以及更多的植物病原菌。很多种镰刀菌可侵染多种植物，引起植物的根腐、茎腐、茎基腐、花腐和穗腐等多种病害，严重影响产量和品质，是生产上最难防治的重要病害之一。镰刀菌中重要的植物病原菌有引起麦类赤霉病的优势种禾谷镰刀菌（*F. graminearum*），引起多种作物枯萎病的尖孢镰刀菌（*F. oxysporium*）和轮枝镰刀菌（*F. verticillioides*），引起水稻恶苗病的富士镰刀菌（*F. fujikuroi*），引起玉米鞘腐病和穗腐病的层出镰刀菌（*F. proliferatum*）等。这些植物病原菌中的一些种类如禾谷镰刀菌和尖孢镰刀菌还会产生真菌毒素，受其污染的粮食和食品对人畜安全造成严重威胁。

镰刀菌通过多种途径侵染植物，但大部分是先通过半寄生的方式定植于寄主植物，进而转变为病原，最终杀死寄主植物细胞。不同种类的镰刀菌其传播方式也有所不同，有土传、水传和空气传播等，这其中尤以土传病害危害最为严重。加之镰刀菌通常对大多数抗真菌药物具有抗性及植物根系隐藏在土壤里等特点，土传镰刀菌引起的植物枯萎病最难防治。如由尖孢镰刀菌古巴专化型（*F. oxysporum* f. sp. *cubense*）引起的香蕉枯萎病也被称为香蕉"癌症"。

（一）镰刀菌的基因组与进化

目前，有 7 种镰刀菌基因组进行了测序，其中 5 种镰刀菌获得了完整的基因组信息（表 9-4）。这 5 种镰刀菌的基因组大小变化较大，禾谷镰刀菌基因组最小，只有 38.05 Mb，而尖孢镰刀菌番茄专化型（*F. oxysporum* f. sp. *lycopersici*）的基因组则达到了 61.47 Mb。引起基因组大小变化的原因可能有不等交换引起的基因缺失与染色体重排引起的大片段缺失所导致的基因组变小，以及基因倍增、局部或整个基因组的倍增引起的基因组增加（Kistler et al.，1995）。对于镰刀菌而言，基因组局部或大规模缺失及基因倍增对镰刀菌基因组进化产生一定影响，而水平转移对镰刀菌基因组进化亦发挥重要作用（Ma et al.，2013）。

基于分子的系统发育分析显示，这 5 种镰刀菌在约白垩纪和第三纪交替（约 6500 万年前）发生分化，*F. 'solani'* f. sp. *pisi* 首先从这 5 种镰刀菌的共同祖先分化出来。3000 万年后到了第三纪的后期，尖孢镰刀菌番茄专化型与轮枝镰刀菌这一分支的祖先从包含有禾谷镰刀菌的分支祖先中分化出来。尖孢镰刀菌番茄专化型与轮枝镰刀菌则在 1000 万～1100 万年前才开始分化，而轮枝样镰刀菌与富士镰刀菌的分化则在更晚的时期。基因组大小并不能反映镰刀菌属下各物种之间的亲缘关系。例如，轮枝镰刀菌的基因组为 41.89 Mb，大小与禾谷镰刀菌基因组（38.05 Mb）相近，但轮枝样镰刀菌与尖孢镰刀菌（基因组 61.47 Mb）的亲缘关系更近。表 9-4 总结了镰刀菌的基因组信息。

表 9-4　已发表的代表性镰刀菌基因组信息

菌株	基因组大小（Mb）	染色体数	基因数	基因组版本（年-月-日）	文献
Fusarium verticillioides 7600	41.89	11	16 240	2015-03-11	Ma et al., 2010
F. circinatum FSP34	43.97	—	15 713	2012-01-25	Wingfield et al., 2012
F. fujikuroi IMI 58289	43.83	12	15 099	2016-01-12	Wiemann et al., 2013
F. oxysporum f.sp. *lycopersici* 4287	61.47	15	21 354	2015-08-20	Ma et al., 2010
F. graminearum PH-1	38.05	4	14 477	2017-01-25	Cuomo et al., 2007
F. pseudograminearum CS3096	36.80	—	12 448	2012-09-27	Gardiner et al., 2012
F. 'solani' f. sp. *pisi* 77-13-4	54.43	17	15 707	2009-08-28	Coleman et al. 2009

注：“—”表示未知。

（1）每个物种只列举了一个代表性菌株。

（2）*F. circinatum* FSP34 与 *F. pseudograminearum* CS3096 的基因组信息不完整。

（3）*F. 'solani'* f. sp. *pisi* 77-13-4 属于 *F. solani* 种的混合物。

（二）镰刀菌的分子致病机制

镰刀菌的分子致病机制研究得相对比较清楚。镰刀菌中有两类致病基因，一种是通用致病基因，这是在其他病原真菌中也存在的基因；另一种是镰刀菌种属特异性的致病基因。通用致病基因编码病原菌感知外源和内源信号途径中的关键组分，如 MAPK 信号途径主要组分、Ras 蛋白、G 蛋白信号组分及其下游途径组分、velvet（*LaeA/VeA/VelB*）复合体组分，以及 cAMP 途径组分等。还有一些基因编码降解植物细胞壁的一些酶类。这些基因的突变将影响病原菌的致病性和适应性（Ma et al., 2013）。

特异性致病基因直接参与病原菌与寄主的互作。特异性致病因子包括病原菌产生的寄主特异性毒素和分泌的效应蛋白两大类。在镰刀菌基因组中预测了很多效应蛋白编码基因，但仅有部分在病原菌与寄主的互作中发挥作用。在尖孢镰刀菌番茄专化型与其寄主番茄的互作系统中，病原菌毒力因子 *SIX*（secreted in xylem）系列基因参与控制寄主的特异性。例如，病原菌中的无毒基因 *AVR1*（即 *SIX4*）、*AVR2*（即 *SIX3*）和 *AVR3*（即 *SIX1*）分别同番茄中的抗性基因 *I-1*（immunity-1）、*I-2* 和 *I-3* 进行互作（Rep et al., 2004；Houterman et al., 2008）。尖孢镰刀菌番茄专化型致病小种 1 中 *AVR1* 的缺失会逃避番茄抗性基因 *I-1* 介导的抗性，使番茄致病（Houterman et al., 2008）。

另一类特异性致病因子是病原菌产生的寄主特异性毒素。镰刀菌中有的种产生毒素，有的种不产生毒素。这些毒素依据化学结构和毒性可以分为 4 类：单端孢霉烯族化合物、玉米赤霉烯酮、丁烯酸内酯和串珠镰刀菌素。这些毒素具有寄主特异性，即一些毒素对一些植物有毒性，但对另一些植物无毒性。例如，一些种类的镰刀菌产生的单端孢霉烯族化合物会增加对小麦和玉米的毒性与致病性，但却对大麦没有毒性（Jansen et al., 2005）。单端孢霉烯族化合物对植物的毒性机制主要是通过抑制蛋白质翻译，以及其具有类似于激发子的活性来激发植物的防卫反应而促进植物细胞死亡（Desmond et al., 2008）。而引起水稻恶苗病的富士镰刀菌（*F. fujikuroi*）产生的赤霉素则在病害发生过程中引起寄主的发育改变。

四、农业真菌病害的防治

农业真菌病害防治的原则：消灭病原真菌或抑制其发生与蔓延；控制或改造环境条件，使之有利于寄主植物而不利于真菌生存。防治方法主要有农业防治、化学防治、物理和机械防治、生物防治等。

（一）农业防治

（1）使用无病种苗：建立无病留种田，对带病种子早期处理，进行脱毒组织培养。
（2）建立合理的耕作制度：轮作，间、套作，作物布局等。
（3）加强田间管理：合理施肥、浇水、清洁园区等。
（4）保持田园卫生：通过铲除病株、清除田间病残体等措施，减少病原物。

（二）化学防治

化学防治是用化学药剂防治病害，是植物保护最常用的方法。具有高效、使用方便、经济效益高等优点，但易造成农药的高残留，还可造成环境污染。按药剂的生物活性可以分为以下几方面：
（1）对真菌具有杀伤作用，用杀菌剂进行种苗和土壤消毒，可使病原菌被杀灭或被抑制。
（2）对真菌生长发育有抑制作用或调节作用，如克瘟散等抑菌剂能够抑制稻瘟病菌菌丝体细胞壁壳质的形成，波尔多液能抑制多种病原菌孢子的萌发。
（3）增强作物抵抗真菌侵染的能力，如改变作物的组织结构或生长情况，或影响作物的代谢过程等。

（三）物理机械防治

物理机械防治是指利用物理或机械作用对真菌生长发育进行干扰。物理手段有光、电、声、温度、激光等；机械作用包括使用简单器具或自动化设备进行防治。

（四）生物防治

生物防治是利用生物或其代谢物控制真菌侵染或减轻其危害的方法。其优点是能够长期控制病害，对人畜安全，不污染环境，对作物无不良影响。其缺点是防治效果往往会受环境条件的影响、防治效果延迟等。生物防治手段包括：

（1）微生物农药，也称微生态制剂，即细菌、真菌、病毒等制剂。

（2）农用抗生素，是从微生物代谢产物中提取的活性物质，具有治病杀菌的功效。

（3）生化农药，是指自然界存在的生化物质，经人工改造或分离出来的化合物，如昆虫信息素等。

习　题

（1）主要人体病原真菌有哪些？

（2）"超级真菌"耳念珠菌的临床和生物学特征有哪些？

（3）试述人体和植物病原真菌致病机制的相同点和不同点？

（4）举例说明病原真菌的侵染方式，有哪些致病因子和主要信号调控途径？

主要参考文献

Amselem J，Cuomo CA，van Kan JA，Viaud M，Benito EP，Couloux A，Coutinho PM，de Vries RP，Dyer PS，Fillinger S，et al. 2011. Genomic analysis of the necrotrophic fungal pathogens *Sclerotinia sclerotiorum* and *Botrytis cinerea. PLoS Genet*，7（8）：e1002230.

Amselem J，Cuomo CA，van Kan JAL，Viaud M，Benito EP，Couloux A，Coutinho PM，de Vries RP，Dyer PS，Fillinger S. 2011. Genomic analysis of the necrotrophic fungal pathogens *Sclerotinia sclerotiorum* and *Botrytis cinerea. PLoS Genet*，7（8）：e1002230.

Chatterjee S，Alampalli SV，Nageshan RK，Chettiar ST，Joshi S，Tatu US. 2015. Draft genome of a commonly misdiagnosed multidrug resistant pathogen *Candida auris. BMC Genomics*，16：686.

Chen SC，Meyer W，Sorrell TC. 2014. *Cryptococcus gattii* infections. *Clin Microbiol Rev*，27（4）：980-1024.

Coleman JJ，Rounsley SD，Rodriguez-Carres M，Kuo A，Wasmann CC，Grimwood J，Zhou S. 2009. The genome of *Nectria haematococca*：contribution of supernumerary chromosomes to gene expansion. *PLoS Genet*，5（8）：e1000618.

Cubeta MA，Thomas E，Dean RA，Jabaji S，Neate SM，Tavantzis S，Toda T，Vilgalys R，Bharathan N，Fedorova-Abrams N，et al. 2014. Draft genome sequence of the plant-pathogenic soil fungus *Rhizoctonia solani* anastomosis group 3 strain Rhs1AP. *Genome Announc*，2（5）：e01072-14.

Cuomo CA，Güldener U，Xu JR，Trail F，Turgeon BG，Di Pietro A，Walton JD，Ma L，Baker SE，Rep M，et al. 2007. The *Fusarium graminearum* genome reveals a link between localized polymorphism and pathogen specialization. *Science* 317：1400-1402.

Dean RA，Talbot NJ，Ebbole DJ，Farman ML，Mitchell TK，Orbach MJ，Thon M，Kulkarni R，Xu JR，Pan H，et al. 2005. The genome sequence of the rice blast fungus *Magnaporthe grisea. Nature*，434（7036）：980-986.

Desmond OJ，Manners JM，Stephens AE，Maclean DJ，Schenk PM，Gardiner DM，Munn AL，Kazan K. 2008. The *Fusarium* mycotoxin deoxynivalenol elicits hydrogen peroxide production，programmed cell death and defence responses in wheat. *Mol Plant Pathol*，9：435-945.

Finkel JS，Mitchell AP. 2011. Genetic control of *Candida albicans* biofilm development. *Nat Rev Microbiol*，9（2）：

109-118. doi：10. 1038/nrmicro2475.

Gardiner DM，McDonald MC，Covarelli L，Solomon PS，Rusu AG，Marshall M，Kazan K，Chakraborty S，McDonald BA，Manners JM. 2012. Comparative pathogenomics reveals horizontally acquired novel virulence genes in fungi infecting cereal hosts. *PLoS Pathog*，8：e1002952.

Gow NAR，Yadav B. 2017. Microbe Profile. *Candida albicans*：a shape-changing，opportunistic pathogenic fungus of humans. *Microbiology*，163（8）：1145-1147. doi：10. 1099/mic. 0. 000499.

Houterman PM，Cornelissen BJC，Rep M. 2008. Suppression of plant resistance gene-based immunity by a fungal effector. *PLoS Pathog*，4：e1000061.

Huang G，Yi S，Sahni N，Daniels KJ，Srikantha T，Soll DR. 2010. *N*-acetylglucosamine induces white to opaque switching，a mating prerequisite in *Candida albicans. PLoS Pathog*，6（3）：e1000806.

Huang G. 2012. Regulation of phenotypic transitions in the fungal pathogen *Candida albicans. Virulence*，3（3）：251-261.

Jansen C，von Wettstein D，Schafer W，Kogel K-H，Felk A，Maier FJ. 2005. Infection patterns in barley and wheat spikes inoculated with wild-type and trichodiene synthase gene disrupted *Fusarium graminearum. Proc Natl Acad Sci USA*，102：16892-16897.

Kaffarnik F，Müller P，Leibundgut M，Kahmann R，Feldbrügge M. 2003. PKA and MAPK phosphorylation of Prf1 allows promoter discrimination in *Ustilago maydis. EMBO J*，22（21）：5817-5826.

Kämper J，Kahmann R，Bölker M，Ma LJ，Brefort T，Saville BJ，Banuett F，Kronstad JW，Gold SE，Müller O，et al. 2006. Insights from the genome of the biotrophic fungal plant pathogen *Ustilago maydis. Nature*，444（7115）：97-101.

Kistler HC，Benny U，Boehm EWA，Katan T. 1995. Genetic duplication in *Fusarium oxysporum. Curr Genet*，28：173-176.

Lin X，Litvintseva AP，Nielsen K，Patel K，Floyd A，Mitchell TG，Heitman J. 2007. αADα hybrids of *Cryptococcus neoformans*：evidence of same-sex mating in nature and hybrid fitness. *PLoS Genet*，3（10）：e186.

Loftus BJ，Fung E，Roncaglia P，Rowley D，Amedeo P，Bruno D，Vamathevan J，Miranda M，Anderson IJ，Fraser JA，et al. 2005. The genome of the basidiomycetous yeast and human pathogen *Cryptococcus neoformans. Science*，307（5713）：1321-1324.

Lohse MB，Gulati M，Johnson AD，Nobile CJ. 2018. Development and regulation of single- and multi-species *Candida albicans* biofilms. *Nat Rev Microbiol*，16（1）：19-31.

Ma L，van der Does HC，Borkovich KA，Coleman JJ，Daboussi M-J，Di Pietro A，Dufresne M，Freitag M，Grabherr M，Henrissat B，et al. 2010. Comparative genomics reveals mobile pathogenicity chromosomes in *Fusarium. Nature*，464：367-373.

Ma LJ，Geiser DM，Proctor RH，Rooney AP，O'Donnell K，Trail F，Gardiner DM，Manners JM，Kazan K. 2013. *Fusarium* pathogenomics. *Annu Rev Microbiol*，67：399-416.

Meis JF，Chowdhary A. 2018. *Candida auris*：a global fungal public health threat. *Lancet Infect Dis*，18（12）：1298-1299.

Muzzey D，Schwartz K，Weissman JS，Sherlock G. 2013. Assembly of a phased diploid *Candida albicans* genome facilitates allele-specific measurements and provides a simple model for repeat and indel structure. *Genome Biol*，14（9）：R97.

Nierman WC，Pain A，Anderson MJ，Wortman JR，Kim HS，Arroyo J，Berriman M，Abe K，Archer DB，

Bermejo C, et al. 2005. Genomic sequence of the pathogenic and allergenic filamentous fungus *Aspergillus fumigatus*. *Nature*, 438（7071）：1151-1156.

Noble SM, Gianetti BA, Witchley JN. 2017. *Candida albicans* cell-type switching and functional plasticity in the mammalian host. *Nat Rev Microbiol*, 15：96-108.

O'Gorman CM, Fuller H, Dyer PS. 2009. Discovery of a sexual cycle in the opportunistic fungal pathogen *Aspergillus fumigatus*. *Nature*, 457（7228）：471-474.

Pande K, Chen C, Noble SM. 2013. Passage through the mammalian gut triggers a phenotypic switch that promotes *Candida albicans* commensalism. *Nat Genet*, 45（9）：1088-1091.

Paquin B, Laforest M, Forget L, Roewer I, Wang Z, Longcore J, Lang BF. 1997. The fungal mitochondrial genome project：evolution of fungal mitochondrial genomes and their gene expression. *Curr Genet*, 31（5）：380-395.

Rep M, van der Does HC, Meijer M, van Wijk R, Houterman PM, Dekker HL, de Koster CG, Cornelissen BJ. 2004. A small, cysteine-rich protein secreted by *Fusarium oxysporum* during colonization of xylem vessels is required for I-3-mediated resistance in tomato. *Mol Microbiol*, 53：1373-83.

Soll DR. 2014. The role of phenotypic switching in the basic biology and pathogenesis of *Candida albicans*. *J Oral Microbiol*, 6：22993.

Spanu PD, Abbott JC, Amselem J, Burgis TA, Soanes DM, Stüber K, Ver Loren van Themaat E, Brown JK, Butcher SA, Gurr SJ, et al. 2010. Genome expansion and gene loss in powdery mildew fungi reveal tradeoffs in extreme parasitism. *Science*, 330（6010）：1543-1546.

Talbot NJ. 2013. On the trail of a cereal killer：exploring the biology of *Magnaporthe grisea*. *Annu Rev Microbiol*, 57：177-202.

Tao L, Du H, Guan G, Dai Y, Nobile CJ, Liang W, Cao C, Zhang Q, Zhong J, Huang G. 2014. Discovery of a "white-gray-opaque" tristable phenotypic switching system in *Candida albicans*：roles of non-genetic diversity in host adaptation. *PLoS Biol*, 12（4）：1-14.

Tao L, Yu JH. 2011. AbaA and WetA govern distinct stages of *Aspergillus fumigatus* development. *Microbiology*, 157：313-326.

Tian S, Rong C, Nian H, Li F, Chu Y, Cheng S, Shang H. 2018. First cases and risk factors of super yeast *Candida auris* infection or colonization from Shenyang, China. *Emerg Microbes Infect*. 7：128.

Wang L and Lin X. 2015. The morphotype heterogeneity in *Cryptococcus neoformans*. *Curr Opin Microbiol*. 26：60-64.

Wang X, Bing J, Zheng Q, Zhang F, Liu J, Yue H, Tao L, Du H, Wang Y, Wang H, Huang G. 2018. The first isolate of *Candida auris* in China：clinical and biological aspects. *Emerg Microbes Infect*, 18：7（1）：93.

Wiemann P, Sieber CM, von Bargen KW, Studt L, Niehaus EM, Espino JJ, Huß K, Michielse CB, Albermann S, Wagner D *et al.* 2013. Deciphering the cryptic genome：genome-wide analyses of the rice pathogen *Fusarium fujikuroi* reveal complex regulation of secondary metabolism and novel metabolites. *PLoS Pathog*, 9：e1003475.

Wilson RA, Talbot NJ. 2009. Under pressure：investigating the biology of plant infection by *Magnaporthe oryzae*. *Nat Rev Microbiol*, 7：185-195.

Wingfield BD, Steenkamp ET, Santana QC, Coetzee MPA. 2012. First fungal genome sequence from Africa：A preliminary analysis. *South African Journal of Science*, 108：104-112.

Xie J，Tao L，Nobile CJ，Tong Y，Guan G，Sun Y，Cao C，Hernday AD，Johnson AD，Zhang L，et al. 2013. White-opaque switching in natural *MTLa/α* isolates of *Candida albicans*：Evolutionary implications for roles in host adaptation，pathogenesis，and sex. *PLoS Biol*，11（3）：e1001525.

Yue H，Bing J，Zheng Q，Zhang Y，Hu T，Du H，Wang H，Huang G. 2018. Filamentation in *Candida auris*，an emerging fungal pathogen of humans：passage through the mammalian body induces a heritable phenotypic switch. *Emerg Microbes Infect*，7（1）：188.

附录　近年来病原真菌研究的主要方向和热点

一、念　珠　菌

（1）环境应答机制（pH、CO_2、厌氧、渗透压、温度和免疫应答等）。

（2）形态发育及侵染机制（菌丝形成、形态转换、有性生殖和毒力因子等）。

（3）营养吸收和利用机制（铁离子、铜离子、氮、磷等）。

（4）免疫逃避机制（细胞壁重塑、细胞壁蛋白、生物被膜等）。

（5）念珠菌与细菌、宿主互作。

（6）念珠菌耐药机制及流行病学，超级真菌感染机制和诊疗防治研究。

二、新生隐球菌

（1）环境适应机制和毒力因子（胞外多糖荚膜形成、黑色素产生、温度适应等）。

（2）与宿主的互作和致病机制（宿主环境因子响应通路、热休克蛋白 Hsp、铁离子摄入等）。

（3）细胞形态多样性和细胞‐细胞通信（菌丝发育、巨细胞形成、有性孢子、群体感应分子等）。

（4）有性生殖和微进化（α 同性生殖、减数分裂、高毒菌株格特隐球菌等）。

（5）隐球菌流行病学，耐药高毒菌株的诊疗和防治研究。

三、烟　曲　霉

（1）宿主环境适应机制（温度、氧化应激、渗透压、缺氧、营养贫瘠等）。

（2）有性生殖和产孢发育（交配基因型、侵染能力、Ras 通路、产孢中心途径等）。

（3）极性生长和细胞壁组分及组装机制（极性调控通路、rodlet 疏水蛋白层、黑色素、几丁质、细胞壁动态变化、与宿主的互作机制等）。

（4）与宿主相互应答机制和毒性研究（分生孢子识别、表面抗原、毒力因子、免疫应答机制等）。

（5）耐药性研究和诊疗防治策略开发。

四、镰　刀　菌

（1）生长发育和形态多样性（有性和无性生殖、遗传谱系、种间变异、系统发育、物种进化等）。

（2）比较基因组学及致病基因的分析与进化（基因转移、物种演化、遗传多样性、致病基因鉴定等）。

（3）病原的侵染及其与寄主植物的互作（侵染机制、湿度、温度、pH、过敏反应、致病因子等）。

（4）毒素的形成和对植物病害的防治（次级代谢、生长因子、激素产生、致病机制、植物抗病育种等）。

第十章 产业相关真菌的遗传调控

本章将主要介绍医疗和工农业等产业相关真菌的生物学、基因组及遗传工程，重点讲述纤维素降解工程菌里氏木霉、抗生素生产用菌青霉菌和顶头孢霉、食品发酵用菌黑曲霉，以及生防真菌和大型药用真菌等物种的基因、信号途径、代谢调控，功能酶的合成机制，抗生素生产的改良，高致癌黄曲霉毒素的致病机制。生防真菌的捕杀机制和大型真菌的生活史及药用功效。

第一节 工业生产、次级代谢、食品发酵及抗生素生产用真菌

真菌的种类多、数量大、分布广，与人类的生活息息相关，是一类丰富的生物资源。大多数真菌具有分解和合成多种复杂有机物的能力，如可产生纤维素酶、蛋白酶、果胶酶等酶制剂，广泛应用于食品、纺织和制革等部门。真菌发酵产生的各种有机酸，包括柠檬酸、乳酸、葡萄糖酸等，在食品、化工等方面都有很多用处。真菌还是药业的好原料和好助手，能够合成多种抗生素，常用的有青霉素、头孢菌素等。然而，还有一部分真菌能够产生毒素危害人类的健康，如黄曲霉毒素、灰黄毒素等。因此，充分了解真菌的分解和合成代谢机制、信号调控机制及毒性特征等，能够扬利弊害，更好地为人类造福。表 10-1 总结了工业上广泛应用的真菌的基因组信息。

表 10-1 工业生产、次级代谢和食品发酵真菌基因组

菌株	基因组大小（Mb）	染色体数	基因数	基因组版本（年-月-日）	文献
里氏木霉 QM6a	34.1	7	9 129	2014-08-01	Martinez et al.，2008
产黄青霉	32.19	4	13 653	2016-04-22	Specht et al.，2014
顶头孢霉	28.6	8	8 901	2014-07-18	Terfehr et al.，2014
黑曲霉	33.9	8	14 165	2014-04-17	Pel et al.，2007
黄曲霉	37	8	13 485	2015-06-02	Nierman et al.，2015

一、里氏木霉

当今世界对能源的需求主要依赖不可再生的矿物燃料（如石油）。据统计，美国每年在汽油和柴油上的消耗大约占总消耗量的 98%，剩余的约 2% 为秸秆乙醇的消耗量。2005

年橡树岭国家实验室（Oak Ridge National Laboratory）研究发现，美国每年有超过 10 亿 t 的再生供给原料，相当于石油消耗量的 30%。这些供给原料包括农业废料、能量作物和森林废料，其主要成分为木质纤维素，为了有效利用这些原料，需要发掘强大的木质纤维素降解酶，尤其是纤维素酶（cellulase）。所谓的"纤维素酶"是水解纤维素最终生成葡萄糖的一类酶的总称，包括内切葡聚糖酶（endo-β-1, 4-glucanase，EG）、纤维二糖水解酶（cellobiohydrolase，CBH）和 β-葡萄糖苷酶（β-glucosidase，BG）。内切葡聚糖酶可随机作用于可溶和不可溶 β-1,4-葡聚糖底物，这 3 种组分协同作用对天然纤维素进行降解。里氏木霉（*Trichoderma reesei*）又称瑞氏木霉，是产生高活性纤维素酶的首选菌株（Xu et al.，2009）。

（一）基因组和表型特征

里氏木霉基因组大小约 34.1 Mb，包含 7 条染色体，已鉴定的 ORF 约为 9129 个，基因平均长度为 1793 bp（见表 10-1）。编码糖基水解酶（GH）的基因有 200 个，编码糖基转移酶（GT）的基因有 103 个。另外还包括与次级代谢相关的 11 个聚酮合酶（PKS）和 10 个非核糖体多肽聚合酶（NRPS），两种酶都与次级代谢产物的产生相关。由于其具有 327 个与异源物质（xenobiotics）水解代谢相关的酶类，因此里氏木霉大多数具有抵抗异源物质侵入的特性。然而出乎意料的是，里氏木霉的基因组中编码纤维素酶的基因并不多，包括 2 个纤维二糖水解酶基因（*CEL6A*、*CEL7A*），8 个内切葡聚糖酶基因（*CEL5A*、*CEL5B*、*CEL7B*、*CEL12A*、*CEL45A*、*CEL61A*、*CEL61B* 和 *CEL74A*），以及 7 个 β-葡萄糖苷酶基因（*CEL1A*、*CEL1B*、*CEL3A*、*CEL3B*、*CEL3C*、*CEL3D*、*CEL3E*）。而里氏木霉还有许多与蛋白质分泌途径有关的基因，如与蛋白质降解关联的内质网相关基因和分泌途径的膜融合蛋白基因等（Mukherjee et al.，2013）。因此，里氏木霉的高纤维素酶活特性可能与其高效的酶基因表达系统和较强的胞外分泌能力有关（表 10-2）。

表 10-2　里氏木霉产生的纤维素酶系

糖苷水解酶家族	CAZy 糖苷水解酶命名	早期命名	纤维素酶类型	氨基酸组成（个）
1	CEL1A	BGL2	β-葡萄糖苷酶	466
1	CEL1B		β-葡萄糖苷酶	484
3	CEL3A	BGL1	β-葡萄糖苷酶	744
3	CEL3B		β-葡萄糖苷酶	874
3	CEL3C		β-葡萄糖苷酶	833
3	CEL3D		β-葡萄糖苷酶	700
3	CEL3E		β-葡萄糖苷酶	765
5	CEL5A	EG2	内切葡聚糖/酶	397
5	CEL5B		内切葡聚糖/酶	438
6	CEL6A	CBH2	纤维二糖水解酶	447

续表

糖苷水解酶家族	CAZy 糖苷水解酶命名	早期命名	纤维素酶类型	氨基酸组成(个)
7	CEL7A	CBH1	纤维二糖水解酶	497
7	CEL7B	EG1	内切葡聚糖 / 酶	436
12	CEL12A	EG3	内切葡聚糖 / 酶	218
45	CEL45A	EG5	内切葡聚糖 / 酶	270
61	CEL61A	EG4	内切葡聚糖 / 酶	344
61	CEL61B		内切葡聚糖 / 酶	249
74	CEL74A	EG6	内切葡聚糖 / 酶	818

　　里氏木霉菌落呈棉絮状，起初形成白色致密的菌丝，随后出现浅绿的分生孢子，分生孢子梗侧向分枝，分枝上对生短的产孢瓶状小梗。瓶状小梗与孢子梗呈直角分枝，产孢方式为内壁芽生瓶梗式，分生孢子呈椭球形（图 10-1）。多种条件可以促使营养菌丝体进入产孢阶段，如 UV、营养贫瘠、低 pH，以及菌丝体的机械损伤等。UV 能够诱导多个与光修复有关的酶蛋白表达，包括光裂合酶、色素合成酶和消除 ROS 的蛋白质等，进而保护细胞不受伤害。里氏木霉中存在多种响应营养和光信号的元件，包括异源三聚体 G 蛋白、cAMP 信号通路和 RasGTPase 等。在合适的生产环境条件下，里氏木霉也可以产生厚垣孢子和子囊孢子。里氏木霉往往在液体培养时能够产生大量的厚垣孢子，这种孢子抗逆性较强，对土壤中的抑菌剂不敏感，且可存活很长时间，适合用作商业推广。子囊孢子是里氏木霉的一种有性孢子，有性生殖的起始及子囊孢子的产生和释放均受到光信号的调控。

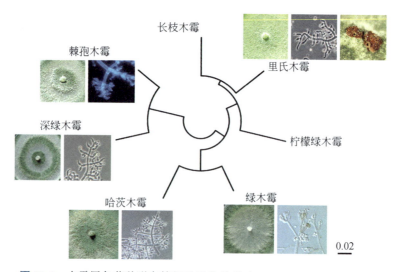

图 10-1　木霉属各菌种形态特征及进化关系（Mukherjee et al.，2013）

（二）有性生殖

有性生殖可以使生物体在繁殖过程中进行性状优化和整合，其优点可以被人们利用。但是里氏木霉作为一种重要的产纤维素工业用菌种一直被认为是无性繁殖的，所以该菌的改良空间一直不大。直到 2009 年，澳大利亚的研究人员证实了里氏木霉可以进行有性生殖，才使得该菌可以通过交配选择良好的性状。里氏木霉是红褐肉座菌的无性态，其交配型为 *MAT1-2*，而红褐肉座菌存在两种交配型 *MAT1-1* 和 *MAT1-2*。将里氏木霉（*MAT1-2*）与红褐肉座菌（*MAT1-1*）同时接种固体平板，可在交界处看到交配产生的子囊座结构。有性生殖主要受光信号调控，光受体 Blr1、Blr2 和光信号调控因子 Env1 在其中发挥主要作用（图 10-2）。

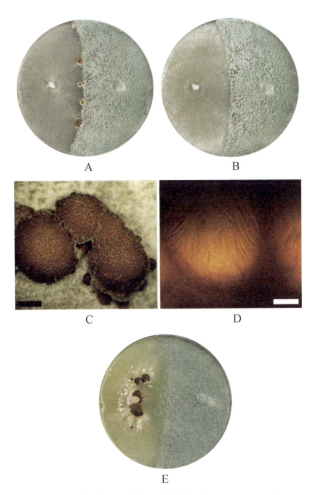

图 10-2　里氏木霉可以进行有性生殖（Seidl et al.，2009）

A. 里氏木霉与红褐肉座菌（*MAT1-1*）同时接种固体平板，可在交界处看到交配产生的子囊座结构；B. 里氏木霉与红褐肉座菌（*MAT1-2*）不能交配，未产生子囊座结构；C. 典型子囊座结构；D. 子囊中含有 16 个子囊孢子；E. 里氏木霉与未分纯的红褐肉座菌 CBS999.97 不能交配，未发现子囊座结构

（三）纤维素酶合成信号通路

里氏木霉中影响纤维素酶合成的信号机制主要有碳信号和光信号。碳代谢阻遏调控因子 Cre1 和 Ace1 为碳信号调控的抑制因子，而 Ace2、Xyr1 和 HAP2/3/5 复合体是碳信号相关基因的转录激活因子（Portnoy et al.，2011）。另外，甲基转移酶 Lae1、乙酰基转移酶 Gcn5 也可通过参与染色质重建影响纤维素酶的表达。在里氏木霉基因组中，纤维素酶和 CAZyme 家族基因及一些次级代谢物合成基因位于相同的基因簇上，甲基转移酶 Lae1 可通过组蛋白水平的调控影响这些基因簇的表达（图 10-3）。而乙酰基转移酶 Gcn5 是通过乙酰化组蛋白 H3 来修饰染色质激活纤维素酶基因的。保守的 MAPK 通路也参与了纤维素酶基因的表达调控，在里氏木霉中存在 3 个 MAPKs 蛋白：Tmk1、Tmk2 和 Tmk3。Tmk2 属于 Slt2 类型的 MAPKs 蛋白，能够抑制纤维素酶基因的表达；而 Tmk3 属于 Hog1 类型的 MAPKs 蛋白，许多纤维素酶表达关键调控因子上含有 Tmk3 的磷酸化位点，在纤维素酶合成中发挥正调控作用。里氏木霉的光信号关键调控蛋白是 ENVOY（Env1），它能够感应光受体蛋白 Blr1 和 Blr2 的信号，偶联多条信号通路，如 G 蛋白（Gna3 和 Gna1）信号通路和 cAMP-PKA 信号通路，调控纤维素酶基因表达。

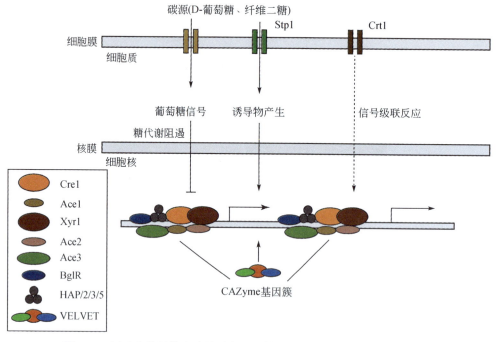

图 10-3 里氏木霉纤维素酶基因表达调控示意图（Portnoy et al.，2011）

里氏木霉中纤维素酶基因的表达受多种转录因子调控，这些转录因子响应来自外界的碳源诱导物传递的信号，从而对纤维素酶产生激活或者抑制的效应。里氏木霉中至少存在 3 个正调控转录因子 Xyr1、Ace2、Ace3 和 2 个负调控转录因子 Cre1 和 Ace1

二、青 霉 菌

青霉素是 1928 年由英国细菌学家 Fleming 在点青霉（*Penicillium notatum*）的培养液中发现的一种抗菌物质，主要可以通过抑制细菌细胞壁的合成达到杀菌的目的。10 年后牛津大学病理学教授 Florey 和他的助手 Chain 经过一年的努力成功获得青霉素的结晶并应用于临床。青霉素的发现和使用是人类制药历史上具有划时代意义的里程碑。由于青霉素 G 的抗菌谱较窄，研究者利用化学合成法改造青霉素 G 的侧链基团，制成了广谱、耐抗药性菌株的新型半合成青霉素。常用的有氨苄青霉素（ampicillin）、羧苄青霉素（carbenecillin）、二甲氧基苯青霉素（methicillin）等。目前工业上最常用、最高效的青霉素生产菌株为产黄青霉（*Penicillium chrysogenum*）（图 10-4）。

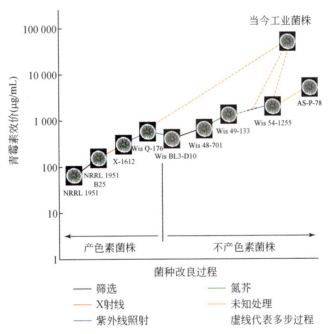

图 10-4 产黄青霉工业菌株诱变筛选过程（Barreiro et al.，2011）

（一）基因组及表型特征

产黄青霉基因组大小约 32.19 Mb，包含 4 条染色体，编码基因为 13 653 个，G+C含量约为 48.9%，基因平均长度为 1515 bp。线粒体基因组约 31 790 bp，包含 17 个已知基因（见表 10-1）。产黄青霉基因组中存在许多青霉素合成的关键基因，并发现中间产物合成酶（ACVS）编码基因 *pcbAB* 和 *pcbC*，以及异青霉素（IPN）合成酶基因中不含有内含子序列，推测真菌的青霉素合成基因簇可能是由细菌基因经水平转移产生的（van den Berg et al.，2008）。产黄青霉的过氧化物酶体是合成青霉素的重要细胞器，合成青霉素的最终两步反应是在该细胞器中进行的，且过氧化物酶体基因的拷贝数与菌株的青霉素合成能力成正比。许多与青霉素和中间产物转运相关的蛋白质在基因组中也是以多拷贝存在。

产黄青霉为无性型真菌，属于半知菌亚门丝孢纲丝孢目丛梗孢科青霉属。其菌落具辐射状纹路，绒毛状，边缘菌丝体白色，菌丝有隔。无性生殖产生分生孢子，蓝绿色；分生孢子梗由菌丝垂直生出，具隔膜，帚状枝三轮生，偶尔双轮生或四轮生，形成典型的扫帚状结构。在孢子梗分枝顶端产生大量产孢细胞，呈安瓿形，梗颈较短，顶端形成孢子链。分生孢子球形或椭球形，青绿色或褐色，表面光滑。

（二）青霉素的生物合成及调控

青霉素是含有青霉素母核的一类化合物的总称。母核由 β- 内酰胺环（B 环）和噻唑环（A 环）组成，称为 6- 氨基青霉烷酸（6-APA）。青霉素母核以缬氨酸、半胱氨酸和 α- 氨基己二酸为前体，首先缩合成三肽 ACV，再在环化酶（cyclase）催化下，三肽环化形成 β- 内酰胺环。三肽环闭环后形成异青霉素 N，然后被青霉素酰化酶催化使侧链裂解生成 6-APA（图 10-5）。

产黄青霉合成青霉素的能力受碳源、氮源、赖氨酸的浓度和终产物浓度的影响。乳糖是青霉素合成的最佳碳源，葡萄糖能够促进菌体生长，但抑制青霉素合成。谷氨酰胺是青霉素合成的氨基供体，培养基中高浓度的 NH_4^+ 能抑制谷氨酰胺合成酶的活性，减少谷氨酰胺的产生，进而阻遏了青霉素的合成。青霉素合成中的重要前体 α- 氨基己二酸是赖氨酸合成的中间体，高柠檬酸合酶是赖氨酸的作用靶点。因此，高浓度的赖氨酸可以通过抑制高柠檬酸合酶的活性，而抑制中间产物 α- 氨基己二酸的合成，进而影响青霉素的产生。

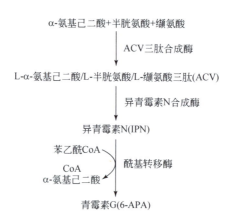

图 10-5　产黄青霉中青霉素 G 的合成途径（修改自 Barreiro and García-Estrada，2019）

三、顶头孢霉

头孢菌素类抗生素是目前广泛使用的一种抗生素。它属于 β- 内酰胺类抗生素，结构与青霉素相似，是生产头孢菌素类抗生素重要中间体 7- 氨基头孢烷酸（7-ACA）的主要原料。该类抗生素具有多种优点：抗菌谱广、作用效果稳定、对厌氧菌有效、不良反应和毒副作用较低，由于其不易受青霉素酶的破坏，对青霉素耐药菌也有杀伤效果。基于这些优点，头孢菌素类抗生素是当前医药市场上开发最快的药物之一。该类抗生素的作用机制包括：通过抑制转肽酶的作用而干扰细菌细胞壁的合成；也可以利用结构相似性与细菌细胞膜上的某些 β- 内酰胺结合蛋白结合，由此改变细胞膜的通透性，释放自溶素，造成溶菌现象。为了增强该类抗生素的抗菌效果，目前共经历了三次改良：第二代头孢菌素在保留了第一代对革兰氏阳性菌的作用外，还扩大和提高了对革兰氏阴性菌的抗菌作用；第三代主要是增加了对多种细菌 β- 内酰胺酶的稳定性，其抗菌谱更广，抑菌活性更强；第四代头孢菌素是近几年出现的新药，它的抗菌谱极广，对多种革兰氏阳性菌和阴性菌（包括厌氧菌）都有很强的抗菌作用。

（一）基因组和表型特征

顶头孢霉（*Cephalosporium acremonium*）属半知菌亚门、丝孢纲、丝孢目、丝孢科、头孢霉属，是工业上用于生产头孢菌素类抗生素的主要菌株。基因组大小约 28.6 Mb，包含 8 条染色体，G+C 含量约为 54.6%，编码基因为 8901 个，127 个 tRNAs，22 个 rRNAs（见表 10-1）。由于顶头孢霉的次级代谢产物丰富，重点分析该菌的次级代谢相关基因，共发现 42 个重要基因簇，包括 14 个 I 型聚酮合酶（PKSI）、10 个萜类合酶（TPS）、7 个非核糖体多肽合酶（NRPS）和 8 个混合基因簇等。

（二）头孢菌素的生物合成

顶头孢霉中主要由两大基因簇负责头孢菌素 C（CPC）的合成，包括早期基因簇 *pcbAB-pcbC*、*cefD1-cefD2* 和晚期基因簇 *cefEF*、*cefG*。*pcbAB* 编码 ACV 三肽合成酶，负责将 3 个前体氨基酸：L-α- 氨基己二酸、L- 半胱氨酸、L- 缬氨酸缩合成三肽 ACV，然后由异青霉素 N 合成酶 PcbC 催化形成异青霉素 N，再由 CefD1-CefD2 酶异构化形成青霉素。*cefEF* 基因编码一个双功能酶——脱乙酰头孢菌素 C 合成酶 - 羟化酶，顺次将青霉素 N 转化成脱乙酰氧头孢菌素 C（DAOC）和脱乙酰头孢菌素 C（DAC），最后由 *cefG* 编码的 DAC 乙酰转移酶（DAC-AT）催化 DAC 生成 CPC（图 10-6）。整个生物合成过程中，*pcbAB*、*cefEF* 和 *cefG* 催化的反应是限速步骤。除此之外，CefP、CefR、CefT 和 CefM 蛋白也在 CPC 的生物合成过程中发挥重要功能。CefP 蛋白是一个过氧化物酶体的膜蛋白，在 CefD1-CefD2 复合酶异构化青霉素 N 步骤中起作用。CefR 和 CefT 对 *cefEF* 基因的表达有促进作用，而 CefM 可能参与了青霉素 N 从过氧化物酶体到胞质的转运（Demain and Zhang，1998）。

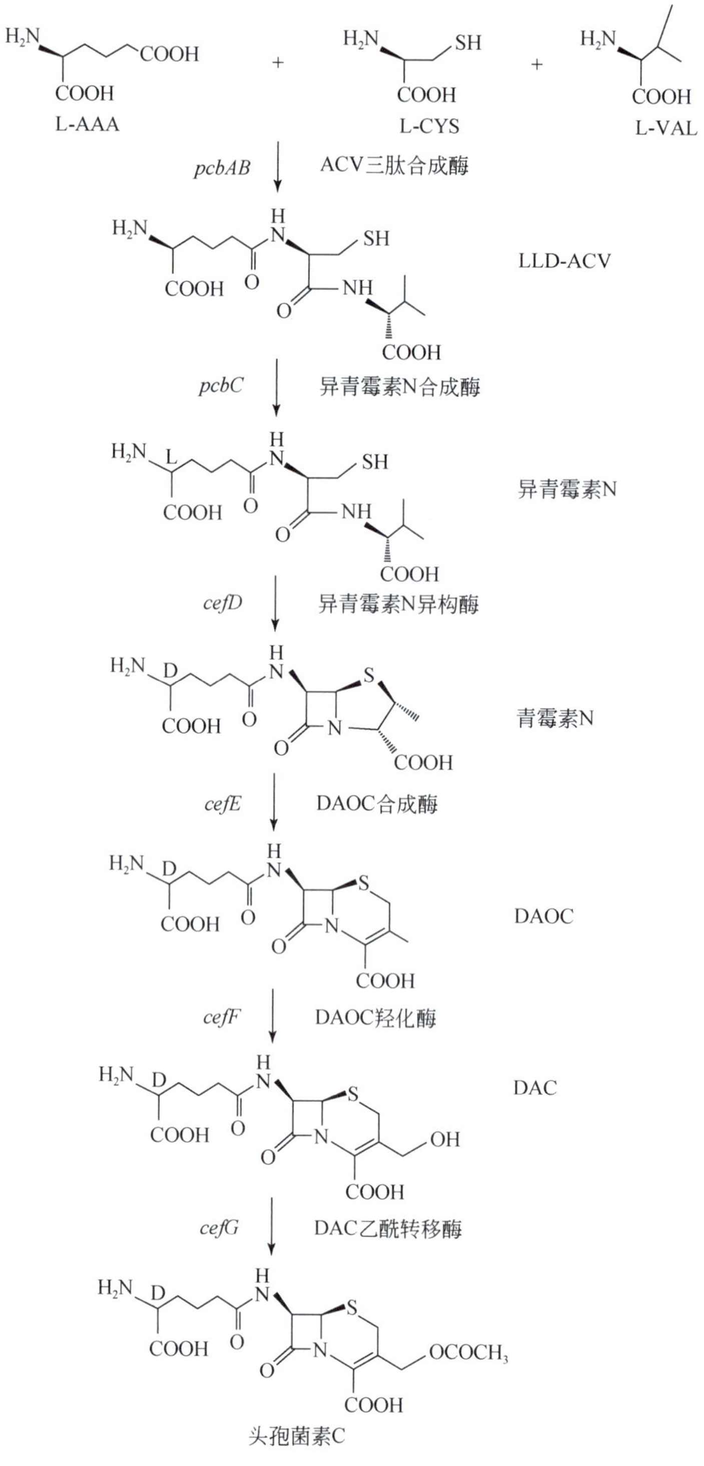

图 10-6 顶头孢霉中头孢菌素 C 的合成途径（Demain and Zhang，1998）

L-AAA. L-α- 氨基己二酸；L-CYS. L- 半胱氨酸；L-VAL. L- 缬氨酸；ACV. L-α- 氨基己二酸 /L- 半胱氨酸 /L- 缬氨酸三肽；
DAOC. deacetoxycephalosporin C，脱乙酰氧头孢菌素 C；DAC. deacetylcephalosporin C，脱乙酰头孢菌素 C

（三）次级代谢调控

1. 碳源调控

顶头孢霉的发酵过程分为两个阶段：菌体的生长阶段和头孢菌素的合成阶段，且头孢菌素的合成只有在生长停止后才能够起始。在发酵培养基中葡萄糖是顶头孢霉的优势利用碳源，主要是保证菌体的生长，而对头孢菌素的合成具有抑制作用。葡萄糖的稀释度与CPC的产量呈负相关，当葡萄糖稀释度最低时CPC产量最高。因此，顶头孢霉的速效碳源（如葡萄糖、麦芽糖、果糖等）比迟效碳源（如半乳糖、蔗糖等）更能促进该菌的生长，却会抑制CPC的合成。其调控机制包括：①速效碳源的碳氮代谢产物可抑制ACV合酶的活性；②速效碳源导致ACV合酶提前降解；③头孢菌素合成关键酶CefEF和PcbC的活性受到抑制。另外，在发酵培养基中添加甘油可以显著增强pcbC和cefT基因的转录水平，提高CPC的产量。在发酵后期，顶头孢霉产生的乙酰水解酶能够降解CPC，其活性受葡萄糖、麦芽糖和蔗糖的抑制，而不受甘油和琥珀酸盐的影响。

2. 氮源调控

在发酵培养基中，高浓度铵盐（NH_4^+）能够强烈抑制CPC合成关键酶CefEF的活性，进而降低CPC的产量，因此L-天门冬酰胺和L-精氨酸是顶头孢霉的发酵最适氮源。AcAreA是氮源调控的关键转录因子，它具有典型的Cys2/Cys2锌指结构域，可以结合于CPC合成相关基因pcbAB和pcbC之间的双向启动子区，抑制基因表达，降低CPC产量。顶头孢霉中赖氨酸的浓度能够抑制CPC的合成。L-赖氨酸合成的前体物质L-α-氨基己二酸（L-α-AAA）也是CPC主骨架三肽L-α-氨基己二酸/L-半胱氨酸/L-缬氨酸的主要组分。赖氨酸的浓度升高能够反馈抑制其前体L-α-AAA的合成代谢，进而抑制CPC的产生。甲硫氨酸是CPC合成的促进剂，且D-型甲硫氨酸比L-型促进效果更佳。发酵过程中添加甲硫氨酸能够显著增加CPC合成酶类ACVS、PcbC、CefEF的表达，同时可以为合成CPC所需的半胱氨酸提供硫原子，进一步促进CPC产量。另外，甲硫氨酸在维持细胞的氧化平衡方面也具有重要作用。谷胱甘肽还原酶GlrA和硫氧还蛋白还原酶ActrxR1都在其中发挥重要作用，显著影响CPC的产量。

3. 形态分化调控

顶头孢霉在发酵培养中能产生两种形态的无性孢子，分生孢子和节孢子（又称为酵母状细胞）。在发酵液营养缺乏时或添加甲硫氨酸时，节孢子形态形成，CPC大量合成，因而节孢子是高产CPC的形态。一些营养、环境响应和形态分化基因调控CPC合成，包括葡萄糖抑制因子CRE1、氮源调控因子AcAreA、pH信号调控因子PACC和分生孢子发育相关蛋白AcStuA等，它们能够在转录水平调控一系列CPC合成酶基因pcbC、cefEF、cefD1和cefD2的表达，进而调控CPC合成（图10-7）。

四、黑　曲　霉

黑曲霉（*Aspergillus niger*）属半知菌门、丝孢纲、丛梗孢目、丛梗孢科、曲霉属，是

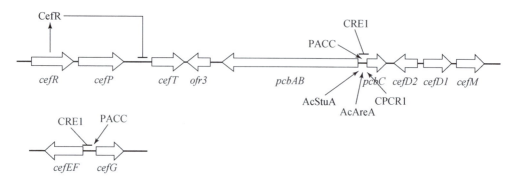

图 10-7 头孢菌素 C 生物合成的分子调控（刘佳佳和刘钢，2016）

图中箭头表示正调控因子，短线表示负调控因子。PACC.pH 信号调控因子；CRE1. 葡萄糖抑制因子；AcAreA. 氮源调控因子；CPCR1. 头孢菌素 C 调控因子；AcStuA.APSES 转录因子

重要的发酵工业菌种，可产丰富的淀粉酶、糖化酶、蛋白酶、纤维素酶、单宁酶、果胶酶、脂肪酶和氧化酶等酶系，常用于食醋生产制曲、麸曲法白酒生产制曲、柠檬酸发酵等。

（一）基因组和表型特征

黑曲霉基因组大小约 33.9 Mb，共有 8 条染色体，G+C 含量约 50.4%，编码基因 14 165 个，平均长度为 1572 bp，269 个 tRNA（见表 10-1）。黑曲霉基因组上含有大量的与碳源代谢及磷脂、脂肪酸和类异戊二烯代谢相关的酶基因，大量的次级代谢相关基因，而负责细胞转运和蛋白质分泌的基因数目不多（Pel et al., 2007）。说明黑曲霉作为工业上常用的细胞工厂，其合成代谢能力很强，且极大效率地利用了自身有限的细胞转运和分泌系统。黑曲霉分生孢子梗直径 15 ～ 20 pm，长 1 ～ 3 mm，壁厚、光滑，顶部膨大形成顶囊，其上覆盖一层梗基和双层小梗，着生球形黑褐色分生孢子。菌丝发达，多分枝，常呈现多种颜色，如黑、棕、褐等。菌落蔓延迅速，初为白色，后变为鲜黄色直至黑色（图 10-8，Jørgensen et al., 2011）。

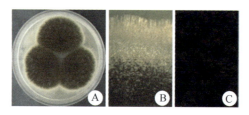

图 10-8 黑曲霉 N402 菌株的菌落形态（Jørgensen et al., 2011）

A. 黑曲霉 N402 菌株在完全培养基（CM）上的形态；B. 菌落边缘；C. 菌落中心的分生孢子头形态

（二）次级代谢调控

LaeA 是曲霉属真菌次级代谢的全局性调控因子，是一种异源三聚体（the velvet

complex）的重要组成分，可以通过组蛋白修饰调控次级代谢基因簇的表达。在黑曲霉中过量表达 *laeA* 基因，检测到有 3673 个基因的表达上调，这些基因主要集中在次级代谢产物的生物合成与核糖体加工及翻译调控两个方面。黑曲霉的次级代谢受碳源的影响较大，以麦芽糖作为底物时，胞外酶的生产效率是木糖为底物时的 3 倍，且蛋白质分泌增强。一系列蛋白分泌相关基因表达上调，其功能涉及从内质网到高尔基体的转运、折叠、N-末端糖基化、囊泡包装等过程。麦芽糖依赖性转录因子 AmyR 能够在麦芽糖存在下，促进水解酶类基因的表达，增加胞外水解酶的产生。黑曲霉纤维素酶的合成也受碳源信号调控。碳代谢阻遏调控因子 CreB 和 CreC 是碳信号调控的抑制因子，XlnR 是碳信号基因的转录激活因子，能够激活一系列纤维素酶基因的表达，包括 *xlnA*、*xlnB*、*xlnC*、*xlnD*、*eglA*、*eglB* 等。CreB-C 复合体能够激活抑制因子 CreA 来抑制 *xlnR* 的表达，进而抑制纤维素酶基因，降低纤维素酶产量（图 10-9）。另外，营养饥饿条件下，黑曲霉能够大量表达并分泌 CAZyme 等多糖降解酶类，可以在严峻的条件下维持生长（van Peij et al.，1998）。

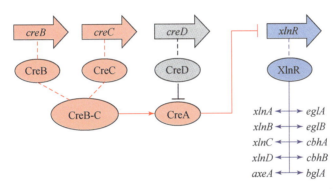

图 10-9　黑曲霉纤维素酶基因的表达调控（van Peij et al.，1998）

调控因子 CreB 和 CreC 能够形成复合体，激活 CreA 抑制 *xlnR* 的表达，进而抑制纤维素酶基因

五、黄　曲　霉

黄曲霉（*Aspergillus flavus*）属半知菌门、丝孢纲、丛梗孢目、丛梗孢科、曲霉属，多见于发霉的粮食及其他霉腐的有机物上，可产生高致癌、致畸毒性的黄曲霉毒素（aflatoxin），对作物生产和人类健康都造成很大的危害。1993 年黄曲霉毒素被世界卫生组织（WHO）的癌症研究机构划定为 1 类致癌物，该毒素可对人及动物的肝脏组织有致癌作用，严重时可导致死亡。在天然污染的食品中以黄曲霉毒素 b1（AFB1）最为多见，其半数致死量为 0.36 mg/kg 体重，属剧毒毒物范围，其致癌性也最强。

（一）基因组和表型特征

黄曲霉基因组大小约 37 Mb，共有 8 条染色体，G+C 含量约 44%，编码基因 13 485 个。该菌的基因组中次级代谢相关基因含量丰富，发现了 35 个 I 型聚酮合酶（PKSI）基因，24

个非核糖体多肽合酶基因（NRPS）和 122 个细胞色素 P450 酶基因等（见表 10-1）。黄曲霉分生孢子梗呈黄绿色，有双层小梗，小梗上着生链状分生孢子，孢子球形，表面粗糙，有小突起。菌落生长快，结构疏松，表面黄绿色，平坦或有放射状沟纹，反面无色或带褐色。

（二）致病机制

黄曲霉毒素对人体的毒害作用主要是由于其能够干扰蛋白质的生物合成，进而影响细胞代谢。黄曲霉毒素分子中的二呋喃环结构，是产生毒性的重要结构。它能与 tRNA 结合形成复合物，竞争性抑制 tRNA 与某些氨基酸结合的活性，对蛋白质生物合成中的必需氨基酸，如赖氨酸、亮氨酸、精氨酸和甘氨酸，均有不同程度的竞争性抑制作用，从而在翻译水平上干扰蛋白质的生物合成，影响细胞代谢。

（三）生物合成及调控

黄曲霉毒素的生物合成相关基因位于基因组上的一个 70 kb 大小的基因簇内，以丙二酰辅酶 A 为合成前体。其合成步骤：己酰基辅酶 A →诺素罗瑞尼克酸（NOR）→奥佛兰提素（AVN）→奥佛路凡素（HAVN）→奥佛尼红素（AVF）→羟基杂色酮（HVN）→杂色半缩醛乙酸（VHA）→杂色曲霉 B（VER B）→杂色曲霉 A（VER A）→柄曲霉素（DMST）→ O- 甲基柄曲霉素（ST）→黄曲霉毒素 B1（AFB1），黄曲霉毒素 G_1（AFG_1）。黄曲霉毒素的生物合成调控机制比较复杂，至少涉及 17 个不同的酶。aflR 基因是黄曲霉毒素生物合成最重要的调控基因，可以激活黄曲霉毒素生物合成基因的表达。该调控基因的表达受到多种因素影响，包括硝酸盐、锌离子、胞内的 NADPH/NADP$^+$ 等。黄曲霉毒素的生物合成同样受 aflS 基因调控，aflS 是通过与 aflR 结合起作用的。LaeA 也是黄曲霉次级代谢的全局性调控因子，决定着次级代谢基因簇的表达（Yu et al., 1995）。此外，调控黄曲霉次级代谢的基因还包括 nor-1、ver-1、uvm8、omtA、ordA 等（图 10-10）。

影响黄曲霉毒素生物合成的环境因素有许多，主要包括碳源、氮源、温度和 pH 等（Yu et al., 1995）。碳源对黄曲霉毒素合成的影响已经明确，葡萄糖、蔗糖、果糖和麦芽糖有利于毒素的形成，而蛋白胨、山梨糖和乳糖起抑制作用。另外，脂质底物有利于黄曲霉毒素的产生，已知其可以通过增强 lipA 基因的表达，进而促进黄曲霉毒素的产生。还原态氮源可以促进黄曲霉毒素的合成，而氧化态氮源起抑制作用。天冬氨酸、丙氨酸、谷氨酸、天冬酰胺和谷氨酰胺等都有利于毒素的合成，而硝酸钠和亚硝酸钠抑制毒素产生，证实毒素合成基因 aflR 作用于氮源调控过程。黄曲霉毒素合成的最适温度为 28 ～ 30℃，生物合成基因簇中 aflR、aflS 和 aflP 的表达均受到温度的调控。黄曲霉毒素的生物合成发生在酸性环境中，最佳 pH 为 3.4 ～ 5.5，PacC 基因是调控 pH 平衡的主要转录因子，在碱性条件下被激活，能够促进碱性基因的表达，同时抑制酸性基因（如 aflR 基因），进而抑制黄曲霉毒素合成。

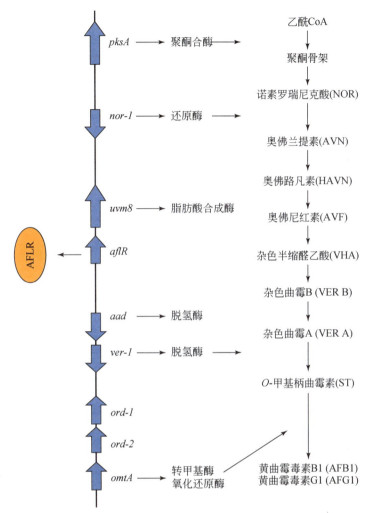

图 10-10　黄曲霉毒素的生物合成调控（修改自 Yu et al., 1995）

黄曲霉毒素的生物合成起始于脂肪酸的生物合成，即乙酰 CoA 作为起始单位，丙二酸单酰 CoA 作为延长单位，在聚酮化合物合成酶形成聚酮骨架，AFLR 是合成过程中的重要调控蛋白

第二节　生防真菌及大型真菌

近年来，化学农药对环境和人类健康的危害日益严重，生物防治是解决这一问题的有效手段。真菌生物农药以其防治范围广、残效长和扩散能力强等优点，在植物病害生物防治中已被广泛研究和应用，如真菌杀虫剂、捕食线虫真菌等。大型真菌往往可形成较大的子实体，许多大型真菌具有食药用价值，其产生的多糖、糖蛋白、多肽、萜类和甾醇等活性物质在抗肿瘤、抗氧化及免疫调节等方面发挥重要作用。深入了解生防真菌和大型真菌的基因功能、信号调控通路和药用功效等，对生态系统和人类健康具有重要的意义。表10-3 总结了常见的生防及大型真菌的基因组信息。

表 10-3　生防及大型真菌基因组

菌株	基因组大小（Mb）	染色体数	基因数	基因组版本（年-月-日）	文献
球孢白僵菌	33.7 ~ 38.8	10	10 857	2014-08-11	Xiao et al.，2012
罗伯茨绿僵菌	32.19	4	13 653	2014-12-19	Gao et al.，2011
捕食线虫真菌寡孢节丛孢菌	40.02	—	11 479	2010-04-26	Yang et al.，2011
坚粘孢单顶孢菌	40.4	—	10 959	2013-04-04	Meerupati et al.，2013
明尼苏达被毛孢	51.4	—	12 702	2014-08-06	Lai et al.，2014
冬虫夏草菌	120	—	6 972	2016-05-20	Li et al.，2016

注："—"表示未知。

一、杀虫真菌

真菌类杀虫剂与其他杀虫剂相比，具有近似化学杀虫剂的触杀性能，并具有广谱的防治范围、残效长、扩散力强等特点。目前已知的杀虫真菌种类很多，其中以白僵菌、绿僵菌的应用面积最大。白僵菌和绿僵菌均属于半知菌类、丛梗孢目、丛梗孢科。白僵菌广泛应用于农林害虫、果树、茶树、蔬菜等经济作物，可防治松毛虫、玉米螟、食心虫和水稻叶蝉等害虫。绿僵菌是最早使用的真菌杀虫剂，广泛应用于农田、林木、桥梁等多领域防治工作，可消灭白蚁、蝗虫、金龟甲和金针虫等害虫。

白僵菌和绿僵菌对昆虫的侵染机制比较相似（图 10-11）。主要通过皮肤、口腔和气孔入侵昆虫，其感染机制是通过分生孢子出芽时的机械力，以及芽管分泌的蛋白酶和毒素，溶解并破坏昆虫的表皮，侵入昆虫体腔，毒杀昆虫。侵染早期，由分生孢子黏附到虫体体表，在适宜条件下萌发产生芽管，进而侵入体腔不断伸长为菌丝，菌丝通过吸收昆虫体内营养，顶端膨大形成筒形孢子。筒形孢子和菌丝填满虫体影响昆虫的血液循环，并改变体液的理化性质，使昆虫因新陈代谢功能紊乱而死亡，昆虫体液被菌丝大量吸收，虫体变干成为僵尸。随后，虫体上形成的大量分生孢子又可以随处散播，造成病害的流行。

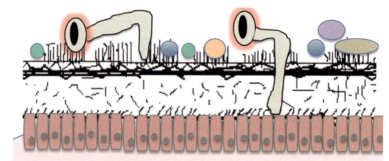

图 10-11　杀虫真菌白僵菌和绿僵菌入侵昆虫示意图（修改自 Boucias et al.，2018）

首先由分生孢子黏附到虫体体表，被诱导产生芽管后，侵入昆虫体腔不断伸长形成菌丝，菌丝通过吸收营养，产生筒形孢子，使昆虫代谢紊乱而死亡。然后虫体上形成的分生孢子可以进行新一轮循环

（一）球孢白僵菌

球孢白僵菌（*Beauveria bassiana*）基因组大小为 33.7～38.8 Mb，包含 10 条染色体，编码基因约 10 857 个。通过基因丰度分析发现，该菌存在五大类功能基因，包括 287 个初级代谢相关基因、118 个次级代谢产物合成基因、86 个抗生素合成基因、69 个环境感应相关基因及 45 个与氨基酸合成相关基因等。说明该菌在感应环境变化、产生各种水解酶类和毒素等方面能力比较强，与其杀虫特性有关。

（二）罗伯茨绿僵菌

罗伯茨绿僵菌（*Metarhizium robertsii*）基因组大小约为 41.7 Mb，G+C 含量 51.49%，编码基因约 11 689 个，其中编码分泌型蛋白的基因所占比例较高，约占基因组的 17.6%，tRNA 141 个，假基因 363 个。分泌型蛋白主要包括一些体表黏附蛋白，如蛋白酶、几丁质酶等，与绿僵菌的杀虫特性密切相关。有趣的是，在绿僵菌的基因组中也发现了类似粗糙脉孢菌和构巢曲霉中参与有性生殖与减数分裂的基因，如交配型基因和高移动簇 *HMG* 基因，暗示其可能具备同性或异性交配的能力。

（三）生防真菌的抗胁迫机制和信号通路

生防真菌往往受到多种环境压力的影响，因而具备多种抗胁迫策略。热休克蛋白（heat shock proteins，HSP）是生防真菌在胁迫条件下大量合成的一类蛋白。球孢白僵菌基因组中编码 30 多个 HSP，其中 Hsf1、Hsp78 和 Hsp104 是重要的热激因子，Hsf1 也是重要的孢壁完整性因子，Hsp40a 是渗透压敏感因子和毒力因子，而 Hsf2、Hsf3、Hsf78、Hsf60a 及 Hsp40c 是重要的产孢调控因子（Liu et al.，2017）。生防真菌的信号通路比较保守，主要是通过 G 蛋白偶联受体 GPCRs 感应虫体信号，将信号传递到胞内，分别通过 Ca^{2+} 信号依赖通路、Hog1 和 Ste11 介导的 MAPK 级联反应通路，以及 cAMP-PKA 信号通路，激活下游的蛋白激酶和转录因子，促进菌丝生长，引发虫体感染（Wang et al.，2013；Chen et al.，2016）。

二、捕食线虫真菌

捕食线虫真菌是一类通过捕食器官捕食线虫的重要生防真菌（图 10-12）。在没有捕食对象时多数营腐生生活，在线虫产生的某些肽及氨基酸的诱导下能产生多种捕食器官，捕食器官上覆盖凝集素，可与线虫体表相应的糖蛋白受体相互识别，在机械压力和水解酶的作用下破坏线虫体壁，然后侵入虫体，杀死线虫（Yang et al.，2007）。

捕食线虫真菌常见的捕食器官有：

（1）黏性菌丝，这类真菌菌丝表面覆盖有一层黏性物质，可以黏附线虫。代表类群为泡囊虫霉属（*Cystopage*）、三叉孢属（*Tridentaria*）和三角棕孢属（*Triposporina*）。

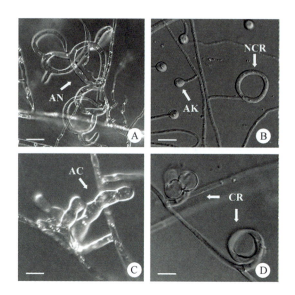

图 10-12　捕食线虫真菌的捕食器官（Yang et al.，2007）

A. 黏性网（adhesive network，AN）；B. 黏性球（adhesive knob，AK）和非收缩环（non-constricting ring，NCR）；
C. 黏性分枝（adhesive column，AC）；D. 收缩环（constricting ring，CR）

（2）黏性疣突，与黏性菌丝类似，不同之处在于菌丝上形成疣状突起。代表类群为梗虫霉属（*Stylopage*）。

（3）黏性球，是由菌丝疣突前端分泌出黏性物质聚集而成，本身没有细胞结构。代表类群为轮虫霉属（*Zoophagus*）和毒虫霉属（*Nematoctonus*）。

（4）黏性分枝，菌丝分枝表面有黏性物质，又能够相互交叉形成二维网状结构。代表类群为葛氏霉属（*Gamsylella*）。

（5）黏性网，由菌丝分枝相互交叠形成的三维立体网状结构，表面覆盖黏性物质。代表类群为节丛孢属（*Arthrobotrys*）。

（6）具柄黏球，是由特化的球形黏性细胞构成，具有长或短的柄。代表类群为小隔指孢属（*Dactylellina*）。

（7）无柄黏球，与具柄黏球相似，但没有柄而直接着生于营养菌丝上。代表类群为葛氏霉属（*Gamsylella*）。

（8）收缩环，一种主动的运动捕食结构，由菌丝分枝细胞融合形成的环状结构，当线虫进入环中时，环的细胞迅速膨大，将线虫卡住。代表类群为小掘氏霉属（*Drechslerella*）。

（9）非收缩环，与收缩环结构相似，但环细胞不会膨大，线虫主要是被动地进环。可能由于捕食效率低下，凡具有非收缩环的类群常伴有具柄黏球结构。

（一）生物学特征

捕食线虫真菌具有营养菌丝生长阶段、分生孢子发育阶段和有性生殖阶段。其分生孢子梗一般直立于基质表面，有的有分枝，有些着生单个分生孢子，有些着生多个分生孢子，有些形成瘤突和瘤节。分生孢子形态一般为纺锤形、棱形、椭球形或柱形。部分捕食真菌已发现了其有性生殖阶段，如半知菌中节孢丛孢属和指隔孢属的有性阶段为盘菌。目前已知的捕食线虫真菌超过 200 种，其分布受土壤的湿度、温度、pH、营养条件等因素的影响。最适生长温度为 20 ~ 30℃，最适 pH 在 5 ~ 6（张克勤等，2001）。

（二）捕食线虫真菌侵染机制

捕食线虫真菌捕食线虫的过程中，主要依赖捕食器官上的凝集素识别并黏附于线虫体壁。凝集素（lectin）是一类具有糖专一性、能促使细胞凝集的蛋白质或糖蛋白，可与线虫体壁上的糖及其残基相互作用。不同真菌的捕食器官具有不同的凝集素，而不同线虫体壁上的糖基结构也不同，因此捕食真菌对线虫有一定的专化性。捕食线虫真菌侵入线虫体内的过程，是菌体自身萌发的机械力和产生的胞外水解酶的协同作用过程。已知的胞外水解酶主要有丝氨酸蛋白酶、几丁质酶和胶原酶等（Yang et al.，2007）。

三、冬虫夏草菌

冬虫夏草菌属于子囊菌门、子囊菌纲、粪壳菌亚纲、肉座菌目、麦角菌科、虫草属，主要寄生于蝙蝠蛾科昆虫幼虫体上。冬虫夏草菌产生的子囊孢子通常于夏秋季节感染昆虫的幼虫，菌丝体侵入虫体血腔，在虫体内发育，不断延伸后变为坚硬的"菌核"，被感染的昆虫逐渐僵化，形成所谓"冬虫"；到第二年春夏时分，由僵虫头端长出短小的子座，形似嫩草，即为"夏草"（图 10-13）。冬虫夏草功效较多，主要活性成分是虫草素，具有调节免疫系统功能、抗肿瘤、抗疲劳、补肺益肾、止血化痰等多种功效（Wu et al.，2014）。

图 10-13　冬虫夏草不同发育阶段的形态特征（Zhong et al.，2018）

A. 僵虫头端长出短小的子座；B. 伸长的子座；C. 光照诱导子座膨大形成子囊壳，产生子囊孢子；D. 黑暗条件下子座继续伸长

（一）冬虫夏草的生活史

冬虫夏草的生活史包括子囊孢子（有性型）和分生孢子（无性型）两个阶段，对其无性型的认识曾说法不一，目前已确认中国被毛孢（*Hirsutella sinensis*）为冬虫夏草的无性型（图 10-14）。冬虫夏草菌通过孢子传播寄生于蝙蝠蛾的幼虫，在虫体内吸收营养，萌发菌丝，当菌丝充满虫体时，幼虫死亡形成僵虫。每年 4～6 月份，随着气温的回升，冬虫夏草菌的子座迅速长出地面，子座膨大形成子囊壳，成熟的子囊孢子从子囊壳中弹射出来落在地表，当温度、湿度等环境条件适宜时可萌发形成菌丝，菌丝顶端产生分生孢子。同时子囊孢子也可通过微循环直接产生分生孢子，孢子逐渐成熟散落，完成一个世代循环（刘作易等，2003）。

图 10-14　冬虫夏草子实体来源的中国被毛孢培养形态（Ko et al., 2017）

A. 冬虫夏草子实体形态；B. PDA 培养基平板上生长的中国被毛孢菌落形态；C. 中国被毛孢的菌丝体形态

（二）冬虫夏草的药用功效

1. 免疫调节功能　冬虫夏草对免疫功能的作用是双向的。冬虫夏草水提物能够剂量依赖性地增强小鼠腹腔巨噬细胞的吞噬活性，在临床上可用作免疫激活剂以防止肿瘤转移；冬虫夏草的粗多糖能显著增强单核巨噬细胞的吞噬功能，增强二硝基氟苯诱导的小鼠迟发型变态反应，具有提高细胞免疫和体液免疫功能的作用。相反，虫草粗品、醇提物能够抑制小鼠的免疫功能，对吞噬细胞功能、T 淋巴细胞转化及混合淋巴细胞反应均有显著的抑制作用。

2. 抗肿瘤作用　冬虫夏草对肿瘤细胞的增殖或生长有明显的抑制作用。其醇提物中分离到的两种麦角甾醇过氧化物能有效抑制多种白血病细胞和骨髓瘤细胞的增殖；虫草多糖能够抑制白血病细胞的增殖和肝肺肿瘤细胞的生长；虫草水提物对小鼠肺肿瘤细胞及黑素瘤细胞具有抗肿瘤转移的活性。

3. 抗炎、抗菌、抗病毒作用　冬虫夏草产生的虫草素具有明显的抗病毒和抑菌作用，能够增强尖锐湿疣患者的细胞免疫功能；其水提物中存在多种抗菌物质，能够拮抗革兰氏阴性和阳性细菌、链霉菌等，具有镇咳、祛痰和抗菌消炎作用。

4. 调节心血管功能　人工虫草菌丝体醇提取物和醚提取物抗心律失常作用明显，具有良好的抗触发活动及触发性心律失常作用。

5. 抗氧化作用 对冬虫夏草的子实体和虫体的化学成分分析，均显示较强的抗氧化活性和抗脂质过氧化反应活性，且能够通过抑制低密度脂肪来阻止巨噬细胞胆固醇酯的积累。

6. 神经系统调节作用 冬虫夏草可延长戊巴比妥钠睡眠时间和镇静、抗惊厥等作用，还具有促进机体代谢、调节内分泌、抗疲劳等功效。

7. 内脏保健作用 冬虫夏草醇提物中的麦角甾醇化合物 H1-A 对肾功能损伤有保护作用，可延缓肾衰竭。虫草多糖能够抑制慢性肝损伤导致的肝纤维化，延迟肝硬化的发生并改善肝功能。

8. 其他功能 冬虫夏草水提物可以通过抑制自由基介导的 LDL 氧化，减少大动脉中胆固醇的沉积，对于由氧化压力导致的动脉粥样硬化有一定的抑制效果；另有研究证实，虫草多糖可降低小鼠的肝葡萄糖激酶活力，进而降低小鼠的血糖水平；虫草石油醚提取物能够延长心律失常的诱发时间，减少持续时间和严重程度从而对抗心律失常。

第三节 产业相关真菌的研究展望

真菌是自然生态系统中的重要成员，是生产力的重要贡献者和有机物质的主要降解者，在地球生物圈的发育、演化、物质与能量循环，以及生态环境维持和恢复中具有不可替代的作用。目前真菌在农业、医药和工业领域都显示出重要的价值，深入挖掘产业化真菌的遗传调控机制，理性地改造其生物学特性，可以更好地利用真菌资源，为人类造福。本节将重点阐述产业化真菌的研究现状，并对产业化领域的未来发展进行展望。

一、在保护生态环境中的作用

纤维素是农林业废弃物中的主要成分，在我国大部分秸秆和林副产品被填埋或燃烧，不但污染了环境，也是对生物质资源的极大浪费。分解和转化天然纤维素资源，对于解决目前面临的环境污染和能源危机问题具有重大的现实意义。里氏木霉是高产纤维素酶的首选菌株，利用其产生的纤维素酶及与其他降解酶类的协同作用，可将秸秆等农林废弃物转化为纤维素乙醇、玉米乙醇等能源燃料，不仅可以促进自然界碳素循环，减轻环境污染，也能够解决我国的能源短缺问题。在饲料行业中，利用纤维素酶可分解饲料中的非淀粉多糖等大分子物质，提高家畜内源性消化酶活性，调整菌群结构，不仅能够降低家畜疾病的发病率，减少抗生素用量，也能够减轻对环境的污染，提高出栏率。因此，发掘高活性纤维素酶，增强酶分子的稳定性，实现纤维素酶工业生产高效化，是纤维素酶研究的主要方向。早期我国纤维素酶的研究主要停留在基因挖掘、酶分子改造及酶学性质研究等方面。近年来，研究主要集中在利用高通量手段实现宏基因组库筛选新型纤维素酶，利用无毒材料对酶进行固定化提高酶稳定性，以及通过理性、半理性和非理性设计等手段筛选优良性状，通过分析酶蛋白结构及其折叠方式，结合实际生产需要，优化酶活性和生产性状，实现纤维素酶高效的工业化生产。

化学农药的长期使用不但破坏了生物种群的平衡，也严重污染水体、大气和土壤，甚至危害人类健康。生物防治利用了生物物种间的相互关系，降低病虫害的同时，也保护了生态环境，是植物病虫害治理的重要手段，能够实现农业的可持续发展。生防真菌在植物的病虫害防治中的作用已越来越受到人们的关注，然而它们对有害生物的防治机制和互作关系仍有待更深入的研究。随着遗传技术、基因组学、蛋白质组学等生物学手段的不断发展和完善，探索生防真菌防治有害生物的作用机制，厘清生物防治中的活动规律，构建广谱、高效、多功能的生防真菌，已经成为十分重要的任务。

二、在医药开发方面的潜力

丝状真菌能够产生大量的次级代谢物，如人们熟知的青霉素、头孢菌素和洛伐他汀等。目前，多种真菌次级代谢产物已经广泛应用于疾病防控和医药开发领域。真菌合成次级代谢产物的调控机制比较复杂，主要包括转录水平、表观遗传和翻译后水平的调控等。我国科研人员在研究真菌代谢调控机制方面已取得显著进展。如研究丝状真菌与宿主的互作机制，通过异源表达、定向遗传改造、表观遗传修饰和种间互作，激活隐性次级代谢基因簇或者构建新型化合物等。越来越多的研究成果极大地促进了真菌次级代谢调控研究的进展，然而原创性的具有重要突破性的研究仍然不多。例如，未来可以重点关注真菌细胞的群感效应、菌体自噬及初级代谢等与次级代谢调控之间的关系，可以借助转录组、蛋白质组和代谢组学等高通量分析，结合合成生物学设计，系统、高效地筛选出重要的目标基因，理性地改造真菌次级代谢途径和调控网络，提高重要次级代谢物的活性和产量。

三、近年来产业相关真菌研究的主要方向和热点

(一) 里氏木霉

（1）生长发育和形态发生（有性生殖、无性生殖、菌丝发育和产孢机制等）。

（2）产酶发酵优化及扩大化生产（固态发酵、液态发酵、培养基优化、酶固定化、响应面方法和正交试验等）。

（3）工业用酶的重组、表达及活性研究（纤维二糖水解酶、木聚糖酶、β-葡聚糖酶、诱变选育、定点突变和 lncRNA 等）。

（4）食品加工、酿造、饲料和医药等行业的应用（营养和口感、资源利用、环境保护、饲料预处理和中草药成分的提取等）。

(二) 产黄青霉

（1）形态结构及培养优化（产孢发育、气生菌丝、发酵工艺和副产物等）。

（2）合成青霉素的代谢调控（碳源、氮源、赖氨酸和外源青霉素抑制）。

（3）菌种改良和发酵工艺优化（诱变育种、原生质体融合和基因工程）。

（4）提高青霉素产量的组学研究（基因组学、胞内蛋白质组学和分泌蛋白质组学等）。

（5）系统生物学和合成生物学。

（三）杀虫真菌

（1）杀虫形态结构及形成的理化条件（分生孢子、附着胞形成、碳源、氮源和脂类物质）。

（2）侵染昆虫机制及杀虫机理（表皮降解酶、分解代谢调控机制、致病性调控、酸性磷酸酯酶和寄主抗真菌蛋白等）。

（3）遗传改造和高酶活菌株的构建（基因加倍、强启动子、增效基因和遗传修饰等）。

（4）真菌杀虫剂的开发和生物防治应用。

四、真菌研究相关的常用网上资源

（一）基因组相关数据库

- AspGD（*Aspergillus* Genome Database）
  http：//www.aspgd.org/
- CGD（*Candida* Genome Database）
  http：//www.candidagenome.org/
- *Cryptococcus neoformans* Genome Project website
  http：//www-sequence.stanford.edu/group/C.neoformans/overview.html

（二）真菌同源基因 Othology（不同物种同源基因的线性可视化）

- YGOB（Yeast Gene Order Browser）
  http：//ygob.ucd.ie/
- CGOB（*Candida* Gene Order Browser）
  http：//cgob3.ucd.ie/

（三）真菌菌保中心及物种信息汇总

- FGSC（Fungal Genetics Stock Center，真菌遗传学保藏中心）
  http://www.fgsc.net/
- CBS（The CBS-KNAW culture collection ，荷兰）
  http：//www.westerdijkinstitute.nl/Collections/
- PYCC（Portuguese Yeast Culture Collection ，葡萄牙）
  http：//pycc.bio-aware.com/defaultinfo.aspx?page=collections
- CGMCC（中国普通微生物菌种保藏管理中心）
  http：//www.cgmcc.net/

- Index Fungorum（真菌分类学网站，物种首次发表信息、文献、菌种号等）
  http：// www. indexfungorum.org/

（四）核酸数据库

- INSD（国际核酸序列数据库，International Nucleotide Sequence Databank，由日本的 DDBJ、欧洲的 EMBL 和美国的 GenBank 三家各自建立和共同维护）
- EMBL 库（欧洲分子生物学实验室的 DNA 和 RNA 序列库）
  http：//www.ebi.ac.uk/embl.html
- GenBank（美国国家生物技术信息中心（NCBI）所维护的供公众自由读取的、带注释的 DNA 序列的总数据库）
  http：//www.ncbi.nlm.nih.gov/Web/Genbank/
- DNA Databank of Japan（DDBJ，日本核酸数据库）
  http：//www.ddbj.nig.ac.jp/

（五）基因组数据库

- FungiDB (Fungi and Oomycete Genomics Resources)
  https://fungidb.org/fungidb/
- GenBank 的 /genomes/ 子目录（最全的基因组数据库之一）
  ftp：//ftp.cbi.pku.edu.cn（/pub/databases/genband/genomes/）
- MBGD（Microbial Genome Database）
  http：//mbgd.genome.ad.jp/
- 1000 Fungal Genomes Project（1000 个真菌基因组计划）
  http：//1000.fungalgenomes.org/home/

（六）载体数据库，分子生物学常用的许多载体的注释和序列信息

- VectorDB（载体数据库）
  http：//vectordb.atcg.com/
- Vector 和 Vector-ig
  ftp：//ncbi.nlm.nig.gov（/repository/vetcor-ig）
  ftp：//ncbi.nlm.nig.gov（/repository/vector）

（七）蛋白质序列数据库

- SWISS-PROT（是对数据人工审读很严格的库）
  http：//www.expasy.ch/sprot/
- TrEMBL（是从 EMBL 库中的核酸序列翻译出来的氨基酸序列，已经完成了自动注释）

http：//www.ebi.ac.uk：5000
- GenBank（是由 GenBank 中的 DNA 序列翻译得到的蛋白质序列，与 TrEMBL 相似，但没有像后者那样经专家审读）

  http：//www.infobiogen.fr/srs/
- NCBI protein 数据库

  https：//www.ncbi.nlm.nih.gov/protein/?term=
- ENZYME（基于命名系统的酶数据库）

  http：//www.expasy.ch/enzyme/

（八）注释与功能富集

- Gene Ontology Consortium（最权威的 GO 数据库及分析网站）

  http：//www.geneontology.org/
- DAVID（The Database for Annotation，Visualization and Integrated Discovery）

  https：//david.ncifcrf.gov/
- WEGO（GO 注释作图的网页工具）

  http：//wego.genomics.org.cn/cgi-bin/wego/index.pl
- KEGG（京都基因与基因组百科全书，包含核酸分子、蛋白质序列、基因表达、基因组图谱、代谢途径图等）

  http：//www.genome.ac.jp/kegg/
- KAAS - KEGG Automatic Annotation Server（pathway 富集网页工具）

  http：//www.genome.jp/tools/kaas/
- COG（直系同源聚类数据库）

  http：//www.ncbi.nlm.nih.gov/COG/

（九）Motif

- CDD（Conserved Domains Database）and CD-Search（蛋白质结构域预测数据库与工具集）

  https：//www.ncbi.nlm.nih.gov/Structure/cdd/cdd.shtml
- SMART（简单模块构架搜索工具的缩写，结构域预测）

  http：//SMART.embl-heidelberg.de/
- PFAM（高质量的蛋白质结构域家族数据库）

  http：//www.sanger.ac.uk/Sorfware/Wise2/
- 蛋白质跨膜区预测

  http：//www.cbs.dtu.dk/services/TMHMM/

（十）蛋白磷酸化位点预测网页工具

- pkaPS ［Prediction of protein kinase A（PKA）phosphorylation sites］

http：//mendel.imp.ac.at/pkaPS/pkaPS.html
- KinasePhos2.0 WebLogo

  http：//kinasephos2.mbc.nctu.edu.tw/index.html
- NetPhos

  http：//www.cbs.dtu.dk/services/NetPhos/

（十一）蛋白互作数据库及网页分析工具集

- BioGRID

  https：//thebiogrid.org/
- STRING

  https：//string-db.org/
- DIP（Database of Interacting Proteins）

  http：//dip.doe-mbi.ucla.edu/dip/Main.cgi

（十二）蛋白质三维结构预测

- SWISS-MODEL

  https：//swissmodel.expasy.org/interactive
- Molecular Modeling Database（MMDB）

  https：//www.ncbi.nlm.nih.gov/structure/

习　　题

（1）真菌在产业化生产中的应用还有哪些？如何更好地利用产业化真菌资源？

（2）举例说明产业真菌对人类生活的贡献，其菌种特性和生产工艺上的改良措施及发展前景。

（3）生防真菌与宿主的互作机制有哪些？怎样通过多学科交叉手段发掘新型真菌生物农药？

（4）举例说明大型真菌的食药用价值及应用前景。

主要参考文献

刘佳佳，刘钢 . 2016. 头孢菌素 C 生物合成调控研究进展 . 微生物学报，56（3）：461-470.

刘作易，梁宗琦，辛智海 . 2003. 冬虫夏草显微结构再观察和子囊孢子发育研究 . 贵州科学，21：51.

张克勤，刘杏忠，李天飞 . 2001. 食线虫菌物生物学 . 北京：中国科学技术出版社 .

Barreiro C，García-Estrada C. 2019. Proteomics and *Penicillium chrysogenum*：unveiling the secrets behind penicillin production. *J Proteomics*，198：119-131.

Barreiro C，Martın JF，García-Estrada C. 2011. Proteomics shows new faces for the old penicillin producer

Penicillium chrysogenum. Journal of Biomed Biotechnol，2012：1-15.

Boucias DG，Zhou Y，Huang S，Keyhani NO. 2018. Microbiota in insect fungal pathology. *Appl Microbiol Biotechnol*，102：5873-5888.

Chen X，Xu C，Qian Y，Liu R，Zhang Q，Zeng G，Zhang X，Zhao H，Fang W. 2016. MAPK cascade-mediated regulation of pathogenicity，conidiation and tolerance to abiotic stresses in the entomopathogenic fungus *Metarhizium robertsii. Environ Microbiol*，18（3）：1048-1062.

Demain AL，Zhang J. 1998. Cephalosporin C production by *Cephalosporium acremonium*：the methionine story. *Crit Rev Biotechnol*，18（4）：283-294.

Gao Q，Jin K，Ying SH，Zhang Y，Xiao G，Shang Y，Duan Z，Hu X，Xie XQ，Zhou G，et al. 2011. Genome sequencing and comparative transcriptomics of the model entomopathogenic fungi *Metarhizium anisopliae* and *M. acridum. PLoS Genet*，7（1）：e1001264.

Jørgensen TR，Nielsen KF，Arentshorst M，Park J，van den Hondel CA，Frisvad JC，Ram AF. 2011. Submerged conidiation and product formation by *Aspergillus niger* at low specific growth rates are affected in aerial developmental mutants. *Appl Environ Microbiol*，77（15）：5270-5277.

Ko YF，Liau JC，Lee CS，Chiu CY，Martel J，Lin CS，Tseng SF，Ojcius DM，Lu CC，Lai HC，et al. 2017. Isolation，culture and characterization of *Hirsutella sinensis* mycelium from caterpillar fungus fruiting body. *PLoS One*，12（1）：e0168734.

Lai Y，Liu K，Zhang X，Zhang X，Li K，Wang N，Shu C，Wu Y，Wang C，Bushley KE，et al. 2014. Comparative genomics and transcriptomics analyses reveal divergent lifestyle features of nematode endoparasitic fungus *Hirsutella minnesotensis. Genome Biol Evol*，6（11）：3077-3093.

Li Y，Hsiang T，Yang RH，Hu XD，Wang K，Wang WJ，Wang XL，Jiao L，Yao YJ. 2016. Comparison of different sequencing and assembly strategies for a repeat-rich fungal genome，*Ophiocordyceps sinensis. J Microbiol Methods*，128：1-6.

Liu J，Wang Z，Sun H，Ying S，Feng M. 2017 Characterization of the Hog1 MAPK pathway in the entomopathogenic fungus *Beauveria bassiana. Environ Microbiol*，19（5）：1808-1821.

Martinez D，Berka RM，Henrissat B，Saloheimo M，Arvas M，Baker SE，Chapman J，Chertkov O，Coutinho PM，Cullen D，et al. 2008. Genome sequencing and analysis of the biomass-degrading fungus *Trichoderma reesei*（syn. *Hypocrea jecorina*）. *Nat Biotechnol*，26（5）：553-560.

Meerupati T，Andersson KM，Friman E，Kumar D，Tunlid A，Ahrén D. 2013. Genomic mechanisms accounting for the adaptation to parasitism in nematode-trapping fungi. *PLoS Genet*，9（11）：e1003909.

Mukherjee PK，Horwitz BA，Herrera-Estrella A，Schmoll M，Kenerley CM. 2013. *Trichoderma* research in the genome era. *Annu Rev Phytopathol*，51：105-129.

Nielsen KF，Mogensen JM，Johansen M，Larsen TO，Frisvad JC. 2009. Review of secondary metabolites and mycotoxins from the *Aspergillus niger* group. *Anal Bioanal Chem*，395：1225-1242.

Nierman WC，Yu J，Fedorova-Abrams ND，Losada L，Cleveland TE，Bhatnagar D，Bennett JW，Dean R，Payne GA. 2015. Genome sequence of *Aspergillus flavus* NRRL 3357，a strain that causes aflatoxin contamination of food and feed. *Genome Announc*，3（2）：e00168-15.

Pel HJ，Winde JH，Archer DB，Dyer PS. 2007. Genome sequencing and analysis of the versatile cell factory *Aspergillus niger* CBS 513. 88. *Nat Biotech*，25（2）：221-231.

Portnoy T，Margeot A，Seidl-Seiboth V，Le Crom S，Ben Chaabane F，Linke R，Seiboth B，Kubicek CP. 2011. Differential regulation of the cellulase transcription factors XYR1，ACE2，and ACE1 in *Trichoderma reesei* strains producing high and low levels of cellulase. *Eukaryot Cell*，10（2）：262-271.

Seidl V，Seibel C，Kubicek CP，Schmoll M. 2009. Sexual development in the industrial workhorse *Trichoderma reesei. Proc Natl Acad Sci* USA，106（33）：13909-13914.

Specht T，Dahlmann TA，Zadra I，Kürnsteiner H，Kück U. 2014. Complete sequencing and chromosome-scale genome assembly of the industrial progenitor strain P2niaD18 from the penicillin producer *Penicillium chrysogenum. Genome Announc*，2（4）. e00577-14.

Terfehr D，Dahlmann TA，Specht T，Zadra I，Kürnsteiner H，Kück U. 2014. Genome sequence and annotation of *Acremonium chrysogenum*，producer of the β-lactam antibiotic *Cephalosporin C. Genome Announc*，2（5）：e00948-14.

van den Berg MA，Albang R，Albermann K，Badger JH，Daran JM，Driessen AJM，Garcia-Estrada C，Fedorova ND，Harris DM，et al. 2008. Genome sequencing and analysis of the filamentous fungus *Penicillium chrysogenum. Nat Biotech*，26（10）：1161-1168.

van Peij NN，Visser J，de Graaff LH. 1998. Isolation and analysis of xlnR，encoding a transcriptional activator co-ordinating xylanolytic expression in *Aspergillus niger. Mol Microbiol*，27（1）：131-142.

Wang J，Zhou G，Ying S，Feng M. 2013. P-type calcium ATPase functions as a core regulator of *Beauveria bassiana* growth，conidiation and responses to multiple stressful stimuli through cross-talk with signalling networks. *Environ Microbiol*，15（3）：967-979.

Wu JY，Leung HP，Wang WQ，Xu C. 2014. Mycelial fermentation characteristics and anti-fatigue activities of a Chinese caterpillar fungus，*Ophiocordyceps sinensis* strain Cs-HK1（Ascomycetes）. *Int J Med Mushrooms*，16（2）：105-114.

Xiao G，Ying S，Zheng P，Wang Z，Zhang S，Xie X，Shang Y，Leger RJS，Zhao G，Wang C，et al. 2012. Genomic perspectives on the evolution of fungal entomopathogenicity in *Beauveria bassiana. Sci Rep*，2：483.

Xu Q，Singh A，Himmel ME. 2009. Perspectives and new directions for the production of bioethanol using consolidated bioprocessing of lignocellulose. *Curr Opin Biotech*，20：364-371.

Yang J，Tian B，Liang L，Zhang K. 2007. Extracellular enzymes and the pathogenesis of nematophagous fungi. *Appl Microbiol Biotechnol*，75：21-31.

Yang J，Wang L，Ji X，Feng Y，Li X，Zou C，Xu J，Ren Y，Mi Q，Wu J，et al. 2011. Genomic and proteomic analyses of the fungus *Arthrobotrys oligospora* provide insights into nematode-trap formation. *PLoS Pathog*，7（9）：e1002179.

Yang Y，Yang E，An Z，Liu X. 2007. Evolution of nematode-trapping cells of predatory fungi of the Orbiliaceae based on evidence from rRNA-encoding DNA and multiprotein sequences. *Proc Natl Acad Sci* USA，104（20）：8379-8384.

Yao G，Yue Y，Fu Y，Fang Z，Xu Z，Ma G，Wang S. 2018. Exploration of the regulatory mechanism of secondary metabolism by comparative transcriptomics in *Aspergillus flavus. Front Microbiol*，9：e1568.

Yu J，Chang PK，Cary JW，Wright M，Bhatnagar D，Cleveland TE，Payne GA，Linz JE. 1995. Comparative mapping of aflatoxin pathway gene clusters in *Aspergillus parasiticus* and *Aspergillus flavus. Appl Environ Microbiol*，61（6）：2365-2371.

Zhong X，Gu L，Wang H，Lian D，Zheng Y，Zhou S，Zhou W，Gu J，Zhang G，Liu X. 2018. Profile of *Ophiocordyceps sinensis* transcriptome and differentially expressed genes in three different mycelia sclerotium and fruiting body developmental stages. *Fungal Biology*，122（10）：943-951.